U0212610

此书出版

得到河南省文物局大力支持

中国古建筑时代特征举要

杨焕成　著

文物出版社

图书在版编目（CIP）数据

中国古建筑时代特征举要 / 杨焕成著. —北京：文物出版社，2016.11

ISBN 978-7-5010-4640-9

Ⅰ. ①中… Ⅱ. ①杨… Ⅲ. ①古建筑-研究-中国 Ⅳ. ①TU-092.2

中国版本图书馆 CIP 数据核字（2016）第 153255 号

中国古建筑时代特征举要

著　　者：杨焕成

责任编辑：许海意
特约编辑：孙　锦
封面设计：程星涛
责任印制：张道奇

出版发行：文物出版社
社　　址：北京市东直门内北小街 2 号楼
邮　　编：100007
网　　址：http://www.wenwu.com
邮　　箱：web@wenwu.com
经　　销：新华书店
印　　刷：北京京都六环印刷厂
开　　本：787mm×1092mm　1/16
印　　张：27.75
版　　次：2016 年 11 月第 1 版
印　　次：2016 年 11 月第 1 次印刷
书　　号：ISBN 978-7-5010-4640-9
定　　价：138.00 元

浙江余姚河姆渡遗址建筑遗迹

郑州大河村仰韶文化遗址房基

辽宁东山嘴红山文化祭祀遗址

郑州商城北大街宫殿遗址发掘现场

河南登封太室阙

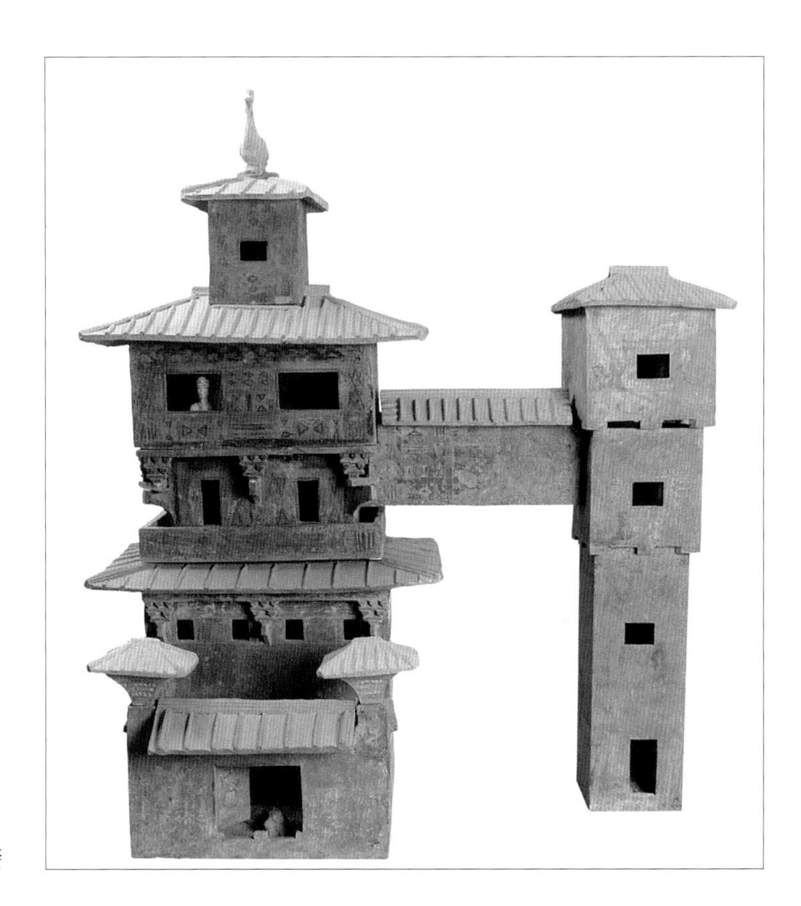

河南焦作出土彩绘陶仓楼

山东孝堂山郭氏墓石祠

河北定兴义慈惠石柱及局部

河南登封嵩岳寺塔

山西大同云冈石窟

河北赵州安济桥

山西五台南禅寺大殿

山西太原晋祠圣母殿

浙江宁波保国寺大殿

河南开封开宝寺塔（铁塔）

山西佛宫寺释迦塔（应县木塔）

天津蓟县独乐寺观音阁

山西大同下华严寺全景

南京城墙聚宝门（现中华门）

安徽歙县许国石坊

河北金山岭长城

北京故宫太和殿

北京天坛祈年殿

苏州拙政园水廊

《中国古建筑时代特征举要》序

在世界建筑研究方面，针对中国古建筑的研究历史并不长。如果从18世纪中期英国皇家建筑师威廉·钱伯斯（1723～1796）在中国旅行后完成《中国建筑、家具、服饰、机械和器皿设计》和《东方造园论》算起，也不过200多年。19世纪末20世纪初，欧洲和日本的一些建筑、美术方面的学者加入研究中国建筑的行列，并成为一时之盛，推动了中国建筑的研究进程。不过，他们对中国古代建筑的兴趣多少还带有一点猎奇的色彩，更多的是对建筑外在形象、建筑形式的关注，对中国建筑的了解还属于文化学和美术学层面的认知。

到了20世纪20年代，一批留学海外的中国年轻人回国，推开了中国人研究本国建筑和建筑历史的大门，其中的标志性人物，是今天广为人知的梁思成、刘敦祯先生。梁、刘二公不仅掌握了当时西方建筑史研究的先进理论和方法，同时也认识到东、西方学人在中国建筑研究方面的欠缺。他们以解读天书一般的宋《营造法式》为契机，开始了对中国古代建筑的系统调查和研究。一方面运用西方的建筑研究方法，深入解读中国建筑在总体格局、建筑构成、装饰等方面的特点；另一方面深入现场，拜老匠人为师，认识古建筑上的每一个构件，认识建筑的建造技艺，并在此基础上创造了一种针对性很强的、涵盖群体建筑格局到建筑构件细节的、全方位的研究方法。

为了能在短时间内比较全面深入地掌握中国古建筑素材，尽快编写出中国人自己《中国建筑史》，从蓟县独乐寺调查开始，他们在20世纪30年代有计划地对山西、河北、河南、山东、浙江等地的重要古建筑进行了频繁的现场考察，运用一种以记录古建筑平面、立面和梁架、斗栱、柱础等典型构件的方式，获取了大量的基础资料。这种被后人称为"法式测量"的做法，不仅适应了当时时间紧迫、工作条件恶劣的状况，满足了当时的研究工作需求，而且还流传后世，影响了几代中国学人，至今依然被广泛采用。

获取资料后的研究，是深入认识中国建筑特质的必要过程。国内外的学者很早就借鉴了在文化学、美术学、考古学等学科中普遍采用的类型学方法，开始对中国古建筑的认知过程。梁、刘二公带领的团队，把这种方法运用到极致，并凭借深厚的中国历史与文化素养，系统、准确地汇集、提炼出中国建筑在格局、外形、结构、装饰色彩，以及设计意向和建造技术等方面的主要特征。1937年，梁思成先生完成《中国建筑史》，标志着属于中国人自己的建筑文化体系已经完全搭建起来，中国古代建筑在世界建筑史中不可忽视也不可替代的独特地位，由此奠定。

新中国诞生以后，全国范围内大量古建筑的维修骤然成为繁重的工作任务，而专业人员的极度匮乏，直接影响了保护工作的进展，古建保护人才的培养刻不容缓。1953年，在文化部副部长、文物局局长郑振铎先生的支持下，由北京文物整理委员会（现中国文化遗产研究院前身）承办了第一届古建实习班，梁思成、祁英涛、余鸣谦、杜仙洲、罗哲文等古建筑保护前辈和一些老匠人亲自授课，一些古建筑数量较多的地区选派精干人员参加。次年，举办第二届实习班。1964年，根据形势需要，又举办第三期训练班。这三期古建筑培训班，不仅极大地提高了全国古建筑保护的普遍水平，也为各地文物保护特别是古代建筑保护工作培养了骨干力量。

我之所以不惮其烦书写上面的文字，不是为了掉书袋，而是为了以一种专业的态度和自然的姿势引出本书的作者杨焕成先生。

杨先生从1959年进入文物行业，长期在河南省从事文物保护的技术和管理工作。20世纪80年代以后，先后担任过河南省古代建筑保护研究所所长、河南省文物局局长、河南博物院院长兼党委书记等职，是我国古建筑保护方面实践经验丰富的著名专家，也是当时全国为数不多的专业出身的省文物局领导。因为酷爱文物保护，不论是从事专业技术工作，还是身处领导岗位，杨先生都不忘初衷、不改初心，长期坚持调查研究河南地区的古建筑，注意对地方建筑特征的发掘和总结，重视河南地方建筑与官式建筑，注重对其他地区古代建筑的比较研究。数十年间，不仅积累起丰富的保护实践经验，也积累起大量的直接或间接资料和比较研究的成果。退休之后，杨先生又在河南大学执教古代建筑课程，在教学相长的过程中不断整理、分析、修正、提高、丰富他对中国古代建筑相关特征的认识，完成了这部厚厚的《中国古建筑时代特征举要》。

通读杨焕成先生的著作，我首先感叹的是其资料来源的丰富与多样。除了杨先生掌握的第一手调查测绘资料外，还有从《中国古代建筑史》《中国建筑艺术史》等专著和《文物》《考古》等专业刊物获取的素材，其中不乏近十年的新素材。其次，由于杨先生本人是从工地和现场走出来的实干家，所以他的著述也特别具有实践的启发和对实际工作的针对性、指导性。例如，本书“调查古建筑的简要方法”

一节，几乎就是古建筑现场调查的操作指南。又如，明清时期建筑属古建筑中的晚期建筑，但其存量是最多的。由于此时期的官式建筑手法、地方建筑手法、袭古建筑手法差异非常之大，给鉴定古建筑时代造成很大困难，稍不留神，就容易误判建筑时代、错估文物价值。杨先生运用数十年调查、研究的经验，熟练地将同时代不同建筑手法的建筑进行比较研究，准确指出不同的建筑特征，为读者鉴定明、清时期建筑提供了重要的参考。再如，我国古代建筑不但名词繁多，而且诸多术语艰涩“怪异”难懂，给认识建筑特征带来困惑。杨先生则尽量精简文字部分，大量增加线图和照片，更便于文图对照，加深理解，克服艰涩词语带来的困惑。书中附图片近400幅，与文字量基本相等，不仅图文并茂，而且大大增强了直观感和本书的实用性。所以，从某种意义上可以说，这是大专家写给专业人士和古建爱好者们的一本工具书，其在专业上的深入浅出以及工作上的实用便利，是可以和祁英涛先生的《怎样鉴定古建筑》相提并论的。

我的这些读后感，很可能是门外汉的隔靴搔痒，说不出杨先生著述的真正高明之处。其实，我也不认为自己有资格来写这篇序言。然而，我和杨先生之间，有着深厚的公私之谊。论公，杨先生是1964年由我院前辈主办的第三期古建筑实习班的学员。杨先生总是谦虚地说，是祁英涛、余鸣谦、杜仙洲、罗哲文等老师引导他走上古建保护研究之路，而且他把对老师们的感恩之情化作了对中国文物研究所、中国文化遗产研究院工作的积极支持。几十年来，他一直是我们院最热心、最给力的支持者之一，不曾有变。论私，杨先生不仅是我大学时代传道授业解惑的老师，他还是我的岳父杨宝顺先生数十年如一日的好友和同事。所以，无论是作为文研院院长，还是作为学生和晚辈，我都不能拒绝杨先生的要求。

感谢杨先生给我这次学习的机会。读完书稿，如同又一次回到杨老师的课堂。收获不仅是专业知识上的，更是做人、治学和敬业精神方面的。请杨先生接受我通过这些文字表达的敬意！

是为序。

中国文化遗产研究院院长　刘曙光

2015年12月28日

目　录

第一章　调查鉴定古建筑的简要方法

中国古代建筑，经历数千年的发端、演进和发展，形成了独特的建筑体系，造就了技术高超、艺术精湛、结构复杂的建筑物，或绚丽璀璨，或雄伟壮观，是世界建筑宝库中一份弥足珍贵的文化遗产。这份优秀的民族文化遗产，需要我们精心呵护和潜心研究、永续传承。而现场调查、断代则是古建筑研究的第一步，所获取的第一手资料是古建筑保护规划、设计、施工的重要依据之一。

为了保护、传承和研究古建筑遗产，就需要正确判定它的历史、科学和艺术价值。而掌握各时代建筑特征，则是鉴定历史建筑的建造时代之先决条件，是研究历史建筑的必备基本功。笔者于20世纪60年代初参加全国古建筑培训班学习，梁思成、祁英涛、罗哲文等老师讲授的古建筑调查方法和时代特征，使我终身受益。在五十多年的工作中，实地调查古建筑数百处，对不同时代建筑的官式建筑手法和地方建筑手法的不同特征进行了深入的比较研究。后来，在为高校和文物系统古建筑调查和时代特征课程编写讲义时，又吸收了当代专家学者的研究成果，收集了《文物》《考古》《考古学报》等专业刊物发表的有关建筑的考古发掘报告和调查研究报告等相关资料，参考了不同版本建筑史论著作的有关内容，积累了较多“古代建筑时代特征”方面的图文资料。

现应有关领导和同学们的要求，在原讲义的基础上，修改补充形成此书，以供初涉古建筑调查鉴定的专业人员参考。本文简要汇集了从原始社会至清代不同时代木构建筑和砖石建筑的梁架、斗栱、门窗装修、雕刻、绘画及建筑材料、建筑形制、建筑类型、建筑结构等主要特征；官式手法建筑与地方手法建筑的比较特征；北方建筑与南方建筑等的不同地域建筑特点；晚期建筑因袭古制的演化特点；建筑组群与单体建筑的布局关系；早期古城与聚落的有关营造特点等内容。

一　调查前的准备工作

（一）思想准备

调查古建筑前，要充分做好调查的思想准备，要理清调查思路，形成明确的调查计划和工作流程，并在思想上充分做好梁思成先生所要求的“五勤：眼勤（多观察）、手勤（多记、多画）、口勤（多问、多交流）、腿勤（多深入实地调查）、脑勤（多想、多思考问题）”。只有这样，才能在古建筑现场调查时有条不紊地开展工作。调查古建筑免不了要攀登屋顶，要攀爬梁架等等，既是脑力劳动，也是体力劳动，一定要发扬老一代古建筑专家不怕吃苦的奋斗精神和科学严谨的治学态度，才能做好调查工作。

（二）资料准备

多数古代建筑在有关方志文献中都会或简或繁地有所记载；在历次文物普查中会填写有调查登记表，甚至有的还附有简图和照片、拓片等资料；有的较重要的古建筑还有内部印刷资料或公开发表的专著、文章。不管现有资料是否准确，均应收集，以开阔思路，全面调查。既要重视现存资料，又不要受其束缚。如有的方志等文献记载是准确的，但有的方志在记载建筑时代时，有意无意混淆了创建或早期重建、重修的时代，将其记为当时所存建筑的建筑时代，更有甚者，将传说的建筑时代记为现存建筑的建筑时代，使用时一定要科学甄别。

（三）器材准备

古建筑调查，除调查建筑群的平面布局，测绘群体建筑平面图外，还要勘察单体建筑。不但要调查取得有关数据，还要测绘梁架、斗栱和屋顶等不易触摸到部位的实测图。事先一定要准备攀登的简易设施或测绘需要的脚手架。在调查古建筑时，不但要做好现场文字记录，还要根据调查简繁的需要，置备测量仪器和摄影摄像及传拓器材等，如平板仪、水准仪、经纬仪及测量工具指北针、皮卷尺、钢卷尺、水平尺、卡尺、垂球等；摄像机和摄影机、测距仪、GPS；拓印的拓拍、墨汁和宣纸，以及临摹器材等。调查对象和实际需要不一，不一定全依上述所列工具和器材作准备，选择所需的物品即可。

二　古建筑调查要点

单体古建筑勘察，首先要了解调查对象的现存建筑结构。

大多数古建筑都经过了重修重建。地面现存古建筑，其建筑时间距今多则近2000年，如汉代石阙、墓祠等，少则也百余年。古建筑，特别是古代木构建筑，常常受到自然和人为的破坏，需要经常维修，门窗、栏杆等装修部分和屋顶瓦件，更是经常修补和更换。还有的是整体毁坏，后来重新建造的。如江西南昌滕王阁，从唐代至今已是十易其址，可谓屡毁屡建，现存的滕王阁已远非唐代建筑的原貌。湖北武汉的黄鹤楼亦系多次易地重建。即使是原址的建筑物也有重建，更多的是重修之物。可以说，凡系现存古代木构建筑没有一座与原建筑是一模一样的。只有少数砖石建筑未经后代扰动。

古代修缮前人的建筑，并不是以不改变原建筑物的原状作为文化遗产保护而修，而是大多单纯从使用功能的需求而修。建筑大师梁思成先生在1944年编纂的《中国建筑史》指出："我国各代素无客观鉴赏前人建筑的习惯，在隋唐建设之际，没有对秦汉旧物加以重视或保护。北宋之对唐建，明清之对宋元遗构，亦并未知爱惜。重修古建，均以本时代手法，擅易其形式内容，不为古物原来面目着想。寺观均在名义上，保留其创始时代，其中殿宇实物，则多任意改观。"因此，我国现存古建筑，往往在一座建筑实物上，存在不同时代建筑的建筑材料、建筑手法等，呈现出不相同的时代特征。修缮的次数愈多，其结构形制和营造手法就愈复杂。

古人还有模仿前代建筑的习惯，采用因袭古制的建筑手法。如河南省济源市一座明代木构建筑，其正脊与垂脊采用叠瓦脊的做法，木结构采用少许宋、元建筑手法，但梁、柱、斗栱等主体建筑结构却为典型的明代建筑特征，而且是把因袭宋、元的建筑手法融入明代建筑结构中，并不是利用宋、元时期木构件来改制的。另外，明清时期在京畿以外的地区，即使同一地区同一时代建筑中，还存在着一部分是地方手法建筑，一部分为地方手法和官式手法兼具的建筑，少部分为敕建或官修的纯官式手法建筑。

如上这些情况，决定了建筑结构的复杂，给调查鉴定工作带来很大困难，要引起调查者的高度关注。

（一）木结构古建筑的调查要点

调查鉴定木结构古建筑时，应注意掌握以下几点：

1. 勘察整体建筑形象。包括体量大小、殿身高低、殿顶形制等。

2. 勘察大木作结构形象。包括斗栱高度及整体形象、柱子排列方式及柱高与柱径比例、梁栿形制及高、宽的比例等。

3. 勘察门窗、栏杆形制及墙体、铺地砖形制和砌法等。

4. 要特别注意勘察细部结构及建筑手法。主要包括梁架结构，斗栱结构，柱网、柱形与柱础，门窗、栏杆，阑额与普拍枋，屋顶与脊瓦件，建筑彩画和壁画，附属文物等几个方面。下面分别就应当关注的细部结构与建筑手法的调查内容，予以简要说明。

（1）梁架结构。是抬梁式、穿斗式，还是井干式。是月梁、是直梁，还是草栿造梁。是矩形梁，还是圆形梁，或抹角梁。梁头是平齐状，还是桃尖梁头，有无雕刻，梁头是随梁身原大外伸，还是梁头截面缩小。梁枋断面高与宽的比例关系。梁架结点用斗栱、用驼峰、用角背，还是瓜（蜀）柱直接坐于梁之上皮。槫、枋间用襻间铺作（隔架科），还是用荷叶墩或用实拍的檩、垫板、随檩枋三件之做法。是否使用叉手和托脚，叉手有无雕刻。瓜（蜀）柱是圆形、方形、八角形，还是小八角形，柱头做法是覆盆状或平齐状。是用单步梁，还是双步梁，是否用穿插枋。其他梁栿的形制与做法。

（2）斗栱结构。斗栱是古代木结构建筑中最能表现时代特点，也是鉴定古建筑时代的主要依据之一，所以是调查鉴定的重点。①要观察和测量斗栱的材栔与斗口；是用真昂斗栱，还是假昂斗栱，或溜金斗栱；是计心造斗栱，还是偷心造斗栱；是批竹昂斗栱，还是琴面昂斗栱，或面包昂斗栱、圭形昂斗栱，还是象鼻或龙头昂形的雕刻斗栱。斗栱用材、形体大小，斗栱高与檐柱高的比例关系等。②要仔细观察和测量斗栱各细部小构件的形制和做法，采集有关数据。如是弓形栱，还是异形栱，栱身的长度，各型栱长度的比例关系，栱形做法，真栱眼或假栱眼，栱端分瓣与刻挖手法。各种斗之耳、平、欹（耳、腰、底）高度及比例关系。是方形斗，还是圆形斗、瓜楞斗、菱形斗。斗身是否有雕刻。有无斗䫜，斗䫜深度。大斗底之上宽与下宽尺度，是否斗底特高和斗底下宽特小（地方手法之清末建筑特点之一）。耍头是单材或足材，有无齐心斗或代斗件，蚂蚱头形耍头正面是否内䫜。是否使用皿板、替木。斗栱之攒距相等或不等。柱头铺作与補间铺作形制是否相同。用栱眼壁，还是用垫栱板。正心枋足材或单材。斗栱与栱眼壁及垫栱板彩画。昂下平出大小，昂嘴厚或薄。昂嘴正面素平，或刻挖为沟槽昂嘴，或做成拔鳃昂嘴。

（3）柱网、柱形和柱础。这也是调查鉴定古建筑的重点。测量柱高与柱径的尺度及二者之比例。柱身是直柱，或是梭柱，或讹角柱、梅花柱、瓜楞柱、包镶柱、拼合柱；有无雕刻；柱之断面是方形、圆形、八角形，或小八角形等。柱头形式是覆盆形、斜杀形，还是平齐状。柱础形制是覆盆柱础，还是鼓镜柱础，或地方手法的磉墩形柱础（单层、双层或三层）；础之表面是素面，还是有雕刻（如宝装莲花等）；有无柱櫍，是金属柱锧，还是木柱櫍，或石础上雕刻出櫍的形象；有无柱侧脚和柱生起（测量有关数据）。柱子是否落在柱网的交叉点上，是满堂柱，还是减柱造或移柱造。

（4）门窗和栏杆。门的形制，是版门，还是格扇门。是版门中的棋盘门，还是实榻大门、镜面版门。版门正面的门钉数量及排列方法，门簪数量及形制。格扇门的形制，是四抹格扇门，还是五抹格扇门、六抹格扇门。格眼仔边之内的组合图案及绦环板和裙板之雕刻等。窗的类型与形制，是槛窗、支摘窗，还是直棂窗、破子棂窗、板棂窗、睒电窗、水文窗，各种窗的窗格式样。槛窗槅板下用槛墙或木板壁。栏杆类型与做法，是木栏杆、石栏杆、木石栏杆、琉璃栏杆等。是寻杖栏杆、垂带栏杆、直棂栏杆，还是卧棂栏杆。是单钩栏，还是重台钩栏。并要记录望柱、寻杖、华版、地栿等形制与做法。

（5）阑额与普拍枋（大额枋与平板枋）。官式手法建筑与地方手法建筑的阑额、普拍枋的差别较大，既是断代的依据，也是区别同时代建筑二者建筑手法的差异之处，调查鉴定时应予以充分关注。首先调查确定有无普拍枋，若有普拍枋，其断面是厚还是薄，至角柱出头是平齐状，还是有雕刻，什么样的雕刻；普拍枋下的阑额，其高宽尺度比例，至角柱处是否出头，若出头，是平齐状，还是刻有海棠线、霸王拳等雕刻。普拍枋与阑额组合断面是“T”字形，还是“凸”字形，或是二者呈平齐状（即普拍枋宽度等于阑额的厚度），普拍枋的接头形式，阑额枋正面有无弧度，枋身有无雕刻。

（6）屋顶与脊瓦件。屋顶形制，是单檐，还是重檐。是庑殿、歇山、悬山，还是硬山、攒尖、盝顶等。有无推山或收山，山花做法。是叠瓦脊（瓦条脊），还是脊筒子脊。各种吻兽的名称、数量、形制。瓦件名称和形制，瓦当的纹样。是三角形滴水瓦，还是重唇板瓦。出檐深度及椽飞形制等。并测量有关数据。

（7）建筑彩画和壁画。

（8）附属文物。调查附属文物主要指塑像、供案、碑碣、古树名木等及相关的可移动文物和其他不可移动文物。

以上所列对古建筑调查初学人员提示性的诸项，仅为单体木构建筑和砖（石）木混合结构古建筑调查的主要内容，难免有遗漏之处，只是举例性地点到一些细部结构、构件名称和调查时应注意的问题。上述未尽的应调查内容，也应详细勘察，做到现场调查尽量将调查的资料记录、收集齐全，不留遗憾。调查对象隐蔽部位的建筑结构、建筑材料和建筑手法，可在古建筑修缮时检测或利用现代先进测试手段予以弥补。

（二）砖石古建筑调查要点

中国古代砖石建筑大多都是模仿木构建筑的建筑结构和建筑手法营建的，因此，同一时代的砖石建筑的结构特点和建筑手法与木构建筑基本是相同或相近的，如斗栱、门窗等，只是建筑材料不同而已。故在调查砖石建筑时，除按木构建筑的调查要求进行调查外，还要注意其砖石建筑的整体形象，如塔的造型与外部形象，桥的式样，阙的形制等。然后再仔细勘察其细部雕刻、结构方法、材料规格和建筑手法等。特别是建筑砖垣的结构，高、宽尺寸，砖壁内填充材料，甃砌技术（岔分或不岔分等），砖形与砖体尺寸，粘合剂成分，收分与叠涩，裙肩与墀头等均应予以调查记录。

（三）建筑群的调查要点

建筑群的调查，除按上述木构与砖石单体建筑之调查内容进行调查外，还要着重调查建筑群的地理位置、历史沿革、平面布局与空间组合、周围地形地貌、现存的和已毁的不可移动和可移动文物。有关传说也在调查之列。要准确做好文字记录、测绘图纸、摄影与录像、拓片等勘察资料。

以上所记这些繁琐的调查内容，经多年古建筑调查实践证明，尤其是对初涉古建调查的人员做现场调查，确有明显效果。

三　文献、碑刻和题记等文字资料的调查收集

古今有关调查对象的文献记载，既可在现场调查前收集，不足部分也可在调查后补充。但是，现存的金石文字及题记，必须在实地调查时与其他调查项目一并予以调查收集。

（一）文献资料

文献资料包括古代志书、笔记、游记等和近现代书、刊、报及其他媒体资料。这里仅就方志等历史文献记载的使用谈一点意见。

多数县志、州志、省志及寺志、庙志等对有关文物建筑等古迹的记载是真实可

信的，对古建筑的调查鉴定是非常重要的。但也有的记载，由于作者玩弄笔墨或其他非科学因素等原因，也存在与事实不符的情况。故在使用这些志书材料时，一定要仔细甄别，慎重对待，取其真实，去其虚假。如我国某地在公布文物保护单位时，依据方志记载和其他资料将砖构佛塔的建筑时代，定为隋代，后经地宫出土实物证明为宋代营造，方将建筑时代予以纠正。

（二）金石文字资料

金石文字资料包括金属供器和铸钟上的铭文，石碑和经幢、石供案、石造像的文字记录等。

1. 金属供器及金属铸钟上的铭文

金属供器及金属铸钟上的铭文，一般记有铸造时间和与寺庙等有关的内容。特别是铸造时间，能够为鉴定古建筑的建筑时代提供直接或间接的参考资料；与寺庙等建筑有关的文字内容，为研究其文化内涵提供可资借鉴的较真实的重要资料。但也要注意，金属供器和金属钟等铸器多数属可移动文物，有可能是此寺庙等的原物，也有可能是他处移至此处之物，这种铸器的铸造时间，就往往与寺庙现存殿堂的建筑时间不一致。故金属铸器的文字资料，既要重视搜集研究，又不能作为鉴定古建筑断代的唯一依据，只能作为重要的参考资料。

2. 碑刻和供案等石刻文字资料

碑刻、经幢、造像及石供案上镌刻的古建筑群或某座单体建筑的创建、重建、维修时间，修缮经过，及有关事件、有关经济数据、名家撰文或书丹、高僧名人传略等重要的历史文化内容，都是我们应调查收集的重要材料。涉及这些重要内容的碑刻等，一定要做好现场调查的文字记录、照片、拓片等。因为这些内容是当时人记录下来的当时的事，正如罗哲文老师所说的“是当代的文物现状实录”，“因为当代记录，既非前人所能为，也非后人所可做”。所以碑刻等文字内容是比较真实可信的，应引起实地调查者的高度重视。特别是当时人所记载的修建时间、范围、程度、工期长短、资费多少等，更是调查者所必须收集的内容。

但也要注意一些例外情况。（1）有的记载有夸张不实之词。（2）有含糊不清之意，把创建、重建、重修的时间混为一谈，容易造成建筑年代的误判。（3）后人将早期的塔额、塔铭、塔碑等文字刻石镶嵌在晚期建筑上，造成误解。如某地在20世纪50年代，根据塔身嵌石所记隋代建塔的碑文，将宋塔定为隋塔，并据“隋代塔铭”将另一座宋塔也定为隋塔，虽然很快就予以纠正，但这说明使用古代碑刻文字资料时也要慎重甄别。

3. 古建筑的题记资料

（1）直接书写在柱、榑、梁上的文字资料。这类题记多为真实可信的，很少有造假现象，甚至可作为判定建筑年代的重要依据。多数题记是书写在脊榑（槫）下露明部位或其他部位的露明与不露明处。如我国现存最早的木构建筑山西五台南禅寺大殿，于西缝平梁下有墨书题记：“因旧名，旹大唐建中三年岁次壬戌，月居戊申，丙寅朔，庚午日，癸未时，重修殿。法显等谨志。”根据该殿的唐代建筑结构特征，此则题记是确定其建筑年代的确凿证据。另一座唐代建筑山西佛光寺大殿，也是根据唐代建筑结构特点和现存题记等，确定其建筑年代为唐代大中十一年（公元857年）。河南登封宋代木构建筑少林寺初祖庵大殿，其斗栱等大木作结构特点，可定为北宋晚期建筑，由于殿之前槽东内石柱上刻有捐赠题记：“……仅施此柱一条……大宋宣和七年佛成道日焚香书。”故确定了该殿具体建筑年代为北宋宣和七年（公元1125年）。河南济源奉仙观三清殿原定为金代早期建筑，当发现墙柱上匠人刻写的“大定二十四年”题记后，确定其具体建筑年代为金大定二十四年（公元1184年）。山东历城四门塔，也是在维修时发现“大业七年造”题记，故将其建筑时代由东魏改为隋代。以上诸例充分说明这类题记在确定古建筑营造年代时的重要性。但也有少数古建筑利用旧料，留下前人题记，在调查时应予以鉴别。

（2）钉板题记。即书写在长条形木板上，钉在梁或槫下皮处露明部位的题记。此类题记在现存古建筑中为数不少，有的题记钉板为现存建筑的原件，也有的题记钉板是后人将前人的题记钉板移钉在新建或维修的晚期建筑上。如在古建筑调查时曾发现一座典型明代木构建筑，其脊槫下却是早于明代的题记，显然是将早期题记钉板重新利用了。这样，就容易造成鉴定建筑年代时的误判。甚至同一座古建筑有几块不同时代的题记钉板，最多的能达到十几块不同书体不同年代的题记钉板。故此类题记，在鉴定建筑年代时只能作为重要参考，不能作为断代的唯一依据。但这些题记，在调查古建筑时也不能忽视，也要进行收集，可作为建筑群或单体建筑的历史沿革和修葺情况进行研究，故也有其一定的历史价值。

（3）古代游人题记。今天我们是坚决反对和禁止在文物古迹上书写或刻画“游人题记”这种不文明行为的，但在古建筑上至今留下的古代游人题记，却是调查古建筑时应予以收集的重要资料。因为这些游人题记往往留下古人书写题记的时间，而且被冒充造假的可能性很小，是我们调查鉴定古建筑的年代所可采信的比较可靠的资料。如现存唐代木构建筑山西五台佛光寺大殿，在该殿木板门的背面和门颊之上，发现唐代咸通七年、咸通八年、乾符五年游人题记各一处，五代天祐十八年二处、同光三年一处，金代天德五年、泰和四年各一处，未题年月的唐、五代、金及明、清题记多处。这些游人题记，不但为确定这座唐代建筑的历史年代提供了有力证据，还证明木板门及门颊等容易被后人改动的装修部分仍为唐代原物。其题记内容还反映了唐代一些政治、军事等资料，补充了史书的遗缺。梁思成先生称该殿为集唐代木构、塑像、壁画、题记于一堂的“四绝”。在我国其他地方，也有一些古建筑的古代游人题记，为鉴定古建筑时代提供了佐证，并补充丰富了历史资料。

四　访查座谈

访问当地和外地熟悉调查对象的相关人员，也是古建筑调查一项不可或缺的工作。因为这些人士，掌握着所调查古建筑的相关资料，而且他们还经历一些相关事情，尤其是一些记忆资料，从未见诸文字记载，更是带有紧迫的抢救性质。访查的有关人员，还有可能提供一些他们保存或祖辈传下来的对调查有价值的实物。访查形式，既可单独访谈，也可组织有关人士进行集体座谈。如 20 世纪 30 年代，中国营造学社在全国调查古建筑时所留下的访谈资料，因当时人多已作古，就显得非常重要了。

五　确定古建筑时（年）代的做法举例

（一）现存建筑结构与公认的古建筑时代特征对比研究

确定一座古建筑的建筑时代，最重要的是依据现存建筑的建筑结构和建筑手法与已公认的我国古代建筑的时代特征进行对照研究。一般有三种情况：

1. 有经验的调查人员，熟知不同时代古建筑的建筑特征，在实地调查时很自然地就在记录建筑结构和建筑手法的同时，把现存建筑的结构特点和工艺手法与通用的同时代的建筑特征进行比较。这样，从整体到局部，从构件的形制到细部做法，通过逐项调查记录，在调查记录结束时，大致的建筑时代就基本有了结论。

2. 运用公认通行的“时代特征”对比现存建筑的结构特点和建筑手法进行比较研究。运用这种方法的调查人员，多为从事古建筑鉴定工作时间较短，实践经验尚不够丰富，未能熟练掌握古建筑“时代特征”，所以才采用“对号入座”的鉴定方法，这也是一种有效的办法。但采用“对号入座”法，一定要注意后面要讲的“官式建筑手法与地方建筑手法”、“晚期建筑袭古手法”等易被忽略的鉴定知识，以免造成建筑时代的误判。

3. 由于种种原因，不便在现场调查记录的同时，结合“时代特征”对号入座确定建筑时代者，可将实地调查的详细记录（文字、图纸、影像、拓片等资料）带回室内，与已成文的《时代特征》进行对比分析，然后确定调查对象的建筑时代。

（二）同时代官式建筑手法与地方建筑手法比较研究

在调查古建筑时，一定要掌握同时代的建筑使用不同的建筑手法，形成不同的建筑特征，即同时代的单体木构建筑官式建筑手法与地方建筑手法的差别是相当大的。在鉴定调查对象的建筑时代时，若不能正确区分二者的差别，很可能误判建筑时代。以明清时代官式手法建筑和河南等中原地区同时期地方手法建筑为例，如我国早期木构建筑的阑额与普拍枋（即明清时期建筑的大额枋和平板枋）的断面均呈“丅”字形，而明代官式建筑平板枋宽度则为稍宽于或等于大额枋的厚度，发展到清代，官式建筑平板枋的宽度反而小于大额枋的厚度，二者断面呈“凸”字形。河南等中原地区明清地方手法建筑的平板枋与大额枋断面仍均为“丅”字形，与同时期“官式手法建筑”的做法正好相反。斗栱中“官式手法建筑”的斗耳、斗腰、斗底三者高度的比例为4∶2∶4，而河南等中原地方手法建筑中约80%的斗栱不遵此制，而形成自身的建筑特点。清代官式建筑昂下平出逐渐缩小，至清代中叶昂的下平出仅为0.2斗口，而同时期中原地方手法建筑昂的下平出一般多为1～2斗口，最小者为0.444斗口，最大者达2.286斗口，是官式建筑的十余倍。官式建筑的拔鳃昂，地方建筑则无，地方建筑的沟槽昂和带耳栱，官式建筑则无。总之，明清时期大木作和小木作等建筑手法，官式建筑与地方建筑均有较大的差别。

甚至有的同一座单体木构建筑，还会同时运用两种建筑手法，在鉴定古建筑时更应引起关注，以便予以鉴别，准确判定建筑时代和建筑手法。如河南登封少林寺山门，为典型的中原地区清代“地方手法”建筑，而寺内面阔七间的千佛殿，其主体建筑结构为中原“地方建筑手法”特有的做法，但斗栱、梁架中诸多构件采用部分清代“官式建筑手法”的做法，故该殿被鉴定为受清代“官式建筑手法”影响较大的中原地区清代“地方手法”建筑，且为河南境内为数不多的既有官式建筑特征，又具有地方建筑手法特征的大型木构建筑，是研究中原地区“地方手法”建筑重要的实物资料。

所以，只有将官式建筑手法与地方建筑手法进行深入细致地比较研究，才能确定正确的建筑时代。

（三）历次重修建筑遗存特点研究

在调查古建筑时，不但要鉴定建筑群中的每一座单体建筑的建筑时代，还要调查鉴别同一座建筑中由于不同时代的重修而留下不同时代建筑构件的不同特点，以便区分哪些构件是创建或早期重修时的构件，哪些构件是现存建筑的晚期构件。否则，仅依据某些早期构件或晚期构件就很可能简单地误判其建筑时代。有些时代较早的木构建筑，由于木质建材易遭自然和人为的损坏，在其存续期间，经过多次重修，因重修工程简繁不一，有的保留原构件较多，有的保留的则较少。不论是原结构原构件还是重修时配置的构件，均保持着自身的时代特征，只要拥有丰富的古建筑时代特征知识和鉴定经验，还是比较容易鉴别其不同时代的建筑结构和建筑构件。

对于初涉古建筑调查的专业人员，在鉴定此类古建筑的建筑时代时，可采用如下鉴定做法：（1）原结构未经过大的扰动，只是补配少部分建筑构件，此类古建筑即可依其未被大干扰的“原结构的时代特点和建筑手法”来确定该建筑的建筑时代。（2）原结构虽经过局部改动，但原构件保留较多，其数量远超过重修时添配的构件，这类古建筑仍可依原结构的时代特征和建筑手法确定该建筑的建筑时代。（3）重修时对原结构改动较大，原构件保留较少，可依重修时的建筑结构特点和建筑手法确定其建筑时代。如一座明代建筑在清代重修时对原结构改动颇大，明代构件保留较少，为了肯定其原明代建筑存留部分的文物价值，可鉴定为“保留有部分明代建筑构件和建筑风格的清代建筑”。（4）在现存古建筑中，还有极少的大式或殿式建筑在重修时，移来部分早期建筑的构件。如我国北方某地一座清代殿式建筑，在清代重修时从他处移来数朵与此建筑不甚配套的元代斗栱，显系不是该建筑物原有斗栱，但这些整朵未经扰动的元代斗栱是有保护价值的，所以在鉴定建筑时代结论时，建议注明为“保留有部分外移元代斗栱的清代建筑”。（5）有的同一座古建筑具有时（年）代相近的不同建筑特点，确定这类古建筑的建筑时（年）代时，建议采用老一代古建筑专家常用的做法，即现存建筑中哪个时（年）代的建筑结构和建筑构件、建筑手法保留的最多，可依此时代确定为现存建筑的建筑时代。

（四）时存建筑与袭古建筑手法研究

调查古建筑时，往往遇到晚期建筑保留有早期建筑一些做法，使调查者产生困惑，甚至造成建筑时代的误判。特别是地方手法的建筑，更有此类现象。如我国建筑大师、中国营造学社文献部主任刘敦桢教授1936年调查河南济源明代建筑阳台宫大罗三境殿后，著文称："其斗栱比例，与栱、昂卷杀方法，大体与元代建筑接近，……内部梁底所施雀替，与吴县元妙观三清殿（笔者注：建于南宋淳熙六年，为我国现存最大的宋代木构建筑）及曲阳县北岳庙德宁殿（笔者注：建于元代至元七年，为我国现存最大的元代木构建筑）几无二致，同时也就是《营造法式》卷五所述月梁下面的'两颊'，足谳北宋手法，至明代中叶还是流传未替。"刘先生在1936年调查清代建筑济源紫薇宫三清殿撰文称："在结构上，此殿却保留不少的古法，值得注目。外檐结构，不但平板枋厚度，与柱头科、角科的宽度，未曾加大，其厢栱上，并施有替木一层。替木制度，自金以后，差不多已经绝迹，不料竟发现于清代建筑中，设非亲见目睹，几令人不能置信。"

笔者在数十年古建筑调查中，也发现如河南洛宁县金山庙大殿等多处明、清地方手法木构建筑使用替木。明、清官式手法建筑之耍头多为足材蚂蚱头，未见单材耍头。而河南济源等地有几处明清建筑竟然使用元代以前的单材耍头，耍头上置齐心斗，这种袭古之制，甚为罕见。还在河南等中原地区发现清代建筑，甚至清末的部分小型木构建筑还使用元代草栿梁架的做法，即梁体采用自然弯曲材，表面加工粗糙，虽然此类建筑多为彻上明造，但仍采用草栿造的做法。凡此种种，还能列举不少袭古手法之例证。究其袭古现象之因，可能与古代匠师言传身教保留的传统营造技艺有关，致使早期营造特征置入晚期建筑结构中。所以在调查鉴定古建筑的建筑时代时，切莫一叶障目，一定要既从主体结构入手，观察其整体所表现的时代特征，又要考察各部分构件的细部特点，这样才能准确判定建筑时代。

（五）古建筑旧料重新加工利用研究

我国历史上，对古建筑的修缮，由于本文前述原因，不但不注重"古物原来面目"的保护，而且还由于经济等方面的原因，在修缮古建筑时，将废弃的旧料重新利用，因旧料可利用程度不同和修缮工程的不同的需求，故将旧料之长料改为短料，将粗料改为细料使用，但往往留下旧料的原来榫卯、雕刻和物形等痕迹。这种现象在古建筑调查时也应引起注意。所以，不但要研究时存建筑的建筑特征以确定调查对象的建筑时代，而且还要研究被重新使用的旧料遗存信息，丰富建筑文化的内涵，提高断代的准确性，以免造成认识上的偏颇。

上述诸条，有的为调查鉴定古建筑之建筑时代（年代）的常用知识，且多已为古建筑调查所共同遵循的共识原则，有些还是《营造法式》《工部工程做法则例》等古代营造专著所记载的有关规定和营造做法，有的是笔者在长期古建筑调查鉴定工作中探索性的做法。但具体到每座古建筑，在调查时往往会遇到不同的情况和意想不到的问题。所以既要依现有的调查方法和鉴定知识进行鉴定断代，又要注意具体情况具体分析，进行详尽的考察研究，才能得出比较正确的结论，避免误判建筑时（年）代。

此外，在调查鉴定古建筑时代或具体建筑年代时，有条件的情况下，尽量结合采用现代测试手段，如碳十四、热释光、树轮校正等来配合测定，甚至可以使用先进的全站仪和三维激光扫描仪测量古建筑，取得相关数据，进一步增强古建筑断代的准确性。

第二章　各时代建筑特征简述

中国古代建筑历史悠久，建筑结构复杂，不同时代的建筑手法也不尽相同，形成了独树一帜的中国传统建筑特色，是世界建筑宝库中一份非常珍贵的文化遗产。为了保护、继承、研究和利用这份弥足珍贵的历史文化遗产，就需要正确判定它的历史、艺术和科学价值，而掌握古建筑的时代特征，是鉴定其创建、重修、重建时代（年代）必不可少的基本条件。本文将原始社会至清代建筑的主要特征，按时代顺序分十三个部分予以简述。

一　原始社会建筑

原始社会，又称石器时代，可分为旧石器时代和新石器时代。旧石器时代，人类栖身之所，有的是自然存在的大树、山崖凹入的坳地和岩洞，有的是人工构筑的橧巢、原始窝棚。可以说，旧石器时代，人类就萌发了最原始的营造观念，开始了最简单的营造活动。新石器时代，在我国北方地区，特别是黄河流域盛行穴居，且居住面逐渐升高，形成“穴居—半穴居—地面建筑—台基建筑”的发展脉络；平面有圆形、圆角方形、方形和长方形；布局有单室、双室、多室；由不规则到规则，由无加工或甚少加工到初步加工装修、装饰。在此时期，中国建筑最终形成了基台、墙身和屋顶三大部分。我国南方地区，特别是长江流域，考古发现的原始干阑式建筑，采取先进的榫卯结构，形成了影响至今的建筑形式，与北方地区穴居一起，成为中国史前建筑的两大流派。但南方地区新石器时代的许多聚落遗址，仍以土木结构的半穴居或地面建筑为主。

自20世纪以来，发现新石器时代大溪文化、仰韶文化、龙山文化古城址数十座，不但有夯筑的城垣，有的城外还有城壕，而且城内外分布有居住区、作坊区和墓葬区等。甚至有的古城址内，还发现宫殿庙宇类的建筑遗迹。标志着我国古代建筑活动的活跃和技术的进步，是研究我国古代文明的重要资料。

（一）旧石器时代人类栖止之所

旧石器时代，原始人类基于住在树上、树洞和自然崖穴的生活经验，以及对动物栖居巢、穴的观察，通过运用思维，使用最原始简陋工具掏挖一个洞穴；或构筑一个架空的巢，即为橧巢（图1－1），或就地的窝（图1－2）。巢与穴可以说是人类栖止之所最初出现的两个基本形态。由于历史久远等原因，至今尚未发现橧巢遗迹，仅存留有原始人类居住生活的天然岩洞。现就橧巢形态和洞穴遗址予以简述。

1. 橧巢

《辞海》释："橧巢，聚柴薪造成的巢形住处。《礼记·礼运》：'昔者先王未有宫室，冬则居营窟，夏则居橧巢。'郑玄注：'暑则聚柴薪居其上。'"先秦文献，还保留有上古时期有关巢居和穴居的记载："上古之时，人民少，而禽兽众，人民不胜禽兽虫蛇。有圣人作，构木为巢，以避群害，而民悦之，使王天下，号之曰'有巢氏'"（《韩非子·五蠹》）。"古之民未知为宫室时，就陵阜而居，穴而处"（《墨子·辞过》）。上述文献记载和辞书"橧巢"释意，均说明远古先民所经历的巢居栖止之所。最原始的架空巢居形态，应为单株树木构巢，即是将树之枝与叶在其枝干间造就一个可供栖息的简易树窝，形似鸟巢，这样的窝巢大约即为"橧巢"的雏形。在此基础上，进而发展为在其上面用树的枝叶支架一个可以初步遮风挡雨避强晒的窝篷，这便成为一个较为成熟的巢居了。关于单株橧巢的具体做法，可以从国内外民族学材料和岩画中得到一些近似的了解（图1－3、4）。在单株树上筑巢居，有诸多局限性。长期的巢居实践，促使原始先民向着更为便利和更为适宜的树屋形式方面探索，终于发现把相邻的几株树牵拉在一起，利用其多树的枝干筑巢居，既可以解决围护结构问题，又可以扩大和平整居住面，改善了树巢的居住生活条件，应该是一大进步。这样的橧巢居所，与新石器时代及其以后"桩式干阑"、"柱式干阑"和架空地板的穿斗式地面建筑有着渊源关系（图1－5）。

"构木为巢"，"木"即树也，它既可以是单株或多株树木牵拉支撑搭置的"橧巢"，也可以是"聚柴薪而居其上"的地面"橧巢"。遗憾的是，至今尚未发现"橧巢"的任何遗迹，期待今后旧石器时代考古发掘中能寻觅"橧巢"的遗迹现象，解开先秦文献中屡屡记载的"橧巢"之谜。

2. 岩洞居

远古人类的巢居实物早已不存，目前尚未发现橧巢遗迹。仅能通过考古调查发掘发现原始先民栖身之所的天然洞穴。这些洞穴内外经过人为的简单加工，使其适宜避风雨，防寒暑，便于用水及渔猎，近水又不受其涨水被淹之患，还要防避野兽侵袭等，以利生存。北京周口店龙骨山山顶洞人的遗存（图1-6），就是在岩洞里发现的。龙骨山山顶洞长12米，宽约8米，洞口向东，洞内高处是居住的地方，低凹处除居住外，还埋葬过死者。又如河南荥阳织机洞遗址，距今约10万年，洞穴呈石厦状，洞口宽13~15米，高4.8米，原进深达40米，现进深22米，洞内面积约300平方米。地层堆积达24米以上，发现有数以万计的打制石器、动物骨骼化石和17处用火遗迹等丰富的古人类活动遗存。这也是一处典型的原始人居住的洞穴遗址（图1-7）。

3. 旧石器时代末的建筑遗迹

距今约1万年前后，是旧石器时代向新石器时代的过渡时期。在河南许昌灵井和新密李家沟、陕西渭南郭镇和大荔沙苑、山西沁水下川、江西万年仙人洞、北京郊区东胡林等地，都发现有此时期的文化遗址。特别是近年发掘的吉林省白城双塔遗址（热释光测定的5例样品的年代，最早者为距今10400±600年，最晚者为距今9445±710年），不但发现有陶器和陶片的堆积层，而且发现14个柱洞，以及灰坑、壕沟等，表明该文化的聚落已有定居的性质。该遗址出土了大量野生动物骨骼、鱼骨和蚌壳，但未见粮食作物遗存。石器中多为刮削器、尖状器、石镞和石叶工具，有少量加工食物的磨盘，磨棒，未见与农业生产有关的石锄、石铲及石刀等。骨器中有大量野生哺乳动物和鱼类骨骼制作的骨锥、鱼镖、梭形器等手工业和渔猎工具。以上这些，说明该文化的经济类型以渔猎为主。

（二）新石器时代建筑

我国大约在1万年前后，完成了由旧石器时代到新石器时代的过渡。社会生产由采集和渔猎的攫取经济，进化为原始农业和原始畜牧业的生产经济。新石器时代不但有单体建筑，还有群体建筑，形成多座建筑组合起来的聚落，并出现了由聚落发展起来的城市。除游牧民族外，皆为定居。除了供居住的一般房舍，还有储物的窖藏，圈养牲畜的畜栏，公共活动的广场，祭坛和“大房子”，防御的城垣、壕沟、吊桥，烧制陶器的陶窑，氏族墓地等。在建筑结构和构造方面，以绑扎方式结合的梁、柱组合形式，木骨泥墙围护的墙垣，夯土和土坯垒砌的筑造技术，室外泛水的运用，榫卯的制作，木地板的使用等，为中国古代建筑体系的形成和发展，提供了宝贵的经验，奠定了最初的基础。

1. 新石器时代的城址

城市是人类创造的建（构）筑物最为集中、最为重要的类型之一。自20世纪30年代以来，考古发现诸多新石器时代古城址。在文化类型上，有大溪文化、仰韶文化、红山文化、龙山文化时期的城址；在地域上，自黄河中下游到长江流域的江汉平原与四川盆地，以及北境的内蒙古大青山下，都有新石器时代不同时期的古城址。为了便于了解此时期古城址的城垣、城壕、房屋建筑基址的综合情况，现择其几座典型古城址予以简述。

（1）湖南澧县城头山古城址

城址平面呈圆形，直径 310～325 米。通过对城墙的解剖，确认古城曾经四次修筑。其中，第一期城墙距今 6000 年，建于大溪文化时期。城垣高 3 米许，底宽 10 米多，是已知我国发现最早的古城址之一。城外绕以护城河，残长 460 米，宽 30～50 米，深 4 米，岸壁陡峭，宽度整齐。大环壕的内外坡都有木柱、芦席捆绑的护坡设施。有的部位还有大块砾石筑成的坡岸，显系人工开掘而成。城垣以纯净灰、黄胶泥土夹河卵石夯筑而成，夯层厚度约 20 厘米。城垣四面各有一似城门的缺口，东侧缺口宽 19 米，进深 11 米，此处有宽约 5 米的通向城内的道路，路面铺装材料为直径 5～10 厘米的河卵石，其下垫有红烧土及灰土。城之东墙下，还发掘出面积达 100 平方米的大溪文化稻田，还有数条小沟渠构成的原始灌溉设施，距今约 6500 年，被认为是目前世界上发现最早的稻田。此古城内中部地面高于四门地面，类似后代城市“龟背”状的地形，以利向城外排出积水。城内还发掘有多座夯土建筑基址（图 1－8）。

（2）河南郑州西山古城址

河南发现有淅川西龙山岗和郑州西山两处仰韶文化晚期的古城址。其中，位于郑州市北郊的西山仰韶文化晚期城址，碳十四测定距今 5300～4800 年，为我国已知年代最早的一处版筑夯土城址。城址平面近似圆形，直径约 180 米，面积 34500 平方米。现存城垣残长 265 米，宽 3～5 米，高 1.75～2.5 米（图 1－9）。其筑造方法为先挖掘倒梯形基槽，由槽底向上分段分层夯筑城墙，墙体采用方块版筑法（图 1－10）。夯窝多呈“品”字形，当为三根一组的集束棍夯。城墙随着高度的增加而逐级内收，形成台阶状的收分。在城墙外侧有厚 30～100 厘米的堆积层，斜压墙体。城外有环绕的壕沟，沟宽 4～7 米，深 3～4.5 米。城壕在西门处断开，不能连通。外壕东、西两边各有一个直径约 3 米的半圆形生土台，两台间壕沟宽度仅为 2 米左右，可能此处架设有板桥。西城门北侧的城墙上保留有南北向两排和东西向 3 排的基槽，槽内密布柱洞，将城墙分隔成数间面积达 3～4.5 平方米的封闭式建筑，可能为望楼一类的防御性设施。北门，现存宽度约为 10 米，平面略呈“八”字形，门外侧正中横筑一道东西向的护门墙，长约 7 米，宽约 1.5 米，夯筑十分坚硬，此显系为加强城门的防御功能，类似后代的“瓮城”作用，是其重要的考古发现。通向城外的道路，则绕护门墙两侧通过，路宽 1.75 米，用粗砂混合红烧土碎粒铺成。西门内东侧有大型夯土建筑基址，周围还有数座房基环绕。大型建筑基址北侧是面积达数百平方米的广场，应为公用建筑和公共活动的场所。大型袋状灰坑多分布在城址西北部，说明储物窖穴集中在城内地势高亢部位。通过以上简述，可知此城址在当时可为筑城技术先进、防御功能完备、基础设施较齐全的典型之城，对研究古代筑城技术、城市发展和文明起源具有非常重要的意义。

（3）河南淮阳平粮台古城址

平粮台古城址系一座龙山文化城址，碳十四测定，距今 4130 ± 100 年。城址平面呈方形，长、宽各 185 米，城内面积 3.4 万平方米（图 1－11）。城垣基宽 13 米，现存顶宽 8～10 米，部分墙段残高 3.5 米。全部由夯土筑成，夯层厚 15～20 厘米。采用小版筑堆筑法，即先以小版夯筑一宽 0.8～0.85 米，高 1.2 米的内墙，再在此墙外侧堆土，并夯成斜坡状，至超过内墙高度后，再夯筑城墙的上部，如此反复堆筑，直至所需墙高为止。城址北垣和南垣中部，遗存有缺口和路土，当系城门和道路的位置。南门中央有宽 1.7 米的出入城道路，路之两侧依城墙各建门屋一间，屋门相对，用土坯砌墙，可能为门卫房（图 1－12）。以东门屋为例，平面矩形，东西宽 3.1 米，南北深 4.4 米，墙厚0.5～0.7 米，所用土坯有长方形、方形和三角形等多种型号，南墙外皮涂抹有厚 4 厘米的草拌泥壁面，屋内有红烧土居住面，标高略低于室外地面。中央道路路面以下 0.3 米处，埋置有陶制排水管，每节管长 0.35～0.45 米，大头直径 0.27～0.32 米，小头直径 0.23～0.26 米，均为轮制，外表面施篮纹、方格纹、绳纹、弦纹，少量为素面（图 1－13）。城内东部有房屋基址十多处，有的为地面起建，有的建于高台之上，平面多为矩形（图 1－14）。墙壁普遍使用土坯垒砌，土坯尺寸不一，长 0.32～0.58 米，宽 0.26～0.3 米，厚 0.06～0.1 米。多为平顺铺砌，也有先平铺再竖砌的。坯与坯间用草泥浆粘合剂。墙体外表涂抹草泥墙皮。此城址为建筑考古研究提供了难得的城门之门卫房、不同尺寸不同规格的砌墙土坯、小版夯筑的筑城技术、同为龙山时期但分为上、中、下三层的排水陶制管道、规划有序的古城形制与布局等珍贵的实物资料，具有重要的科学价值和历史价值。

（4）内蒙古地区新石器时代石构古城

内蒙古凉城老虎山古城和包头威俊西古城，均为红山文化时期的古城址，皆为依山而建，城垣和城内建筑基址的墙体都为石构。老虎山古城平面大体呈菱形状，城内面积 13 万平方米。城之西北建有平面方形的小堡。城内依等高线建为阶地八层（图 1－15），分布有居所、窖穴、窑址等。威俊西古城，平面为不规则形，其南垣较完整，依山势弯曲为四折之弧形（图 1－16），西垣沿忽洞沟呈较直的弧线，东垣呈 S 形。城中部有较高的丘岗，现遗存有大体呈平行弧线之石墙六道。这两座古城最大的特点为所有城垣和城内建筑基址的墙体均为石构。

另外，新石器时代一部分古城，如河南新密古城寨和登封王城岗等古城遗址，城内大型夯土建筑基址，可能为宫室性质的建筑，应引起关注，做进一步的研究。

以上几座古城的简述中，已将其筑城材料、筑城技术、城垣、城壕、城内建筑基址、道路与排水管道等基础设施、门卫房与护门墙、地域分布与平面布局、规模尺度、古城与建筑基址的建筑性质等新石器时代古城的特点和重要发现，都一一列出，故此不赘。这些古城的重要发现，为建筑考古研究提供了弥足珍贵的实物资料，为古城址鉴定提供了重要依据。

2. 新石器时代的聚落遗址

新石器时代的先民是以群体形式进行农业、渔猎和畜牧生产的。为了生产、生活的便利和安全，必然采取聚居的形式，就产生了由多座建筑组合起来的原始聚落。除游牧的先民外，一般均为定居。聚落的内容日益丰富，不但有居住的房屋建筑，还有储物的窖藏，圈养牲畜的畜栏，公共活动的广场、祭坛及“大房子”，防御的壕沟、桥梁，烧制陶器的陶窑，埋葬氏族亡人的墓地等。这些建（构）筑设施，有的设置于聚落之内，有的则位于聚落之外，形成一个由整体建筑群组成的聚落形态。

新石器时代，我国北方和南方的聚落建筑有较大差异，故本文分别选择西安半坡遗址（北方）和河姆渡遗址（南方），予以重点介绍。鉴于本文侧重汇集此时期建筑特征，为建筑鉴定提供素材，故除这两个遗址重点介绍外，其他诸多聚落遗址的建筑特征与重要发现，则予以综合简汇。

（1）西安半坡仰韶文化聚落遗址

该聚落平面呈不规则的长方形，南北最长处约 300 米，东西最宽处约 190 米，总面积超过 5 万平方米。已发掘 3500 平方米。发现大小壕沟四段，较完整的房屋基址 46 座，墓葬 200 余座，出土文物约一万件（图 1－17－1、2）。根据杨鸿勋先生的研究成果，46 座建筑基址，依其营造技术等可分为早、中、晚三个发展阶段。早期：为半穴居，即下部空间为掘土形成，上部空间为构筑而成。早期建筑基址仅见方形，又可分为三个发展环节，即以 F37 为代表的不甚规则的方形圆角半穴居（图 1－18）；以 F21 为代表的较为规则的方形圆角半穴居（图 1－19）；以 F41 为代表的减少内部用柱的略呈长方形圆角半穴居（图 1－20）。中期：居住面上升到地面，围护结构为构筑而成。①方形，以 F39 为代表的近似方形，一个中柱，矮墙，屋盖上开窗的初始地面建筑（图 1－21）；以 F25 为代表的略呈长方形平面，木骨泥墙形成部分主要承重支柱（图1－22）；以F24为代表的略呈长方形平面，基本形成面阔三间，进深两间的间架（图1－23）。②圆形，外围结构浑然一体的穹庐屋，骨架没有承重与非承重的分化，具备早期特点，但空间纯系构筑而成，居住面升至地面，具备中期特征，故可视为早期到中期的过渡形式。圆形建筑的发展序列为：以F6为代表的不甚规则的圆形穹庐屋（图1－24）；以F22为代表的圆形平面，间有粗木骨架的厚墙，槛墙式高门限，无檐囤形圆屋（图1－25）；以F3为代表的增加室内支柱，入口内设隔墙，从而形成隐秘空间有檐圆屋（图1－26）；圜墙内木骨分化，形成主要承重支柱，室内减少支柱的圆屋。晚期：主要特点是内部空间用木骨泥墙分隔为若干室。如F1“大房子”，用粗大的木柱，厚而较低矮的垛泥墙，以承托屋盖荷载（转角应力集中处加施木骨）（图1－27）。而一般居住房已形成类似郑州大河村仰韶晚期F1～4的形式（室内有隔墙，结构较复杂的长方形分室地面建筑）。

半坡聚落遗址整体保存尚好，可分为居住、制陶、墓地三个区域，周围有防护壕沟，住房呈环形布局，形成中央广场。表明此时期已萌发了规划思想，它为建筑史提供了较早的规划实例。

（2）浙江余姚河姆渡干阑建筑聚落遗址

该遗址早期即第四期文化层（图1－28），经碳十四测定距今约6900多年，晚期（第一期文化层）距今约5000年。发现许多干阑长屋建筑遗迹，并出土数千件木构件，是我国首次发现最早的木结构实例。虽未发现十分完整清晰的单体建筑遗址，但从保存的竖桩、横板、竖板、梁、柱等，特别是地板抬高80～100厘米的做法，已明显看出这里的建筑属于干阑式木结构建筑。这里居住建筑大体可分为三个阶段。第一阶段为栽桩架板的干阑式建筑。分为两种形式，第一种为高干阑式，木桩打入生土层，其上置木龙骨、横木、竖桩、竖板、横板等构件。第二种为低干阑式，有竖桩、横板，梁、板有企口，转角处的承重木桩直径较粗，围护桩的直径较细。还有用小木桩围起来的栅栏圈，可能为圈养家畜、家禽所用。第二阶段为栽柱打桩式地面建筑。柱有方形、半圆形、扁方形。立柱时先挖柱洞，柱洞内放置木垫板作基础，再竖立柱子。第三阶段为栽柱式地面建筑。其做法是先掘柱洞，放入红烧土块、粘土、碎陶片等填充物，分层夯实，使之成为倒置的“铜盔”状柱础，再竖立柱子。

该遗址最惊人的发现是木构件上的榫卯。在没有金属工具，只使用石、骨工具的条件下，能制作出十余种榫卯形式，表明当时建筑技术确有很大进步。主要榫卯种类有：燕尾榫、梁头榫、双凸榫、柱头榫、柱根榫、企口榫、双叉榫等

（图1－29）。此外还有插入栏杆的直棂方木，虽不刻榫，但做法与榫卯一致。这些带榫卯的木构件，其表面均有明显的锛痕。构件中所凿透孔内壁都较粗糙，无打磨痕迹。以上所述的榫卯遗存，与后世常见的梁柱相交榫卯、水平十字搭交榫卯、横竖构件相衔接的榫卯以及平板相接榫卯的做法都非常相似。遗址中还出土有芦席及树皮瓦等建筑物顶盖结构的遗物。该遗址出土若干木构件还带有便于扎结的凹槽（图1－29）等，表明此时期，虽有先进技术的榫卯结构，但仍有扎结交接的做法。

3. 新石器时代聚落建筑的特征及重要发现

（1）新石器时代居住建筑的整体形象、改进完善的结构和构造

《旧唐书·北狄》曾记载北方少数民族的居所："掘地为穴，架木于上，以土覆之，状如中国之墓冢。"考古发掘资料也证明，最初的穴居，外观像罩在穴口上的斗笠，用茅草覆盖，再其上涂泥，形成有开口的顶盖（图1－30）；半穴居的顶盖较大，房屋的"墙"就是穴壁，顶盖是圆形的"攒尖顶"（图1－31）。以后地穴变浅，地面露出了墙体，初期的墙和屋顶的木骨可能是用同一弯木，墙和屋顶没有明显的界线（图1－32）。以后的发展，使墙和屋顶分开（图1－33），并形成了出檐。新石器时代晚期出现了台基，使之中国传统建筑的屋顶、墙身、台基三个主要部分的组合形式已较完备的产生了。此时期的屋顶形式，不但有圆锥顶，类似后世的"攒尖顶"，而且有方形和长方形房屋，柱顶用直径5～10毫米藤条绑扎脊槫，形成四面坡顶或两面坡顶，类似以后的四阿顶和悬山顶，开启了中国古代单体木构建筑屋顶形式的先河。

新石器时代的房屋建筑，以绑扎方式结合的木梁、柱屋面支撑的结构体系，木骨泥墙的围护墙垣，运用夯土技术和室外泛水等，较好地解决和改进了许多结构和构造上的问题。

（2）单体建筑的平面布局与室内空间组织

新石器时代，有了较精细的石斧、石刀、石锛及骨制工具，可以对木材进行简单而必要的加工，开始修造木构建筑。建筑平面大体有圆形、方形和长方形。晚期出现了双圆相连的"吕"字形平面（图1－34）。早期多浅穴居，稍后多为地面上的建筑。方形和长方形的建筑中初步形成"间"的空间格局。晚期地面上的建筑，如郑州大河村遗址和河南镇平赵湾遗址中的房屋建筑基址，已出现了分割室内空间的隔墙，形成一大室和一小室，大室又划分出套间或设独立出入口的房间（图1－35）。圆形平面建筑，门内两侧隔墙背后形成隐奥的空间，类似现代居住建筑的"内室"，实际上已初步具备了卧室的功能，标志着原始建筑室内空间组织的开端，在建筑史上具有重要意义。

（3）墙体与大叉手屋架

木骨泥墙，是以树木的枝干为立柱，再用枝干横向扎结成架，其间填充以苇束等轻质材料，然后涂泥做成墙体。墙体木骨，除多用圆木外，半坡仰韶文化遗址T13，泥墙内的木骨断面遗迹多为半圆形、楔形、矩形等形状，即木骨为劈制木材，谓其特点之一。木骨泥墙的出现，是地面建筑大发展的技术进步的关键。西安半坡遗址，发现的承重垛泥墙，厚约100厘米，除去内外壁的堇涂，净墙体厚80厘米都是泥土堆筑而成，泥中掺有红烧土碎块。墙内壁堇涂有树叶、枝条等掺和物，并经火烤，相当坚硬。承重垛泥墙的发现，是古建筑技术的又一进步。这一时期稍晚时候，还出现了夯土墙和版筑的墙体。

8000年前的大地湾文化、磁山文化等聚落遗址的原始半穴居，已孕育了大叉手屋架的雏形。至迟到半坡文化遗址F13门道顶棚遗迹，已能看出大叉手屋架结构的形成。大叉手即人字木屋架，已成为新石器时代主要的屋架形式，如半坡仰韶文化遗址F21门道顶棚复原图所示（图1－36）。大叉手屋架、木骨泥墙及堇涂屋面，形成了以木构为骨干的原始建筑土木混合的结构体系。

（4）栽柱与暗础

早期挖掘柱洞栽柱以原土回填，柱基无特殊处理。考古发掘时只见木柱腐朽或焚化后遗留的柱洞，往往难辨所挖柱洞的界限。半坡文化时期较晚的柱洞，在回填土中掺入石灰质材料，对柱根防潮和加固起到一定作用。半坡遗址F38的中心柱洞的回填土中还掺入骨料。陕西临潼姜寨、安阳后岗等多处遗址柱洞回填土中分别掺有红烧土渣、碎骨片、夹砂陶片等。还有用草筋泥回填柱洞的。这种做法，虽可增强柱脚的稳定性，但对柱基承载情况未有大的改善。半坡遗址T21a第三号柱洞，底部垫有10厘米粘土层，柱脚侧部斜置两块扁砾石加固，周围回填土的上部35厘米一段，分六层夯实。既加固了柱脚，又增强了承载力，防止柱子受力下沉。河姆渡文化晚期和良渚文化遗址中，还使用木板、木块作为柱础的。大地湾遗址还使用成排垫木的做法。这些都是栽柱深埋地下的暗础。特别是河南三门峡庙底沟遗址301、302号基址的中心柱和安阳后岗F19柱5下面，均已埋设了平置的砾石柱础，是迄今所知最早的成熟的地下础石实例（图1－37）。

（5）仰韶文化时期的副阶周匝

在建筑主体以外，加一周回廊，这种建筑形式，称为副阶周匝。有关古建筑辞书称“它可能最早出现于商代”。而河南灵宝西坡仰韶文化聚落遗址，发掘有两座特大型的半地穴房址（F105、F106）。F106房址，居住面积约240平方米，墙体内侧在厚约10厘米的青灰色草拌泥表面涂朱。特别是F105房基，在半地穴的主室外四周发掘出柱础坑（图1－38），可知为该建筑的副阶周匝遗迹。清理出副阶柱洞30个，复原为37个，柱间距2～3.5米，显示其明、次、梢、尽各间的不同尺度。半地穴室内面积204平方米，房基坑面积372平方米，连同副阶周匝的整体占地面积516平方米。灵宝西坡仰韶文化聚落遗址的F105、F106房址，不但是我国已发现的仰韶文化规模最大的房屋基址，更是把我国建筑副阶周匝的年代提早千余年。

（6）榫卯的使用（详见本文“浙江余姚河姆渡干阑建筑聚落遗址”）。

（7）公共建筑“大房子”

“大房子”是聚落居民用于集会、议事、祭祀等公共活动的中心，也是氏族首领的居所。所谓“大房子”，顾名思义就是房子的规模大，代表着同时期建筑技术的最高水平。以甘肃秦安大地湾、陕西西安半坡遗址为例。大地湾仰韶文化晚期F405建筑基址，面积150平方米，根据柱洞分布、大空间等，可知此建筑为面阔七间，进深五间，间距1.36～1.82米，大内柱柱距达5.75米，并有外廊的大房子。大地湾F901，是龙山文化房屋基址，是一座多空间的复合体建筑，占地总面积420平方米。它有如下特点：位于聚落中心部分；主体空间为“前堂后室”的格局；主体空间左右建有“旁”室；主体空间前面并列三门；主体空间前方紧接开放性空间——前轩，给人以“天子临轩”的联想；主体厅堂内出土有陶抄和施工找平工具等公用器具；建筑本身显示数据概念，主室长、宽比为2∶1，二中柱各居中轴上，前后檐承重柱数量相等，形成面阔九间的大房子（图1－39）。

西安半坡F1，为仰韶文化晚期的建筑基址，面积约160平方米，方形，半地穴。复原为进门是一个大空间，后部分隔为三个小空间，已具“前堂后室”的雏形。前部大空间是氏族聚会和举行仪式的场所，后部三个小空间是居住用房（图1－40）。河南灵宝西坡仰韶文化聚落遗址F105，半地穴室内面积204平方米，连同副阶周匝的整体占地面积共516平方米，可知它应是此时期最大的“大房子”（见本文“仰韶文化时期的副阶周匝”）。

（8）最早的土坯和陶质“烧砖”

土坯发明的时间，据考古资料可知为原始社会晚期，即龙山文化时期。在河南汤阴白营龙山文化晚期遗址，发现圆屋墙体使用泥土砌块垒筑的做法。泥土砌块可分三种：一为逐块摔打成型的砌块，如同陶坯；二为厚度基本相同，但长度不一，可能是摊成泥饼状大块，划分切割而成的坯块；三为用模具逐个拓成的相同规格的坯块。这三种做法似乎反映了土坯的发展过程。河南永城王油坊龙山文化晚期遗址F1的墙体也是用土坯垒砌的，土坯用于内壁，土坯间用黄泥浆粘合，泥缝宽约1厘米。土坯呈褐色，密度较大，边齐面平，规格不太统一，一般长

40～42 厘米，宽16～20 厘米，厚 8～10 厘米。河南淮阳平粮台龙山文化遗址一号房基和安阳后岗龙山文化遗址 F8、F12、F15、F18 的墙体也用土坯垒砌。安阳后岗 F8，土坯不甚规整，长 20～45 厘米，宽 15～20 厘米，厚 4～9 厘米，坯缝间填充黄泥（图 1－41）。墙内外皮涂抹厚 3～4 厘米的草拌泥一层。后岗 F12 墙厚 36～52 厘米，所砌土坯为不规则的长方形，长 40～60 厘米，宽 30～38 厘米，厚 6～9 厘米。土坯以深褐色粘土为主，内掺少许红烧土小块。墙外皮涂抹细黄泥一层，内壁涂抹一层细黄泥外，再加草拌泥一层，最后涂“白灰面”墙皮。通过以上诸例可知，我国土坯制作使用时间，始于新石器时代晚期。

《中国文物报》2000 年 12 月 14 日载文称：“安徽含山县凌家滩遗址，发掘出新石器时代红陶块铺装的大型广场及与广场同时期也用红陶块砌成的史前水井一口。广场南北长约 81 米，东西宽约 34 米，面积近 3000 平方米。由大小形状不一的红烧土块加少量黄粘土铺筑而成，平均厚度约在 1.5 米左右。红烧土块系用纯粘土人工摔打成型烧制而成。有砖红色、玫瑰红色、黄色、黄褐色、炭黑色、青砖色。多数断面见草秸痕迹。红烧土块应称为红陶块，是砖的雏形。”

近年，陕西蓝田新街新石器时代文化遗址，出土仰韶文化晚期（距今 5350～5100 年）细泥质红陶烧砖 5 块和龙山文化早期烧结砖 1 块。其中 5 块仰韶文化时期的烧砖经检测，烧成温度为 850～900℃，吸水率为 16.35%，气孔率为 17.02%，强度等级为 MU10。其中烧砖标本 3，残长 10.5 厘米，残宽 9.5 厘米，厚 2.5 厘米。砖的正面和侧面平整光滑，底面较粗糙（图 1－42）。其他几块烧砖的残长与残宽的尺度不一，除标本 5 厚 4 厘米外，其他砖厚皆为 2.5 厘米或 3 厘米。

《中原文物》2014 年第 2 期载文介绍，距今 6300～5500 年的湖南澧县城头山遗址和湖北枣阳雕龙碑遗址发现的早期陶质不规则的烧砖，用于修建祭祀场所、陶窑、铺垫灰坑、房屋基础和柱础；距今 5500～5000 年的湖北肖家屋脊屈家岭文化遗址等，出现的形状初步规则的烧砖，其用途扩展至筑墙、砌井壁、铺装道路等。该文还介绍浙江良渚文化遗址群中的距今约 5100～4500 年的庙前遗址，出土大量红烧土块，其中有的形状已趋于规则，烧制面比较平整，甚至有的形状已经接近规则的长方形（图 1－42）。以上这些考古发现无疑是非常重要的，为研究史前建筑的砖类建筑材料提供了弥足珍贵的实物资料。

（9）擎檐柱遗迹

洛阳王湾遗址 F11，安阳后岗遗址 F9、F19，都是已知较早使用擎檐柱的实例。洛阳王湾遗址 F11，在墙外围环列大小不一的柱洞，柱洞与墙基净距 30～50 厘米，柱洞直径一般 5～10 厘米，间距不等。这类泥墙外围栽立的擎檐柱遗迹，反映它还处于原始的阶段。安阳后岗 F9 西南墙外约 60 厘米处有擎檐柱柱洞三个，柱洞直径约 20 厘米，间距约 1 米，均立于室外散水上。后岗 F19 之墙外的擎檐柱柱洞间距 40～55 厘米（图 1－43）。后岗多座房基墙外有擎檐柱柱洞，最多者为 F8，其周围有擎檐柱柱洞 14 个。湖北宜都红花套遗址也发现擎檐柱遗迹。但这一地区不但泥墙用竹做骨架，就连擎檐柱也多用毛竹。

（10）壁画、地画和刻划白灰墙皮

陕西神木石峁遗址（龙山文化至二里头文化早期），不但发现保存完整，基本可以闭合的石砌城墙，以及城门、角楼和疑似“马面”的附属设施。而且石峁古城分内外城，内城墙残长 2000 米，面积约 235 万平方米，外城墙残长 2840 米，面积约 425 万平方米，是目前所知我国规模最大的新石器时代晚期城址。特别是发现了壁画，系建筑考古极为重要的新发现，是古代壁画研究新的突破（见《中国文物报》2012 年 10 月 26 日和 2014 年 7 月 18 日）。山西襄汾陶寺遗址 H330 灰坑内发现以圆圈、直线、折线等组合图案的刻划白灰墙皮，是新石器时代晚期墙壁装饰的重要发现（图 1－44）。宁夏固原店河齐家文化（相当于龙山文化时期）房基，在涂抹白灰面的内壁下部，发现用红色线条描绘的简单装饰纹样，是我国已知最早的壁画。

甘肃秦安大地湾仰韶文化房址 F411，是一座主体平面为矩形前附凸出门斗的地面建筑，室内居住面遍涂“白灰面”，其下为草泥垫层和夯实基土。在近南壁的居住面上，用炭黑色绘出地画，地画内容为曲左臂至头部作舞蹈状男女各一人，下侧绘有两动物图像。这种地画在我国尚属首次发现。

（11）防潮与防火

新石器时代半穴居的下部空间是挖掘后形成的土壁和土穴底，由于土壤水分的毛细作用，造成室内潮湿伤身，即《墨子》所载“下湿润伤民”。故原始先民采取防潮措施是必要和重要的。仰韶文化早期半穴居基址，有的居住面和穴壁涂有细泥面层，略起防潮作用。半坡遗址所见，则大部分半穴居基址已改进为堇涂，穴底涂层比穴壁稍厚，一般为 1～4 厘米，厚者达 5～10 厘米。堇涂较细泥层的防潮效果有所提高。再加上茅草、粟穰之类及其他编织物的垫层，略可满足防潮要求。仰韶文化建筑遗址已多有火烤痕迹，形成居住面呈青灰色、白灰色、赭红色的低度陶质面层，应是一种防潮处理。烧烤居住面也有“炙地”取暖的作用。《诗·大雅·绵》“陶復陶穴”的诗句，正是对烧烤半穴居的穴底、穴壁和堇涂屋面的记录。此时期还发现有在居住面铺垫黑色木炭防潮的。

对木构的半穴居或地面建筑，防火是个非常重要的问题。居室内固定的火塘和可移动的陶炉均为易遭火灾的火源，木构又是易燃物，故原始先民将木柱、木板、枝条、芦苇等易燃的建筑材料涂泥或堇涂以防火。这种涂细泥或堇涂的做法，在西安半坡等新石器时代的遗址中是常见的防护做法。

(12) 木地板装修

原始社会晚期已出现室内居住面使用木地板的做法。如安阳后岗遗址一座龙山文化时期的房基室内全由整齐的木材水平铺装，铺装的做法是将原木劈削成断面呈半圆状的两部分，半圆面朝下，平面朝上，部分木板延伸至墙内，表明地面铺装后，在木板上筑墙的建筑工序（图 1-45）。河南郾城郝家台龙山文化城址内，不但有地面起建的排房，而且还使用土坯砌墙（土坯间用黄泥浆粘结），墙外有散水坡。特别是有座房基，室内地面用加工粗糙的木板铺装，可见当时建筑档次之高，建筑结构之讲究。较上述两例更早的，是陕西西安半坡仰韶文化遗址中的一座房基，室内居住面在草筋泥下铺垫木板防潮层，木板系劈裂制成，板面稍加平整。

(13) 散水的使用

使用散水，可避免墙基积水和减少受潮。河南汤阴白营龙山文化聚落遗址，普遍发现在房之墙外周围铺设散水，散水的坡度较大，以利尽快排水。其做法是用草筋泥涂抹而成，与墙体草筋泥抹面连接紧密，散水层厚约 2.5～3.0 厘米。该遗址散水的另一种做法是用料礓石渣掺黄土拍实，表面坚硬。

安阳后岗遗址，多处建筑基址铺设散水，有的上下重叠多层，如 F12 等为二层散水，F11 为三层散水，F8、F25 为四层散水。表明这些散水长期使用，且屡经修补。其做法是用黄泥堆积成内高外低的斜坡状，散水与墙基粘结密实，宽约 0.5～1 米。有的散水表面另涂抹草拌泥一层，并经烧烤处理。有的散水之下墙基外侧还埋有石块，以加固墙基。湖北江陵朱家台遗址，大溪文化晚期房址 F1 的台基四周用红烧土块垒筑，台基东西北部均有散水，呈斜坡状，用红烧土块铺砌。

(14) 石灰的使用

仰韶文化晚期，出现房基的居住面施白灰层的做法。龙山文化时期，“白灰面”使用较多，如河南汤阴白营龙山文化遗址，30 余座房基，绝大多数使用白灰面，厚度约 3 毫米。在一陶罐中还发现有白灰膏。河南安阳后岗龙山文化遗址，发现有白灰过滤后的白灰渣（图 1-46）。有的遗址中发现用石灰石烧成的白石灰干块。山西夏县东下冯遗址，出土有熟石灰和未烧透的石灰石，还发现过滤灰渣的遗迹。龙山文化晚期，由于进一步掌握了烧制石灰的技术，不但居住地面涂抹白灰面，而且还涂抹壁面。还发现在内壁上，涂抹一周白灰面墙裙。

（15）防御设施

新石器时代，已经开始筑城墙、掘护城河、设门卫房等，构筑较为严密的城市防御设施（见本文“新石器时代的城址”）。通过已发表的考古发掘材料，可知当时聚落也有防御设施。如属于仰韶文化时期的西安半坡遗址和临潼姜寨遗址，均在聚落居住区周围挖掘有相当宽度和深度的壕沟，即为保护聚落防御入侵的重要设施。半坡遗址居住区内用以划分区域的较小壕沟，也有防御作用。姜寨遗址北部的外壕，在F45处形成“U”字形转折，可能F45建筑兼具居住和瞭望、守卫的功能（图1-47）。内蒙古包头大青山莎木佳遗址，系红山文化聚落遗址，周边以石垣围护。安阳后岗龙山文化聚落遗址，曾发现一段长70余米，宽2~4米的夯土墙，无疑是为防御所修筑的。至于地处悬崖深谷的窑洞聚落和水网地带的干阑聚落，则利用天然山崖及辽阔水面作为屏障，再部分辅以人工栅墙或壕堑，也能起到很好的防御作用。

出入之门道，是重点防卫之一：陆路设大门和门卫房，水道壕沟架设桥梁。新石器时代的古城址和聚落遗址的发掘实物，均得以证明。

（16）原始水井

新石器时代，原始先民不但从自然的沟河坑塘中取水生活，而且已开始掘井取水。浙江河姆渡聚落遗址，发现一个圆坑底部设置有木构支护结构的方坑，是已知长江流域最早的人工水源的结构形式。经研究，被认为是采用木构井干的水井，是高水位地区的一种木构支护水井的雏形（图1-48）。根据它周围竖立的桩木残段和井内中心残留的木桩遗迹，以及呈放射状塌落的椽木、芦席残片等分析，证明井口之上加筑有棚架顶盖，以保护水源，类似汉墓出土的明器陶井常见的井亭。在河南舞阳大岗细石器文化遗址（裴李岗文化与细石器文化的地层相叠压），发现一座裴李岗文化时期的水井，深约10余米。河南汤阴白营龙山文化聚落遗址，发掘出丰富的建筑文化遗存，其中房基46座，多为圆形，少数长方形；多为地面建筑，少数半地穴式建筑，纵横排列整齐。其中，发现窖穴55个，还发现石灰窖1个。在这样的原始社会聚落内，发掘出土水井一眼，系木构井干支护的方形水井，口径5.6~5.8米，深3米许。下部残留有叠置的木构井干，即用圆木扣成“井”字形的支护形制（图1-49）。

（17）原始祭坛

现已发现的原始社会室外祭祀遗址，以内蒙古一带的红山文化保存最多，一般都是露天的石构祭坛，规模较大。其他地方还有夯土构筑的祭坛。

内蒙古包头大青山莎木佳红山文化聚落遗址，除发掘出土居住建筑基址外，还发掘出用大石块砌筑成圈状平面的露天祭坛群基址（图 1 – 50），全长约 19 米，由三坛组成：南为直径 1.5 米的圆形祭坛；中间为圆角矩形祭坛，东西长 3.8 米，南北宽 3 米；北祭坛平面为圆角方形，分为两层，外层边长 7.4 米，内层边长 3.3 米，最高处高 1.2 米，顶部平铺石块一层。此三坛之间距均为 1 米，采用中轴对称式布局，可能体现古人最早的“天圆地方”的观念。附近还出土有陶塑女性裸像和陶质祭器等。浙江余杭瑶山良渚文化遗址的夯土祭坛，祭坛位于一小山顶上，为三重方形，其上文化层堆积厚 0.2 ~ 0.3 米，内为红色土壤夯筑成的坛台，台之东面长 7.6 米，南 6.2 米，西 7.7 米，北 5.9 米。其外为灰色土筑成的围沟，深 0.65 ~ 0.85 米，宽 1.7 ~ 2.1 米。沟之南、西、北三面分别以黄褐色斑状土筑成宽分别为 4.0、5.7 和 3.1 米的土台，台面铺砾石。其西、北部再建由砾石砌成的石垅，外形作整齐的斜坡状，现仅残存西侧约 10.6 米，北侧约 11.3 米各一段。经发掘可知，坛上有南、北两排共 12 处墓葬，依出土物考证，可能为当时祭师之墓。

除露天祭坛外，此时期还有室内祭祀和室内外相结合的祭祀建筑遗址。辽宁凌源牛河梁红山文化女神庙建筑遗址，即为室内祭祀之遗存。

图 1－1　旧石器时代“橧巢”示意图
（《中国古代建筑词典》，1992 年版）

图 1－2　窝棚
①捷克活斯特腊伐城郊旧石器时代窝棚复原
②乌克兰旧石器时代窝棚复原
③苏格兰蜂巢形石屋
④树枝棚
⑤美洲平原印第安人窝棚
⑥中国东北鄂伦春人“仙人柱”
（《中国建筑艺术史》上，1999 年版）

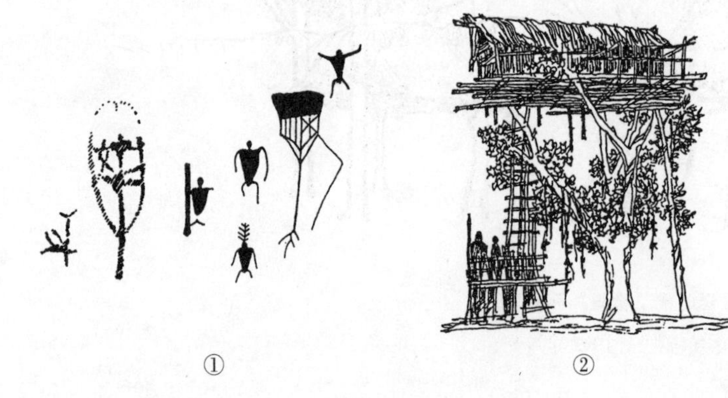

图1－3　云南沧源岩画树居与新几内亚现代树居

①云南沧源岩画中的树居

②新几内亚现代原始树上居

（《中国建筑艺术史（上）》，1999年版）

图1－4　四川传世青铜錞于上的象形字“巢居”

（《中国建筑艺术史（上）》，1999年版）

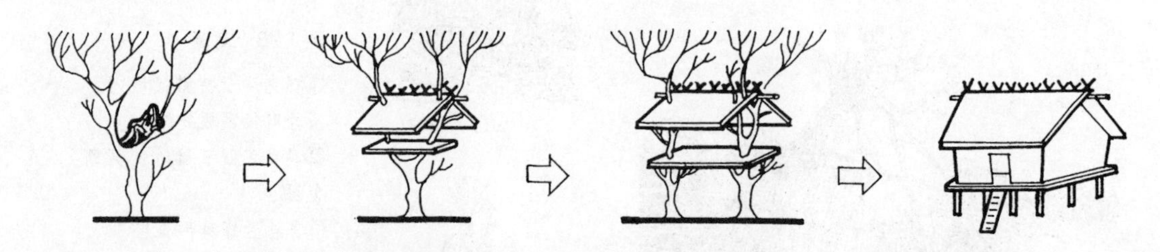

图1－5　“树居—干阑”发展系列示意图

（《中国建筑艺术史（上）》，1999年版）

远景之一（由东望）

远景之二（由北望）

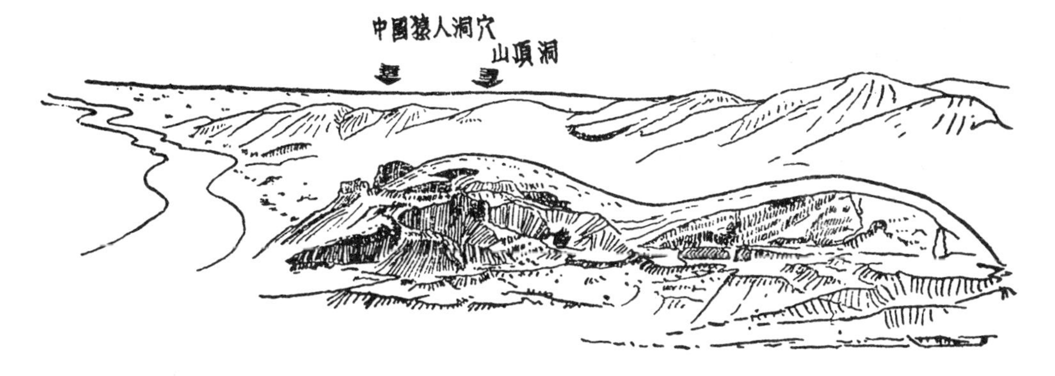

图1－6　北京周口店中国猿人洞穴附近地形图

（《中国建筑简史》第一册《中国古代建筑简史》，1962 年版）

图1－7　河南荥阳织机洞旧石器时代遗址

（《河南文化遗产·全国重点文物保护单位》，2007 年版）

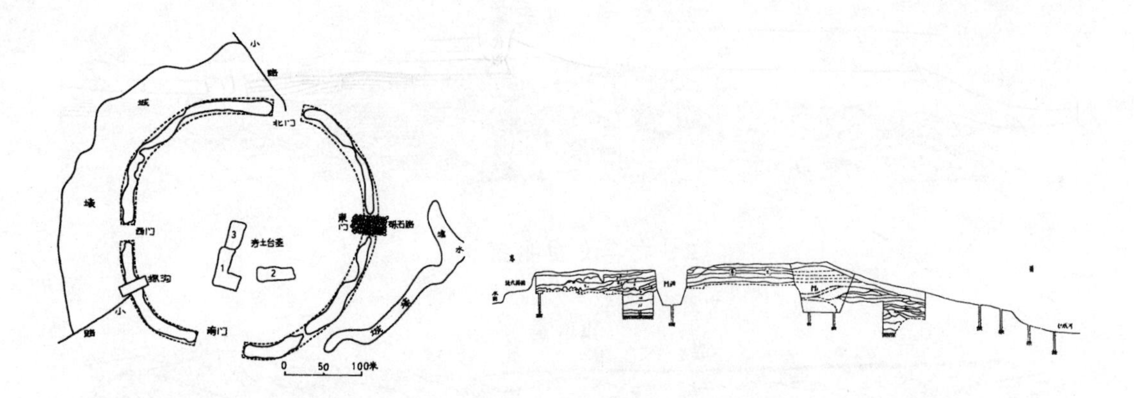

图1-8　湖南澧县城头山古城遗址平面图和西南城墙剖面图

（《文物》1993年第12期）

＊ 图中所显示的，是“龟背”地形及城墙、城门、城壕、道路和城内的建筑基址。

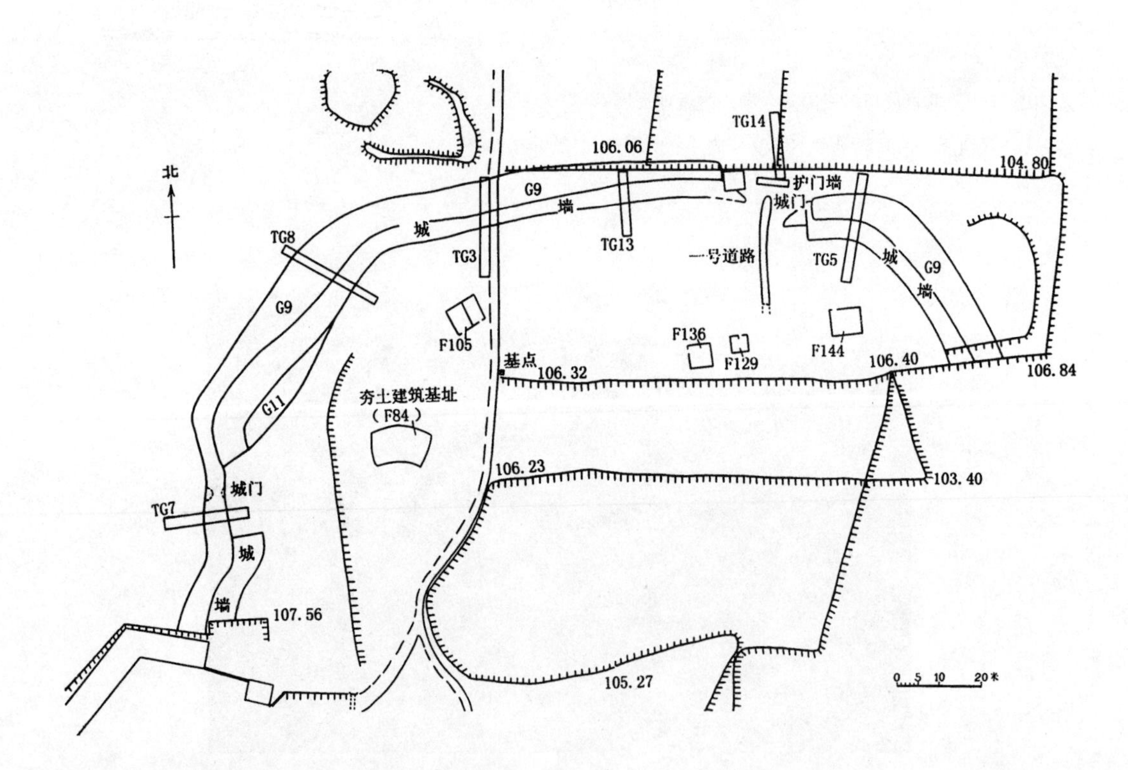

图1-9　河南郑州西山仰韶文化晚期城址平面图

（《文物》1999年第7期）

＊ 图中所显示的，是城墙、城门、护门墙及道路、夯土建筑基址。

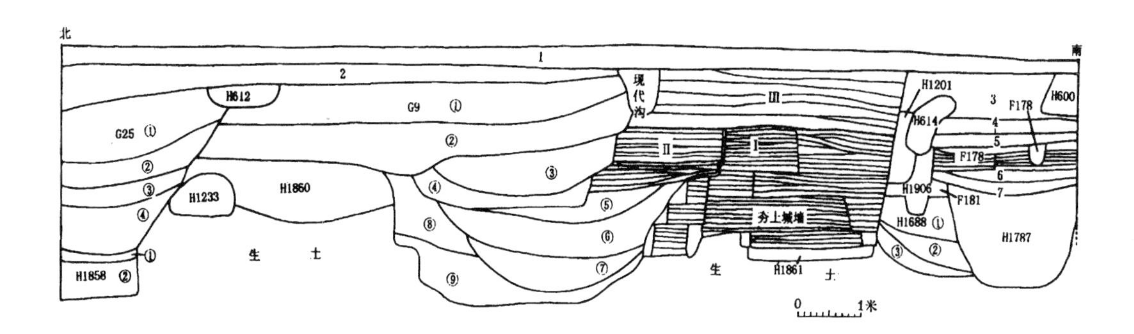

图 1－10　河南郑州西山仰韶文化晚期城址剖面图

(《文物》1999 年第 7 期)

＊ 图中所显示的，是城墙结构及夯土版筑的做法。

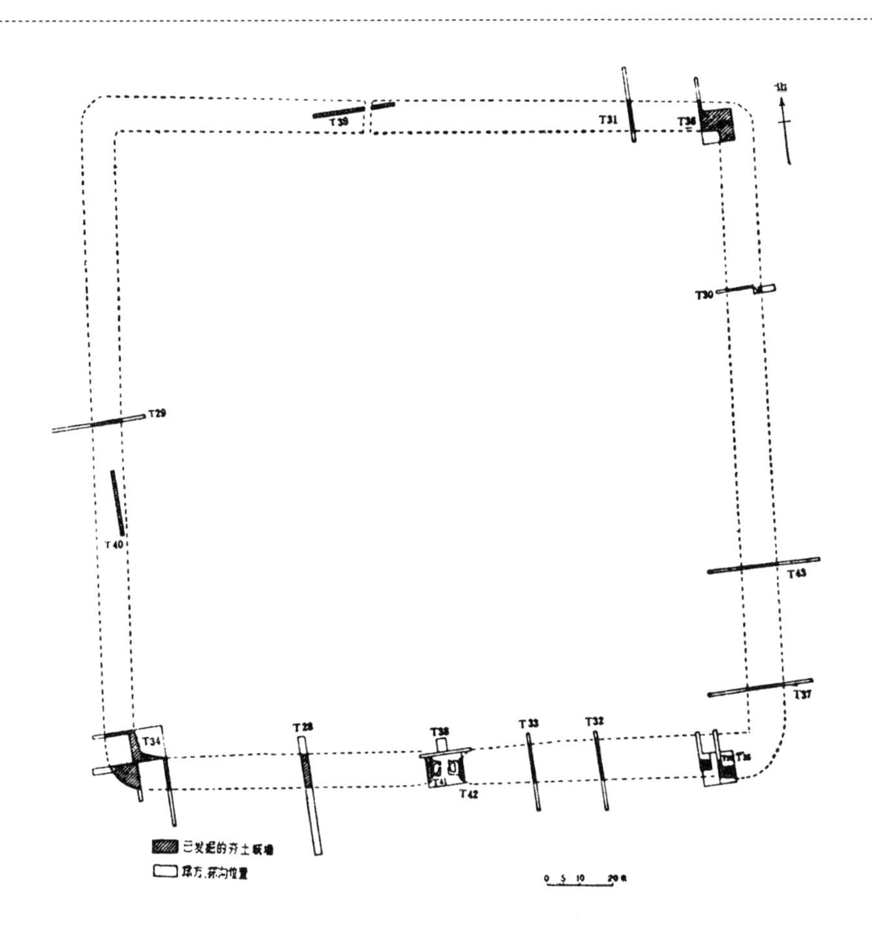

图 1－11　河南淮阳平粮台龙山文化城址平面图

(《文物》1983 年第 3 期)

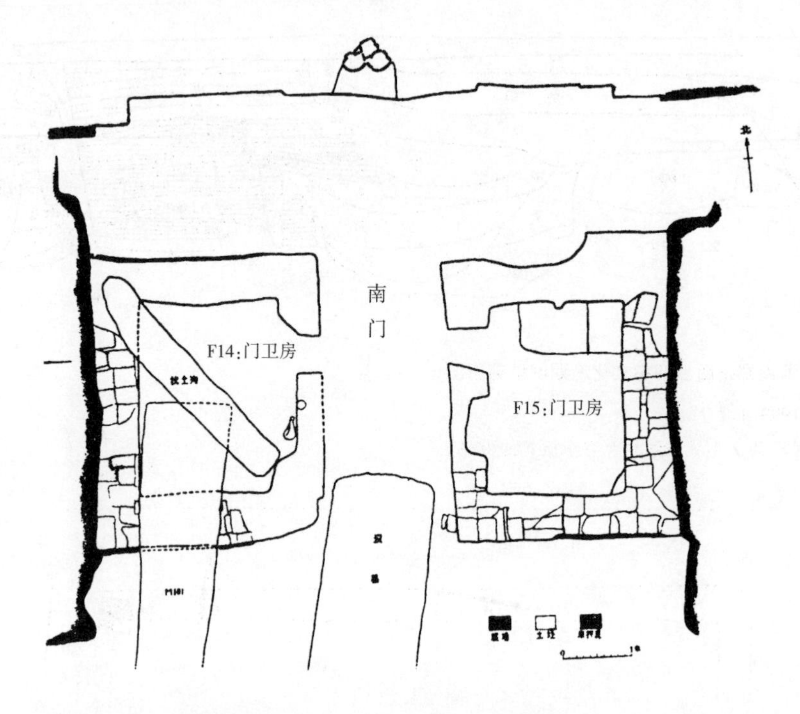

图 1－12　河南淮阳平粮台古城遗址南城门和门卫房平面图

（《文物》1983 年第 3 期）

图 1－13　河南淮阳平粮台古城址陶排水管道（由北上向南下）

（《文物》1983 年第 3 期）

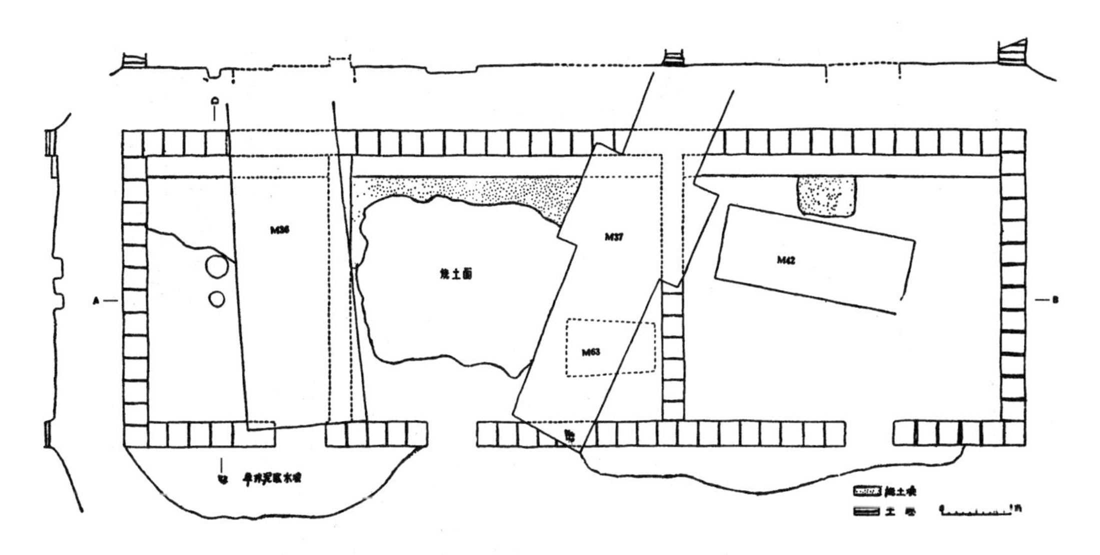

图1－14　河南淮阳平粮台古城内一号房基平、剖面图

（《文物》1983年第3期）

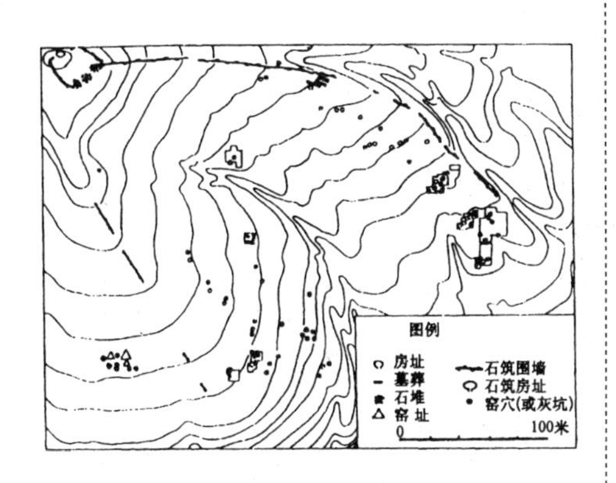

图1－15　内蒙古凉城老虎山菱形石构古城址的阶级状地层及建筑基址、墓葬分布图

（《考古》1998年第1期）

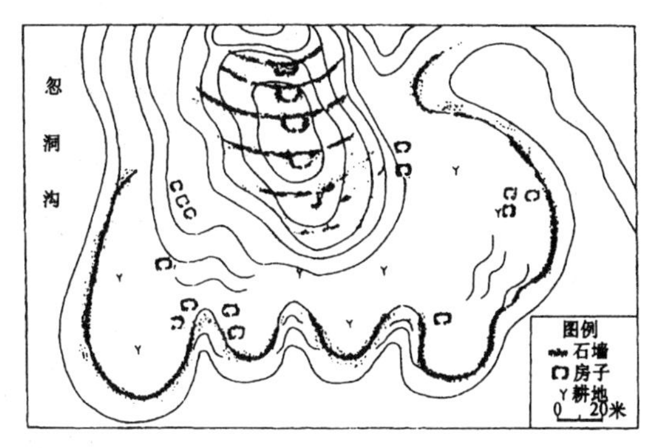

图1－16　内蒙古包头威俊西不规则形石构古城址地形图

（《考古》1998年第1期）

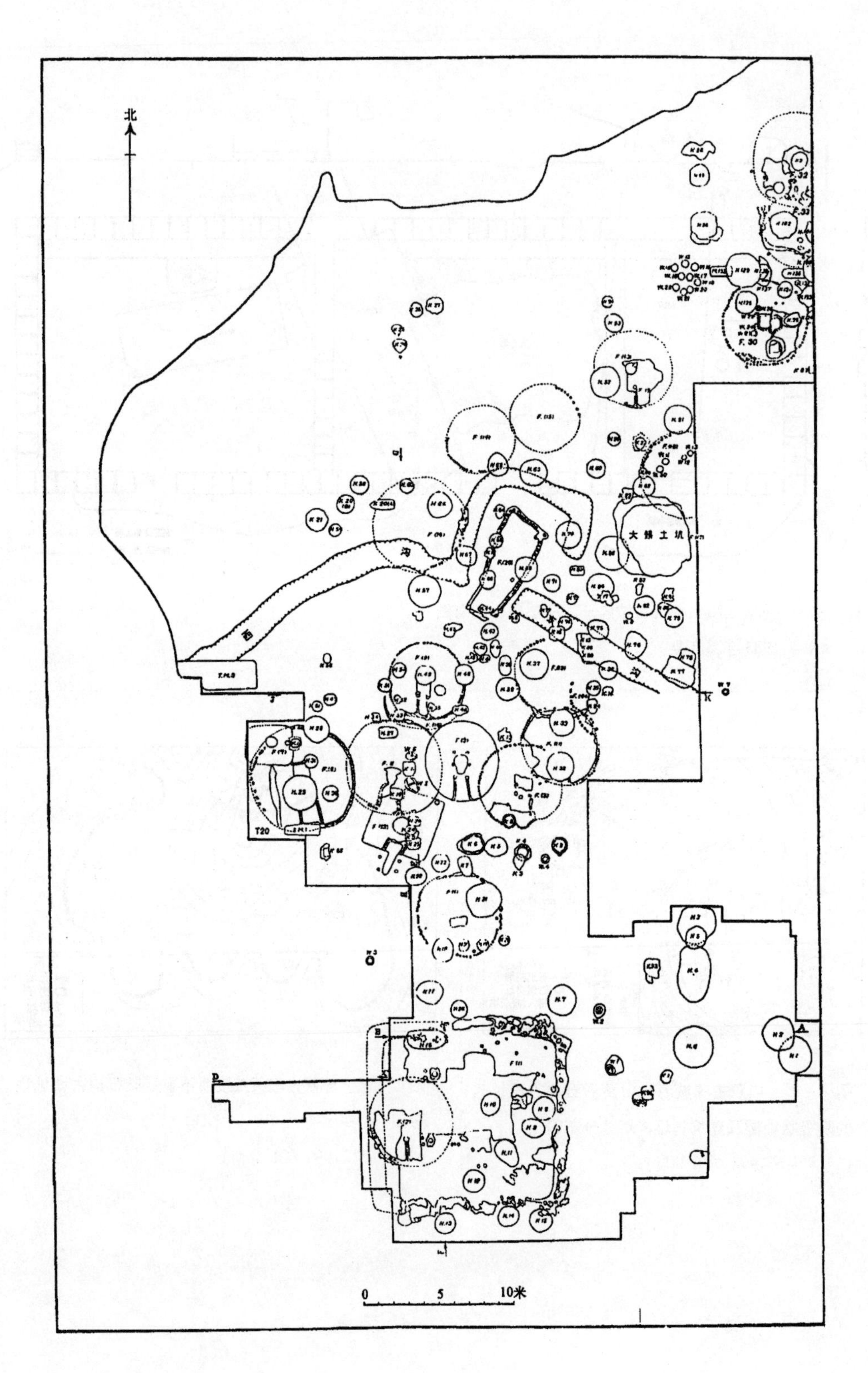

图 1－17－1　西安半坡中西部主要遗迹分布图（Ⅰ区）
（《西安半坡》，1963 年版）

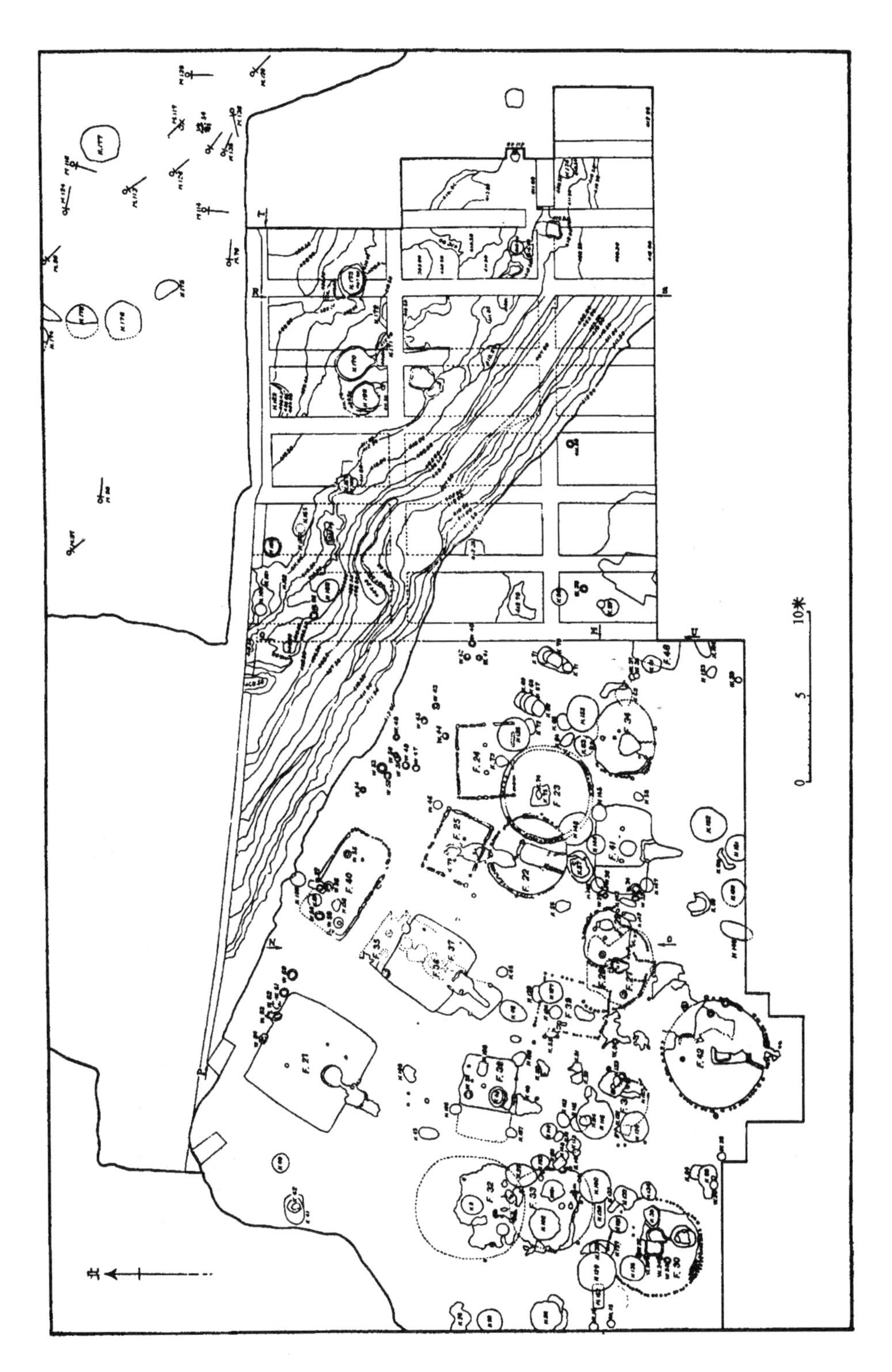

图 1－17－2　西安半坡北部主要遗迹分布图（Ⅱ区）

（《西安半坡》，1963 年版）

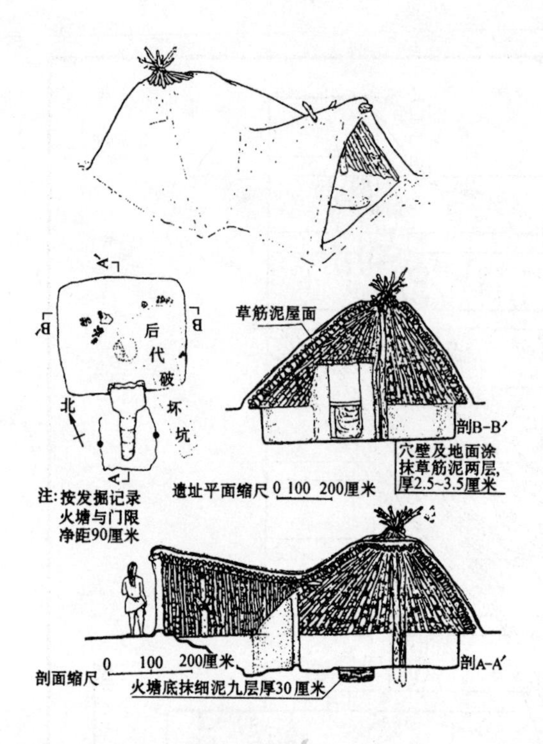

图 1－18　西安半坡 F37 平面及复原图

（《杨鸿勋建筑考古学论文集》，2008 年增订版）

＊ 如图所示，是不甚规则的方形、圆角、半穴居。

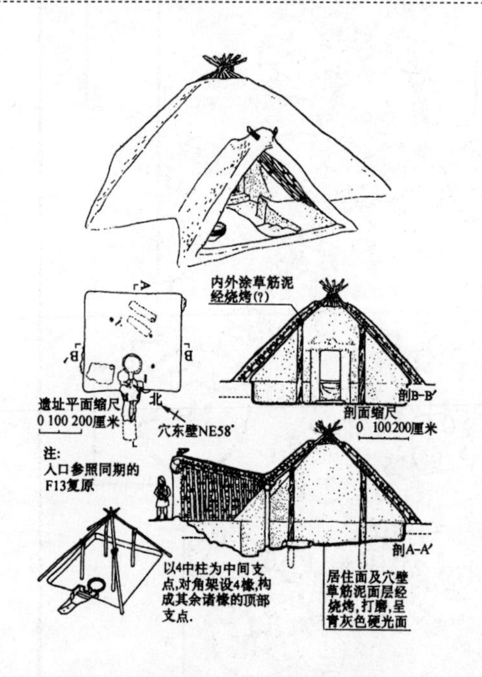

图 1－19　西安半坡 F21 平面及复原图

（《杨鸿勋建筑考古学论文集》，2008 年增订版）

＊ 图中所显示的，是较为规则的方形、圆角、半穴居。

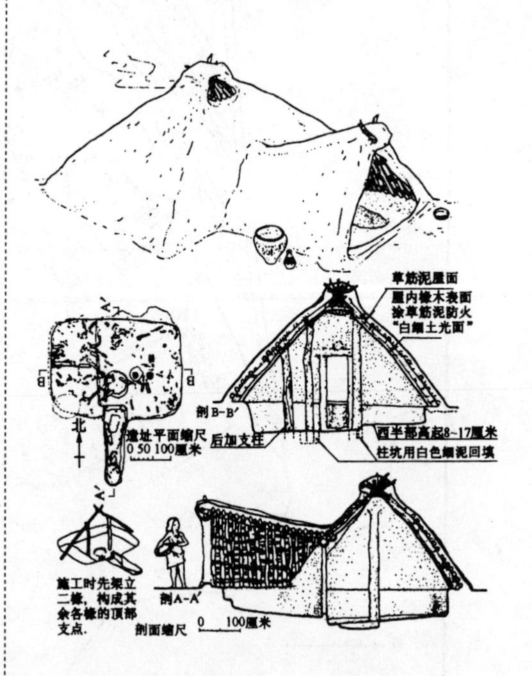

图 1－20　西安半坡 F41 平面及复原图

（《杨鸿勋建筑考古学论文集》，2008 年增订版）

＊ 图中所显示的，是略呈长方形的圆角半穴居。

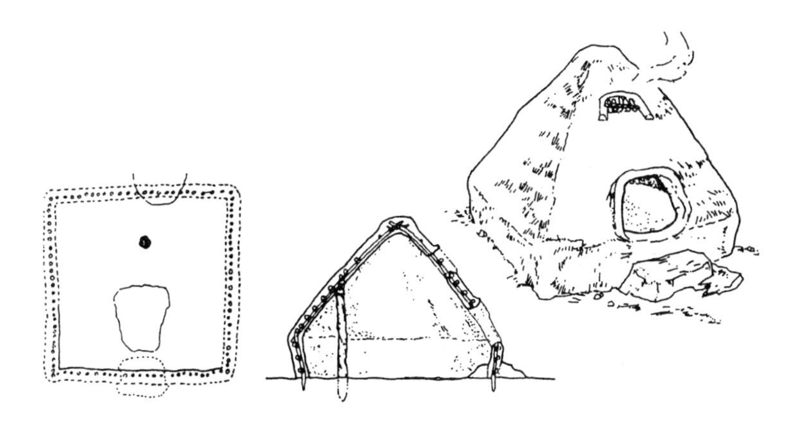

图 1－21　西安半坡 F39 平面及复原图

（《杨鸿勋建筑考古学论文集》，2008 年增订版）

＊ 图中所显示的，是平面近方形，矮墙，屋盖上开窗的初始地面建筑。

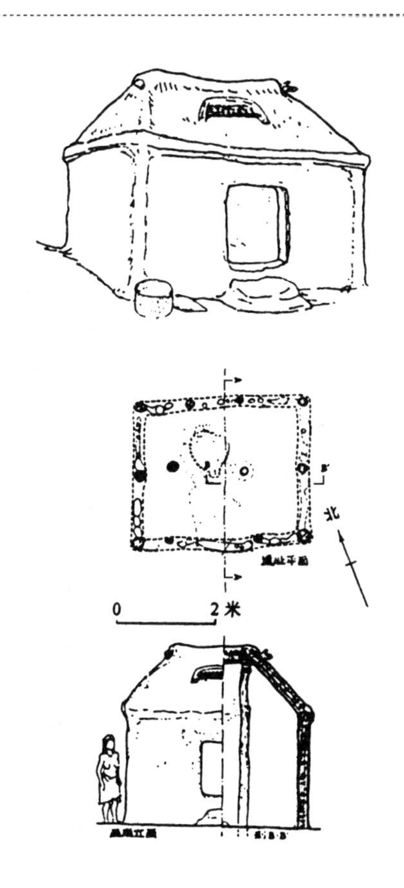

图 1－22　西安半坡 F25 平面及复原图

（《杨鸿勋建筑考古学论文集》，2008 年增订版）

＊ 图中所显示的，是木骨泥墙形成部分主要承重支柱的地面建筑。

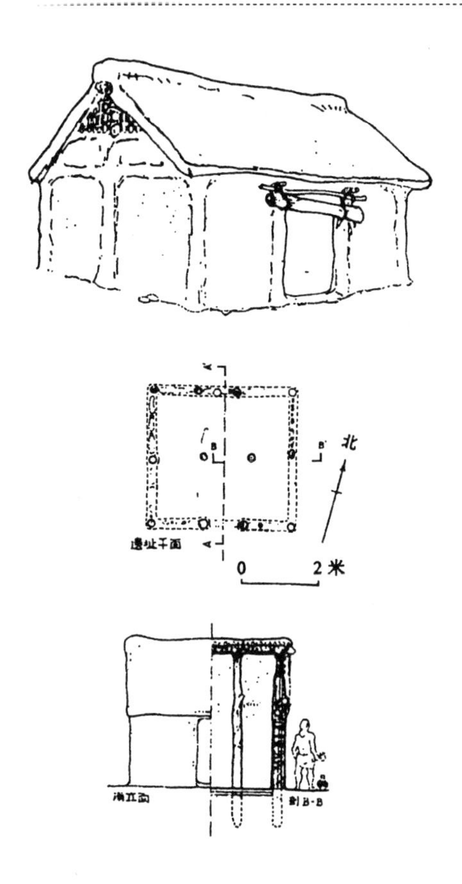

图 1－23　西安半坡 F24 平面及复原图

（《杨鸿勋建筑考古学论文集》，2008 年增订版）

＊ 如图所示，平面略呈长方形，基本形成面阔三间、进深两间的间架。

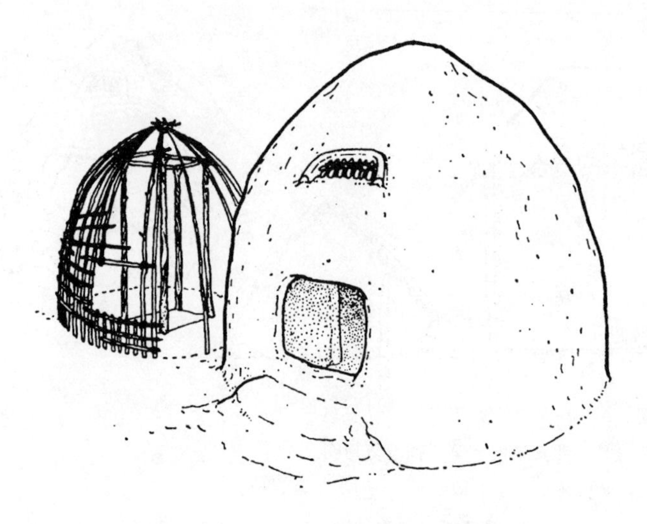

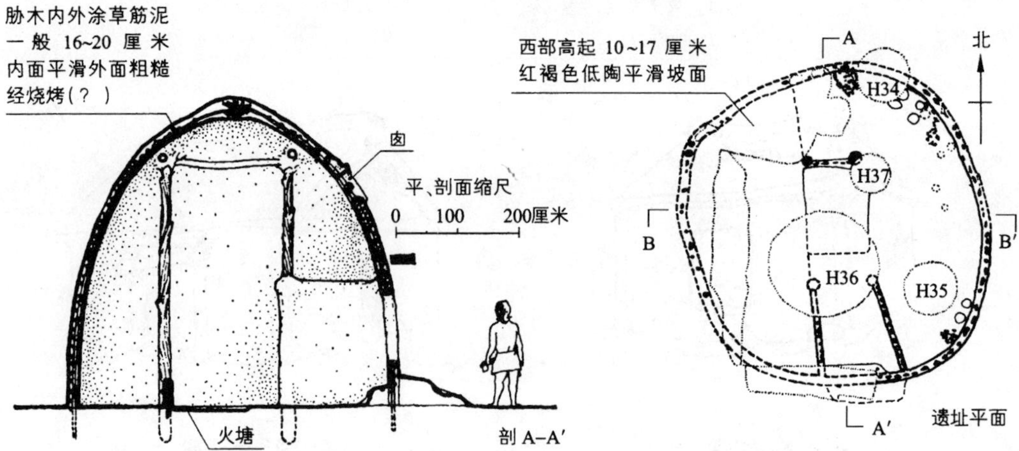

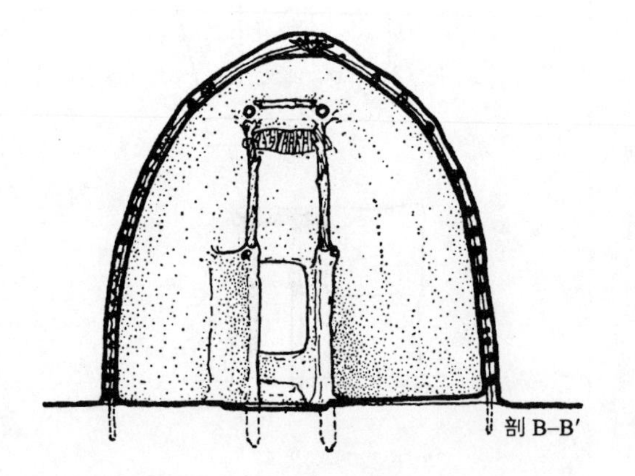

施工时,先于对角架设4肋木,构成其余肋木的顶部支点。
柱顶横向杆件节点之间不承接肋木,是稳定4柱的联系杆,不是梁。

构架示意

图1-24 西安半坡F6平面及复原图

(《杨鸿勋建筑考古学论文集》, 2008年增订版)

* 如图所示, 居住面升至地面, 穹庐屋不甚规则。

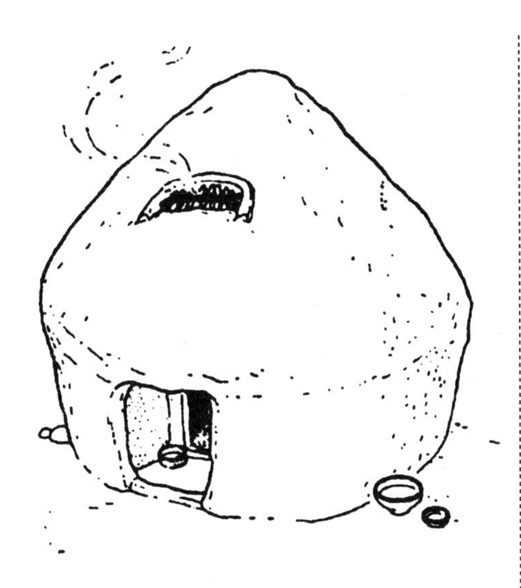

图1－25　西安半坡 F22 复原图

（《杨鸿勋建筑考古学论文集》，2008 年增订版）

＊ 此建筑基址复原所显示的，是粗木骨架厚墙，槛墙式高门限，无檐囤形圆屋。

图1－26　西安半坡 F3 复原图

（《杨鸿勋建筑考古学论文集》，2008 年增订版）

＊ 此建筑基址复原显示，室内增加支柱，入口内设隔墙，形成隐秘空间的有檐圆屋。

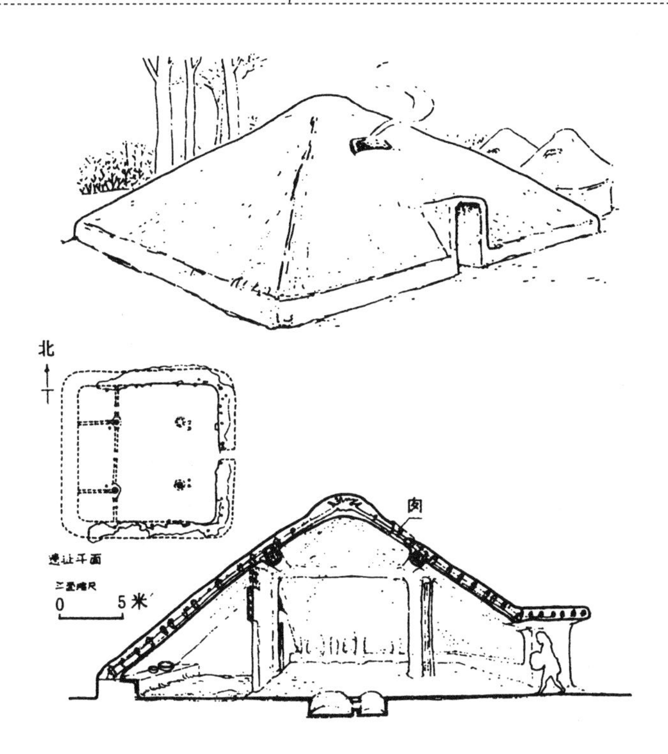

图1－27　西安半坡 F1 平、剖面及复原图

（《杨鸿勋建筑考古学论文集》，2008 年增订版）

＊ 图中所显示的，是用粗大木柱和厚而低矮的垛泥墙，以承托屋盖荷载的“大房子”。

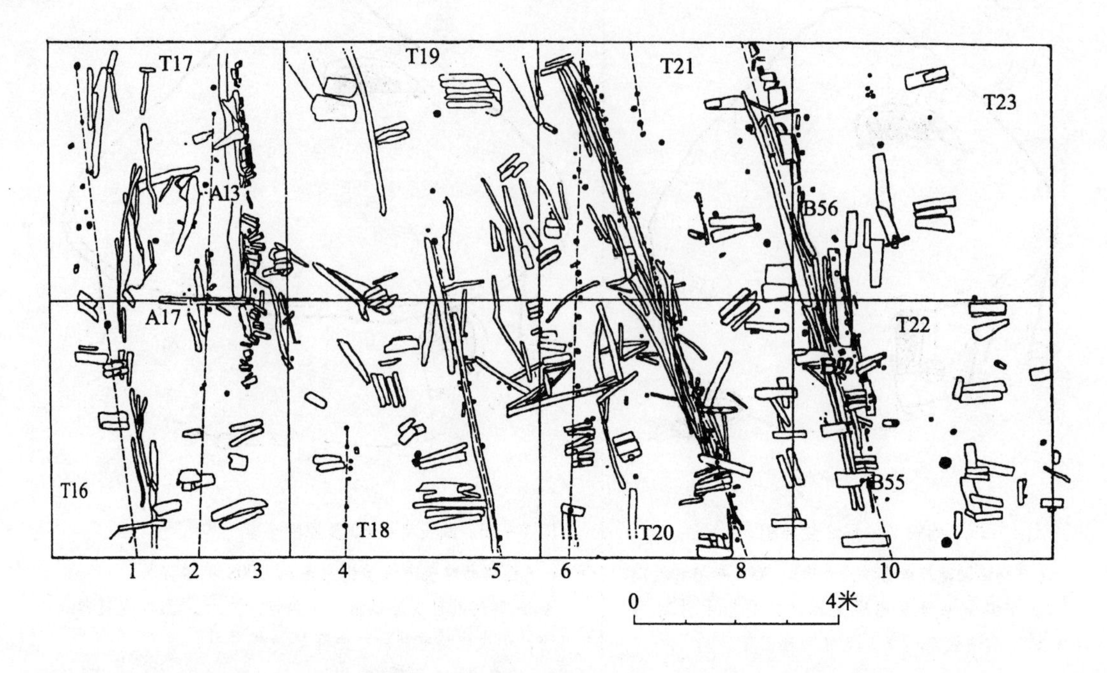

图1－28　浙江余姚河姆渡遗址第四层干阑建筑遗址平面图

（《考古学报》1978年第1期）

＊ 此遗址出土许多干阑长屋建筑木构件遗存。

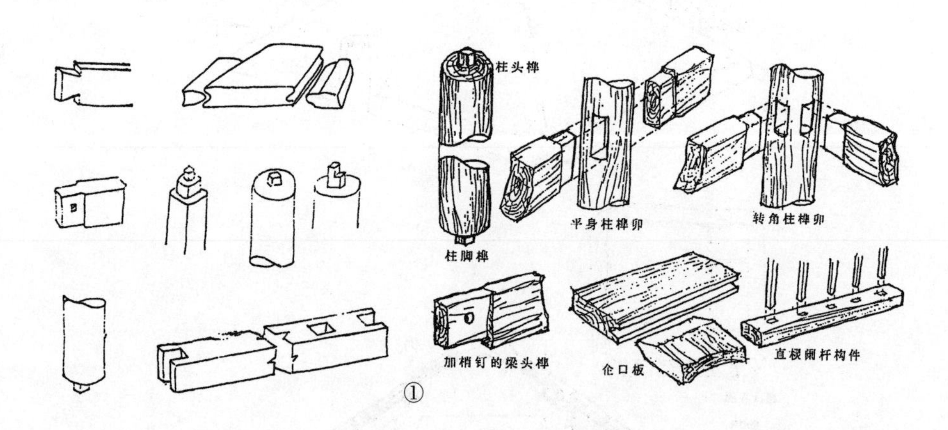

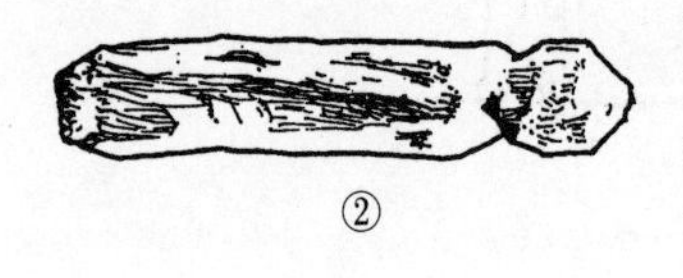

图1-29　浙江余姚河姆渡遗址出土的榫卯和带扎结的凹槽构件

①河姆渡建筑遗址榫卯（《文物》1983年第4期；《考古学报》，1978年第1期）

②带扎结凹槽的构件（《杨鸿勋建筑考古学论文集》，2008年增订版）

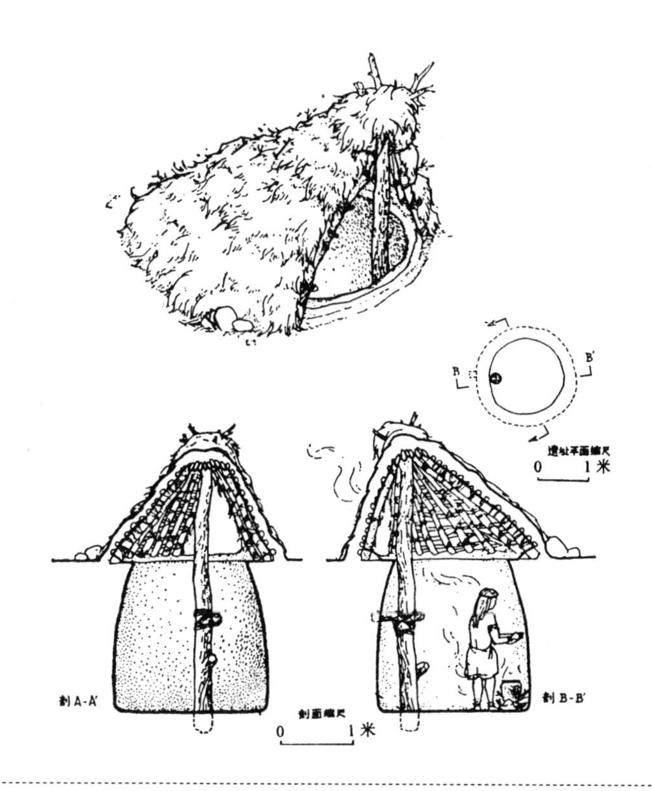

图 1-30　河南偃师汤泉沟新石器时代遗址 H6 圆形穴居建筑复原图

(《中国建筑艺术史（上）》, 1999 年版)

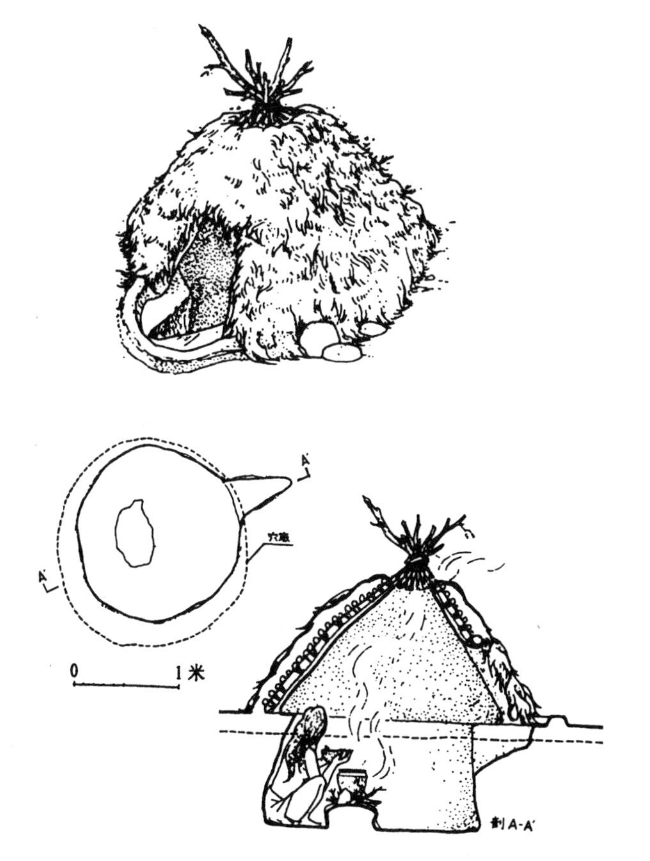

图 1-31　河南洛阳涧西孙旗屯新石器时代遗址圆形半穴居建筑平、剖面及复原图

(《中国建筑艺术史（上）》, 1999 年版)

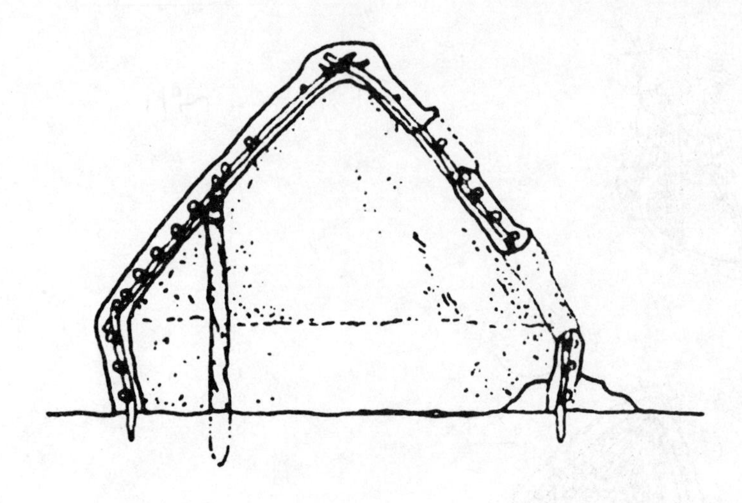

图 1-32　西安半坡遗址 F39 半穴居露出墙体建筑

(《中国建筑艺术史（上）》，1999 年版)

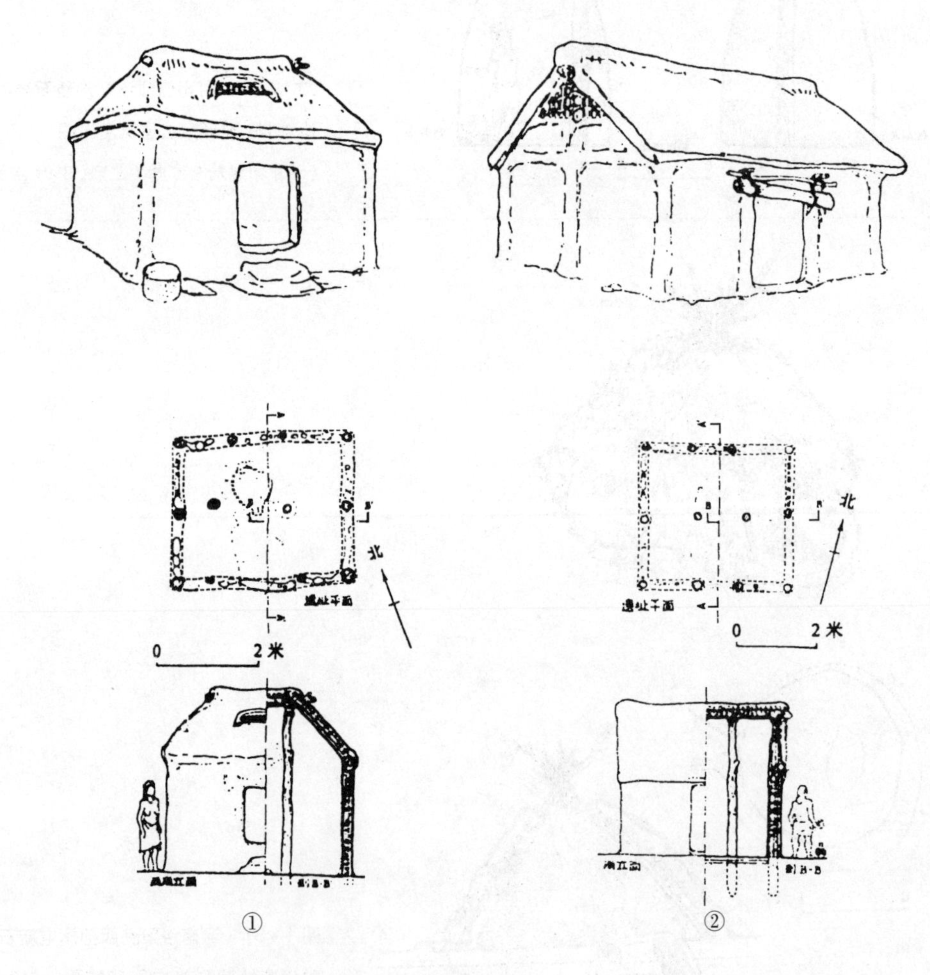

图 1-33　西安半坡遗址地面建筑平、剖面及复原图

①F25　　②F24

(《中国建筑艺术史（上）》，1999 年版)

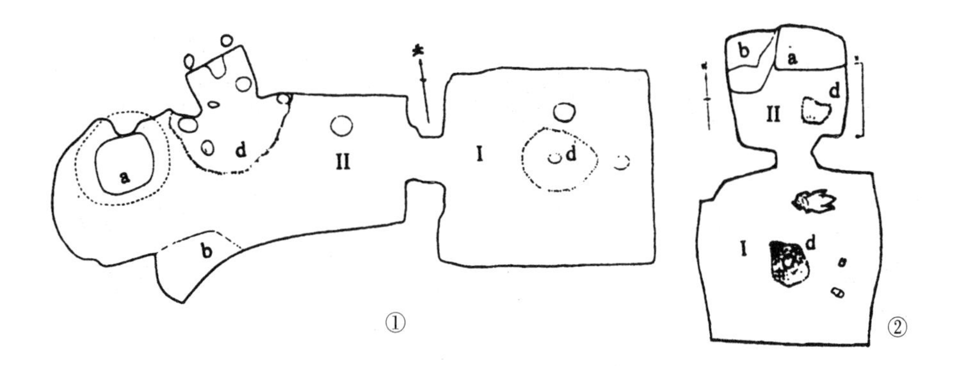

图1－34　西安沣西遗址“吕”字形半穴居平面图

①H174、②H98 两处Ⅰ内室Ⅱ外室构成的“吕”字形平面布局

（《中国建筑艺术史（上）》，1999 年版）

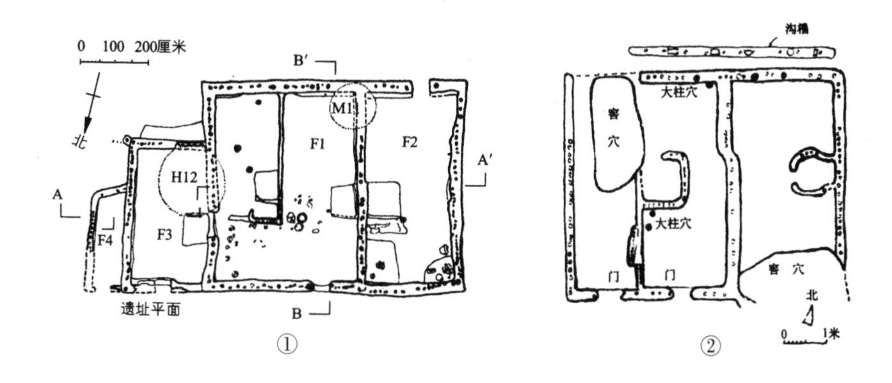

图1－35　单体建筑平面布局和室内空间组织

①郑州大河村遗址 F1－F4 平面图（《杨鸿勋建筑考古学论文集》，2008 年增订版）

②河南镇平赵湾遗址建筑基址平面图（《中国古代建筑史》第一卷，2003 年版）

图1－36　西安半坡遗址 F21 门道顶棚复原图

（《杨鸿勋建筑考古学论文集》，2008 年增订版）

＊ 图中所显示的，是大叉手屋架结构。

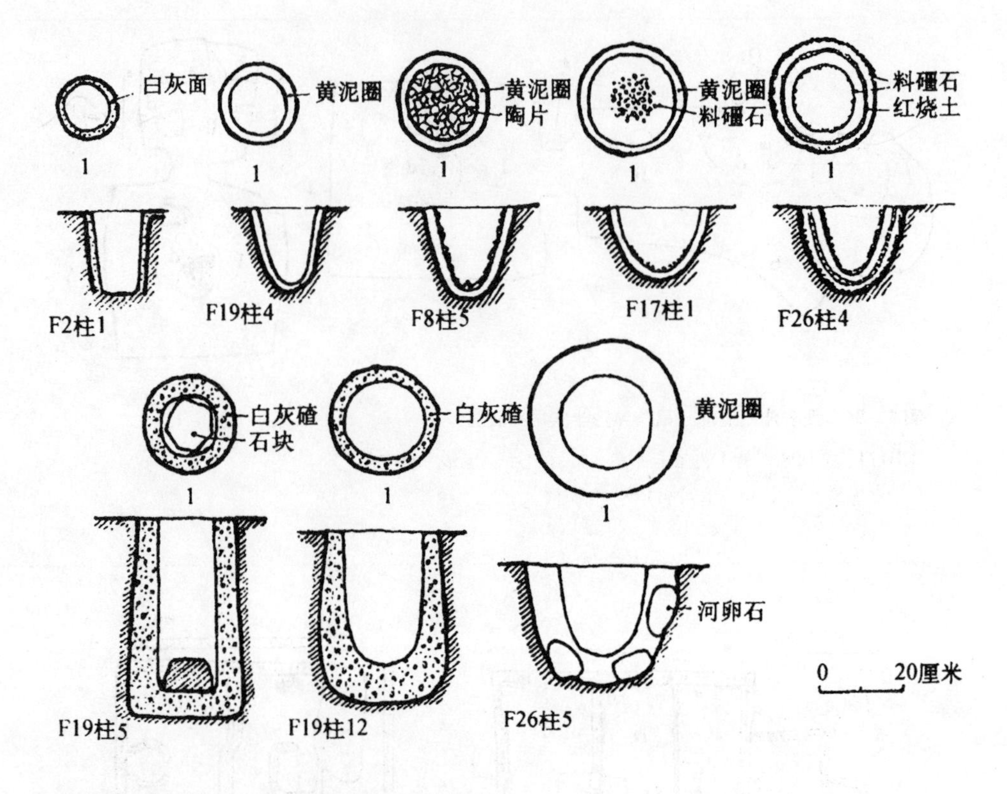

图1－37　河南安阳后岗建筑遗址柱洞、柱基做法

（《考古学报》1985年第1期）

图1－38　河南灵宝西坡遗址F105副阶周匝柱洞

（《河南文物工作》2007年第2期）

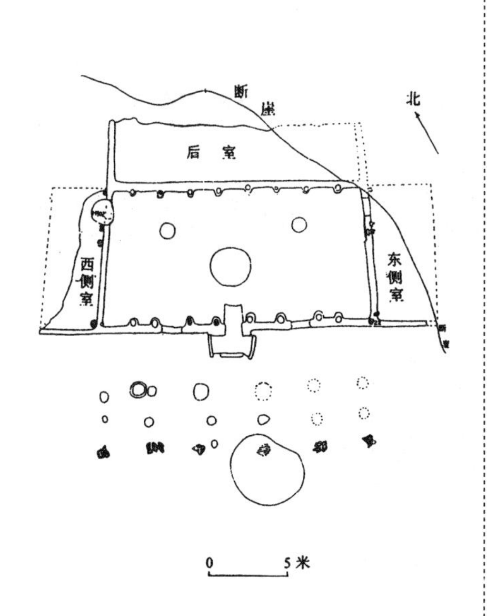

图1－39　甘肃大地湾“大房子”F901平、剖面图
（《中国建筑艺术史（上）》，1999年版）

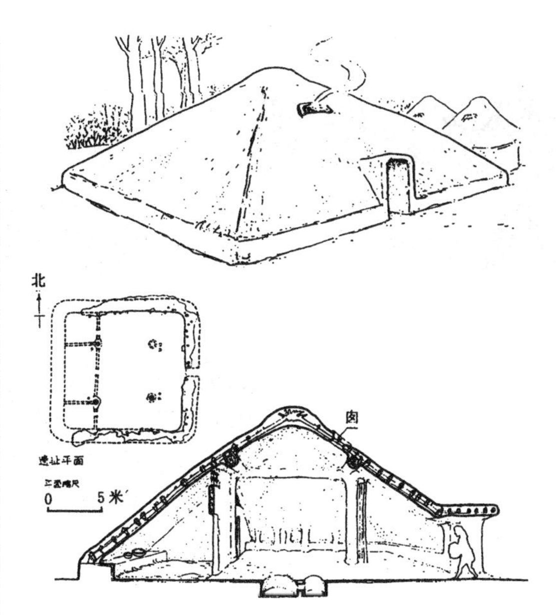

图1－40　西安半坡“大房子”F1平、剖面及复原图
（《中国建筑艺术史（上）》，1999年版）

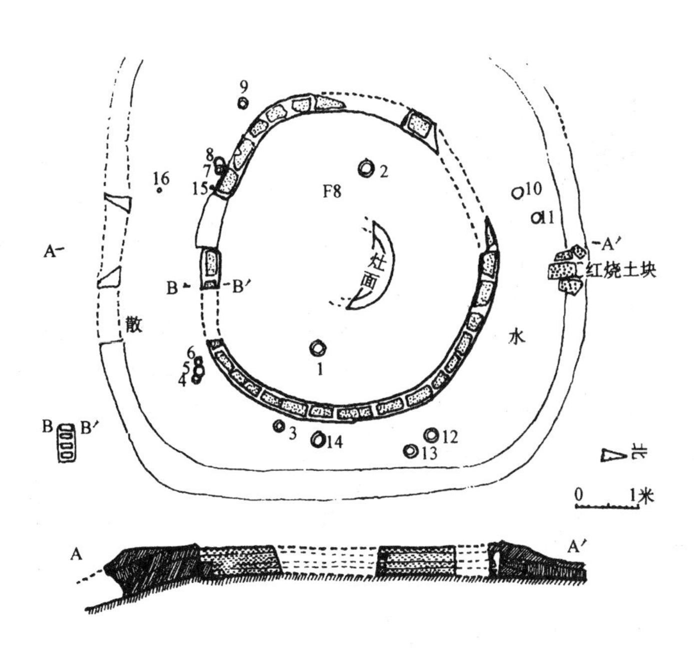

图1－41　河南安阳后岗龙山文化遗址F8土坯砌墙
（《考古学报》1985年第1期）

图 1－42　早期烧砖

①陕西蓝田新街遗址红陶烧砖（《中国文物报》2014 年 10 月 24 日）

②浙江良渚文化庙前遗址长方形烧砖（《中原文物》2014 年第 2 期）

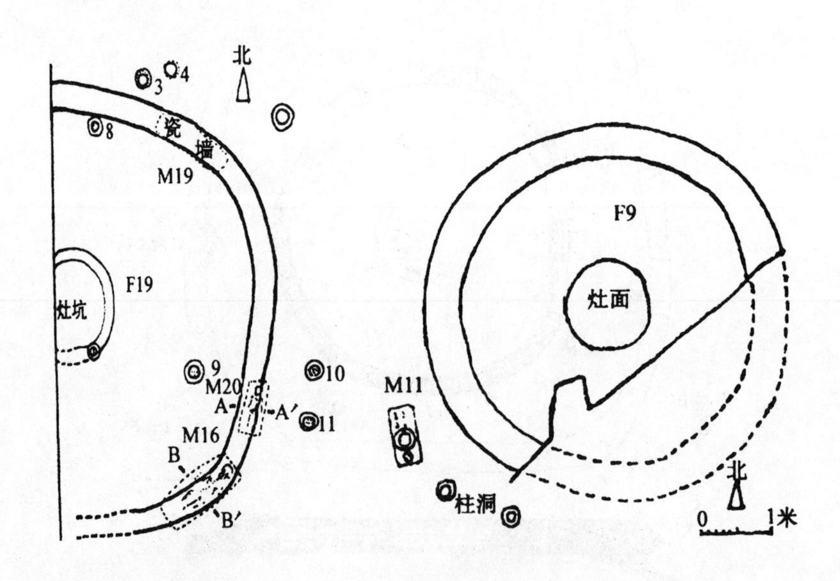

图 1－43　河南安阳后岗龙山文化遗址 F19、F9 擎檐柱洞遗迹

（《考古学报》1985 年第 1 期）

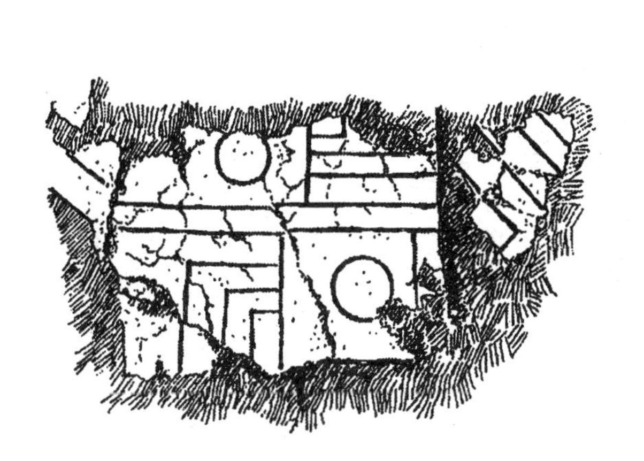

图 1－44　山西襄汾陶寺遗址 H330 出土刻画几何图案白灰墙皮

（《考古》1986 年第 9 期）

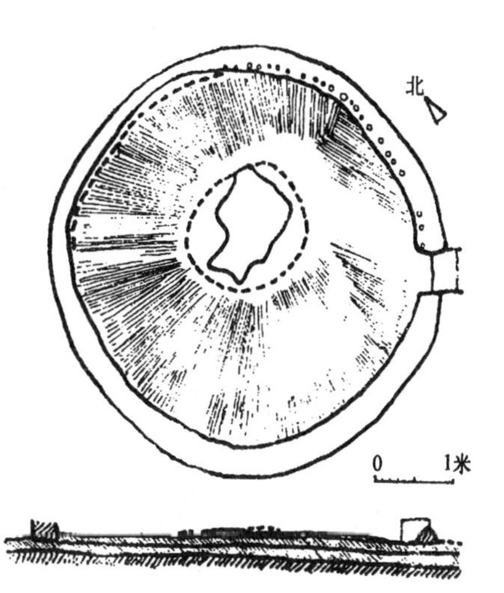

图 1－45　河南安阳后岗龙山文化房址 F7 室内地面通铺木板

（《考古学报》1985 年第 1 期）

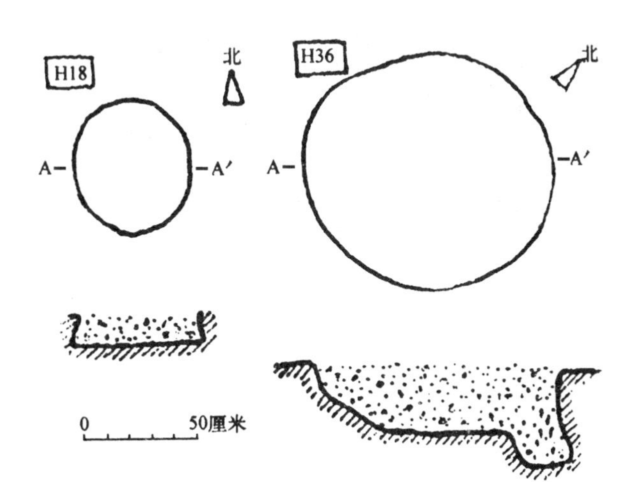

图 1－46　河南安阳后岗龙山文化遗址白灰渣坑

（《考古学报》1985 年第 1 期）

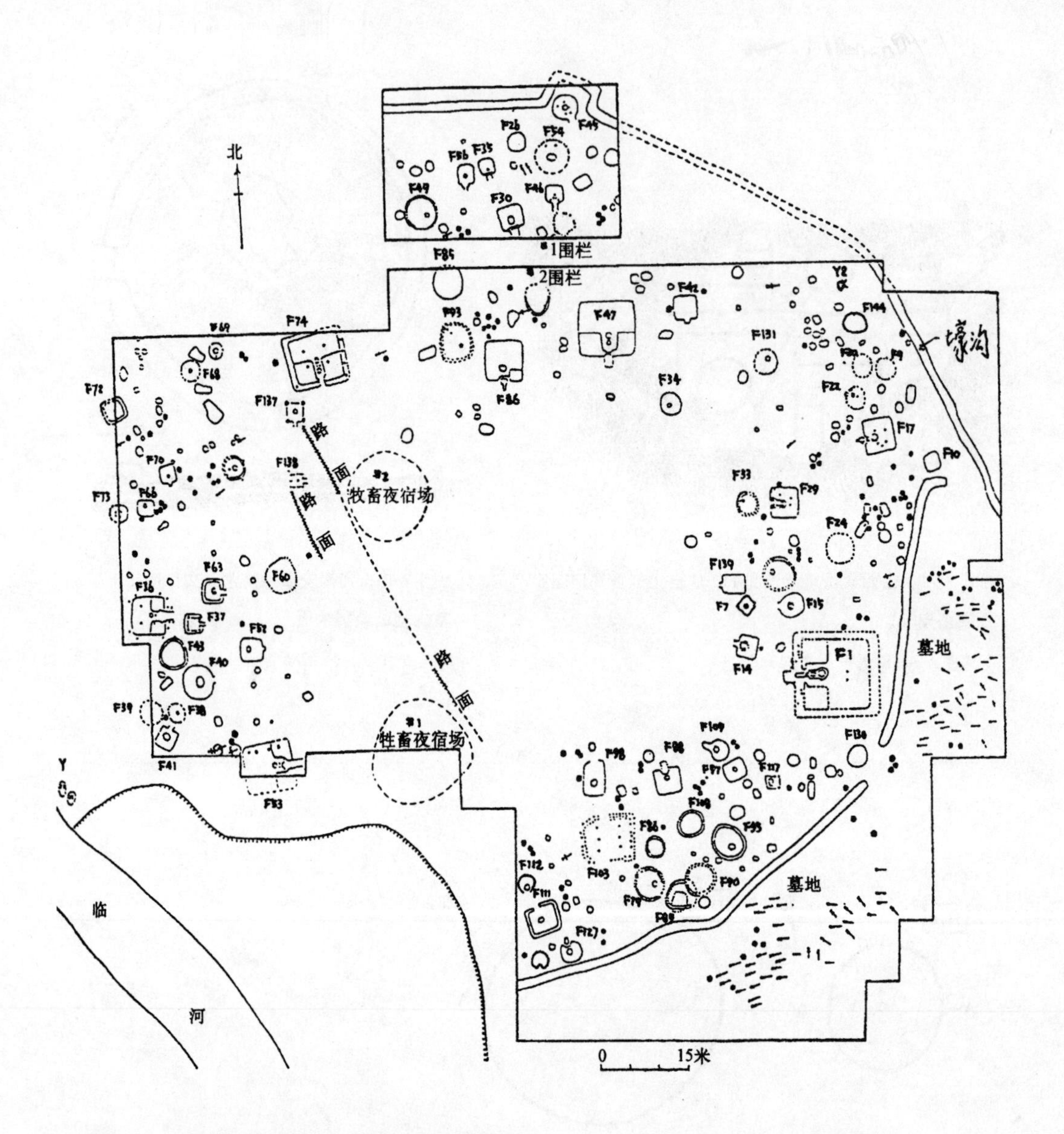

图1-47　陕西临潼姜寨仰韶文化聚落遗址平面图

（《中国古代建筑史》第一卷，2003年版）

＊ 如图所示，右边条状为濠沟遗迹。

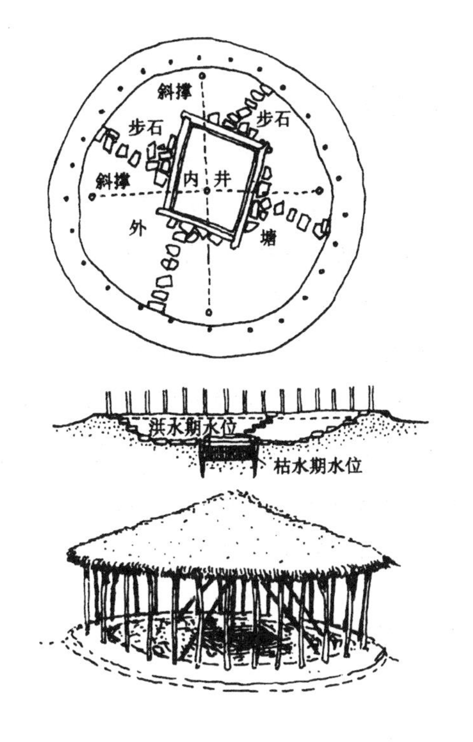

图 1-48　浙江余姚河姆渡文化聚落遗址水井图

（《中国古代建筑史》第一卷，2003 年版）

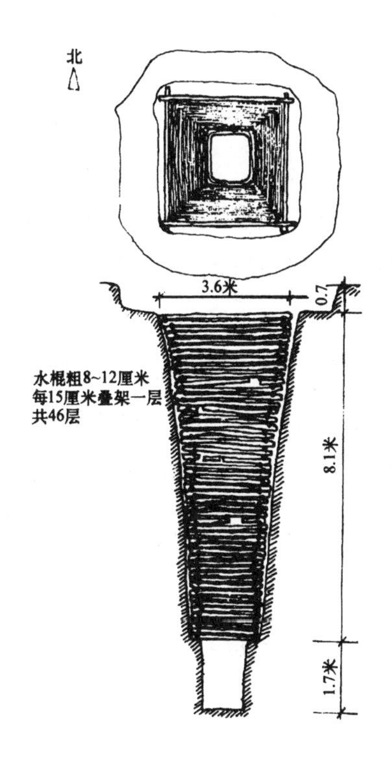

图 1-49　河南汤阴白营龙山文化聚落遗址水井图

（《考古学集刊》第三卷，1983 年版）

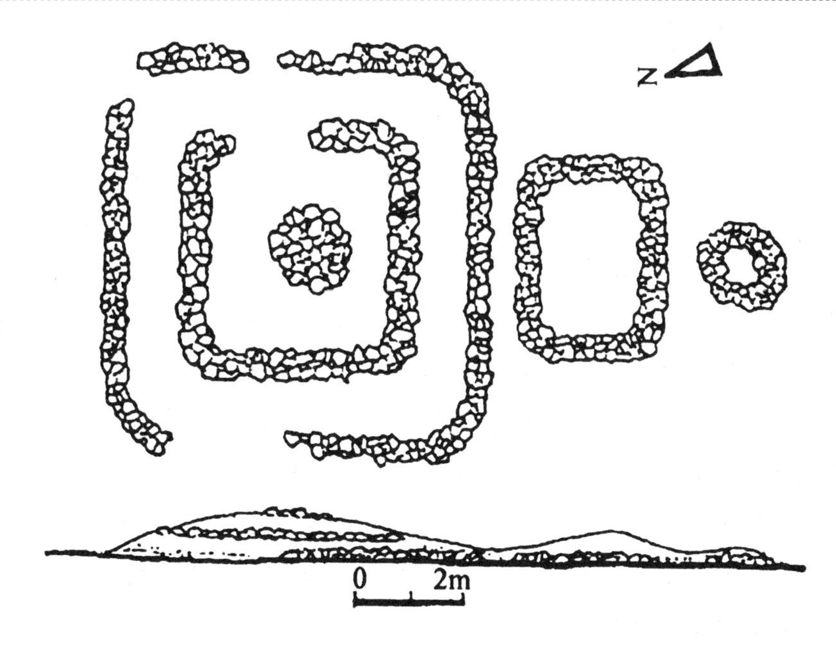

图 1-50　内蒙古大青山莎木佳祭坛群遗址

（《考古》1986 年第 6 期）

二　夏商时期建筑

中国自夏代建立国家，进入奴隶社会，发生了质的转变。商代又有进一步发展，夏商时期建筑也发生了具有深远意义的变化。原始社会已有的城市、聚落、作坊等，得到了进一步发展；原始社会未有的陵寝、官署、苑囿、监狱等建筑类型，也先后出现。随着青铜工具的使用，已经有了比较成熟的版筑夯土技术。在郑州商城发现了烧制的陶板瓦，可谓我国目前所知最早的瓦件。商代晚期出现了四合院的建筑平面布局，建造了规模相当大的宫殿和陵寝建筑。建造大型都城等城垣，城内宫殿基址周围考古发现副阶周匝，并发现有类似瓮城的重要遗迹。从建筑学角度而言，此时期虽仍属于启蒙阶段，但却为中国古代建筑日臻完善奠定了重要的基础。

（一）建筑规划、平面布局、柱网柱形、建筑形体

1. 建筑规划

夏商都城和宫殿区礼仪建筑都是经过预先规划的。如河南偃师二里头遗址，是夏代晚期的都城址，考古发掘发现有纵横交错的道路、宫城城垣、大型宫殿建筑基址及手工业作坊等。根据城垣故址、道路和宫殿建筑基址布局严谨、排列有序等，再结合先秦文献记载，可知其整体布局是事先有明确的设计格局，是经过测量和规划的（图2-1），可谓开启了中国古都营造规划的先河。安阳殷墟作为商代晚期的都城，礼仪建筑是经过预先规划而设置的，特别是大型礼仪建筑群更是经过缜密规划而营建的（图2-2）。这对于鉴定此时期建（构）筑物的时代特点，是非常重要的。

2. 轴线对称的布局形式

此时期建筑平面出现“前堂后室”或“前朝后寝”的布局。早商建筑中，前堂与后室并存一座大型建筑物内；商代中期，改为前后相对的两座建筑。湖北盘龙城，F1、F2、F3三座大型建筑均建在一条南北轴线上。安阳殷墟多处宫室建筑基址的平面布局，更是强调轴线对称的组合形式，特别是殷墟南区的宫室建筑，是由单体建筑，沿着与子午线大体一致的纵轴线，有主有从地组合成大型建筑群（图2-3）。可以说，封建时代宫室常用的前殿后寝和纵深轴线对称的布局方法，在商代后期已略具雏形了。

3. 商代考古发现的城址平面的“瓮城”现象

《文物》2012年第9期《河南新郑望京楼二里岗文化城址东一城门发掘简报》

称，东一城门呈“凹”字形，且门前有附属建筑设施，有专家认为与“瓮城”有关（图2-4）；山西垣曲西城门外第二道城墙当是“瓮城”遗迹（图2-5），南城墙外的第二道城墙可能为南城门的“瓮城”遗迹。望京楼东一城门与垣曲商城虽然曲向不一致，但仍然具有曲城的特征，只是内外“瓮城”之别。此两处商代早期的重要考古发现，可能将“瓮城”的历史提早千余年。

4. 高台建筑的雏形

夏商时期大型的宫室建筑都建在高约1米左右的夯土台上，正殿平面呈横长方形，面阔的间数多为偶数。如河南偃师二里头宫殿遗址，整座建筑建于面阔108米，进深100米的大型夯土台上（图2-6），台高约0.8米，北部高起部分为正殿基址；正殿面阔八间（30.4米），进深11.4米。盘龙城宫殿基址F1，面阔四间，周围有廊。殷墟甲组11号基址，南北长46.7米，东西宽10.7米，主房面阔约35米，十二开间，进深约10米；耳房面阔约5米，三开间，进深约7.5米（似后代纵长的贴山挟屋）（图2-7）。以上夏商时期的整组建筑，均坐落在一个大夯土台上，正是以后高台建筑的雏形。

5. 夏商时期庭院（廊院）建筑

以庭院或廊院为单元的建筑组合，在夏商不同时期的宫室考古发掘中多有发现，成为已知早期使用这种平面布局的实例。二里头遗址一号宫室（图2-8）和二号宫室建筑基址的发现，表明在夏代晚期廊院布局已比较成熟。而在晚商殷墟宫室的庭院布局中，其三面或四面皆置有大型建筑（图2-9），与二里头的宫室廊院又有所不同，而是与商周以后的布局形式更为相似，证明其发展演进的渊源关系。

6. 四合院的平面布局

根据现有考古资料，商代宫殿建筑主要格局为四合院式建筑组合。每个院落，有坐北朝南的正殿，即便是多进组合的院落也是如此布局。在安阳殷墟，重要的宫殿建筑也都是四合院式的建筑群。不但有甲骨文可佐证，更有大量的建筑考古实物反映这种平面布局。如20世纪80年代，在小屯东北地发掘的建筑基址，便是四合院式的宫室建筑布局。20世纪30年代发掘的乙组建筑基址，是由三进四合院式的宫殿院落组成（图2-10）：北部院落，以乙五建筑基址为主体（独立的四合院），乙三基址是门屏，乙四基址是门阙；中间院落，乙十一为主殿，乙十二为西厢，乙十三为南庑，乙二十一为门阙；南部院落以乙二十为主殿，乙十八为西厢，乙十九为西耳庑（图2-11）。在殷墟发掘的一般居住建筑中也有四合院的组合形式。

7. 商代建筑平面中的散水

湖北黄陂盘龙城宫殿基址（图2-12），发现在其四周有宽约2.8米用陶片铺装的散水，其做法是用缸、瓮等大型陶器的碎片，分层叠置，曲率较小，近似屋瓦，有约呈10%的坡度，此为重要的新发现。在以后的一处东周宫殿建筑遗址中，所见到的用陶瓦叠置铺装的散水，应与此商代散水的做法有渊源关系。此时期发现有较多的建筑散水实例。

8. 夏代晚期的柱网、柱形、柱洞

偃师二里头1号宫室和2号宫室的建筑基址所示，无论是正殿或廊屋，均有排列比较整齐的柱网，一般柱之间距不超过4米（即每间的面阔）。二里头F1，现存殿堂柱洞残深40~60厘米，据建筑考古学者的复原研究，认为其原来殿堂柱埋深度应为135~155厘米。柱洞内外残存少许木炭碎屑和经过火烧的草筋泥碎块。从现存柱迹来看，该宫室的平面为直径40厘米的大柱洞排列构成八开间面阔、三开间进深的柱网格局（图2-13）。二里头F2，主体殿堂的三室通面阔26.5米，通进深7.1米，当心间宽8.1米，两次间各宽7.7米。在其四周现存廊柱柱洞20个，复原应为24个（图2-14）；南、北两面各九间，东、西两侧各三间，每间间距约3.5米，柱洞直径20厘米许，深40~75厘米，下部均有石础（图2-15）。正面台基外有两个台阶，即后世所谓的东、西阶。在西阶处残留一列五块红石板，台基西侧发现两块红石板，可能为原有的红石板铺设的散水。在F1廊屋前后檐还发现有擎檐柱残迹。

9. 商代建筑柱网、柱形、柱洞

商代建筑有排列整齐或比较整齐的柱网。商代早、中期的檐柱和擎檐柱仍然沿袭先挖柱洞，底部多铺砾石，有的砾石打制较平整，然后在柱洞内立柱。如盘龙城遗址的柱下垫石为90×68×18厘米，已初具柱础石的性能，只是仍置于室内地面以下，不露明。郑州商城宫室遗址，三座规模较大的房基，均有排列整齐的柱洞、础槽和石柱础。其中C8G15房基，台基上尚存柱础二列，北列27个，南列10个（图2-16），二者相距约9米。柱础均为不规则的河卵石或红砂岩块，长宽约30~50厘米。柱径30~40厘米。柱距2.1米，有擎檐柱穴。C8G16房基，是一座带回廊的大型宫殿。有柱槽50个，础槽直径0.95~1.35米，木柱径30~40厘米（图2-17），柱距1.6~2.45米，行间距离2.05~2.50米。推测柱网为三重相套形式。商代晚期，在安阳殷墟甲四建筑基址，南北向整齐排列着三排础石和础痕，分别代表着前后檐柱和中柱（图2-18）。1976年，在殷墟发掘的妇好墓，在墓口上面叠压着一座夯土建筑基址，平面为南北向，长方形。基址面上发现排列较规整的柱洞，柱径40~60厘米，埋深一般为60厘米，柱洞底部有础石。在夯土基址周围发现七个夯土磉墩，平面呈圆形，直径约35~50厘米，现存厚度15~20厘米（图2－19）。殷墟乙八建筑基址等，也发现有夯土磉墩。殷墟丁一建筑基址，发现三排带有础石的柱坑，多为圆形，少数为椭圆形，口径一般为0.65～0.7米，少数为0.8～1米，一般深为0.3～0.5米，少数深达0.7米。多数柱坑内置有河卵石作础，少数填料礓石作础。柱洞保存较好，木柱已朽呈灰白色粉末状，柱径0.15～0.18米。还发现有夯土柱基（可能为柱洞底部经过夯打部分）。河北藁城台西商代建筑遗址还发现有带树皮的原木状的木柱痕迹。

10. 商代擎檐柱

在商代宫室建筑中檐柱外皆用擎檐柱，以支承屋顶的出檐，擎檐柱的直径约10～20厘米。商代早、中期一般为一根檐柱，其外用两根擎檐柱，形成正三角形的檐柱与擎檐柱的平面布局。商代晚期，在殷墟的建筑基址中，乙八基址为一根檐柱前置一根擎檐柱，形成“丨”字形布局关系。而乙十三基址，则是一根檐柱外用一根和两根擎檐柱相间安置。可看做由两根擎檐柱向一根擎檐柱的过渡形式（图2－20）。

11. 商代的铜柱锧

在殷墟北区甲十一建筑基址中，其东侧一列二十五个柱础石上，发现十一处使用铜柱锧，有的铜锧表面隐约看出有云雷纹饰。铜锧垫置在柱脚下，起着取平、防潮和装饰的三重作用（图2－21）。并在础石附近发现有木柱的烬余。铜锧形制，除了不定形的一般铜片外，还有直径达10～30厘米的特制铜柱锧，其上面微凸，下底面稍凹，以便安放木柱和垫置础石。用铜柱锧的木柱已立于地面，不需要挖柱洞固定。

12. 夏商时期建筑形体与类型

（1）夏代建筑形体

据二里头宫殿建筑遗址等夏代宫室和居住建筑的柱网平面布局的复原研究，此时期的建筑形体有两面坡建筑和四面坡（四阿）建筑等（图2－22）。山西夏县东下冯村二里头文化居住遗址，其居住建筑的类型有窑洞、地面建筑和半地穴式建筑。其中以窑洞式建筑最多（图2－23），成为该建筑遗址的一大特点。窑洞均依黄土崖或沟壁开挖而成，面积较小，多为5平方米左右。平面有方形、圆形和椭圆形，门的朝向不一。室之内壁上常设置小龛，室顶上收分为穹隆形。

（2）商代建筑形体（屋顶形式）

根据先秦文献记载和考古发掘资料，可知宫室建筑多为四阿，即后世所称之庑殿式，也有两面坡的悬山式，较少攒尖式建筑。《考工记》所记载的“殷人四阿重屋”及对考古建筑基址的复原研究，可知殷时已有四阿式重檐建筑，甚至早于殷的郑州商城 C8G15 宫殿复原研究，也为大型的重檐四阿式建筑（图 2 - 24）。夏代虽有四阿，但无重檐，故有学者推测四阿重屋是商代才出现的建筑形式。

（二）屋架

1. 柱梁式木构架

柱梁式木构架成为此时期建筑的主要结构形式。在夏代晚期宫室建筑遗址中，木构架已成为主要的结构形式，如二里头 1 号及 2 号宫室所示，无论正殿与廊屋，均有排列较整齐的柱网，柱间距离一般不超过 4 米（面阔），进深达 11.4 米。建于商代早期的偃师尸乡沟商城 5 号宫室（地层叠压分上、下两层，二者之面积和布局不同）上层基址的进深已扩大为 14.6 米。这样大的单跨木梁架是否为当时最大跨度，尚待以后考古发掘证实。二里头 2 号宫室正殿和黄陂盘龙城 F1 殿址，皆在外廊内另有木骨泥墙一道，盘龙城 F1 泥墙，每隔 70 ~ 80 厘米置直径 20 厘米之木柱一根。复原研究推测，此木骨泥墙中的木柱可升高至屋架的"大叉手"处，而与檐柱共同承托此斜向构件。各柱间施水平之联系与加固构件，屋榑置于柱头与"大叉手"交汇处的上端，以承椽与屋面（图 2 - 25）。檐口部分荷载，则由擎檐柱予以支撑。以上考古资料所示，均反映了与木屋架有关的主要结构形式。

2. 大叉手屋架

因夏商木构建筑的屋架早已不存，只能根据不完备的零星的文献记载和考古发掘资料进行复原推测，屋之顶部为大叉手屋架，木构架采用榫卯交接，复杂节点处仍辅以结扎。如二里头一号宫室之廊庑，根据其木骨泥墙的结构及廊屋跨度等分析，其梁架使用大叉手（人字木）承托脊榑；有中间隔墙的墙体也可直接承托脊榑。根据柱网和木骨夯土墙及其他种种建筑考古现象综合研究，殷墟宫室建筑基址的梁架，也多为大叉手式斜梁（图 2 - 26）。另外，依据同时期井干式墓室结构分析，可以推知商代房屋除了使用梁柱构造方法以外，应该还有井干式构造的壁体。

河北藁城台西商代建筑基址，从房屋倒塌堆积观察，发现有使用方椽的痕迹，椽长 160 厘米，椽头边高约 6 厘米，此为研究商代建筑提供了难得的重要数据。

3. 梁枋金属饰件

商代除用于柱脚的铜柱锧外，用于梁枋的金属饰件，极为罕见。1989 年，在郑州小双桥商代遗址中发现一件兽面纹建筑饰件（图 2 - 27），高 19 厘米，正面宽 18.8 厘米，侧面宽 16.3 厘米。正面近正方形，两侧面向后折 90°，使侧面呈长方形，中间有一长方形穿孔。该件上下及侧面均有 3 厘米的折边，俯视整体为"凹"字形。正面饰单线阴刻兽面纹，两侧面长方形穿孔周围各饰一组龙、虎搏象图。此件应为安装在梁枋外向首部的建筑构件，起到加固和装饰作用，是我国目前所知时代最早和最为精美的青铜建筑构件。

（三）有关“斗栱”的遐想

斗栱是我国古代最富特色的建筑构件，在世界建筑中具有独特的形象。它的演变，在相当程度上体现了中国古代建筑技术和建筑艺术不同的时代特征。在西周以前，既无文献记载，也无发现实物，甚至连斗栱的遗迹现象也难寻觅。但根据西周早期出土矢令簋所表现的栌斗、散斗的成熟形象，建筑史学专家认为商代或商代晚期木构建筑的柱头上可能已经有栌斗，栱的出现可能更晚。在此提出斗栱问题，以期待今后的考古发掘能发现商代“斗栱”的线索，以解决建筑史研究中这一重大的学术问题。

（四）门窗、屋顶、脊瓦件

1. 门窗

根据陶文和甲骨文中“门”字的字形研究（图 2 - 28），可知此时期门的形象可能为“衡门”的式样，即首先竖立两根门柱，柱上置横木，然后再于两柱之内侧置门扇，成为双扇大门的形象。也可理解为固定于横向“鸡栖木”上的带长边梃的大门。从构造上看，可认为是带“三抹头及二边梃”的门扇。窗之形象，应为横置的长方形，在四周的边框内置入若干直棂，与后世的直棂窗相似。推测是否准确，有待考古发掘证实。

考古发掘材料中所见门的形象。二里头 1 号宫室大门基址显示单排 9 个直径约 40 厘米的柱洞，据此可复原为八开间没有顶盖的“乌头门”的变体形象，其门扇可能是木条状的直棂（图 2 - 29），或是与木板混用之门。这是最古老一种宫廷大门的式样。另一种复原研究，认为这座大门原来可能是进深两间的穿堂式门，门两侧有“塾”（已发现的柱迹证明“塾”的存在）。门之上有两面坡屋盖。二里头 2 号宫室遗址，大门为了便于行车，取消了门道台基，使门道低于东、西塾，形成宋《营造法式》所谓的“断砌造”的形式。此为已知最早的“断砌造”大门实例。

商代门类建筑在夏代建筑基础上得到了很大的发展，安阳殷墟规模宏大的宫殿建筑群前，矗立着相向对称的高大单体建筑，应为宫门前门阙或门观类建筑。据文献记载，至迟在周代就在宫门前建门阙（又称门观、象魏）。殷墟乙四、乙二十一建筑基址，都是具有门阙性质的建筑遗迹，可以说是我国已知最早的门阙建筑，也是周代以后王宫门阙的滥觞。在偃师商城等早商遗址和二里头夏都遗址，均未发现门阙的遗迹。殷墟宫室建筑，不但在宫门前建有门阙，而且还建有门屏和门塾。

2. 屋顶和现已发现最早的陶瓦件

2000 年，在郑州商城宫殿区内发现一些距今 3500 年的灰陶板瓦（图 2-30），保存好的一块长 42 厘米，宽 24 厘米，厚 2 厘米。陶瓦制作原始，泥条盘制，泥坯切割。没有统一规格，正面有绳纹，背面有麻点纹（图 2-31）。为我国已知最早的瓦件，将我国制瓦的历史由公认的西周早期提前到商代中早期。

二里头夏代晚期宫殿遗址未发现陶瓦件，也没发现用瓦的痕迹，所以此时期的屋顶应为草覆，即《考工记》和《韩非子》所记载的“茅茨土阶”、“茅茨不翦”。再参照河南龙山文化晚期建筑遗迹综合分析，夏代木构建筑屋顶为“茅茨”，即为草顶。

商代除在郑州商城宫殿区发现少量陶板瓦外，其他商代城址或聚落遗址，均未发现陶瓦，所以商代木构建筑仍多为“茅茨土阶”，即仍沿袭草顶建筑的做法（图 2-32）。至于郑州商城宫殿区发现的陶制板瓦用于屋顶的哪些部位，因发现的瓦件少，且未发现与铺（宼）瓦有关的使用痕迹，故有待以后的考古发掘解决。

安阳殷墟宫室基址，复原研究以甲四为例，其主要支撑结构为东西列柱，尤以前后檐柱为最主要的承重件，其上以“大叉手”式斜梁等承托屋面。在山墙处竖立排柱以增加侧向之抗力，并辅以分隔空间的实心夯土墙及位于中缝的中柱。其结合方式可能已不采用绑扎式而使用榫卯。大斜梁上置槫，再覆以较细的竹木枝条及芦席、稻草为顶。河南柘城县孟庄商代聚落遗址的居住建筑，其屋盖由两端山墙承载。构造方式为土墙承木槫，槫上置密排的苇束，再涂以厚 15~18 厘米的草泥屋面。河北藁城台西商代建筑遗址，从倒塌的堆积层看，屋盖用 6×160 厘米方椽，草筋泥屋面厚 20~25 厘米。

殷墟五号墓（妇好墓）出土的晚商铜偶方彝，长方形器盖仿四阿屋顶，檐下从室内伸出一排斜梁头，反映当时高等级建筑支撑屋顶的构架做法（图 2-32）。屋面为平整的斜坡面，不凹曲，屋檐与屋角平直，无起翘现象。此器盖有正脊和四条斜向垂脊，正脊近两端处有两个突出的钮，仿佛为后世的脊吻，也与以后建筑的顶窗或气窗（气楼）相似。此为研究商代屋面结构和形式提供了可借鉴的形象资料。

（五）土砖（土坯、土墼）、夯土技术与墙壁

1. 土坯的使用

夏商之土砖（土坯）用于建筑物墙体的考古实例较少。根据《辽宁北票县丰下遗址发掘简报》（《考古》1976 年第 3 期），可知此遗址属于夏家店文化下层（相

当于夏商之交)，在其建筑基址中发现使用草筋的“晒制的泥坯”，说明了夏末使用土坯情况。河北藁城台西商代居住遗址，F2 为一座矩形平面的双室建筑，其内外墙均为下部夯土，上部用土坯垒砌。F6 的墙壁做法也为下部夯土墙，上部土坯墙。夏商时期尚未发现人工烧制陶砖的实例。

2. 夯土版筑等居住建筑之墙

夏商建筑使用夯土技术筑墙，且在新石器时代夯土筑墙的基础上，夯土技术有了较大提高。二里头 1 号宫室建筑群建在高出原地面 0. 8 米的夯土地基上，加上地基上残存的宫室建筑基址，其总高为 1 ~ 1. 3 米，夯层厚度 4 ~ 6 厘米，半圆形夯窝痕迹清晰，直径约 4 厘米。总的夯土土方量约为两万立方米。二里头 2 号宫室建筑基址，大门门屋及复廊隔墙均使用木骨泥墙。庭院之东、西、北墙皆为夯土筑成，厚约 1. 9 米。其中部偏北处建一木骨泥墙小室，墙中木骨直径 18 厘米。庭院中部夯土台上的各室建筑皆周以木骨泥墙，木骨直径 18 ~ 20 厘米，间距 1 米。夯土内加施木骨的版筑墙，大大提高了墙体的承重强度。以上为夏代宫室建筑夯土木骨墙体的概况。

夏代聚落的民居建筑基址发现较少，内蒙古伊克昭盟（现鄂尔多斯市）朱开沟遗址为夏代早期的聚落遗址，发现居住基址 20 多处，主要为半地穴和地面起建的建筑，多为平面圆形或近圆形者。其中 F2026 住房，南向，圆形，周以夯土墙。河南商丘县坞墙二里头文化居住建筑遗址 F4，平面圆形，直径约 3 米，建于地面，室内居住面略低于室外地面。周以由掺入草筋的棕灰色泥土堆砌而成的土墙，墙厚 0. 26 米。现存南墙最高处约 0. 3 米，内壁涂抹一层厚 0. 04 米的纯细黄泥墙皮，质地坚硬。

商代建筑中筑造墙体的考古发掘资料较多，且对墙体的建筑材料和夯土版筑技术记录较详细，为研究商代墙体相关问题提供了准确的依据。如河北藁城台西商代夯土版筑、垒墼建筑遗址，在不足 300 平方米的范围内，就发现房屋基址十二座。其中除一座为半地穴式外，其余皆为地面建筑。大部分保存较好，特别是七号房址，竟然保存下来一堵基本完整的山墙，从地面到略残的山尖，墙高为 338 厘米（图 2 - 33)，非常难得和罕见。二号居住基址，其具体做法是首先在建筑占地范围内挖筑满堂红的地基，基深 50 厘米，用纯净胶性土回填夯实，夯层厚 5 ~ 8 厘米，夯窝清晰，似为石夯。在筑好的地基上，用云母粉放线，按线开挖墙基槽，深 50 ~ 60 厘米，下窄上宽，其上筑墙。隔墙为草筋泥垛成，外墙为宽 40 ~ 70 厘米的夯土版筑墙，从倒塌的墙体察知，版筑墙的上部为土墼垒砌，用草筋泥粘结（图 2 - 34)。十二号建筑基址墙体的做法与二号基址相同，重要的是在版筑墙裙上还保存有二十一层土墼。土墼长 39 厘米，宽 30 厘米，厚 6 厘米。墙体内外壁都涂抹有 3 厘米的草筋泥面层，然后将墙面和地面一起烧烤坚硬。七号基址基本完整的山墙上，由地面以上 230 厘米处辟有不太规则的长方形通气孔，孔高 38 厘米，宽 20 ~ 24 厘米。在另一残损的山墙上也发现有宽 21. 5 厘米的残通气孔，孔高已不可知。

3. 夯土版筑城墙

郑州商城遗址的城垣是分三部分夯筑的（图 2 – 35），中部为水平夯层，两侧为斜夯层，中部与两侧夯土之间有垂直缝，有的缝内遗存有白色朽木灰，当为模版遗迹。模版的应用，是筑城上一大进步。郑州商城城垣，虽采用了模版技术，但由于固定模版的工艺尚未妥善解决，故还需要增筑和削边。结合同时期的居住遗址观察，当时可能已经掌握普通房屋墙体运用桢干模架的夯土版筑技术。湖北黄陂盘龙城商代城垣，夯层厚 8 ~ 10 厘米，也采用模版等夯筑方法，与郑州商城城垣夯筑方法相同，宫殿区发现的建筑基址墙壁也为木骨泥墙。

4. 竹木墙与屏风墙

商代不但有夯土木骨版筑墙和夯土土墼墙，而且还有竹木结构墙，如四川成都十二桥商代建筑遗址，其中小型建筑，采用密集打桩的方法筑牢地基。墙壁为木、竹所构。其筑法为将直径 6 ~ 11 厘米的圆木，纵横交叉绑扎成方格状的骨架，再将小竹和竹篾编织的竹笆绑扎在此木架上，形成遗存残高约 3 米，宽 1. 75 米的木竹编墙体。通过遗迹观察，编织墙体的内外面可能还涂抹有泥土或草拌泥的墙皮。四川广汉三星堆商代建筑遗址，有少数建筑的门内建有“屏风墙”，此为我国已知最早的“屏风墙”。

（六）建筑色彩、壁画与雕刻遗迹

1. 建筑色彩与雕刻遗迹

建筑涂饰和彩饰的使用，源于对建材保护和建筑审美的双重需要。为了保护夯土墙和土坯墙并使其表面平整，墙面涂墁是必要的。《尚书 · 梓材》“若作家室，即勤垣墉，惟其涂墍茨”，明确指出了涂墁墙壁之事。《尔雅》“墙谓之垩”，也说明墙饰白色。《周礼》“共白盛之蜃”，谓蜃灰饰墙。三代考古发掘中就出土有这种白灰墙皮。不但墙面涂墁，地面也有“地谓之黝”的涂黑记载。

关于木构件上的彩饰用色，据《考工记》记载可知，夏代崇尚黑色，商尚白，周尚红。彩饰不只是在木构件平涂色彩，还可能绘有彩画，《礼记》中就有“画梁上短柱为藻文”的记载。

通过考古发掘出土的有关遗迹现象，有建筑考古学者提出：“（夏商时期）宫殿建筑的木构件上，凡是显著的部位都会有类似雕刻和彩绘的，……直接证据是近年偃师二里头已发现木柱残留的彩绘遗迹。”在考古发掘的一些商代贵族墓葬中，木质棺椁已腐朽不存，但在夯土中仍残留下表面呈朱红色的饕餮纹与雷纹印痕。如河南安阳后岗商墓之墓壁上残留有兽面纹的痕迹，安阳殷墟妇好墓尚残余红黑相间的图案，山东益都（今青州市）苏埠屯商代大墓保留有红色花纹痕迹等。

商代的建筑雕刻除柱根下的铜锧纹饰和有关石刻外，商代建筑屋身许多木构件也都施以雕刻。商代墓葬也留下雕刻痕迹，如殷墟侯家庄一座“十”字形墓中有几处木印雕刻痕迹，图案有饕餮、夔龙、蛇、虎、云龙等纹饰，以精美的线刻组成图形，施以红色和少量青色。有的组成带状纹饰，在红色图案中有规律的间饰白色图形。在安阳后岗一些较大的墓葬中也发现有木雕痕迹，均作兽面形，较完整的一处为长方形，长 72 厘米，宽 40 厘米，中施饕餮兽面，两侧为长尾鸟纹。有的木雕印痕还显示用鲟鱼的鳞板、蚌片和牙片嵌饰成的圆形图案。黄陂盘龙城商代墓葬中也有类似的木雕印痕。另外，在殷墟的商墓中出土有漆器残片，以朱红为底色，在其上绘出深红色纹样。由以上诸例大略可见当时木构件表面的雕饰及加施彩绘的情况。

2. 商代壁画

商代除了在木构件上施雕刻和涂黑、红等色的彩绘外，还有在室内彩绘壁画的。如安阳小屯北地 F10 和 F11，在其白色墙皮上绘彩色壁画（图 2 – 36）。此壁画残块长 22 厘米，宽 17 厘米，在白色墙面上绘有红色花纹和黑色圆形斑点组合的图案，线条较粗，纹饰似有对称图形组合。此显系为墙皮脱落的壁画残块。与先秦文献“殷人宫墙文画”的记载完全吻合。

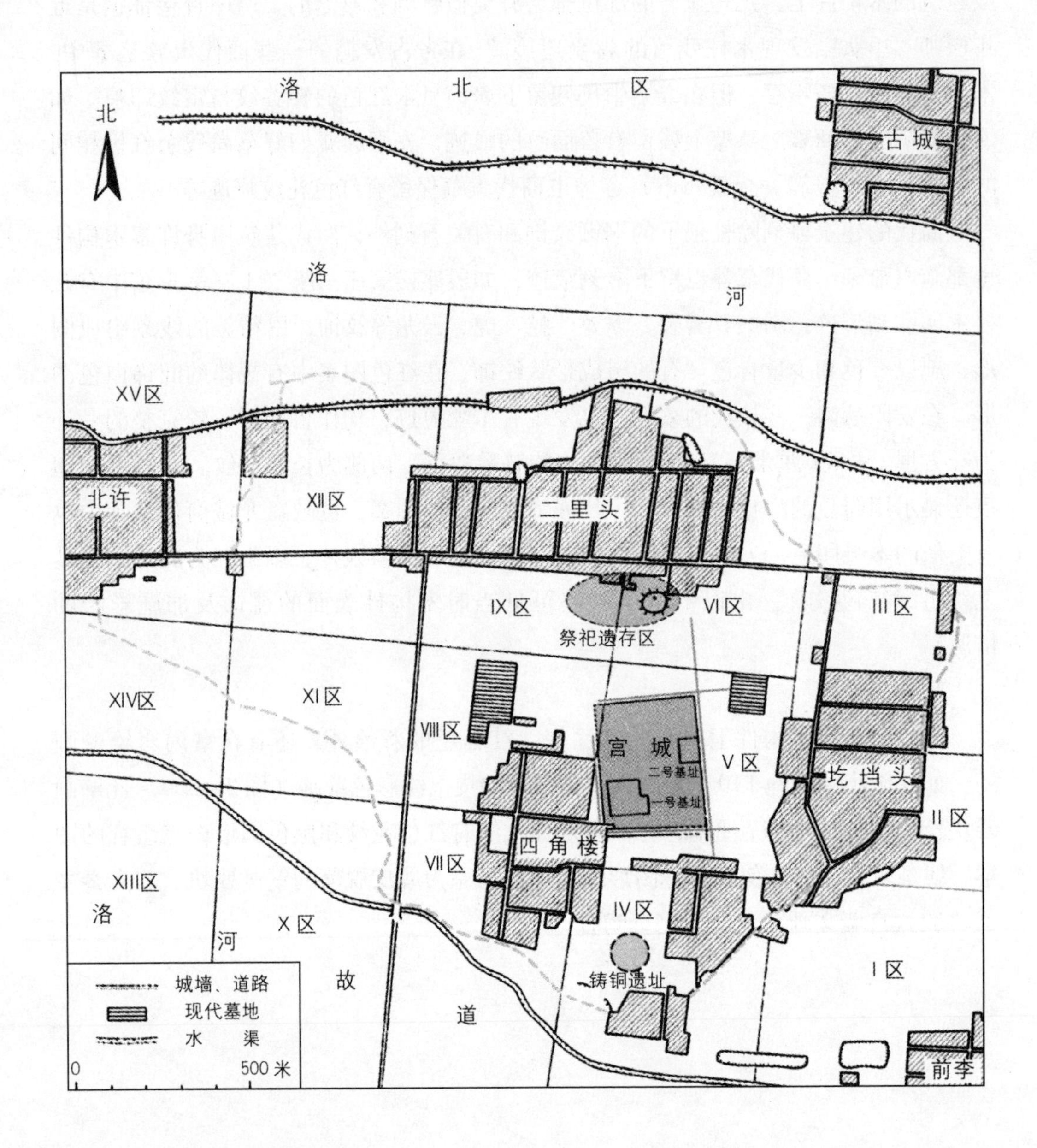

图2-1 偃师二里头遗址平面图

(《河南文化遗产》，2011年版)

* 如图所示，该遗址城垣、道路、建筑基址等布局严谨有序，可知是经过测量和规划的。

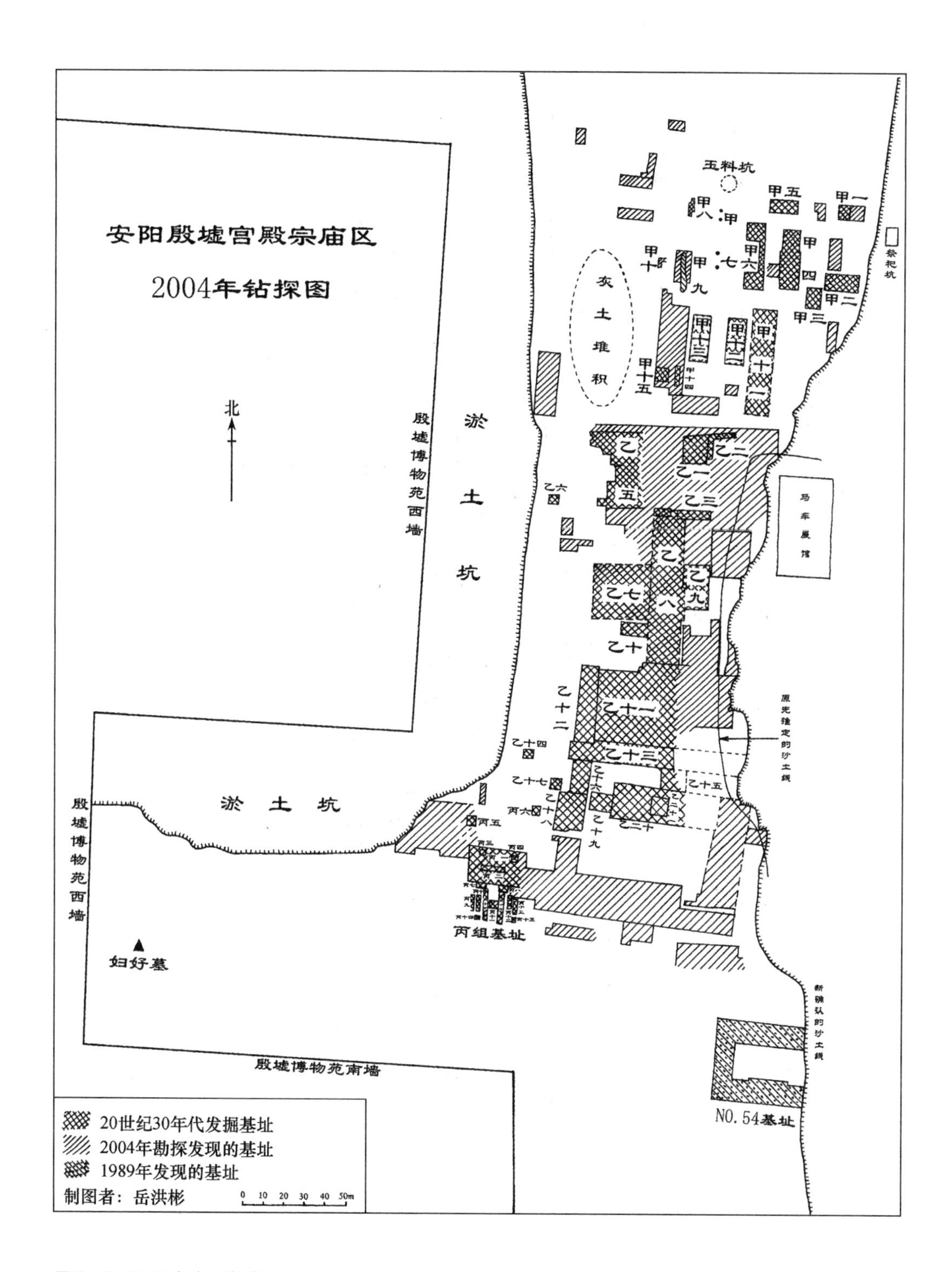

图2-2　2004年安阳殷墟宫殿宗庙区勘探图

（《殷墟宫殿区建筑基址研究》，2010年版）

＊ 如图所示，重要的礼仪建筑是经过缜密规划而设置的。

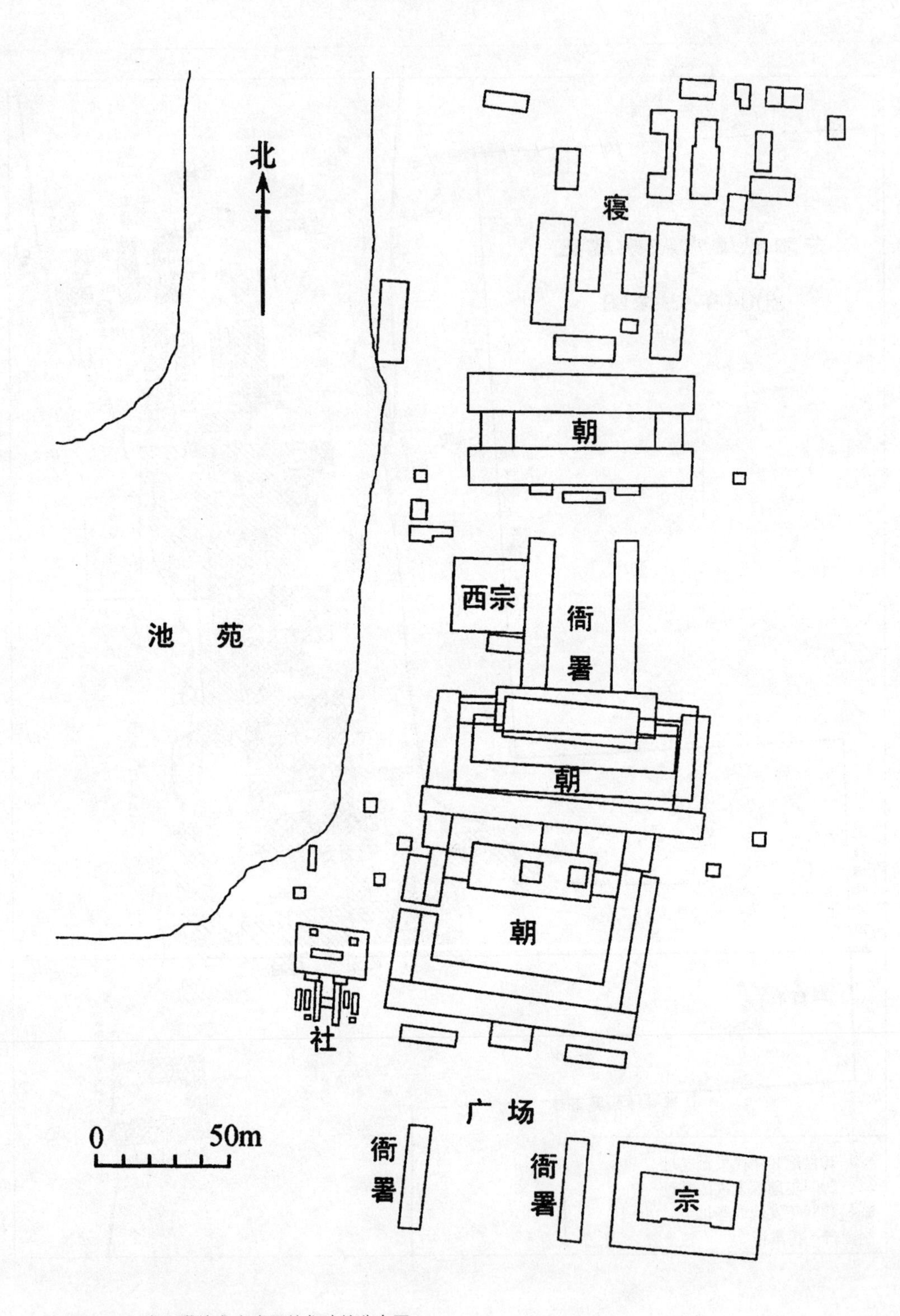

图2-3　安阳殷墟宫室南区礼仪建筑分布图

（《殷墟宫殿区建筑基址研究》，2010年版）

＊图中所显示的，是“前朝后寝”和纵轴线组合的平面布局。

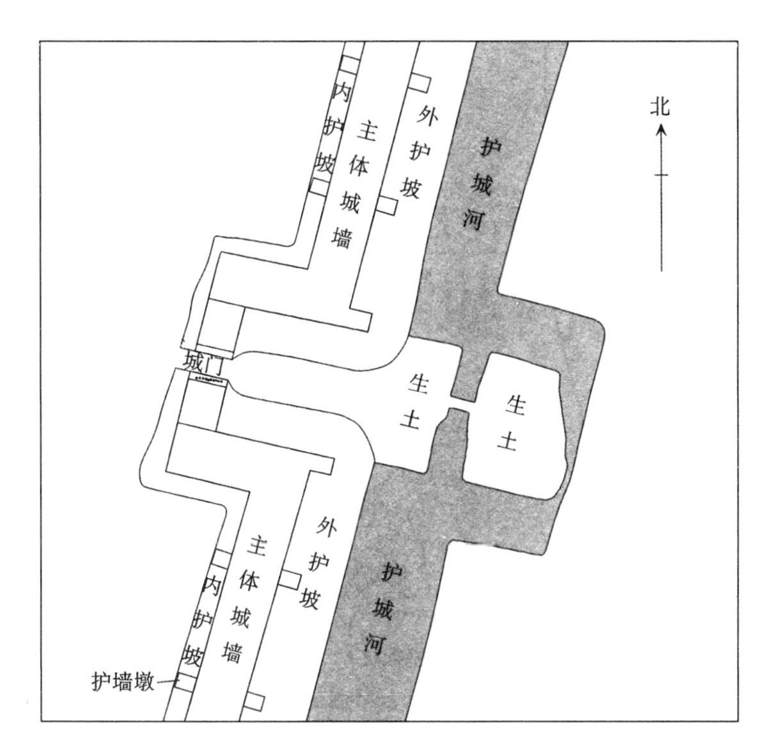

图2－4　河南新郑望京楼商城东一城门平面图

（《文物》2012年第9期）

＊图中显示的，是“内瓮城”形象

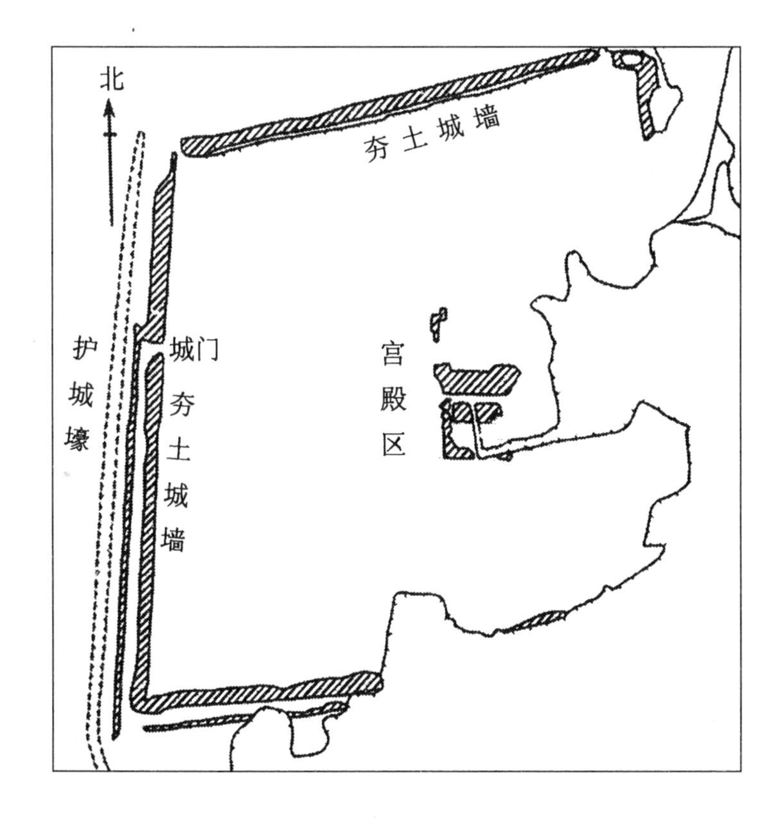

图2－5　山西垣曲商城平面图中的瓮城遗址

（《中原文物》2013年第4期）

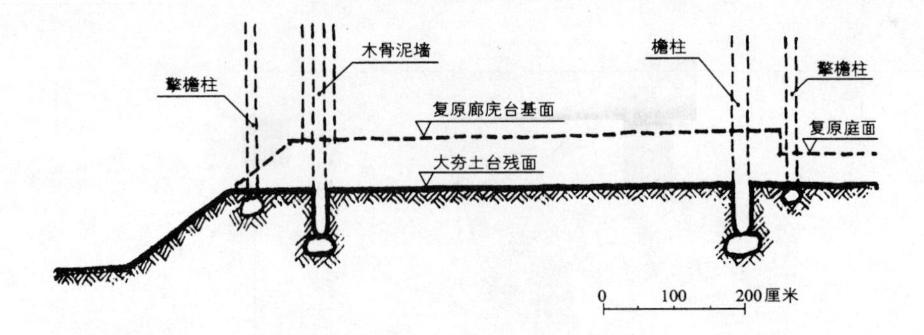

图2-6　偃师二里头遗址大夯土台南部横剖面图

(《杨鸿勋建筑考古学论文集》，2008 年增订版)

＊ 图中所显示的，是高台建筑的雏形。

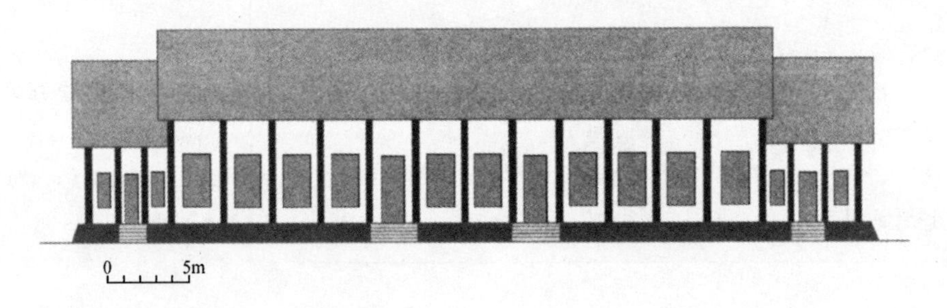

图2-7　安阳殷墟甲十一复原建筑立面图

(《殷墟宫殿区建筑基址研究》，2010 年版)

＊ 图中所显示的，是类似高台建筑及贴山挟屋建筑。

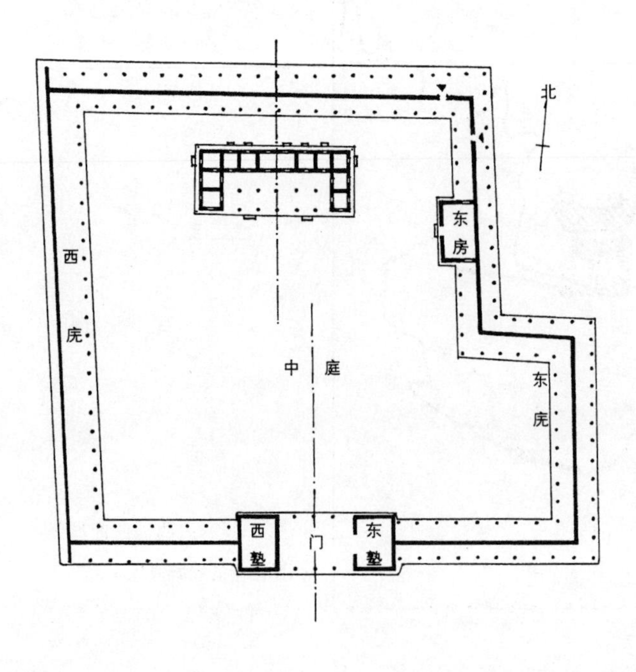

图2-8　偃师二里头一号宫室廊院布局复原总平面图

(《杨鸿勋建筑考古学论文集》，2008 年增订版)

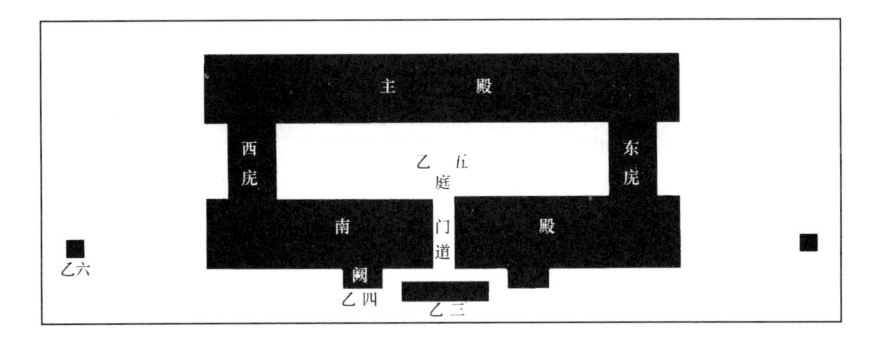

图2-9　安阳殷墟乙五组基址四面建筑组合示意图

（《殷墟宫殿区建筑基址研究》，2010年版）

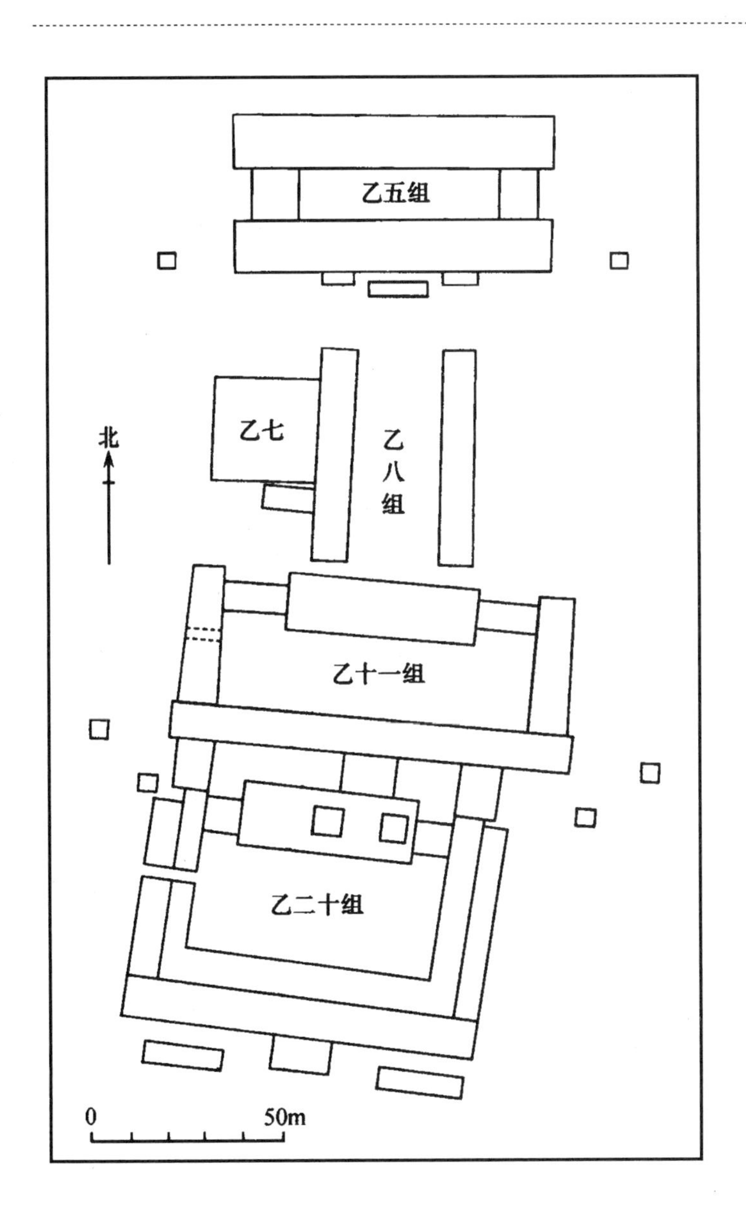

图2-10　安阳殷墟宫殿区乙组建筑四合院组合平面示意图

（《殷墟宫殿区建筑基址研究》，2010年版）

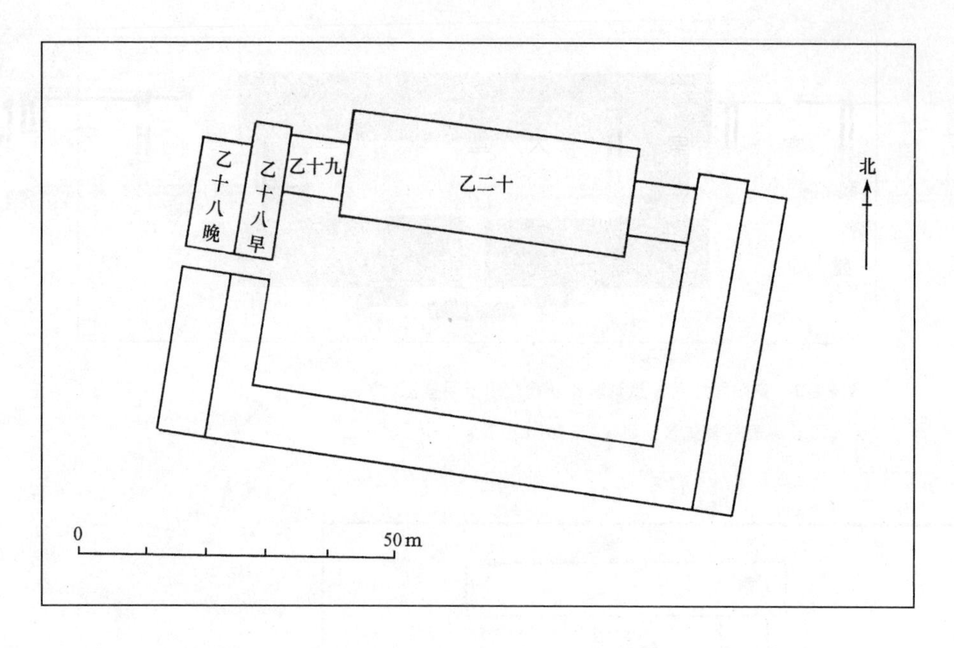

图2-11 安阳殷墟乙二十组宫殿建筑平面复原图

（《殷墟宫殿区建筑基址研究》，2010年版）

＊ 图中所显示的，是单进四合院组合。

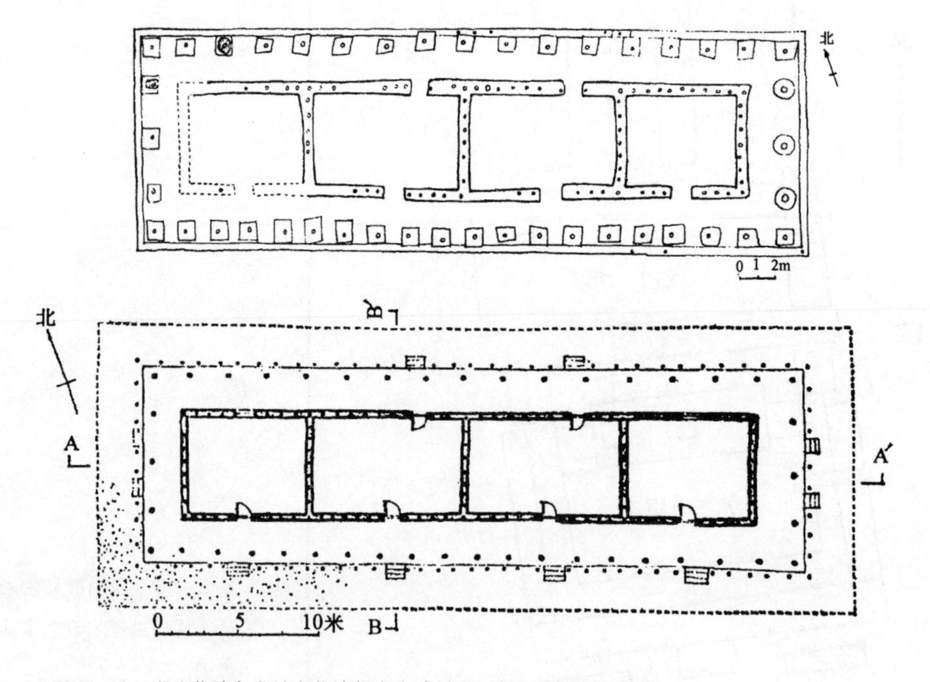

图2-12 湖北黄陂盘龙城商代诸侯宫室遗址F1平面及复原平面图

（《中国古代建筑史》第一卷，2003年版）

＊ 如图所示，宫室四周有宽约2.8米陶片铺装的散水。

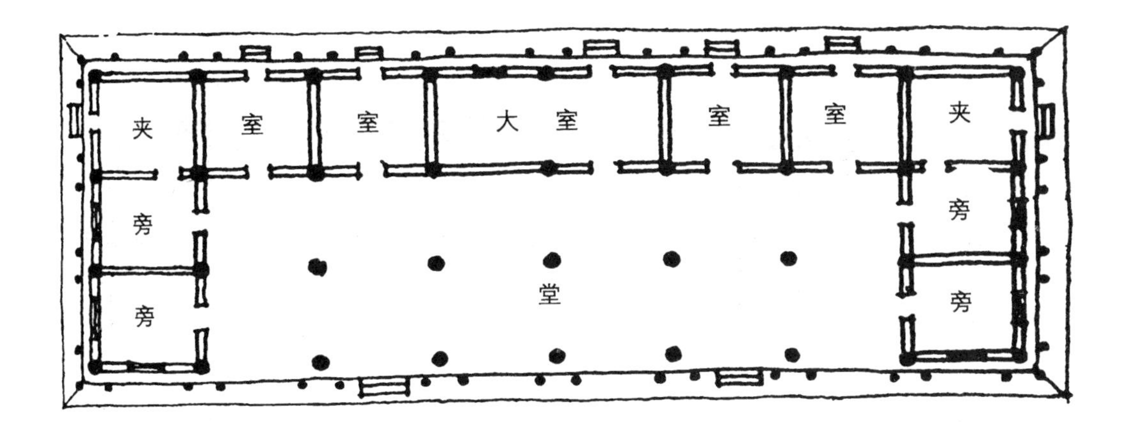

图2－13　河南偃师二里头遗址F1主体殿堂平面复原图

（《杨鸿勋建筑考古学论文集》，2008年增订版）

＊图中所显示的，是面阔八间进深三间的大型殿堂的柱网格局

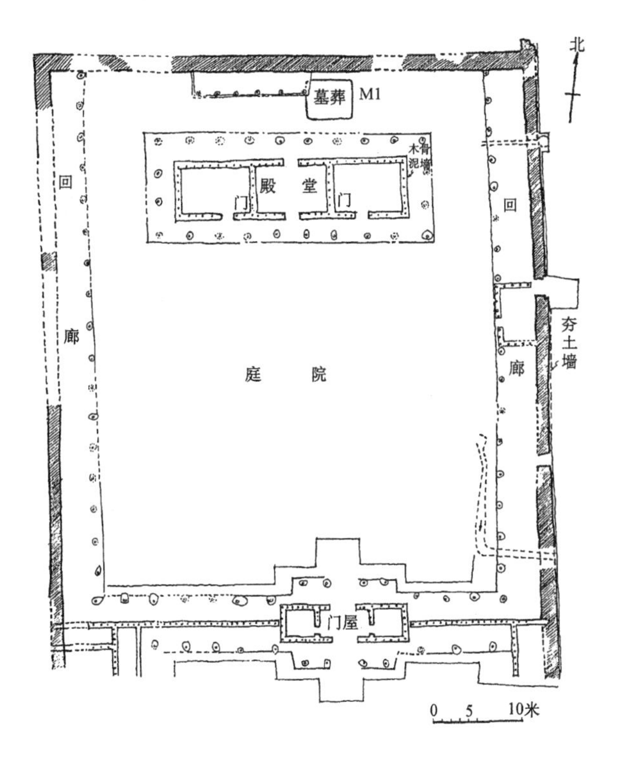

图2－14　偃师二里头遗址二号宫殿基址平面图

（《考古》1983年第3期）

＊图中所示的，是殿宇组合及廊柱分布。

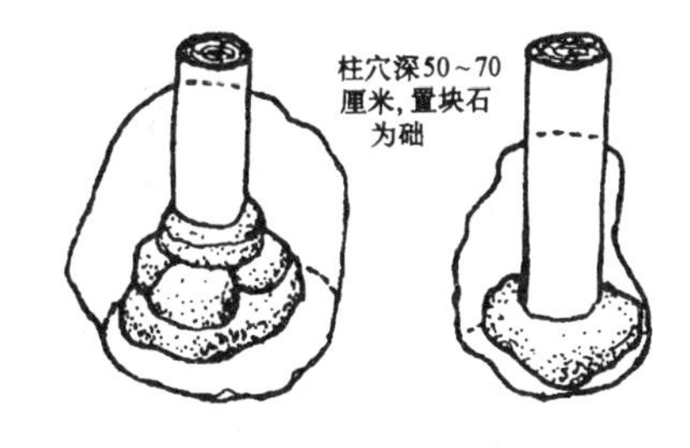

图2－15　偃师二里头遗址宫室建筑柱下做法示意图

（《中国古代建筑史》第一卷，2003年版）

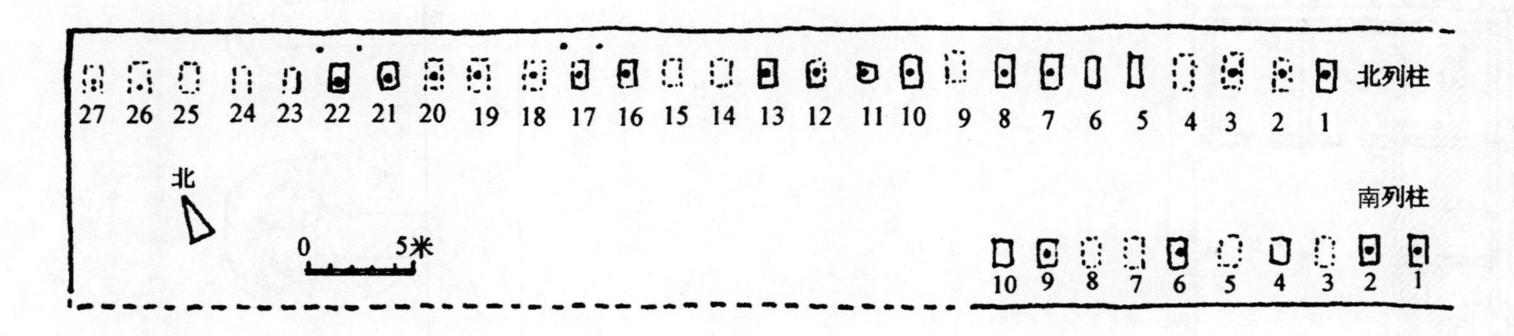

图2－16　郑州商城宫殿区 C8G15 基址平面图

（《文物》1983 年第 4 期）

＊ 图中所显示的，是商代宫殿柱网格局。

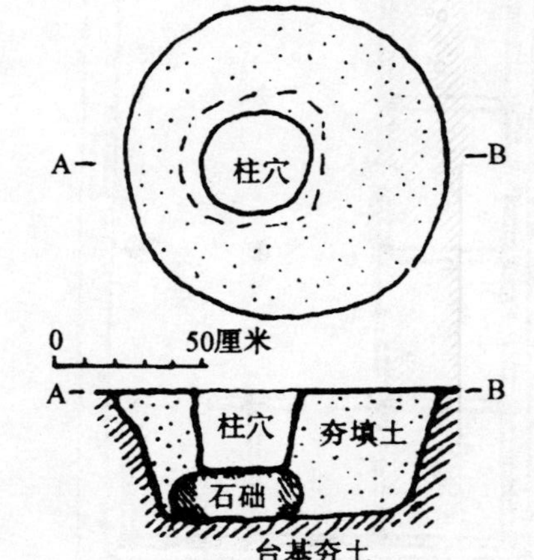

图2－17　郑州商城宫室建筑 C8G16 柱槽、柱础做法

（《文物》1983 年第 4 期）

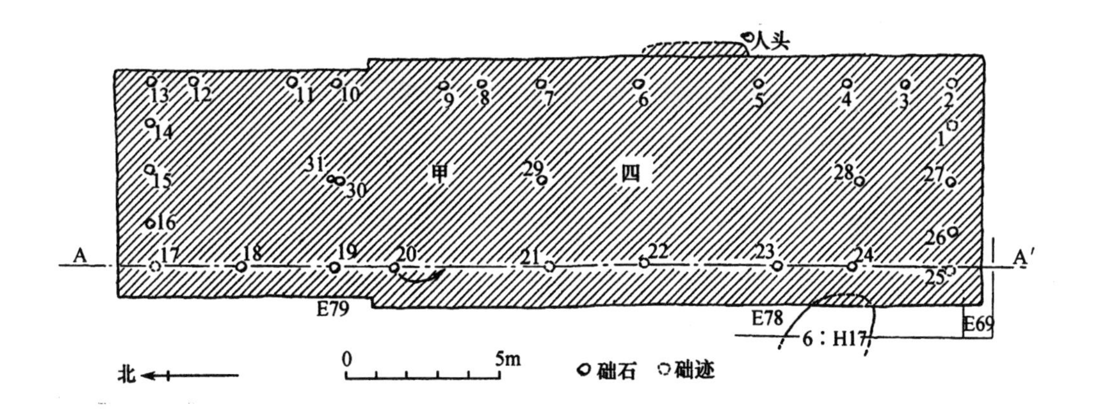

图2－18　安阳殷墟甲四基址平面图

（《殷墟宫殿区建筑基址研究》，2010年版）

＊ 图中所显示的，是前后檐柱和中柱。

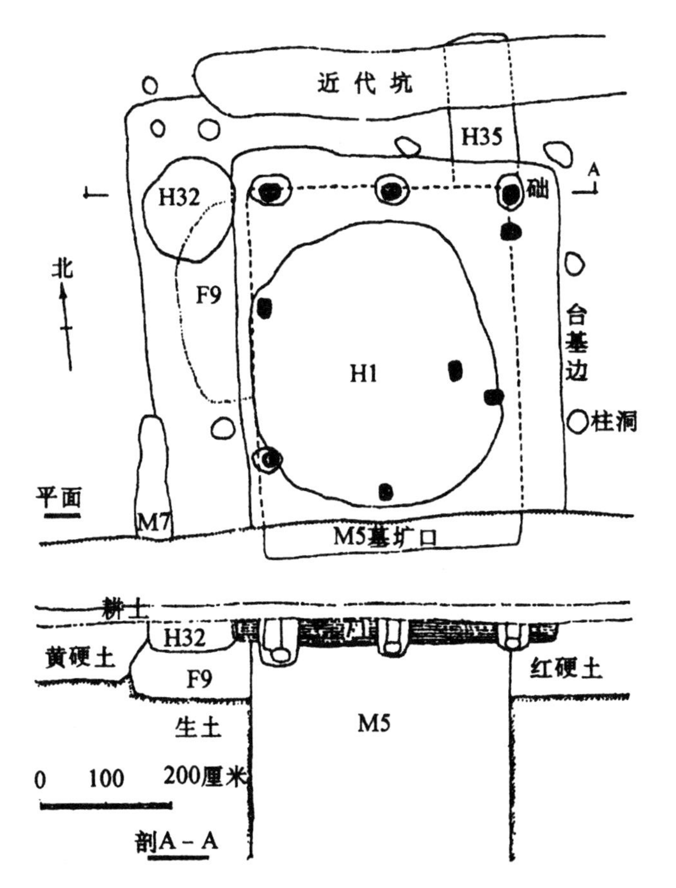

图2－19　安阳殷墟妇好墓上建筑遗址平、剖面图

（《中国古代建筑史》第一卷，2003年版）

＊ 图中所显示的，是商代晚期木构建筑的柱网、柱形及柱础、磉墩。

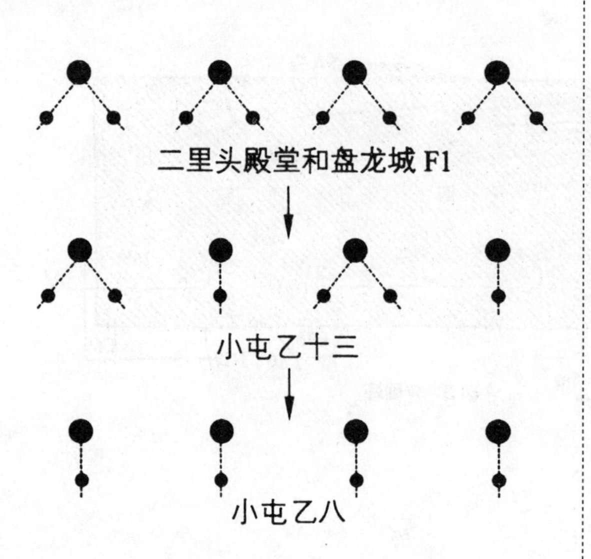

图 2-20　擎檐柱与檐柱平面关系发展示意图
（《杨鸿勋建筑考古学论文集》，2008 年增订版）

图 2-21　安阳殷墟宫殿遗址甲十一柱下铜锧
（《中国古代建筑史》第一卷，2003 年版）

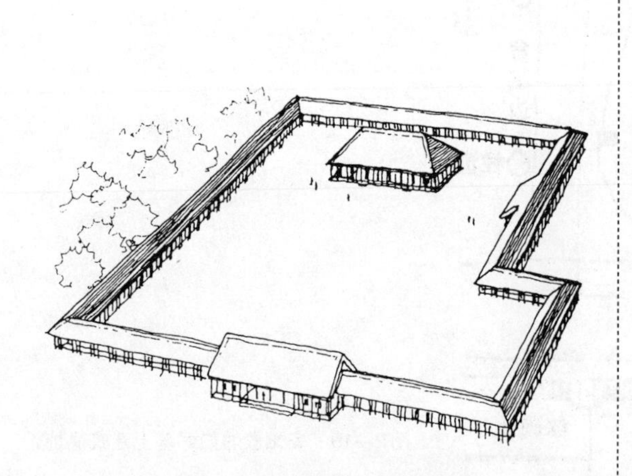

图 2-22　偃师二里头遗址建筑复原鸟瞰图
（《杨鸿勋建筑考古学论文集》，2008 年增订版）
* 图中所显示的，是两面坡和四面坡屋顶形象。

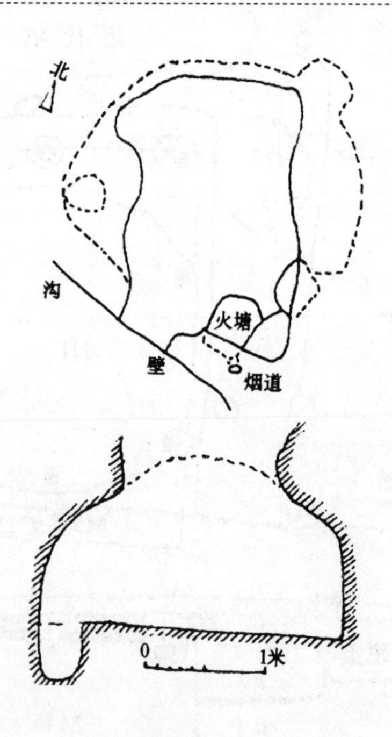

图 2-23　山西夏县东下冯夏商遗址窑洞式建筑 F565 平、剖面图
（《考古》1980 年第 2 期）

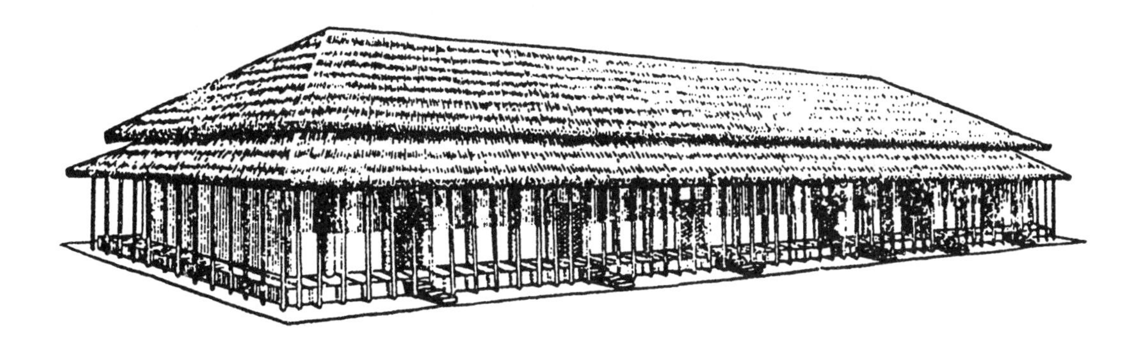

图 2－24　郑州商城宫殿建筑 C8G15 复原图

（《中国建筑艺术史（上）》，1999 年版）

＊ 图中所显示的，是大型重檐四阿式建筑。

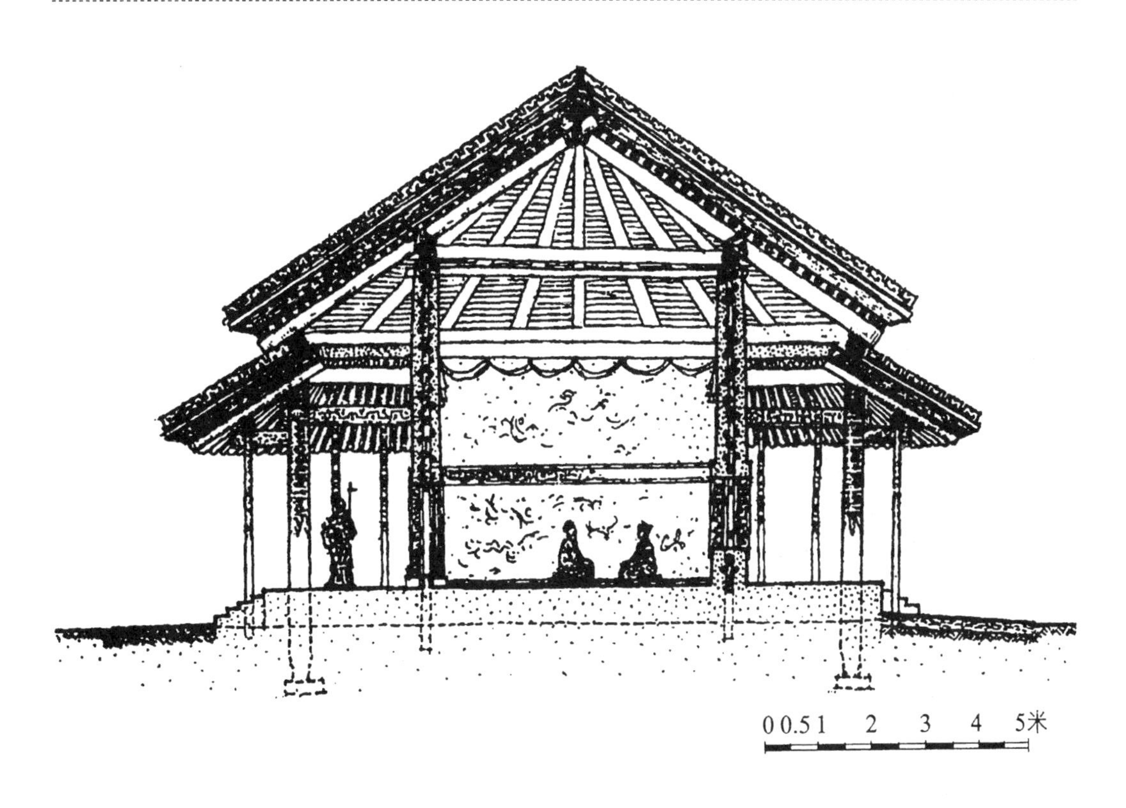

图 2－25　湖北黄陂盘龙城宫殿遗址 F1 柱梁式木构架复原剖面图

（《杨鸿勋建筑考古学论文集》，2008 年增订版）

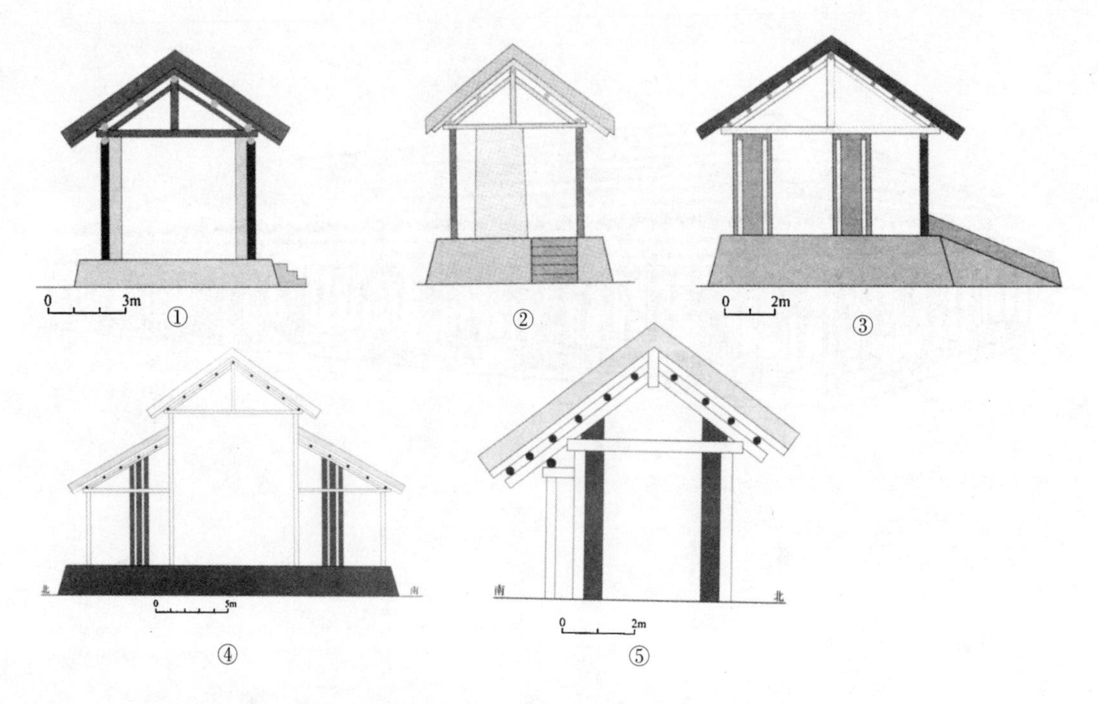

图2－26　安阳殷墟建筑大叉手式斜梁复原图

①殷墟甲四主房中段剖面复原图　　②殷墟乙三建筑基址侧立面复原图

③殷墟乙八复原建筑剖面图　　④殷墟乙十一早期建筑主殿复原剖面图

⑤殷墟乙十四建筑复原侧立面图

（《殷墟宫殿区建筑基址研究》，2010年版）

图2－27　郑州小双桥商代遗址出土铜建筑构件

（《河南文化遗产》，2011年版）

图 2 -28　有关建筑门户等的甲骨文字

(《中国古代建筑史》第一卷，2003 年版)

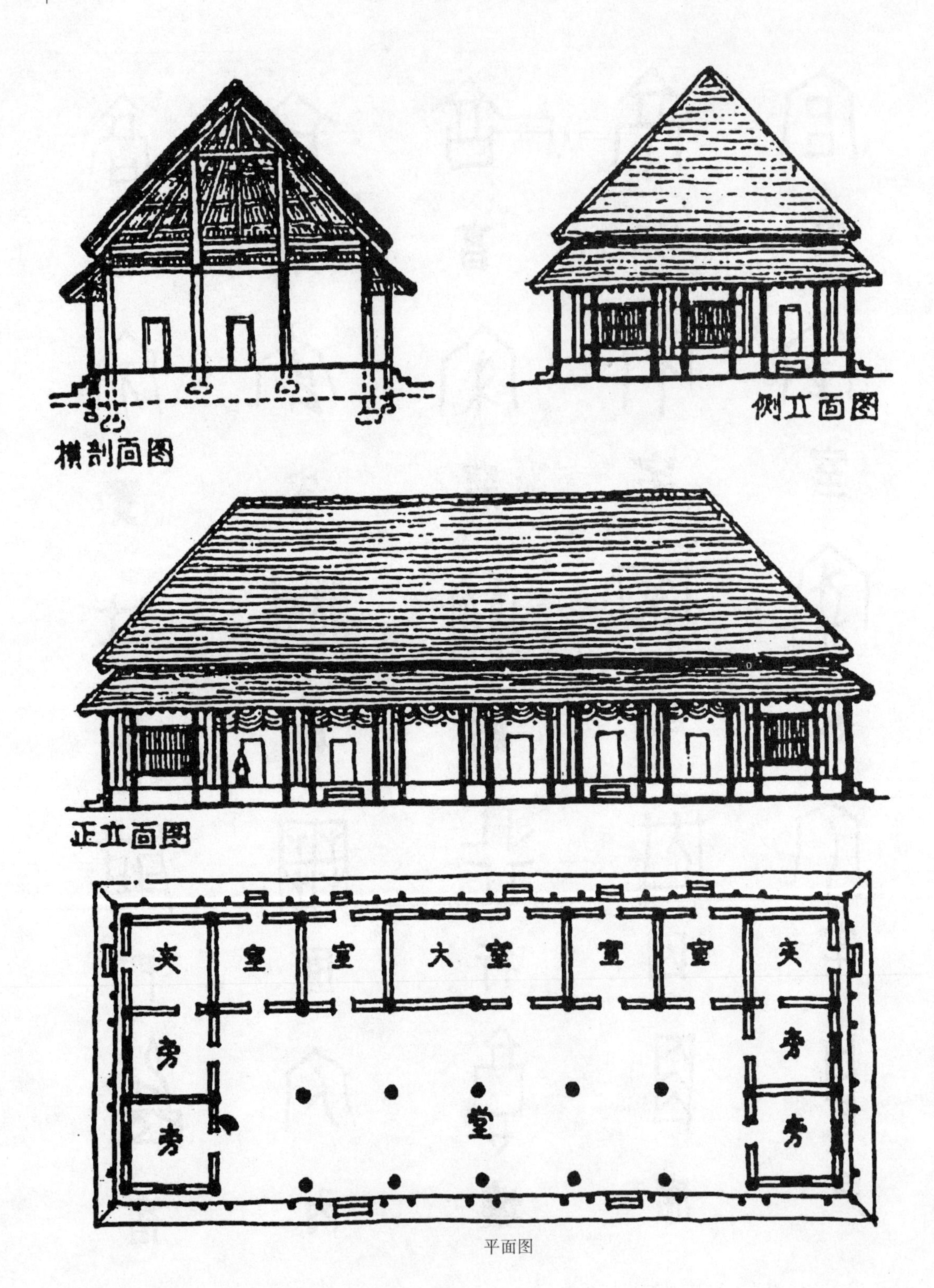

平面图

图2－29　偃师二里头遗址1号宫室复原图中的门窗形象

(《中国古代建筑历史图说》，2003年版)

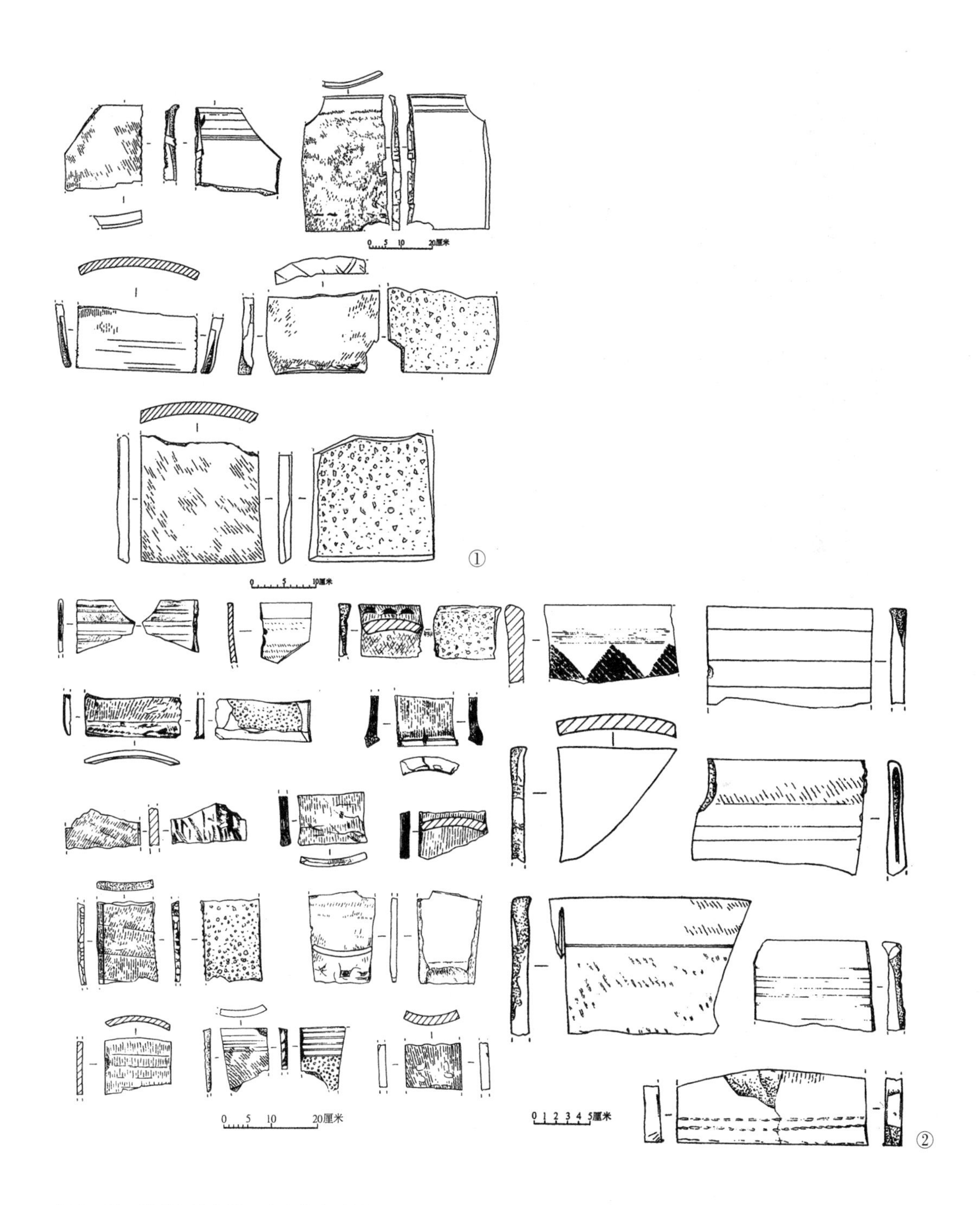

图2－30　郑州商城宫殿区出土的陶质板瓦

①中医学院家属院出土板瓦　　②郑州丝钉厂出土板瓦

（《华夏考古》2007年第3期）

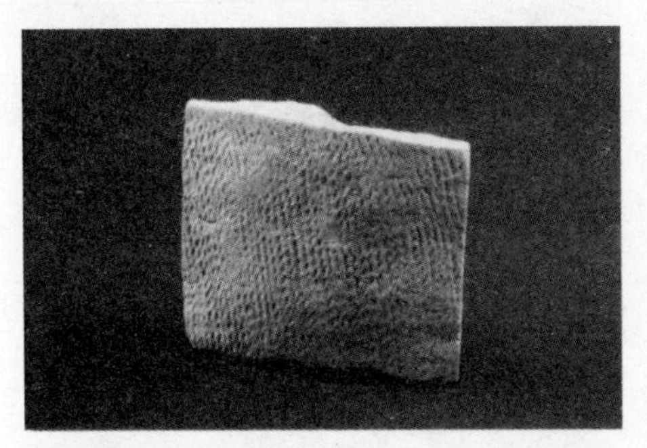

① 板瓦正面(97ZSC8ⅡT153H30：93)

② 板瓦背面(97ZSC8ⅡT153H30：93)

③ 板瓦正面(97ZSC8ⅡT153④：117)

④ 板瓦背面(97ZSC8ⅡT153④：117)

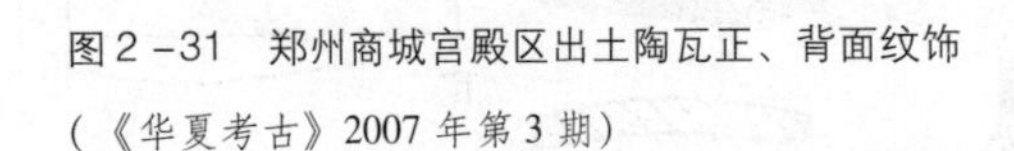

图2-31　郑州商城宫殿区出土陶瓦正、背面纹饰

(《华夏考古》2007 年第 3 期)

图2-32　殷墟五号墓出土商代铜偶方彝

(《中国建筑艺术史（上）》1999 年版)

* 图中所显示的，是建筑形象和草顶建筑样式。

图 2 -33　河北藁城台西商代建筑遗址 3 米高的墙体

(《藁城台西商代遗址》, 1985 年版)

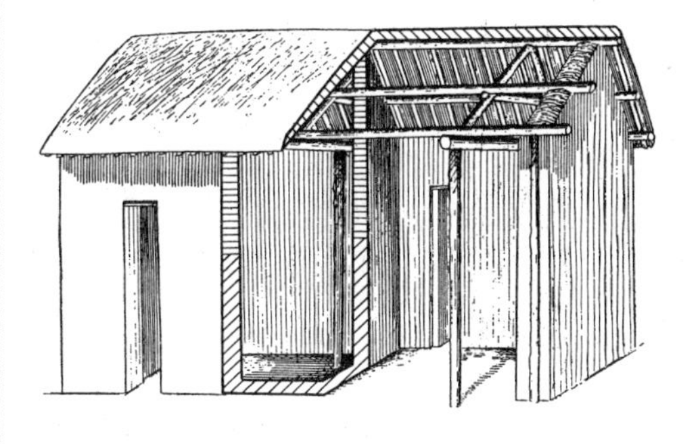

图 2 -34　河北藁城台西商代建筑遗址 F2 复原图

(《藁城台西商代遗址》, 1985 年版)

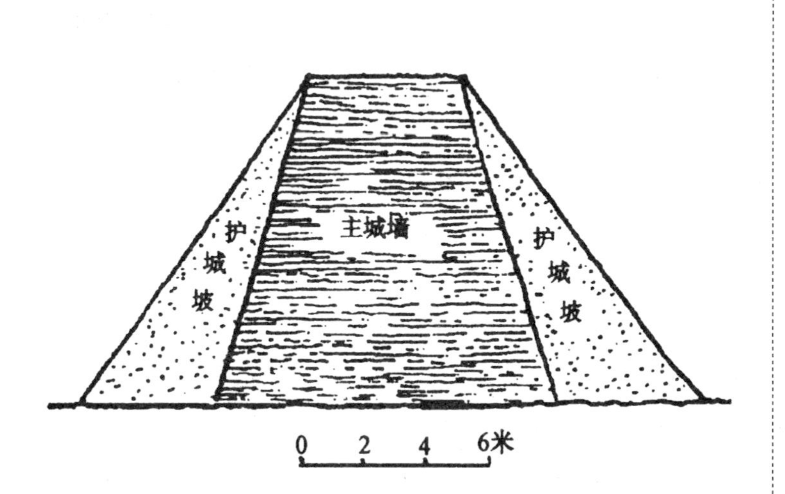

图 2 -35　郑州商城夯土城墙截面示意图

(《中国古代建筑史》第一卷, 2003 年版)

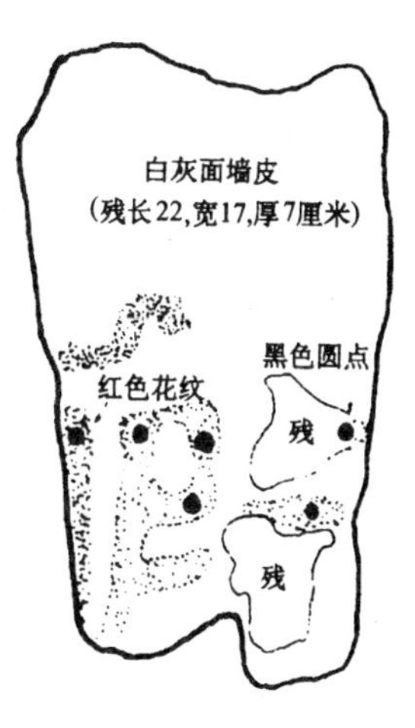

图 2 -36　安阳小屯北地 F10、F11 出土彩绘壁画残片

(《考古》1976 年第 4 期)

三　西周时期建筑

周王朝在宗周和洛邑两地建有庙、宫、榭、室及辟雍等建筑物。陕西岐山凤雏宫室基址，由三个庭院组成，整个基址以殿堂为中心，安排庭、房、门、廊、阶、屏等单体建筑，布局规整严谨，大体符合周代“前朝后寝”、“前堂后室”的建筑设计规范。在商代用瓦的基础上，此时期，特别是西周后期用瓦比较普遍。不但用板瓦，而且还使用筒瓦，还在相应位置处使用瓦钉和瓦环。另有一种背饰雷纹的小筒瓦，制作精致。除地面建筑外，半地穴式住屋仍是西周常见的房屋形式，平面有圆形、长方形和瓢形等。此时期已出现斗栱中“斗”的形象，更具重要意义。

（一）平面布局、柱网柱形与建筑形式

1. 四合院平面布局

西周时期的四合院平面布局，以考古发掘的陕西岐山凤雏村西周早期的建筑基址最为典型，整组建筑群建在厚约130厘米的夯土基址上，总体平面呈规整纵长的“日”字形，南北长43.5米，东西宽32.5米，总面积约1415平方米。具有明显的南北中轴线，最南端中央，有一夯土屏墙。轴线上三排建筑物，前为门三间，中为堂六间，后为室五间；左右为廊庑各八间（图3－1）。此建筑群的功能可能为宫室或宗庙性质的建筑。这是目前已知时代较早、最完整的四合院平面布局。

2. 穴居建筑

原始社会至商代常见的一般民居建筑半穴居式样，到周代仍在沿用。如陕西西安沣西张家坡西周早期民居遗址和客省庄建筑遗址，其平面有圆形、方形（图3－2）和长方形，地面以下的部分，也有深浅之分。其中一浅穴式穴居，由内、外室和过道组成，平面略呈“吕”字形。内室方形平面，上口东西3.05米，南北2.7米，底部东西3.17米，南北2.92米，近北壁有一柱洞，室中央有烧土面；外室平面呈矩形，上口东西5.29米，南北1.85米，底部东西5.35米，南北2米，近北壁有一柱洞，室内有烧土面。南壁有一斜坡形的内外通道。

河北磁县下潘汪西周建筑遗址（图3－3），3号房基，为圆形竖穴式建筑，口径2.4米，底径2.5米，深1.53米。室壁有一定收分，室中有一圆柱洞，直径0.16米，深0.08米。室内有坚硬的黄褐土层，厚约0.10米。室之北部有横向柱洞5处，柱洞平面有圆形和椭圆形两种。4号房基，平面长方形，东西3.98米，南北2.47米，室内外有16处柱洞。室中央有一大柱洞，直径0.22米，洞中有朽木柱遗

存，并用陶片填塞。另有一种居住建筑采用土窑形式，先在地面挖一平面呈椭圆形的深坑，在坑壁上挖掘窑洞供其居住，并筑斜坡道供上下出入之用。

3. 曲尺形干阑式建筑

湖北蕲春县毛家嘴西周建筑遗址中的居住建筑，采用的是木结构地面起建房屋形式。在一处发掘面积1600平方米的范围内（图3－4），发现木柱109根，柱径均在20厘米左右，还有排列整齐的木板墙，板宽20～30厘米，板厚2～3厘米。可辨别其为平面呈曲尺形的三座建筑。一号建筑基址，通面阔8.3米，通进深4.7米，有木柱18根，纵向三列，横向六列，排列有序，形成面阔五间，进深二间的木构架建筑平面。柱间面阔2～3米，进深2米。二号房址，通面阔8米，通进深4.7米。有柱15根，排列为横五纵三的柱网，形成面阔四间，进深二间的建筑布局。在此房址附近，还有较多的建筑残迹（图3－5）。包括木板墙、木梯痕迹，还有大块平铺木板，可能是干阑式建筑平台的遗迹。

4. 保留有古制的居住建筑

陕西扶风召陈村西周居住建筑遗址，发现西周早、中期地面起建的木结构居住建筑遗址15座（图3－6）。七号建筑基址有东西向柱础五列（间距4～4.5米），南北向柱础五列（间距3.7～4米），均为石础，原建筑形式不明。九号建筑基址残留南北向柱础四列，夯土筑础，东西向柱础四列，间距2.5米。三号房屋基址，台基东西长24米，南北宽15米，角柱间距13米，形成面阔六间，进深五间的柱网平面。房基四周为经过烧烤硬化的土质散水。此建筑平面布局有三个特点：①取消左右当心间缝上的中央二柱，另立一柱于纵轴线上，并向南北中轴线移位1米，颇似后世之“移柱造”形式。②左右次间内，均有南北向的夯土墙一道，厚0.8米，墙之内侧中央各立一柱。③中央一柱特别粗大，保留古制。虽然木柱糟朽不存，但柱洞与柱根下的“磉墩”犹存（系已知最早的磉墩），即由素夯土和大砾石组成的柱下基础。一般直径为100～120厘米，深180厘米。中央大柱的基础直径190厘米，深240厘米。夯打坚实的基础之上放置大块的础石，础石上竖立木柱。木柱虽仍埋在室内地面以下，但埋入深度已大为减小，是柱立室内地面以上的过渡形式。较商代的“深埋式”大为进步。八号房基的散水，由河卵石砌成，宽度为0.5～0.55米。三号房基面阔六间，五号房基面阔八间，八号房基虽面阔七间，但内部改为六间，均仍受偶数开间制式的影响。

5. 满堂柱式建筑

除上述平面布局中已阐明的柱网及柱与柱础的一些特征外，西周建筑遗址考古发掘资料还显示，陕西凤雏村周代祭祀建筑遗址的厅堂室内柱网采用“满堂柱”的制式（图3－7）；外垣夯土墙内置木柱的做法及西周早、中、晚期在柱网与柱形方面的差异等均为鉴定周代建筑的重要时代特点。

6. 屋顶建筑形式

西周建筑早已不存，单体建筑的总体形制只能从考古发掘资料中的平面布局、柱网配置和其他遗存现象中寻觅线索，推测其当时可能存在的建筑形制。如陕西召陈村西周居住建筑遗址中三号房址，建筑面积达360平方米。根据其柱网配置，特别是左右两当心间（偶数开间类建筑）缝上中柱的内移和位于四隅角柱向内引延45°线之交点上的做法，故推测其建筑形制为四阿顶（图3－8）。八号房址之角柱向内引延45°线，正好通过梢间缝内柱，并交汇在墙中央的柱头上，故最有可能为四阿顶式建筑（图3－9）。河北下潘汪西周建筑遗址二号房址，室之南北土壁贴近地面处，各有小柱洞三处，相互对称且向内倾斜，推测是两壁框架之檐柱，故此建筑应为两面坡式样。四号房址为四面坡浅穴居建筑。西周时期还有攒尖式建筑。也有可能部分居住建筑采用类似后代硬山搁檩的做法。

（二）梁架

1. 纵架式构架

西周早期木构架柱子的排列，仍是纵向成行，横向不成行，即进深方向的前后檐柱不对应，由此可证构架形式仍属于纵架为主，还没有完全形成单缝的横向木构架。多数柱根仍然埋在柱洞内，尚未完全升至地面（图3－10）。隔墙多无暗柱。故这一时期单缝横向梁架尚不成熟。

2. 人字木构架

西周早期所采用大叉手——人字木构架的屋架，在陕西岐山凤雏甲组建筑遗址出土的屋顶檐部墐、塈残块及后代屋顶墐、塈残块（图3－11）上面印有大叉手及其上承密集的苇束（代椽）痕迹，表现出内壁和屋架之间的角度，可知大叉手举高和跨度的比例略大于1∶2，大于《考工记》所记葺屋的1∶3；河北下潘汪建筑遗址中的一座房基，也有柱洞相向内倾斜约45°现象，可能原来也是人字形屋架。通过文献记载和考古发掘资料可知，木梁架在周代得到更为广泛运用，仍然是大叉手人字形的构架形式。

3. 柱与墙的承载结构

陕西扶风召陈西周建筑遗址中三号房基埋于墙内的两根中柱，恰好在脊榑中心线上，与承载屋顶有关；其夯土墙在结构上的重要作用，是为了固定用以支承正脊悬出部分的两根由地及顶的中柱，故其功能类似后代的采步金梁加侏儒柱的作用。

这也是西周屋架的特点之一。

（三）斗栱

1. 原始的斗栱形象

斗栱是古建筑中的悬挑物件，它是中国古建筑的独创构件。已发现最早的原始斗栱形象，系1929年河南洛阳邙山出土的西周青铜器矢令簋所表现栌斗的成熟形式。该器物的下部基座四周置四根方形短柱，柱头各施一斗，做出栌斗的斗耳和耳欹（图3－12）。在两短柱之间于栌斗之斗口内施横枋，枋上置两方块形物，类似散斗，和栌斗一起承托上部板型器座。这些构件的形状及其组合形式，与后代檐柱上施斗的构造方法颇为相似。

2. 向插栱转化的斜撑

根据考古材料分析，商代末期，擎檐柱已有向斜撑转化的趋势。西周时宫室擎檐柱发展为斜撑（图3－13），进而推测向插栱转化的时段可能在西周晚期。

（四）门窗和屋顶脊瓦

1. 门窗

西周时期的部分大型青铜器的器身已具有房屋建筑的形象。如西周早期青铜器兽足方鬲，正面中央辟双扇版门（图3－14），门之两侧各置十字棂格的低矮勾阑（勾栏）一段，其他三面中部辟矩形窗，棂格也为“十”字形状。

陕西岐山凤雏村西周建筑基址，甲组建筑的大门设在中轴线南端，为有屋盖的穿堂形式门，宽3米，进深6米，还保留有地面路土和中间门槛的痕迹，门槛处地面高起，向南北逐渐坡下。此门的门道处无台基，即大门两侧东、西“塾”的台基是断开的，以便使断砌造的大门，人、车出入方便（图3－15）。

2. 屋面瓦件

在商代制瓦技术的基础上，西周制瓦技术得到了较快的发展。考古发掘出土的大量陶瓦已很规整（图3－16），不但有板瓦、筒瓦和人字形断面的脊瓦（图3－17），而且还有瓦环和瓦钉等。西周早期陶瓦尺度大，一般长55～58厘米，大头宽36～41厘米，矢高19～21厘米；小头宽27～28.5厘米，矢高14～15厘米，瓦厚1.5～1.8厘米。使用瓦的部位可能在屋面交接处的屋脊、天沟等处，尚为茅茨与陶瓦相结合的做法。在瓦背或瓦底使用瓦钉或瓦环。后来进一步把陶瓦铺置于檐口。至于将陶瓦满铺屋面的时间，大约始于西周中期。这一时期筒、板瓦的尺度已减小，如小型筒瓦长23厘米，大头宽13厘米，小头宽11.5厘米，高6.5厘米，厚0.8厘米；中型筒瓦长

40～44 厘米，大头宽 19～20 厘米，高 9.5 厘米，小头宽 16.7～17.6 厘米，高 8.5 厘米。有的已具备瓦唇，使前后接口处不易漏水。西周晚期出现半圆形瓦当，表面有素面的和刻简单弧线的。在宽瓦方面，由绑扎改为泥质苫背，与屋面结合更为贴实。陶瓦断面除圆弧形外，还有槽形的。

（五）夯土技术、陶砖、墙壁

1. 夯土技术

夯土技术是中国古建筑技术的重要方面之一。自原始社会经夏商，已经具有相当熟练的技术基础。周代筑城邑、建宫室、修陵墓等，皆广泛运用夯土技术，并采用版筑方式（图 3－18）。夯筑工具有夹板、夹棍等。这一时期对土壤性能的认识也有很大的提高，为了防止水与空气的渗入，在墓室中使用夯实的青色或灰色的胶泥。为提高柱根下的承载力，采用了夯实的土石混合基础等。在筑城的夯土质量方面也有很大提高，既能防御攻城器械的冲击，又可久耐引水灌城之浸泡。

2. 陶砖

西周的土坯砖与陶砖。在陕西岐山凤雏早周建筑遗址中发现有土坯砖，砌筑于厅堂北面台基处。多数陶砖为正方形，边长 38 厘米，厚 3 厘米。也有呈矩形者，长 34 厘米，宽 27 厘米，厚 3 厘米，或长 42.5 厘米，宽 31.3 厘米，厚 4 厘米。纹饰有斜方格纹、回纹、菱形纹、卷云纹等。大多用于铺装室内地面。

陶质小型条砖的应用约始于西周晚期，用于铺地和包砌壁体。但实物发现甚少，仅知西周晚期之陶质条砖出土于一制骨作坊附近，长 36 厘米，宽 25 厘米，厚 2.5 厘米，四角带有砖钉，可能用于护墙。

3. 墙壁

墙壁的做法：①素夯土墙，常用于院墙等围护外垣。②埋置木骨或木柱的夯土墙，如陕西岐山凤雏 1 号建筑遗址的外墙和内墙。③草泥墙，用于室内隔断墙，多不做承重结构。如陕西岐山凤雏早周祭祀建筑遗址中的一座大型建筑的内墙即用草泥堆砌。

西周晚期建（构）筑物墙壁结构和工艺做法。以四川成都羊子山祭坛遗址为例（图 3－19），该祭坛由三层土墙组成。第一道墙保存较好，边长 31.6 米，墙脚宽 6 米，上砌至第十层土砖后，内边有收缩 10 厘米的收分幅度。土墙围合之空间形成方井状，分层填土夯实，夯层厚而不匀。第二道墙距一道墙外皮 12 米，仅存部分南墙残段，也为在土墙空当间填土夯实。第三道墙破坏严重，不知其结构情况。

该墙之结构和砌筑方法。在墙身下挖出宽 6 米、深 0.12 米的基槽，在其上用长 65 厘米、宽 36 厘米、厚 10 厘米的土砖砌墙。采用平砌且上下对缝的古老砌筑技术，土砖之间用灰白色细泥粘合剂，粘合密实。墙体内壁虽有明显的收分，但外壁平直。夯具为圆形木棒和石锤，夯端着力面直径 9 厘米。

土砖之上、下面不太平整，但四周侧面整齐，显系使用土砖模子制作而成。土砖上皮有捶打痕迹，其原料为泥土加适量的茅草，泥草掺加均匀，结合牢固。草筋仅选择条叶形的茅草，无其他杂草，且系随采随用，无发现枯萎之草痕。

此时期的建筑遗址中，还发现有“影壁墙”。如陕西岐山凤雏西周早期建筑遗址，在其一组完整的“一颗印”式的两进四合院布局的建筑群南面，辟设穿堂式的大门，门外 4 米处建有版筑的夯土屏风墙（影壁墙），东西长 4. 80 米，厚 1. 20 米，现存残高 0. 20 米（图 3 – 20）。从影壁四角残存的础石和木炭痕迹观察，原壁之四角各立有木壁柱，可能原来覆盖有木构的壁顶，壁顶形制已不可知。影壁在先秦文献中称为“树”或“屏”，是一种礼制建筑，有严格的等级限制，门与屏之间有“宁”。

（六）建筑彩画、壁画、玉珠翠蚌等建筑装饰

建筑的色彩装饰，在西周时期墙体之内外皆有刷饰。如西周的凤雏和召陈建筑遗址中，都曾发现残留在墙皮上的白色面层，证明当时墙面确有粉饰。《礼记》记载，周代建筑色彩依其等级而有所不同：“楹，天子丹；诸侯黝；大夫苍；士黈。”表明天子宫室柱子红色，诸侯黑色，大夫青色，士为黄色的等级制度。据《左传》等记载，当时周天子的宫垣可能也是红色。《尔雅》载：“地谓之黝，墙谓之垩。”亦说明周代除墙面刷白，还有地面涂黑的做法。考古发掘材料也反映有上述情况。

商代已发现有黑红颜色的壁画，在陕西扶风西周墓中还发现了白色菱形组成的壁画。根据文献记载，周代明堂有不同形象的壁画。周代宫殿门扉上也有绘画，《周礼》云：“居虎门之左，司王朝。”郑氏注：“虎门也……画虎焉，以明勇猛于守宜也。”此门扉画虎，可能为中国最早的门神画。

玉珠翠蚌建筑装饰，在周代不但有文献记载，而且有考古发掘材料印证。如陕西凤雏和召陈出土一批蚌泡、玉管、玉珠、玉佩和玉鸟。蚌泡圆形或方形，中心穿孔，面涂朱砂。文献记载周代建筑椽头饰玉当，门窗、柱梁镶玉、蚌和骨料。所以这些西周遗址中出土的蚌泡和玉器件有一些应是建筑木构件的面饰。有些菱形玉片，有可能是墙之壁面装饰。

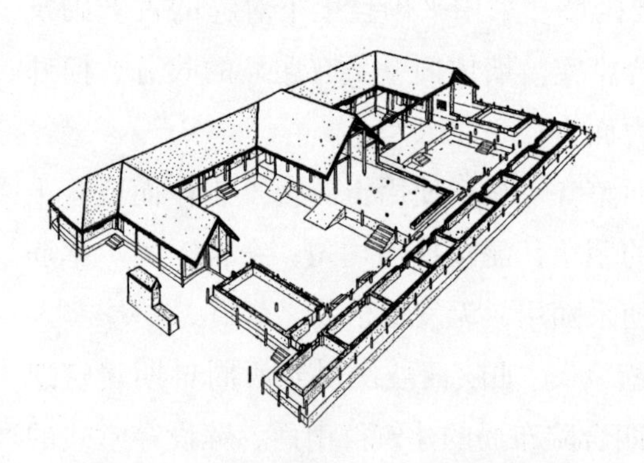

图3－1　陕西岐山凤雏西周四合院建筑复原图

（《杨鸿勋建筑考古学论文集》，2008年增订版）

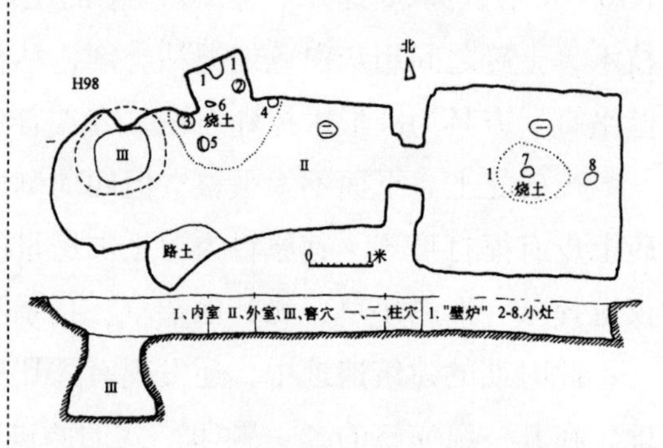

图3－2　陕西客省庄建筑遗址方形房屋基址平、剖面图

（《沣西发掘报告》，1963年版）

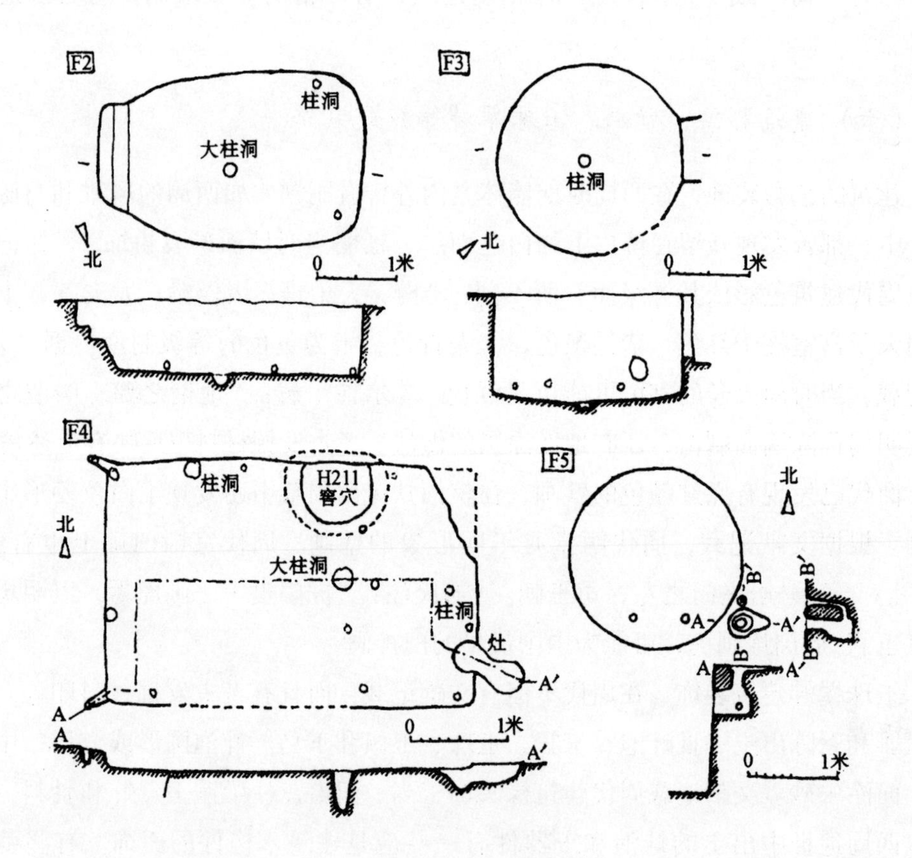

图3－3　河北磁县下潘汪西周穴居建筑遗址平、剖面图

（《考古学报》1975年第1期）

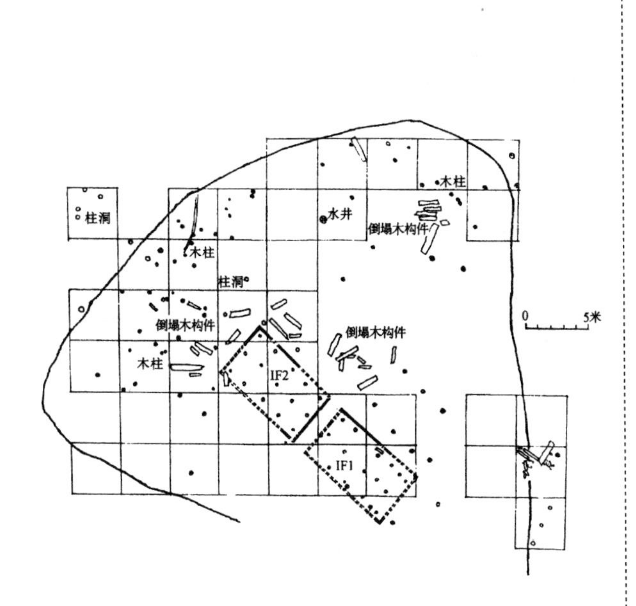

图3－4　湖北蕲春县毛家嘴西周木构建筑遗址Ⅰ平面图

（《考古》1962年第1期）

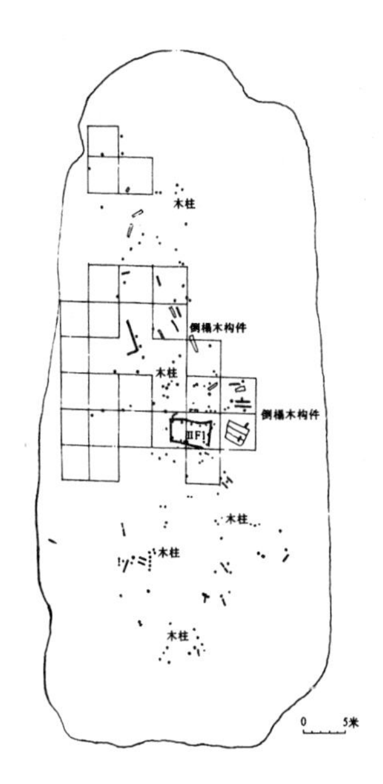

图3－5　湖北蕲春县毛家嘴西周木构建筑遗址Ⅱ平面图

（《考古》1962年第1期）

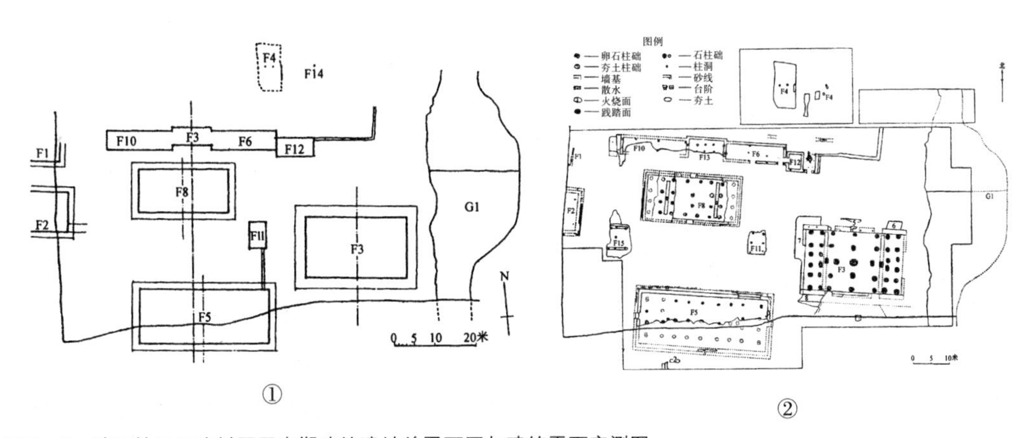

图3－6　陕西扶风召陈村西周中期建筑遗址总平面图与建筑平面实测图

①总平面图　　　②建筑平面实测图

（《文物》1981年第3期）

＊ 图中显示的，是居住建筑的布局特点。

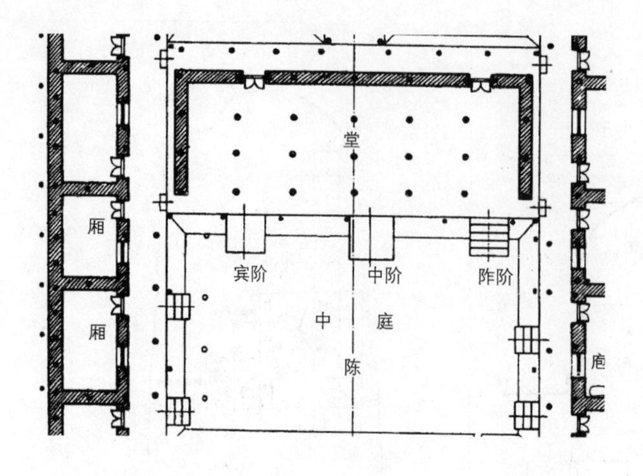

图3－7　陕西岐山凤雏西周建筑厅堂“满堂柱”式柱网

（《杨鸿勋建筑考古学论文集》，2008年增订版）

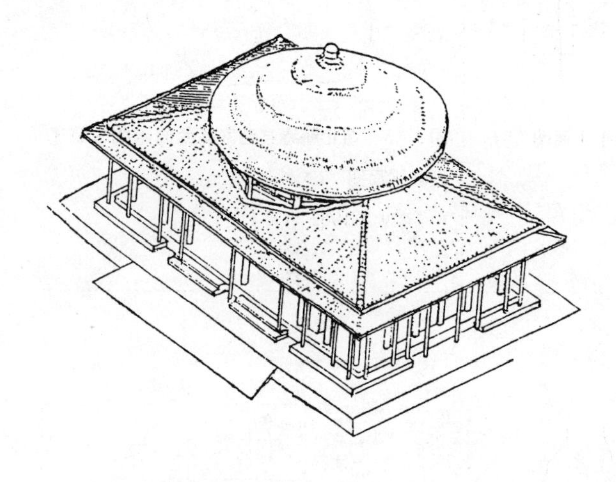

图3－8　陕西扶风召陈西周宫殿建筑F3复原图

（《中国建筑艺术史（上）》，1999年版）

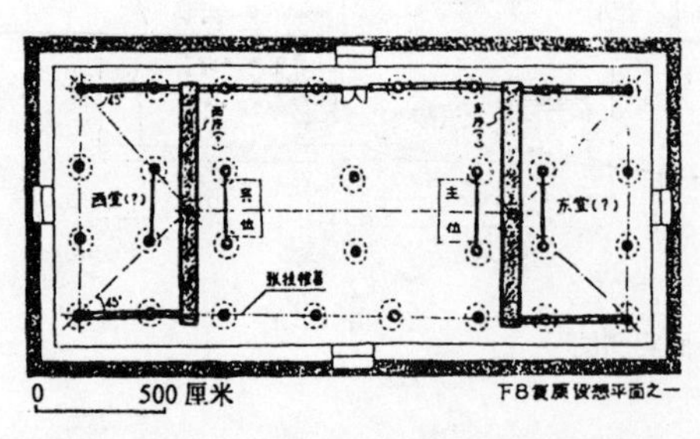

图3－9　陕西扶风召陈西周宫殿建筑F8平面及复原图

（《中国建筑艺术史（上）》，1999年版）

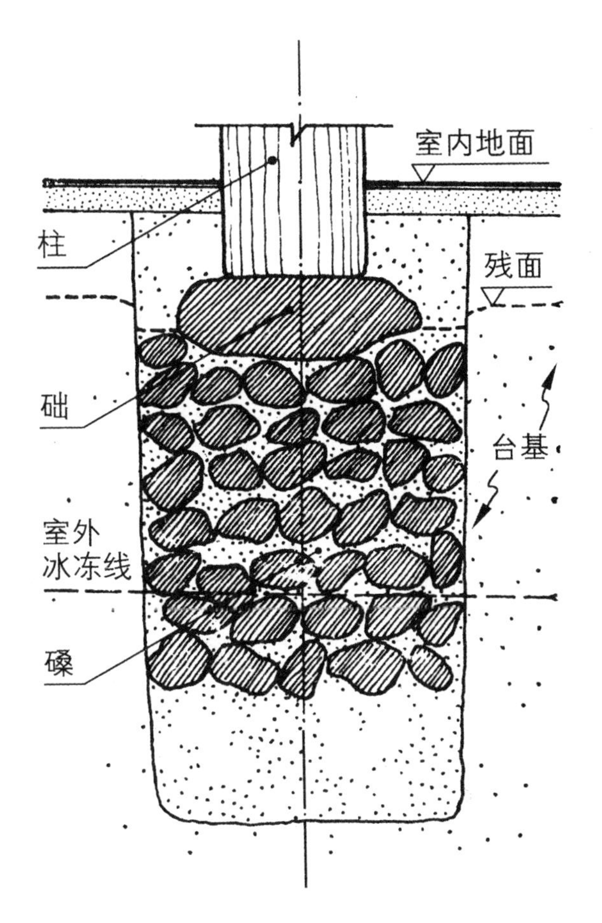

图 3－10　召陈西周建筑遗址 F3 的磉、础、柱构造

（《杨鸿勋建筑考古学论文集》，2008 年增订版）

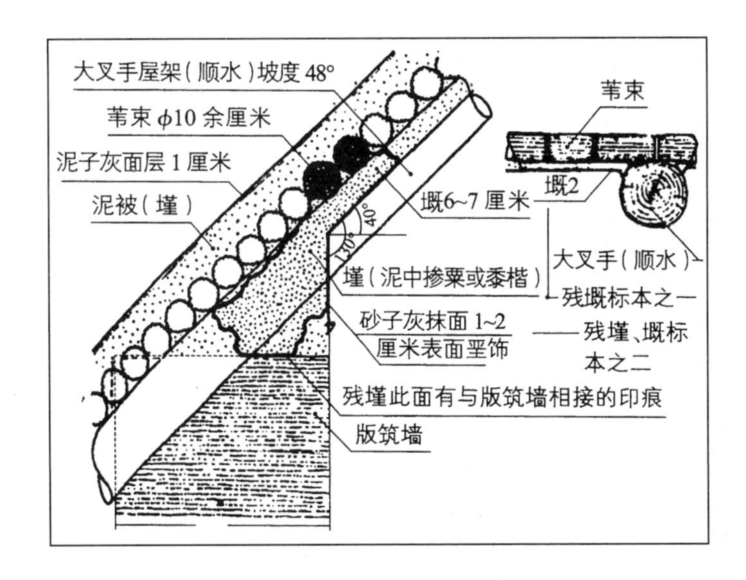

图 3－11　墐、墍残块反映的大叉手构造

（《杨鸿勋建筑考古学论文集》，2008 年增订版）

图3-12　西周青铜器夨令簋表现的栌斗形象

（《中国古代建筑史》第一卷，2003年版）

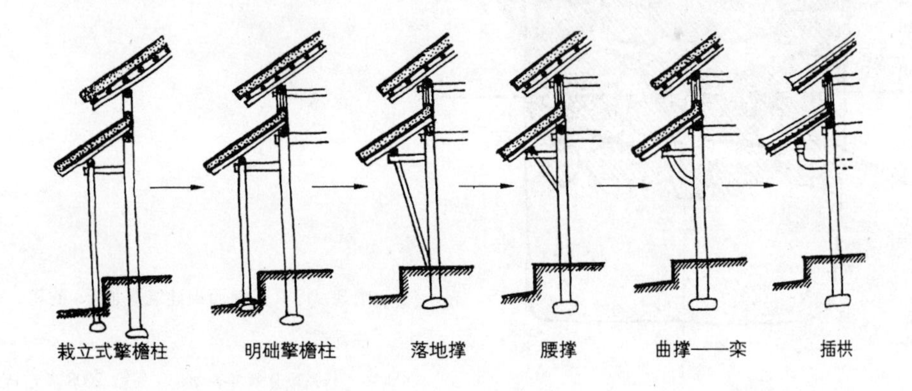

图3-13　擎檐柱向插栱发展的示意图

（《杨鸿勋建筑考古学论文集》，2008年增订版）

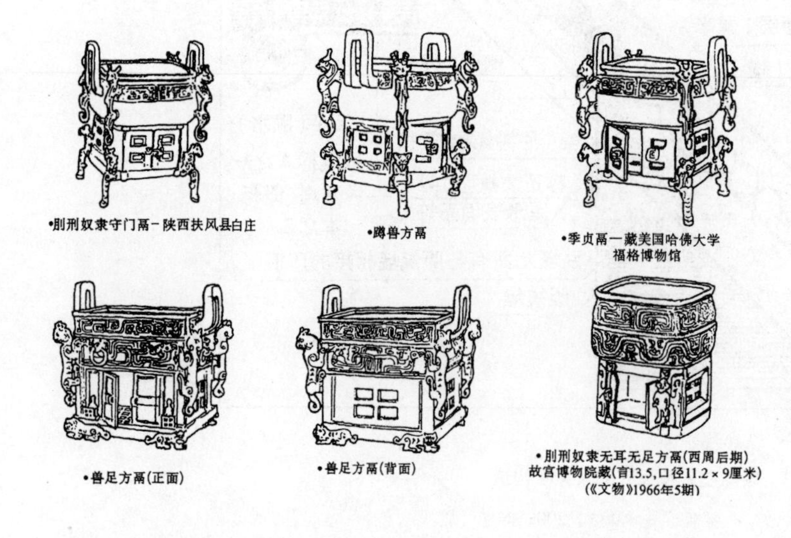

图3-14　西周青铜器表现的门窗建筑形象

（《中国古代建筑史》第一卷，2003年版）

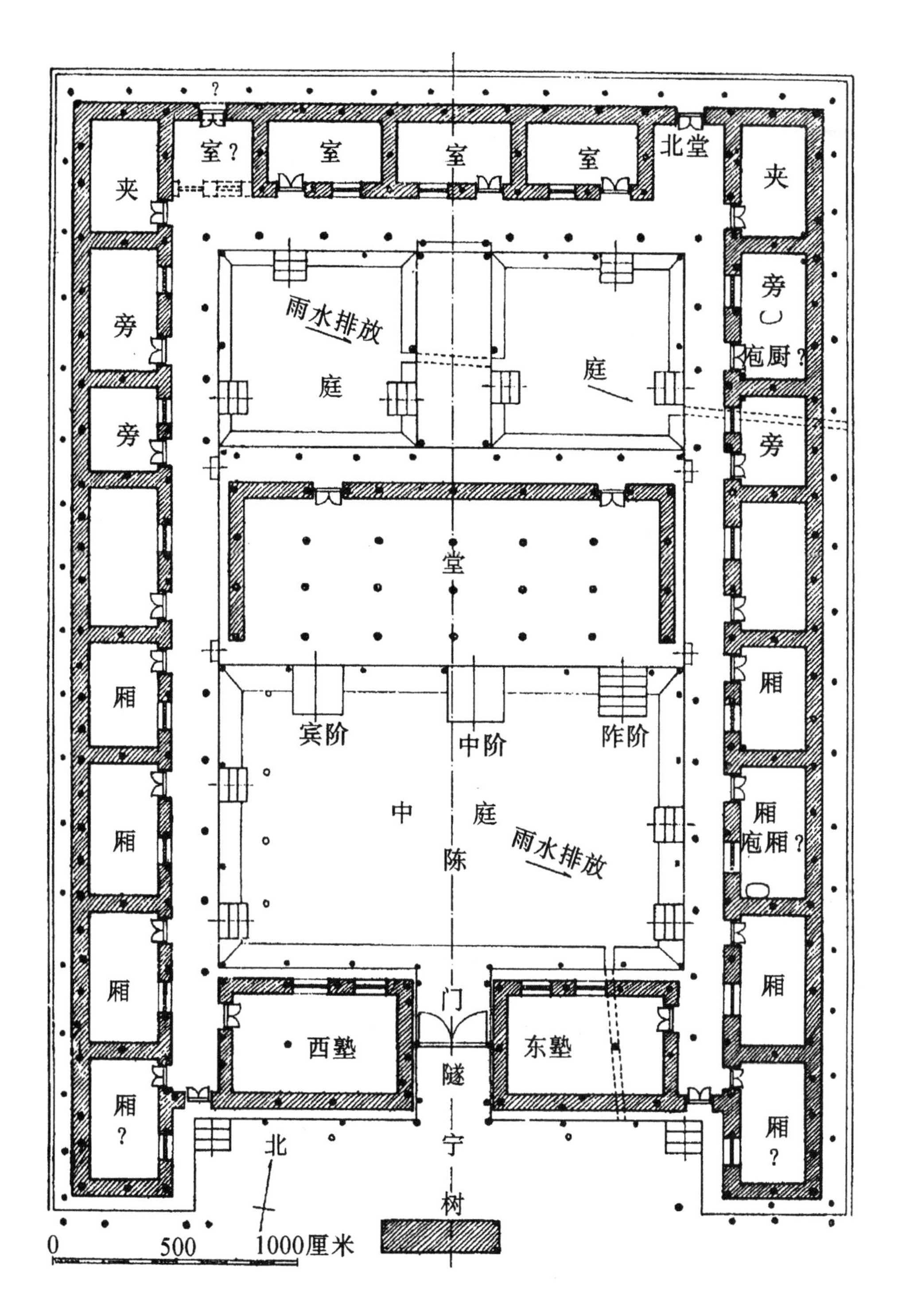

图3－15　陕西岐山凤雏西周建筑平面复原图

（《中国古代建筑史》第一卷，2003年版）

＊ 图中所显示的，是东塾、西塾与断砌造大门的关系等布局形制。

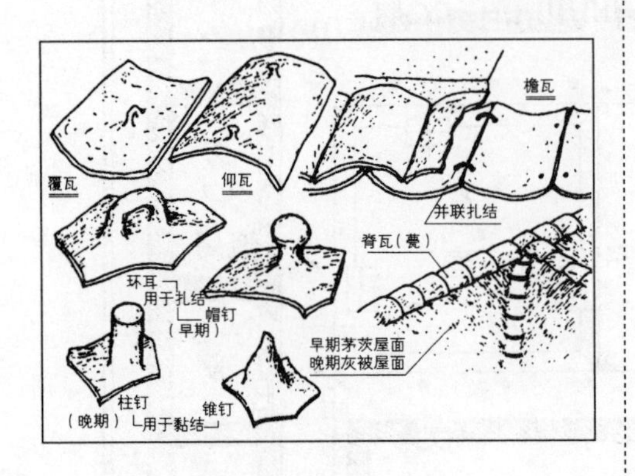

图3－16　陕西凤雏西周建筑遗址出土的瓦件

（《杨鸿勋建筑考古学论文集》，2008 年增订版）

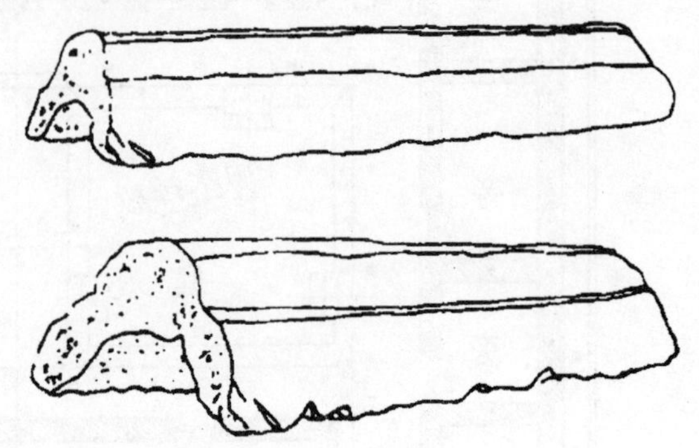

图3－17　西周脊瓦

（《中国古建筑术语辞典》，2007 年版）

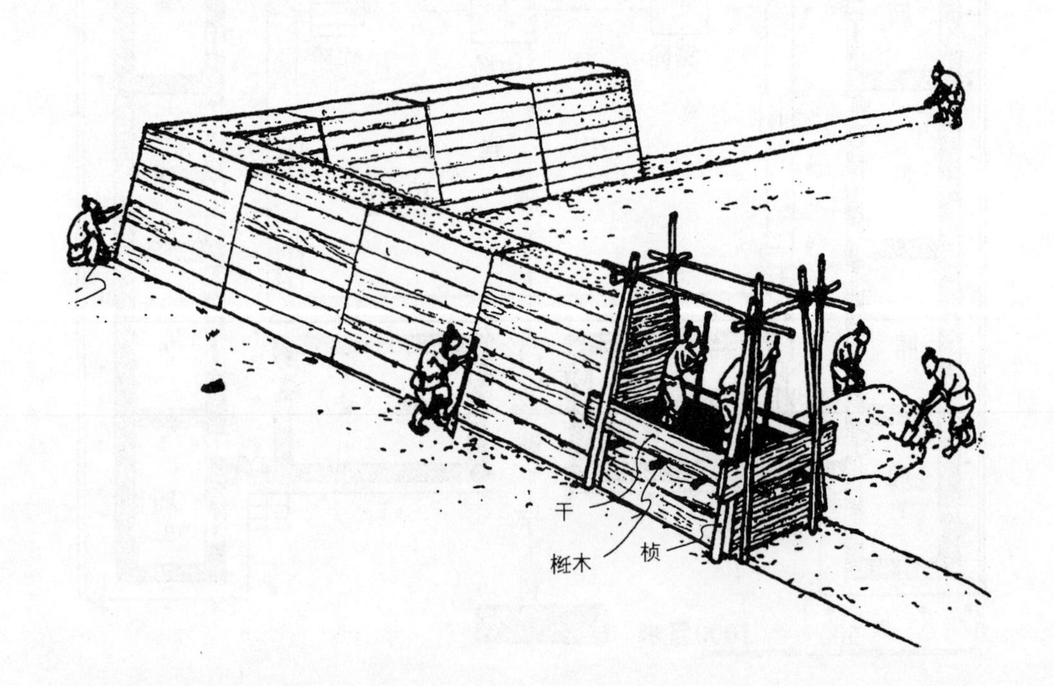

图3－18　版筑工艺图

（《杨鸿勋建筑考古学论文集》，2008 年增订版）

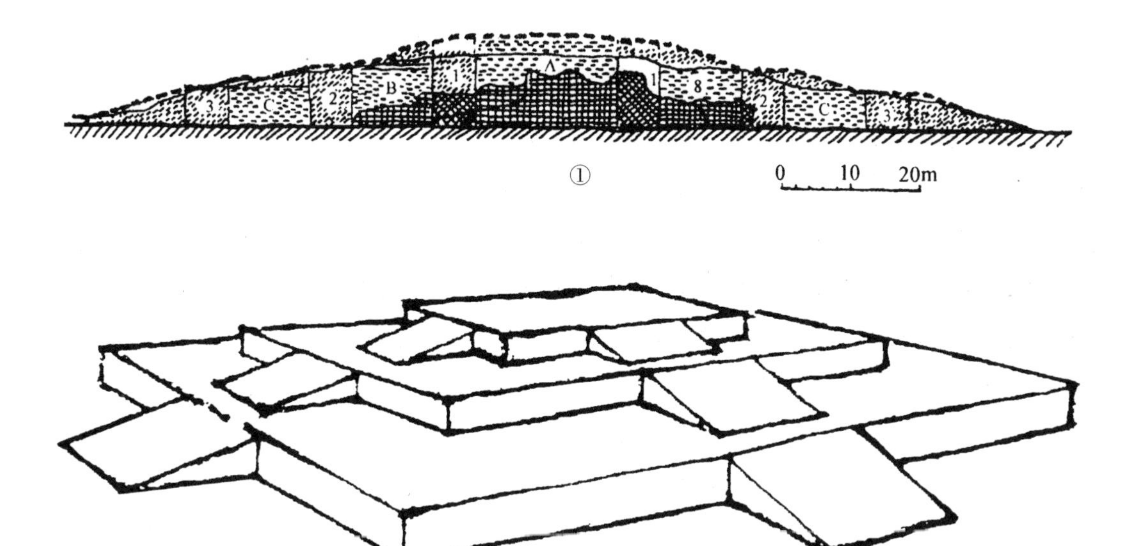

图3－19　四川成都羊子山祭坛土台遗址剖面图与复原图
①剖面图
②复原图
（《考古学报》1957年第4期）

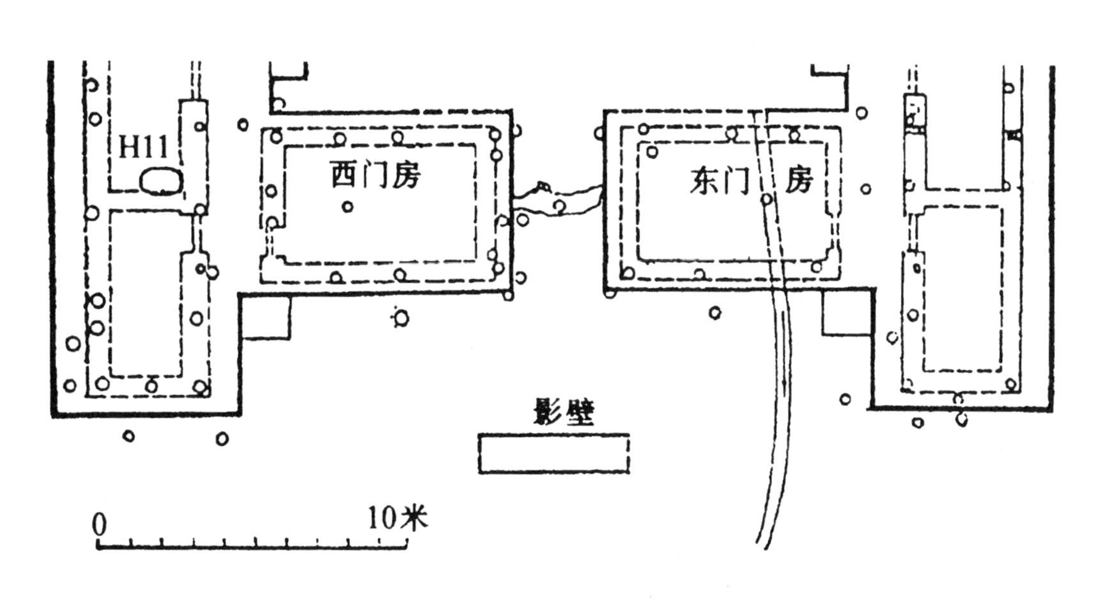

图3－20　陕西岐山凤雏西周建筑遗址门前影壁
（《文物》1979年第10期）

四　春秋战国时期建筑

春秋战国是中国社会发生巨大变动的时期。由于铁制工具开始普遍应用，与生产力的提高和生产关系的改变，促进了农业和手工业的发达，也促进了营造业的发展。城市大量兴起，筑城垣，建宫室，高台建筑得到了进一步发展。中小城增多，在大城分布有各种手工业作坊，墓葬区多建在城外，各诸侯国还修建有长城。由于封建社会制度的需要，各类建筑都须按严格的等级制予以区分，以显示上下、内外、亲疏、嫡庶关系的区别。根据考古材料分析，战国时期可能已有相邻凌空建筑相连的“阁道”。此时期的斗栱已出现一斗二升的组合形式，以及筒板瓦的发展和砖的应用，使其砖瓦建筑材料和木构架的有机结合，促使房屋建筑技术得到稳步的发展。古建筑中台坛、楼阁、殿堂、廊庑等基本类型已较齐备，为秦汉建筑的进一步发展奠定了基础。

（一）平面布局、建筑形制、柱网柱形

此时期的单体建筑和群体建筑，都强调中轴线（图4－1），并按照对称方式进行内外布置。都城要建在国土中央，王宫要建在都城中心（即城市的中轴线上）。宫中主要殿堂的形制和体量均为都城中最高大的，并由次要建筑的门、殿宇等围绕和烘托，显示其中心的主导地位。东周时期的居住建筑，据文献记载，以士大夫的住宅为例，其平面呈南北稍长的矩形，门屋置于南墙正中，中央为门道，左右有堂、室（图4－2），沿踏阶而上。入门后有广庭，厅堂设于庭北与北垣相近，下有台基，设东阶（阼阶）和西阶（宾阶）。堂后有后室和东西房。东墙北端有一小门，称“闱门”。这样，便组成了数进四合院的平面布局。

单体建筑仍以台基、屋身和屋顶三个主要组成部分。战国时期出现多层房屋和高大的台榭建筑，使其三部分组合发生很多变化。平面组合和外观，虽多采用对称方式，以强调中轴部分的重要性，但为了满足建筑功能和建筑艺术的要求，形成丰富多彩的多样化风格（图4－3）。

在周代诸侯宫室建筑遗址中，根据考古发掘可知，秦都雍城的3号建筑遗址最为突出。它是由五处庭院沿南北向轴线纵列平面布局的一组建筑群。方向南偏东28°，纵长326.5米，北宽86米，南宽59.5米，总面积21849平方米。以黄土、五花土、红土筑基，建筑本体周以围墙，其主门置以南侧，其东墙辟侧门五道，西墙四道。第三庭院中部有一大型夯土台基，占地面积585平方米，周围铺有散水石，

应为此组宫室中最大的主体建筑。特别是这组宫室建筑群的“五门”制式，更具重要意义。

一般居住建筑遗址的平面布局，系平面矩形的土圹式穴居。以山西侯马东周居住遗址为例（图4-4），穴口东西长4.1米，南北宽2米，深2.6米，方位95°。穴底略大于穴口，东西长4.2米，南北宽2.3米。室内地面和壁面平整，坑口南北二壁边缘各有柱穴二个，直径约0.2米，间距1.2米，应为承托屋盖的结构支撑柱糟朽后留下的柱洞。此时期居住建筑也有采用浅穴居和地面起建的形式，存留的平面柱迹也有不同的变化。

建筑散水和室内地面铺装。散水的宽度与建筑物的大小有关，考古发现有0.7米的，也有仅为0.4米的。雍城姚家岗春秋时期秦宫殿遗址周围还在散水以外，另以较大卵石加铺散水面一道。此时期建筑内用带纹饰的方形砖或矩形砖铺装地面。战国晚期出现大块空心砖，一般长约1.30米，宽约0.40米，厚约0.15米，正、背面多模印几何纹饰，用于铺砌墓室之底面、墓顶及墓壁，或用于台阶之踏道。

建筑形式，多为四坡顶式样。但也有如浙江绍兴出土铜屋之方形攒尖顶（图4-5），其上已满布陶瓦。单体单层建筑屋身较低，经春秋至战国，开始发展为高台建筑，并成为东周中晚期宫室建筑的特点之一（图4-3、6）。即利用多层夯土台，或局部利用天然地形不同的高差（一般约为4米），建成依附层层土台的单层建筑组合而成的“高层建筑”，以弥补木架构尚未解决的地面起架独立凌空的真正意义上的高层楼阁式建筑问题。

通过考古发掘，对此时期的柱网、柱与柱础有大概的了解。湖北江陵楚之郢都30号宫室建筑遗址，墙基内外均有平面为矩形的倚柱柱洞，北墙外侧尚存四个，间距4.5~5米，内侧存5个，间距4米。外柱洞长45厘米，宽40厘米；内柱洞长45厘米，宽30厘米。均伸入墙内15厘米。磉墩位于大檐柱下，平面长方形，长1.3米，宽0.8~1米，厚0.75米。其筑法为在夯土台基上挖坑，填入陶片、红烧土及粘合泥土，再经夯实。室之柱洞大致可分为三排，北墙外小柱洞直径为0.4~0.5米，间距1.8米。中等柱洞直径为0.6~0.8米。较大柱洞直径1.1米，间距6.5米。南墙外柱洞直径0.4~0.5米，间距1.5~2米。西室中央“都柱”洞直径1.2米。

辽宁凌源县战国房址（图4-7），柱之排列已显示其面阔的不同，如明间柱距为3米，次间2.4~2.2米，梢间2.2~1.8米。大部分柱础已置于地面上，但中列之柱的柱础仍埋入地下。其柱洞口小底大，口径0.25~0.3米，深0.3米。础石置于洞底，此列中央柱大于其他各柱，应为主要承重柱。室内地面低于室外，仍保留半穴居形式。河北易县燕下都出土有战国时期的瓶形陶质柱础（图4－8）。在湖北潜江东周建筑遗址中，还发现用砖垒砌的瓶形柱础。

此时期擎檐柱逐渐消失，可能是斗栱的使用取代了它的功能。

（二）梁架

木梁架建筑在周代得到更广泛的运用，并在使用的范围和数量上超过井干式和干阑式木构架。而战国时期将木柱半置于墙内的倚柱造使用方法，也有其重要意义。虽然上部木构架仍多为“大叉手”的做法，但已经逐渐向抬梁式过渡。

周代木构建筑的柱距最大者已达5.6米，一般也在3米左右，但室之内柱排列不太规则，致使有的柱子排列不整齐，形成类似后世所称的“减柱造”、“移柱造”的现象（非真正意义上的减柱造、移柱造）。室内平面中央的内柱，较其他柱粗大，即文献所称的“都柱”。以上这些都会影响梁栿结构。

室内的柱子常以面阔方向排列成行，而沿进深的方向则不成排行，即进深前后檐柱不对应，尚未形成单缝的横向木构架，即未能使用正规的抬梁式梁架，而是使用了槫架为主的梁架，槫（桁、檩）被直接承托于柱顶，或置于大斜梁上。

战国时，木构架本身的结构体系尚未完全成熟，柱与柱间的联系甚少，阑额头并未插入柱头内，而是直接平置于柱头之上，为此时期木构建筑的特点之一。这种结构方法到了汉代，以至南北朝时期还仍在沿用，以后逐渐将阑额置于柱头之间，加强了柱间的水平联系，是其建筑技术进步的表现。

周代木构建筑的榫卯构造，因无实物例证，又缺乏文献记载，故只能从同时期墓葬中木质棺椁的榫卯构造了解其概况（图4－9）。如湖北当阳曹家岗5号楚墓的外棺，长2.84米，宽1.34米，高1.04米，采用“嵌扣楔”、“落梢榫”、“对偶式燕尾榫”、“半肩榫”、“合槽榫”等多种榫卯结合形式。另湖南长沙楚墓木质棺椁中，还有“搭边榫”、“燕尾式半肩榫”、“割肩透榫”等。

（三）斗栱

春秋战国时期已出现了斗和栱的组合，并扩大了斗栱的使用范围，为其重要的特点之一。战国时期一斗二升的斗栱组合形式对后世影响很大，直到东汉还是最常见的斗栱组合方法。战国时还有实拍栱、单栌斗等斗栱形象。

为解决房屋建筑檐部悬挑问题，除部分建筑仍沿用擎檐柱外，还采用了在柱头上使用斗栱的形式。如山东临淄出土的战国漆器所绘的宫室建筑，在额枋上置有成朵的斗栱形象（图4－10）；河北平山县战国时期中山国王陵出土的铜方案已有一斗二升斗栱，将栌斗、散斗、令栱和栌斗下短柱的形象（图 4－11），表现得非常清楚。栌斗和散斗下垫置皿板，栱身已做出曲线，栱头斜抹。斗身耳、平、欹三部分已有明显区分，欹部出𩑶。特别是铜案四角龙头上挑出的相当插栱的做法，说明至迟战国时期已经创造了插栱与横栱的组合使用，而且已把这种组合的斗栱用于转角柱上（图 4－12）。

战国时期的陶质实用斗。河北平山县战国中晚期的中山国都邑灵寿城遗址，出土一批较完整的实用陶斗（图 4－13）。其中五件完整斗中，最大两件通长 19. 5 厘米，宽 16 厘米，高 9 厘米；另一件通长 17 厘米，宽 16. 2 厘米，高 12. 8 厘米；最小的一件长 12. 2 厘米，宽 11. 6 厘米，高 9. 4 厘米。斗，可分为栌斗、散斗、交互斗、平盘斗四种斗型。有一件陶斗出土时斗口内尚残存长条形木块，应为木栱残迹。这批陶斗的耳、平、欹三者高度还没有后世规定的 4∶2∶4 的高度比例关系，如其中一陶斗耳高 2. 7 厘米，平高 3. 2 厘米，欹高 3. 1 厘米，三者尺度差异很大。陶斗中平盘斗的出现，是目前所知最早使用的平盘斗。这批陶斗中竟然有两件平面为方形和长方形的交互斗，实为非常重要：十字开口的交互斗，其功能是用于华栱出跳的，说明这些陶斗组合的斗栱已超出一斗二升的结构。虽然春秋战国时期的斗栱已具有部分结构特点，但总的来讲，还是处于斗栱发展的初级阶段。

（四）门窗、栏杆、屋顶脊瓦件、金属构件

此时期的门已使用板门。窗的形式有十字棂格窗、多层错置的矩形小洞窗（战国铜屋两面山墙处）（图 4－5）、四角附斜出线的矩形窗（单独或四联，见于铜器和墓中椁壁等）。

周王室的门制，大体有“三门”和“五门”之说。“三门”说认为王宫仅有皋门、应门、路门三座主要门；“五门”说认为有皋门、雉门、库门、应门、路门五座门。据考古材料，秦都雍城 3 号建筑遗址（春秋战国时期）反映的“五门”制式，为研究周代王室门制提供了实物资料，且为后世封建王朝所沿用，更是秦国诸侯僭越“天子之制”的例证。

战国晚期开始出现陶制的栏杆砖，见河北易县燕下都出土众多的陶质建筑构件中的“山”字形勾阑部件，及残存的附有饕餮纹栏板的栏杆构件（图 4－14），对研究建筑栏杆有重要价值。

建筑屋面。春秋战国时期屋面已满铺陶瓦。因实物不存，仅从出土的铜屋等略知其屋面形象。浙江绍兴狮子冲出土的战国铜屋，面阔三间（13 厘米），进深三间（11. 5 厘米），屋高仅 10 厘米。屋顶为四坡攒尖式，屋面中央立高 7 厘米的八角形

柱，柱顶栖伏一鸟。河北易县燕下都出土的阙形铜饰，高21.5厘米，为四阿式阙顶，屋脊置鸟与龙形脊饰（图4－15）。

此时期陶瓦有板瓦和筒瓦（图4－16），近檐口之筒瓦已附半圆形之瓦当（图4－17）。有的已具备瓦唇，使其前后接合处不易漏水。瓦表面有素面的，也有刻划简单弧线的。到战国晚期，才出现圆形瓦当（图4－17、18）。铺瓦做法，由绑扎改为使用泥质苫背。原有的瓦钉、瓦环，由于功能原因逐步消失。瓦当饰面有几何纹、动物纹和植物纹等。以辽宁凌源安杖子战国建筑遗址为例，板瓦长48厘米，宽40～44厘米，厚2厘米，平面略呈梯形。正面饰粗绳纹，背面平素，灰黑色，火候较低。也有板瓦长50厘米，宽40～44厘米，厚1厘米，平面近梯形。正面斜绳纹，背面平素。筒瓦长44厘米，直径16.2～17.5厘米，瓦舌长2厘米，半筒状。正面绳纹，背面小端抹平，大端麻点纹。也有的筒瓦长46厘米，直径18厘米，瓦舌长3厘米。正面一端竖行绳纹，一端凹弦纹。背面一端抹平，一端绳纹。半圆形瓦当纹饰主要有：①当面饕餮纹，直径17～19厘米。瓦面粗绳纹，背面抹平。②当面山形纹三道，残直径6厘米。③当面双鹿纹及三角形树纹，直径19.5厘米。④当面云纹，中央小树，周围施有五云纹（直径16.4厘米）、三云纹（直径16.7厘米）、二云纹向上（直径14.8厘米）、二云纹向下（直径15厘米）等形式。⑤当面兽面纹，直径15.5厘米，厚1厘米。⑥当面树纹及动物纹，残径12厘米，厚1厘米。此遗址之建筑应是官署类房屋建筑。

金属建材与铁工具。春秋时期青铜建筑构件数量和品类，较商代和西周更多一些。如陕西凤翔春秋时期秦宫室遗址中，发现藏有铜质建筑构件的地窖三处，多达64件，分为内转角、外转角、中段（双向齿饰）、尽端（单向齿饰）和梯形截面构件五种类型。截面多呈方形或矩形，少数呈梯形。截面一般为16平方厘米，用于梁、柱等大木作构件上，即《汉书》所称之“金釭”饰件。战国时期由于生产工具的改进，落后的木、石、骨、蚌等工具在长期使用后，逐渐被金属工具代替，特别是铁工具的开始普遍使用（图4－19），使生产效率得到较大提高。此时期加固之铁钉开始用于建筑上，铜金属节点加固装饰构件得以较普遍的应用（图4－20）。

（五）陶砖、墙体

1. 陶砖

战国晚期出现大型空心砖，一般长约130厘米，宽约40厘米，厚约15厘米。正、背面多模印几何纹样，用于墓室底部、顶部及四壁，或为台阶的踏跺。小型条砖在西周发现很少，在河南新郑发现战国时期的小砖长25～28厘米，宽14厘米，厚10厘米。在湖北潜江市角龙湾东周建筑遗址内，发现一座宫殿建筑基址，多处残留有砌墙的红烧砖（图4－21）。印有几何纹的方砖，多为铺装室内地面的铺地砖（图4－22）。

2. 墙体

此时期城市城墙的墙体多为夯土筑成。如湖北宜城“楚皇城”，城垣全为土筑，墙底宽24～30米，残高2～4米。其筑墙之法，先筑墙基，然后筑墙身，最后于墙身两侧各筑护坡。以东墙为例，墙身自下而上有明显收分，采用版筑，夯层厚8～12厘米，夯窝直径5～8厘米，夯窝深2厘米。墙土为灰褐色和黄褐色粘土。河北易县燕下都东城墙全由夯土筑成，墙基深0.5～1.7米，墙厚10余米，夯层一般厚8～12厘米，最厚处达17～23厘米，夯窝直径4～5厘米。湖北孝感草房店战国古城的城墙夯层厚15厘米，夯窝有方形和圆形两种，夯层中有东周陶片（图4－23）。

春秋战国时期的宫室、坛庙、陵墓、祭祀及居住建筑的墙体，因文献记载欠详，只能依据考古勘探和发掘资料予以简要介绍。燕下都大型主体宫室建筑1号建筑基址，夯层厚10～15厘米，最厚处达20厘米。燕下都宫殿建筑群3号夯土建筑遗迹，夯土墙面平直，有红烧土、薄方砖和瓦砾堆积物。秦雍城3号宫室建筑遗址（春秋至战国），第二庭院东西墙均厚1.5米，南墙厚2米；第三庭院的夯土屏墙厚2米；第四庭院各墙厚均为2米；第五庭院墙厚3.2米。湖北潜江放鹰台东周宫殿基址土坯台基均由砖坯叠砌，三面还残存坚硬的红砖墙，现存高度1～1.6米，宽0.5～0.7米，墙体内有成排的方柱洞。河南新郑郑韩故城地下建筑遗址，为平面呈长方形之竖井室，除东壁上口稍外侈，其他三面均为垂直之壁；室壁皆由黄色夯土筑成，甚为坚实，夯层厚10～12厘米，圆形夯窝直径6厘米，残墙高3.4米；室之地面、东南墙隅及北壁下部，均嵌有背面有凹槽的方砖；四壁表面因抹有草拌泥，故光洁平整；室内遗存大量砖瓦碎片（块），均为战国常见之物。陕西凤翔马家庄春秋一号建筑遗址，前室墙壁厚1.18～1.23米，仅存高0.20米的残墙；北堂墙厚1.20米；围墙也由夯土筑成，墙厚1.90～2.10米，残高0.08～0.25米。构筑方法为在地面挖一口大底小的梯形土槽，以东墙南端为例，基槽上口宽3.40米，底面宽3.10米，深2.35米。填红色土并夯实，深约1.40米，围墙基即建在这层夯土上，也呈梯形，出地平后两面收进。其上夯筑围墙墙体，夯层厚0.10～0.36米。此处发现两块条砖长36厘米，宽14厘米，厚6厘米。还发现两块残空心砖，面饰变形蟠螭纹。山西侯马晋国建筑遗址，残墙厚1.2～1.5米，夯土层厚5～7厘米，未见版筑痕迹。另一段残墙，由未经夯打的纯净红褐色土构成。山东青州西辛战国墓，石椁室用石块砌筑，采用“不岔分”的甃砌技术（图4－24）。

（六）长城、粮仓

1. 长城

长城，据文献记载，春秋时楚国已修筑长城，系沿魏、韩、秦三国边境修筑的防御工事，因长城所围合之地域略呈“冂”形，故又称“方城”，为我国最早的长城（图4－25）。战国时期，各诸侯国间战争频繁，竞相建长城以自卫。目前，这些长城有的尚存部分遗迹，有的则早已湮没难寻了，现只能据尚存的珍贵遗迹，对长城修筑情况和结构特点予以简记。齐长城，墙体保留较多，建于山地的，多以石材构筑，平原地带以夯土筑成，墙宽5～10米。现存有两处烽火台，残高5米，直径20米；魏长城的土墙下宽5～7米，上宽3.5～4米，残高约4米。烽火台方形，边长7米，台高10米，外壁有较大的收分。赵长城，有石构墙体，也有夯土墙体。沿线建有烽火台和小城堡。燕长城，由夯土筑成，墙基宽6～8米，残高1～2米。楚长城，由于秦统一后破坏严重，平原地带少有遗迹，偏僻山区尚存部分墙体和烽火台等。近年在河南、湖北发现楚长城遗址多处。秦长城，将在本文“秦代建筑”部分介绍。战国长城，除了沿边境筑城，还有利用国界附近陡峭的河谷岸壁，经过人工整治，构成边防工事的。如建于公元前5世纪末的秦国“洛堑”，就有包括堑墙、烽燧、戍所、边城、道路等多种建（构）筑物。多在天然陡堑上加筑城墙，基部宽3.5～15米。人工修筑部分残高1～2米，基宽4～10米，顶宽3～4米，夯层厚8～12厘米。已发现烽燧数十处，平面有圆形的，也有方形的，用夯土或石块筑成，残存最高者达6米许，夯土层厚10～40厘米不等。其圆形平面者底径约20米。除单体烽燧外，还有“三联烽”。其间距离约1公里左右。烽燧附近及沿河堑一带，分布着戍守遗址多处，均未建围垣，与秦昭王长城相同。

2. 粮仓

粮仓建筑，为古代建筑中的一个类型。除文献记载外，考古发掘有东周时期的地下粮窖遗址和墓葬中出土的陶质粮仓明器。在河南洛阳周王城城址南部，发掘一批战国时期粮仓，以62号粮仓为例（图4－26），在地面以下挖掘口大底小的平面圆形的竖穴，深10米。在底部生土上涂铁锈状隔水层，厚0.1～0.3厘米。在隔水层上涂青膏泥，厚3～5厘米。在青膏泥层上铺垫木板二层，板长1.1～2米，宽0.3～0.4米，板厚0.02米，上下纵横交错排列。在木板之上垫置糠泥一层，厚约40厘米，仓内未发现上下梯道，可能运粮时使用的可移动的木梯已糟朽不存。地面以上仓廪结构已不存。一般民间粮仓形式，也多采用挖掘地窖的做法，口大底小，其直径与深度不超过 2 米，地面部分已不可知。

墓葬中出土的陶质粮仓明器，多为平面圆形的囷仓。有平底仓，也有施基座的架空仓，仓身围以壁体，仓顶为覆盖茅草和瓦瓦的圆形攒尖顶，均在壁体上开辟仓门。其仓身外观有的呈圆形直筒状，有的上大下小呈仰盆状，有的仓顶无饰，有的顶置卧鸟装饰（图 4－27）。

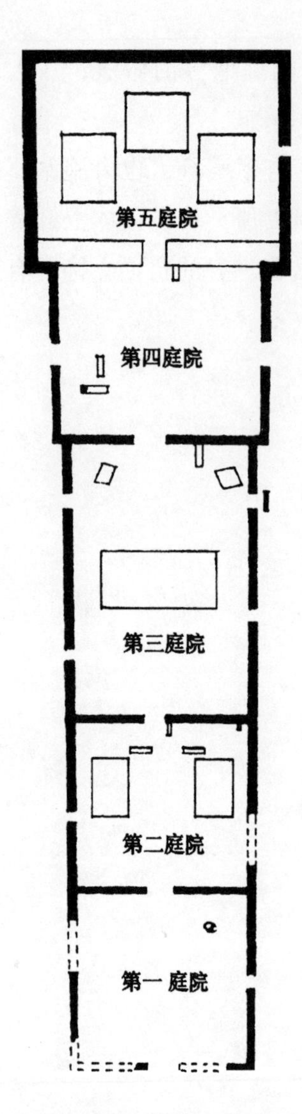

图 4－1　陕西凤翔秦雍城宫室遗址中轴线布局平面图

（《考古与文物》1985 年第 2 期）

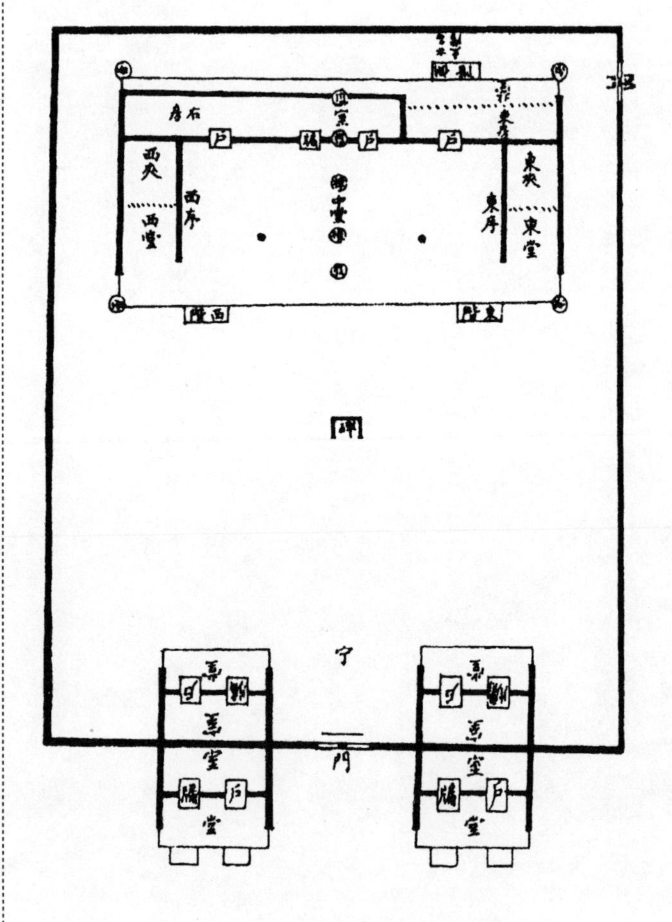

图 4－2　清张惠言《仪礼图》载东周士大夫住宅平面图

（《中国古代建筑史》第一卷，2003 年版）

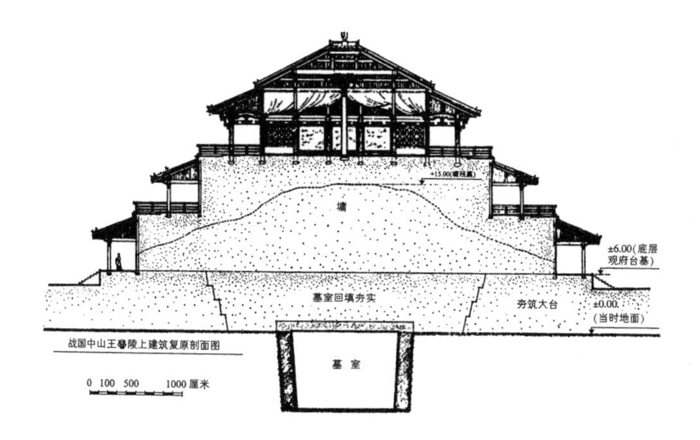

图4－3　河北战国中山王陵享堂复原剖面图

（《杨鸿勋建筑考古学论文集》，2008年增订版）

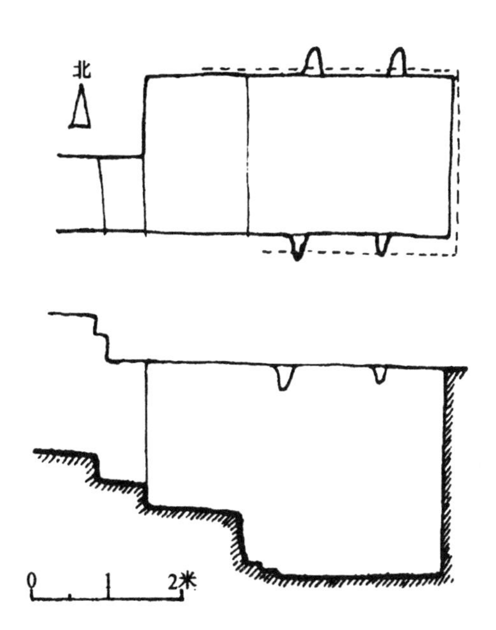

图4－4　山西侯马东周穴居平、剖面图

（《商周考古》，1976年版）

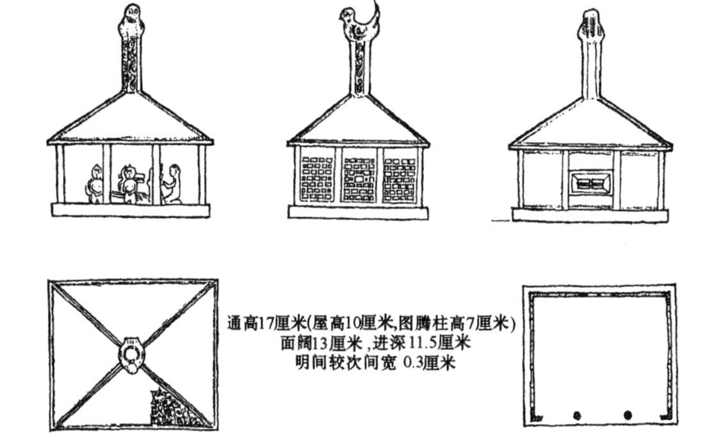

图4－5　浙江绍兴狮子山出土战国铜屋

（《中国古代建筑史》第一卷，2003年版）

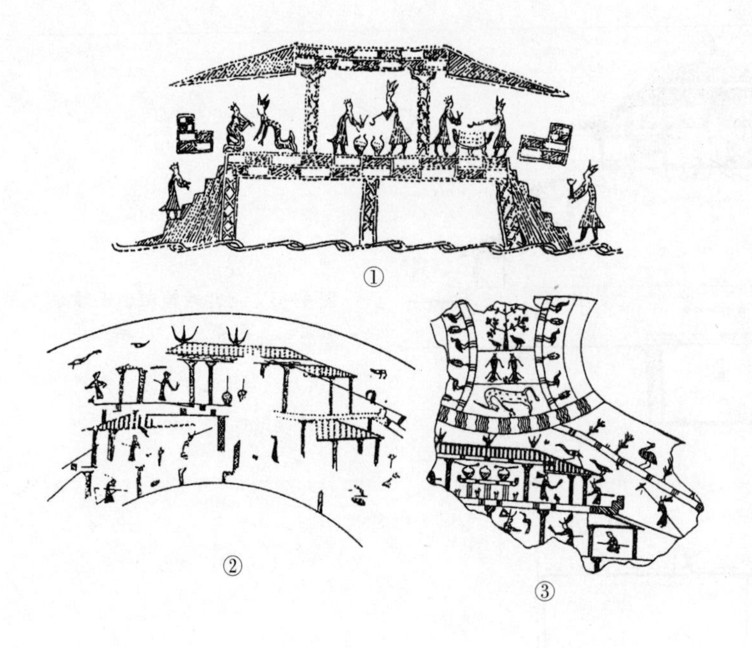

图4－6　战国青铜器上所刻高台建筑

①上海博物馆藏战国刻纹燕乐画像铜桮（《文物》1961年第10期）

②河南辉县出土青铜器

③山西长治出土青铜器

（《中国建筑艺术史（上）》，1999年版）

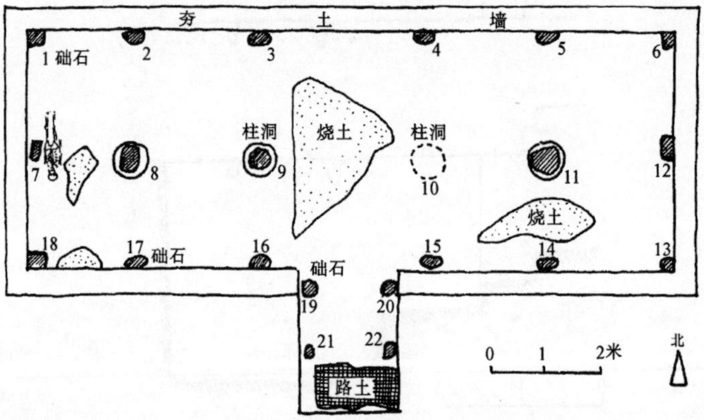

图4－7　辽宁凌源战国房基平面图

（《考古学报》1996年第2期）

图4－8　河北易县燕下都出土瓶形陶柱础

（《中原文物》2014年第2期）

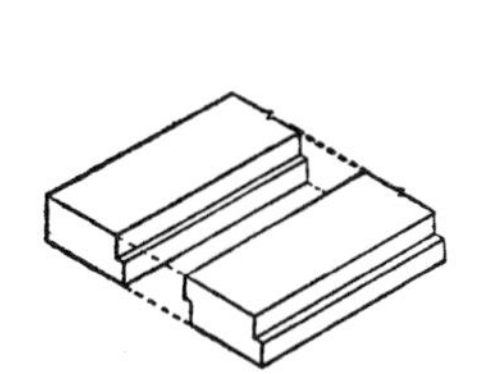

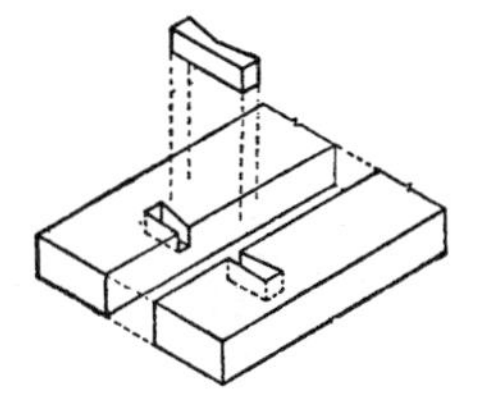

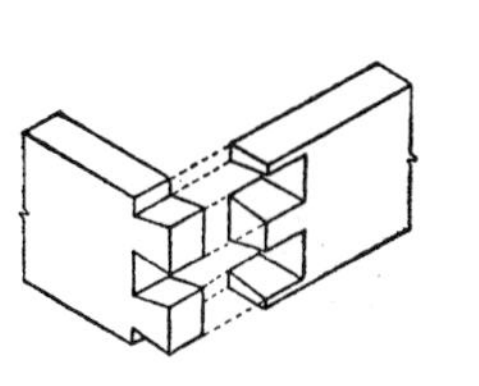

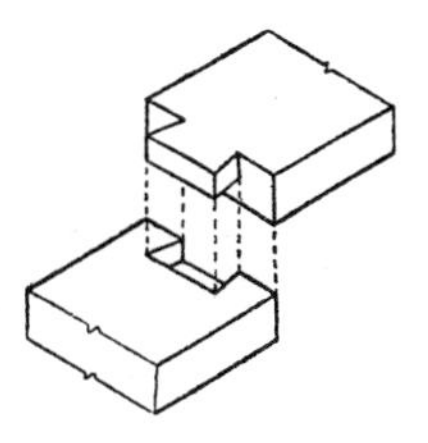

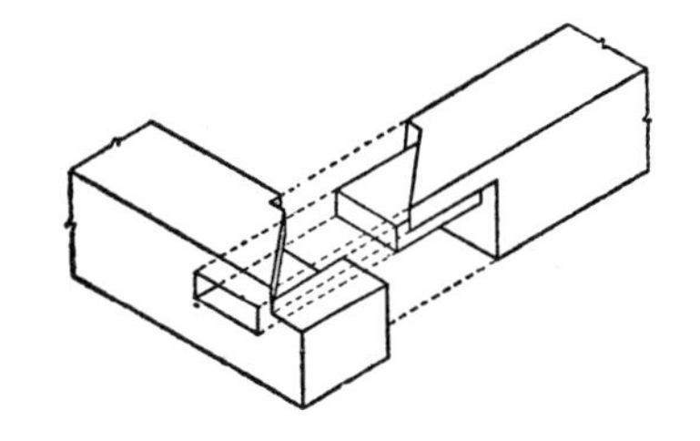

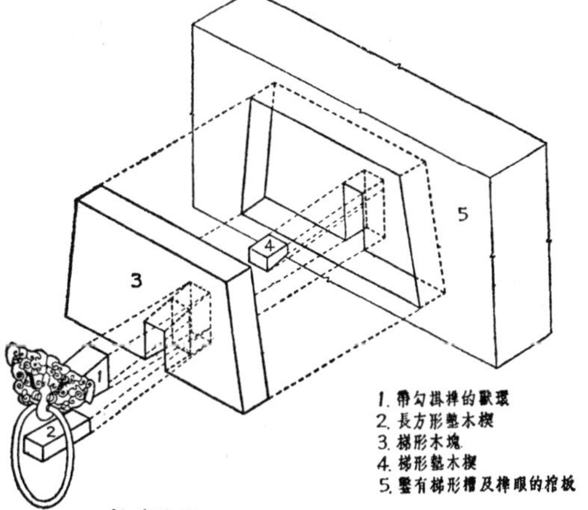

图 4 –9　战国木构榫卯

（刘敦桢主编《中国古代建筑史》，1980 年版）

图 4 –10　山东临淄战国漆盘所绘斗栱

（《建筑历史与理论（第二辑）》，1981 年版）

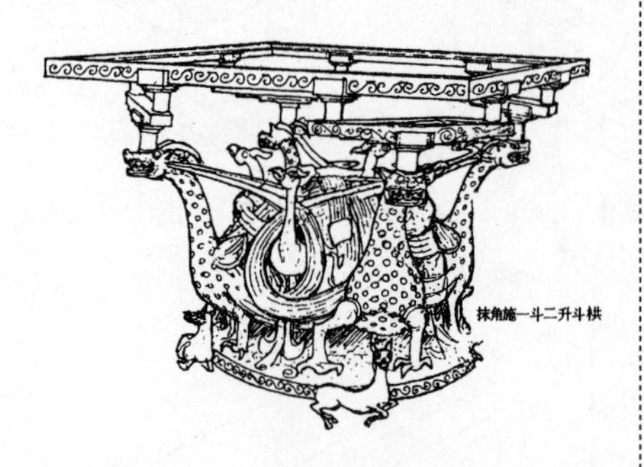

图4－11　河北平山县战国中山国王陵出土铜方案中的斗栱形象

（《文物》1979年第1期）

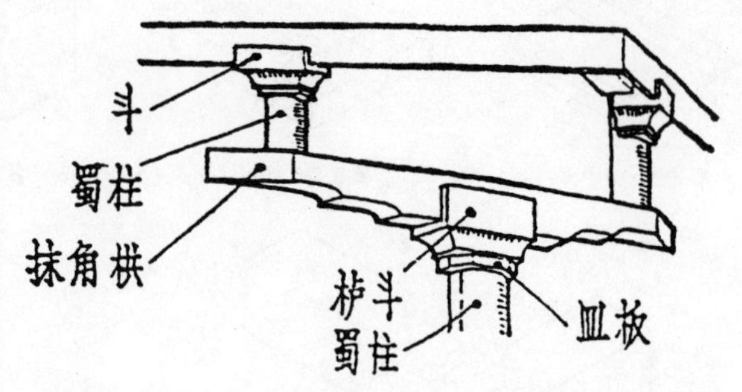

图4－12　河北平山县战国中山国王陵出土铜方案转角处的斗栱

（《中国建筑艺术史（上）》，1999年版）

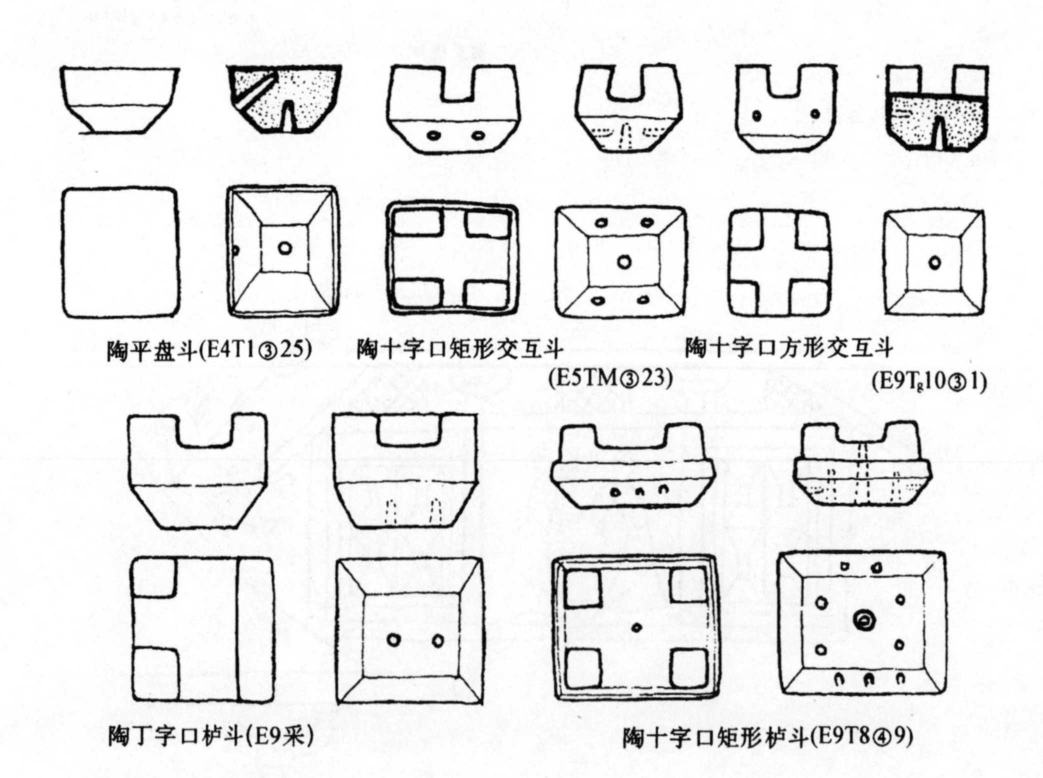

图4－13　河北平山县中山国灵寿城出土陶斗

（《文物》1978年第11期）

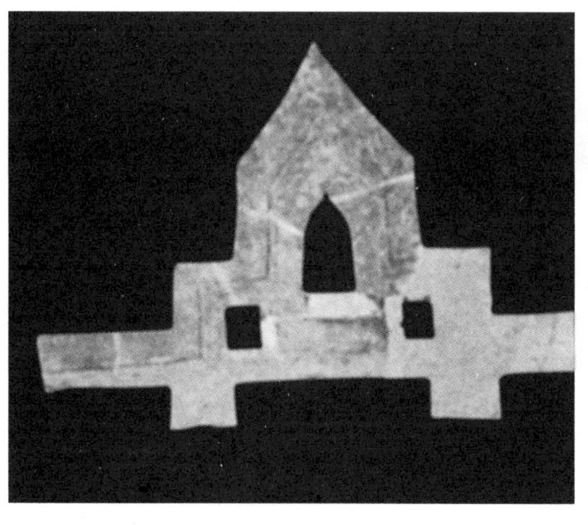

图 4－14　河北易县燕下都出土栏杆砖

（刘敦桢主编《中国古代建筑史》，1980 年版）

图 4－15　河北易县燕下都出土阙形铜饰

（《河北省出土文物选集》，1980 年版）

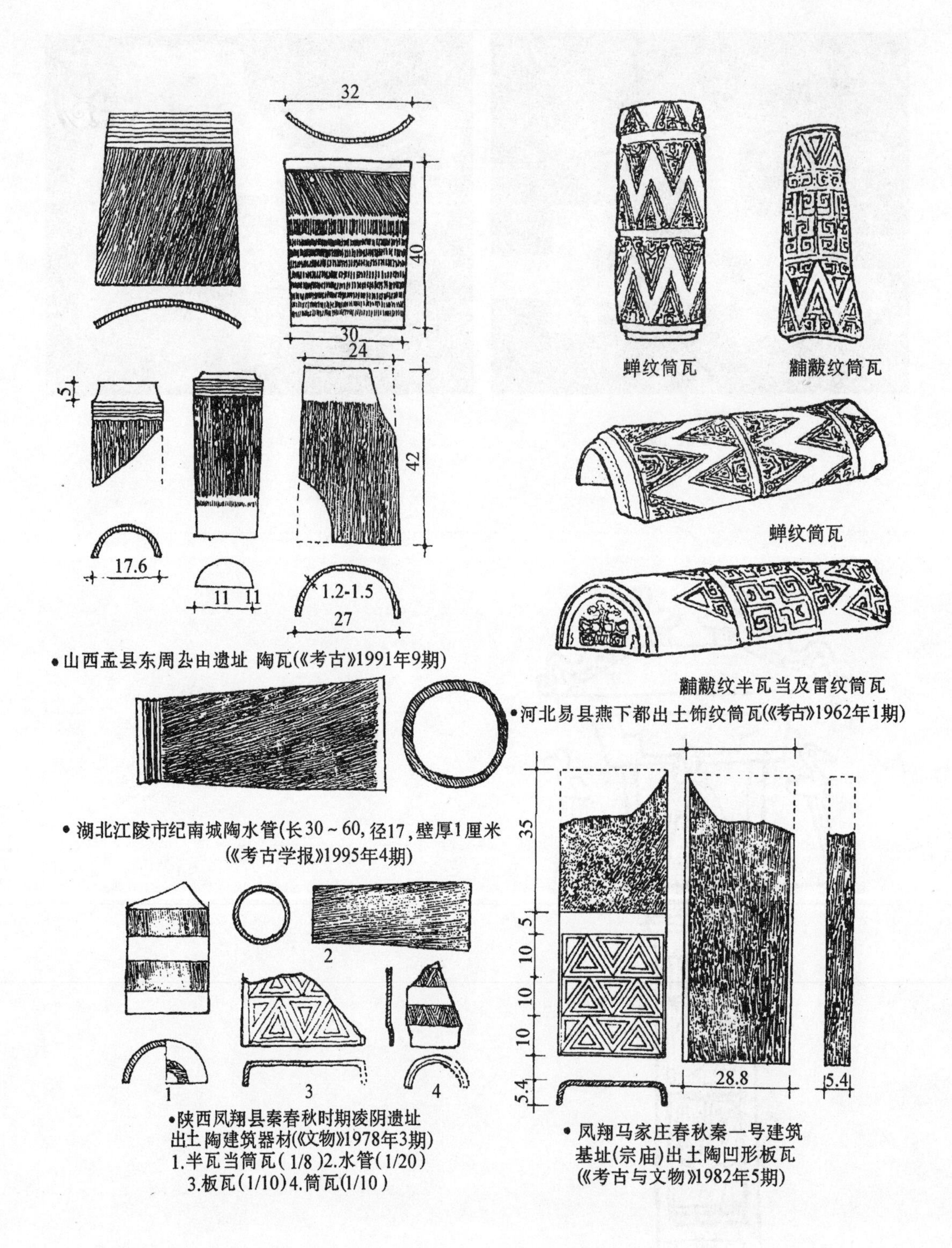

图4－16　东周陶瓦及纹饰

（《中国古代建筑史》第一卷，2003 年版）

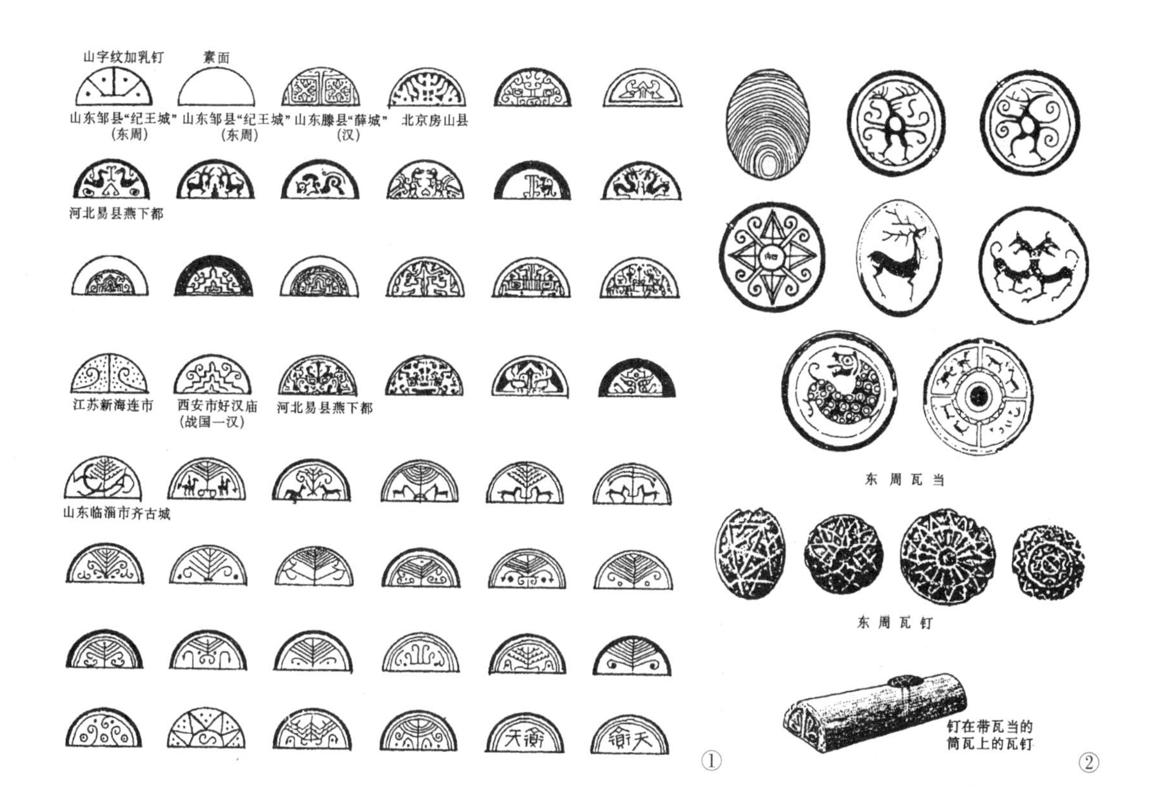

图4－17　东周瓦当与瓦钉

①东周半瓦当　　　　②东周圆瓦当与瓦钉

(《中国古代建筑史》第一卷，2003 年版)

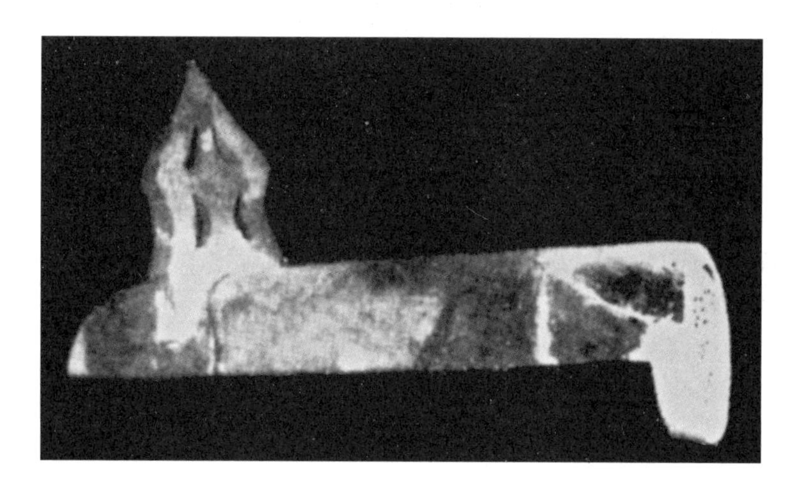

图4－18　河北平山一号墓出土檐头筒瓦及瓦钉

(《杨鸿勋建筑考古学论文集》，2008 年增订版)

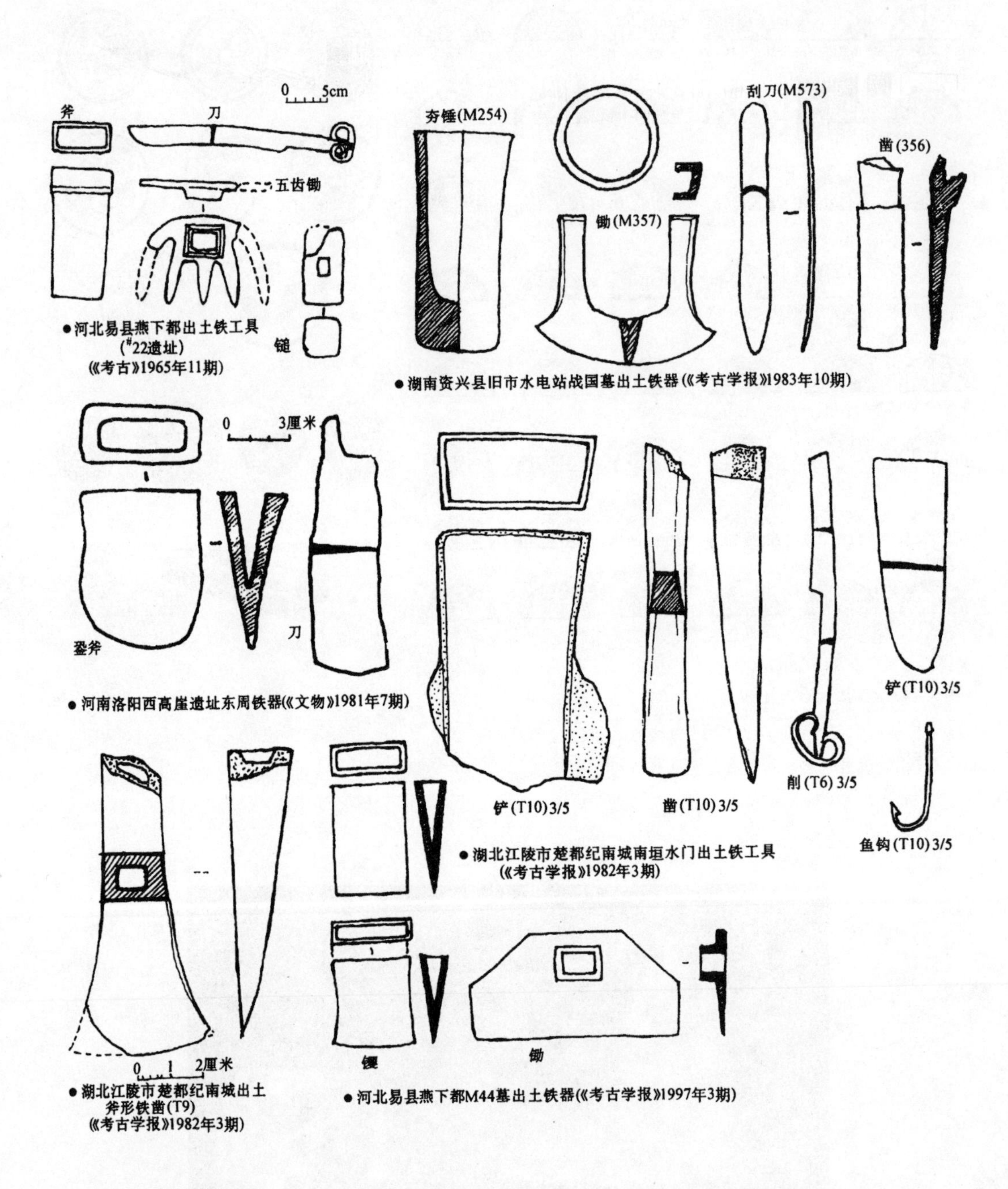

图4－19　东周的铁工具

(《中国古代建筑史》第一卷，2003年版)

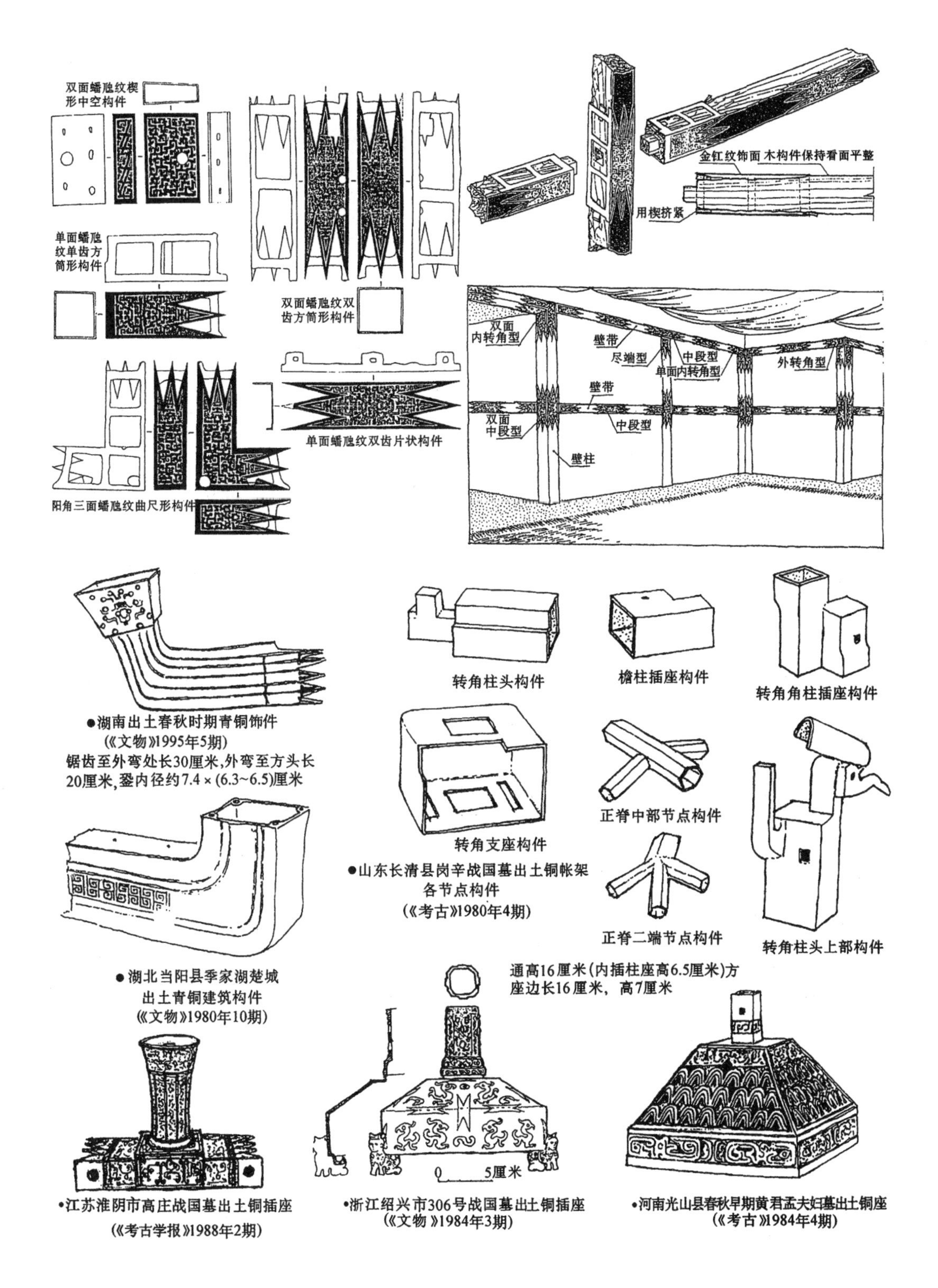

图4－20　东周铜建筑构件及安装部位

（《中国古代建筑史》第一卷，2003年版）

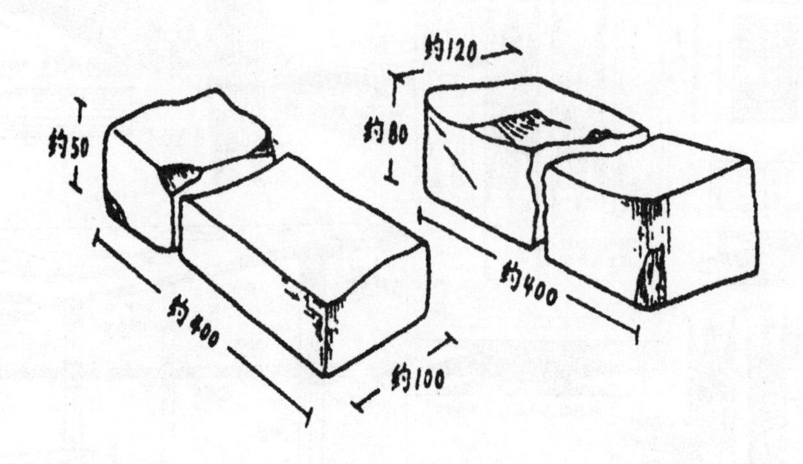

图4-21　湖北潜江放鹰台1号基址出土红烧土条砖

（《中原文物》2014年第2期）

图4-22　东周铺地花纹砖

①山东临淄齐古城采集之花纹砖（《中国古代建筑史》第一卷，2003年版）

②河北燕下都出土花纹砖（《中国建筑艺术史（上）》，1999年版）

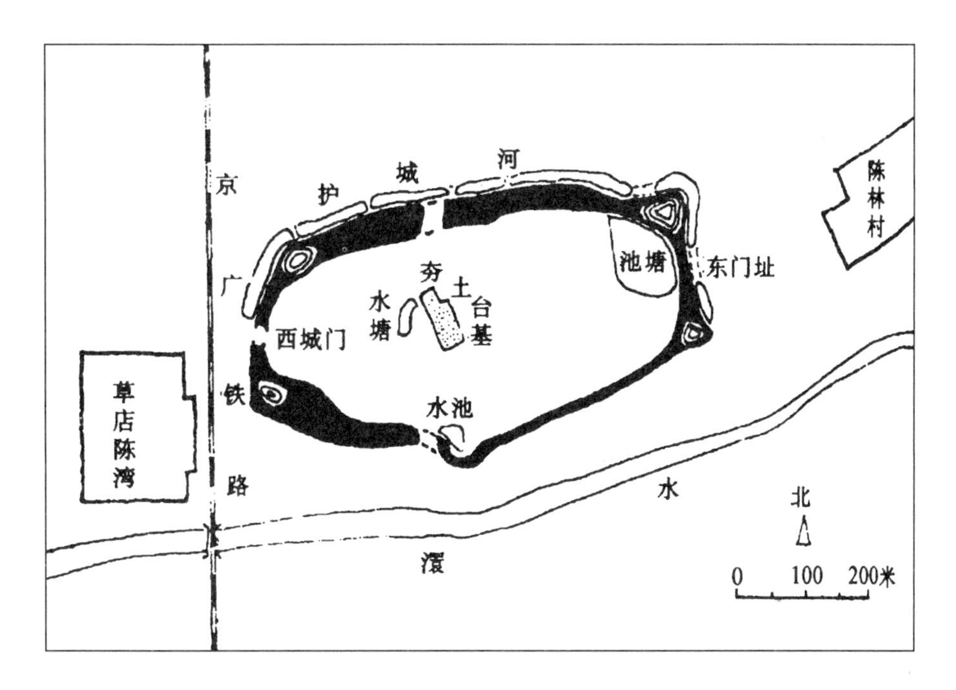

图4－23　湖北孝感草房店战国故城遗址平面图

（《考古》1991年第1期）

＊ 图中所显示的，是城墙、城门、护城河、建筑基址。

图4－24　山东青州西辛战国墓石椁“不岔分”甃砌法

（《文物》2014年第9期）

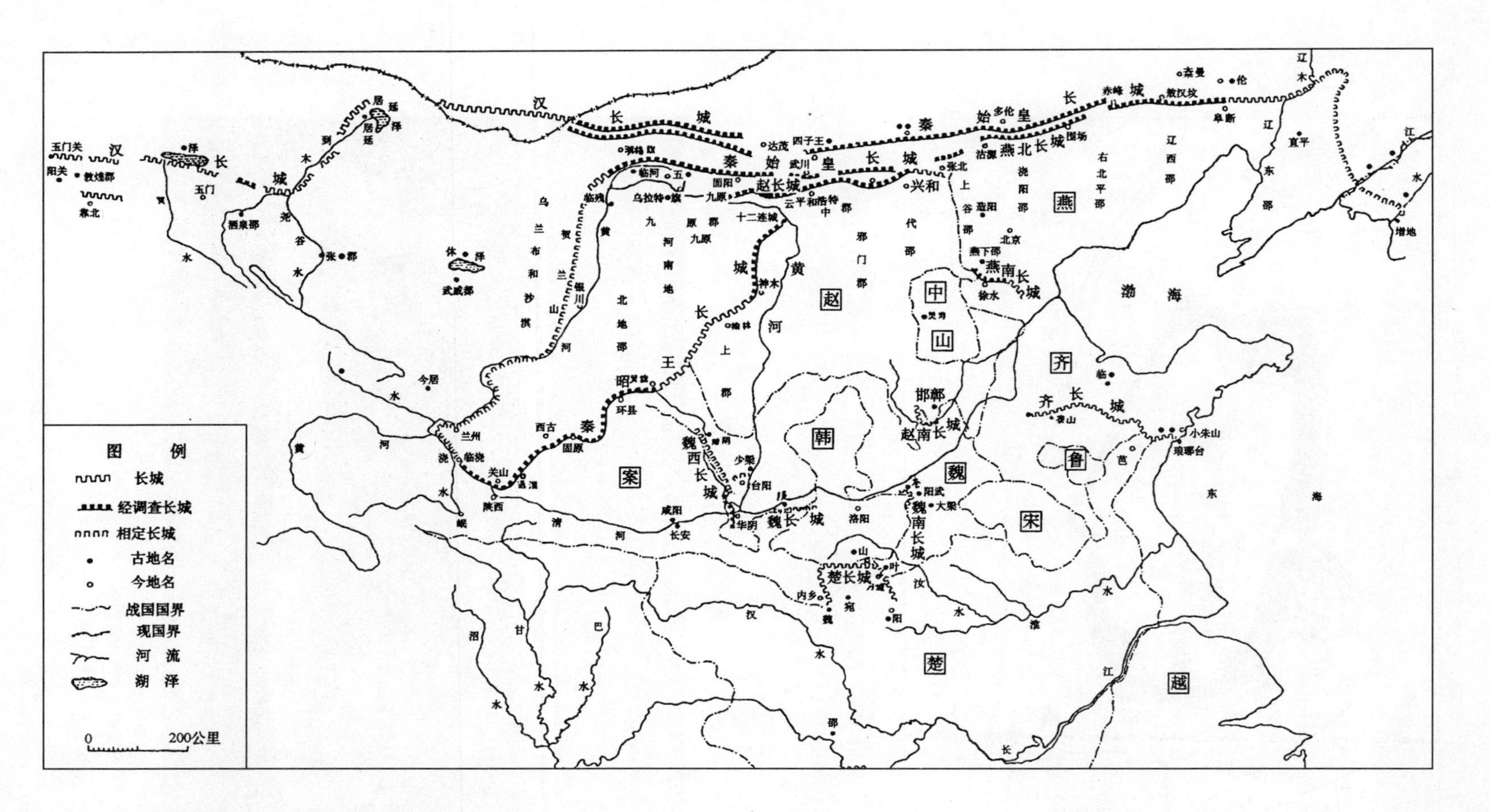

图 4-25　春秋、战国、秦、汉长城位置图
（《文物》1987年第7期）

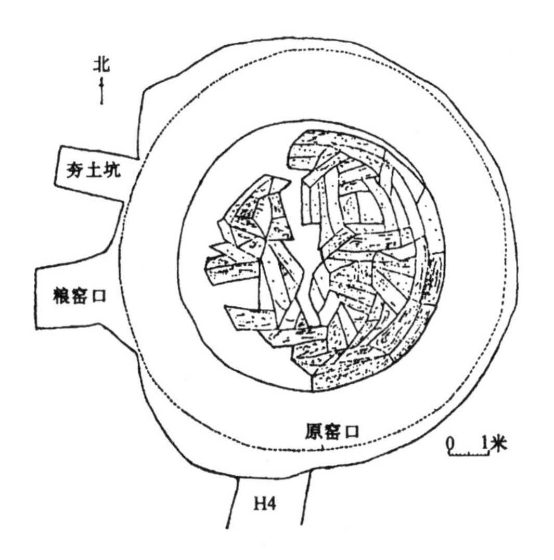

图4－26　河南洛阳战国粮仓62号粮窖平面图

（《文物》1981年第11期）

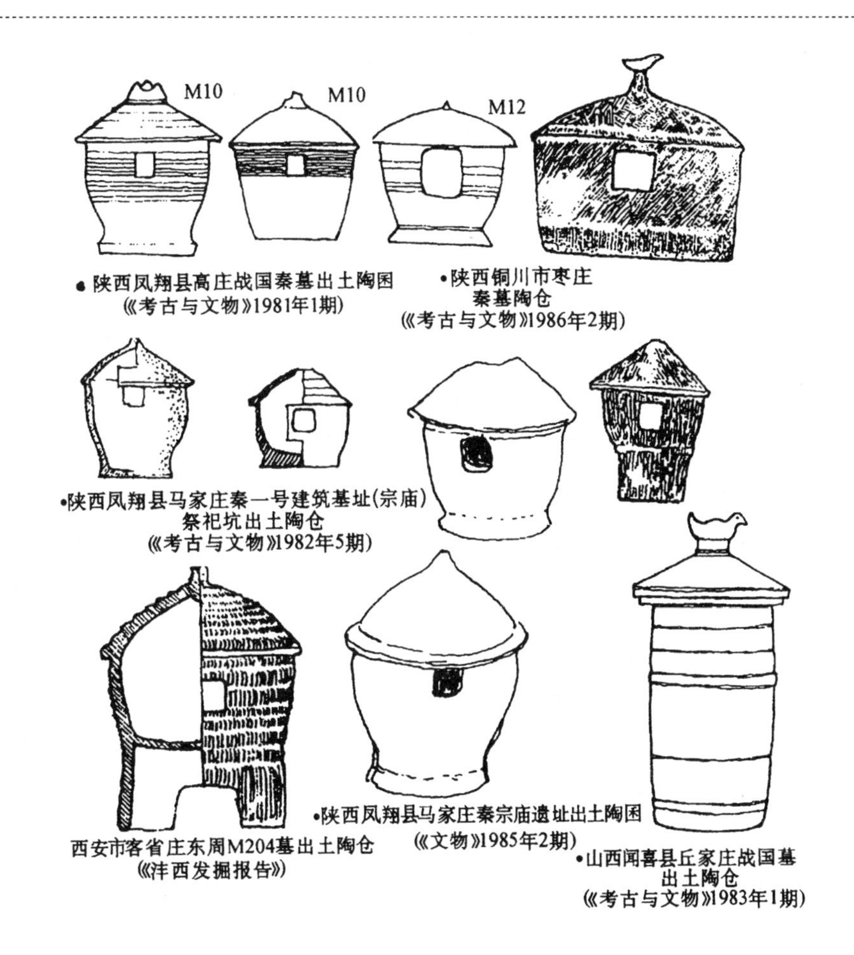

图4－27　东周陶质仓囷明器

（《中国古代建筑史》第一卷，2003年版）

五　秦汉时期建筑

秦灭六国，在建筑设施上，将各国分别建造的长城连成一道统一的万里长城。修建了规模空前的极为奢华的阿房宫，并大修陵墓建筑和水利、交通设施等。至汉代，城市布局有了新的发展，城市规划更加完善，宫城范围扩大，并移至城之中心。汉武帝时不仅修缮秦时旧城，而且新建了自敦煌至辽东11000余里的长城。东汉洛阳城开始采用中轴线，城中建两组宏大的皇宫建筑群（南宫、北宫），城外建辟雍太学。建造独立凌空的楼阁建筑，木构建筑的斗栱普遍使用，斗栱的类型和形制日趋完善。肇始营造佛教建筑。汉代成为我国古代建筑历史上的第一个发展高潮，并基本形成了中国古代木构建筑体系。

（一）秦代建筑

秦灭六国，建立统一的中央集权的封建王朝，仅维持15年就灭亡了。国祚短暂，相对而言，存留实物较汉唐偏少，故在此仅汇集数条建筑特征，供参考。

1. 高台建筑

高台建筑在战国时期已较普遍，列国统治者竞相建高台宫室以炫耀。秦统一六国后，在各国营造经验的基础上，把高台建筑发展到一个更高的水平，如秦阿房宫、秦始皇陵（图5-1-1），但木构建筑的层叠结构问题还未得到妥善解决，因此在建多层建筑时，仍是将木构架依附于夯土基台上（图5-1-2）。

2. 梁架结构与斗栱

在单体木构建筑中，据咸阳宫的考古发掘材料可知，室内最大跨度近20米。宫室内南北壁采用两两相对的壁柱（二柱相距1米，柱组间距3.58~4.15米，柱之断面38×40厘米），可能是采用由两榀梁架组合的复合梁架，以此来解决大跨度问题。咸阳一号宫殿的独柱厅，由于中央设柱，其梁之长度不超过7米。采用45°方向且举高为1/4的斜梁，其长度约为10米。以上诸问题，在当时材料和技术方面是可以解决的。一般建筑和陵墓中的随葬坑，其跨度多为3~5米，使用简单屋架或简单支梁就可以了。而梁架结构的细部构造已不可考。秦代斗栱的布置与构造，因目前尚未发现此时期的斗栱实物，又缺乏相关资料，故无法考究。

3. 柱

秦代建筑使用的木柱有矩形、方形、八角形和圆形。依其所在位置，可分为都柱、立柱、倚柱和暗柱。柱脚与柱之石础仍埋置于地面以下（图5-1-3），但埋深较浅。柱子布置已按规整的柱网排列。柱距一般为2.5～3米，个别有大于4米或小于1米的。建筑的转角处常置相邻二柱，表明木构架在角部的结构和构造问题还未得到妥善解决。秦咸阳宫第一号遗址考古发掘的都柱遗迹，把真正意义上都柱的使用时间提前到秦代。

4. 屋顶

直坡屋顶发展到秦代（图5－1－4），已到了最后阶段。此时，中国古典建筑的屋架已基本奠定了逐层抬梁举高的结构方式，虽然尚未完全摆脱大叉手，但已为折面“反宇”提供了技术条件。

5. 瓦件

根据已知考古发掘出土的瓦件，秦瓦可分为板瓦和筒瓦两类，含檐头使用的瓦当。有手制和轮制的制作方法，瓦面饰以绳纹，内饰布纹（图5－1－5）。板瓦较大，如咸阳一号、二号宫殿遗址出土的板瓦长56厘米，宽42厘米，厚1.4厘米。筒瓦一般长58.5～62厘米，直径14～18厘米，厚0.85～1.5厘米。秦代建筑基本上使用圆形瓦当，绝少半瓦当，还发现有马蹄形大瓦当（图5－1－6）。

6. 陶砖

目前已知秦代所使用的陶砖有空心砖、方砖、条砖和异形砖。空心砖尺度最大者，长100～136厘米，宽33～38厘米，厚16.5～39厘米。表面模印几何图案等（图5－1－7）。方砖边长38～53厘米，厚3～4厘米。模印菱形纹等图案（图5－1－8），多用于铺装地面。条砖尺度较小，仅秦始皇陵区出土的条砖就有九种之多，一般长27～42.5厘米，宽13.5～19.1厘米，厚6～9.7厘米，主要用于铺地，间有砌在土壁之外者，不施粘合剂，不岔分垒砌。异形砖有曲尺形、五棱形等数种。

7. 建筑壁画

秦代虽未遗留下完整的壁画实物，但从秦咸阳一号、三号宫殿遗址发现的壁画残片，可知当时的壁画内容丰富，五彩缤纷。由车马出行、人物、树木、麦穗，以及矩形、菱形、三角形、环形、涡形、曲线形等图案组成（图5－1－9），排列规整而富有变化。色彩有黑、黄、赭、朱、青、绿等。其中以黑色居多，黄、赭次之，与史称秦代尚水德故崇黑，其旌旗、车骑、仪仗皆以此色为主相符。

8. 金属建筑构件

据陕西长安县小苏村及咸阳宫等秦代遗址出土金属建筑构件，其中小苏村出土的铜质构件体形较大，如方形圆孔构件长、宽21.2厘米，高11.6厘米，重19.26公斤，系销穿固定之构件。另有圆筒形构件、方形浅圆窝构件、连板、合页、铺首等（图5－1－10）。铁质构件较少，有三向活动铰页、连板、圆环、环首钉等。在秦代建筑遗址中出土铁质建筑构（饰）件，也属重要发现。

9. 墙壁做法

通过已发掘的秦咸阳宫、骊山秦兵马俑坑等的墙体做法，大致可分为以下五种类型：一是夯土墙，是诸遗址中常见的做法（图5-1-11）；二是夯土土坯墙，见咸阳一号宫殿的独柱厅，下部为夯土构筑，上部用土坯垒砌；三是土坯墙，全用土坯垒砌；四是夹竹抹泥墙，见咸阳一号宫殿底层之第六、第七室隔间墙，墙体二面抹平，厚约20厘米；五是砖墙，墙体全用陶砖垒砌，系条砖平列顺砌，无粘合剂，上下层无错缝，即为不岔分的砌法。因发掘的实例太少，是否是真正意义上的砖墙，尚待确认。

10. 长城

秦代长城多用石块砌筑墙体，即用较大石块砌出两面墙身，在其间填充碎石。墙身石块为平砌，不用粘合剂，墙之壁面有垂直的，也有收分的（图5-1-12）。其高、宽均为4~5米左右。也有利用自然山体或斜坡作为长城墙体的。以夯土筑造的长城，墙身多已不存，仅残存部分宽约4~6米的墙基，夯层厚10~12厘米。在一些山口处还有用土石混合结构修造的墙体。

长城沿线建有多为戍屯性质的城堡。内有官署、仓库、兵营、民居、市肆等建筑。目前已发现的边城百余座，其沿用时间为战国和秦汉时期。内蒙古沙巴营子古城址，经发掘得知，城墙为夯土版筑而成，城之中部有夯土台基，出土刻有秦始皇二十六年（公元前221年）统一全国度量衡制的诏书之陶量，此台基当为秦时的官署基址。城西部有手工业作坊和居民区。北垣上建有望楼二处，为双层木构建筑，上层供瞭望，下层贮粮。

（二）汉代建筑

1. 平面布局、建筑形式、柱网柱形

（1）平面布局

汉代礼制建筑的平面布局是沿着纵轴线组织纵深的建筑群，自成一种体系（图5-2-1）。皇宫中朝廷部分之主要殿堂为前殿，至汉代前殿左右两侧另增建称为“东、西厢”的挟殿，此种“前殿与东、西厢”的制式，其功能与“三朝”制式相仿。佛教寺院建筑群多以木构的楼阁式塔为中心，塔外辟广庭，庭周建回廊、堂、阁。寺院轴线采用十字正交的轴线。寺院和塔的平面为方形，其礼佛按印度的绕塔方式。单体建筑平面有长方形的，也有方形和圆形的，开间有奇数的，也有偶数的。

汉代住宅建筑采用四合院的平面布局。河南汉墓出土的陶建筑明器，就有小型四合院的组合形式（图5－2－2），由体型较小的门房、平房、楼房等围合而成；一进四合院，由门房、阙楼、正房、仓楼、厨房、猪圈六部分组成严整的四合院；三进四合院，由前院、中庭、后院组成。前院有大门，门内两侧有马厩，院内置马槽。入中庭设有二门，上有门楼，两侧有对称的角楼。院内左右设厢房，厢房的二楼有回廊与角楼和门楼勾连相通。中庭有高大的厅堂式主体建筑，建于高台之上，其前置有台阶。中庭和后院还有其他住房、仓房、厨房、厕所、猪圈等。此宅院旁还有农田、水井等。

（2）地面铺装与聚落建筑实例

汉代建筑室内地面，除沿用以前抹草泥的方法外，出现用方砖、条砖铺装地面（图5－2－3），用空心砖做踏道的方法。在西汉末的高台建筑中使用方砖铺地的逐渐增多。

汉代居住建筑的周围环境、庭院组合、单体建筑布局、建筑结构、建筑材料、建筑工艺技术，特别是墙体和屋面瓦件的砌筑和排列的真实情况，可见河南内黄三杨庄汉代遗址（图5－2－4）。该遗址是黄河泛滥被淹没的汉代村落遗址，是我国首次考古发掘出土的未经后人扰动的汉代农田和聚落庭院建筑遗址，是研究汉代聚落建筑史和鉴定汉代居住建筑的实物标本。

（3）高台建筑与高层楼阁建筑

西汉仍盛行高台建筑，很少发现此时期的陶楼建筑明器和楼阁建筑图像，故西汉时期高层楼阁建筑尚未大量兴起。东汉以降，从战国兴起的高台建筑已逐渐为众多的高层楼阁建筑所取代。平地起建独立凌空的楼阁，仅从出土的建筑明器可知，有形式各异的望楼、仓楼、戏楼等，少则高二三层，多则四五层，最高达七层（图5－2－5）（郑州、焦作出土的陶楼）。楼之平面多为方形或长方形。有的楼阁还显示“副阶周匝”的形象。高楼木构架不用通柱，用纵横搭交的枋子做出楼层，每层做出门窗、平台、栏杆等设施。特别是东汉望楼逐层施柱，自下而上逐层递减高度和宽度，且逐层或隔层出檐或安装平座。多数陶楼绘有彩画或线刻图案。

（4）屋顶形制及基台双阶

东汉时期建筑屋顶形制，依其出土的陶、石建筑明器，画像砖、画像石及地面现存的30余座石阙，墓祠石室等可归纳为四阿顶、悬山顶、硬山顶、攒尖顶、盝顶、卷棚顶六种建筑形式。在河南、四川等地汉墓出土的“两段式歇山顶陶房”，尚不属于后世真正意义上的由正脊至檐口连为一体的“歇山顶建筑”。因为这一时期的两段式歇山顶建筑，只是将悬山顶套在下部四阿顶建筑上，中间断开，上下分成两段式的屋面（图5－2－6），故仅可称为歇山顶建筑的原始形态，或称其为歇山顶建筑的雏形。汉代陶建筑明器和汉画像石所表现的礼制建筑等重要的大体量建筑，在其正面基台下置阼阶和西阶，二阶相距约为一开间的距离。

（5）柱子与柱网

从现有资料可知，汉代建筑柱子形式有方形、圆形、八角形、瓜楞形（束竹形）（图5－2－7）。柱径与柱高的比例，约为1∶2.5～1∶5之间。柱础，西汉已出现平面明础。有方形、圆形、长方形、圆方相连等形式。东汉时期还有覆斗形、覆钵形柱础。有的表面加工琢磨和雕刻，如河南许昌张潘故城出土有雕刻四神的柱础（图5－2－8）。柱础正中凹下，柱根置于下凹处，说明此时期立柱不需要挖柱洞，其上部木构架已能保证稳定。根据当时普遍使用的木梁柱架构分析，其柱网排列已非常整齐。

2. 斗栱

汉代是我国古代建筑斗栱演变和对后世影响的重要历史时期，可从文献记载及遗存的石祠、石阙、墓室、画像砖石、壁画、建筑明器中获得较多的研究资料。西汉在战国斗栱使用的基础上得到发展，特别是东汉时期斗栱的普遍应用和大量成组斗栱的使用，使斗栱的种类增多，形象多元化（图5－2－9）。在结构上从较原始的一斗二升斗栱演变为一斗三升斗栱，从结构和力学上都是一个巨大的发展和进步，奠定了我国古建筑一斗三升斗栱的基本单元。此为汉代对斗栱发展所做出的巨大贡献。

此时期的斗栱多为置于柱头上的柱头铺作，相邻二柱间的補间铺作尚不多见，陕西西安出土的绿釉陶水榭，在上枋中间架置的人字形构件，既可看做不完善的補间铺作，也可能是人字形斗栱的雏形（图5－2－10）。汉代转角铺作可以从同时期建筑明器中寻觅一些线索，河南灵宝出土的两座陶楼，由角隅向外斜出45°挑梁，其上置斗栱一朵承托正、侧两面屋檐（图5－2－11），可谓已知较完备的转角铺作，也是后代典型转角铺作的雏形。

建筑史学界多认为在汉代遗物中看不到直接由栌斗出跳伸出华栱之例，而河南新密出土的陶仓楼，下层两朵斗栱的栌斗均开有槽口，伸出华栱（图5－2－12），栱身有适度的上留和较长的下平出，上留和下平出之间斜杀，明显的形成单卷瓣，表现出较完备的折线栱形的华栱形象，否定了汉代无华栱之说。湖北当阳出土的东汉建筑明器所反映的“櫼”，即原始的昂，说明这种悬挑构件出现于东汉时期。此为鉴定汉代建筑文物的重要依据之一。河南新密出土东汉陶仓楼的栌斗下突出一板状物，似为皿板，对探讨皿板的起源有很重要的研究价值。

汉代柱头斗栱有出跳和不出跳两种。已经有一斗二升斗栱、一斗三升斗栱、一斗五升斗栱和实拍栱、直斗造、交手栱实物例证。

栌斗和散斗已经基本定型，多为方形，上大下小，呈仰斗状。下部的斗欹部分有“顱”（斗欹四边向内凹进的圆滑曲面）。欹和斗高的比例，多在1∶2～2∶5之间，与后代定型的斗栱基本接近。

栱形可分为三种，第一种栱之上下平齐，类似横枋；第二种为直栱，栱端做成弧线形或砍制成抹角状（较少有栱端分瓣的做法），此栱形对后代影响很大；第三种可称之为曲栱，即交手栱。就栱身形制而言，还有半栱、全栱、折尺形栱等之分。

3. 梁架

汉代木构建筑早已不存，故建筑的大木结构在无实物可循的情况下，只能通过考古发掘的建筑基址和砖石墓葬、陶石建筑明器、画像砖石、壁画和文献记载等间接资料，寻觅一些大木构架的线索。可以说，在总结汇集汉代建筑时代特征时，这一部分是准确资料最弱的。但通过仔细观察和分析，我国古代建筑大木作结构的抬梁式、穿斗式、干阑式、井干式梁架结构形式，在东汉时期均已出现（图5－2－13）。东汉陶建筑明器有表现出使用“叉手式”梁架的例证（图5－2－14），但较为罕见。汉代宫室建筑，以抬梁式结构为主，也有采用井干式结构的，如当时所建的井干楼。井干式单木断面呈方形，或近于方体的矩形。

汉代建筑中大量使用规矩的直梁，但也有在宫室等重要建筑中使用曲梁，即汉代文献中所记载的“虹梁”。但这些直梁和曲梁的细部做法和尺度比例已无从考知。河南内黄三杨庄汉代村落居住遗址出土的房榑遗迹（图5－2－15），实属罕见。

具体到汉代一缝梁架的配置方法，可见四川成都出土的东汉住宅画像砖中的梁栿形式，此住宅建筑全部使用木柱梁结构。在其宅院后部的三开间厅堂建筑的屋架中，可清晰地看到前后檐柱间施四椽栿，四椽栿上立蜀柱承托平梁（图5－2－16），蜀柱上下无斗栱、驼峰之承托件。平梁之上的柱、榑结构无明确表现。柱间置阑额、腰枋和间柱。河南荥阳出土的汉代建筑明器之山面显示平梁上立侏儒柱承托脊榑。

我国传统的木构架建筑，经历了长期的实践演变后，终于在汉代取得了重大突破，即出现了多层木柱梁式的塔楼形建筑（图5－2－17），通过东汉时期出土的大量陶建筑明器和画像砖石可知，它的结构和造型已经达到相当成熟的程度。塔楼形象多为三四层楼阁，最高达七层之高，有住宅、仓楼、望楼、水榭等。汉代塔楼的出现，打破了战国以来盛行的高台建筑依附土台而建的“多层建筑”的传统方式。出现了平地起建独立凌空的真正的上下宽度相等，或上窄下宽或上宽下窄的多种形状的多层建筑。其柱、梁、枋结构和构件发生了巨大的变化，是其质的突破。对佛教建筑中的楼阁式木塔产生巨大的影响。可惜只能分析其柱梁结构的大概，无法考究其梁架结构及其尺度比例的详细做法与数据。

4. 门窗、楼梯与栏杆、屋顶脊瓦件

（1）门窗

汉代建筑的门窗类型和形制，文献中缺乏具体详尽的记载，现存的建筑明器和画像砖石中的建筑形象可了解当时门窗的基本概况（图 5 – 2 – 18）。门有板门和栅栏门，以板门居多（图 5 – 2 – 19）。有两爿门扇的称门，一扇者称户。门的上槛显示门簪，门扇上有铺首衔环，作饕餮衔环的图案。除铺首外，另有镌神人（伏羲、女娲等）、神兽（青龙、白虎、朱雀、玄武、熊、凤等）、执篲门吏等形象。大型木椁墓中出土的木质板门，表面未油漆或涂料，当时实际生活中的门户可能有油饰。陶建筑明器所示，门扇周侧之门框形象清晰。函谷关东门画像石，则门之两侧有腰枋和余塞板，门扉双合。汉代重要建筑的庭院以门和回廊相配合，衬托主体建筑的庄严巍峨。有的门窗上还置有雨搭等。

通过汉代墓葬出土的建筑明器和画像石等，可知此时期的窗形有棂条窗、百叶窗、菱格窗、支窗、横披窗等。多用长方形或方形的直棂窗和菱格窗，间有三角形窗、圆形窗等。窗棂以斜方格最为普遍，间有其他形式，有的还在窗外加设笼形格子。

（2）楼梯与栏杆

楼梯形象见于江苏徐州画像石、江苏邳县画像石、四川成都画像砖、河南密县陶仓楼等，斜置的楼梯一侧施卧棂栏杆，有望柱和寻杖，望柱有出头的，也有不出头的（如密县陶仓楼）。有的望柱出头做成笠帽状的形象。栏杆形象则常见于画像砖石和陶石建筑明器，其位置多见于平座、楼梯、楼栏、走廊、阁道等处。栏板则做出卧棂、直棂、菱格、套环和十字形，也有将其中数种交错合并使用的（图 5 – 2 – 20）。

（3）屋顶脊瓦件

汉代屋面之脊（图 5 – 2 – 21），根据现有资料可知，有正脊、戗脊、垂脊等。在两坡顶垂脊之外，已广泛使用排山结构。正脊、戗脊之端，有不同的处理方式，形成形象各异的脊饰，有的脊端未凸起，形成平脊，脊端无饰；有的正脊中部下凹，两端翘起，显示脊端稍高于脊身；有的在正脊两端和垂脊下端置椭圆形的叶状脊饰；有的脊端反翘，置柿蒂形脊饰；有的四条垂脊外侧有排山沟滴，正脊两端起翘，脊端为三枚圆形瓦当叠成“品”字形的脊饰，并垂挂悬鱼；有的小型一般建筑正脊两端各饰一枚圆形瓦当；有的陶仓楼和石仓楼的顶层正脊上置两个或三个形制相同的屋形顶窗或气窗（气楼）；有的陶建筑明器正脊中央置一简单的几何形体或较复杂的禽鸟作为装饰的；特别是有的建筑明器屋脊所塑造的鸱尾形象，更具有重要的研究价值。

个别汉代陶建筑明器虽然出现具有“反宇”屋檐的迹象，但总体来看汉代屋面和檐口是平直的，还没有“反宇”和翘曲的屋角。

汉代屋面瓦件，主要有陶筒瓦和陶板瓦两大类（图 5－2－22）。瓦垄间距较大，板瓦长 30～50 厘米，宽 24～30 厘米，厚 1～2 厘米。筒瓦长 24～49 厘米，直径 10.5～16.3 厘米，厚 1～2 厘米。置于檐口的瓦当绝大多数为圆形，其直径多为 14～16 厘米。个别仍有半圆形瓦当。圆形瓦当正面纹样多为蕨纹和云纹。1954 年，河南淮阳出土的东汉绿釉方形陶榭，用莲花纹瓦当，尚属少见，可能为我国已知最早的莲花纹瓦当图案。另有文字瓦当，即有宫殿、官署、苑囿、仓库、陵墓等名称和吉祥语的瓦当，如“上林农官”、“华仓”、“千秋万岁”、“延年益寿”。半瓦当有卷云纹和“延年”字样（图 5－2－23、24）等。

5. 陶砖与拱券、石祠、石阙、佛塔

（1）陶砖与拱券

汉代陶砖有条砖、铺地方砖、空心砖、楔形砖、刀形砖、扇形砖、异形企口砖。①条砖（图 5－2－25）：多用于砖券墓，也有与空心砖混合使用的。条砖可分为大小两种砖型，较大的砖长 35～48 厘米，宽 18～24 厘米，厚 5.5～10 厘米。小砖长 25～30 厘米，宽 12～19 厘米，厚 4～7 厘米。砖之长、宽、厚比例大致为 6∶3∶1。砖之表面有平素无饰的，也有砖面（含砖之侧面）模印几何纹样（斜方格纹、三角形纹等），或印刻人物和动植物图像，或模印造墓年月日，或模印吉祥语文字（图 5－2－26、27）。条砖也有用于铺装地面的，多为素面砖，绝少花纹砖。用条砖砌筑壁体，在其墙基处砌顺砖 1～4 层，后竖砌丁头砖一层，再砌平顺砖 1～2 层，如此重复垒砌。用条砖砌筑拱券者，最初砌出一道券，后有二道券相叠的，也有在一道券上砌出 1～2 道伏卷砖的。②铺地方砖（图 5－2－28），其砖形呈方形，或近于方形的矩形状，边长 30～45 厘米，厚 3～5 厘米，表面印有方格纹、菱形纹、绳纹、环纹、S 纹、卷云纹、三角纹、乳钉纹、回纹等，还有砖面印有动物或吉祥文字。③空心砖（图 5－2－29），多为板状形，也有柱砖、脊砖、三角砖及异型砖。板状砖大多数长 84～115 厘米，宽 20～45 厘米，厚 10.3～20 厘米。

砖面模印的图案有叶形纹、卷云纹、柿蒂纹、套环纹、S纹、箭纹、菱形纹、三角纹等，也有模印人物、动植物、建筑物和吉祥文字的。

此时期除木、砖、石建材外，夯土仍被广泛应用。在一些大体量夯土建（构）筑物的墙体中，为了加固其强度，在夯土层中加水平方向的木骨，称为纴木，这种做法自汉长安城开始，一直到宋代还在使用。有的还加入芦苇和竹筋等。汉代居住建筑还有采用片石块垒砌墙壁的（图5-2-30）。

拱券，使用条砖砌筑拱券的实例最早见于西汉晚期砖构墓室中，到东汉逐渐盛行，又出现了重券和“伏”等进步的技术。后来还有了不太完善的穹隆顶（图5-2-31）。

（2）石祠

汉代石祠（图5-2-32），虽然汉代地面起建的木构建筑已不存，但幸存山东肥城孝堂山郭氏石祠一座，另有仅残留部分残石构件的山东嘉祥武氏石祠（含武氏祠、前石室、后石室），可谓研究汉代地面建筑的珍贵实物资料。郭氏石祠系置于墓前的享堂（祭堂），东西面阔4.14米，南北进深2.50米，高2.64米，为正面檐下立八角形石柱的两间单檐不厦两头造（即清式所称的悬山顶）。地面及后墙、山墙皆构以石板，石板厚约20厘米。屋面刻出筒板瓦垅十六行。正脊稍稍起翘，无脊饰。两山有排山结构，圆瓦当，刻檐椽。屋面石板厚25厘米。石祠内的粗大石梁，高30厘米，宽40厘米。石祠的建造时间可能为东汉中期。

除郭氏石祠外，另有已遭破坏的山东嘉祥武氏石祠，仅存部分顶石、壁石和画像石。据研究考证，应包括武梁祠、前石室、后石室三座祭堂。①武梁祠，原为一开间的单檐不厦两头造，平面为矩形，面阔2.41米，进深1.47米，高2米许，现存祠石五块。所祀武梁，卒于东汉元嘉元年（公元151年），石祠应建于当年或稍后。祠中有画像石刻。②前石室，原为两开间的单檐不厦两头造建筑。面阔3.52米，进深2.03米，高2.55米。后壁正中有一龛。祠主人可能为武梁之弟武开明之子武荣，约卒于东汉建宁元年（公元168年）。现存祠石16块，石刻画像53幅。③后石室，形制同前石室，现存祠石17块，石刻画像40幅。此三祭堂，虽遭损坏，但对研究汉代建筑仍具有重要意义。

（3）石阙

汉代石阙，为现存汉代地面建筑的另一类型。根据文献记载，西周时期已经出现城阙。汉代阙的功能可分为城阙、宫阙、宅阙、祠庙阙、墓阙。在官署和关隘前也建有阙。其材料有石构阙、木构阙和夯土结构之阙。现存较完好之阙皆为石构，且只有祠庙阙和墓阙。我国现存石阙 32 处，最早者为建于东汉建武十二年（公元 36 年）的四川梓潼李业阙，最晚者为建于东汉或西晋的四川渠县的无名阙。除河南登封太室阙等（图 5－2－33）5 处为祠庙阙外，其他皆为墓阙。其数量以四川最多，共 20 处，其次河南 4 处，山东 4 处，重庆 3 处，北京 1 处。各阙之造型皆仿木构建筑形象，下为基座，中为阙身，上为四阿屋顶。因地域和建阙时间的早晚，其阙之细部手法和建筑比例关系有所差别。建于早期及北方之阙，形象粗犷而简洁，建于晚期及四川之阙，比较细致华丽。阙之柱、枋、斗栱、檐椽、瓦当、屋脊等，均仿当时的木构建筑的制式。阙身和檐下雕刻内容丰富的画像。阙顶做成四阿式瓦屋面形象，并刻出屋脊、筒瓦、板瓦、瓦当、封檐板和檐椽等。有的还有脊饰，檐椽刻出收分。阙顶层数有单檐和二重檐之分，出土的画像石中还有三重檐阙。其形制有单出阙和双出阙（在母阙一侧建一形体较小的子阙）。还有三出阙（母阙一侧建二子阙，仅见文献记载和帝陵考古发掘的阙址）。东汉时期是墓阙发展的顶峰期。

罘罳：西汉时期出现在门前双阙之间，架建过门屋檐形式的“连阙曲阁”形的罘罳。虽这种罘罳门阙建筑，历史文献多有记载，但建筑实物早已不存。考古发掘出土的汉画像石及陶建筑明器屡见罘罳建筑形象。如河南唐河县出土西汉晚期的画像石、四川大邑东汉墓出土的画像砖（图 5－2－34）和河南焦作出土的东汉陶仓楼均有罘罳门阙。

（4）佛塔

汉代佛教传入中国后，中国始有佛教建筑。在洛阳建造我国第一座佛教寺院——白马寺，并在洛阳白马寺和徐州浮图祠建造佛塔（时称浮图）。此时寺院之轴线为十字正交形式；寺与塔的平面基本为方形；塔居寺中心部位，木质方形，以印度之绕塔方式礼佛。特别是佛塔的出现，使中国建筑增添了一个新的品类。这种方形楼阁式佛塔，与全国各地出土的同时期陶建筑模型塔楼颇为相似。塔楼多为方形，其楼层数为 3～5 层不等，据目前所知，最高可达七层。且各层自下而上逐层递减高度和宽度；也有各层自下而上宽度相等或逐层递增其宽度，特别是逐层递增宽度之塔楼与后世伞状形的倒塔相似。说明汉代佛教建筑浮图与当时的楼阁建筑塔楼的渊源和借鉴关系。

文献记载，我国最早的佛塔，为东汉明帝永平十一年（公元 68 年），在洛阳雍门外肇建我国第一座佛教寺院白马寺，并于寺内建造浮图（佛塔）。据《魏书·释老志》载：“自洛中构白马寺，盛饰浮图，画迹甚妙，为四方式，凡宫、塔制度，犹依天竺旧状而重构之”。则知白马寺与塔皆依印度佛教制式而建，所建浮图系我国最早的佛塔。据《后汉书·陶谦传》所载，东汉末，徐州牧陶谦属下笮融，在当地“大起浮屠祠，上累金盘，下为重楼，又堂阁周回，可容三千许人”。此为我国最早见于正史的有关佛塔的记载。以上在洛阳和徐州所建之塔，为木构建筑，且平面方形，塔周建有堂、阁建筑，塔顶置多重铜（或鎏金）相轮，可绕塔礼佛。塔之细部结构已无可考知。根据文献记载三国时在江南也建有佛塔。

在已出土的汉画像石中也见古塔形象（图5-2-35）；在我国新疆地区残存有东汉、三国时期的土塔（图5-2-36），但塔之全貌已不可知。

图5－1－1　秦始皇陵九层之台的陵上享堂复原图
（（《杨鸿勋建筑考古学论文集》，2008年增订版）

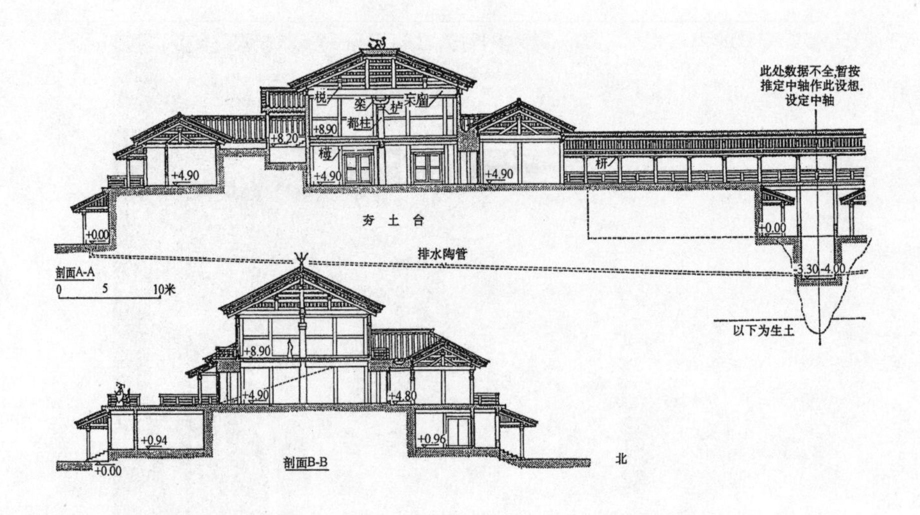

图5-1-2　秦咸阳宫一号宫殿纵、横剖面复原图

（《中国古代建筑史》第一卷，2003 年版）

＊ 图中所显示的，是高台建筑形象。

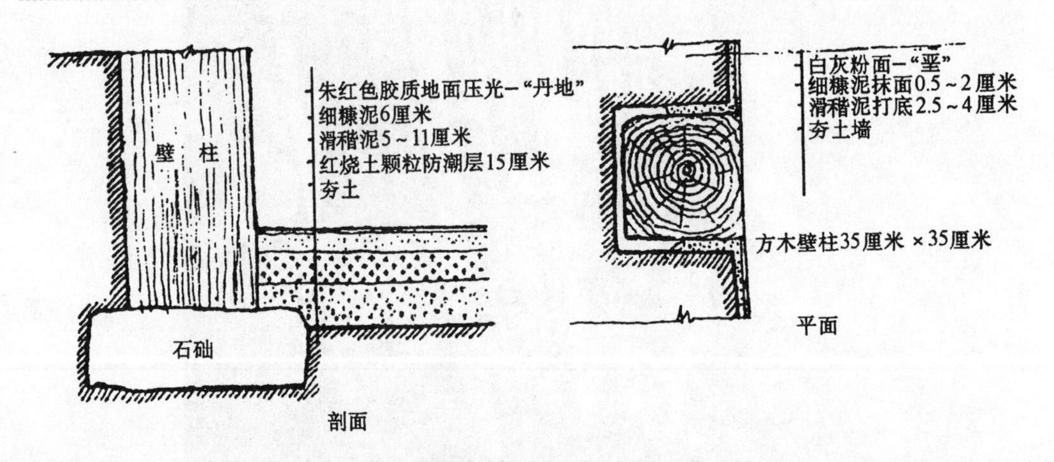

图5-1-3　秦咸阳宫一号宫殿遗址七室壁柱、柱础及地面做法

（《中国古代建筑史》第一卷，2003 年版）

图5-1-4　秦咸阳宫一号宫殿直坡屋顶复原图

（《中国建筑艺术史（上）》，1999 年版）

③

图 5-1-5　秦代陶瓦与瓦面纹饰
①秦代阿房宫遗址出土瓦件
(《中国文化遗产》2013 年第 2 期)
②辽宁绥中碣石宫遗址出土瓦件原状
(《中国文化遗产》2013 年第 2 期)
③秦代瓦面纹饰
(《中国古代建筑史》第一卷，2003 年版)

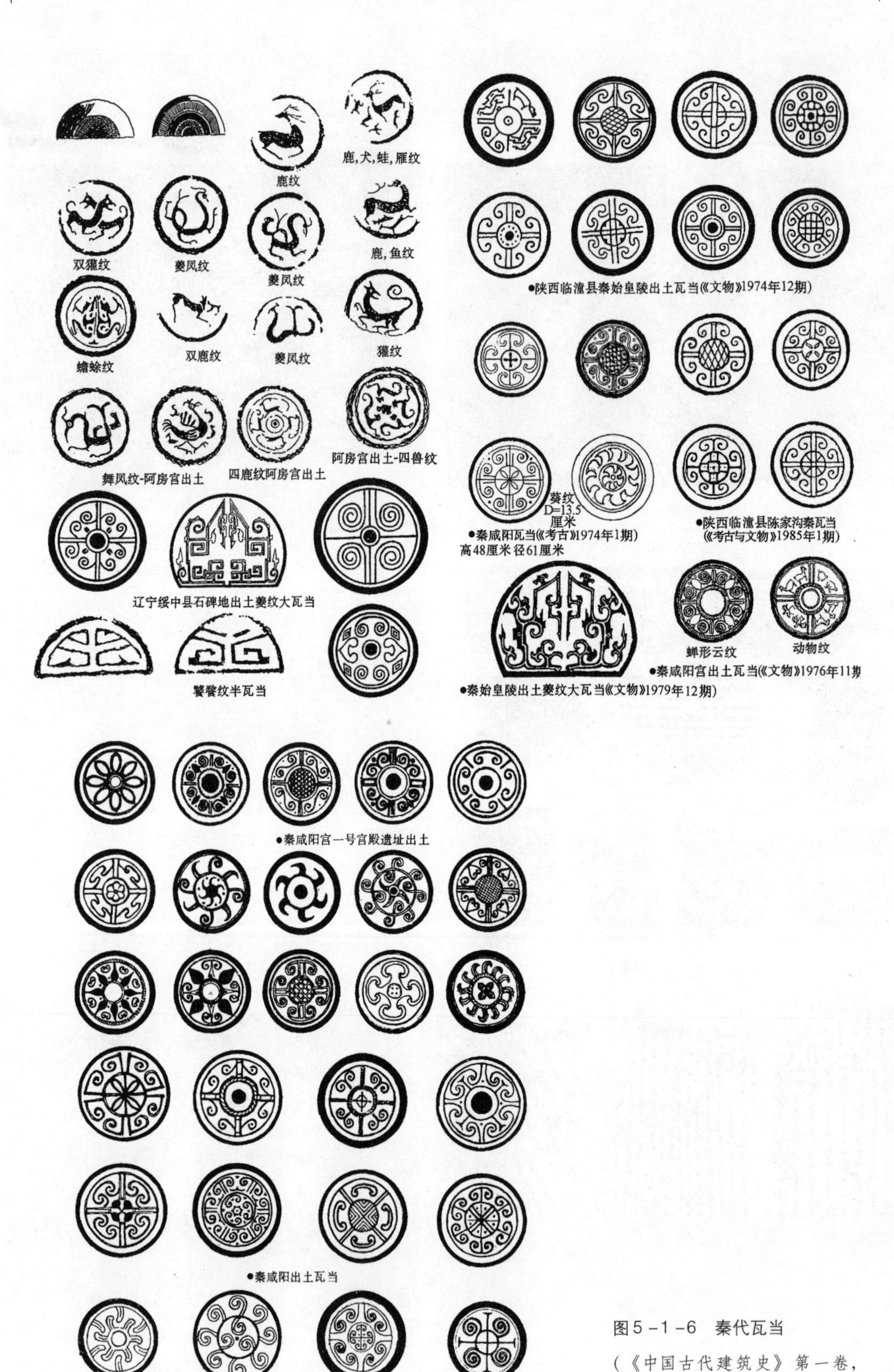

图5－1－6　秦代瓦当

（《中国古代建筑史》第一卷，2003年版）

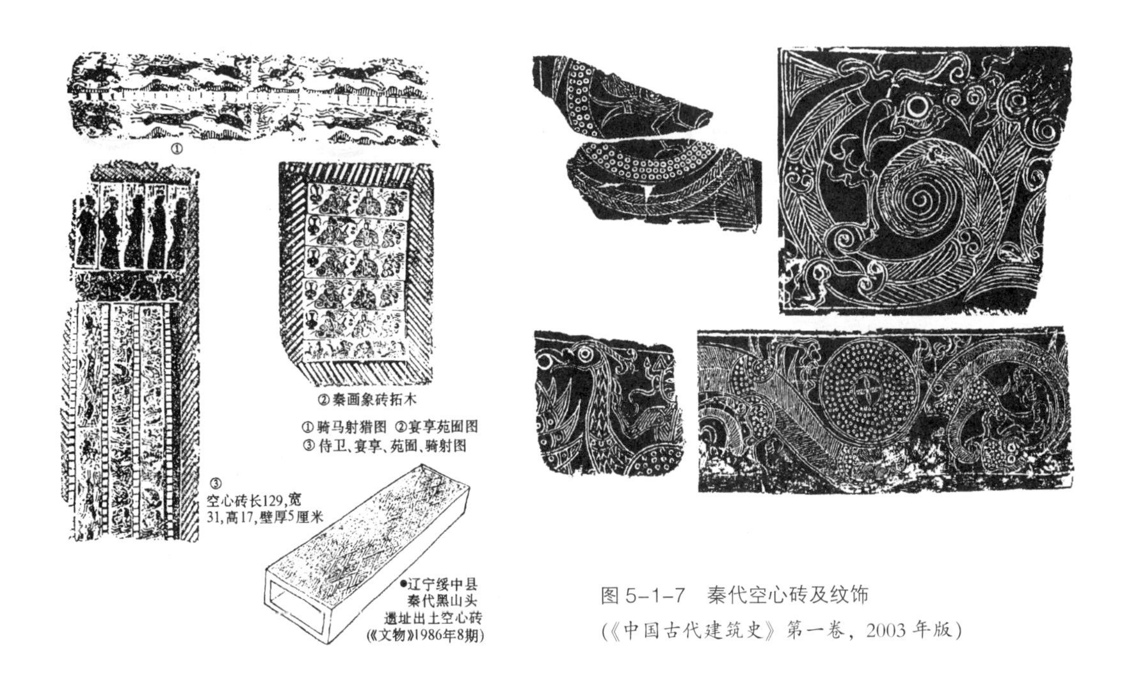

图 5-1-7　秦代空心砖及纹饰

（《中国古代建筑史》第一卷，2003 年版）

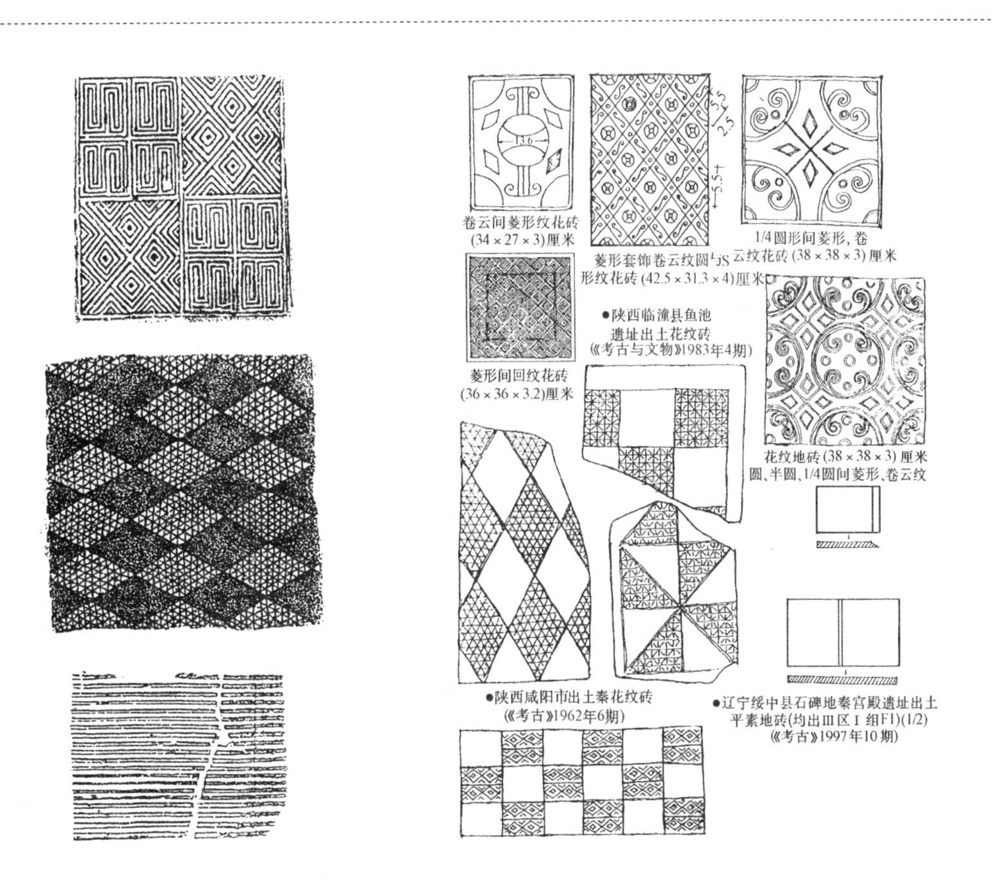

图 5-1-8　秦代地砖及纹饰

（《中国古代建筑史》第一卷，2003 年版）

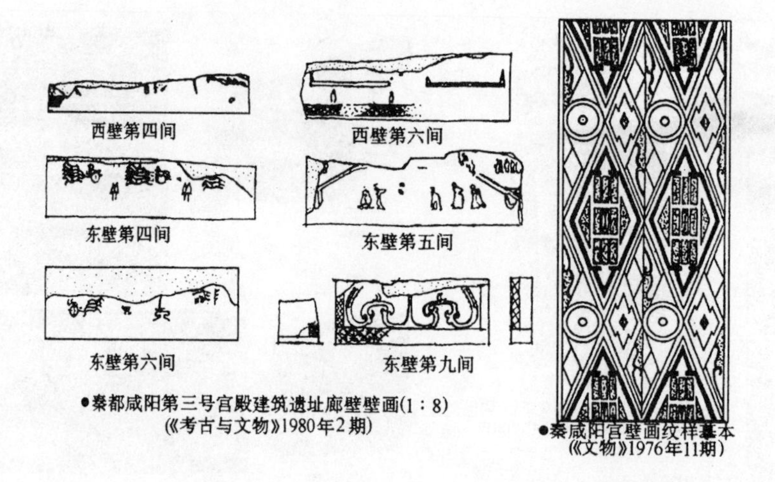

图5-1-9　秦代建筑遗址出土壁画

(《中国古代建筑史》第一卷，2003年版)

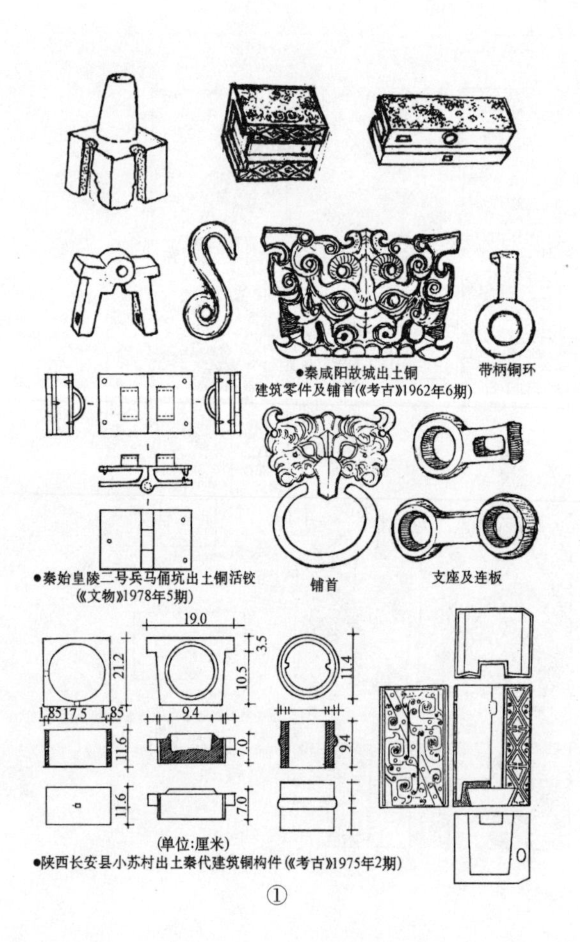

图5-1-10

①秦代金属建筑构件

(《中国古代建筑史》第一卷，2003年版)

②秦国雍城出土青铜质建筑构件

(《中国文化遗产》2013年第2期)

图5－1－11　秦国雍城城墙遗迹及城墙结构示意图
（《中国文化遗产》2013年第2期）

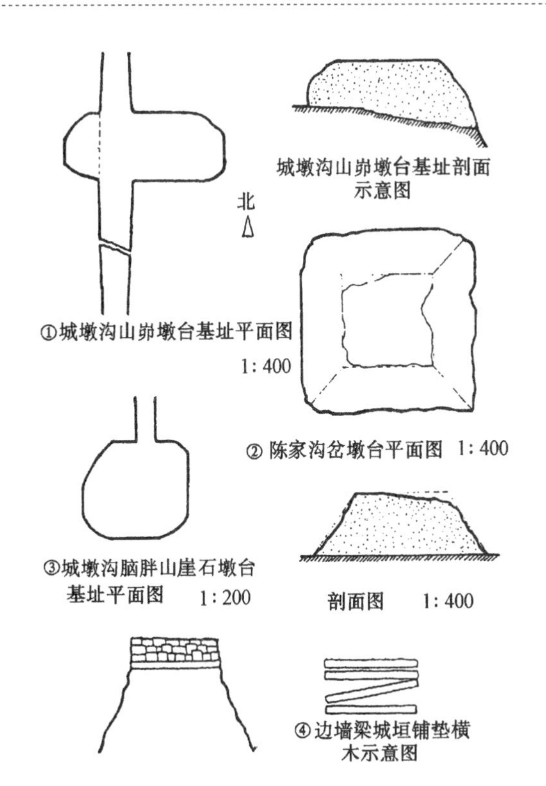

图5－1－12　秦代长城城垣及墩台基址平、剖面图
（《考古与文物》1988年第2期）

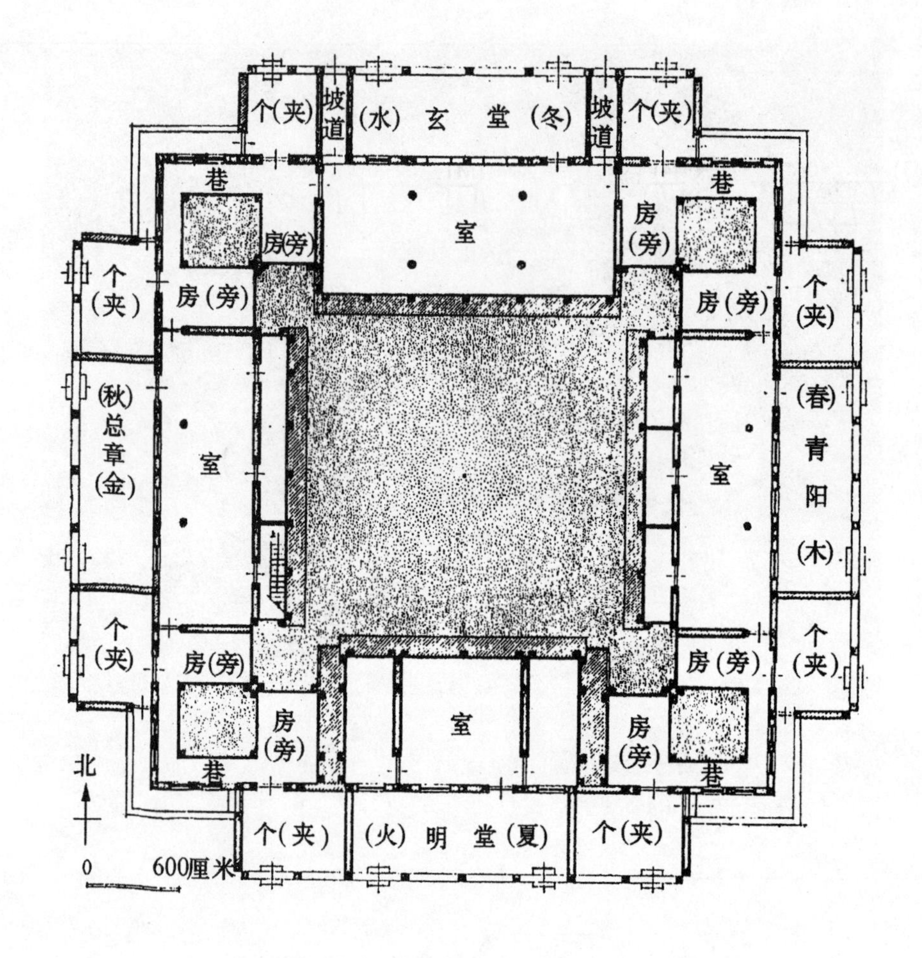

图5－2－1　西汉长安南郊礼制建筑辟雍遗址中心建筑一层平面复原图

（《中国古代建筑史》第一卷，2003年版）

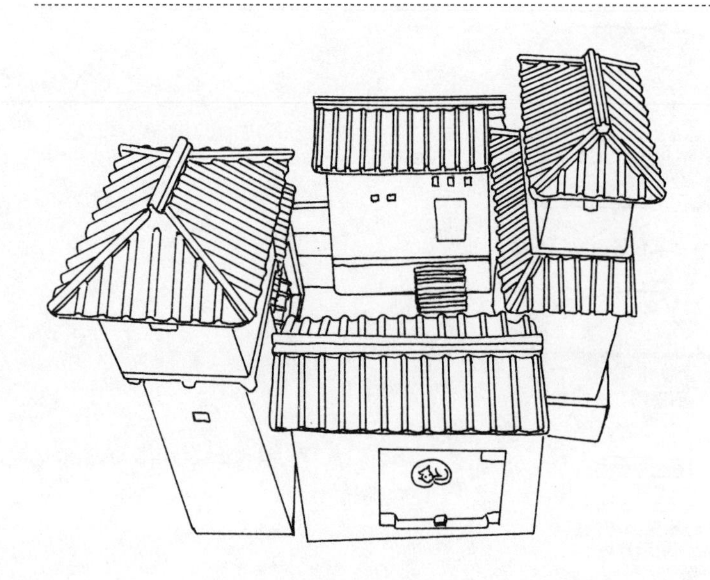

图5－2－2　郑州南关东汉墓出土四合院陶建筑明器

（《河南出土汉代建筑明器》，2002年版）

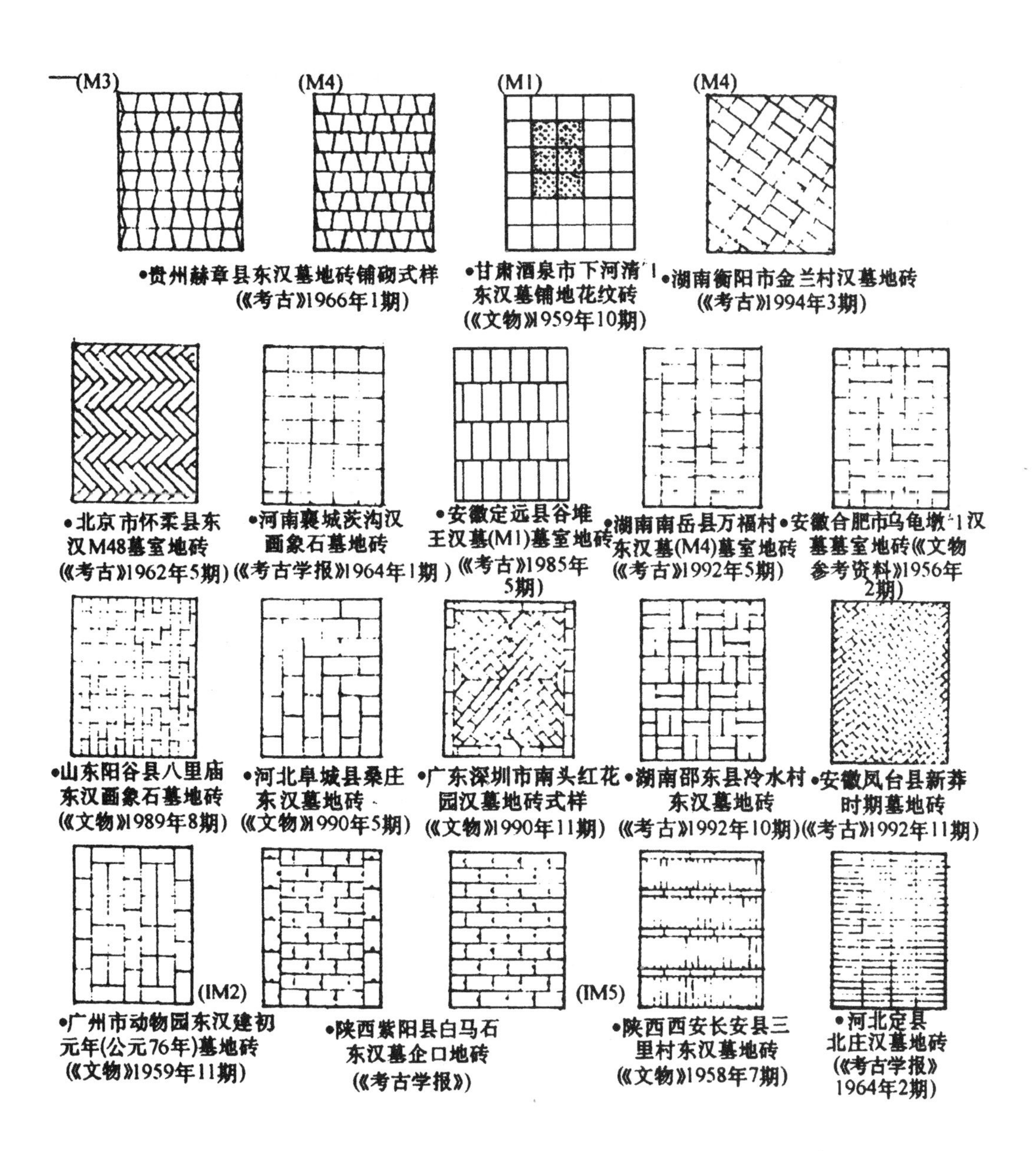

图5－2－3　汉代地面砖铺装形式

（《中国古代建筑史》第一卷，2003年版）

图5-2-4　河南内黄三杨庄汉代建筑遗址第一庭院主房瓦顶原状

（《三杨庄汉代遗址》，2007年版）

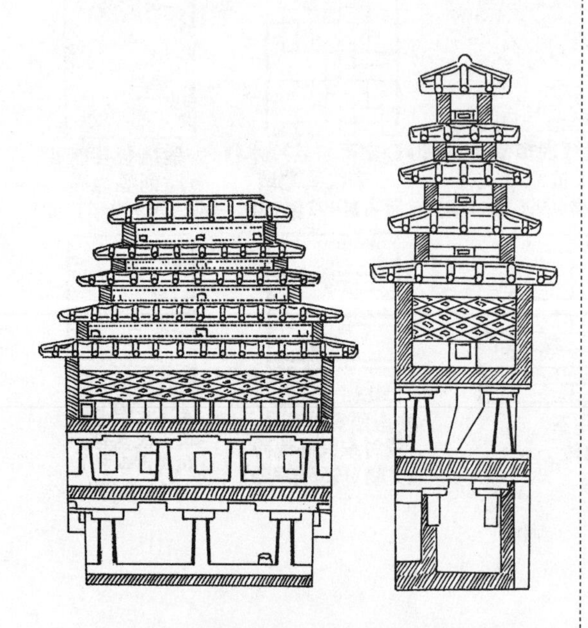

图5-2-5　郑州荥阳出土七层陶仓楼正、侧面图

（《河南出土汉代建筑明器》，2002年版）

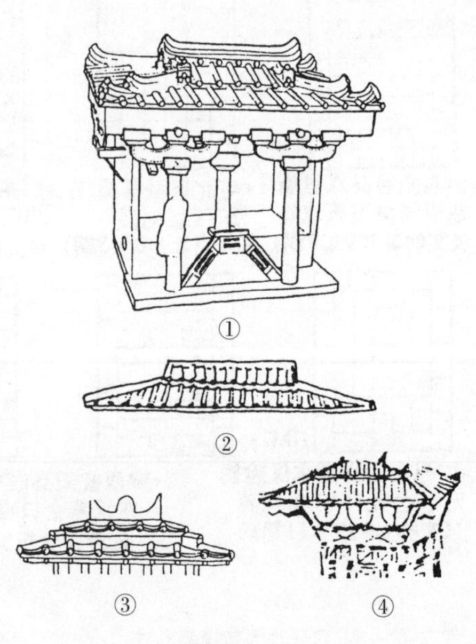

图5-2-6　汉代两段式歇山屋顶

①四川成都牧马山出土东汉建筑明器

②美国纽约博物馆藏传世东汉建筑明器

③四川雅安高颐阙阙顶

④四川宅院画像砖建筑屋顶

（《中国建筑艺术史（上）》，1999年版）

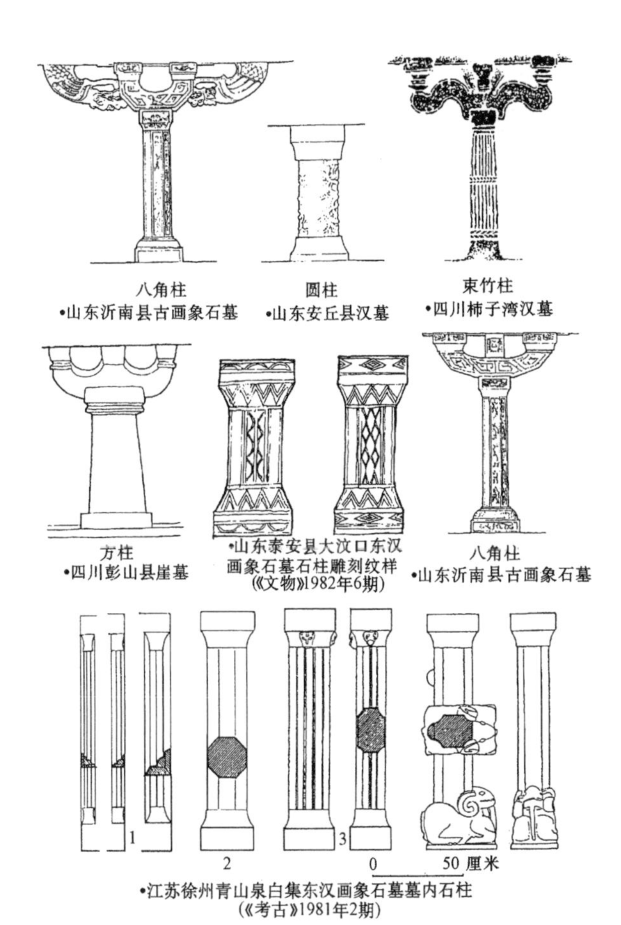

图5－2－7　汉代建筑之柱形

(《中国古代建筑史》第一卷，2003 年版)

图5－2－8　河南许昌张潘故城出土柱础

(文宣提供)

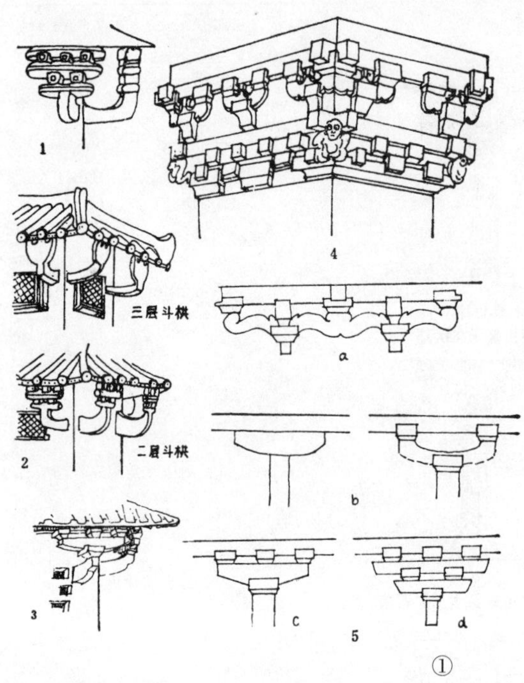

1.河北元氏东汉陶楼斗栱
2.河北望都东汉陶楼斗栱
3.河南三门峡刘家渠东汉陶楼斗栱
4.四川雅安东汉高颐阙斗栱
5.斗栱结构：a.四川渠县沈府君阙曲栱
b.实拍栱及一斗二升
c.一斗三升　d.一斗五升

①

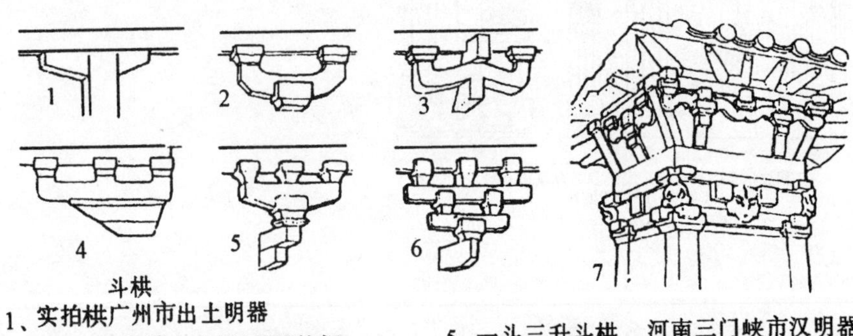

1、实拍栱广州市出土明器
2、一斗二升斗栱　四川渠县冯焕阙
3、一斗二升斗栱　四川渠县沈府君阙
4、一斗三升斗栱　山东平邑县汉阙

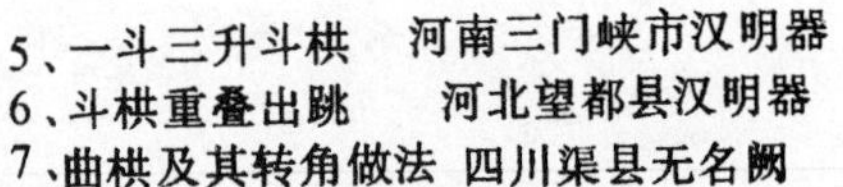

5、一斗三升斗栱　河南三门峡市汉明器
6、斗栱重叠出跳　河北望都县汉明器
7、曲栱及其转角做法　四川渠县无名阙

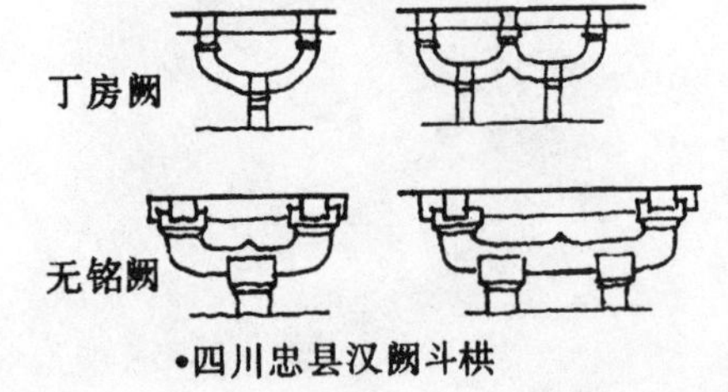

•四川忠县汉阙斗栱

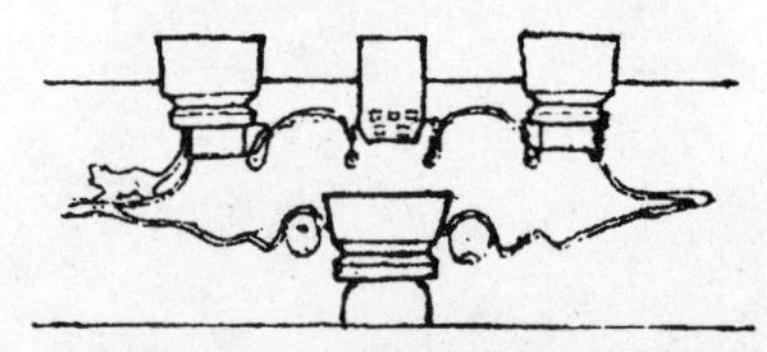

•四川乐山市麻浩一号崖墓门6上石刻斗拱
《考古》1990年2期)　0　50厘米

②

图5-2-9　汉代斗栱

①斗栱结构类型图（《文物》1983年第4期）

②汉代墓、阙及建筑明器中的斗栱（《中国古代建筑史》第一卷，2003年版）

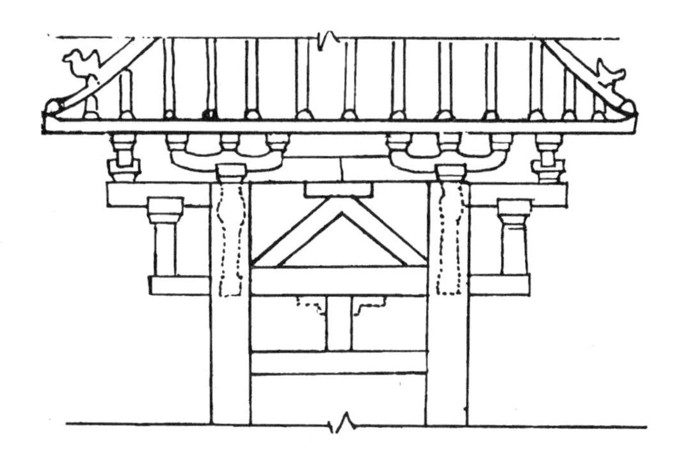

图5－2－10　陕西西安出土东汉陶水榭人字斜栱示意图
（《文物建筑》第1辑，2007年版）

图5－2－11　河南灵宝张湾汉墓出土陶楼转角铺作形象
（《河南出土汉代建筑明器》，2002年版）

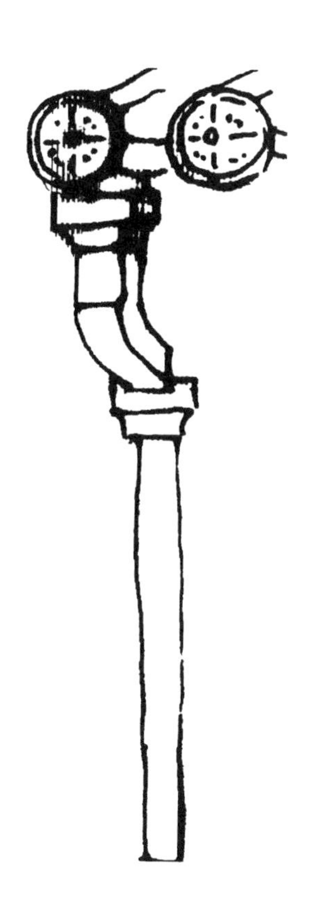

图5－2－12　河南新密后士郭二号汉墓出土陶楼出跳华栱
（《文物建筑》第1辑，2007年版）

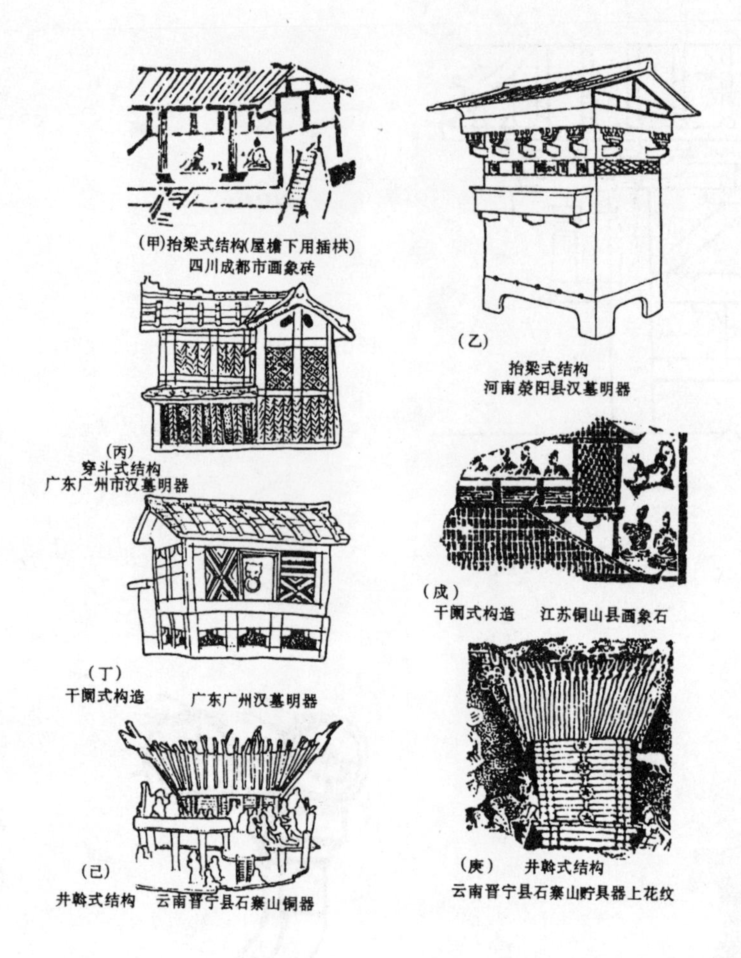

图5-2-13　汉代几种木结构建筑

（《中国古代建筑史》第一卷，2003年版）

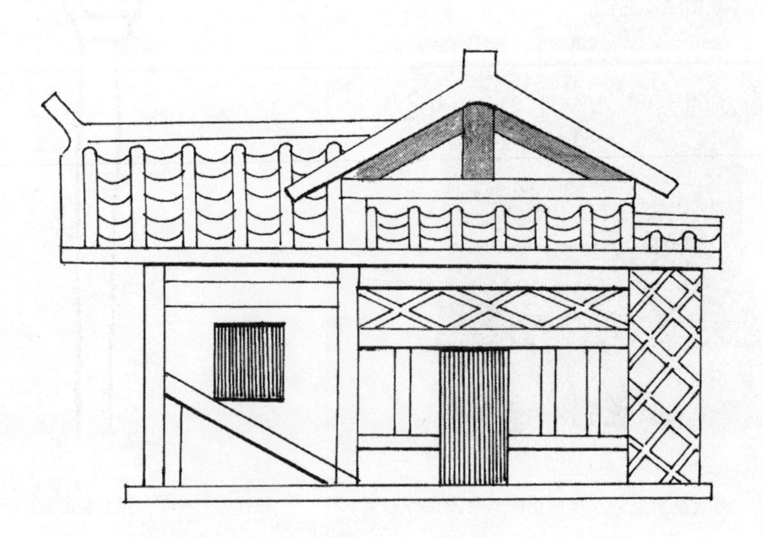

图5-2-14　广州出土陶房叉手式梁架示意图

（《文物建筑》第3辑，2009年版）

图5－2－15　河南内黄三杨庄汉代建筑遗址之槫迹
（《三杨庄汉代遗址》，2007年版）

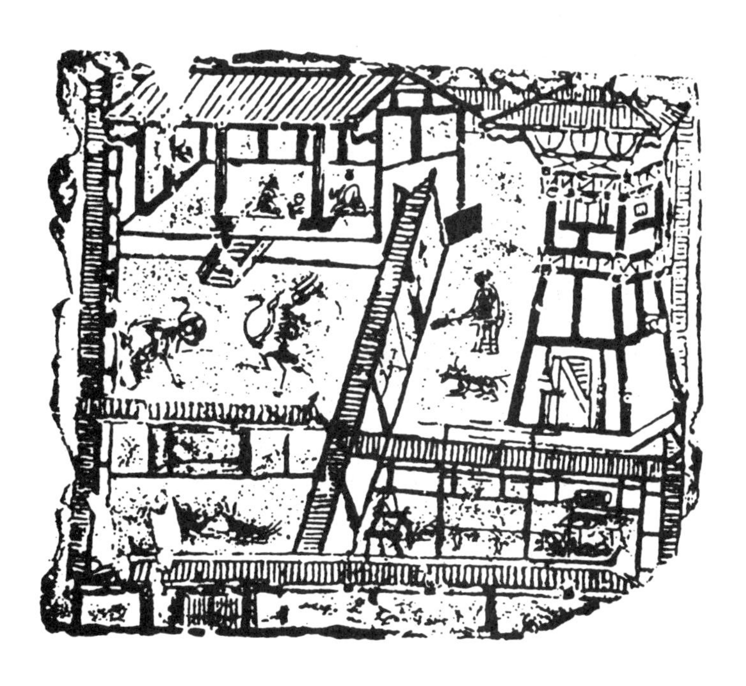

图5－2－16　四川画像砖四椽栿梁架结构
（《中国建筑艺术史（上）》，1999年版）

图5－2－17　汉代建筑明器中的塔楼

①河南洛宁出土塔式陶望楼正、侧面图（《河南出土汉代建筑明器》，2002 年版）

②河南灵宝出土塔式陶楼正立面图（《河南出土汉代建筑明器》，2002 年版）

③汉代居住建筑之塔楼（《中国古代建筑史》第一卷，2003 年版）

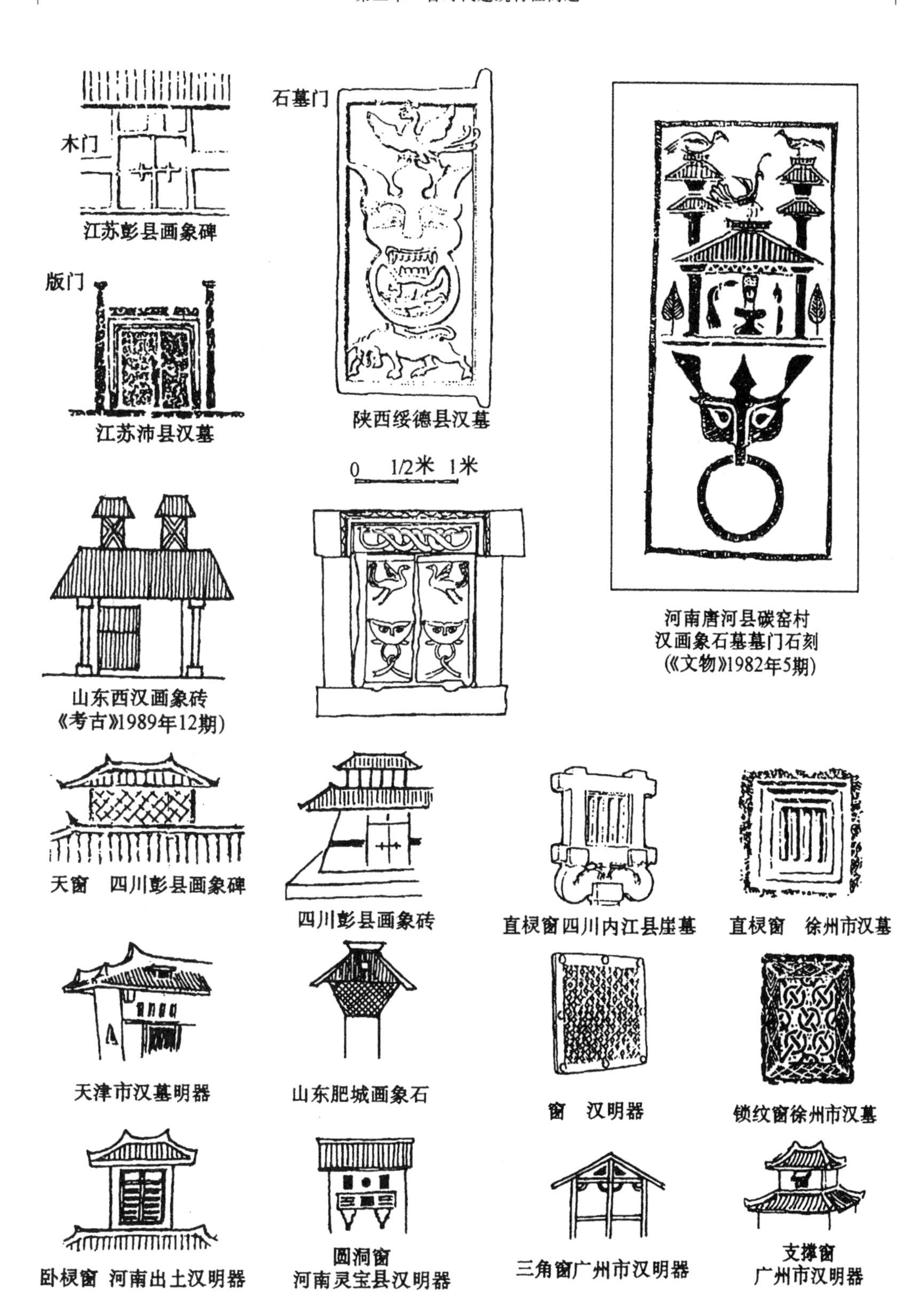

图5－2－18　汉代建筑之门窗

（《中国古代建筑史》第一卷，2003 年版）

图5－2－19　河南焦作出土陶仓楼之板门

（《河南出土汉代建筑明器》，2002年版）

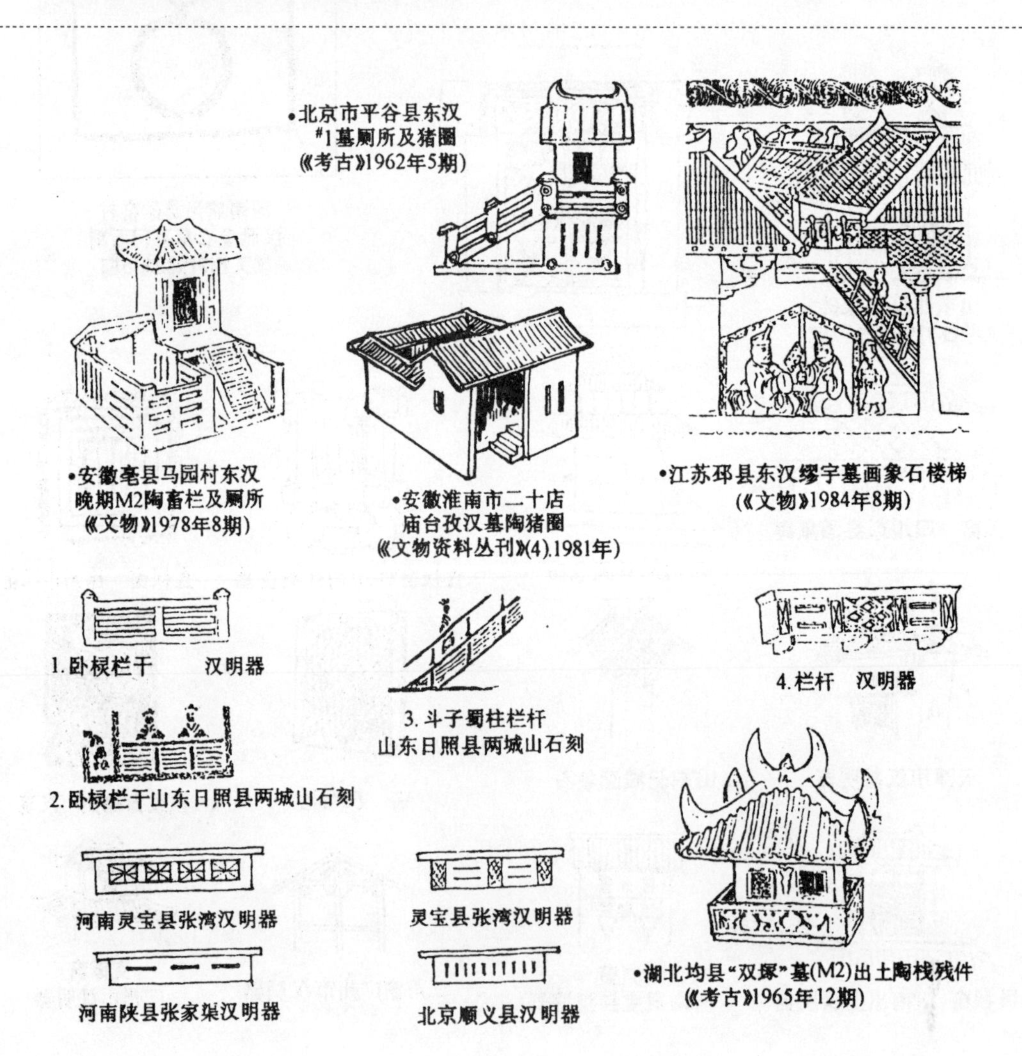

图5－2－20　汉代建筑之楼梯和勾阑

（《中国古代建筑史》第一卷，2003年版）

•湖北随县塔儿湾古城岗东汉墓出土陶屋顶(两面坡式屋顶正脊二端有蹲鸟中有“宝瓶”均外涂黄色釉(《考古》1966年3期)

•江苏沛县出土东汉画象石屋顶(正脊二端及中间装饰)

•山东日照县两城山画象石中屋脊

•山东嘉祥县武梁祠石刻

•山东肥城孝堂山石祠(正脊二端略起翘但无显著突起)

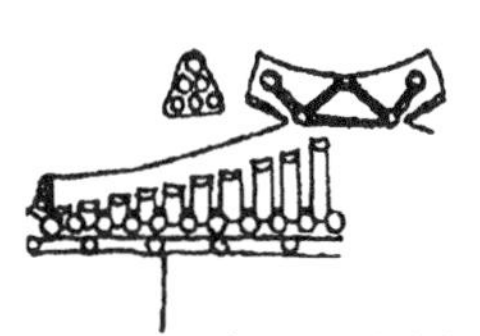

•江苏徐州市十里铺东汉墓出土陶楼(正脊起翘端部有园形饰)(《考古》1966年2期)

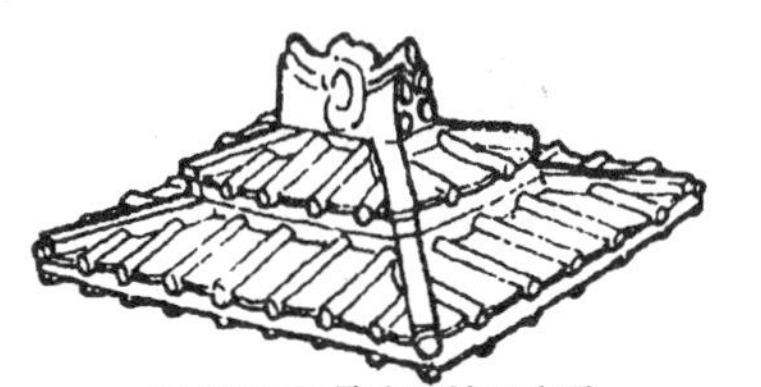

•四川雅安县高颐阙屋顶

•河南登封县太室阙(正脊二端起翘明显戗脊则略有起翘)

•河南灵宝县张湾东汉陶楼(#2墓)正脊起翘正中有鸟形饰正脊及戗脊端部有四瓣花形饰

(《中国出土文物展(日本)》)

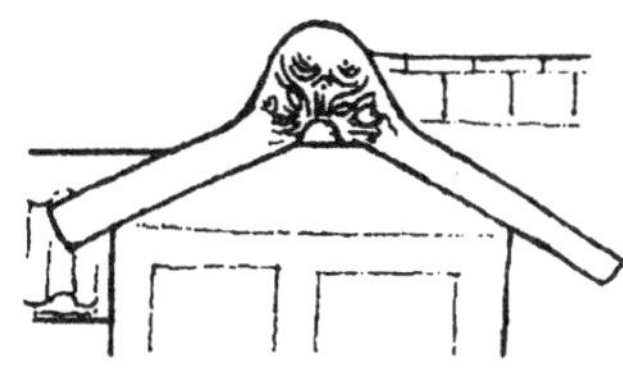

•广州市东郊东汉木椁墓出土绿釉陶屋(《文物》1984年8期)

•广州市东郊龙生岗陶楼

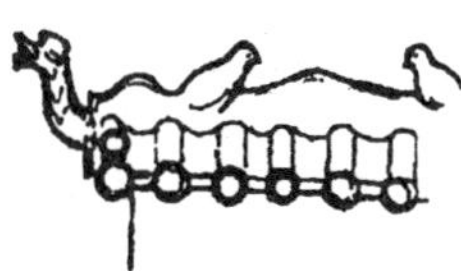

•东汉明器《中国营造学社汇刊》5卷2期(现在美国宾西文尼亚大学博物馆.屋脊有凸起曲线 并有鸟兽形饰)

•广州市南郊大元岗出土东汉陶屋

•广州市出土东汉陶屋

•辽宁辽阳市东汉墓壁画

•四川出土画象砖(《中国住宅概说》)

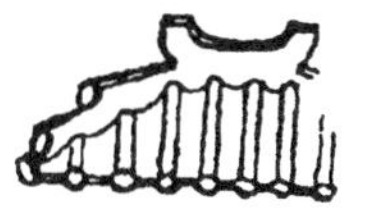

•东汉明器《中国营造学社汇刊》5卷2期(现在美国哈佛大学美术馆正脊二端有原始“鸱尾”形饰戗脊已用二重)

•北京市琉璃河出土陶楼上部

•山东肥城孝堂山画象石(《中国历史参考图谱》第六辑120)

图5-2-21　汉代建筑屋脊与脊饰

(《中国古代建筑史》第一卷，2003年版)

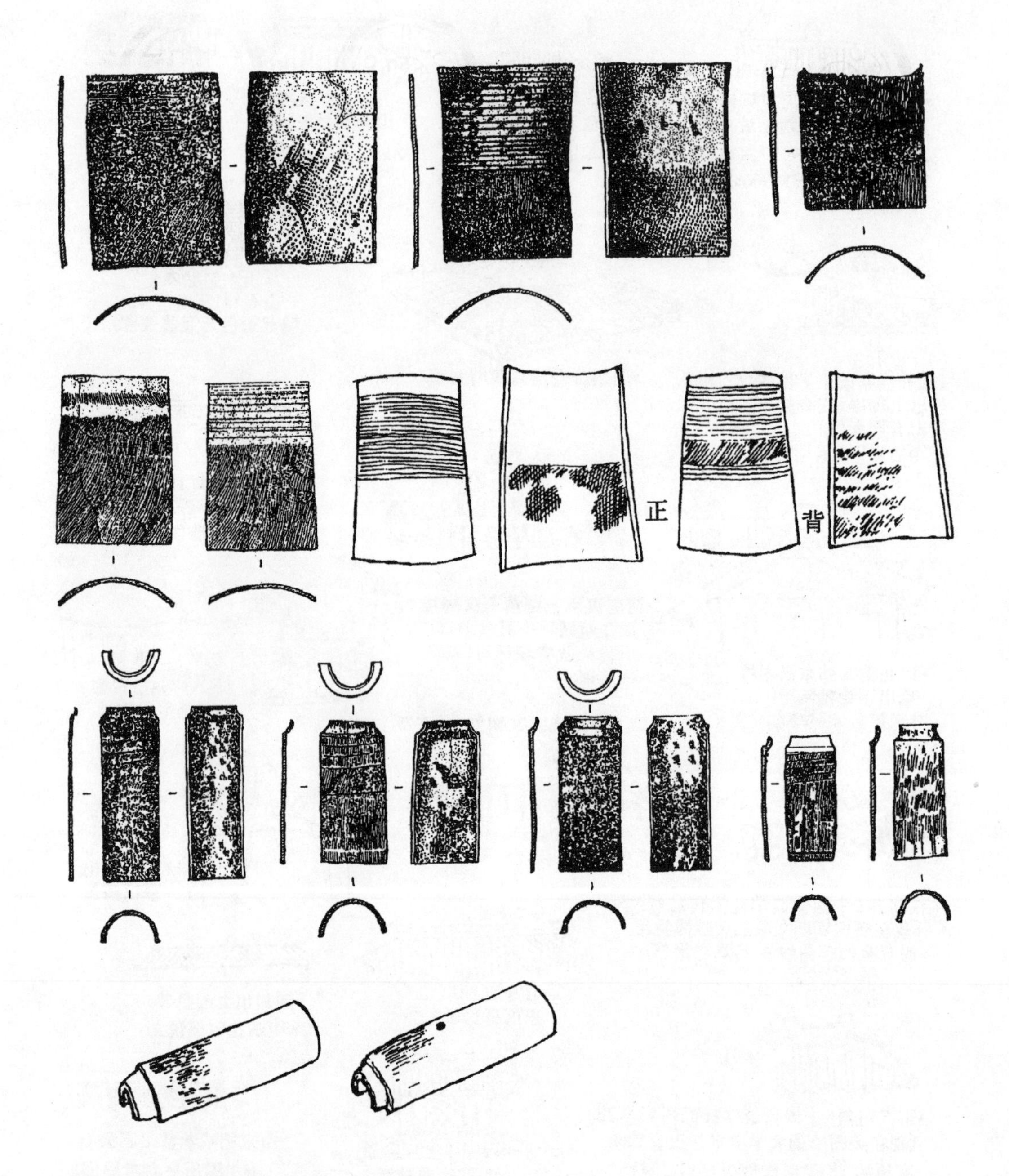

图5-2-22 汉代建筑之陶瓦

（《中国古代建筑史》第一卷，2003年版）

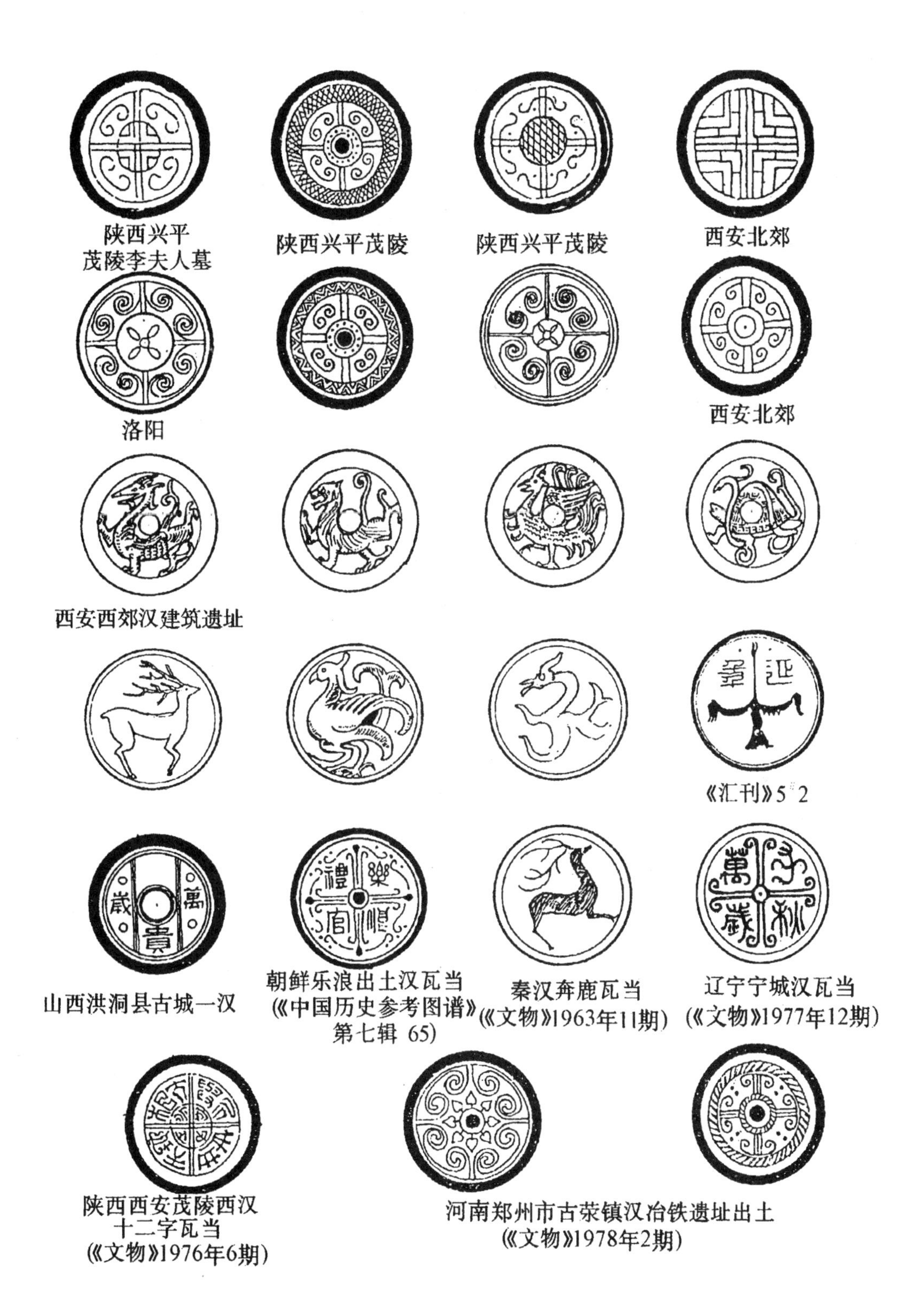

图5－2－23　汉代瓦当纹样（一）

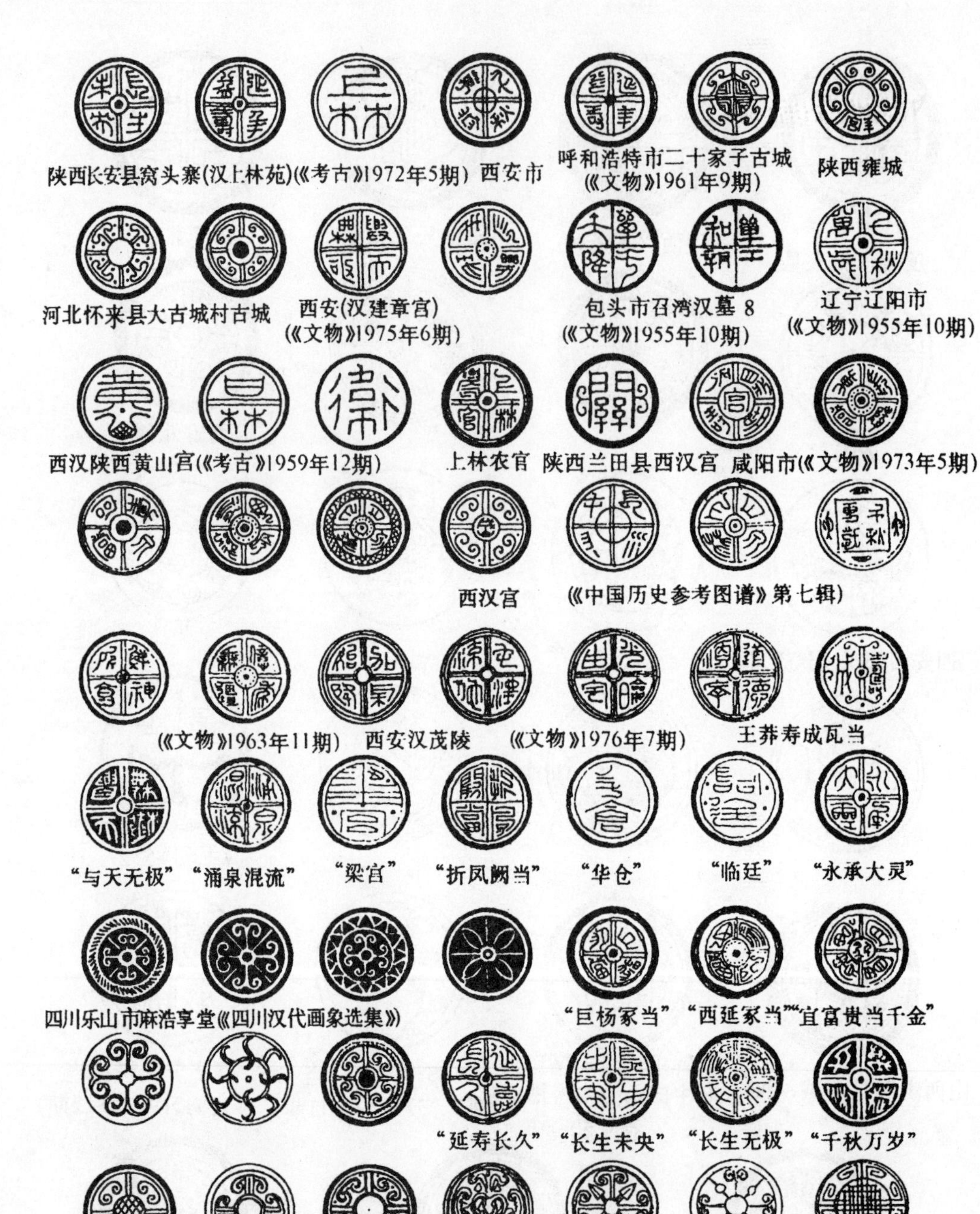

图5-2-24　汉代瓦当纹样（二）

（《中国古代建筑史》第一卷，2003年版）

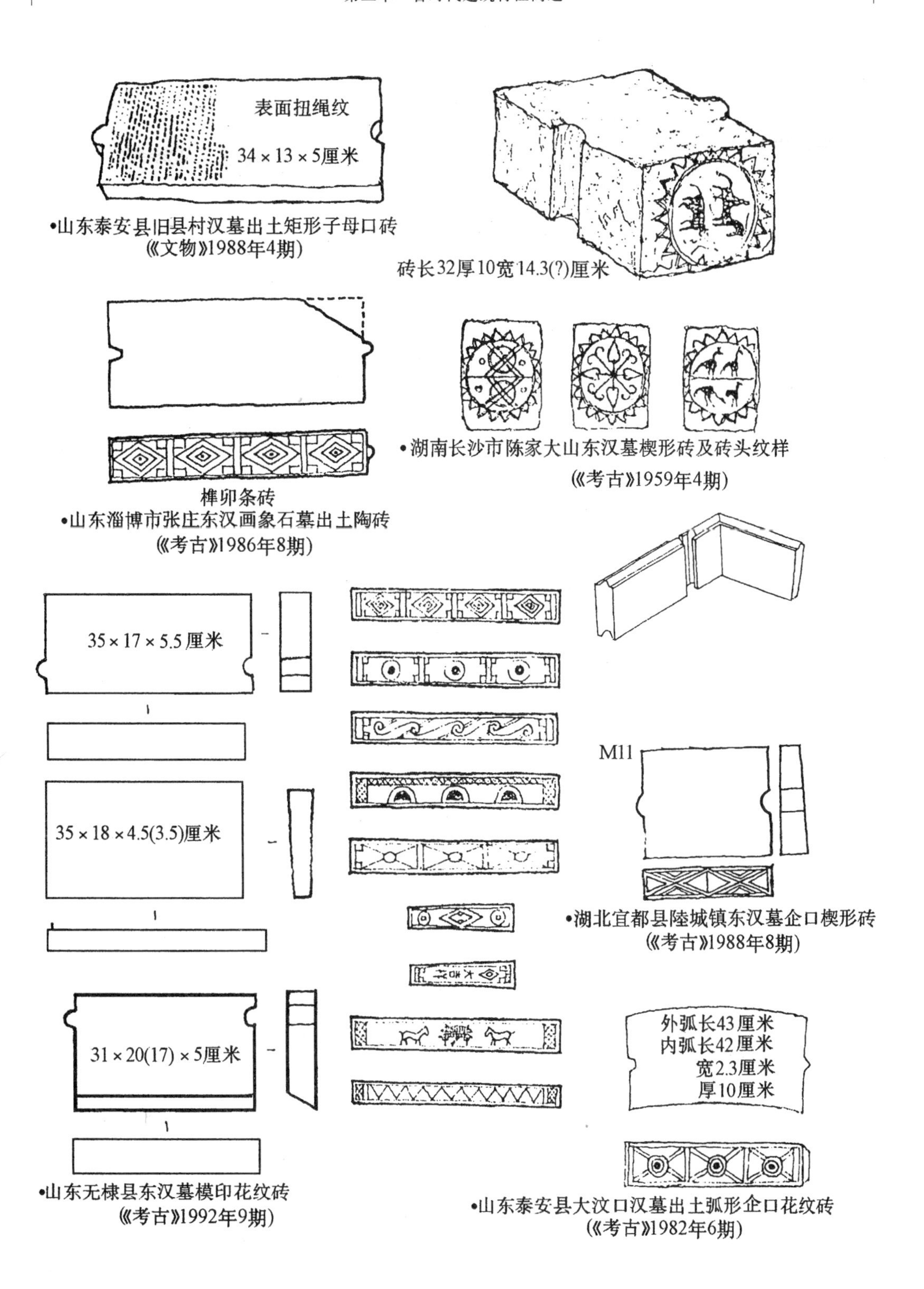

图5－2－25　汉代陶砖

（《中国古代建筑史》第一卷，2003年版）

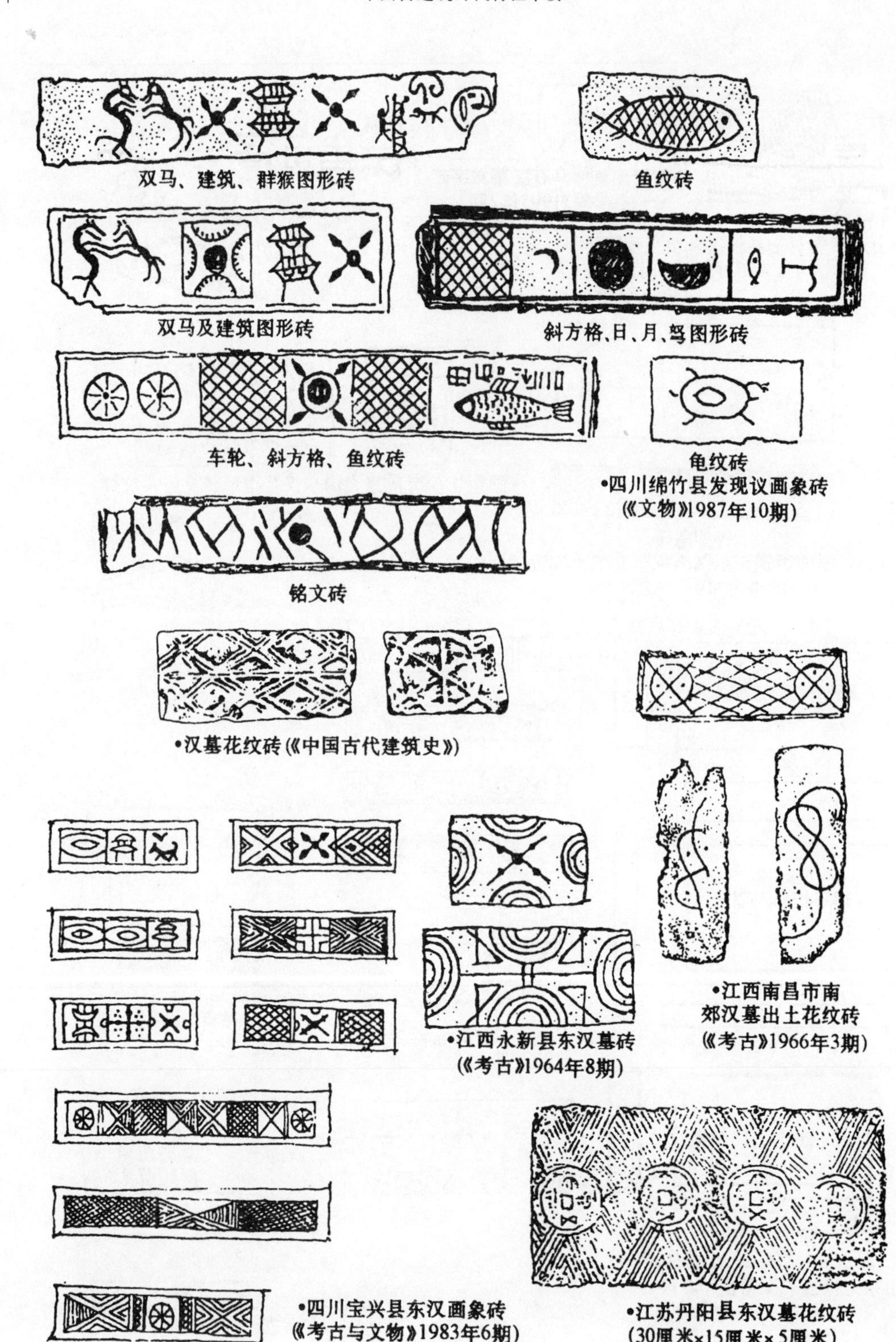

图5-2-26　汉代陶砖纹饰

（《中国古代建筑史》第一卷，2003年版）

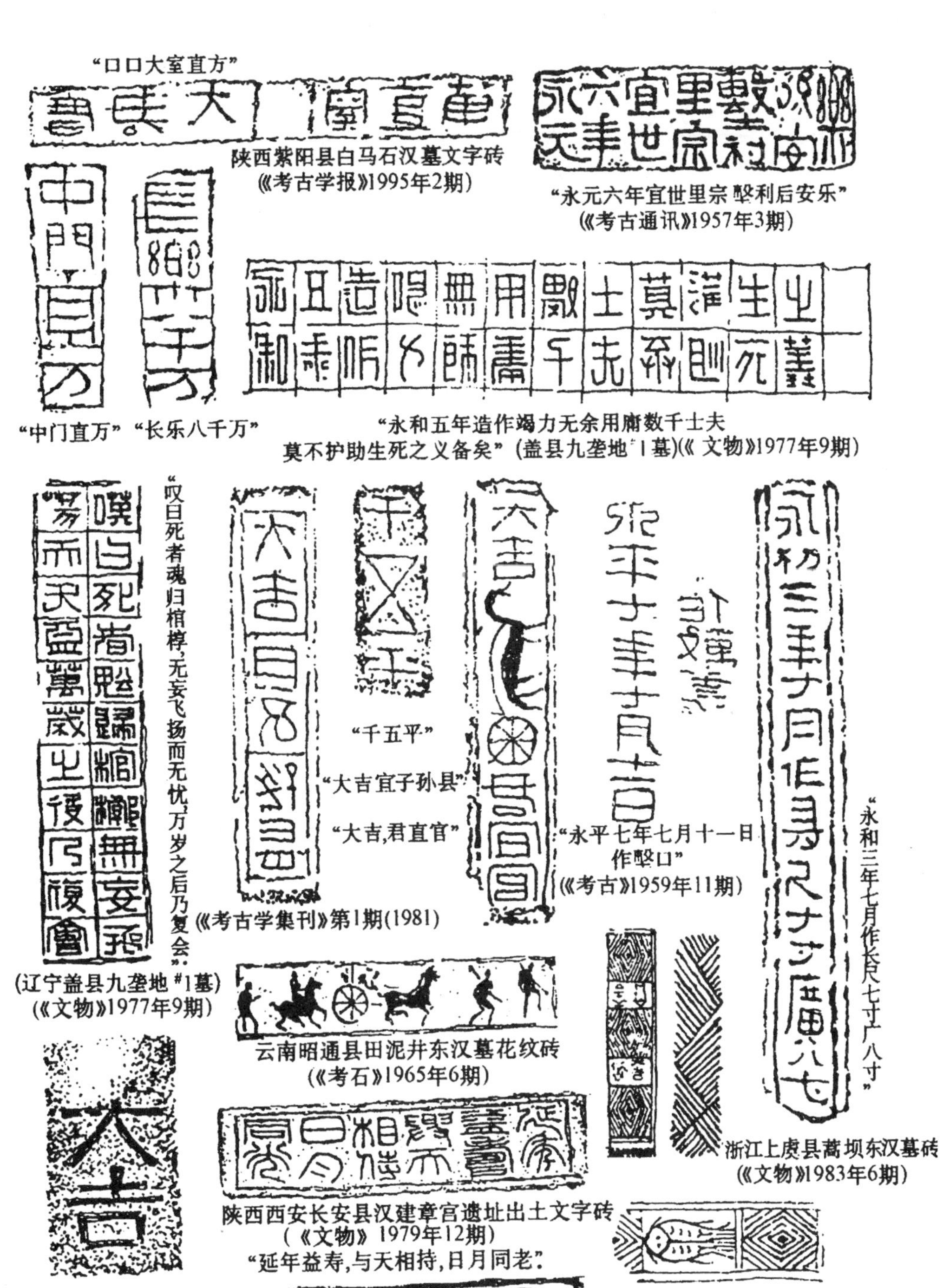

图5－2－27　汉代陶砖铭刻

(《中国古代建筑史》第一卷，2003年版)

①

汉地砖(四神)
《中国营造学社汇刊》
五卷2期)

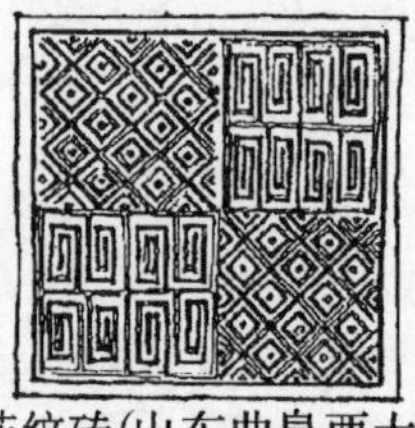

汉花纹砖(山东曲阜西大庄)
(《山东文物选集》(普查部分))

•陕西韩城芝川汉扶
荔宫遗址出土

汉花纹地砖(山东临淄市城关石佛堂出土)
(《山东文物选集》(普查部分))

内蒙古保尔浩特古城汉代陶砖
(《考古》1973年2期)

湖北宜城县“楚皇城”
出土汉代花纹砖
(《考古》1965年8期)

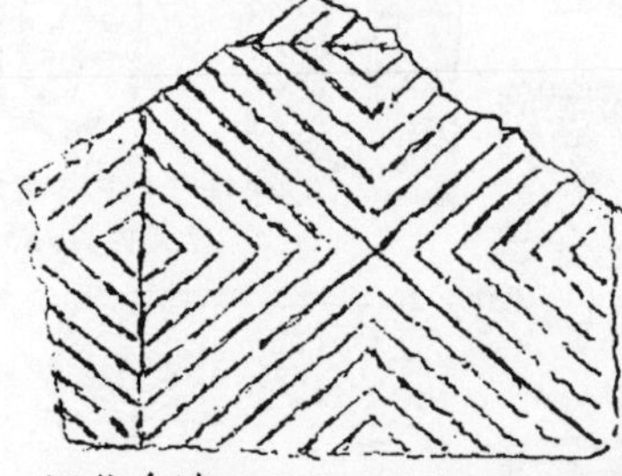

•汉华仓遗址出土方砖(《考古与文物》1981年3期)

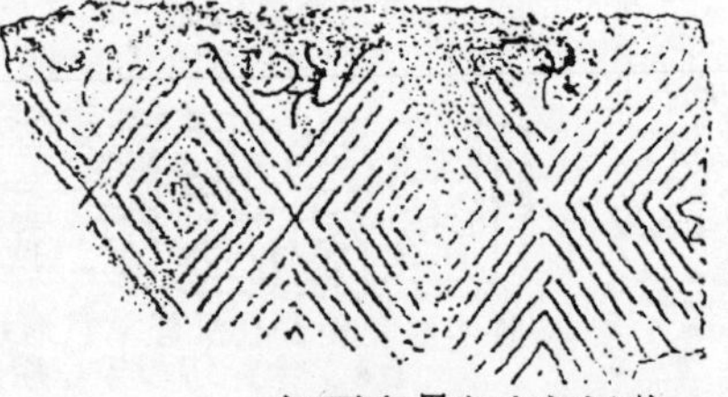

•江西南昌市南郊汉墓
花纹砖(《考古》1966年3期)

②

图5－2－28　汉代铺地砖纹样

①河南新密出土铺地砖纹样（《中国建筑艺术史（上）》，1999年版）

②汉代铺地砖纹样（《中国古代建筑史》第一卷，2003年版）

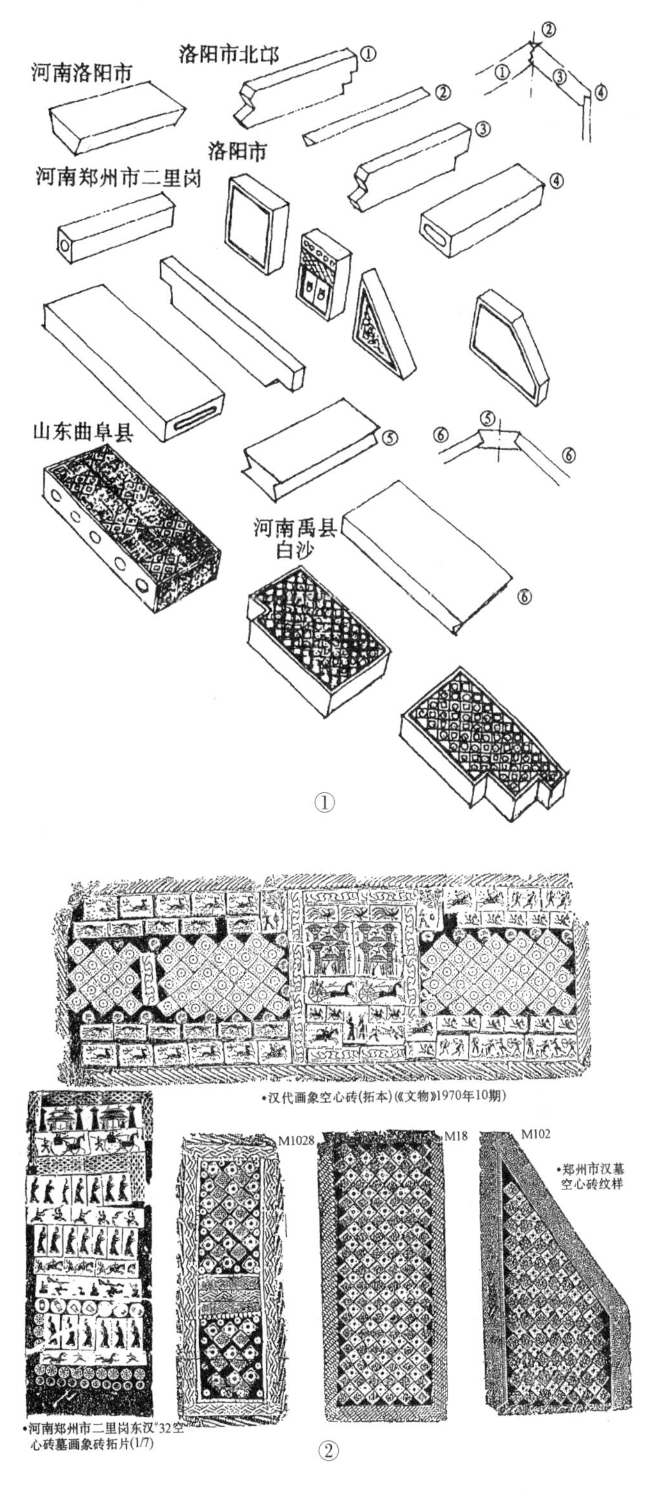

图5－2－29　汉代空心砖及纹饰

①汉代空心砖　　　②空心砖纹样

（《中国古代建筑史》第一卷，2003年版）

图5－2－30　云南维西宗咱建筑遗址F4片石甃砌之墙体（《中国文物报》2014年11月25日）

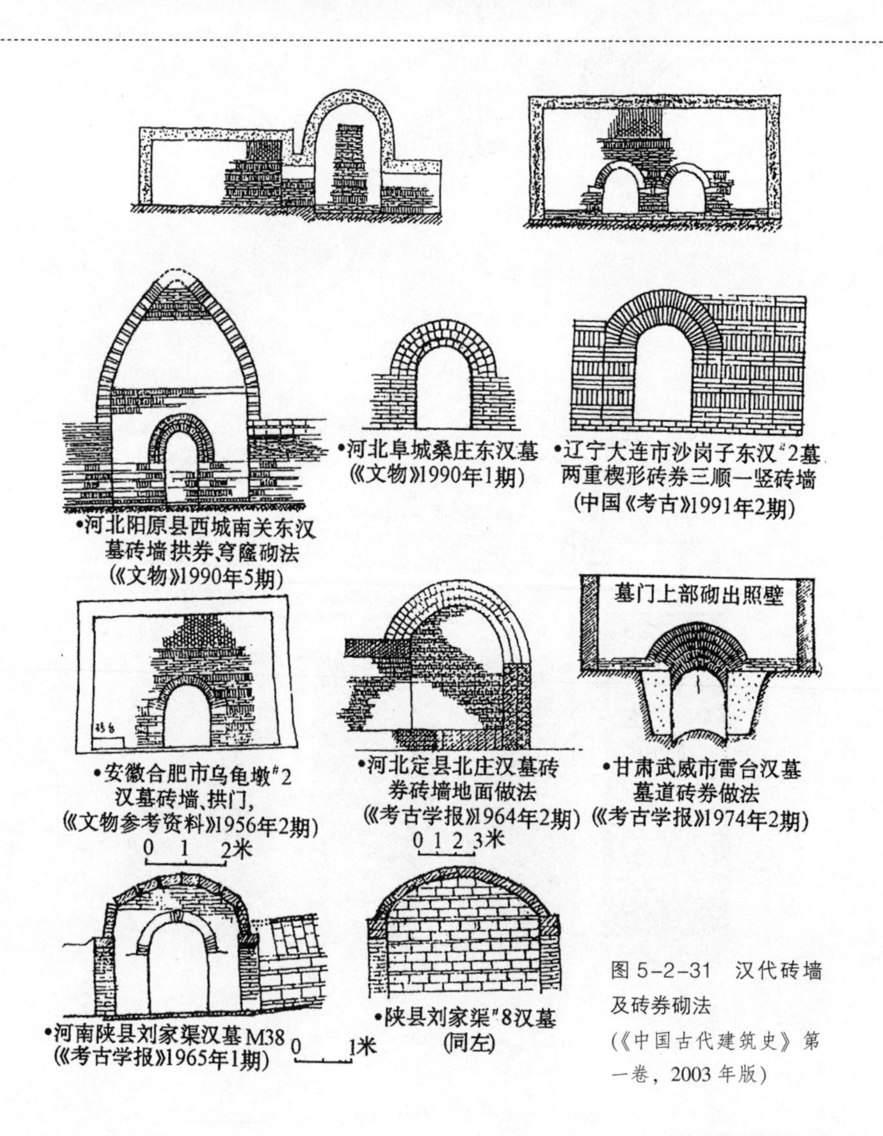

图5-2-31　汉代砖墙及砖券砌法（《中国古代建筑史》第一卷，2003年版）

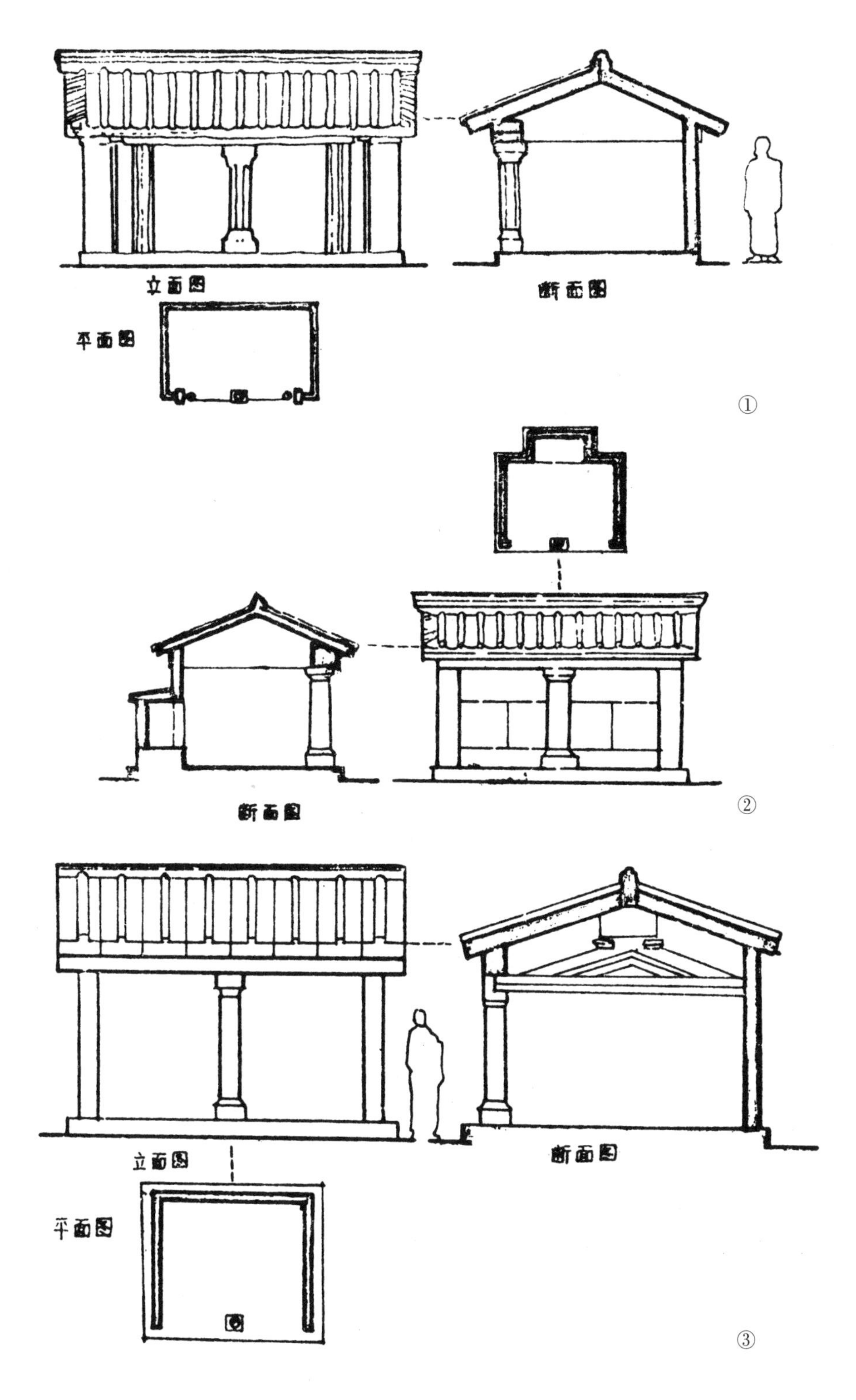

图5-2-32　汉代石祠

①山东肥城孝堂山石室　　②山东嘉祥武氏祠石室　　③山东金乡朱鲔墓石室

（《文物》1983年第4期）

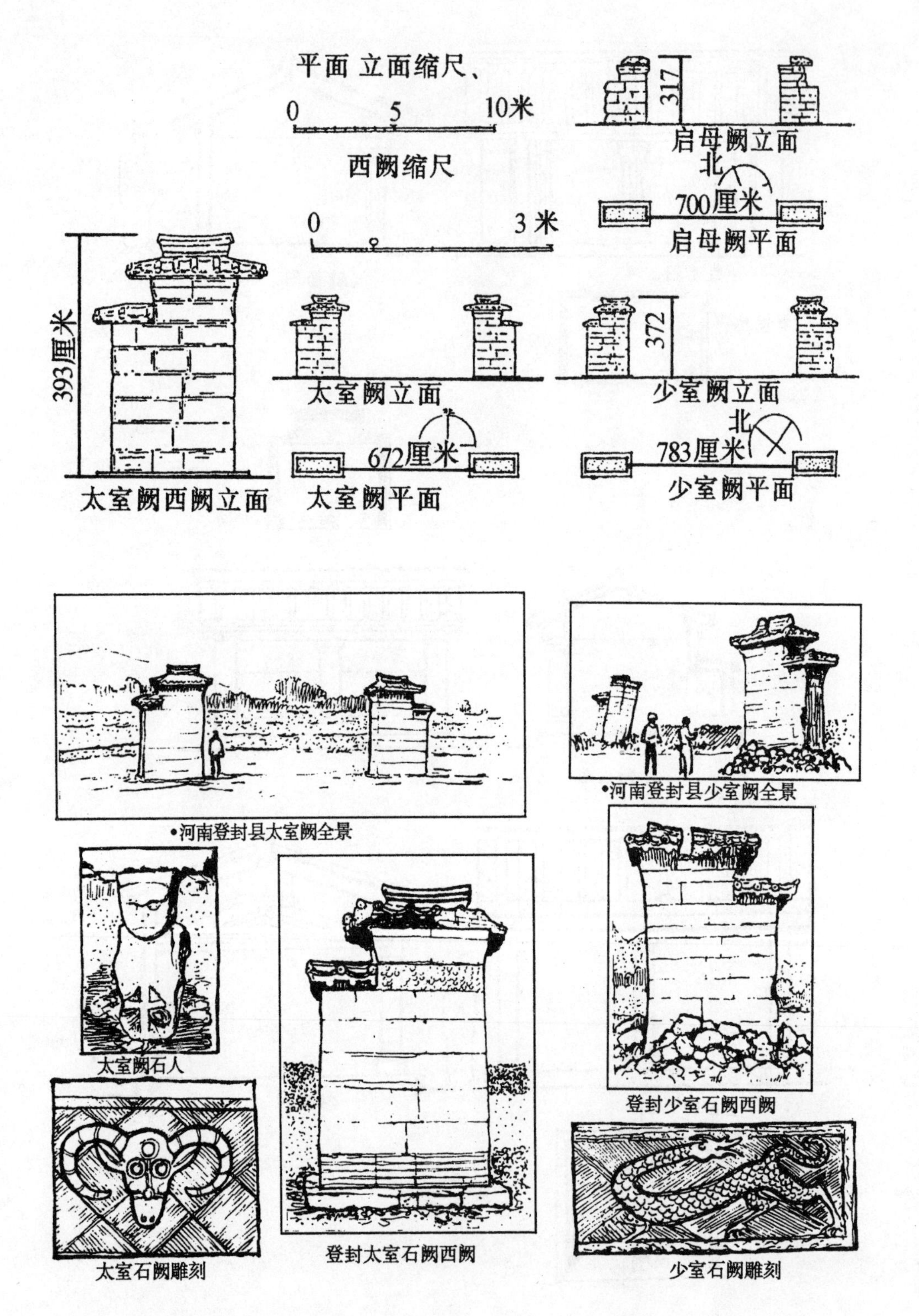

图5－2－33　河南登封汉代太室阙、少室阙、启母阙、石翁仲及阙身局部雕刻

（《中国古代建筑史》第一卷，2003年版）

图5－2－34　四川大邑出土凤阙画像砖之罘罳形象
（《中国汉阙》，1994年版）

图5－2－35　山东汉画像石表现的“窣堵波”形象
（《中国佛塔史》，2006年版）

图5－2－36　新疆喀什汗诺依城土塔
（《中国佛塔史》，2006年版）

六　魏晋南北朝时期建筑

魏晋南北朝时期既是中国历史上的大分裂时期，也是民族大融合时期。魏晋南北朝的营造业在经历三国相对低落消沉的时期后，有了一定的发展，城市建筑也有新的变化，开始出现规划整齐的里坊。除宫殿、住宅、园林等继续发展外，还出现了佛教建筑的类型，即遍布全国各地的寺、塔及雕凿精湛的巨大石窟等。这些建筑在继承汉代建筑的基础上，吸收了印度、犍陀罗等佛教建筑艺术的若干因素，丰富了中国建筑文化内涵，如西晋洛阳出现砖、石塔，北魏建造了空前高大精美的永宁寺木塔。在建材方面，北魏开始在宫殿上使用光彩夺目的琉璃瓦和瓦面闪光的黑瓦。总之，此时期的建筑类型已逐渐完备，“以材为祖”的模数制设计方法已基本形成，建筑结构已相当成熟，建筑装饰艺术有了突出的发展，为隋唐时期建筑的全面发展奠定了基础。

（一）平面布局、柱形与柱础

1. 平面布局

此时期建筑布局最具特色为佛教寺院的平面布局。立塔为寺是汉地佛寺初期发展阶段的特征。虽然西晋末和东晋十六国时期佛寺的功能和形态出现了一些新的变化，但并不影响佛塔的中心主体地位（图6－1）。专供法师讲经的讲堂通常设在佛塔之后，形成一条纵向轴线。至北朝后期仍保持着典型的塔、堂布局形式（图6－2）。南朝佛寺的平面布局有两大特点：一是主体建筑（塔、殿）所在的院落，称作“中院”，中院以外又设立一些院落，称作“别院”，如僧房院和陆续扩建的佛塔院等；二是佛教寺院建筑群内建筑的布局较为自由，是与北朝佛寺布局的不同之处，也是其平面布局的特点之一。

此时期完整的木构架建筑早已荡然无存，从考古、文献、雕刻、绘画等资料中可知，在宫殿、寺庙和大型住宅的组合中，回廊盛行一时，成为建筑群平面布局的一个重要特点。

此时期建筑的台基，在汉式台基蜀柱之下增加一条下枋，与原来的枋、柱结合，出现了上枋、下枋中间加隔间版柱的最简单须弥座形式（图6－3）。台基的外侧已有砖砌的散水（图6－4）。

2. 柱形与柱础

柱形有方形、圆形、八角形、小八角形（图6－5），圆形柱还有柱身起棱的束竹柱（图6－6）和凹棱柱。八角形柱和方柱多数有收分。其柱身有上下直径等同的，有上细下粗直径不等同的。南北朝后期还出现了梭柱，进一步发挥了圆形柱的柔和效果，如河北定兴北齐义慈惠石柱上所雕四阿顶小殿的梭柱（图6－7），即为重要之例证。柱础除少许沿用汉代覆斗形石础外，多为覆盆式石础和雕刻覆莲的石础（图6－8）。

（二）斗栱

斗栱中的柱头铺作多为一斗三升，栱心小块已演变为齐心斗。洛阳龙门石窟北魏古阳洞北壁雕刻的三间小殿，其柱头铺作为泥道单栱承素枋单抄华栱出跳，至转角处出角华栱，即转角铺作，可谓最早之例。補间铺作出现不出跳的人字斗栱，人字斗栱的斜边北魏时多为直线，北齐则为曲线（图6－9）。在佛光寺北朝塔上影作朱红色人字栱，且斜边尾部翘起，为其特点，也为汉代所未见。柱与斗栱之关系，在柱头栌斗上施额枋，额枋上施铺作（图6－10），故在柱头上有两层栌斗相叠的现象，为唐代以后所不见。

在栌斗下多使用皿板，其形式有周边平齐直截状的，也有周边出峰（图6－11），形成菱角状的。北魏云冈石窟和龙门石窟的屋形龛、塔柱，及河北北齐义慈惠石柱石雕小殿之栌斗下均置有皿板。同时出现了替木，是斗栱最上一层短枋木，用于承托两槫的接头处，两端卷杀，形似栱。

栱多为直栱，曲栱已不多见。云冈石窟北魏栱头圆和不分瓣，龙门石窟北魏栱头以45°斜切，而北朝晚期天龙山石窟北齐栱头和山西寿阳北齐墓栱头不但分瓣和卷杀，且每瓣均有顱度，呈凹弧形（图6－12）。

此时期出现在山西大同云冈石窟壁龛中的异形栱和甘肃麦积山石窟43号窟窟檐柱头的花栱，未见其他实例，仅为昙花一现，对后代建筑影响甚微。

南北朝后期，我国南方与北方均出现了斗栱挑出两跳的做法，承托起出挑深远的屋檐，对殿宇建筑具有保护和装饰的双重作用，是其时代特点之一。

此时期的斗多为方形，自上而下分为耳、平、欹三部分。也有平面为圆形的斗，称为“圜斗”。新疆楼兰古城曾出土木质“圜斗”，直径18～24厘米，其年代约在4世纪初。有建筑史学者称“汉地圜斗的出现时间应该更早”。虽然后代有较多的圆形斗，但此时期实物较少见。

（三）梁架

梁架上往往用人字叉手承托脊槫（图6－13），叉手的结构有在中央加蜀柱，或加水平横木，防止人字架的分离。东汉以来的穿斗架体系、柱梁式体系、纵架加斜梁式体系等，此时期延续使用。南北朝后期已有使用仔角梁和飞椽。

从石窟、石室、壁画得知，此时期檐头施通长的大檐额，柱头直承或柱头上用栌斗以承檐额，额上再施斗栱以承檐枋。

南北朝后期的北齐、北周，大檐额的做法逐渐被柱头间分间置阑额的做法所替代（图6－14），但仍有大檐额做法。隋代出土的陶房和石椁全为阑额，可见南北朝晚期以后大檐额的做法多被阑额的做法所替代。秦、晋、豫地区元、明时期的建筑仍保留有大檐枋的做法，但其大小尺度和工艺手法有所不同。

此时期的中早期建筑之檐部木构纵架，柱上承托阑额，即阑额置于柱头之上。以后演变为由一整根改为被柱子分割成每间一根，由柱头承托变为阑额左右端插入柱身内，成为南北朝以后习见的做法。如始见于龙门石窟路洞的阑额两端插入柱头间的做法在云冈石窟中尚未出现。此为鉴定该时期建筑时代特征及南北朝建筑分期的重要依据之一。且这种阑额插入柱榫的做法是其建筑技术进步的表现，有利于纵向框架的稳定。

南北朝中后期由于梁架结构形式和工艺做法与汉代有不同之处，使之屋顶由平坡顶直檐口变为凹曲屋面和檐口呈反翘曲线状，屋角也微微翘起（图6－15）。此可谓中国古代建筑外观的一大变化，对建筑风格的影响非常之大。

角替（宋《营造法式》也称绰幕，清式称雀替），是用于梁或阑额与柱子相交处的木构件，其功能是增强梁头的抗剪能力或减少梁枋的跨距。最早见于北魏大同云冈石窟浮雕三间殿的角替形象（图6－16）。

（四）屋顶、脊瓦兽件、门窗、栏杆

1. 屋顶

南北朝时期建筑的屋顶形式，除四阿（庑殿）、攒尖、悬山外，出现了新的屋顶形式——完善的歇山顶建筑，始见于洛阳龙门石窟古阳洞开凿于北魏正始四年（公元507年）的元燮造像龛（图6－17）。虽然歇山顶建筑的雏形已出现于东汉时期石阙和陶建筑明器中，但其屋顶是分为上、下两段，上段为悬山，下段为四坡顶，实际是在悬山顶建筑四周加披檐形成的，还属于歇山顶建筑的萌芽时期，或为歇山顶建筑的雏形。魏晋南北朝时期，由于木构件的发展完善，屋顶上下两段结合成一体，形成屋面为一完整的新型屋顶建筑形式歇山式建筑。

2. 脊瓦兽件

屋面使用的瓦件，一般建筑仅用陶质板瓦，宫殿和府邸等重要建筑使用筒、

板瓦。还有使用瓦坯磨光并经渗碳处理，表面黝黑色的“青掍瓦”。有的宫殿等重要建筑还使用瓦钉。屋脊仍为汉代以来用板瓦叠砌的叠瓦脊（瓦条脊），屋脊两端安鸱尾，据文献记载晋代宫殿已使用鸱尾。脊之中央及角脊，饰以凤凰，鸱尾（图6－18）与凤凰间，也有以三角形火焰的脊饰。一般建筑正脊两端用兽面瓦，宫殿等建筑的垂脊和角脊也用兽面瓦。各层博脊使用合角鸱尾。北魏后期出现鸱吻。瓦当纹样以莲花瓣纹为最多，也有少量用兽面纹的（图6－19）。北魏出现檐部板瓦的瓦口边沿下垂，成为瓦之下垂面饰波浪状的滴水瓦，唇面出现重波纹、弦纹和忍冬纹等形式。

特别要指出的是，北魏建筑突出成就之一是宫殿建筑上开始使用琉璃瓦及脊饰、兽件。此前虽有琉璃，但未应用到建筑物上。这时期创造了带色彩的琉璃吻兽、瓦件，代替了灰瓦上涂色的方法，在中国古代建筑技术和艺术的发展史上是一种创新。如5世纪中叶，北魏平城宫殿开始使用琉璃瓦，但到6世纪中叶，北齐宫殿还只是使用少量的黄、绿颜色的琉璃瓦。

3. 门窗

门、窗形式，云冈石窟所雕刻的门皆为方首，比例较肥矮，其形近方形。立颊及门额雕刻卷草团花纹。北齐时期响堂山石窟窟门方首圆角，门上正中微尖起。天龙山石窟窟门为圆券形，券面作火焰形尖拱，门券之内刻方形门首之门额和立颊。北齐安阳灵泉寺道凭法师烧身塔（双石塔），辟半圆拱形门，门额略呈火焰尖拱状。登封嵩岳寺北魏砖塔，第一层塔身四面辟两伏两券的半圆拱券门，门上为尖拱形门楣和卷云形楣角。门砧石上饰有兽头或兽面。门扇上仍沿袭汉代饰朱雀的做法。南北朝时期，门扇上饰物除铺首外，还有门钉、角页（图6－20）。如洛阳北魏永宁寺塔“是以每扇门上有金钉五行，每行五枚为计”。在大同北魏宫殿遗址中，出土有鎏金门钉、角页和各式铺首等饰件。

窗的形象，宁夏固原北魏墓出土的房屋模型，次间各辟一横长方形窗，窗框四角向外做放射状，窗框内做四根棂条。石窟之雕刻窗多为近似圆券形，外饰火焰或卷草。山西佛光寺塔和考古发掘出土的陶建筑明器则有施直棂窗的例证（图6－21）。

4. 栏杆

栏杆的使用，在汉代的建筑明器等实物资料和汉代画像石中已较多使用栏杆，并有望柱、寻杖、地栿和华板等构件形象。南北朝时期已初具后代的栏杆形制，可能已经使用了盆唇和蜀柱构件。有关石窟中浮雕的殿宇施勾栏者，刻作直棂，还刻有“L”字棂构成的钩片勾栏（图6－22）。

（五）砖石建筑的塔与阙

1. 塔

洛阳在西晋时期已建造有三层石塔，并于西晋太康六年（公元285年）在洛阳太康寺内建三层砖塔，这两座皆为三层的砖、石塔，是我国已知文献中记载的最早的石塔与砖塔，开启了我国建造砖石塔的先河。文献记载并经考古发掘可知，北魏洛阳永宁寺木塔，推算其高达130米左右，为我国古代最高大秀美之木塔（图6-23）。以上三塔为佛教寺院之佛塔，早已不存。中国现存最早的大型完整佛塔为北魏建造的登封嵩岳寺砖塔（图6-24）。

自西晋末年始，中国汉地出现了僧人圆寂后在其冢上建造墓塔的做法。北魏时还在僧人墓塔上雕刻圆寂僧人的法像。烧身塔，出现的时间相对较晚，因为北魏早期尚不许行烧身之法。至北朝后期烧身起塔的做法已相当流行。早期僧人墓塔多为单层或三层的砖石塔。现存烧身塔的典型实例，为河南安阳灵泉寺北齐河清二年（公元563年）建造的“宝山寺大论师道凭法师烧身塔”（图6-25），此为方形单层双石塔。除新疆、甘肃出土的高仅数十厘米的石雕小塔和石窟中的塔心柱外，此双塔为我国现存最早的石塔。

此时期据文献记载、现存实物、考古发掘等可知，塔之平面多为方形，现存嵩岳寺塔为十二角形，实为孤例；建筑材料多为木构，也有土塔、砖塔、石塔；塔之层数，有单层、三层、五层、七层、九层，甚至有十五层和十七层；塔形有楼阁式塔、密檐式塔、亭阁式塔；此时期的木塔中有贯通上下的木质刹柱，柱外围以木构的多层塔身，顶置宝瓶、露盘等组成的塔刹；此时木塔主要是在下层设置龛像，供信徒瞻拜绕行，是不能登塔的。北魏胡太后登永宁寺塔可谓创举，大约自此开始，直到唐代，塔才逐步可以登临了；砖塔之塔砖烧制的火候高，抗压强度高，加入特定的物料后嵩岳寺塔单块砖试样最高达到22.388千帕。砖面有绳纹和条纹，也有素面的。砖与砖间用泥浆粘合，灰缝不岔分。塔砖采用“一顺一丁”和“顺丁交替”等砌筑方法。塔身叠涩砖层檐嘣明显，出檐深。嵩岳寺塔柱头饰以垂莲（图6-26），佛光寺塔圆柱束以莲瓣三道，均为受古印度佛教建筑影响的特征。

2. 阙

此时期的阙类建筑，用于宫城正门外的，在两观左右，其城墙向前突出与阙相连。宫殿的侧门外，则建独立的双阙。宫殿以外，阙的使用范围，已不及两汉时期那样广泛。而大型建筑群的组合中，盛行一时的回廊建筑，成为其重要特点。全国现存的三十余处地面起建的石阙中，绝大多数为东汉时期建筑，仅有少数建于三国至东晋初期，其形制与东汉诸阙基本相同，仅装饰风格等有很小的变化（图6－27）。

（六）石窟寺、彩画

1. 石窟寺

石窟寺是此时期佛教建筑中的特殊形式，更是佛教建筑中的重要类型。建造石窟寺的做法源于印度，最早的石窟约开凿于公元前3世纪。以礼拜窟和僧房窟为两种基本的窟室类型。礼拜窟通常以尽端半圆形的纵长平面，窟内是礼佛的场所，以正中的佛塔为礼拜对象，沿柱廊回绕行礼，反映了当时印度佛寺中木构殿堂的形式。僧房窟多为方形平面，当中是大厅，周围设方形小室，反映为佛寺中僧人居住院落的布局形式。

随着佛教传入中国，西域和河西一带开凿石窟的做法，也随之传入内地。特别是南北朝时期，凿崖造石窟寺之风遍及全国，西起新疆，东至山东，南至浙江，北至辽宁，都有留存至今的石窟。这些石窟寺的建筑、雕刻、壁画等是中国古代文化的宝贵遗产。甘肃炳灵寺石窟第169窟的西秦建弘元年（公元420年）题记，是迄今所知年代最早的石窟题铭。南北朝时期最重要的石窟有山西省大同云冈石窟、甘肃省敦煌莫高窟、河南省洛阳龙门石窟、甘肃省天水麦积山石窟、山西省太原天龙山石窟、河北省峰峰南北响堂山石窟、河南省巩县石窟等。南朝境内石窟的数量和规模都逊于北朝地区。

南北朝时期石窟从发展方面分析，大致可分为三个类型：①初期的石窟，如云冈石窟第16至第20的五个大窟，均为开凿成椭圆形平面的大山洞，洞顶雕成穹窿形。前方有一门，门上有一窗，后壁雕刻一巨大的佛像，左右刻侍立的胁侍菩萨，左右壁满刻小佛像。此类窟主要特点是窟内主像巨大，洞顶及壁面没有建筑处理，窟外有木构的殿廊。②晚于五大窟的云冈石窟第5至第8窟与敦煌莫高窟中的北魏诸窟多采用方形平面，规模稍大，有前后室。窟之中央设一巨大的中心柱，柱上或刻佛像，或刻成塔的形状。窟顶刻成覆斗形。此类窟的壁面满布雕像或壁画。除佛像外，还有佛教故事、建筑物形象、装饰花纹等。窟之外部多雕刻有火焰形券面装饰的门，门之上有一方形小窗。③公元5世纪末，开凿的云冈石窟第9窟和第10窟，外部前室正面雕刻两个大柱，形如三开间的房屋。6世纪前期开凿的麦积山石窟和稍后开凿的南北响堂山石窟、天龙山石窟等，或在洞门外雕刻门罩，或在石壁上浮雕柱廊形式，还有的在洞的前部开凿具有列柱的前廊。窟内做成覆斗形天花，壁面雕像虽不丛密，但多数在像外刻有不同形式的佛龛，此为这类石窟的主要特点之一。特别是天龙山第16窟是此时期最后阶段的作品，前廊面阔三间，八角形列柱，础刻莲瓣，柱身瘦长，且有明显的收分，柱上的栌斗、阑额，以及斗栱的比例和卷杀都做得比较准确（图6－28）。此时外来佛教建筑“中国化”已达到相当完善的程度。

2. 壁画与建筑彩画

此时期的殿堂和庙宇，均在墙壁表面施色涂饰，广泛流行墙面涂白，但也有佛寺中用红色涂壁的，如洛阳北魏永宁寺塔“内壁彩绘，外壁涂饰红色”。南朝建康同泰寺和郢州晋安寺，也用涂饰红色的做法。魏晋南北朝时期的壁画题材，仍沿袭汉制，以云气、仙灵、圣贤为主。佛教题材的壁画，早期仅有维摩、文殊等诸菩萨相，至南朝梁武帝时渐趋兴盛。近年考古发掘出土的此时期砖石墓内壁彩画更是丰富多彩。

建筑构件彩画，由于此时期地面木构建筑实物早已不存，故只能从绘画、文献记载和考古发掘资料了解其概况。《洛阳伽蓝记》记载北魏胡统寺和高阳王寺的“朱柱素壁，甚为佳丽”、“白壁丹楹，窈窕连亘”，以及考古发掘的同时期墓葬材料等，可知其木柱多涂饰朱红色；《洛阳伽蓝记》记载及敦煌莫高窟的彩画情况是在门楼彩画云气纹和绘出神灵奇异之象，木塔之柱子和斗栱也施以彩画。替木、散斗、栱和栌斗皆以土红为地，石绿界边，以黄色绘忍冬纹和流云纹。柱子是在红地绿边内绘黄、黑和石绿相间的卷草纹。随着佛教艺术的发展，南北朝时期，从西域传入了“晕”或“晕染”的绘画技法，如梁丹阳一寺门楣上所画凹凸花纹，为文献记载的“朱及青绿所成，远望眼晕常如凹凸，就视即平”相符。这种画技在敦煌石窟中也有实例，即画青绿山头时，趁湿在石绿峰峦边缘加染石青，使二色相接，使二色形成渐进的过渡。使单色涂饰更进一步，在木构件表面形成五彩缤纷的彩画（图6－29）。

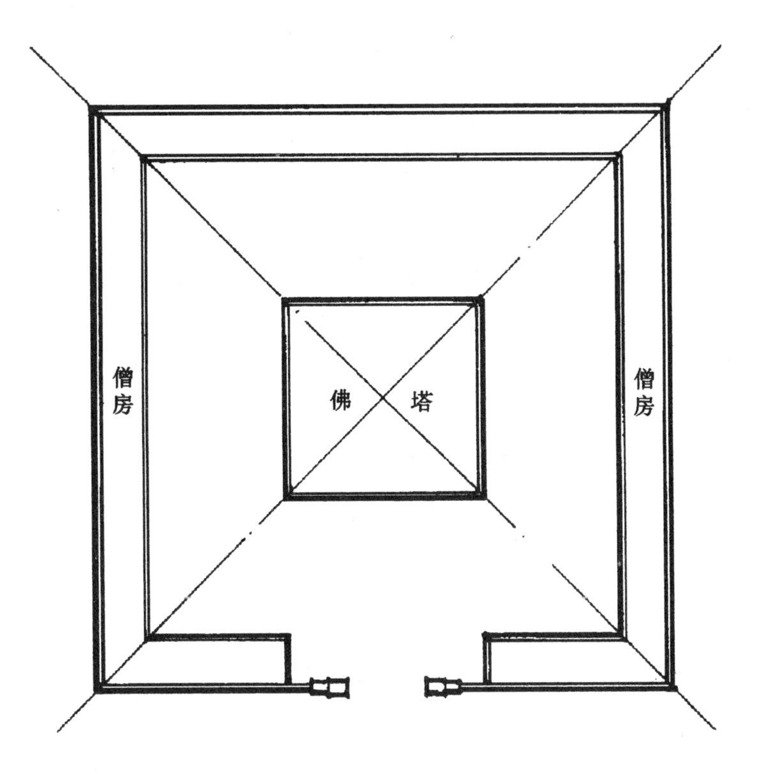

图6－1　立塔为寺的佛寺平面模式图
（《中国古代建筑史》第二卷，2001年版）

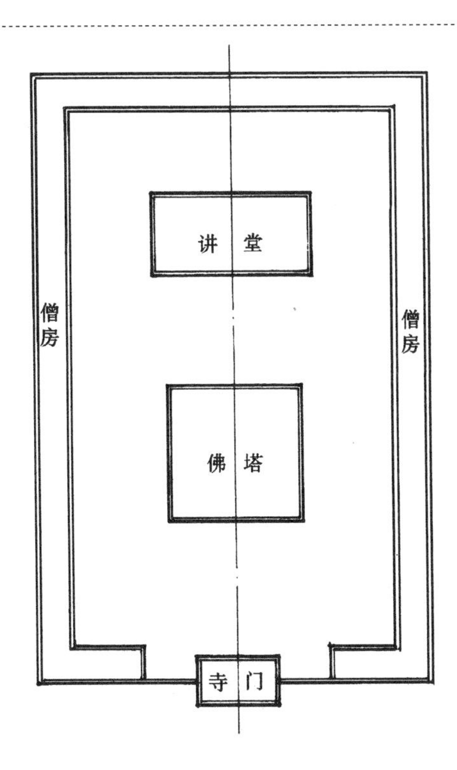

图6－2　塔堂并立的佛寺平面模式图
（《中国古代建筑史》第二卷，2001年版）

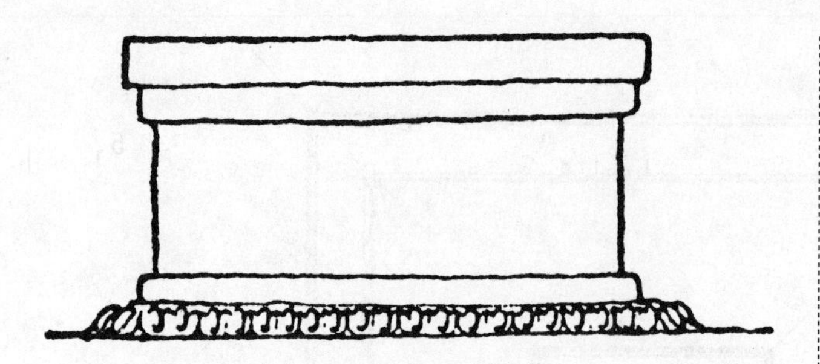

图6－3　甘肃敦煌莫高窟428窟须弥座

（刘敦桢主编《中国古代建筑史》，1980年版）

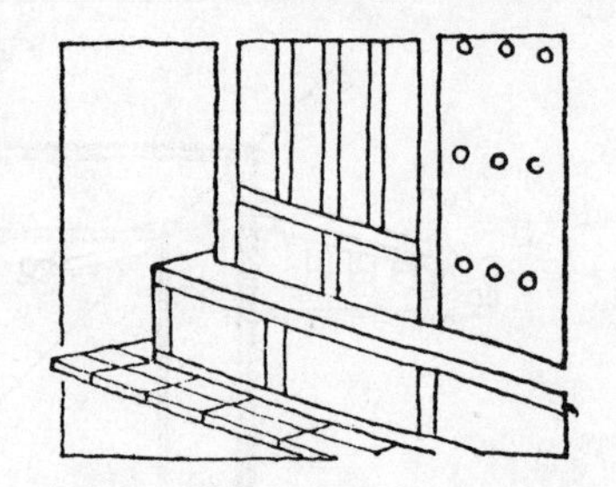

图6－4　洛阳出土北魏宁懋石室台基与散水

（刘敦桢主编《中国古代建筑史》，1980年版）

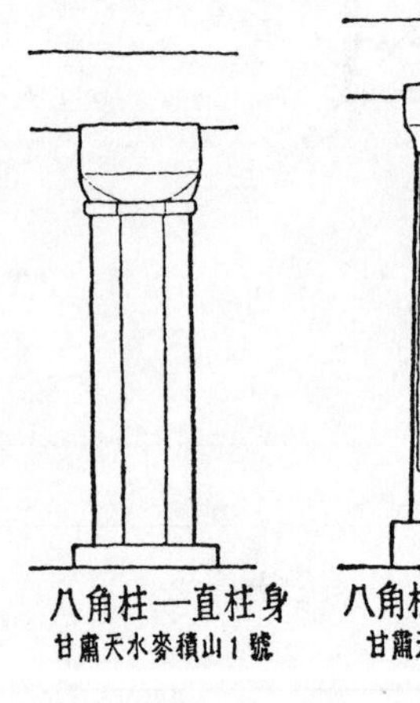

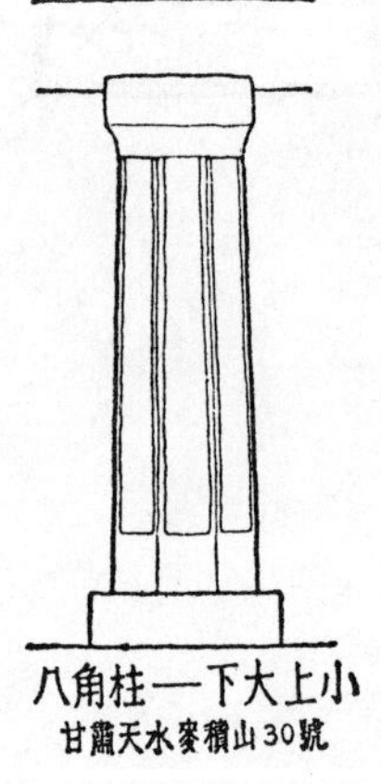

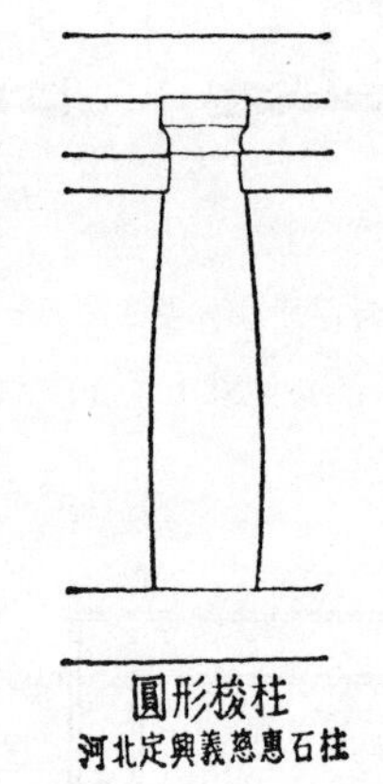

图6－5　南北朝建筑柱形

（刘敦桢主编《中国古代建筑史》，1980年版）

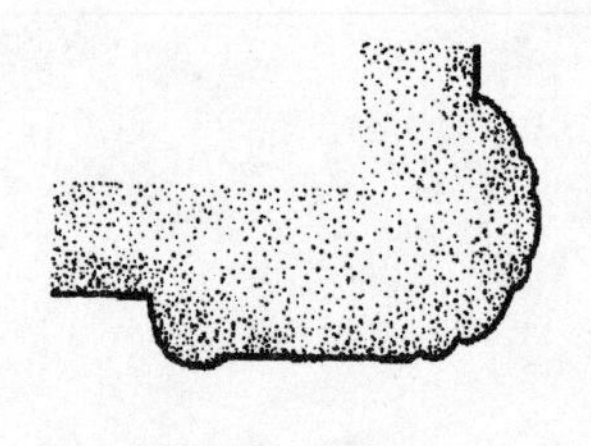

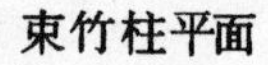

束竹柱平面

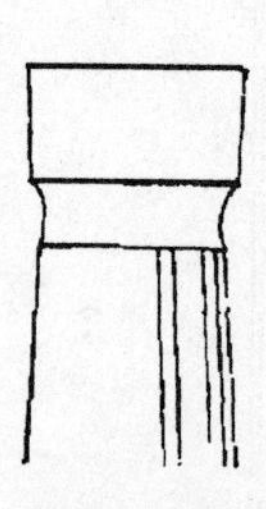

束竹柱立面

0　10　20　30　40　50cm

柱比例尺

图6－6　甘肃麦积山石窟西魏49窟束竹柱

（《中国古代建筑史》第二卷，2001年版）

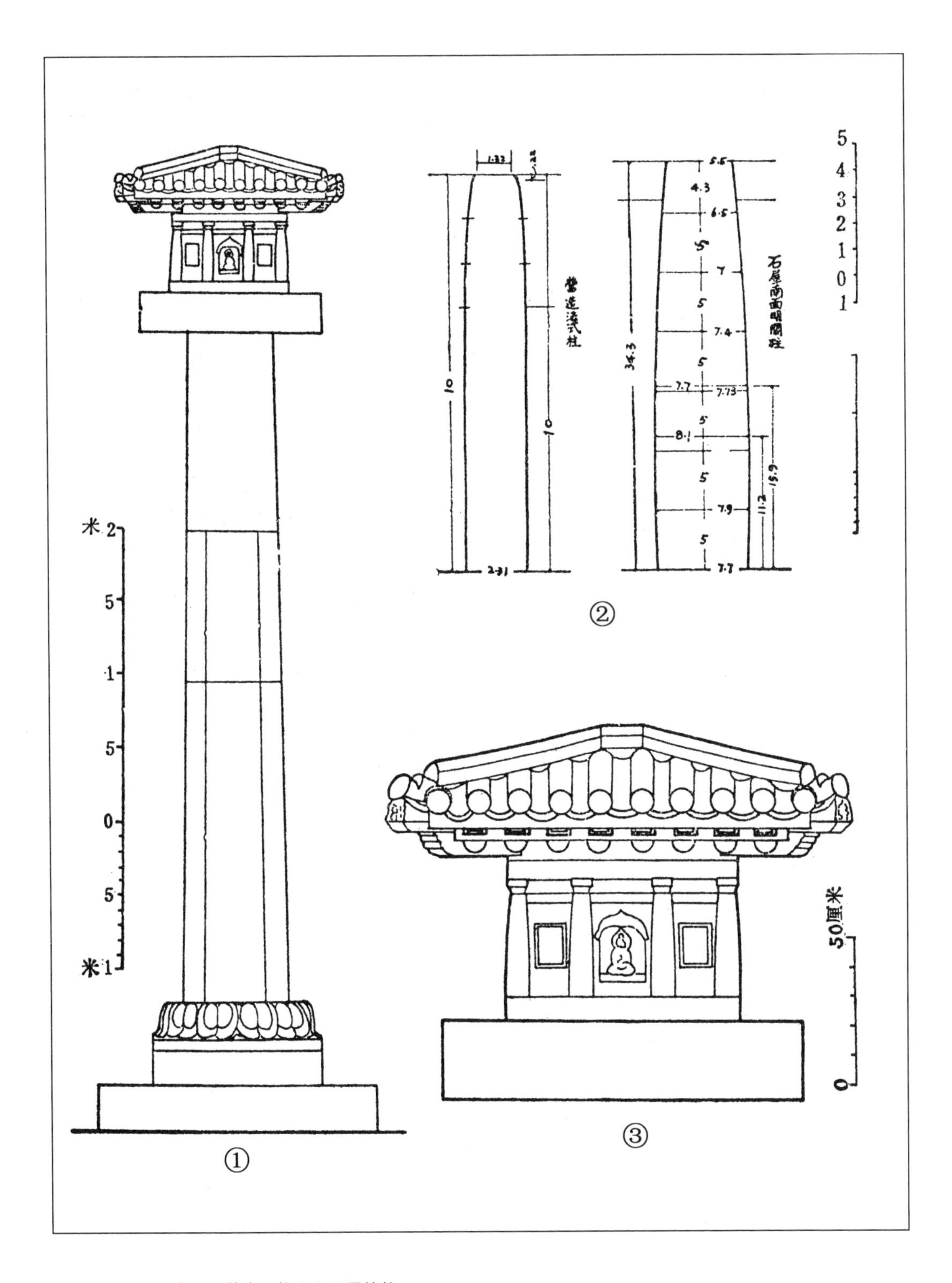

图6－7　河北定兴义慈惠石柱之上石屋梭柱

①南立面　　②梭柱之比较　　③石屋正立面

（《文物》1983年第4期）

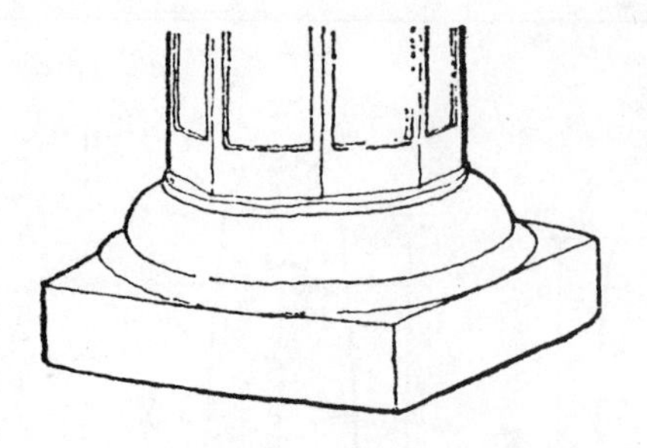

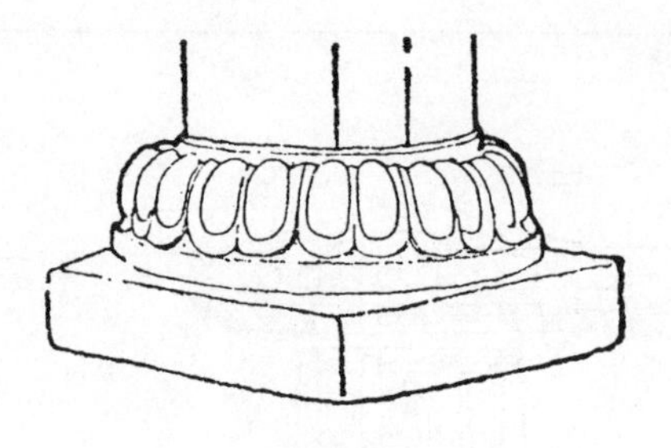

①

②

图6－8　南北朝建筑之柱础

①覆盆柱础与莲花柱础（刘敦桢主编《中国古代建筑史》，1980年版）

②山西大同北魏司马金龙墓石刻帐柱柱础（《中国建筑艺术史（上）》，1999年版）

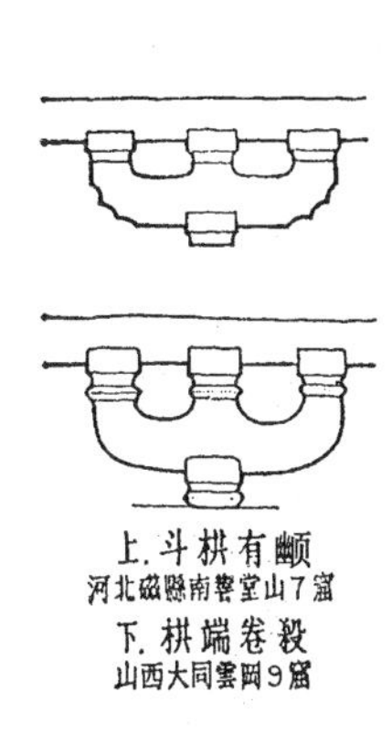
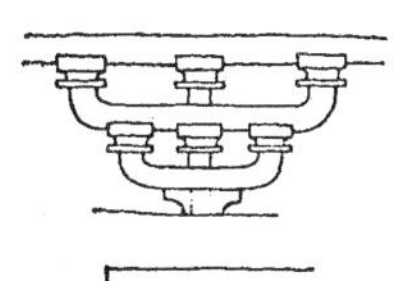
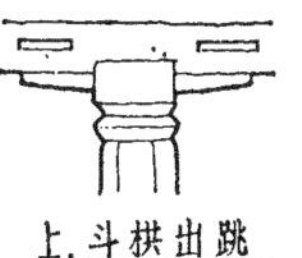
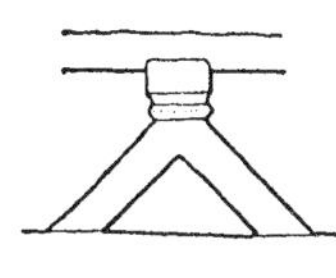
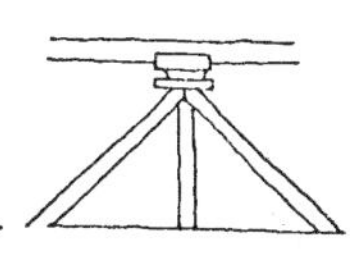
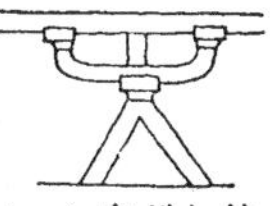

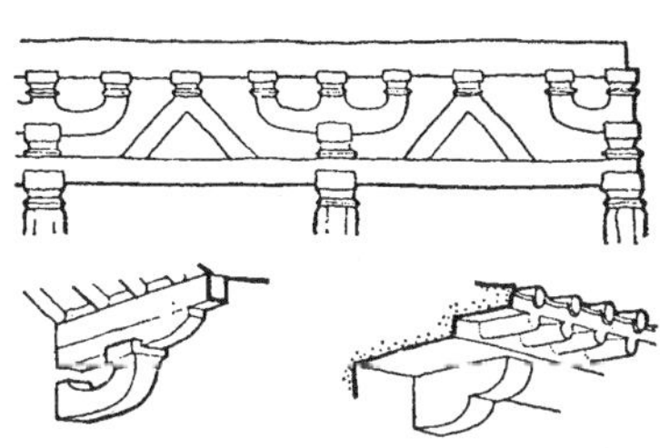

图6-9　南北朝建筑斗栱

（刘敦桢主编《中国古代建筑史》，1980年版）

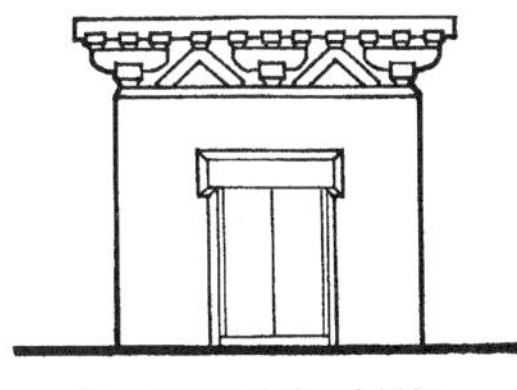

I型：厚承重外墙，木屋架

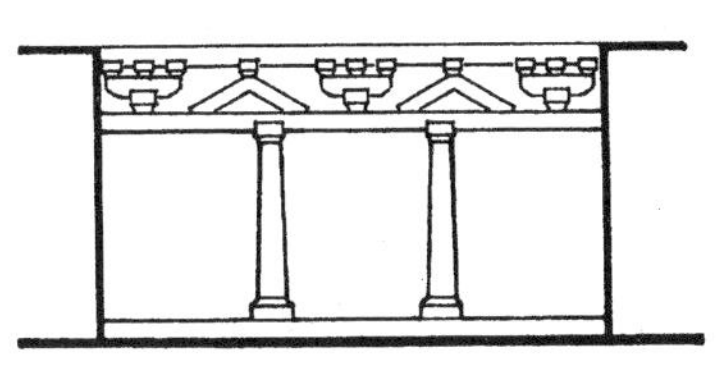

II型：前檐木构纵架，两端搭墩垛或承重山墙上，梢间无柱，靠山墙保持构架的纵向稳定。

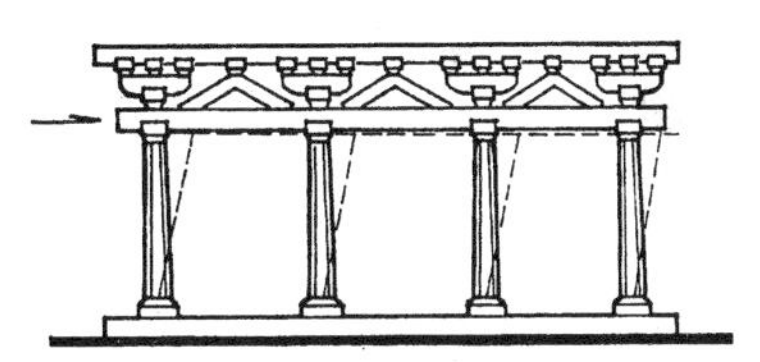

III型：前檐木构纵架，柱上承阑额 檐槫、橑、斗栱、叉手组成的纵架，四柱同高直立，可平行倾侧纵向不稳定

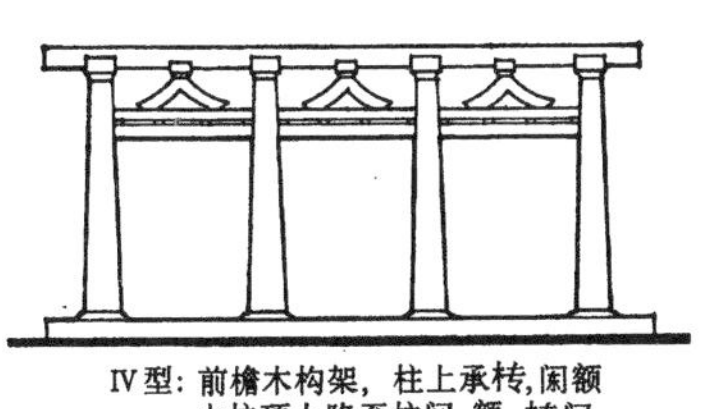

IV型：前檐木构架，柱上承枋，阑额由柱顶上降至柱间，额、枋间加叉手，组成纵架，靠阑额入柱榫及纵架保持稳定。

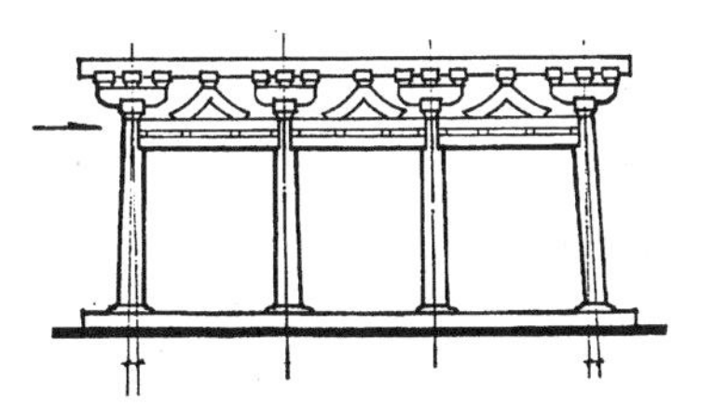

V型：全木构架，中柱外侧各柱逐个加高（生起），并向中心倾侧（侧脚），阑额抵在柱顶之间，柱子既不同高，又不平行，可避免III型可能发生的平行倾侧，保持构架的纵向稳定

图6－10　北朝建筑阑额位置及额枋上铺作图

（《中国古代建筑史》第二卷，2001年版）

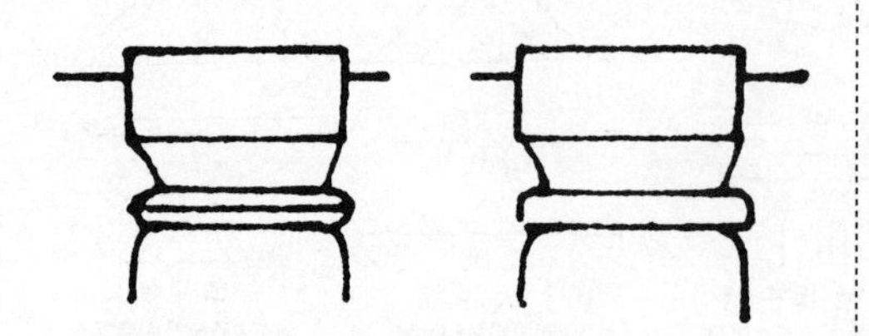

图6－11 云冈石窟壁龛斗栱之皿板

（《文物》1983年第4期）

＊ 图中显示，周边平齐状和周边出峰状皿板

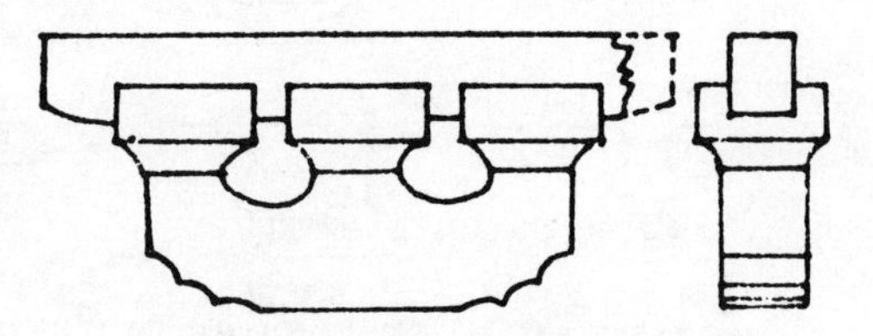

图6－12 山西寿阳北齐墓斗栱栱头刻瓣且内顱

（《文物》1983年第4期）

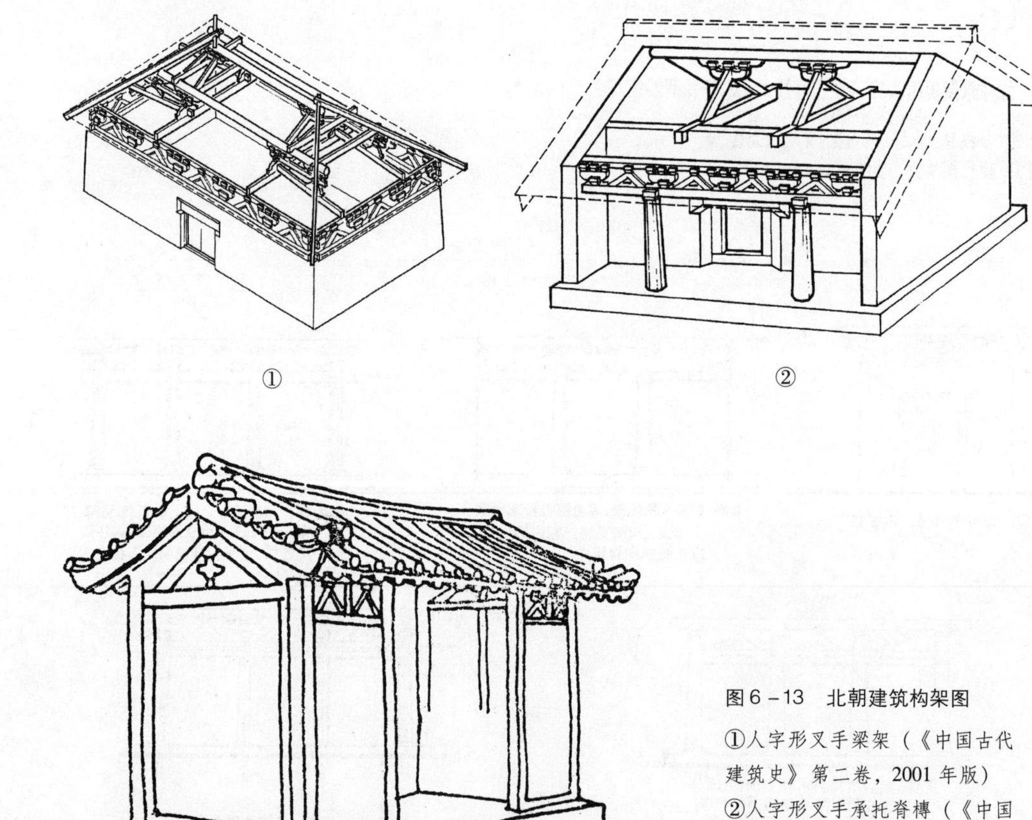

图6－13 北朝建筑构架图

①人字形叉手梁架（《中国古代建筑史》第二卷，2001年版）

②人字形叉手承托脊槫（《中国古代建筑史》第二卷，2001年版）

③洛阳北魏宁懋墓石室大叉手（《文物》1983年第4期）

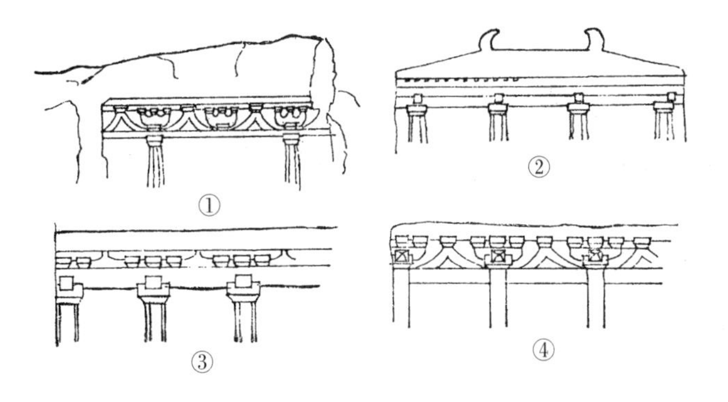

图6－14　北朝建筑之阑额

①山西天龙山石窟第16窟（北齐）窟檐
②甘肃麦积山石窟第30窟（北魏）窟檐
③甘肃麦积山石窟第4窟（北周）窟檐
④甘肃麦积山石窟第5窟（北周）窟檐
（《文物》1983年第4期）

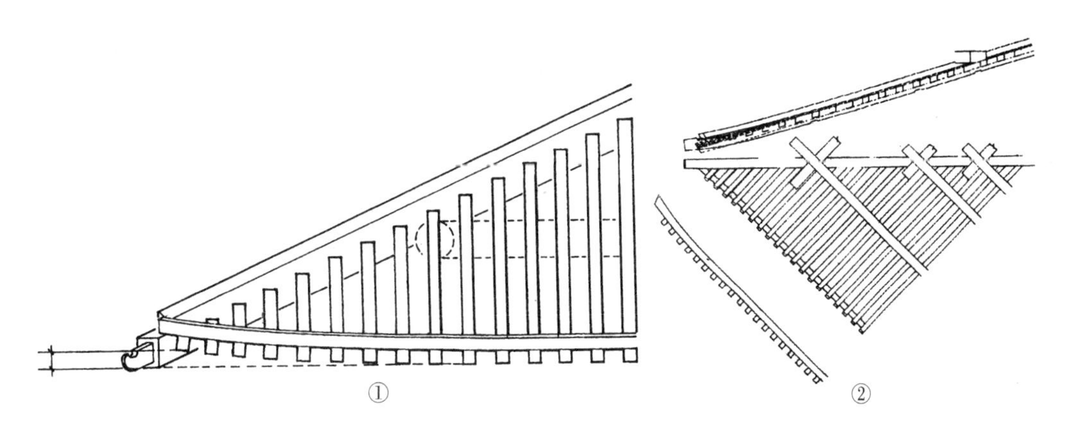

图6－15　屋角起翘图

①平行椽屋角起翘示意图
②日本奈良法起寺三重塔翼角做法图
（《中国古代建筑史》第二卷，2001年版）

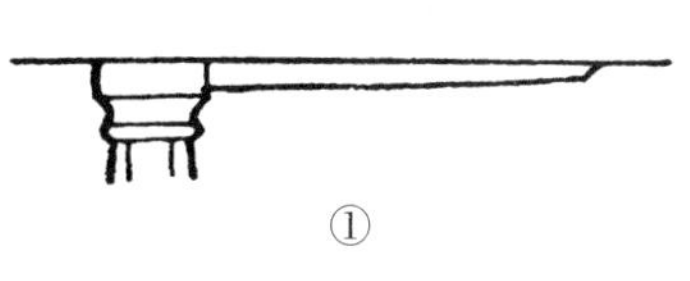

图6–16
北魏石窟中的雀替
①山西云冈石窟之雀替
（《文物》1965年第4期）
②山西云冈石窟9窟浮雕三间殿之雀替
（《中国古代建筑史》第二卷，2001年版）

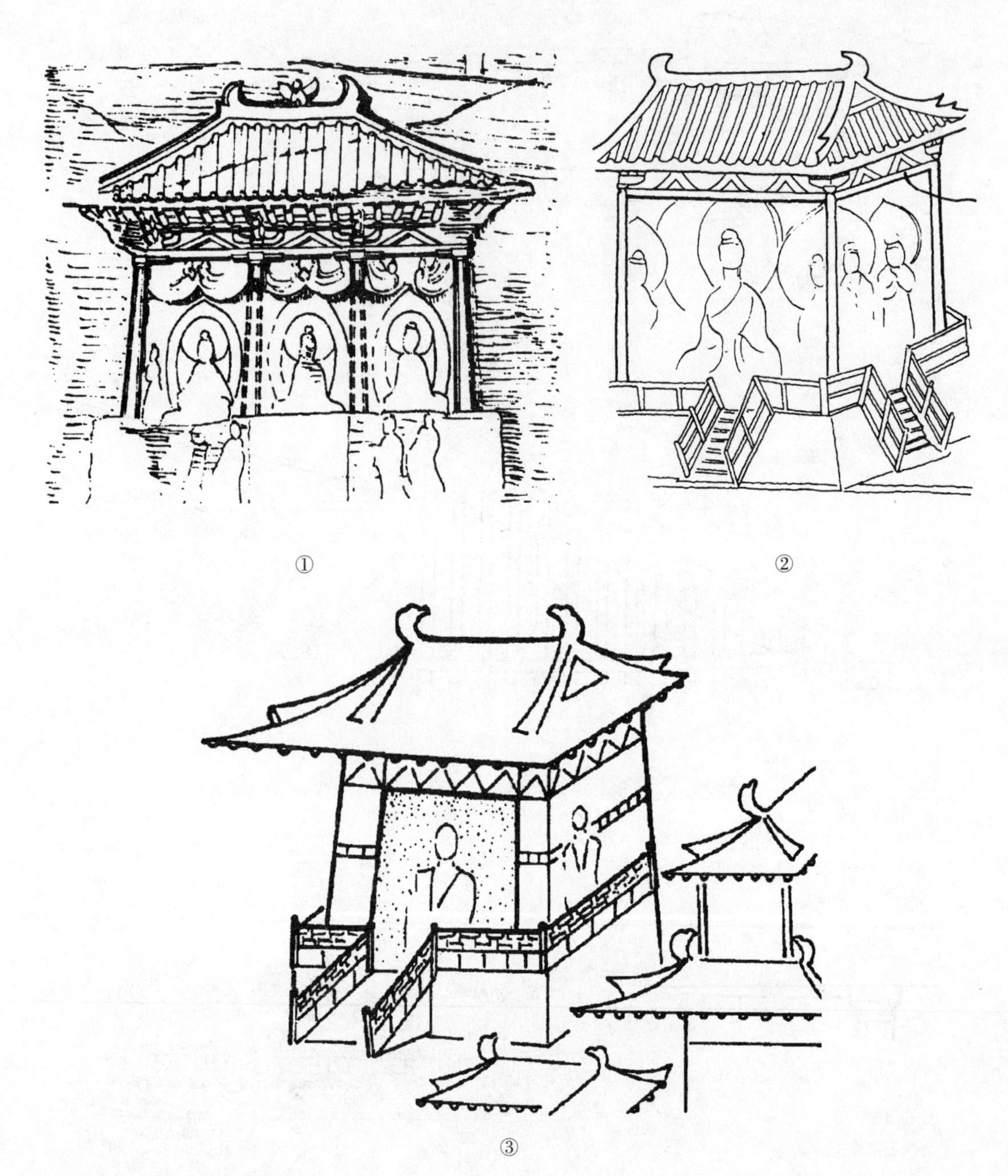

图6－17　北朝歇山屋顶建筑

①洛阳龙门石窟古阳洞北魏雕刻屋形龛

②洛阳龙门石窟路洞北魏浮雕歇山屋顶建筑

③甘肃敦煌285窟西魏壁画歇山屋顶建筑

（《中国古代建筑史》第二卷，2001年版）

复原立面　　　　　　　　　　　　现状立面

①

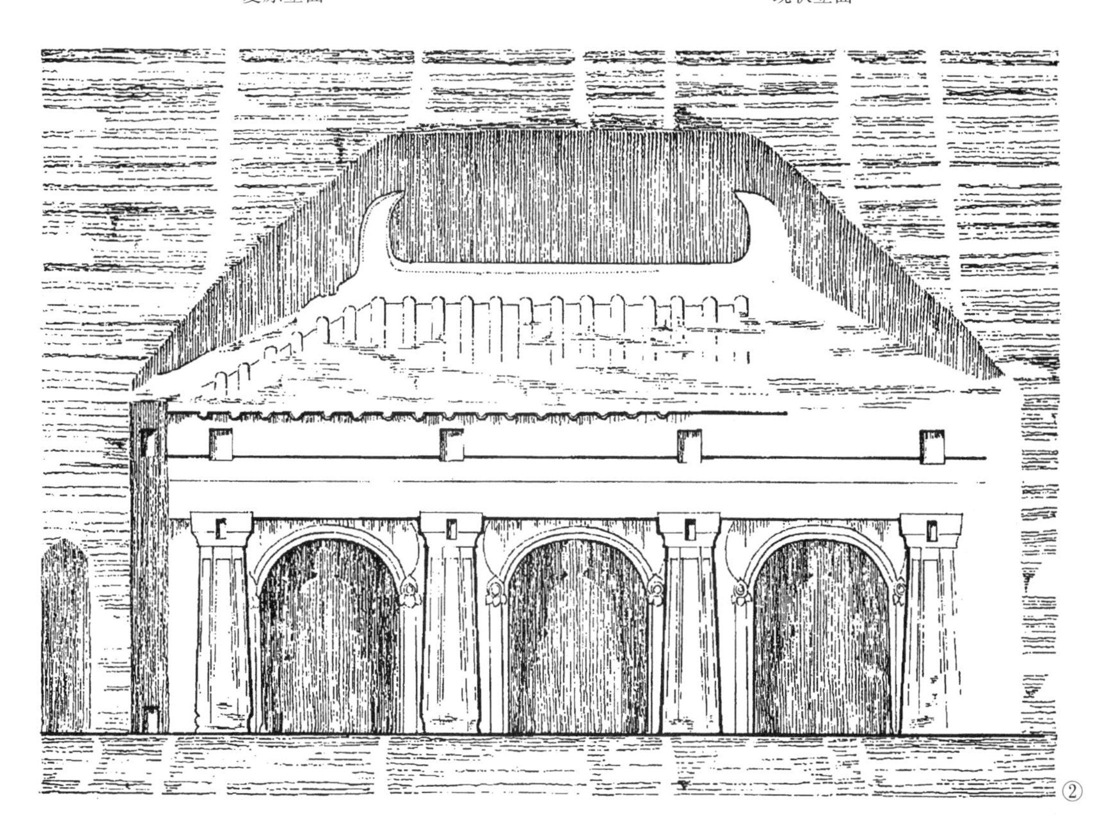

②

图6－18　甘肃麦积山石窟石雕鸱尾形象

①麦积山西魏第49窟窟檐鸱尾

②麦积山北魏第28窟窟檐鸱尾

（《中国古代建筑史》第二卷，2001年版）

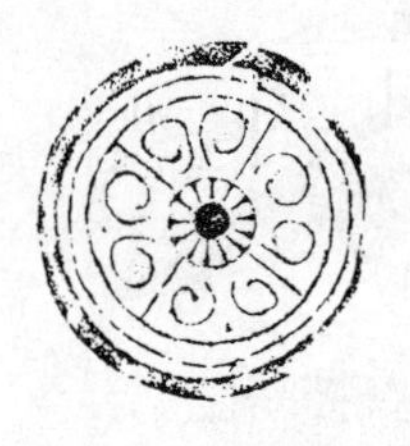
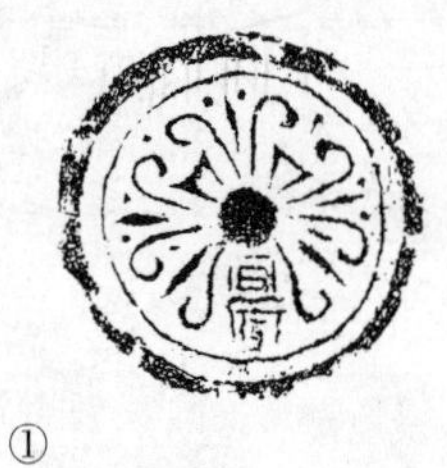

①

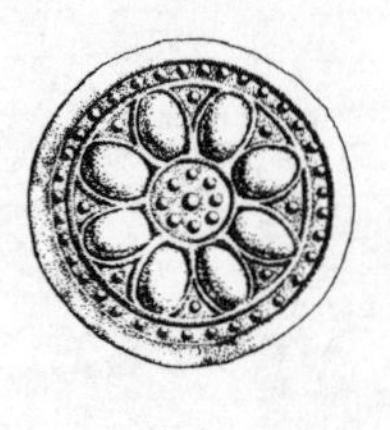
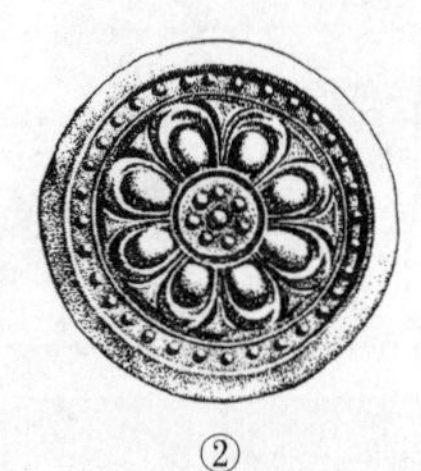

②

太极殿遗址	1	2		
阊阖门遗址	3	4	5	
一号房址	6			
永宁寺遗址		7	8	9

	复瓣莲花纹瓦当		单瓣莲花纹瓦当
太极殿遗址	1	2	
阊阖门遗址	3	4	5
一号房址	6		
永宁寺遗址		7	8
建春门遗址	9		
明堂遗址			10

③

图6－19　东晋南北朝瓦当纹样

①江西九江寻阳城址出土东晋瓦当（《中国古代建筑史》第二卷，2001年版）

②江苏南京出土南朝莲花纹瓦当（《中国古代建筑史》第二卷，2001年版）

③北魏洛阳城出土兽面纹与莲花纹瓦当（据《华夏考古》2014年第3期整理）

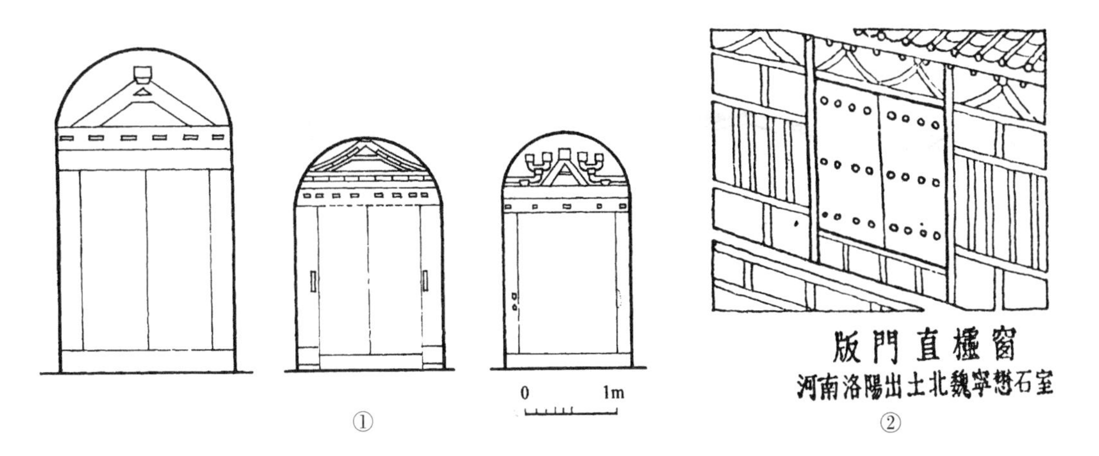

图6－20 南北朝门窗

①南朝陵墓墓门及门上雕刻（《中国古代建筑史》第二卷，2001年版）

②洛阳出土宁懋石室板门与直棂窗（刘敦桢主编《中国古代建筑史》，1980年版）

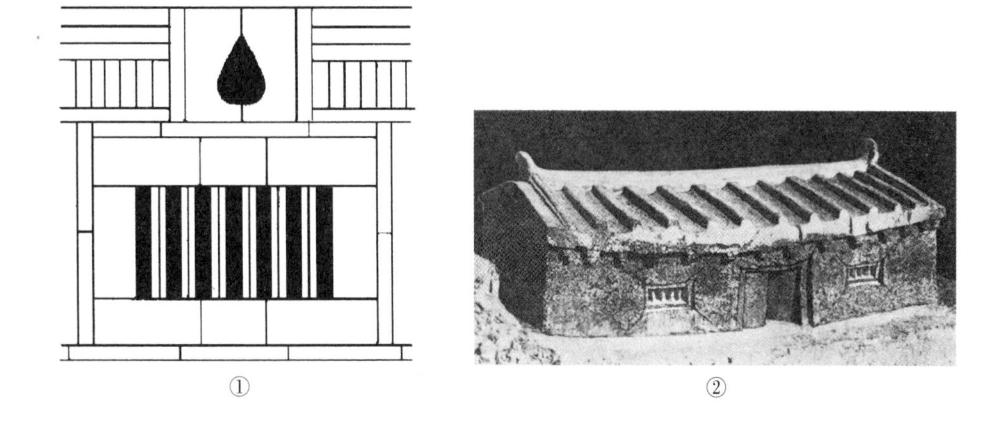

图6－21 南北朝直棂窗与放射状窗框

①南京南朝墓砖砌直棂窗

②宁夏彭阳北魏墓出土建筑明器放射状窗框

（《中国古代建筑史》第二卷，2001年版）

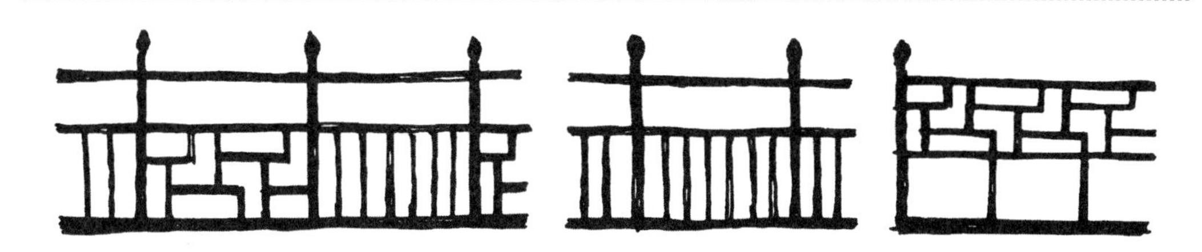

图6－22 敦煌北朝壁画中的勾栏

（《敦煌建筑研究》，2003年版）

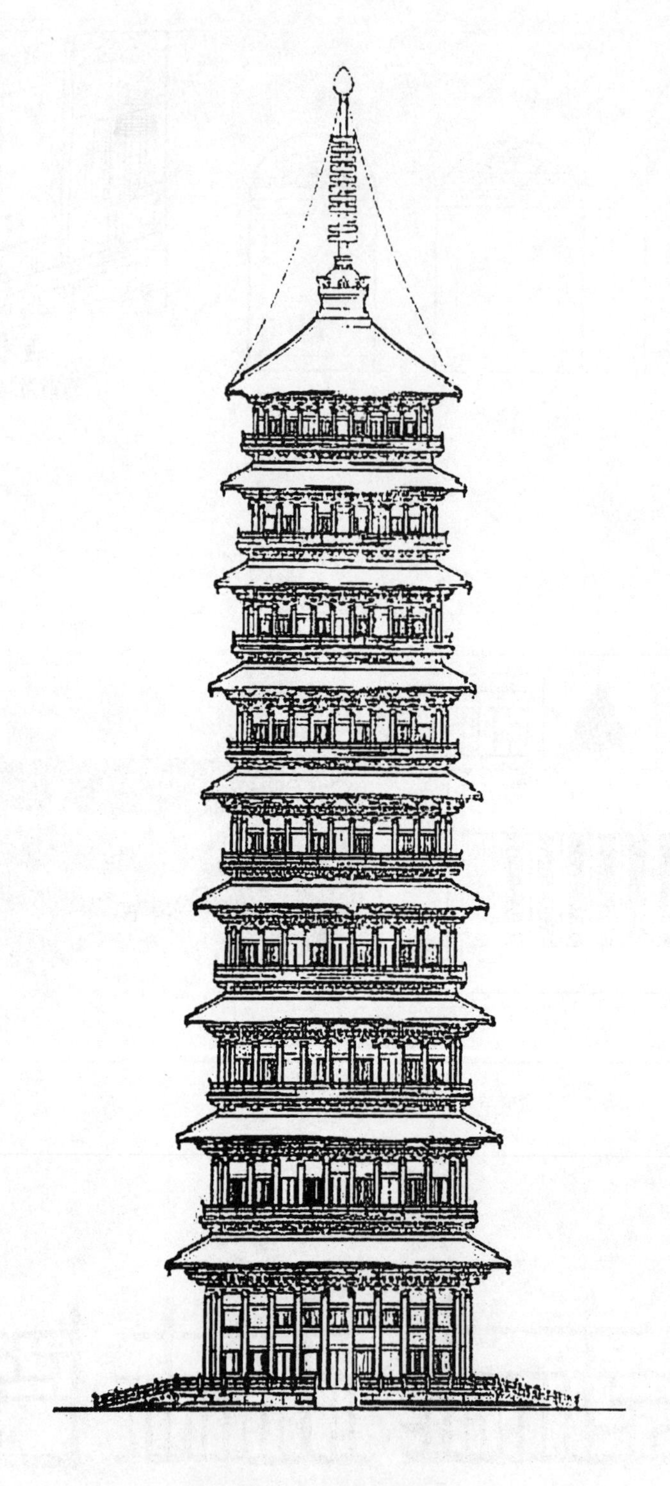

图6－23　北魏洛阳永宁寺塔复原立面图

（《杨鸿勋建筑考古学论文集》，2008 年增订版）

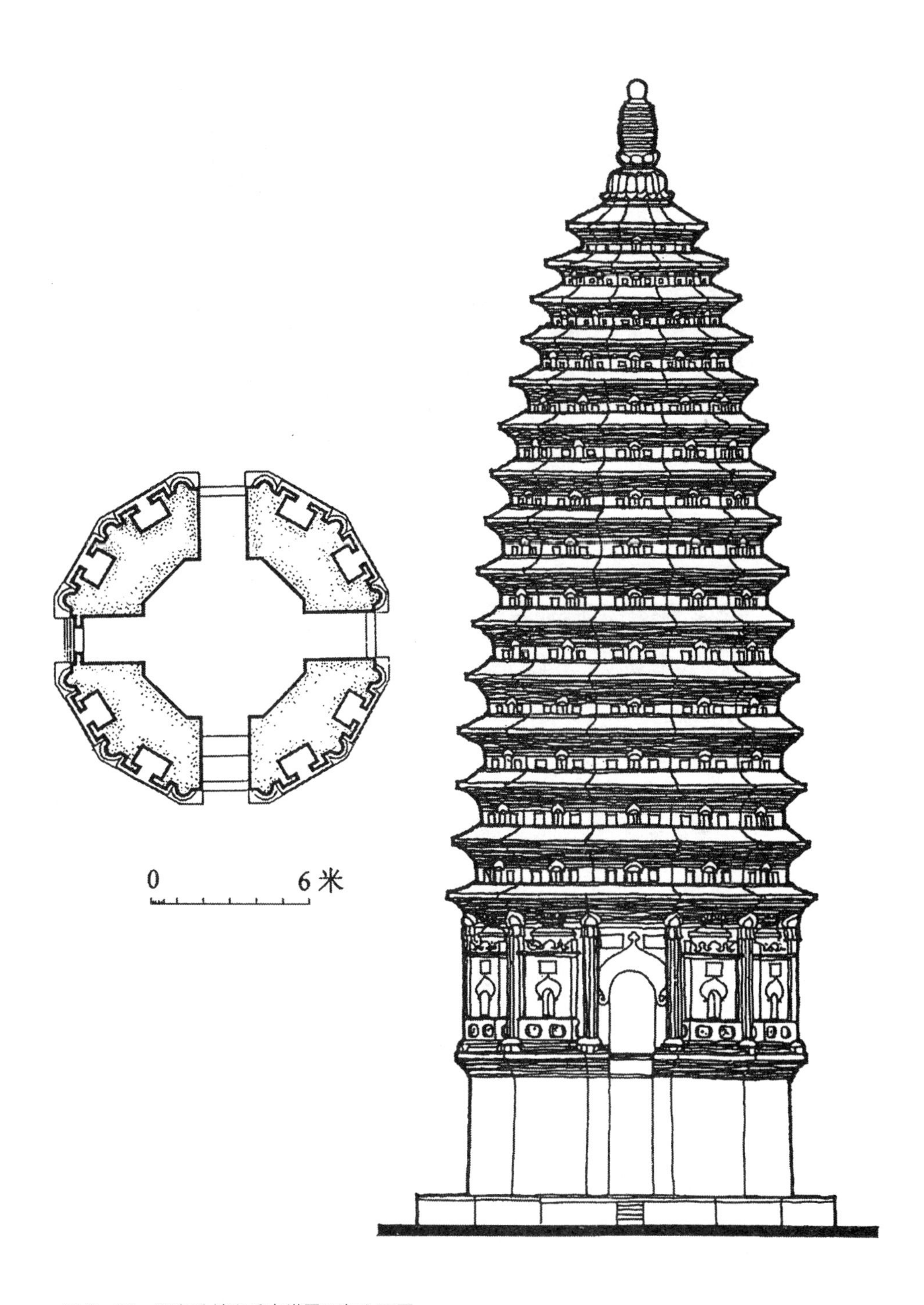

图6－24　河南登封嵩岳寺塔平面与立面图
（《敦煌建筑研究》，2003 年版）

图6-25　河南安阳灵泉寺北齐道凭法师烧身塔

（《中原文化大典·文物典·建筑》，2008年版）

图6-26　河南登封嵩岳寺塔柱头饰垂莲

（《中原文化大典·文物典·建筑》，2008年版）

①

②　③

图6－27　城阙（壁画）、门阙与三出阙形象

①甘肃麦积山石窟西魏127窟壁画城阙（《敦煌建筑研究》，2003年版）

②墓葬中的门阙砌体（《敦煌建筑研究》，2003年版）

③北朝末年石阙（《中国古代建筑史》第二卷，2001年版）

图6－28　山西太原天龙山石窟北齐16窟外观

（《中国古代建筑史》第二卷，2001年版）

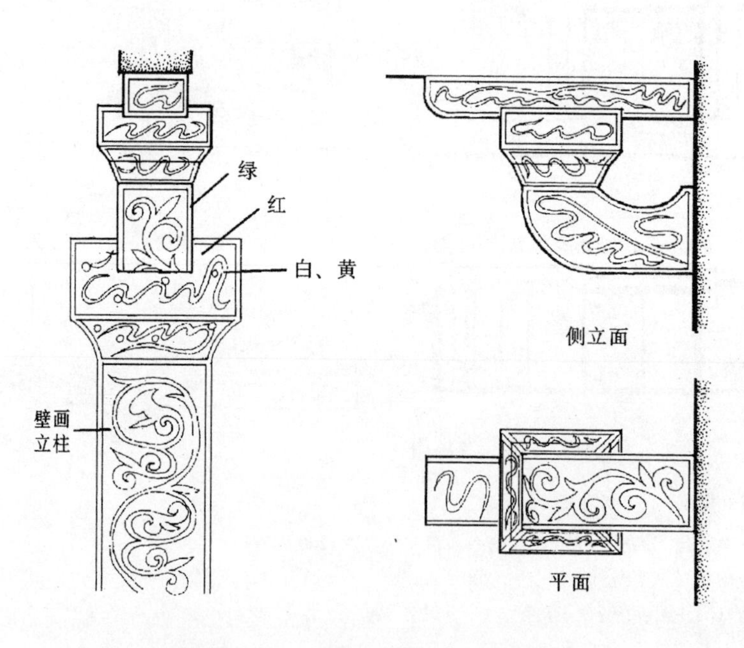

图6－29　甘肃敦煌莫高窟北魏第251窟斗栱及立柱彩画

（《中国古代建筑史》第二卷，2001年版）

七　隋唐五代时期建筑

隋唐五代是中国古代建筑发展的成熟时期，形成了完备的民族建筑艺术体系，出现了中国封建社会建筑发展的第二个高潮。隋代不但建造了规划严整的大兴城和东都洛阳城，而且开凿了大运河，成为中国南北交通的大动脉。大业年间修建的世界上最早的敞肩券大石桥——安济桥也是隋朝突出的建筑成就之一；唐代在隋代营造业发展的基础上，营建了规模宏大的都城长安城和东都洛阳城，建造了雄伟的宫殿官署建筑和寺、塔、石窟等宗教建筑。建筑技术较前代有了显著的发展，木构架的做法已经相当正确地运用了材料性能，并在唐代初期已经有了以“材”为木构架设计的标准，使木构建筑的构件比例形式趋向定型化，形成简洁雄浑的建筑风格。五代虽然只有五十多年的历史，但此时期的洛阳城已允许临街设店，直接影响宋代城市结构的发展变化。

（一）平面柱网布置、柱形与柱础

1. 平面与柱网布置

总体平面：此时期仍采用四合院平面布局，且多应用回廊式，主体建筑置于中部，强调中轴线与左右均齐对称的布局（图 7－1）。

单体建筑的平面（图 7－2），据唐大明宫和渤海上京宫殿基址等考古资料所示，长方形平面中除满堂柱网和双槽平面外，以内外槽平面的数量较多（图 7－3）。主要殿堂的左右两侧沿用北朝晚期已有的挟屋；殿堂前后中央已有龟头屋（抱厦）的做法；其走廊平面有单廊和复廊两种布局；唐代殿堂面阔有明间大，而其他各间小的形式（如有关唐代的雕刻和壁画等），也有各间面阔为同一尺度，如唐大明宫遗址殿堂间距均在 5 米左右，为其重要特点。现存的山西五台唐代佛光寺大殿，面阔七间，通面阔 34 米，中央五间面阔均为 5.04 米，梢间面阔 4.4 米；五代建筑山西平遥镇国寺大殿的面阔则采用由明间起向两侧递减的方法。

此时期在大型和较大型单体木构建筑的平面中，柱子排列是纵横成行，排列的非常规整。有的小型建筑只用檐柱，不用内柱。

2. 柱形与柱础

此时期的柱子断面有圆形、方形和八角形等，圆形柱是通用的形式。现存的唐代山西南禅寺大殿外檐柱为方形，系我国现存最早的方柱。敦煌晚唐木窟檐建筑用有八角形柱的。梭柱在隋唐以后已不多见。上述柱形在地方建筑明清时期的袭古手法中仍在使用，但高低比例和细部做法与隋唐柱形差别较大，在古建筑调查鉴定时应予以区分。

柱头的形制，不论方、圆、八角形柱，皆采用覆盆状的做法，且覆盆柱头雕刻的弧线大而规整，与晚期建筑的覆盆柱头迥然不同，极易区分。柱身下的石柱础，凡露明者皆为覆盆状，础面多雕宝装莲瓣，整个形体的特点是较矮和较平（图7－4）。墙内不露明者为不规则的石块或素平础石。

此时期木构建筑有明显的柱侧脚与柱生起。在现存的唐代建筑中，面阔三间的南禅寺大殿，角柱增高6.4厘米，面阔七间的佛光寺大殿，角柱增高24厘米。从现存的唐代木构建筑测量的数据可知，此时期的柱侧脚也远大于宋代《营造法式》的规定，为隋唐建筑的特点之一。

柱子的比例，此时期柱高略等于明间面阔，明间面阔多为5米左右；柱径与柱高之比为1∶8～1∶9。基于以上比例关系，所以柱子粗矮，是隋唐建筑的重要特点之一。如佛光寺大殿，柱高5米，明间面阔5.04米，柱高与明间面阔的尺度基本相等；该殿柱径0.54米，与柱高的比例为1∶9.2。五代建筑山西平遥镇国寺万佛殿柱径与柱高之比为1∶7.5。

（二）梁架

此时期由于柱子排列整齐，所以梁架式样是前后基本对称（图7－5）。

草栿与明栿：唐宋时期，室内凡有天花板的，上部梁枋构件表面加工粗糙，称为“草栿”，天花板以下梁枋构件表面加工较细致规整，称为“明栿”。室内不用天花板的，全部用明栿，称为“彻上明造”。

唐代梁架结构以现存实物可了解其基本形制。南禅寺大殿殿内无平綦，属“彻上明造”（图7－6），两缝梁架用通长的四椽栿，栿上用“缴背”，平梁之上用叉手，不用驼峰和侏儒柱，叉手上端与脊槫下的捧节令栱搭交承托脊槫上的荷载。佛光寺大殿的平梁上仅施大叉手，与捧节令栱相交承托脊槫，也不施驼峰和侏儒柱（晚期建筑称瓜柱）。山西芮城广仁王庙正殿梁上施驼峰、侏儒柱和大叉手，经考证，平梁上的驼峰和侏儒柱疑为后人增补的。山西平顺天台庵正殿平梁上也用大叉手，这种梁架结构是唐和唐以前我国建筑的特有规制。山东金乡朱鲔汉墓石刻的建筑图像和日本奈良法隆寺回廊也为此形制，即平梁上用大叉手荷重。五代建筑平梁上开始用侏儒柱，不见大叉手梁架的做法（河南等地传统民居中仍有大叉手梁架的袭古做法），如山西平遥五代建筑镇国寺万佛殿的平梁上施驼峰和侏儒柱。

月梁：据文献载“其梁曲如虹”，故知月梁之所用，其源甚古。佛光寺大殿明栿皆用月梁，梁之中部微微拱起如新月形，梁首之上及两肩均有卷杀，梁下中顱，为现存月梁最古实例。其月梁形制与《营造法式》之规定基本相同（图7－7），说明宋《营造法式》是总结宋以前营造之做法。唐代也有用断面呈矩形的直梁。

梁枋高宽比例：梁枋断面一般是由“瘦”向“肥”发展，唐代梁断面高宽比多为2∶1，是符合材料力学原则的。梁枋皆为整料。

举折：梁架的高度以举折来衡量，早期建筑屋顶举折平缓（图7－8），以后逐渐增高。如南禅寺大殿，梁架中举高与前后檐槫中距之比约为1∶5.15，佛光寺大殿为1∶4.77。这样的殿顶坡度就显得平缓、舒展。

唐代建筑技术较前代有显著进步，木构架的做法已经能相当正确的运用了材料性能，至迟在唐初已经有了以“材”为木构架设计的标准，从而使构件的比例形式逐渐趋向定型化。

唐代建筑室内梁架结构除在平梁上用大叉手支撑脊槫外，其他柱梁及其结点施用斗栱、驼峰（图7－9）、侏儒柱及“矮木”等。用材大，形制古朴。

阑额：从现有实物看，唐代只有阑额，断面长方形，至角柱不出头（图7－10），唐代不用普拍枋。

唐代四阿顶（庑殿顶）建筑不用“推山”的做法，此为唐代建筑与宋代建筑不同之处。唐代建筑收山较大，山花部分向内凹入很深，如南禅寺大殿歇山自山面檐柱中向内收进131厘米，远远超过宋元建筑的收山尺度。山花部分的博脊也随之向内收进，上部施博风板及悬鱼。

襻间：唐至元，梁架上部横向连系的基本构件为槫和枋两件，槫、枋之间用斗栱支撑，文献中无流传下来槫、枋间斗栱的专有名称，甚至《营造法式》中也无此名称。据杜仙洲先生回忆，20世纪50年代罗哲文先生在《文物参考资料》撰文介绍古代木构建筑结构时命名此构件为“襻间铺作”。各时代襻间铺作的功能相同，但其形制与营造手法各不相同。唐代襻间铺作与唐代柱头铺作等铺作的时代特点相同。

（三）斗栱

隋唐时期各种斗栱式样已臻成熟且已经定型。出跳多者适当减少横向栱，称为“偷心造”，如我国现存的唐代木构建筑南禅寺大殿柱头铺作为五铺作双抄单栱偷心造；佛光寺大殿外檐柱头铺作为七铺作双抄双下昂偷心造；广仁王庙正殿柱头铺作为五铺作双抄偷心造。若整朵斗栱不减少横向栱的称为“计心造”。唐代建筑凡出两跳以上的斗栱大都在第一跳用华栱。

斗栱用“材”：唐代及其以前较长的时期内，在中国古代建筑各构件中，已经形成了某种比例关系，衡量的单位就是斗栱中一个栱子的高度，称为一材。栱高又称材高，栱宽称为材宽，两层栱子相垒时其中间空档的高度称为栔高。材高称为单材，材高加栔高称为足材。面阔七间的佛光寺大殿用材为30×21厘米，比《营造法式》中九间至十一间殿宇用材还大。

斗栱的大小：斗栱的发展从实物观察是由大变小的。最明显的变化是斗栱的立面高度（自栌斗底皮至撩檐槫下皮的垂直高度）与柱高的比例，唐代斗栱高是柱高的40%～50%（图7－11）。以后各代二者之比逐渐减小，此为古建筑断代的重要依据之一。

斗栱的分布及其变化：斗栱的分布有内、外檐两部分，内檐斗栱自唐以后逐渐减少。外檐斗栱分布及变化，主要是補间铺作的式样和数量。唐代補间铺作的式样多不与柱头铺作一致，而且也不是所有建筑每间都施補间铺作，最多的每间不超过一朵（图7－12）。南北朝时期的人字栱到隋唐仍在沿用（图7－13）。補间铺作出跳也比柱头铺作少。如佛光寺大殿柱头铺作为七铺作双抄双下昂，補间铺作仅为五铺作双抄。由于補间铺作数量少，所以同一间各朵斗栱距离虽然相等，但各间斗栱距离则不一致。

斗形：基本上呈方形。每斗由耳、平、欹三部分构成，三者高度之比为4∶2∶4。令栱正中与耍头相交处置齐心斗。栌斗、散斗、交互斗、齐心斗皆有斗䫜。

唐代栱子的式样都是直栱，正心栱多隐刻。栱头卷杀分瓣，唐代仍有分瓣内䫜的实例，如南禅寺大殿各个栱头的卷杀皆为五瓣，每瓣都微向内䫜，䫜深约为0.3厘米。

唐代使用真昂，多为批竹昂，昂嘴呈“▭”形（图7－14）。斗栱正心枋用单材。

耍头：南北朝尚无耍头的实例。隋唐起斗栱中出现耍头（图7－15），唐代耍头式样：①垂直截去不加雕饰；②批竹昂形；③变体，唐到元多刻成卷瓣状，形式与翼形栱相似。

现存唐代木构建筑无施用人字栱的实例，而现存唐代砖石建筑和考古发掘的唐墓中发现不少補间铺作使用人字栱和斗子蜀柱的。如河南登封会善寺净藏禅师塔，除正面外，其他各面均用人字形補间铺作。登封少林寺塔林唐代无名塔塔身第一层正面用朱红色绘出一斗三升斗栱外，其他三面绘朱红色人字栱。西安大雁塔之门楣石雕人字形铺作，其人字栱的两股偏低，两端翘起，为唐代人字栱的特点之一。

“一斗”之运用，为斗栱中最简单者，柱头上仅施大栌斗一枚，如用作補间铺作，亦为最简单的補间铺作。如陕西西安唐代大雁塔和长安县唐代香积寺塔之斗栱均属此类。北齐义慈惠石柱上所刻小殿的柱头上仅置一栌斗，应为此式最古之实物例证。

栌斗下施皿板之制最早见于汉代石室和陶制建筑明器中，北魏石窟和日本法隆寺建筑上亦有此构件。我国现存唐代木构建筑南禅寺大殿使用皿板，为我国现存木构建筑使用皿板最古之例，唐代以后未发现实物。

（四）门窗、栏杆、屋顶形制、脊兽瓦件、彩画

1. 门窗

唐代门窗形式，自南北朝至唐，建筑的门窗形式没有太大的变化。北魏时期流行的板门和直棂窗，仍是唐代最基本的门、窗形式（图7－16）。隋唐石刻中的板门，在其门楣、立颊、地栿上均雕刻有纹饰。门楣多用“对凤”雕饰。门砧石，隋代多用蹲兽或兽头，唐代又见方形抹棱，上雕植物纹样。隋唐石刻中板门门钉多为3行或5行，每行门钉多为5枚。唐代铺首形象与南北朝比较，最大变化在于鼻下钩环演变为口中衔环（图7－17）。五代时期的南唐、吴越一带，流行门扇上部带有直棂窗的板门形式。

隋唐木构建筑窗的形式，以直棂窗和睒电窗为主。直棂窗中分板棂窗和破子棂窗两种。破子棂窗的棂条是用方木沿对角线切开形成的。现存的唐代木构建筑南禅寺大殿和佛光寺大殿，及现存唐代砖构建筑净藏禅师塔等皆用直棂窗（图7－18）。

2. 栏杆、台基

栏杆的使用最迟在汉代已较普遍，从陶房、画像砖石中已看出有望柱、寻杖、地栿、华板等构件。南北朝时期已初具后代的形制。最晚到隋代，栏杆中部已用盆唇及蜀柱。唐末，大多数仅在每面栏杆转角处用望柱。南北朝、隋、唐、五代，在华板上用钩片纹、“卍”万字纹等几何纹样。个别用龙纹（隋代建筑赵州桥），有的雕刻人物故事。汉到唐，有些栏杆于转角处将两面的寻杖搭交出头称绞口造。唐代栏杆形象亦见敦煌壁画中所绘的木质栏杆（图7－19）。

唐代建筑的台基主要有素平的砖石台基和须弥座两种。宫殿的台基至少有两层，下层为陛，上层为阶。一般下层为须弥座用石栏杆，上层为素平阶用木栏杆。用重重台基以衬托殿之宏伟，是当时习用手法（图7－20）。唐代殿宇多沿用传统的东西两阶制，均做成踏步形制，其形象可见大雁塔门楣石刻殿宇踏道的做法。

唐代砖砌城台或建筑物台基，都是内为夯土，外包砖皮。独立砖墙多为平砌砖

砌法，墙体有收分，墙下肩低矮，粘合剂为黄泥浆。唐墓砖壁有平、竖砖间用的砌法。

3. 屋顶形制和脊兽瓦件

唐代的屋顶形式有四阿（庑殿）、厦两头（歇山）、悬山、攒尖，和前代相同。攒尖顶有八角形、六角形、四角形和圆锥形。重要建筑则用重檐。

唐代建筑屋顶仍用板瓦顶和筒板瓦顶两种。瓦的质料除一般陶瓦外，宫殿、寺庙多用青掍瓦，此种瓦之瓦坯表面磨光加滑石粉，烧制时再经渗碳处理，使之表面黝黑泛乌光，非常精美。在西安唐代建筑遗址中出土不少青掍瓦。还有青掍砖，多用作建筑的散水砖。唐代宫殿、寺庙还用琉璃瓦，有黄、绿、蓝等单色瓦，并有黄、绿、蓝三色于一身的三彩瓦。屋脊为叠瓦脊，正脊两端用鸱尾（图 7－21）。唐代中晚期出现鸱吻，变为张口吞脊，兽头后带有粗短的尾巴。

唐代重要建筑的鸱尾、兽面瓦、脊瓦用琉璃件，其他屋面瓦件用青灰瓦，形成周边用琉璃瓦，中间大面积仍用青灰瓦的形制，即为琉璃瓦“剪边”的做法。

唐代已有弧形的滴水瓦，称“重唇板瓦”，唇部较厚，层数较多。隋唐五代瓦当为圆形，莲花纹成为瓦当上常见的纹样（图 7－22）。早期莲花瓣突起，是双瓣；晚期莲瓣逐渐变为低平状，多为单瓣。五代时莲瓣纹样变成长条状。

4. 彩画

隋唐时期彩画艺术达到了较高的水平。特别是唐代彩画在南北朝的基础上，又有了新的发展，主要特点有：（1）用色较多，在以青、绿、朱、白、黑的基础上，创造了“五彩间金装”的彩画图案，使彩绘作品显得更加雄伟壮丽。（2）图案线条刚劲有力。翻卷折叠的花叶如江河流水起伏回旋，前后连贯，笔墨技法精炼。这种线描技艺为唐代彩画增辉添彩。（3）图案花纹也较丰富多彩，除原有绘画的花草纹图案外，增加了飞禽走兽等，形象生动活泼。

现存实物唐代梁枋彩画多为红土刷饰绘七朱八白，此可能为唐代彩画中最简单的品类。唐代柱子多刷土朱，或于柱头、柱中绘束莲，或绘卷草。唐代斗栱彩画多在红土刷饰的地方于栱头画白色燕尾。

唐、五代已有叠晕。沥粉贴金的技法，已见于隋唐及其以前的敦煌壁画中。

（五）佛塔

南北朝佛寺“前塔后殿”的传统布局，至隋代大型寺院仍在沿用以佛塔为中心主体的规划布局（有的佛寺已出现佛塔体形减小，且不居寺中的现象）。初唐时期，佛塔还是寺院主体建筑，置于主要佛殿之前。以后突出佛殿地位，塔退出寺院中心主体地位。晚唐时期，佛塔已少立中轴线之主体位置，寺内不建塔或建塔于寺之别院中。隋唐时建造僧人墓塔已较普遍。据史料记载，中晚唐时，多在寺外一里左右处设立墓塔区。

隋唐五代时期的砖石塔，不但有多层的密檐式塔和楼阁式塔，还有单层的亭阁式塔。塔身平面至中唐以后逐渐改变以方形为主的做法，开始较多采用八角形，并出现圆形和六角形。砖塔多采用平顺砖垒砌，兼用丁头砖和补头砖。砖与砖间灰缝不岔分，皆采用黄泥浆粘合剂。唐代密檐式砖塔多有副阶周匝（图7－23），且塔身诸檐之檐颤明显，出檐较深，成为唐代密檐式砖塔的重要特点之一。现存唐塔多为塔身内中空呈筒状。石质塔刹造型优美，雕刻精湛（图7－24）。五代砖塔有精美的金属塔刹（图7－25）。

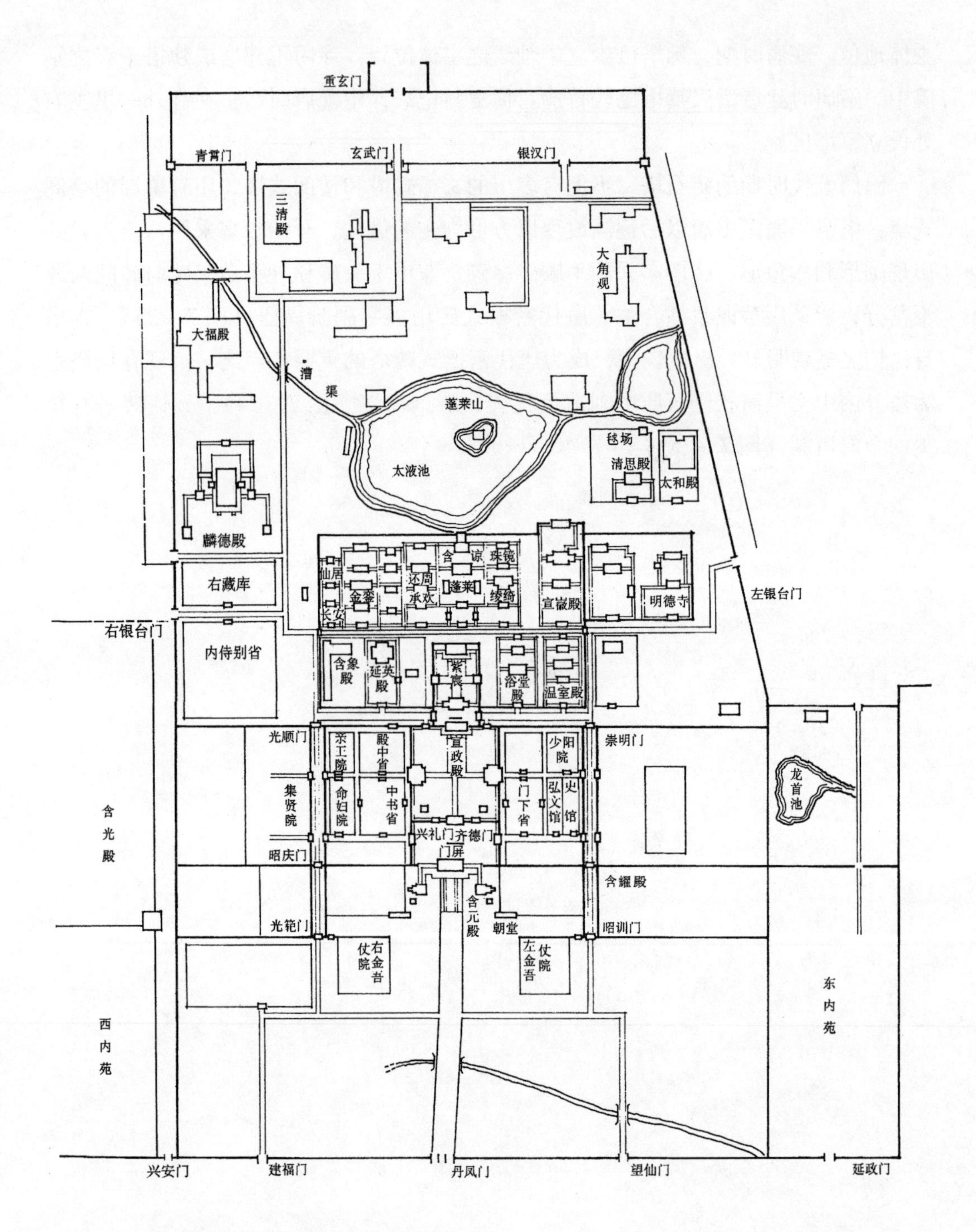

图7－1　西安唐长安大明宫平面复原图

（《中国古代建筑史》第二卷，2001年版）

＊ 图中所显示的，是四合院组成的纵深建筑群，表现出中轴线与左右对称的平面布局。

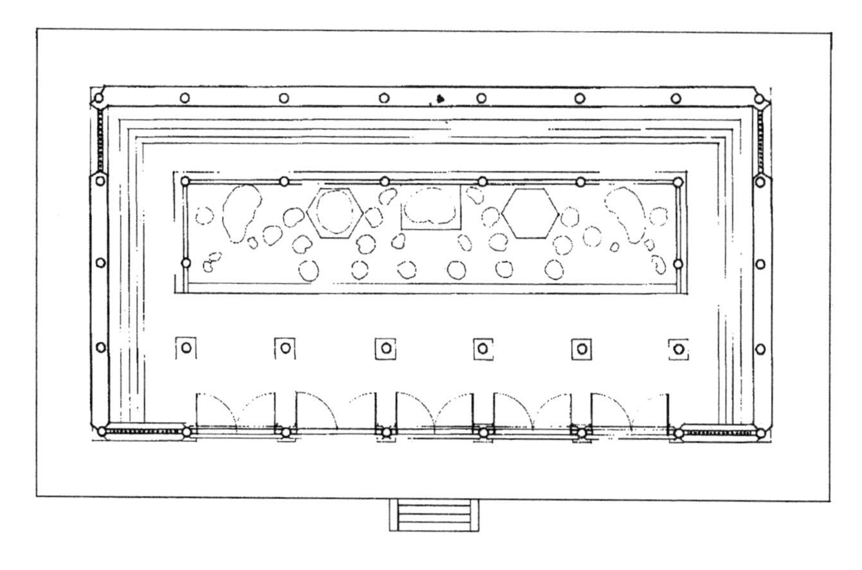

图7－2　山西五台唐代佛光寺大殿柱网布置图
（《中国古代建筑史》第二卷，2001年版）

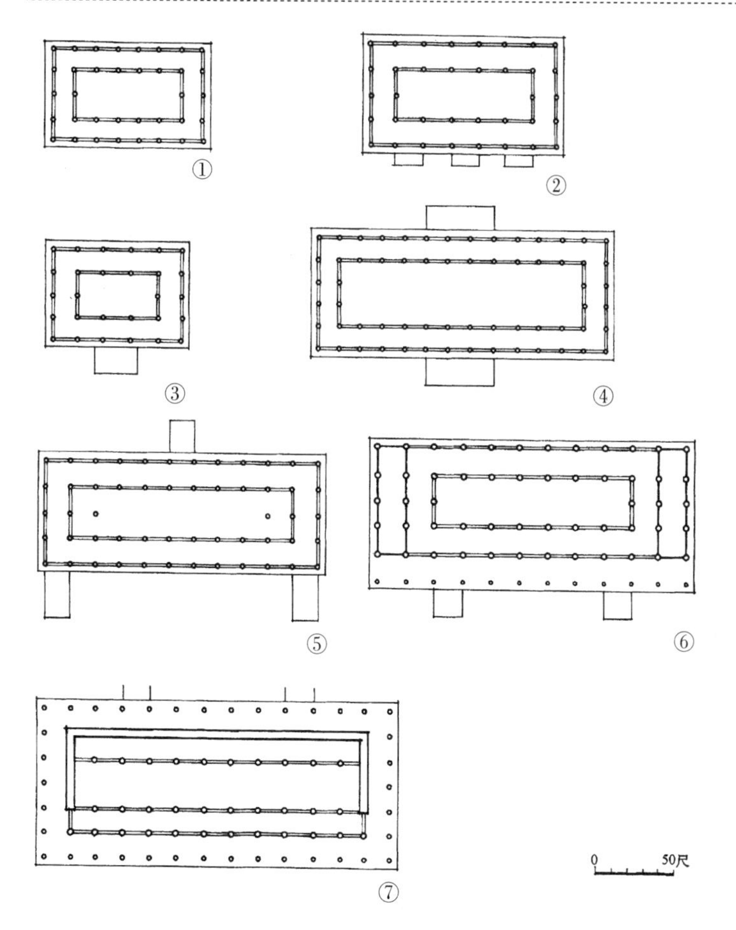

图7－3　唐代殿堂型构架柱网布置图

①渤海国上京第三宫殿基址；
②山西五台佛光寺东大殿；
③唐长安青龙寺东院殿址；
④唐长安青龙寺塔院殿址；
⑤渤海国上京第一宫殿址；
⑥唐长安大明宫麟德殿前殿址；
（以上均斗底槽）
⑦唐长安大明宫含元殿址（双槽）
（《中国古代建筑史》第二卷，2001年版）

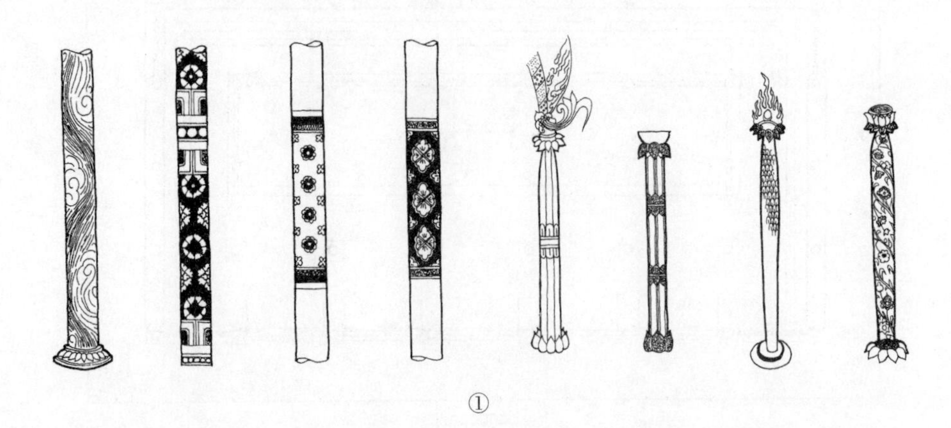

①

②

图7-4　隋唐五代柱子与柱础

①敦煌壁画中的柱形（《敦煌建筑研究》，2003年版）

②陕西麟游隋仁寿宫遗址出土柱础（《杨鸿勋建筑考古学论文集》，2008年增订版）

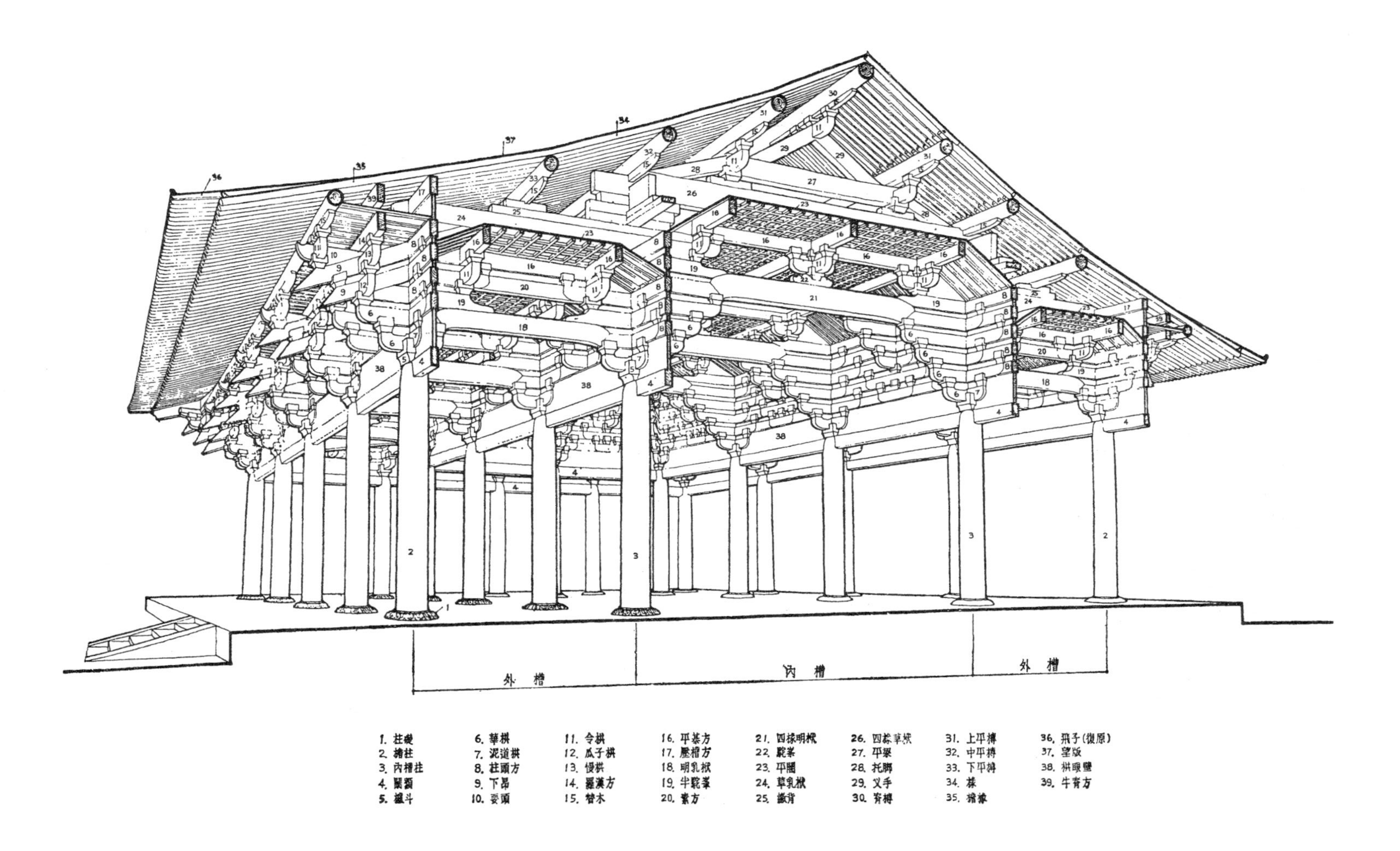

图7－5　山西佛光寺大殿梁架结构示意图

（刘敦桢主编《中国古代建筑史》，1980年版）

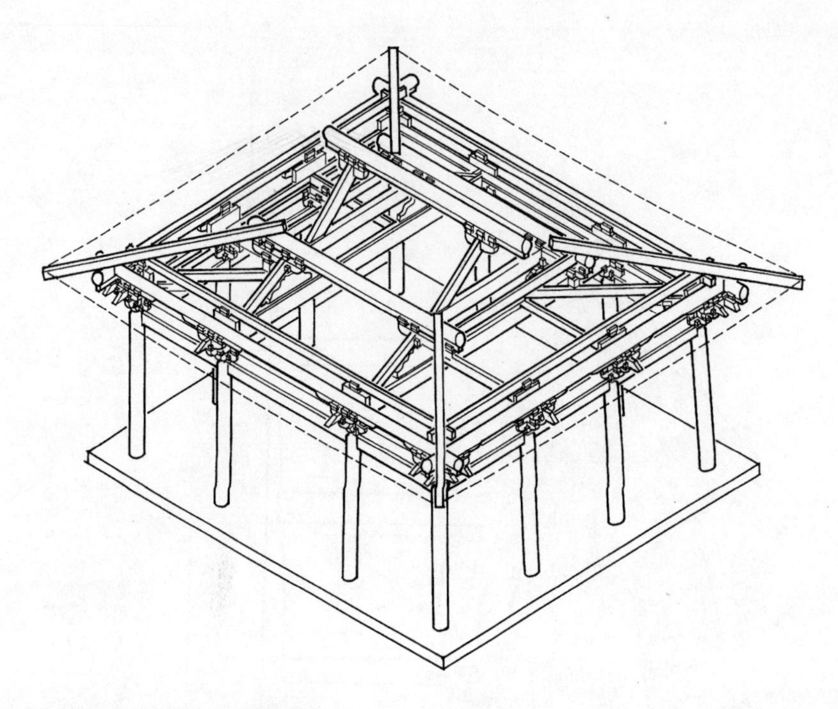

图7-6　山西五台唐代南禅寺大殿构架透视图

（《中国古代建筑史》第二卷，2001年版）

＊ 如图所示，柱子排列整齐、梁架前后对应，“彻上明造”。

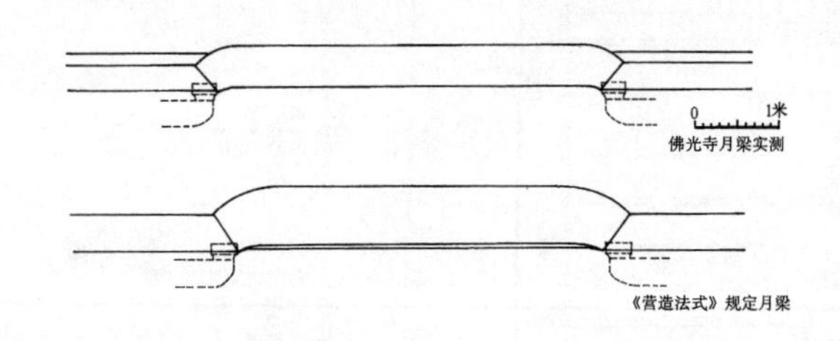

图7-7　山西五台唐代佛光寺大殿月梁与《营造法式》月梁比较图

（《中国古代建筑史》第二卷，2001年版）

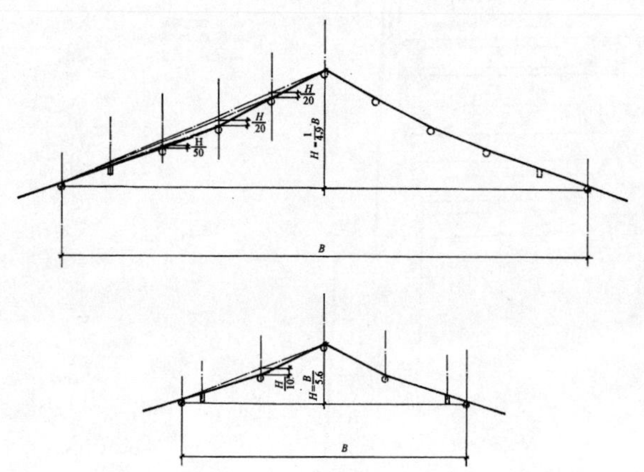

图7-8　唐代佛光寺大殿（上）与南禅寺大殿（下）屋顶举折图

（《中国古代建筑史》第二卷，2001年版）

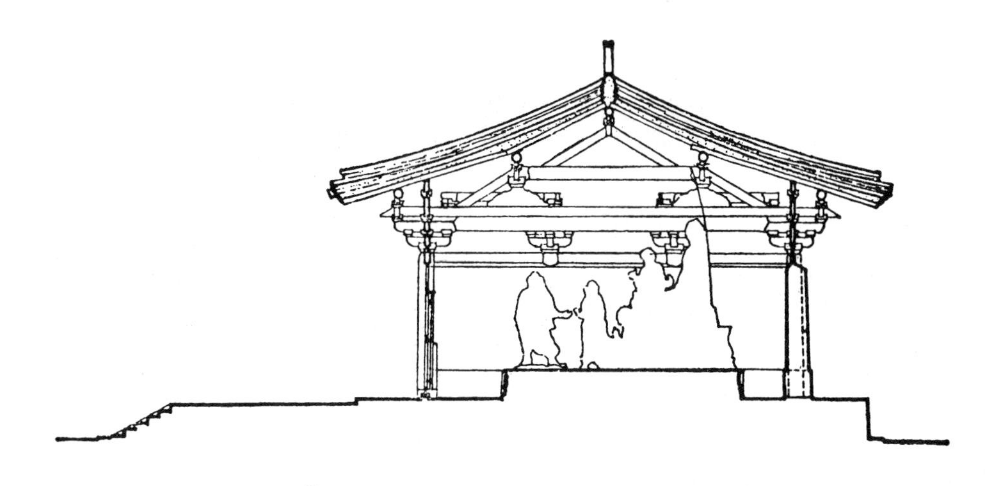

图7－9　唐代南禅寺大殿梁架结点

（《祁英涛古建论文集》，1992年版）

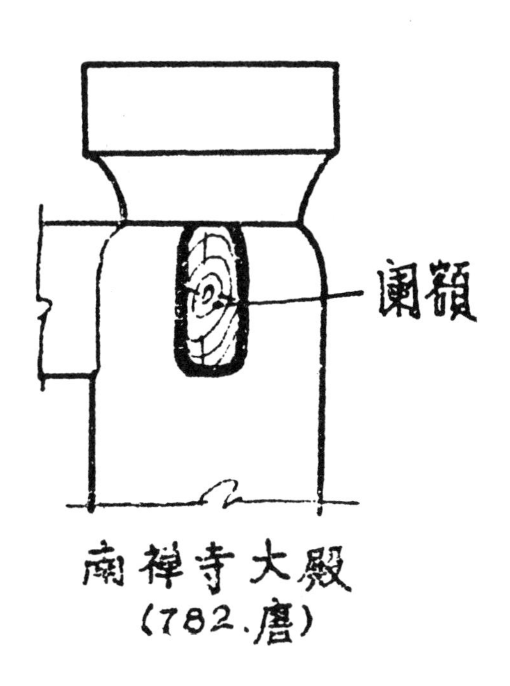

图7－10　南禅寺大殿阑额

（《文物》1965年第4期）

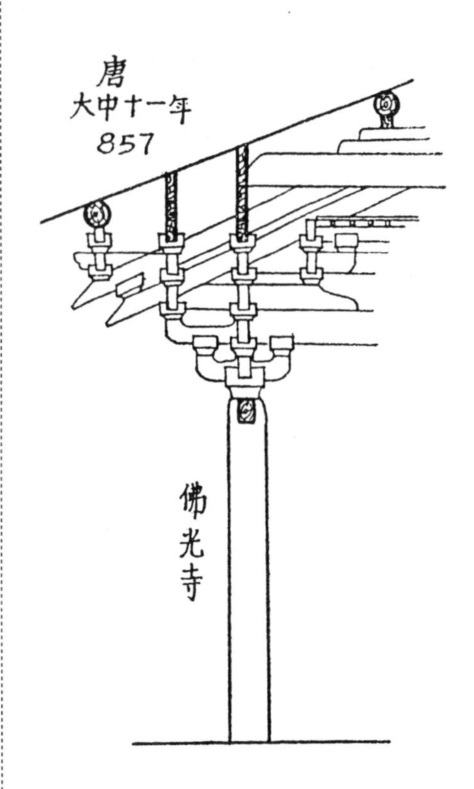

图7－11　佛光寺大殿斗栱高与柱高比较图

（《文物》1965年第4期）

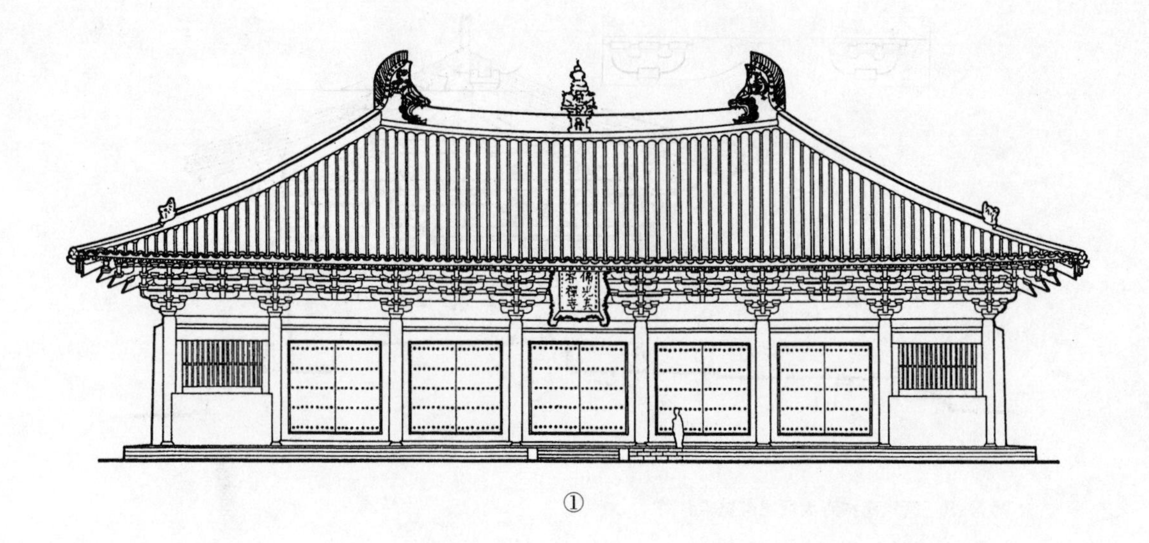

①

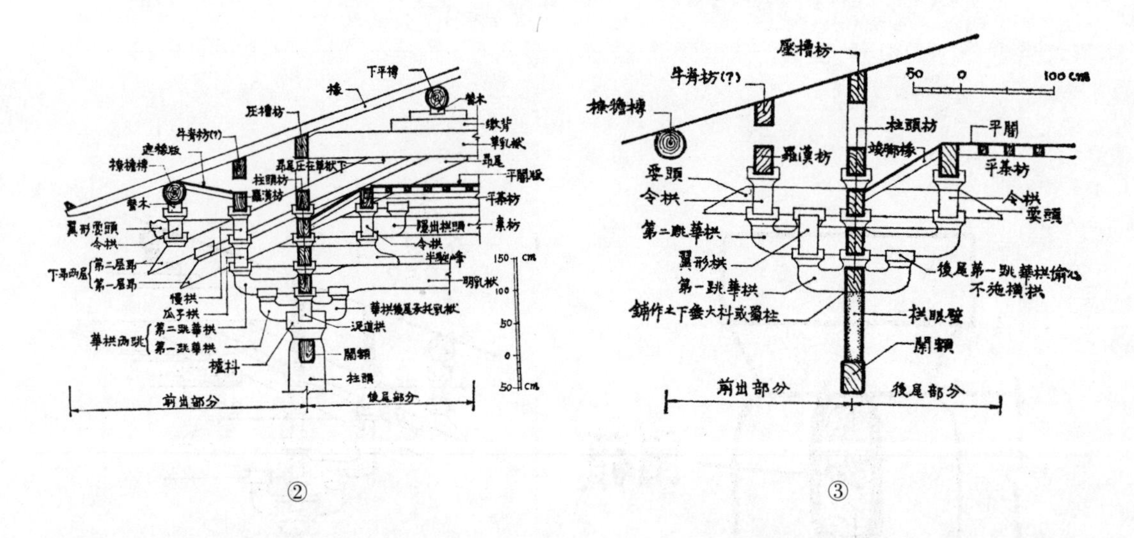

② ③

图7－12　唐代佛殿的補间铺作与柱头铺作形制

①佛光寺大殿的補间铺作与柱头铺作不一致（《柴泽俊古建筑文集》，1999 年版）

②佛光寺大殿外檐柱头铺作（《梁思成文集（二）》，1984 年版）

③佛光寺大殿外檐補间铺作（《梁思成文集（二）》，1984 年版）

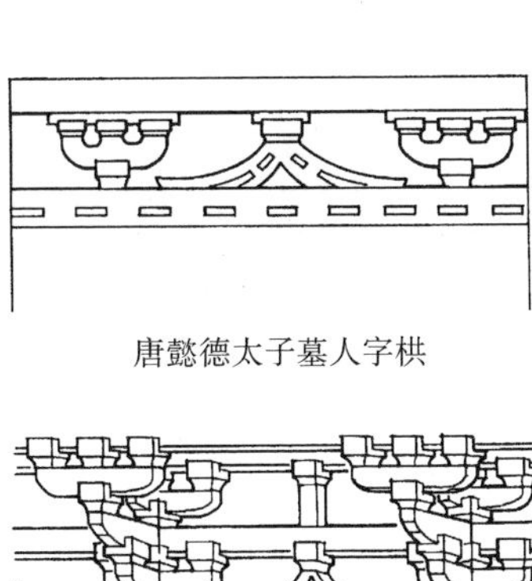

唐懿德太子墓人字栱

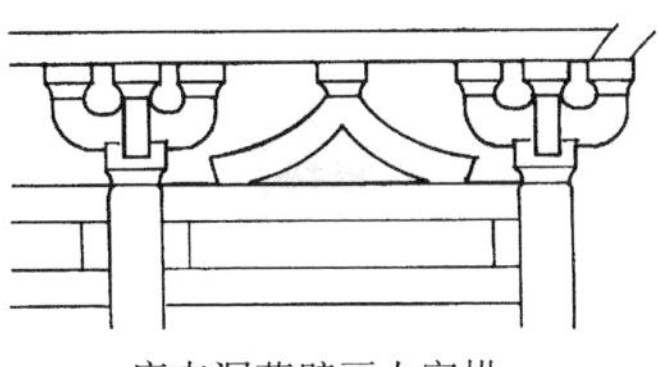

唐韦洞墓壁画人字栱

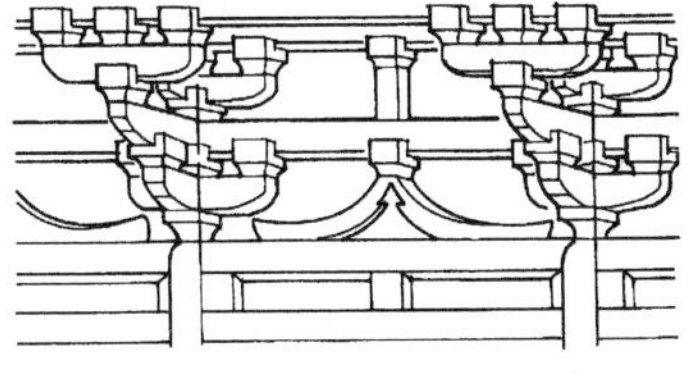

西安雁塔门楣石刻人字栱

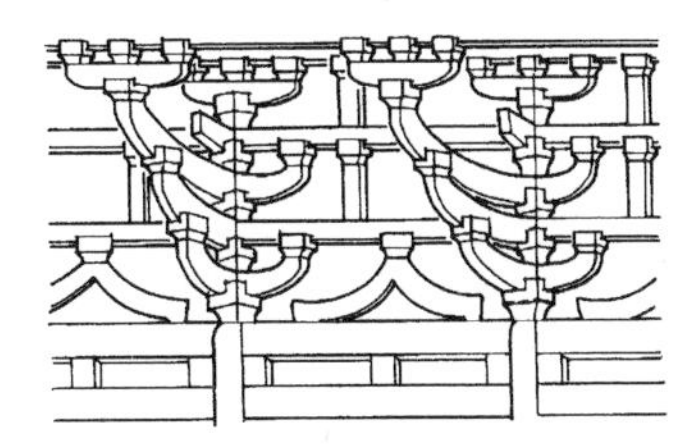

唐懿德太子墓壁画人字栱

①

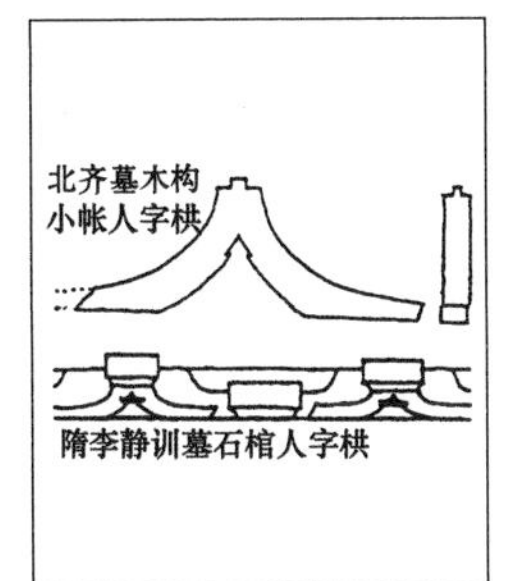

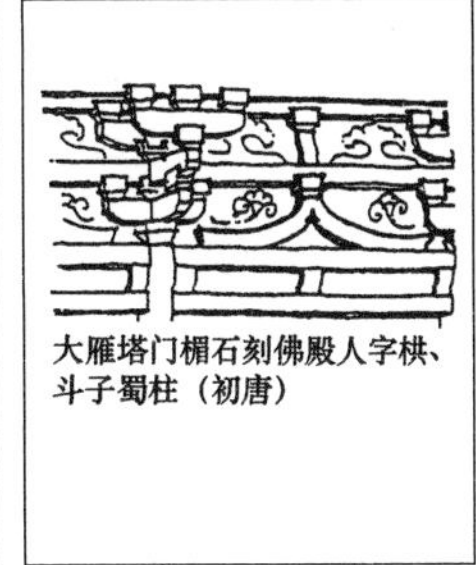

②

图7－13　隋唐建筑人字栱

①唐代之人字栱（《中国古代建筑史》第二卷，2001年版）

②隋唐斗栱之人字栱（《大明宫》，2013年版）

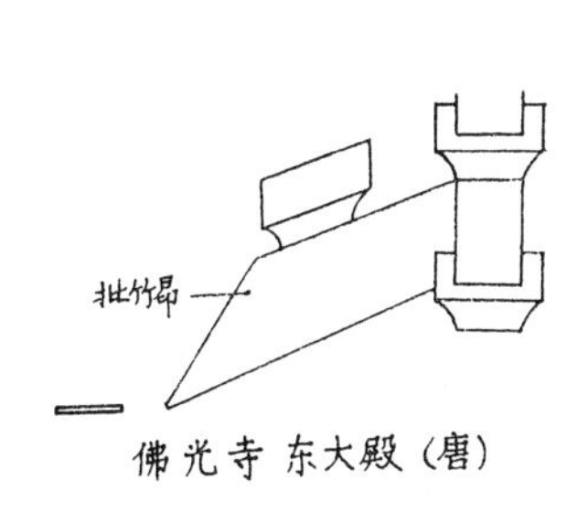

图7－14　佛光寺大殿批竹昂

（《文物》1965年第4期）

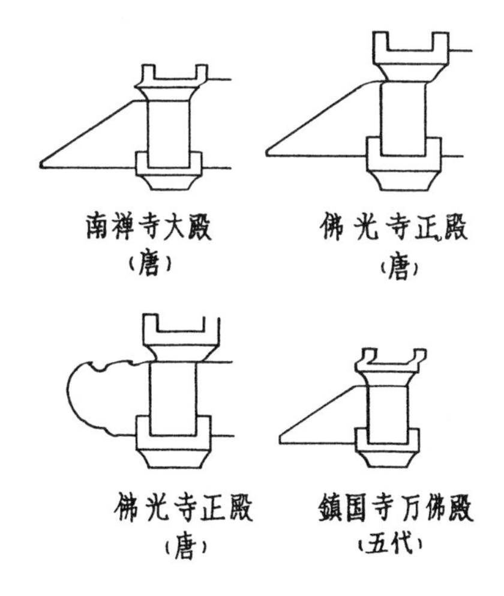

图7–15

唐、五代建筑耍头

（《柴泽俊古建筑文集》，1999年版）

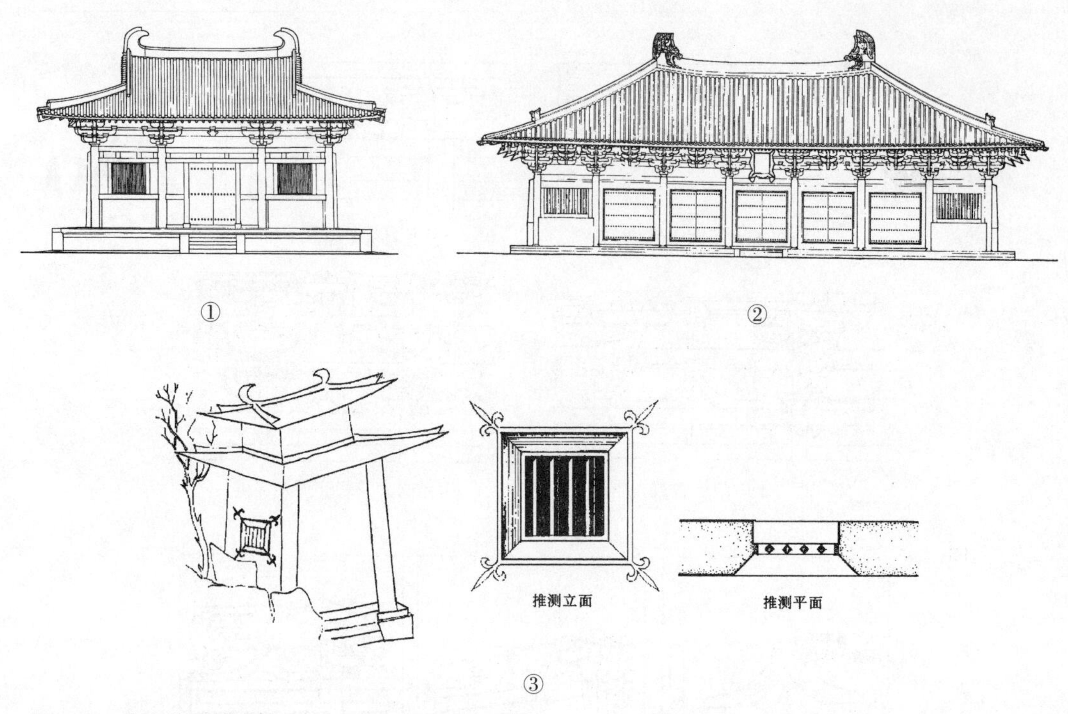

图7－16　隋唐建筑门窗

①山西五台南禅寺大殿之门窗（《中国古代建筑史》第二卷，2001年版）

②山西五台佛光寺大殿之门窗（《中国古代建筑史》第二卷，2001年版）

③甘肃敦煌莫高窟303窟隋代壁画中的窗口装饰（《中国古代建筑史》第二卷，2001年版）

图7－17　湖南益阳唐墓出土铜铺首口中衔环

（《中国古代建筑史》第二卷，2001年版）

图7－18　河南登封净藏禅师塔直棂窗

（《河南文化遗产》，2007年版）

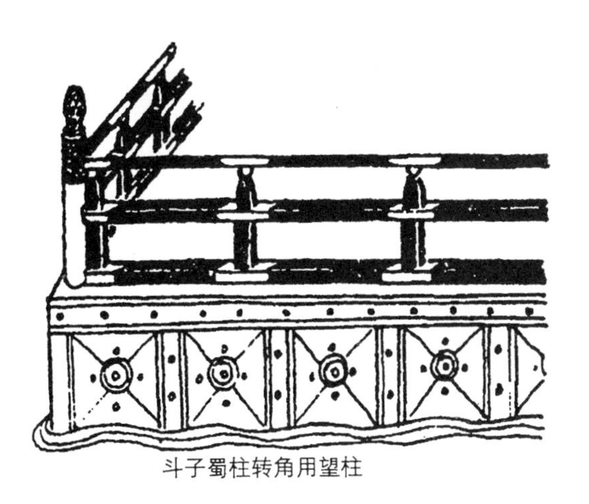

图7－19　甘肃敦煌唐代壁画中的木栏杆

（《杨鸿勋建筑考古学论文集》，2008年增订版）

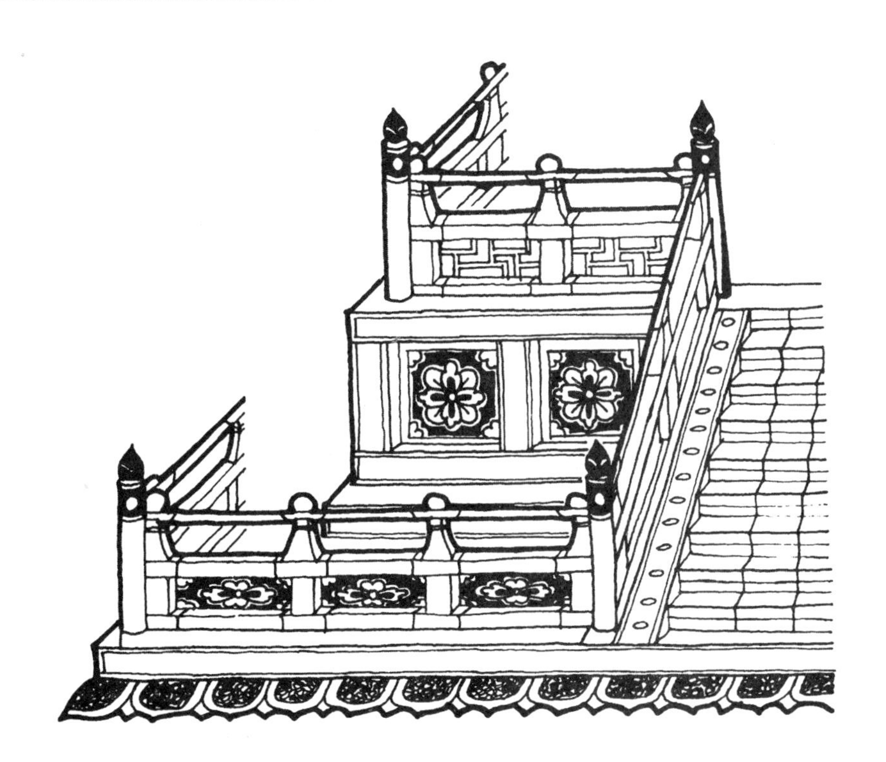

图7－20　甘肃敦煌中唐237窟组合基座及栏杆

（《敦煌建筑研究》，2003年版）

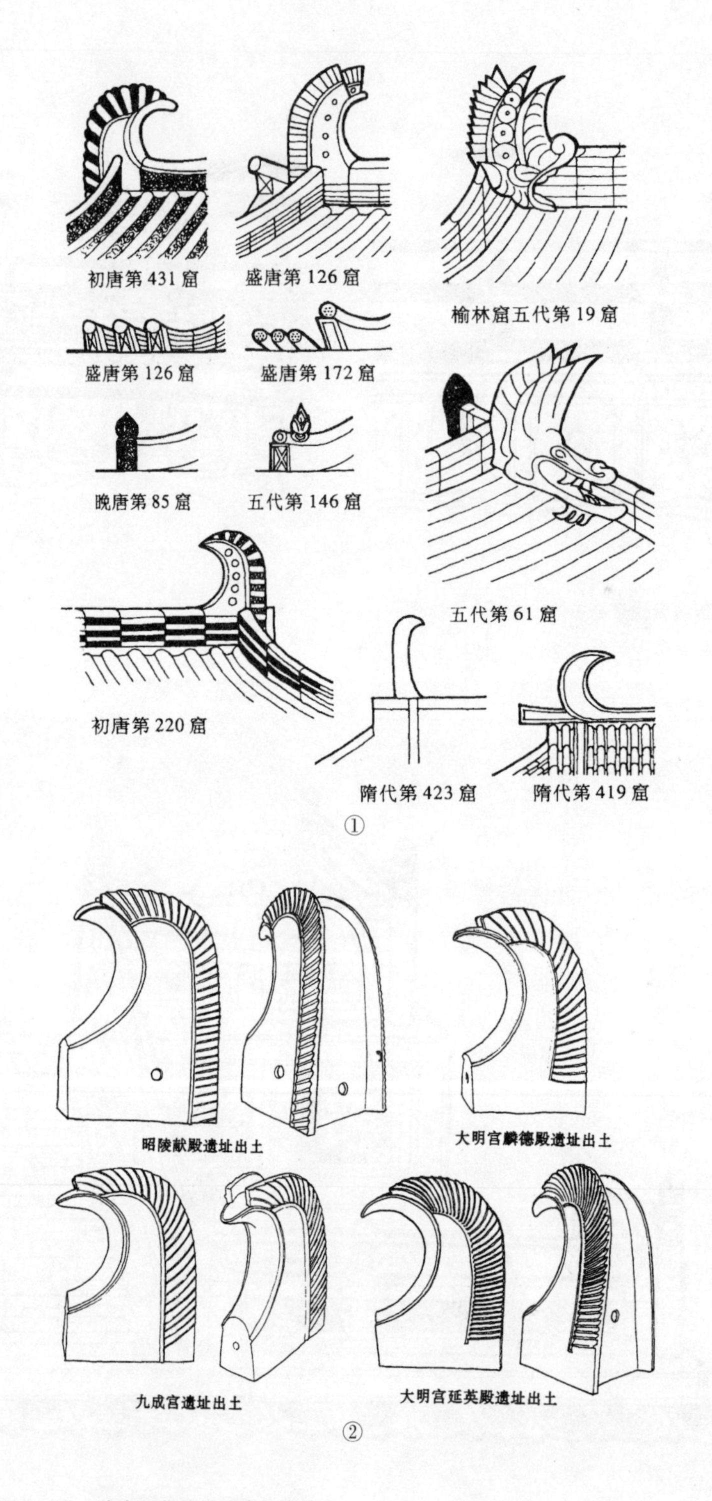

图7-21　隋唐五代建筑屋脊与脊饰

①甘肃敦煌等隋唐五代壁画中的脊与脊饰（《敦煌建筑研究》，2003年版）

②陕西西安唐代宫殿遗址出土鸱尾（《中国古代建筑史》第二卷，2001年版）

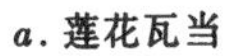
a. 莲花瓦当

b 兽面瓦当

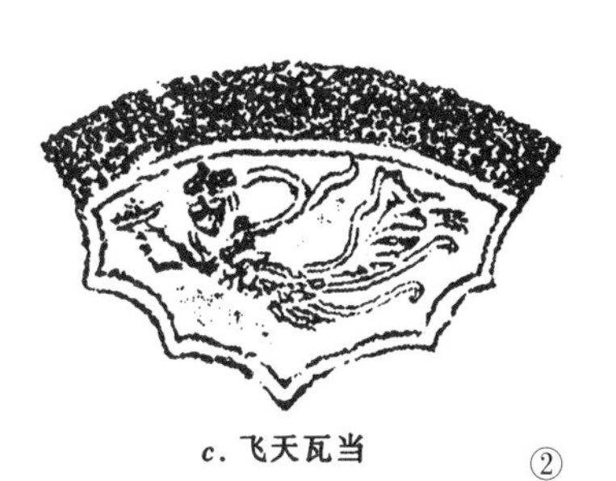
c. 飞天瓦当

②

图7－22　唐代瓦当纹样

①大明宫含元殿出土瓦当（《大明宫》，2013年版）

②河南登封嵩岳寺遗址出土唐代瓦当（《中国古代建筑史》第二卷，2001年版）

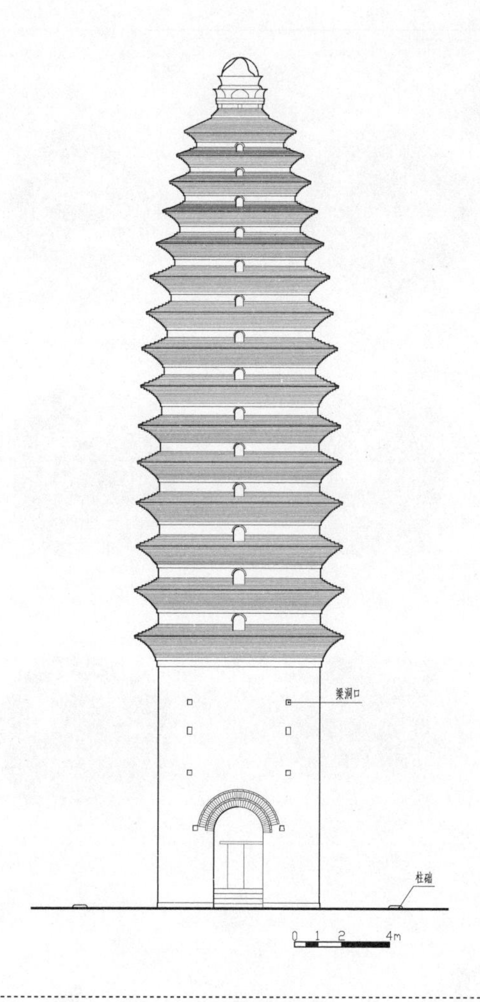

图7－23　河南登封法王寺1号佛塔周围存副阶周匝梁洞与柱础

（《中原文化大典·文物典·建筑》，2008年版）

图7－24　河南登封少林寺塔林唐代法玩禅师塔石雕塔刹

（《塔林（上）》，2007年版）

图7－25　河南武陟五代妙乐寺塔金属塔刹

（《中原文化大典·文物典·建筑》，2008年版）

八 宋代建筑

宋代结束了唐灭亡后五代十国的分裂局面，社会、经济、文化得到了恢复和发展，“是一个伟大的创造时代”，“在学术文化上超过汉唐”，“华夏建筑之演进造极于赵宋之时”。打破了汉唐以来的里坊制度，取消了封闭的坊墙和集中的市场，形成以行业成街的城市布局。总结了宋及其以前我国营造业发展的经验，确立了营造设计的模数制。并以此编著的《营造法式》（以下简称《法式》），成为研究中国古代建筑的经典著作和“文法课本”，也是当时世界上内容最完备的建筑学专著之一。中国营造业出现了一个新的发展阶段，形成中国封建社会营造发展的第三个高潮。此时期的建筑风格柔和绚丽而富于变化，出现了形式各异的殿台楼阁，特别是规定梁栿高、宽之比为3∶2，其矩形截面只比最强截面的抗弯强度低0.23%，所以从木梁的力学角度分析，领先世界五六百年。

（一）平面布局、柱网与柱形

1. 平面布局

宋代建筑群的总体平面布局与隋唐建筑基本一致，仍采用四合院的布局形式。主体建筑置于建筑群的重要中心地位，强调中轴线与左右均匀对称的格局（图8－1）。

2. 柱网与柱形

单体木构建筑，平面柱网布置既要满足使用功能要求，又要充分考虑构架形式。在大型和较大型的建筑平面中，柱子纵横成行，排列规整（图8－2）。有的小型建筑只用檐柱，不用内柱。为了扩大室内空间，产生了新型的柱网平面，即将前金柱减去或移位，这种做法主要用在辽、金时期建筑上。宋代建筑使用减柱造的例子不多，目前仅见山西晋祠圣母殿一例（图8－3）。

此时期建筑平面的长宽比例，依现存遗构可分为三种类型，第一为接近方形，第二为面阔与进深之比为2∶1的长方形，第三为面阔与进深呈3∶2的长方形。大型多间面阔的长方形建筑，面阔比进深多两间至四间。

现存遗构中柱径与柱高的比例多为1∶8～1∶9，也有1∶7或1∶10之例。而重檐建筑上檐柱超过此比例。

《法式》造柱之制，有直柱和梭柱。现存木构实物，多为木质直柱，柱头均有卷杀；木构建筑少林寺初祖庵大殿采用八角形石柱，其柱之上径较下径微收，柱面雕刻人物、牡丹、瑞禽、海石榴等精美图像。此时期梭柱为将柱之上三分之一卷杀，柱头卷杀成覆盆状，江南多例柱之上下均带卷杀。

拼合柱的做法，《法式》中有将细柱外加木料，使其柱身加粗的做法。浙江宁波宋代保国寺大殿拼合柱的做法与《法式》有些不同，即将四根细的圆形木料用透栓穿成一体，表面再加竖向木条，巧妙地做成瓜楞形状，可谓拼合柱之孤例。

柱之断面有圆形、方形、八角形、瓜楞形。此时期还大量使用石柱，石柱表面雕刻各种花纹。北宋还有在木柱上雕刻蟠龙做法，如建于宋代早期的山西太原晋祠圣母殿施木雕蟠龙柱子，此为我国现存最早的蟠龙柱（图8－4）。

宋代木构建筑普遍采用柱生起与柱侧脚的技术措施。《法式》规定正面柱侧脚为柱高的1%，侧面柱侧脚为柱高的0.8%，《法式》规定仅向内侧斜，而实物中不仅向内侧，还向当心间侧倾的双向侧倾的做法，且大多数实物的侧脚大于《法式》的规定，最大者达到2.9%。《法式》规定："若十三间殿，则角柱比平柱高一尺二寸，十一间升高一尺，九间升高八寸，七间升高六寸，五间升高四寸，三间升高二寸"。大多数建筑符合此规定。

露明柱础为覆盆状（图8－5），雕刻各种花纹（图8－6）。不露明者同唐代，用石块垫置。柱锧最早的应用为殷墟遗址中发现的铜锧，《法式》规定易铜为木（櫍），但在元以前的建筑中还缺乏实物例证。

（二）梁架

梁架立木。《法式》规定楼阁建筑梁架立木方法有叉柱造、缠柱造和永定柱造三种。实物中多为叉柱造，个别用永定柱造，尚未见到缠柱造。

草栿与明栿：梁栿有明栿与草栿之别，若有平棊，屋顶之重则由草栿承托；若彻上明造则有明栿负重。明栿又有月梁和直梁之别，直梁较多，月梁较为规整，梁底顱起亦较甚。其形制与唐代相似（图8－7）。

宋代平梁之上，皆立蜀柱，以承托脊槫，但两侧仍挟以叉手，与唐代只用叉手而无蜀柱，及明清官式建筑只有瓜柱（即宋式蜀柱）而无叉手相比较，其特点非常明显。

梁之断面高、宽比例规定为3∶2，体现的重要力学原理，比意大利科学家伽利略基本相同的学说早500多年。其S比值为99.77%，实际上基本达到力学最大的抗弯强度，且3∶2是整数之比，便于记忆、计算和应用。《法式》规定"月梁颊，上贴缴背，下贴两颊，不得刻剜梁面"。似为拼梁，实物中只有"上贴缴背"，未发现"下贴两颊。"

叉手与托脚：元代以前的叉手用材较大，起到承负荷载的作用。《法式》还对叉手的尺度做出规定。托脚，宋金时不但有一步架托脚，还有斜跨二步架的大托脚，如河北正定隆兴寺宋代转轮藏殿（图8－8）。

推山与收山：推山，《法式》规定“如八椽五间至十椽七间，并两头增出脊槫各三尺”，使垂脊近顶处向外弯曲，可谓推山之制之滥觞，但应用不普遍。“收山”是歇山两侧山花，自山面檐柱中线向内收进的方法。宋代规定自最外一缝梁架向内收一步架。清代规定，自侧檐柱中向内收进一檩径。二者计算方法不同，但从外观看，从早到晚收山的尺度是由大变小，而正脊的尺度是由短变长。如宋代隆兴寺转轮藏殿，内收89厘米。山面做法多为透空，并有悬鱼、惹草等装饰件。

梁架节点支承构件驼峰式样有三瓣鹰嘴驼峰、两瓣鹰嘴驼峰、掐瓣驼峰、毡笠驼峰等（图8－9）。脊槫与蜀柱节点除采用单斗支替、令栱支替、重栱支替的构造方式外，《法式》中还规定用“丁华抹颏栱”与其十字相交，以固定脊槫与叉手的相对位置，但此结构做法应用不广。

角梁与椽飞：角梁两重，宋代大角梁为直料，下端作蝉肚或卷瓣状。子角梁折起，梁头斜杀。檐椽椽头不卷杀，而飞椽椽头卷杀。但卷杀的子角梁和飞椽的做法，明清官式建筑均已不用，而明清地方手法建筑仍然采用。

梁架举折：自前后撩檐枋心之距离分为四分，以撩檐枋顶部至脊槫顶部之高距，占其四分中的一分（即四分中举起一分）。《法式》卷五也有三分中举起一分的规定。现存实物中，宋初至辽以近四分举一者较多。至北宋末及南宋等则近于三分举一。即此时期梁架举折多为1∶4～1∶3。如正定隆兴寺转轮藏殿前后撩风槫间距14.50米，举高4.30米，其举折为3.37分举一。少林寺初祖庵大殿，前后撩檐枋中线水平距离11.96米，总举高3.75米，其举折为3.18分举一，与《法式》规定基本相符。

阑额与普拍枋：宋以前的建筑虽然已采用阑额的结构技术措施，但不用普拍枋（有说唐初已有普拍枋），现存唐代木构建筑仍只用阑额，而无普拍枋。宋《营造法式》仅规定在平座上施普拍枋。甚至建于北宋晚期的少林寺初祖庵大殿也仅用阑额（图8－10），而不用普拍枋。《法式》规定“造阑额之制，广加材一倍，厚减广三分之一，长随间广，两头至柱心，入柱卯减厚之半。”

雀替：梁或阑额与柱子的交接处，为增强梁头剪力或减少梁枋跨距而使用雀替，可能是由栱形替木演变而来。北魏云冈石窟浮雕柱头栌斗上的雀替，是雀替用于外檐的最早实例。宋、辽雀替的形象多未脱离栱形。宋、辽、金、元时期盛行两种形式：一种是楷头绰幕（宋称雀替为绰幕），尽端刻出2～3瓣；另一种是蝉肚绰幕，尽端刻出曲线如鸟翼飞展（图 8－11）。

替木：为宋式木构件名称，位于槫缝下跳头上承托槫枋的长条形构件，与上部槫枋多实拍相合。《法式》规定替木高十二分，宽十分。单栱上用的长九十六分；令栱上用的长一百零四分；重栱上用的长一百二十六分。替木两头各杀四分上留八分，以三瓣卷杀，每瓣长四分。替木在汉代建筑明器上已有使用。明清官式建筑皆不用此构件，而袭古手法的明代地方建筑还有使用替木的。

出际：为宋式大木作构造术语，宋代也称为“屋废”。槫至两梢间，两际各出柱头以外的伸出槫头部分。《法式》规定，以其建筑物的大小有长短之分，最小的两椽屋出际二尺至二尺五寸，最大的八椽至十椽屋出际则深达四尺五寸至五尺。殿阁转角造（歇山）出际长随架。

椽飞的制作方法与有关数据等，《法式》均有详尽的规定。涉及调查鉴定的有关飞子（飞椽），如椽径十分，则高八分，宽七分，即椽径与飞子高之比为 5∶4。将飞子的高、宽两面各匀分为五分，两边各斜杀一分，底面上留三分，下杀二分。皆以三瓣卷杀，上一瓣长一分，次两瓣各长四分。尾长斜随檐。凡屋内为彻上明造者，则于每槫缝上使椽头与椽尾皆斜批相搭，以利观瞻，称作“斜搭掌”的排椽之法。若屋内有平綦，即随椽的长短，使一头平齐，另一头放过上架，当槫钉之，不用裁截，称作“雁脚钉”，也称“乱搭头”的排椽之法。

槫枋间使用襻间铺作。

（三）斗栱

宋代斗栱已有了很完备的规制。《法式》规定很规范，使用偷心造和计心造，最多出跳多达五跳之多。有单栱造和重栱造：单栱造，以单层横栱承托替木或素枋的斗栱组合；斗栱上各跳用两层横栱的叫重栱造。接近辽代地区的北宋建筑，也有采用“斜栱”的（图 8－12）。

斗栱用“材”：《法式》规定“凡构屋之制，皆以材为祖”。斗栱中一个栱的高度称为一材，即单材。栱高称为材高，栱之宽称为材宽，两层栱相迭时，栱与栱中间的空当高度称栔高，材高加栔高称为足材。《法式》规定：“以其材之广（高）分为十五分，以十分为其厚。栔广（高）六分，厚四分。材加栔者谓之足材。”现存面阔五间的建筑用材多接近 24×16 厘米，与《法式》规定基本吻合。其现存实物的栔高多大于 6 分的规定。

柱高与斗栱总高的比例关系（图 8－13）。现存此时期木构建筑采用五铺作以上者，柱高与斗栱总高之比在 1∶0.3～1∶0.39 的约占近半数，在 1∶0.2～1∶0.29

的仅占三分之一左右。一般建筑斗栱总高为柱高的三分之一，年代较早者可达1/2.5。

宋代始柱头铺作与補间铺作式样及出跳数一致，但也有不一致的（图8－14）。補间铺作每间有一朵的，也有两朵的。斗栱距离不一致。内檐斗栱数量逐渐减少。

宋代除方斗外，《法式》中还有圆栌斗和讹角斗，实物虽有但流传不广。斗的耳、平、欹高之比为4∶2∶4，有明显的斗顱。

《法式》大木作制度规定“造栱之制有五”，“造斗之制有四”，“造昂之制有二”。其所谓五种栱有华栱、泥道栱、瓜子栱、慢栱、令栱；四种斗即栌斗、交互斗、齐心斗、散斗；两种昂即上昂和下昂。

《法式》将栱分为足材栱和单材栱两大类。足材栱只有华栱一种，单材栱有泥道栱、慢栱、瓜子栱、令栱四种。四种斗中的栌斗是斗栱最重要和体积最大的一种斗，有方形栌斗、圆形栌斗和讹角栌斗。方形者高20分，上八分为耳，中四分为平，下八分为欹。开口广十分，深八分。底四面各杀四分。欹顱一分。交互斗、散斗、齐心斗、皆高十分，上四分为耳，中二分为平，下四分为欹。开口皆广十分，深二分。底四面皆杀二分。欹顱半分。据现存实例，唐、辽建筑多用批竹昂，宋及其以后建筑多用琴面昂，而宋代也有使用批竹昂的，且全部为真昂，其批竹昂昂嘴“▭”形，琴面昂昂嘴为“△”形。绝大多数为下昂（图8－15），上昂者现存实物最早见于南宋建筑苏州玄妙观三清殿。宋代昂之细部手法，因时因地各有不同，故在鉴定古建筑时要注意观察，予以区分。

宋代《法式》规定除令栱栱端为五瓣外，其余各栱一律为四瓣。栱子的长度为泥道栱与瓜子栱等长为62分，令栱长为72分，慢栱长为92分。隐刻正心栱。

斗栱的正心枋用单材，最上一层多用足材。最外跳令栱上宋代规定用撩檐枋，但实物中用槫、用枋的都有。柱头铺作的令栱上用替木承托两间撩檐槫或撩檐枋的搭交处。

宋代耍头：有变体耍头，形似翼形栱，但更多为耍头的标准式样（图8－16）。所谓标准式样，《法式》中不但有详细的文字表述，而且还有图样，与清代标准型耍头式样相似，称为“蚂蚱头”，但用“材”不同，宋代为单材，其上置齐心斗，清代则为足材，无齐心斗。

（四）门窗、栏杆、踏道、殿顶脊兽瓦件、彩画

1. 门窗

宋代一些重要建筑还沿用板门，门簪也多用2～3枚，有方形、菱形、长方形

等。门钉为乳钉形，但门钉的纵横数目仍无定制。北宋初期出现了格扇门，现存最早的格扇门为河北涞源县阁院寺文殊殿（辽代建筑）的四抹格扇门。现存早期最完整的格扇门为山西朔州崇福寺弥陀殿的格扇门。《法式》规定格扇门由腰华板、格心、障水板和抹头等组成（图8－17）。宋代格扇门为四抹格扇，且障水板花纹朴素。宋代建筑多采用直棂窗、板棂窗和破子棂窗（图8－18）。《法式》规定还有睒电窗和水文窗（图8－19），但未发现实物。宋代已有可以随意开启的阑槛钩窗和支窗的“活扇窗”。

2. 栏杆

《法式》所载的石栏杆和木栏杆有两种（图8－20、21），即重台钩阑和单钩阑，都是寻杖栏杆。石栏杆中的重台钩阑，因用两重华板，故名。每段高四尺，长七尺。寻杖下用云栱和瘿项，次用盆唇，中用束腰，下施地栿。其盆唇之下，束腰之上安内作剔地起突的大华板；束腰与地栿之间安装有雕刻的小华板，称作地霞。单钩阑，因仅用一层华板，故名单钩阑。每段高三尺五寸，长六尺，上用寻杖，中用盆唇，下用地栿。盆唇与地栿之间用透空或不透空的饰“卍”万字纹或其他纹饰的华板。如寻杖过长，可在每间当中施托神支撑。

《法式》中小木作制度钩阑条规定：“造楼阁、殿亭钩阑之制有二，一曰重台钩阑，高四尺至四尺五寸；二曰单钩阑，高三尺至三尺六寸。若转角则用望柱，其望柱头破瓣仰覆莲。如有慢道，即计阶之高下，随其峻势令斜高与钩阑身齐。其名件广厚皆取钩阑每尺之高（谓自寻杖上至地栿下），积而为法。”

3. 踏道

踏道由踏石、副子、象眼组成。踏道宽随建筑开间，高随台基，长为高的一倍。踏道两侧作象眼，随踏道高低由三至六层石条砌筑，逐层向内退入。现存实物如登封少林寺初祖庵大殿之踏道（图8－22）。

济源济渎庙渊德殿月台前面的阼阶和西阶（又称宾阶）的踏道形式，1936年刘敦桢先生现场调查后著文称：“疑心此东西二阶，乃宋初遗构。”惜20世纪50年代，殿基被毁，目前所见也只有庙图中所留此踏道的形象。

4. 脊瓦吻兽

（1）脊：《法式》规定瓦顶之各种脊，都用瓦条垒砌，即瓦条脊（叠瓦脊）。

（2）吻兽：宋代普遍应用鸱吻。五代宋初鸱吻之尾翘转向内，为其特有的做法。《法式》记载的“龙尾”名称，最早见于金代崇福寺弥陀殿，外形似鸱尾，身内完全为一条蟠屈上弯的龙所占据，故实在应为“龙吻”。

（3）走兽：宋已规定用嫔伽一枚及蹲兽1～8枚，排列次序无定制。

（4）圆形瓦当，瓦当的下垂面多用宝相花。滴水瓦为“重唇板瓦”。

5. 彩画

宋代彩画作制度甚为严谨，图案也很多。其基本方法以蓝、绿、红三色为主，其色之深浅，则用褪晕之法。其品类有五彩遍装、青绿彩画和土朱刷饰三大类。梁枋彩画的绘制，在两端绘“角叶”，长为梁高的1.5倍。中间多绘几何图案，或满绘飞仙、云纹等。柱子彩画，或施土朱色，或于柱头、柱中绘束莲、卷草，太原晋祠圣母殿木雕蟠龙柱，可视为彩画的一种变体。斗栱彩画，约有三种彩绘做法，一为满绘花纹，二为青绿叠晕，三为土朱刷饰。宋代彩画不施地仗，在木构件表面施底粉或直接绘画。并有一套绘制彩画的程序，即衬地、衬色、填色、贴金等（图8-23）。还提出叠晕的绘制技法。

（五）砌体、佛塔

1. 砌体

宋代的砖城台和砖台基，仍内为夯土，外包砖皮。砖墓室砌砖多为“三平一竖”或“一平一竖”。地面建筑之砖墙全为平砌。粘合剂使用白灰浆的逐渐增多。墙体收分，下宽上窄。《法式》规定，墙厚为墙高的1/3，顶厚为底厚的1/2。采用灰缝不岔分的甃砌方法。

2. 佛塔

宋代砖石塔有楼阁式、亭阁式和密檐式等。其平面有方形、六边形和八边形，宋代中期以后以八边形最多。有的塔身内外镶嵌佛像等雕砖（图8-24）。从宋代始砖石砌体用白灰浆粘合剂，但有部分砖塔壁面砖用白灰浆粘合剂，壁体内仍用黄泥浆粘合剂，均采用砖灰缝不岔分的垒砌技术。北宋中叶又发展了发券的方法，使塔心与外壁连成一体，提高了砖塔的坚实度和整体性。

凡可登临的砖塔，均采用筒体结构，有的为单壁筒体，有的在单壁筒体中央设塔心柱，有的为双套筒。有的在下层作砖筒体，上层为木构。有的为实心砌体等。塔梯的布局形制，有塔心柱的采用穿心式梯道，厚壁者采用穿壁绕平座式或壁内折上式，双套筒者采用两筒之间布置梯道（图8-25）。

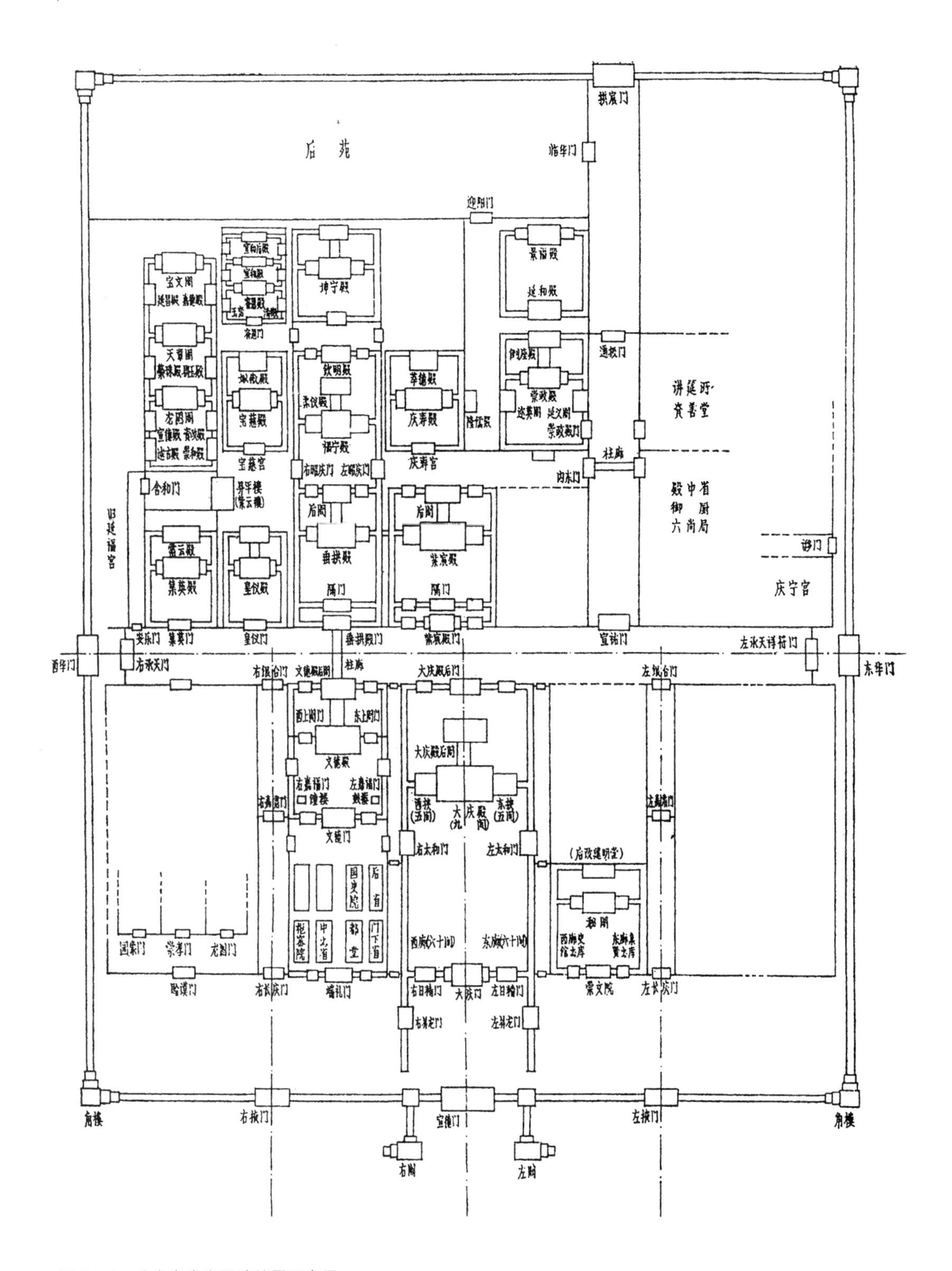

图 8－1　北宋东京宫殿建筑平面布局

（《中国古代建筑史》第三卷，2003 年版）

＊ 如图所示，四合院布局，主殿居中，强调中轴线与左右对称的格局。

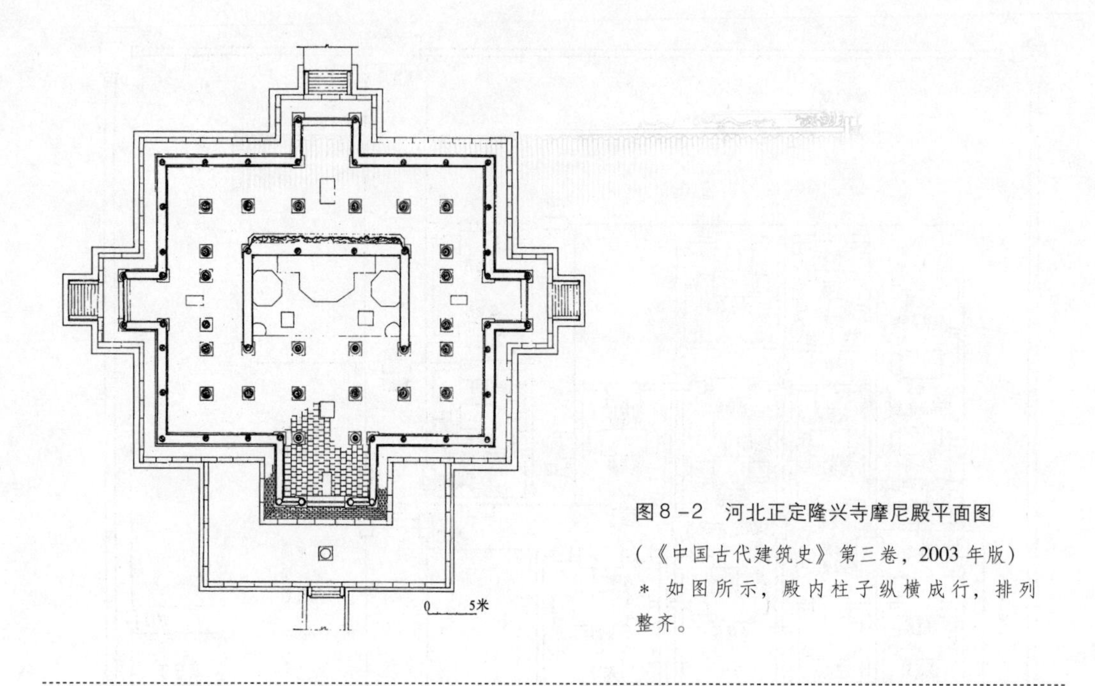

图 8－2　河北正定隆兴寺摩尼殿平面图

（《中国古代建筑史》第三卷，2003 年版）

＊ 如图所示，殿内柱子纵横成行，排列整齐。

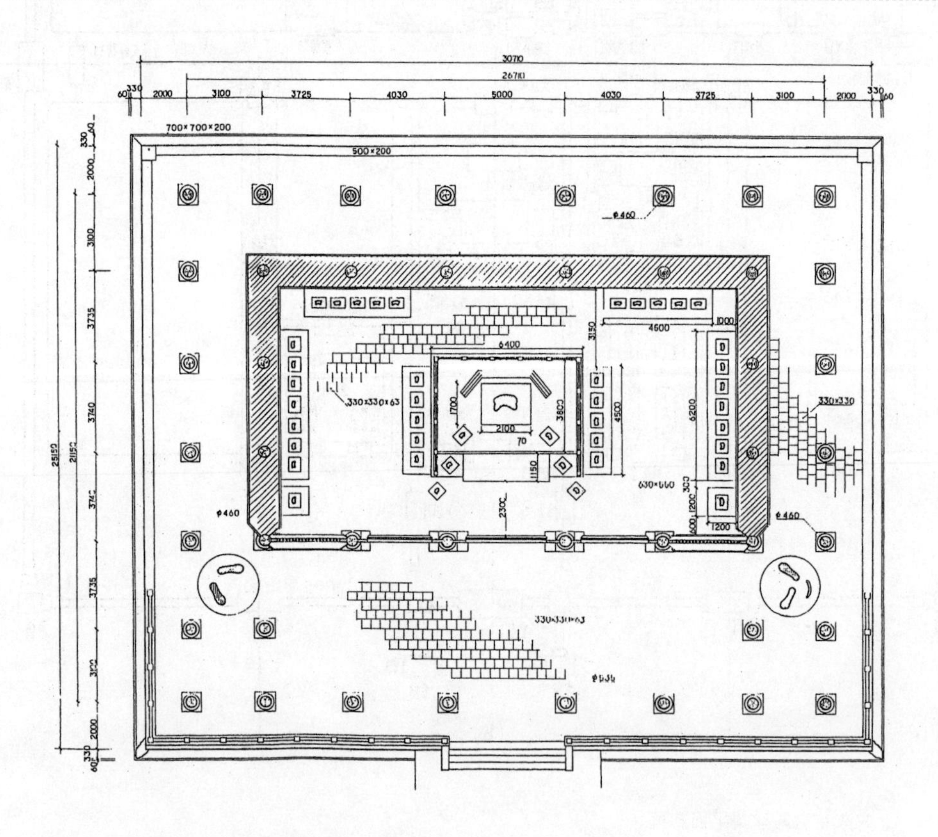

图 8－3　山西太原晋祠圣母殿减柱造平面图

（《柴泽俊古建筑修缮文集》，2009 年版）

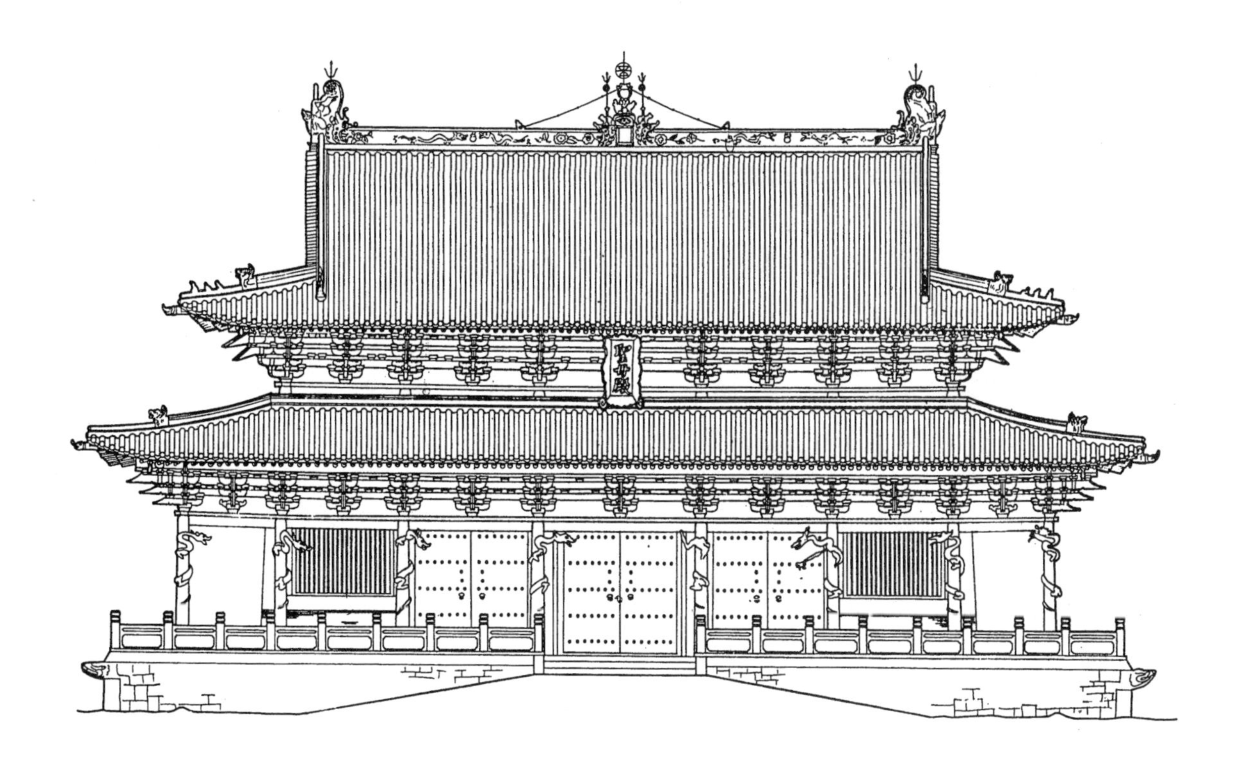

图 8-4　太原晋祠圣母殿正立面图

(《柴泽俊古建筑文集》, 1999 年版)

* 图中所显示的, 是大殿前檐八根木雕蟠龙柱。

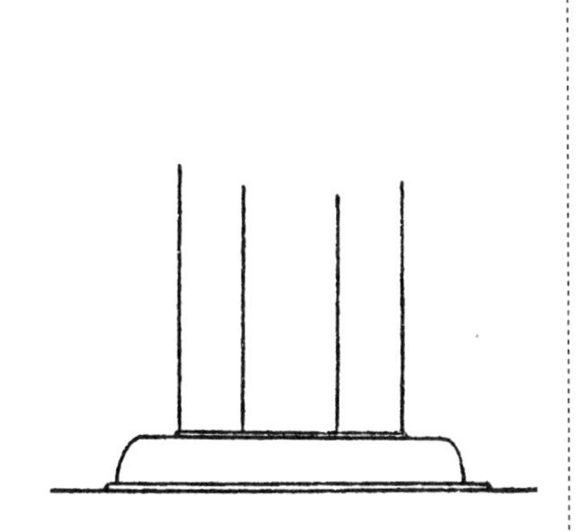

图 8-5　登封少林寺初祖庵大殿内檐覆盆状柱础

(《文物》1965 年第 4 期)

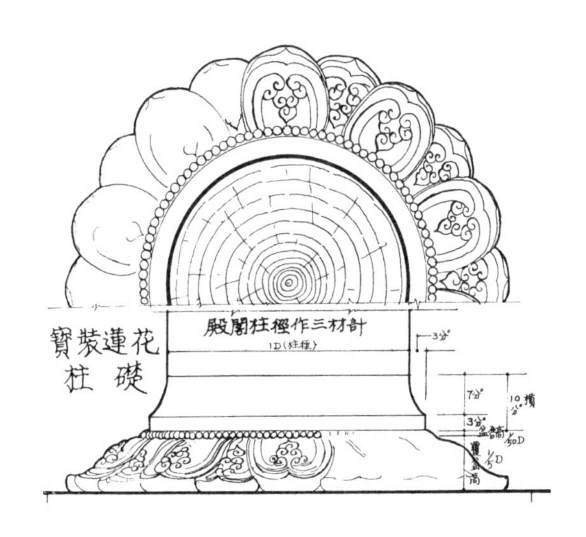

图 8-6　宋代石作制度柱础图样

(《宋营造法式图注》, 1955 年版)

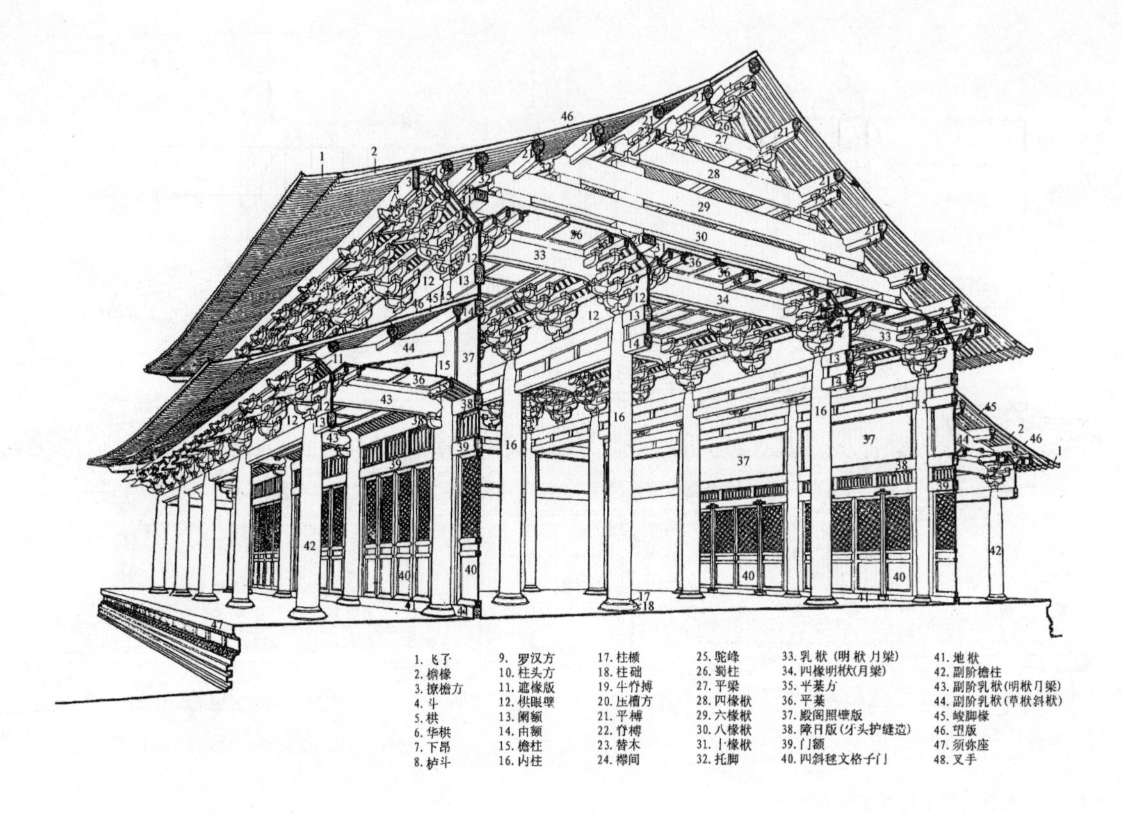

图8-7　宋代殿堂建筑构架示意图

（《中国古代建筑史》第三卷，2003年版）

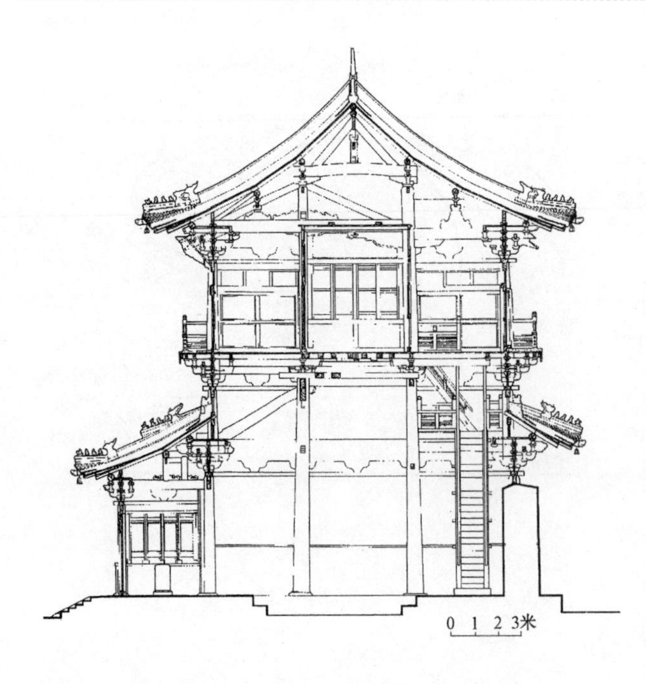

图8-8　河北正定隆兴寺转轮藏殿梁架图

（《中国古代建筑史》第三卷，2003年版）

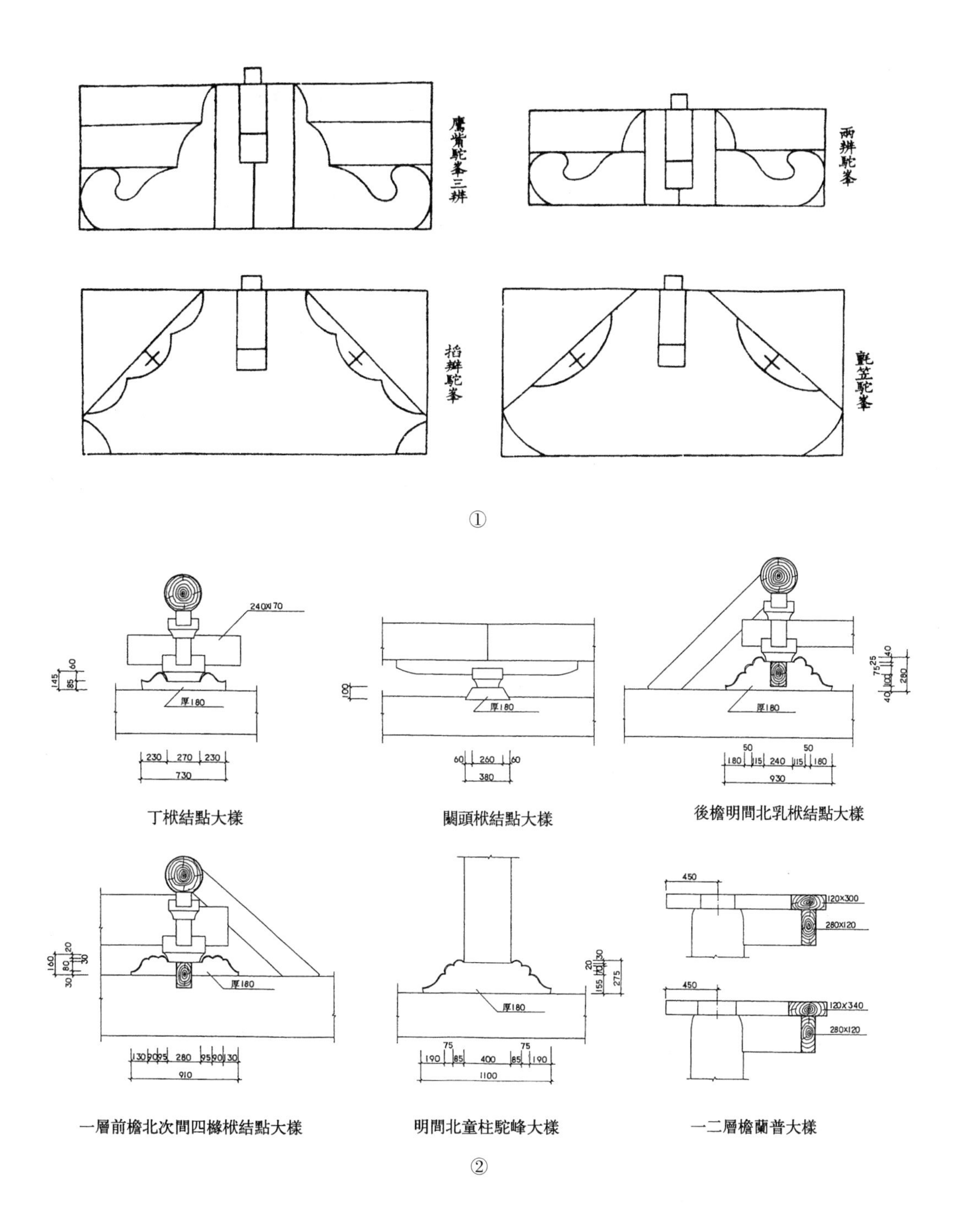

图8－9　宋代驼峰及晋祠圣母殿梁架结点大样图

①《营造法式》所绘驼峰图样（宋《营造法式》，1954 年重印）

②山西太原晋祠圣母殿各结点大样图（《柴泽俊古建筑修缮文集》，2009 年版）

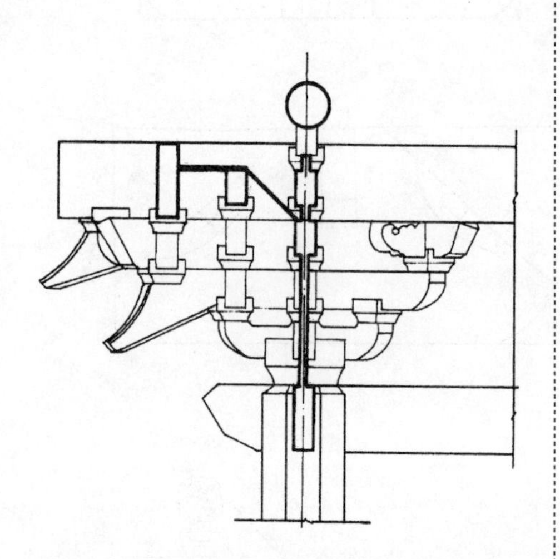

图 8－10　河南登封少林寺初祖庵大殿阑额

（《中国古代建筑史》第三卷，2003 年版）

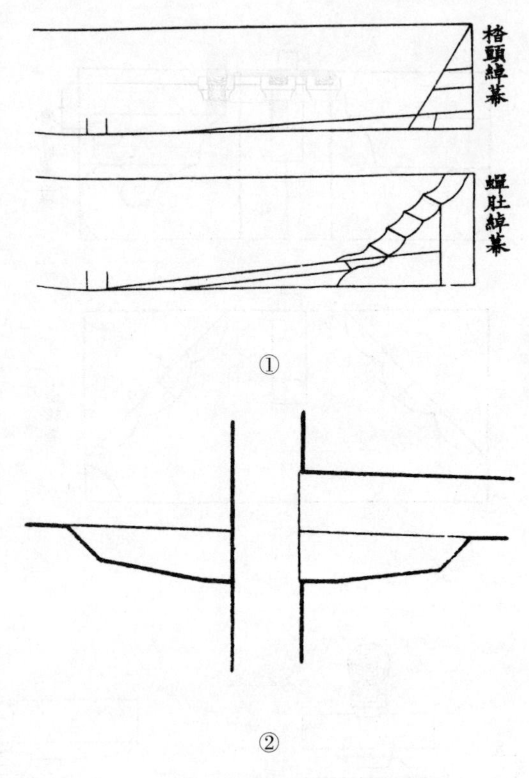

图 8－11　宋代楷头绰幕与蝉肚绰幕（雀替）

①《营造法式》所绘绰幕图样

（宋《营造法式》1954 年重印）

②河北正定隆兴寺转轮藏殿雀替

（《文物》1965 年第 4 期）

图 8－12　河北正定隆兴寺摩尼殿斜华栱

（《中国古代建筑史》第三卷，2003 年版）

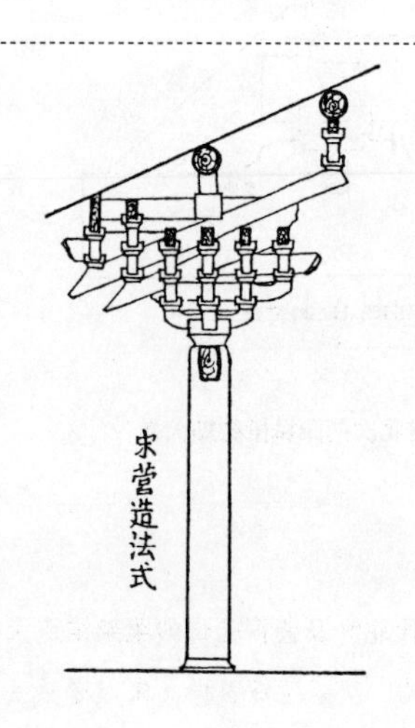

图 8－13　宋《营造法式》柱高与斗栱高的比较

（《文物》1965 年第 4 期）

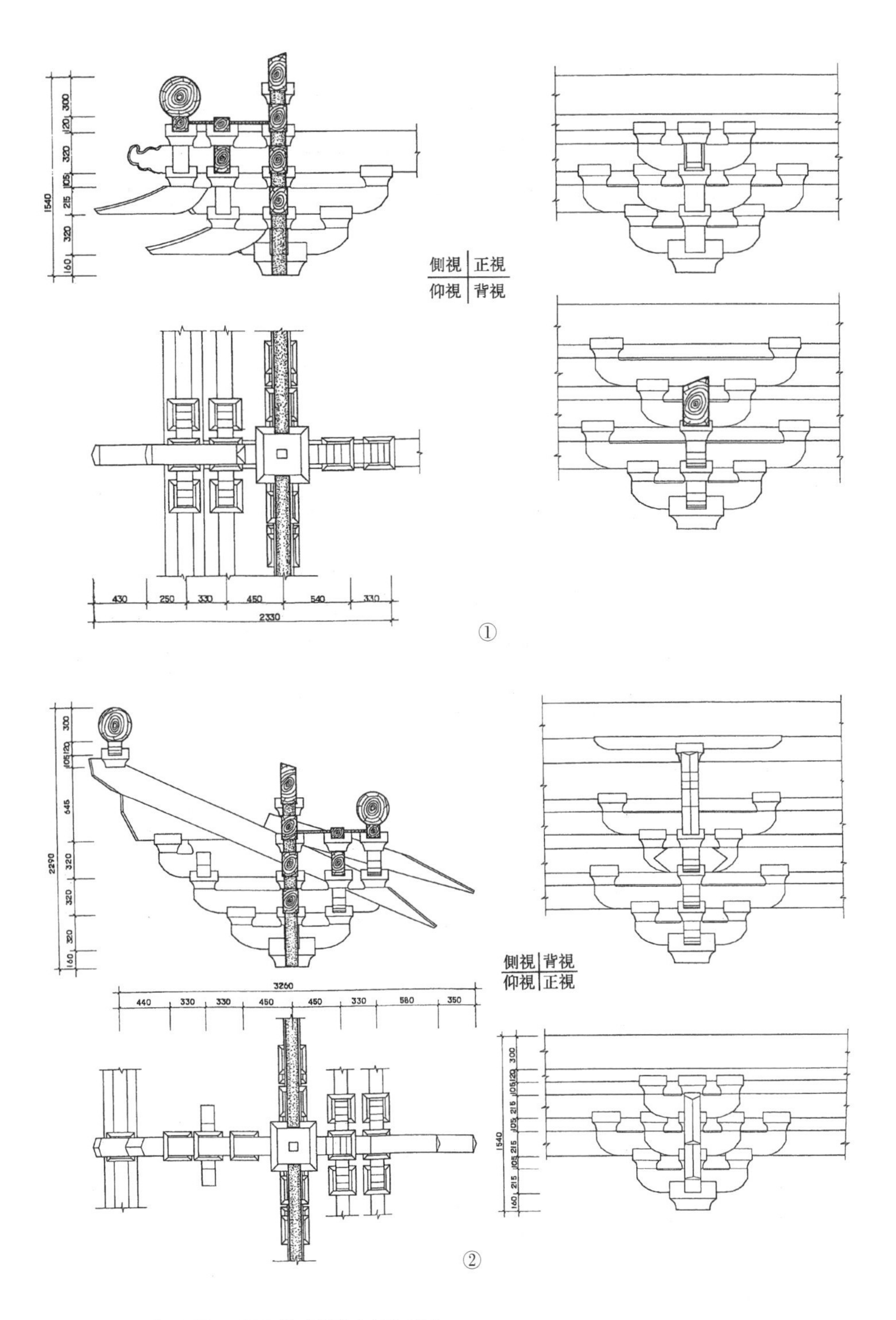

图 8－14　太原晋祠圣母殿柱头铺作与補间铺作

①圣母殿下檐柱头铺作图

②圣母殿下檐補间铺作图

（《柴泽俊古建筑修缮文集》，2009 年版）

＊ 如图所示，柱头铺作与補间铺作是不一致。

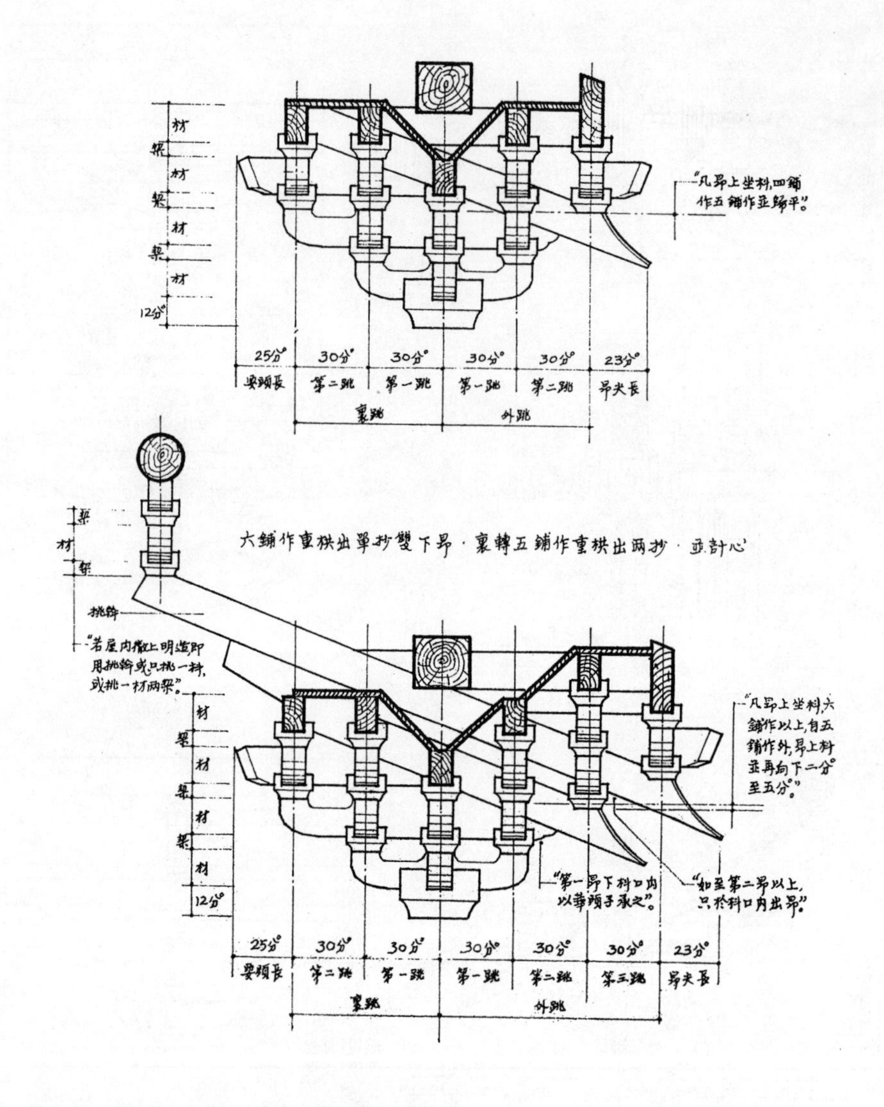

图8－15　宋《营造法式》斗栱之下昂

（《宋营造法式图注》，1955年版）

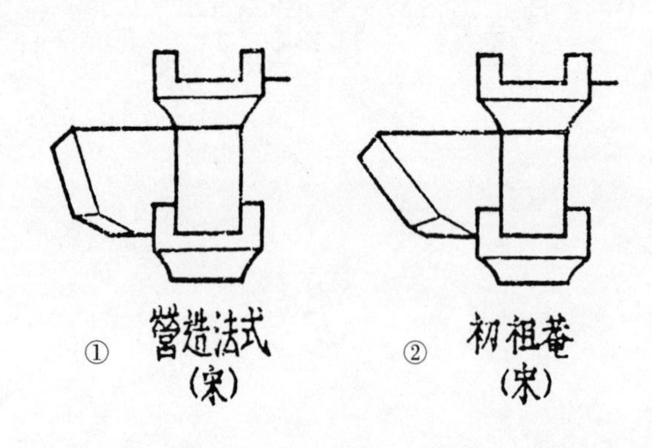

图8－16　宋代斗栱之耍头

①《营造法式》之耍头

②少林寺初祖庵大殿之耍头

（《文物》1965年第4期）

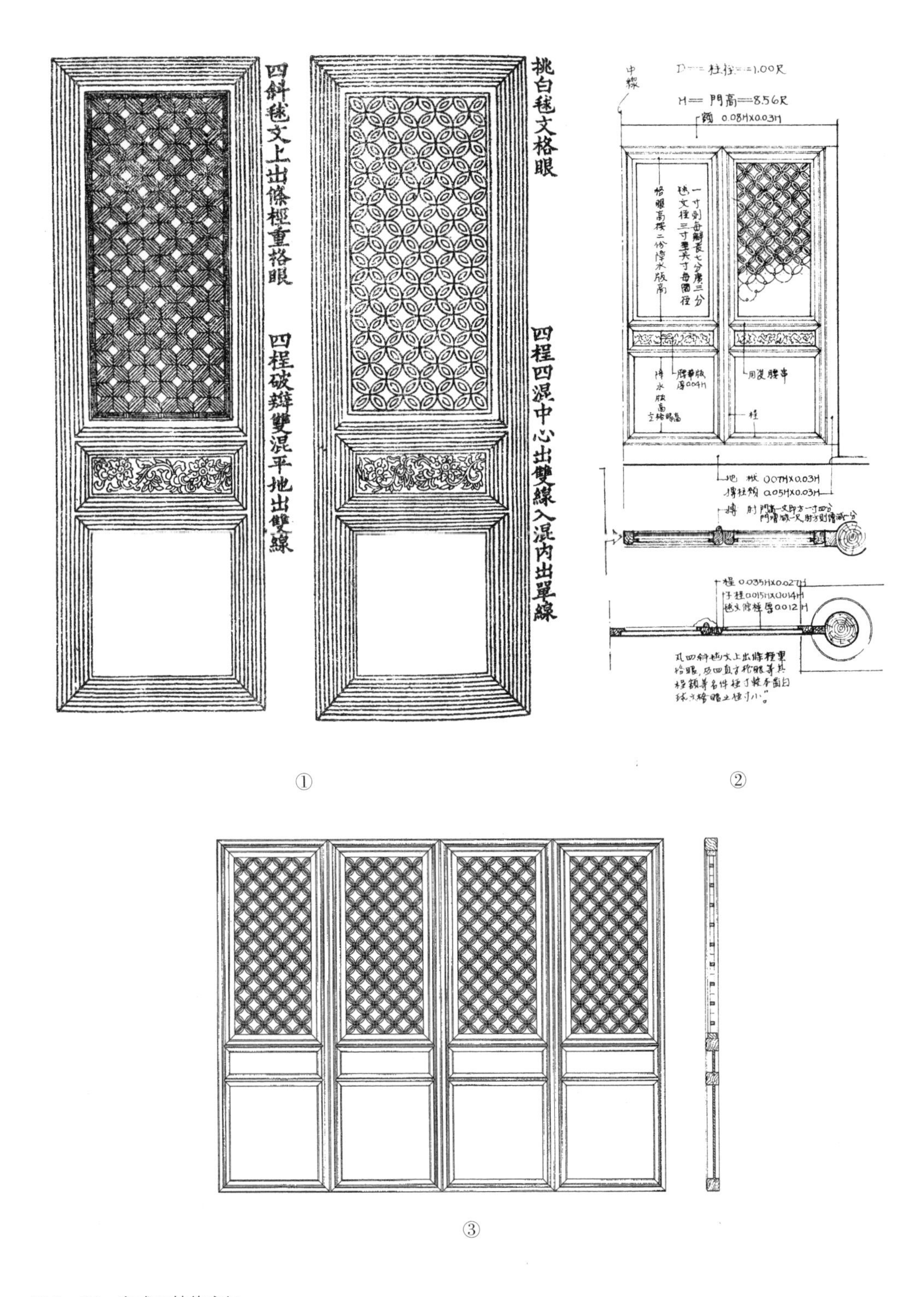

图 8－17　宋式四抹格扇门

①《营造法式》格子门图（宋《营造法式》，1954 年重印）

②宋式四斜毬纹格扇门（《宋营造法式图注》，1955 年版）

③四斜毬纹四抹格扇门（《中国古代建筑史》第三卷，2003 年版）

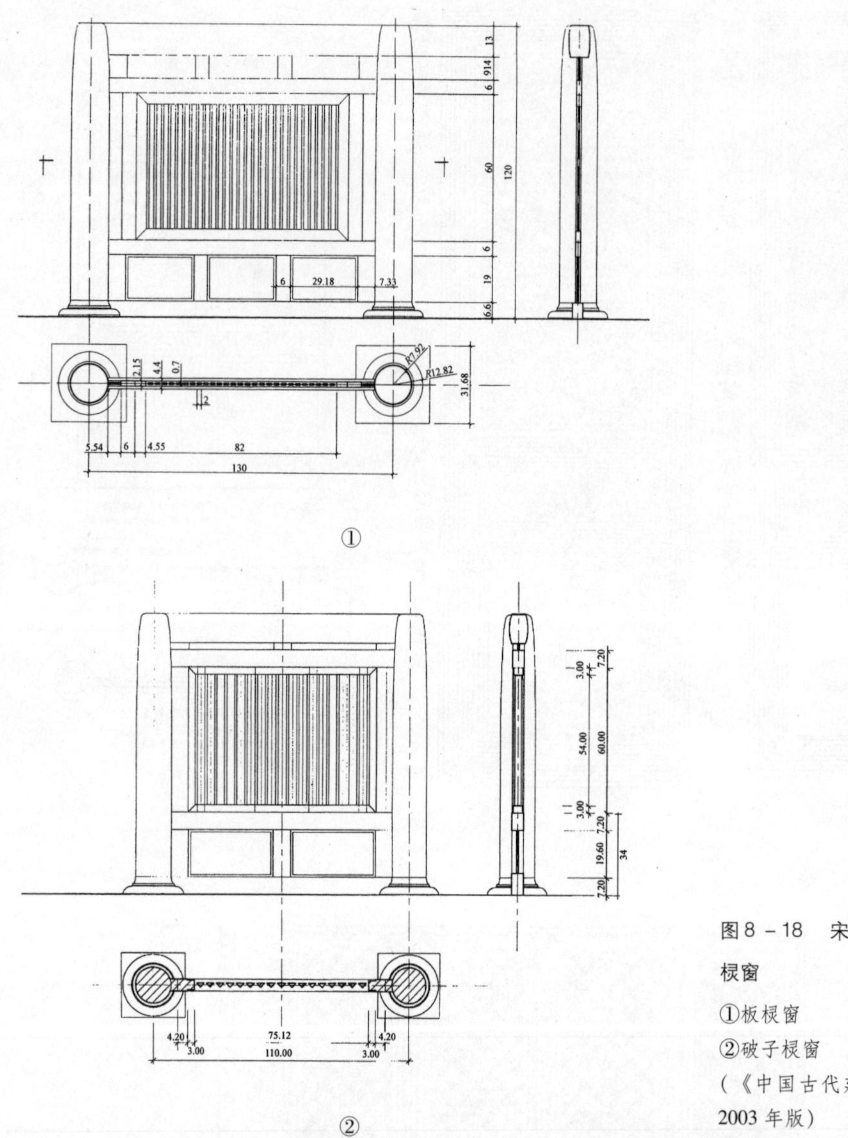

图8－18　宋代板棂窗与破子棂窗

①板棂窗

②破子棂窗

（《中国古代建筑史》第三卷，2003年版）

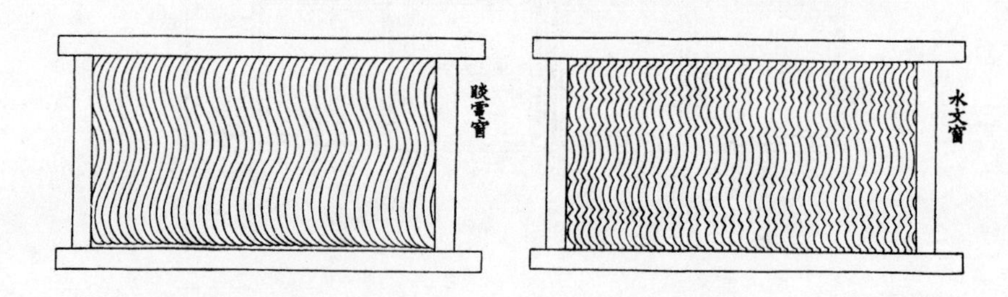

图8－19　宋代睒电窗、水文窗

（宋《营造法式》，1954年重印）

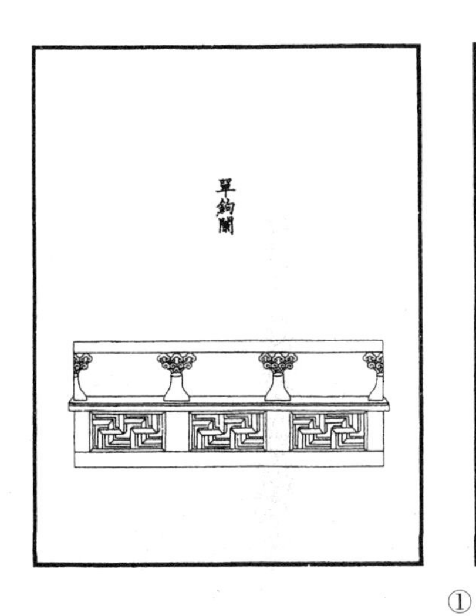

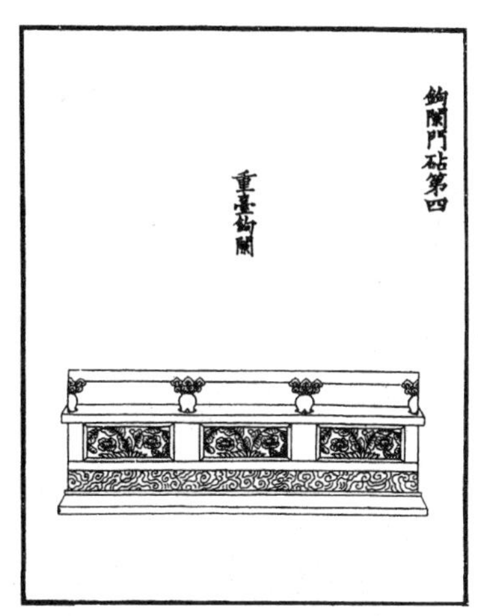

①

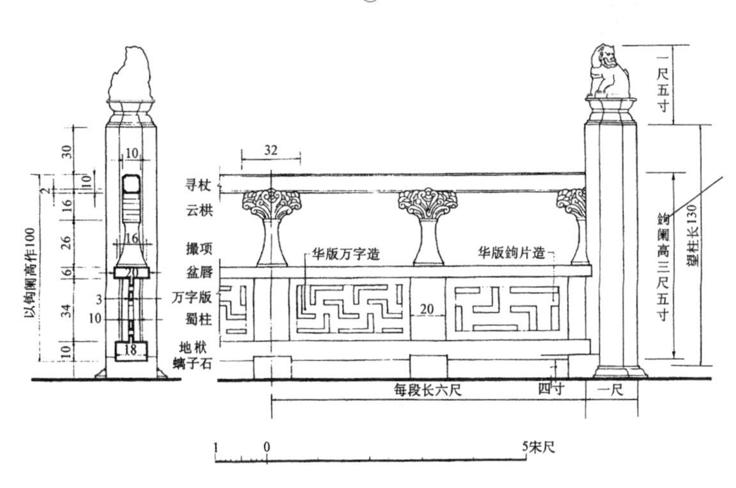

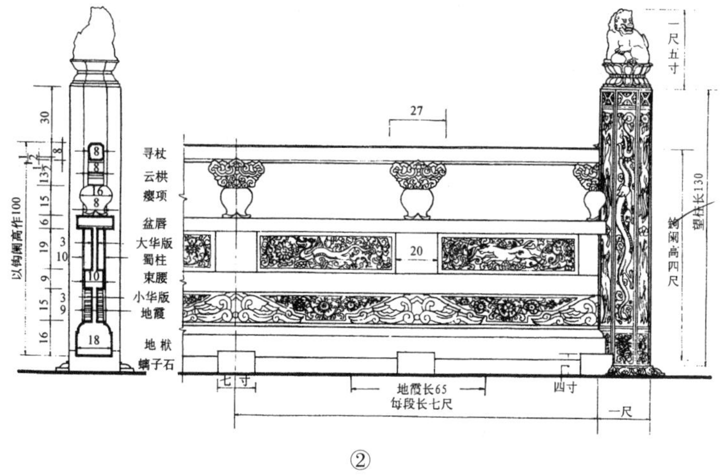

②

图8－20　宋代钩阑图（一）

①《营造法式》之单钩阑与重台钩阑

②单钩阑与重台钩阑名称图

（《中国古代建筑史》第三卷，2003年版）

③

图8-21　宋代钩阑图（二）

③木质单提项钩阑(《中国古代建筑史》第三卷，2003年版)

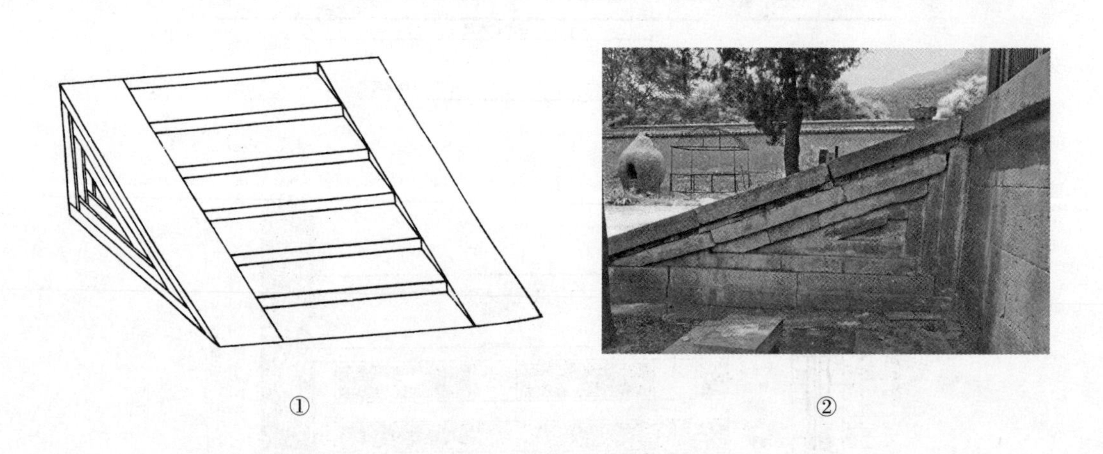

①　　②

图8-22　宋代踏道与象眼

①《营造法式》之踏道与象眼　（宋《营造法式》，1954年重印）

②少林寺初祖庵大殿踏道之象眼　（宫嵩涛提供）

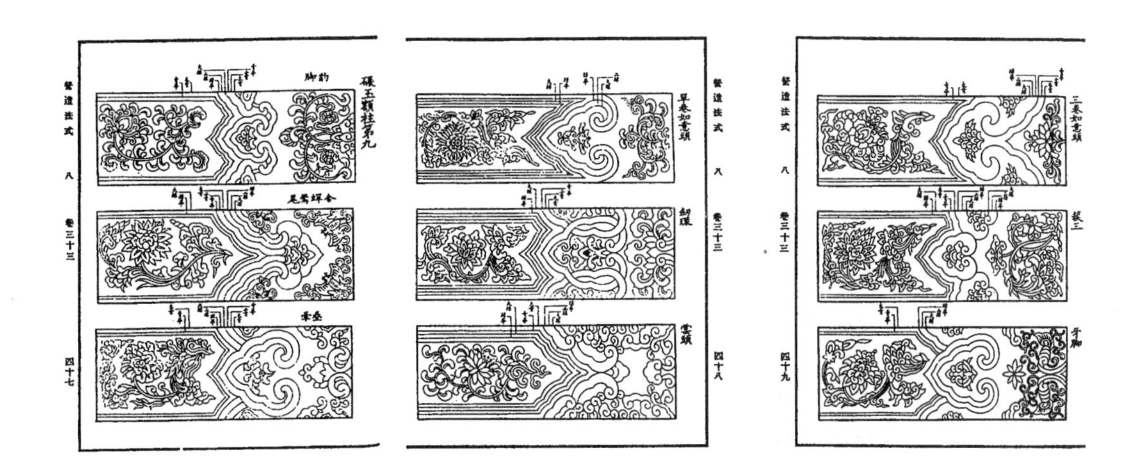

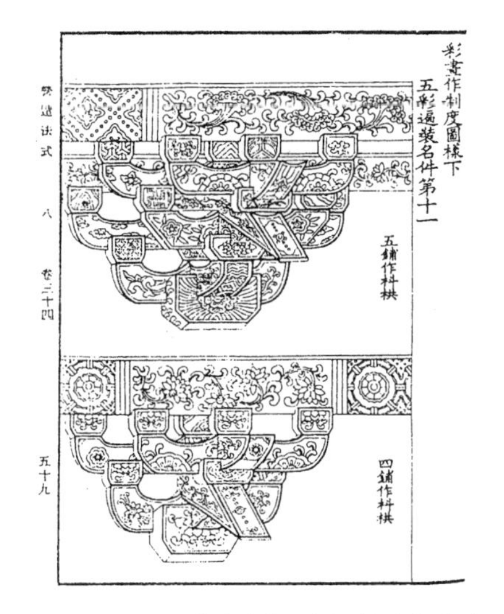

《营造法式》斗栱及栱间板彩画

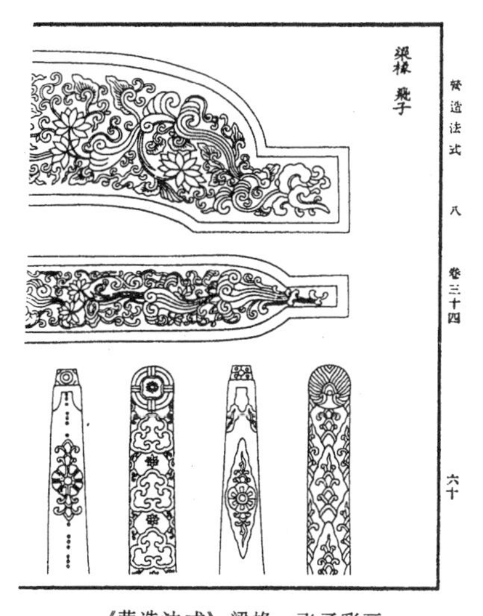

《营造法式》梁椽、飞子彩画

图 8-23　《营造法式》梁枋、斗栱、椽飞彩画
(《中国建筑艺术史（上）》，1999 年版)

图 8－24　开封开宝寺塔（铁塔）

（《中原文化大典·文物典·建筑》，2008 年版）

＊ 如图所示，塔体镶嵌佛像等砖雕。

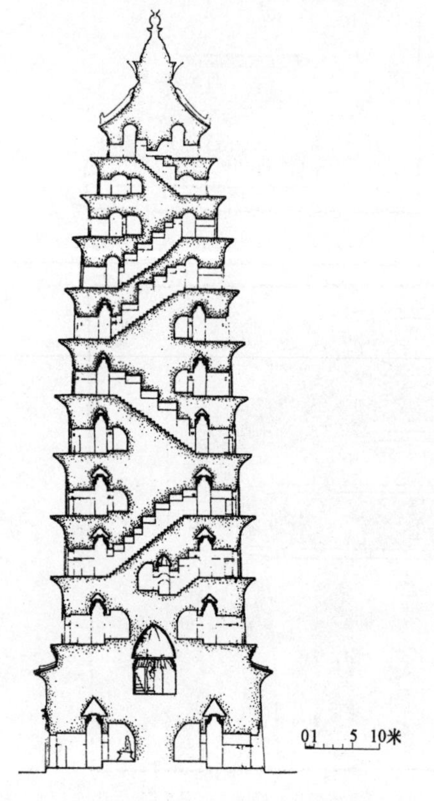

图 8－25　河北正定县开元寺料敌塔剖面图

（《中国古代建筑史》第三卷，2003 年版）

九　辽代建筑

辽国地处我国北方边疆地带，与北宋形成对峙的局面。其经济、文化等颇受唐代影响，且建筑工匠多来自汉族，故建筑风格多保留唐代建筑手法，在大木作、装修、彩绘等方面表现较为明显。辽中期以后的建筑，在受到北宋影响的同时（如格扇门等），也有自身创造性的发展，如在平面布局上突破柱网严格对称的格局，将原来作为布置佛像空间的内槽向后移，扩大前部空间，这是金代建筑减柱造、移柱法的前奏，并开创了斜向出栱的结构方法。这时期木构建筑简朴、雄伟，斗栱硕大，出檐深远，屋顶坡度较缓，细部手法简洁朴实，雕刻较少。砖石建筑中的佛塔多密檐式，少楼阁式，且密檐式砖塔独具特色，与其他时代同类塔形极易区别。

（一）平面、柱网、柱形

1. 平面布局

辽代群体建筑和单体建筑与隋唐建筑的平面布局大致相同，建筑群仍采用将主体和重要建筑营建于中轴线上，高低错落有致，中轴线两侧营建左右对称的廊或配殿，形成纵长的平面布局建筑群（图9－1）。单体建筑使用内外槽的柱网结构，显现其与唐代建筑的相承关系（图9－2）。如山西大同华严寺薄伽教藏殿、天津蓟县独乐寺观音阁、山西应县木塔等。而山西大同辽代建筑华严寺的建筑布局重要特点之一是主要建筑的朝向特殊，皆坐西朝东（图9－3）。此与“契丹好鬼而贵日，东向而拜日。……其大会聚，视国事，皆以东向为尊，四楼门屋皆东向”有关。大型建筑多有月台。

2. 柱网与柱形

单体建筑的平面中，辽代初期柱子排列整齐，与唐、宋做法相同。辽代中期，出现了减柱造的做法，即减去前金柱或后金柱。这种突破传统柱网严格对称的格局，可谓是金代建筑大量使用减柱造和移柱造做法的前奏。现存减柱做法最早遗构为辽宁省义县建于辽开泰九年（公元1020年）的奉国寺大殿（图9－4）。

柱高与柱径之比，我国不同时期古建筑柱子变化最大的特点之一是檐柱径与柱高的比例关系，辽代柱径与柱高之比约为1∶8～1∶9，保持着唐代柱子粗壮的形象，此为鉴定辽代木构建筑的重要依据之一。如辽代建筑河北新城县开善寺大殿的柱径与柱高之比为1∶8.5。

柱生起与柱侧脚：辽代普遍采用柱生起、柱侧脚的技术做法，但与宋《营造法式》规定的每间生起二寸的做法是有出入的，如山西大同善化寺大雄宝殿角柱比平柱高42厘米，超过每间生起二寸的实际尺寸。蓟县独乐寺观音阁的柱生起则不足每间二寸。《营造法式》仅规定檐柱向内倾的侧脚，而辽代建筑的檐柱不仅向内倾，同时又向当心间倾侧的双向侧脚，如辽代木构建筑山西应县佛宫寺释迦塔就是采用这种双向倾侧的柱侧脚做法。

辽代柱头卷杀，形成覆盆状的柱头形制。凡露明的柱础皆为覆盆式，础石表面雕刻花纹。如辽宁义县奉国寺大殿的辽代柱础，上部雕刻成覆盆状，盆高6厘米，表面雕刻压地隐起花，有牡丹花、宝相花、莲荷花、卷草纹等，非常精美。

（二）梁架

辽代梁栿为直梁造，系锛斧砍制而成，但很难看出锛斧砍制的痕迹。断面为竖向矩形，制作规整。如辽代建筑独乐寺山门之六椽栿高71厘米，宽48厘米，四椽栿高65厘米，宽57厘米，乳栿、丁栿高54厘米，宽38厘米。六椽栿有缴背。河北新城开善寺大殿四椽栿高67.5厘米，宽37厘米，高宽之比为2∶1.1（图9－5）。山西大同善化寺大殿梁高宽之比为2∶1。大同华严寺大雄宝殿六椽栿高75厘米，宽52厘米，高宽之比为3∶2。

辽代梁架举折多为1∶4左右。如蓟县独乐寺山门屋架前后撩风榑相距10.26米，总举高2.57米，总举高为前后撩风榑间距的1∶3.99。独乐寺观音阁上层构架的前后撩檐枋心间距16.98米，总举高4.59米，总举高为前后撩檐枋间距的1∶3.7。

在梁架使用上，视其殿屋之深，依其椽数及柱之分配，定其梁之长短及配置方法（图9－6）。如大同善化寺大雄宝殿等辽代现存遗构梁栿之不同形制。

阑额与普拍枋：普拍枋构件虽有唐代已存在之说，但现存唐代建筑，不用普拍枋，仅使用阑额，其断面长方形，且阑额至角柱处不出头。甚至河南少林寺初祖庵大殿（宋代木构建筑）还仅用阑额，不用普拍枋。通常认为辽代开始使用普拍枋，枋形薄而宽，它与阑额断面呈“丁”字形，至角柱处的出头垂直截去，不加雕饰（图9－7）。新城开善寺大殿普拍枋高15厘米，宽39厘米，阑额高35厘米，厚15厘米，普拍枋高与阑额厚完全相等，普拍枋宽略大于阑额高度。河南等地方明清建筑也有此现象，但实际用材小很多，这是地方手法建筑的袭古现象，鉴定古建筑时应予以鉴别。

辽代梁栿也有草栿与明栿之分，现存最早的辽代木构建筑独乐寺山门和观音阁，前者采用明栿的彻上明造做法，后者殿顶之重由草栿承托（图9－8）。

推山：辽代已出现“推山”的做法，即加长庑殿顶建筑的正脊，使其垂脊形成柔和的弧线。这种正脊向外加长，并向两山推出的做法，叫推山。最早的实例为河北新城辽代建筑开善寺大殿。

用于建筑内檐的两种绰幕，一为楷头绰幕，此为最简单的一种绰幕，仅在其尽端刻2~3瓣，如河北新城开善寺大殿（图9-9）。另一种为蝉肚绰幕，其特点是在尽端刻出连续曲线，有如蝉肚形状，现存实物中多为此形绰幕。

襻间的做法同前代。撩檐槫下使用替木。

（三）斗栱

斗栱硕大是辽代建筑的特点之一（图9-10）。衡量斗栱大小的依据是斗栱正立面高度与柱高的比例，辽初斗栱高为柱高的40%~50%，保持唐代二者的比例关系。辽代中叶以后仍保持较大的比例关系，二者之比为30%以上。如山西大同华严寺大殿斗栱高为柱高的43%，大同善化寺大雄宝殿为40%。

辽代斗栱发生变化最大的特点之一为开始使用斜栱（图9-11），早期仅在转角铺作中使用抹角栱，稍后出现45°斜栱，约略同时或稍后又出现60°斜栱，开创了中国古建筑使用斜栱的先河。如建于辽代的应县木塔，在其補间铺作中使用斜华栱，斜栱与立面之夹角分为45°和60°两种斜栱。

我国古代建筑斗栱中的斗有栌斗、散斗、交互斗、齐心斗等，斗的基本形状为方形（另有圆形斗和讹角斗）。每个斗皆分为斗耳（上部）、斗平（中部）、斗欹（下部）三部分，三者高度自上而下的比例为4∶2∶4，自唐至清代多遵此制（地方手法建筑多不遵此制）。辽代建筑斗欹较高，形不成4∶2∶4的比例关系。如新城开善寺大殿柱头铺作栌斗耳高9.9厘米，平高8.6厘米，欹高13.5厘米，補间铺作栌斗耳高9厘米，平高3厘米，欹高11.8厘米，欹高远大于耳高或平高。

辽代斗䫜（欹䫜）较深，是早期建筑的特点之一。新城开善寺大殿斗䫜深达0.9~2厘米。

辽代建筑不遵泥道栱、瓜子栱62分，令栱72分，慢栱92分的《营造法式》规定，一般是泥道栱比瓜子栱稍长，令栱与瓜子栱相近。

辽代建筑斗栱使用真昂，既有批竹昂（图9-12），也有用琴面昂的。

辽代建筑柱头铺作与補间铺作的式样及出跳数有一致的，但也有柱头铺作与補间铺作的式样及出跳数不一致的，保留隋唐建筑的做法。

辽代建筑要头有：①直截型不加雕饰的（图9-13）；②批竹昂型要头（图9-13）；③变体型要头；④标准型“蚂蚱头”要头。此时期均为单材要头之上置齐心斗。

此时期各间補间铺作的距离均不相等。

斗栱中正心枋为单材，单材正心枋隐刻泥道栱、泥道慢栱。隐刻栱的栱端空当位置放置散斗。

辽代建筑栱枋用材相对较大，一般材高约为 24 厘米以上，材宽在 16 厘米以上，栔高多大于6 分。如新城开善寺大殿材高 36.5 厘米，宽 17 厘米，高宽之比约为2.1∶1。大同华严寺大雄宝殿用材较规整，材之断面高 29 ~ 31 厘米，多数为 30 厘米，宽19 ~ 21 厘米，多数为20 厘米，高宽之比为3∶2。栔高13 厘米，材高与栔高之比为15∶6.5，稍大于《营造法式》所规定的一等材。

（四）门窗、栏杆、彩画、殿顶瓦兽件

1. 门窗

辽代仍然使用板门，但已开始使用四抹格扇门。如河北涞源县阁院寺文殊殿，南立面三间均为四抹格扇门。门上开横披窗，门窗格子仍为辽代原物（图 9 – 14），非常珍贵，为我国现存最早的格扇门窗。该殿北立面当心间设板门，两次间与山墙为版筑土墙，距地面 60 厘米处设土墙下的裙肩。格子形式多样，有四斜毬纹、簇六毬纹、簇六毬纹套六方、米子格纹等，所有花格棂条皆较粗宽，透光性较差，这正是格扇门（格子门）作为细木装修发展过程非常珍贵的实证。此门格心与障水板高度比例为 2∶1。

2. 栏杆（勾栏）

早期栏杆多为木制，其形制与雕刻系由简向繁演变。辽代早期多数仅在其转角处使用望柱。应县木塔各层平座皆设有单钩栏，采用斗子蜀柱式，每面转角处设置蜀柱，蜀柱间用平板填充，斗子上承寻杖，朴实无华，比例适度。而大同华严寺薄伽教藏殿所用华板多达 34 种，几乎间间不同，可见华板的样式甚为丰富（图 9 – 15）。天津蓟县独乐寺观音阁钩栏中的辽代原构系每面施通长的寻杖，下为斗子蜀柱、盆唇，并用单层华板。

3. 彩画与脊兽瓦件

辽代早期梁枋彩画，多满绘几何图案，或满绘云纹、飞天等。我国现存辽代建筑辽宁义县奉国寺大殿，非常难得的保留着辽代的精美彩画（图 9 – 16），当属此时期建筑遗物中之凤毛麟角。斗栱中绘有莲荷花、宝相花及不同形式的琑纹。以朱红、丹黄色为主，兼有青绿色。栱眼壁上绘有牡丹花、海石榴等花卉图案，以青、绿、红为主色。四椽栿和六椽栿底部绘云纹及飞天。其他梁架部位还绘有卷草纹和网目纹图案等。形象生动，色彩明快。

此时期使用叠瓦脊，脊端安置鸱吻，鸱之尾部向内卷曲。如独乐寺山门等（图 9－17）。使用圆形瓦当和重唇滴水瓦。

（五）佛塔

辽代砖构建筑中的塔不但数量较多，而且塔形与细部装饰变化也较大。其突出特点是多数塔为实心结构，不能攀登；其造型是台基上建须弥座，上置斗栱和平座，再上以莲瓣承托较高大的塔身，表面再加上装饰性的屋檐、门窗、额枋及柱等仿木构建筑的形象；塔檐较密，檐间多有雕饰，塔身自下而上有一定的收分；塔体雕饰较多的为佛教故事的内容，具有浓郁的佛教文化内涵；有的塔内还设有天宫或地宫。如河北昌黎源影塔等是辽塔的优秀作品（图 9－18）。

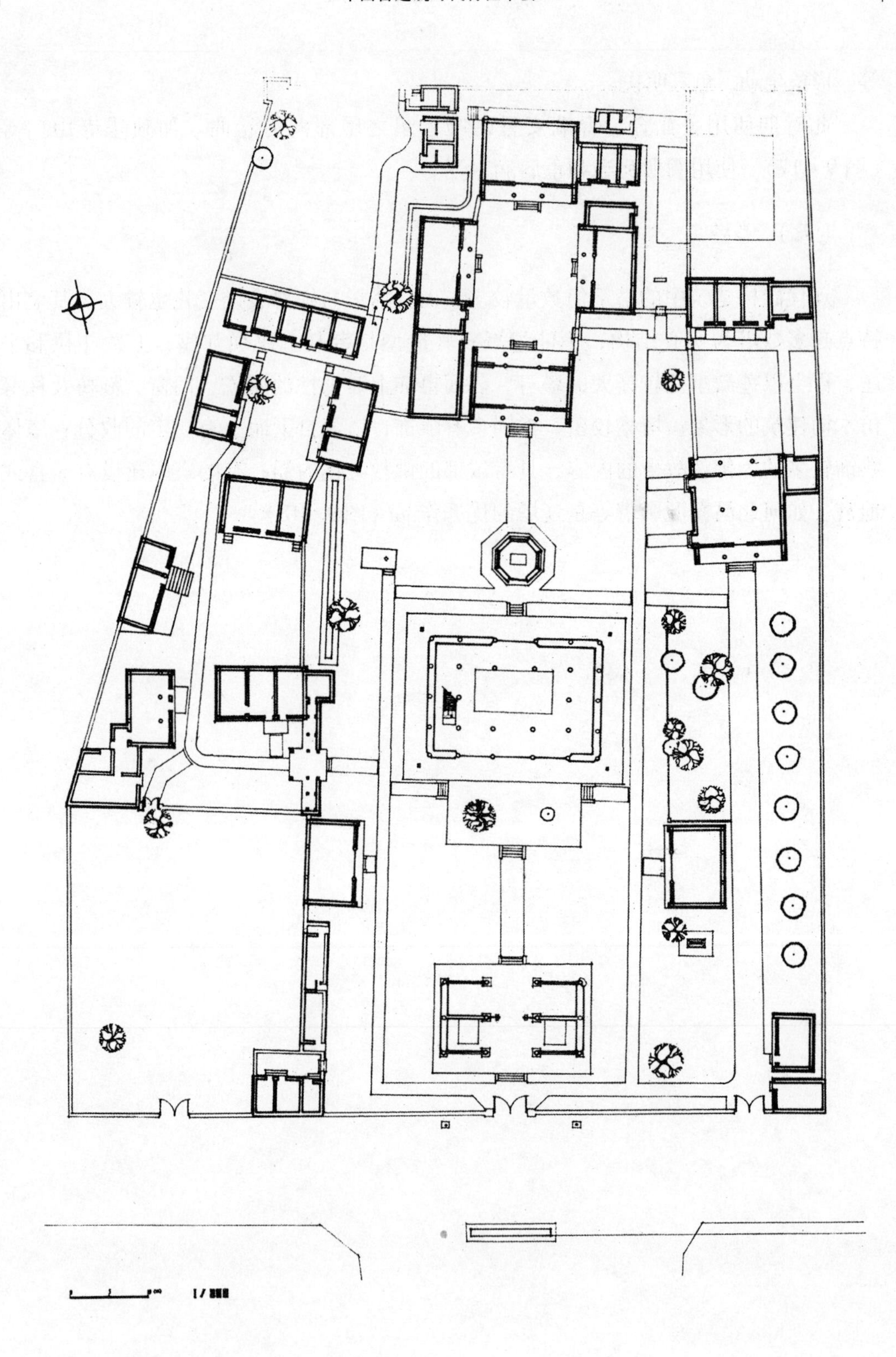

图 9－1　天津蓟县独乐寺平面布局图
（《蓟县独乐寺》，2007 年版）

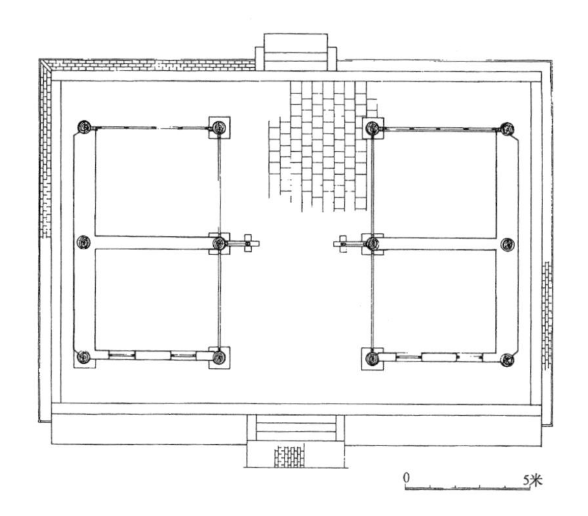

图9－2　天津蓟县独乐寺山门平面图

（《中国古代建筑史》第三卷，2003年版）

＊ 图中显示的，是柱子纵横成列，排列整齐的柱网结构。

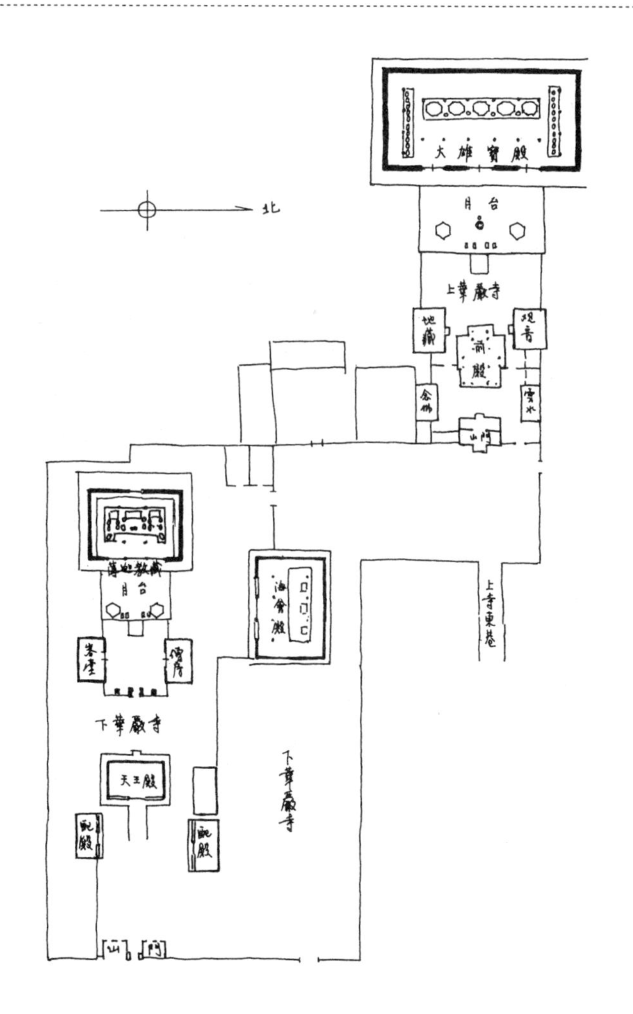

图9－3　山西大同上下华严寺总平面图（坐西朝东）

（《柴泽俊古建筑文集》，1999年版）

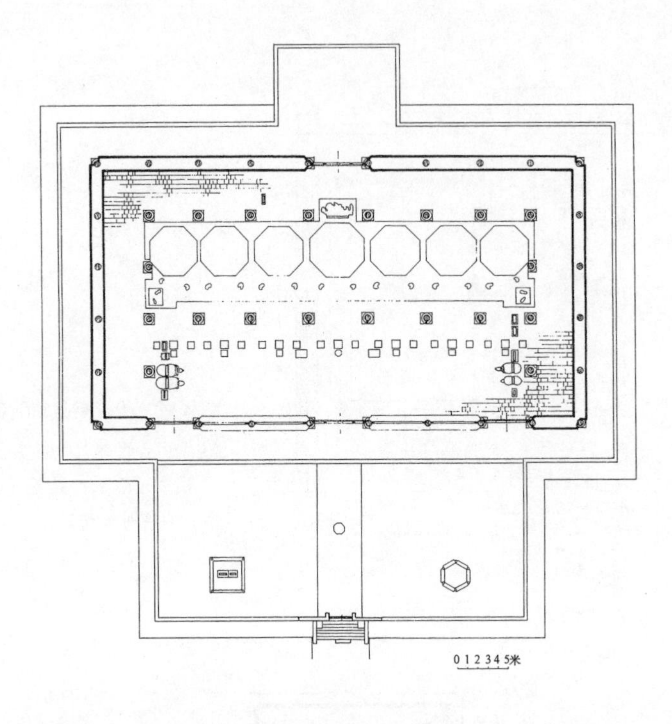

图9-4　辽宁义县奉国寺大殿平面减柱造图

（《中国古代建筑史》第三卷，2003年版）

图9-5　河北新城县开善寺大殿梁架图

（《新城开善寺》，2013年版）

图9-6　天津蓟县独乐寺观音阁次间横剖面梁架结构图

（《中国古代建筑史》第三卷，2003年版）

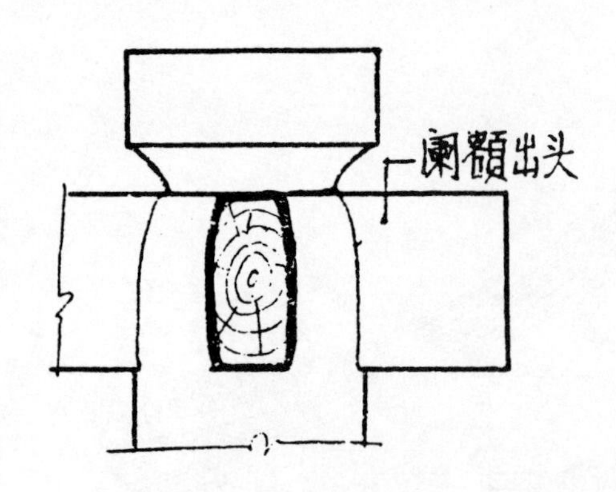

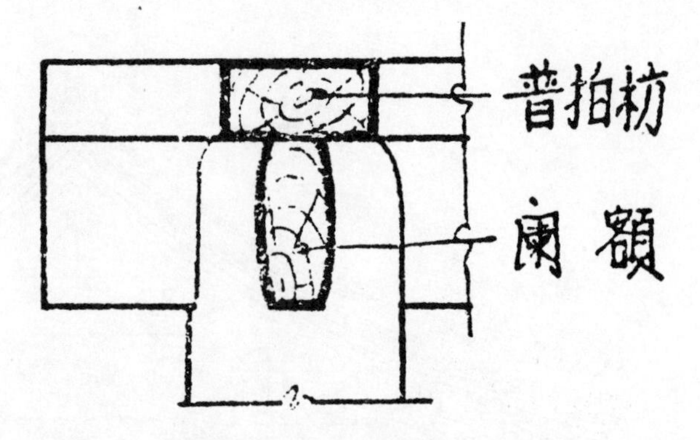

独乐寺观音阁下檐阑额出头　　　　华严寺薄伽教藏殿阑额与普拍枋出头

①

②

图9-7　阑额普拍枋出头形式

①天津蓟县独乐寺观音阁与山西大同华严寺薄伽教藏殿阑额、普拍枋出头图（《文物》1965年第4期）

②山西大同善化寺大雄宝殿阑额、普拍枋出头平齐状（《中国古代建筑史》第三卷，2003年版）

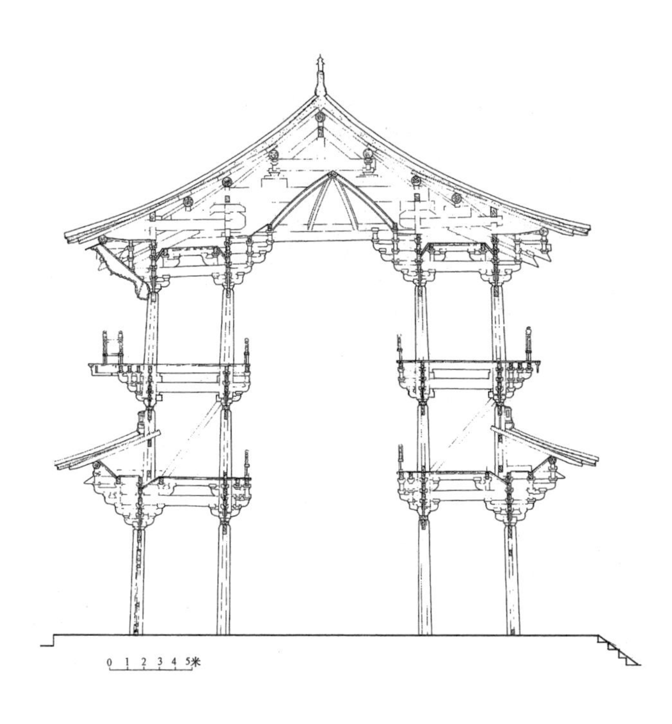

图9－8　独乐寺观音阁草栿承托殿顶

（《中国古代建筑史》第三卷，2003年版）

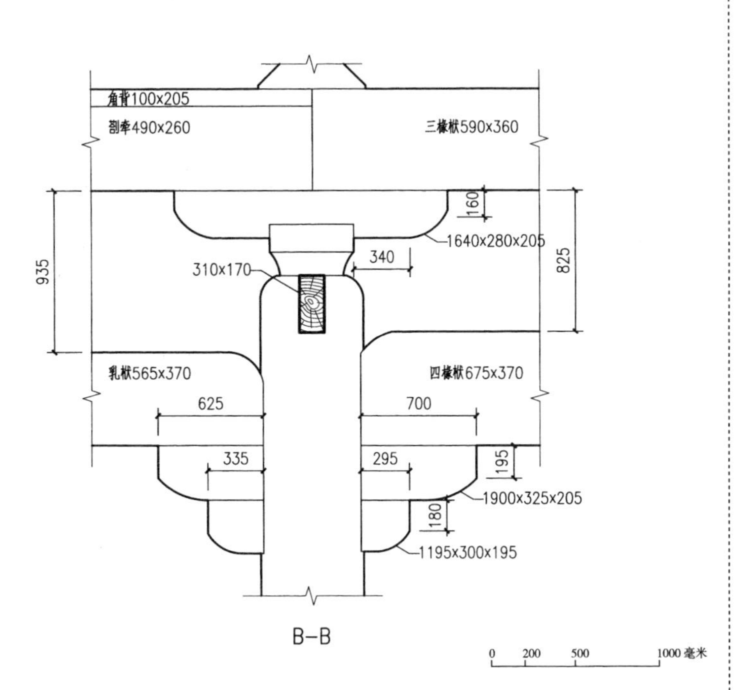

图9－9　河北新城开善寺大殿楮头绰幕

（《新城开善寺》，2013年版）

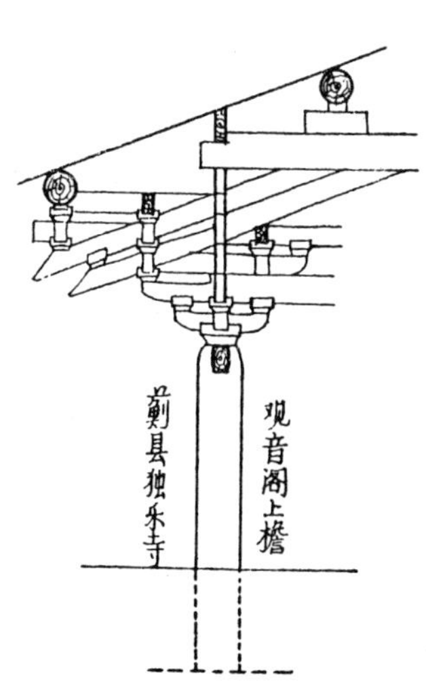

图9－10　独乐寺观音阁上檐斗栱

（《文物》1965年第4期）

①

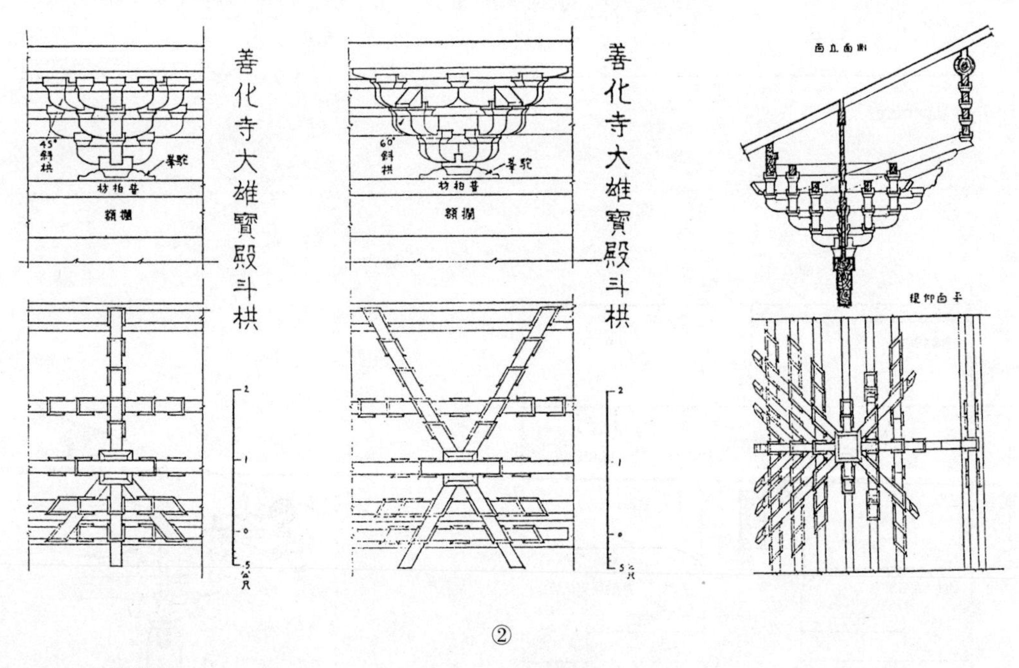

②

图9－11　辽代斜栱

①山西应县木塔斜华栱（《中国古代建筑史》第三卷，2003 年版）

②山西大同善化寺大雄宝殿斜栱（《中国建筑艺术史（上）》，1999 年版）

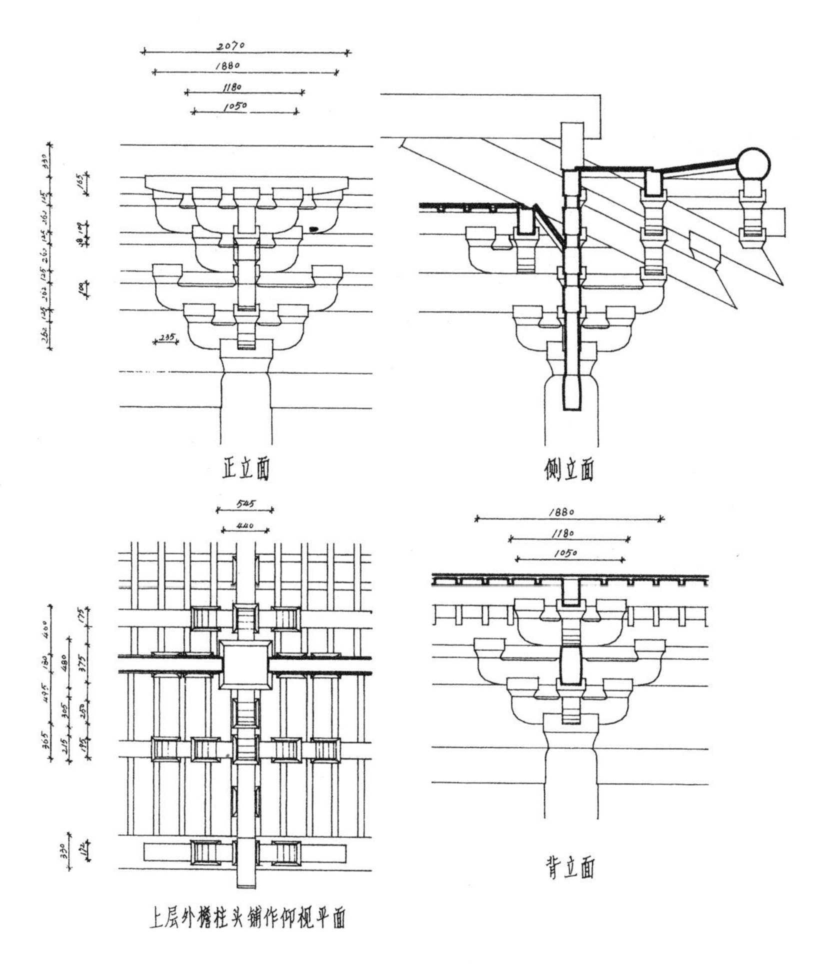

图9－12　独乐寺观音阁斗栱之批竹昂

（《蓟县独乐寺》，2007 年版）

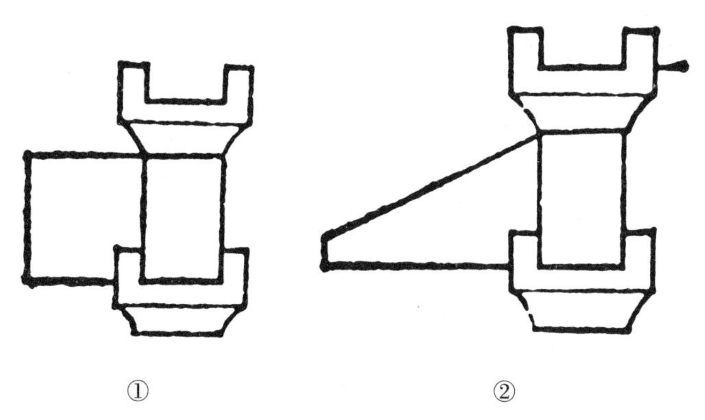

图9－13　辽代直截型和批竹昂型耍头

①独乐寺观音阁耍头（《文物》1965 年第 4 期）

②华严寺薄伽教藏殿耍头（《文物》1965 年第 4 期）

图9－14　河北涞源县阁院寺文殊殿辽代格子门窗
（《中国古代建筑史》第三卷，2003年版）

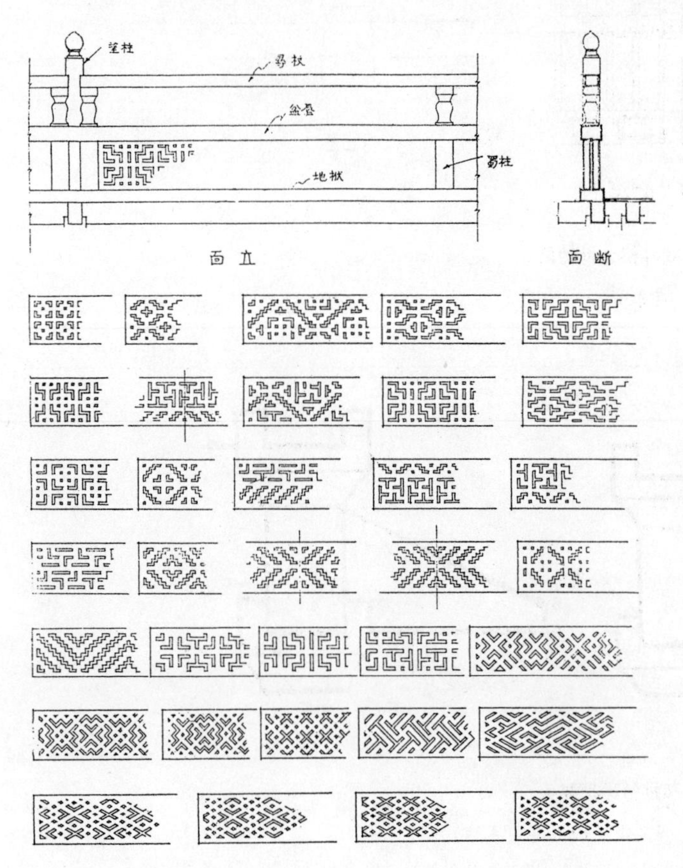

图9－15　山西大同华严寺薄伽教藏殿天宫壁藏平座钩阑
（《中国建筑艺术史（上）》，1999年版）

图9－16　辽宁义县奉国寺大殿内明间梁彩画
（《中国建筑艺术史（上）》，1999年版）

图9－17　蓟县独乐寺山门鸱吻
（《中国古代建筑史》第三卷，2003年版）

图9－18　河北昌黎源影塔及其局部雕饰
（《中国建筑艺术史（上）》，1999年版）

十　金代建筑

金朝统治着中国北部和中原地区。吸收宋、辽文化，并逐渐融合。在建筑方面，由于建筑工匠几乎都是汉人等原因，所以建筑风格既沿袭了辽代的传统，又受到宋代建筑的影响，形成既与辽代建筑相似，又与宋代建筑接近的建筑风格。同时，也有自身发展特点的建筑风格，如采用减柱造和移柱造手法，使用大跨度的复梁，耍头正面内顣，屋面坡度加大，使用更多斜栱等。砖石建筑中部分砖塔采用因袭古制的袭古手法，砖石墓室结构更为复杂，雕刻更为华丽，传统的重唇板瓦趋向三角形，明显表现出向明清时期滴水瓦过渡的形制。

（一）平面、柱网、柱形

单体建筑平面采用减柱造，且很普遍，成为金代木构建筑的重要特点之一。山西佛光寺文殊殿，建于金代天会十五年（公元1137年），面阔七间，进深四间，殿内仅用四根金柱，前后各二，是减柱造的典型作品（图10－1）。又如河南济源奉仙观的三清大殿，建于金大定二十四年（公元1184年），面阔五间，进深三间，仅保留二根后金柱，殿内其他金柱皆减，将内柱减少至无可再减的程度，应为金代最典型的减柱造。

檐柱之柱径与柱高之比为1∶8～1∶9，仍保持唐、宋时期檐柱的粗壮形制。但有的内柱较细长，柱径与柱高之比为1∶11～1∶14。内柱加高，为檐柱高的1.4～1.8倍。柱头为覆盆状。

有明显的“柱侧脚”与“柱生起”。特别是金代建筑的柱侧脚，除明间檐柱仅向内侧外，其他檐柱形成向内侧、向中侧的双向倾斜的柱侧脚。大同善化寺山门的平柱高5.86米，角柱高6米，柱生起14厘米，近于“三间生四寸”的《营造法式》规定。善化寺三圣殿柱生起40厘米，大大超过每间生起二寸的《法式》规定。

金代建筑的露明柱础为覆盆式，有素面柱础，也有雕刻荷莲、卷草等不同花纹的柱础（图10－2）。墙内不露明的柱础既有素面覆盆式，也有仅用素平础石和不规则的石块。

（二）梁架

金代梁架草栿和明栿做法基本与前代相同。而明栿又有月梁和直梁之区别，直梁较普遍使用，月梁甚少，如山西大同善化寺金代建筑山门当心间中柱缝上加施的月梁襻间，乳栿、劄牵也作月梁式。但金代明栿之月梁与宋《营造法式》之月梁有不同之处。

梁枋用材：梁枋之断面是由早至晚由瘦向肥发展的，金元时期的大内额和斜栿，其断面多接近圆形。

金代殿宇建筑的举折多为1∶4～1∶3。大同善化寺三圣殿，前后撩檐枋之间的水平距离为22.10米，总举高为7.26米，基本符合殿堂建筑举折以三分举一的原则。善化寺金代建筑山门，前后撩檐枋之距为11.84米，总举高为3.64米，相当于四分举一。

金代建筑使用叉手和托脚，还有斜跨二步架的大托脚。

金代以前的普拍枋较扁宽，而金代普拍枋已增厚。早期阑额出头无雕饰，而金代阑额出头已开始采用一些简单的曲线雕饰（图10－3）。

穿插枋：唐、宋建筑不用穿插枋，仅靠架在斗栱上的梁栿来联系檐柱与金柱，其结构不够稳固，是早期建筑缺点之一，也是特点之一。金代开始注意此问题，将檐柱的柱头斗栱后尾的下层与金柱柱头间做一根拉扯构件。此为最早的穿插枋，也是其穿插枋的雏形。元代才出现前端交在檐柱柱头上后端插在金柱内的穿插枋。

金代雀替仍盛行两种形式：一种是楷头绰幕，尽端刻2～3瓣；另一种为蝉肚绰幕，尽端刻鸟翼飞展状的曲线（图10－4）。

金代殿堂内梁架立木多用叉柱造。梁架结点还有用驼峰的（图10－5）。

金代襻间仍保留早期做法，槫与枋之间用襻间铺作支撑，有两材襻间、单材襻间、实拍襻间等。有的建筑明间用两材襻间，次间用单材襻间，谓之“隔间相闪”。

（三）斗栱

金代斗栱之高度约为檐柱高的30%，较唐宋建筑斗栱相比，明显缩小。

金代建筑的柱头铺作与補间铺作二者出跳数、结构式样一致（图10－6）。一般每间補间铺作一朵，也有明间用二朵補间铺作，而次、稍间用一朵補间铺作的，且補间铺作之间的距离均不相等。

斜栱的运用，辽金以前，我国古建筑一般不使用斜栱，仅在河北省正定建于北宋皇祐六年（公元1054年）的隆兴寺摩尼殿使用斜华栱，以减小两朵铺作之间枋的跨度。而金代建筑在辽代“⋇”形或“✳”形平面斗栱基础上，发展出更为复杂形式的斗栱（图10－7），即不但使用45°的斜栱，还使用60°斜栱，并有两者同用于一朵斗栱的实例。形成在金代大量使用斜栱的特点。

斗栱用材在我国古代建筑中的实际尺寸是由大变小的。此时期建筑用材多接近

24×16厘米，但其栔高多大于比例关系中6分的规定。

金代斗之形状与唐宋基本相同，唯有斗欹较高一些，基本不遵耳、平、欹高之比为4∶2∶4之规定。此时期之斗皆有斗䫜。单材耍头上皆用齐心斗。斜栱上的散斗呈菱形。

金代出现令栱、瓜子栱和泥道栱三栱等长的例子。金代晚期始与《营造法式》的规定相一致，即泥道栱、瓜子栱等长为62分，令栱长72分，慢栱长92分。

金代斗栱用真昂，昂的底边仍为直线，且昂嘴扁瘦。

此时期斗栱中的正心枋为单材，最上一层枋多用足材，枋之间垫置散斗。柱头铺作令栱之上多以替木承托撩檐枋或撩檐槫的接连处。撩檐枋与撩檐槫兼有之。

金代皆用单材耍头，其耍头形制有：①昂型耍头，如山西朔州崇福寺弥陀殿；②变体型耍头，如山西大同华严寺大殿；③正面内䫜蚂蚱头（图10－8），如大同善化寺山门；④标准型“蚂蚱头”耍头。内䫜蚂蚱头形耍头为金代耍头的重要特征。

（四）门窗、彩画、屋顶瓦兽件

1. 门、窗

金代仍有用板门之例（多为建筑群入口处的大门等），更多的是使用四抹格扇门（图10－9），但此时期的格扇门障水板花纹较朴素，仅装素板或加牙头护缝。格心棂条之做法，金代仅用平板刻线道互相搭交，以后则用细木条刻制拼装图案。此时期尚存“死扇窗”，如直棂窗等，但更多使用宋代开启的“阑槛钩窗”和支窗的做法，也称“活扇窗”，其窗棂花纹与格扇门一致。

2. 彩画

彩画沿用宋代彩画规制，柱子多为油饰。

3. 屋顶瓦兽件

滴水瓦是古建筑檐部第一块板瓦，其瓦之前端做成下垂的“ᗜ”形，其正面模印几何纹、波浪纹、连珠纹、锯齿纹等花纹，这种滴水瓦称为重唇板瓦。多数金代建筑均使用重唇板瓦，但在黑龙江阿城金上京遗址和河南省武陟小董金代砖室墓中发现有近“▽”形滴水瓦（图10－10），其三角形下垂部分与明清时期三角形滴水瓦有明显不同，可谓最早的三角形滴水瓦的雏形或过渡形式。

鸱吻的形式，自鸱尾演变为鸱吻后，其原鸱尾的前端与正脊相衔接处，使正脊的吻兽成为张口吞脊形象，后部成为粗壮的尾巴。此时期鸱吻，眼睛鼓突，头上有角和须，尾部向内弯曲，身上的鳞和龙的形象相似，可以说是由鱼向龙转化。山西朔州崇福寺弥陀殿的大吻即是这种龙吻形象（图 10 – 11），且为我国现存古建筑中最早的此类鸱吻形象。

（五）砖石构建筑

金代砖石墓墓室，在宋代仿木构建筑的基础上，其雕刻更为华丽，墓室内不但有雕刻墓主人图像，还有建筑雕刻、家具雕刻、动物雕刻、花卉雕刻等，真可谓富丽堂皇。且墓室仿木构建筑的形象更为逼真。此既反映了建筑设计上一种倾向，又说明了工艺水平的提高。

中原地区现存金代木构建筑的砖墙和金代砖塔，均采用平砌手法，即以平卧顺砖为主，兼有丁头砖砌法，砖与砖间全用白灰浆粘合。墙体有收分，并有自下而上的叠涩砌法，称“漏龈造”砌法，如河南汝州风穴寺中佛殿就采用此种砌墙之法。有的金塔砌壁砖水磨对缝，墙体光洁，灰缝极细，甚至肉眼难辨其缝，如登封少林寺塔林中建于金代大定十九年（公元 1179 年）的“海公禅师之塔”。金代建筑均采用砖缝不岔分的垒砌技术。

金塔总体轮廓更趋于挺秀，阁楼式塔很少，河南修武金代建筑百家严寺塔，平面八角形，为九级楼阁式砖塔（图 10 – 12）。大多数为密檐式塔，这种密檐式砖塔既有平面方形，外形仿唐，建材与内部结构仿宋的特点，如河南洛阳白马寺齐云塔、沁阳天宁寺三圣塔、三门峡宝轮寺舍利塔（图 10 – 13）。也有八角形仿辽式的砖塔（图 10 – 14），但塔身较少有辽代密檐塔那么多的佛像雕饰，主要表现柱、额、门窗、斗栱等结构形象，而塔身雕刻比辽代塔更精巧、细致，具有更高的艺术水平。如河北正定临济寺澄灵塔、山西浑源圆觉寺塔等。古代塔林中还有较多的金代和尚墓塔，如河南少林寺塔林中就有 17 座金代和尚墓塔，北京昌平银山塔林中有 5 座金塔。金代还建有花塔。

金代的石桥，现存有石拱桥中的敞肩圆弧拱桥，如河北赵县永通桥、山西晋城景德桥、山西原平普济桥等。另有多孔厚墩联拱桥，如北京卢沟桥，此桥“插柏为基，雕石为栏”，不但桥墩基础坚实稳固，而且桥面加工也很细密，特别是金代望柱上的雕狮，虽然金代原狮存量不多，但具有金代石狮姿态挺拔，身躯瘦长的造型特点，在现存石狮中文物价值突出。

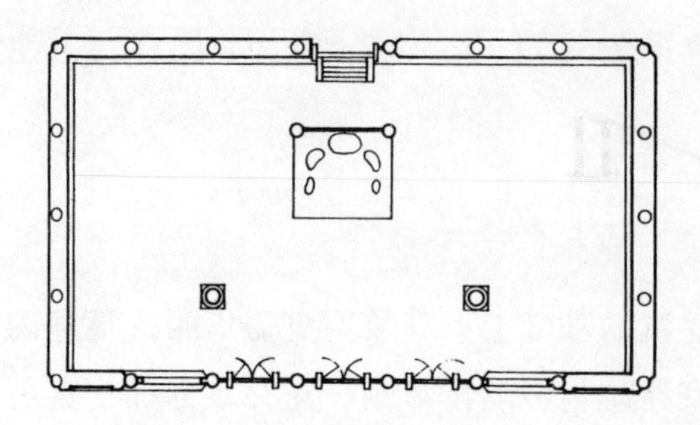

图 10－1　山西佛光寺文殊殿平面减柱造

（《中国古代建筑》修订本，2006 年版）

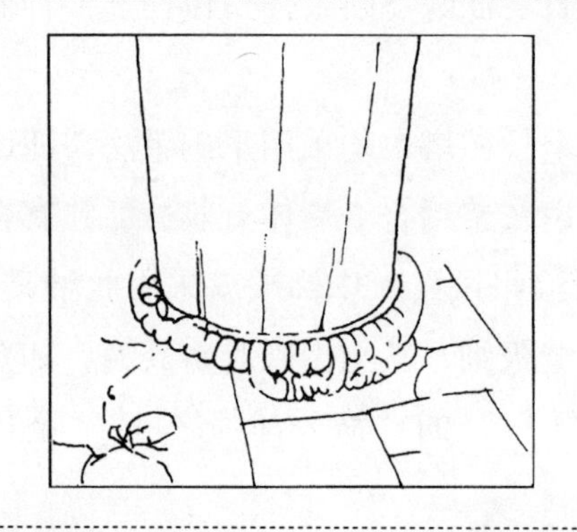

图 10－2　山西佛光寺文殊殿莲瓣柱础

（《中国古代建筑史》第三卷，2003 年版）

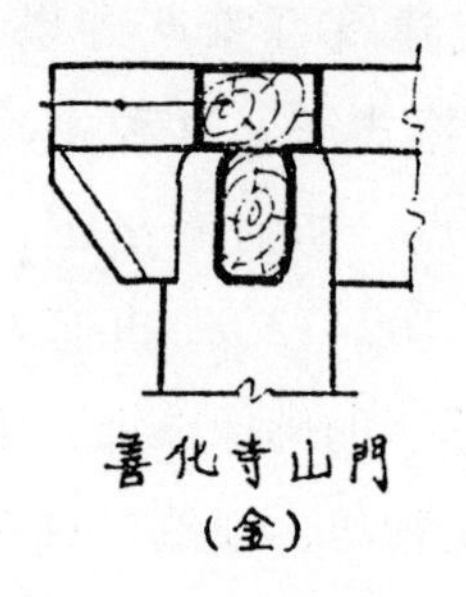

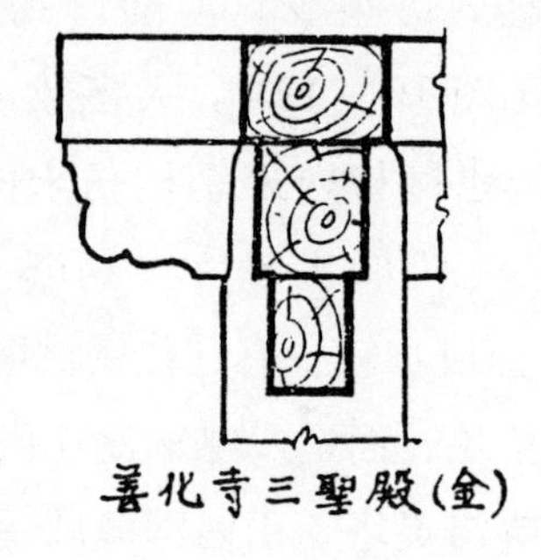

图 10－3　山西大同善化寺山门与三圣殿阑额普拍枋出头形式

（《文物》1965 年第 4 期）

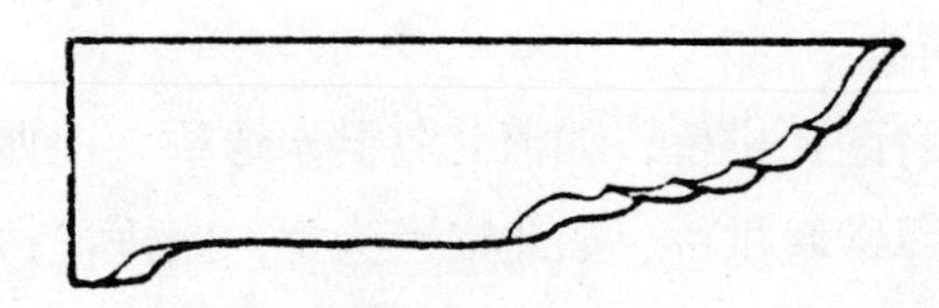

图 10－4　山西大同善化寺三圣殿雀替

（《文物》1965 年第 4 期）

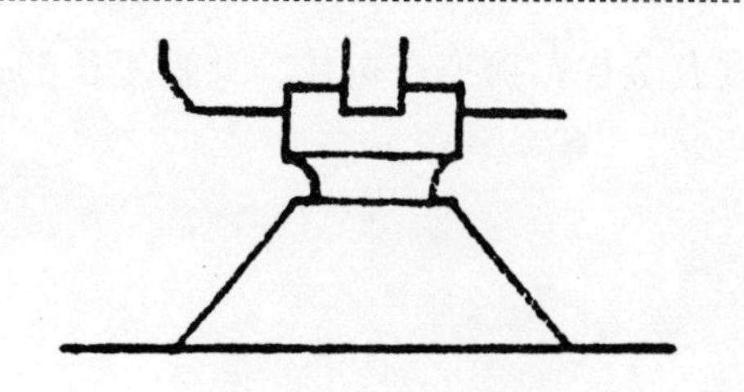

图 10－5　山西大同善化寺普贤阁驼峰

（《文物》1965 年第 4 期）

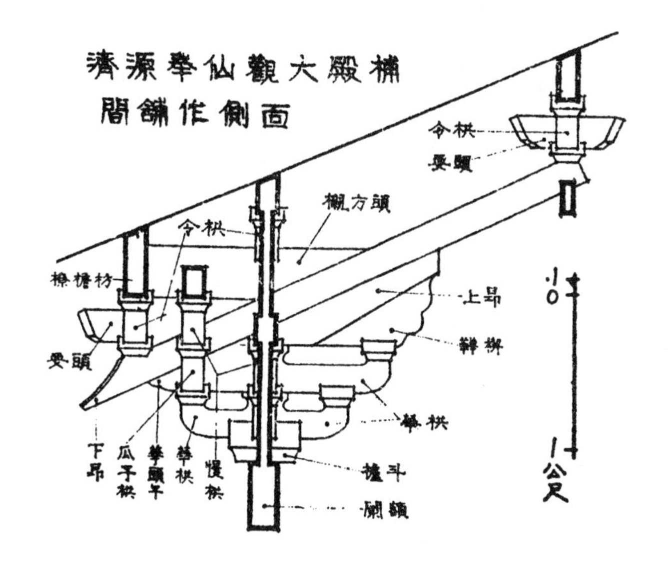

图 10－6　河南济源奉仙观三清殿補间铺作

（《中国营造学社汇刊》第六卷第四期，1937 年版）

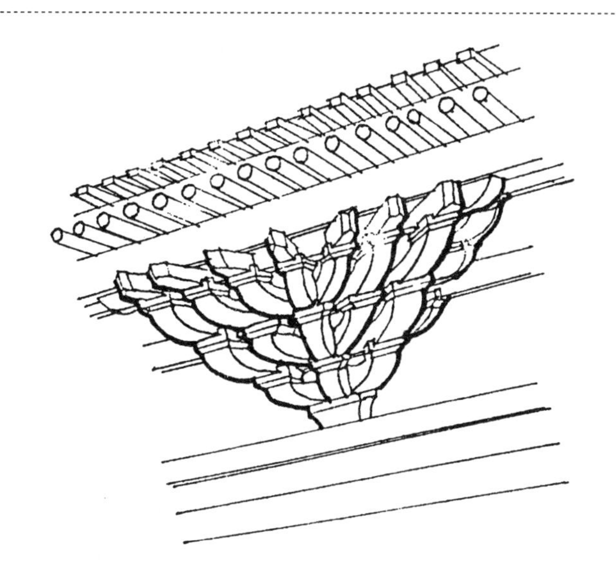

图 10－7　山西大同善化寺三圣殿補间铺作斜栱

（《中国建筑艺术史（上）》，1999 年版）

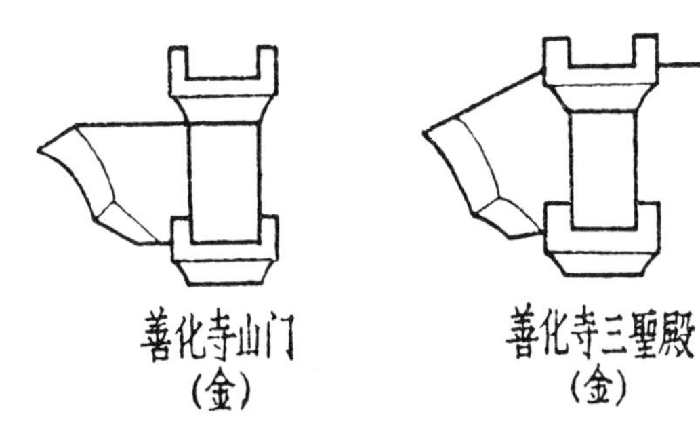

图 10－8　金代建筑正面内顱耍头

（《文物》1965 年第 4 期）

东南面格子门

东北面格子门

东面格子门

西面格子门

西北面格子门

西南面格子门

②

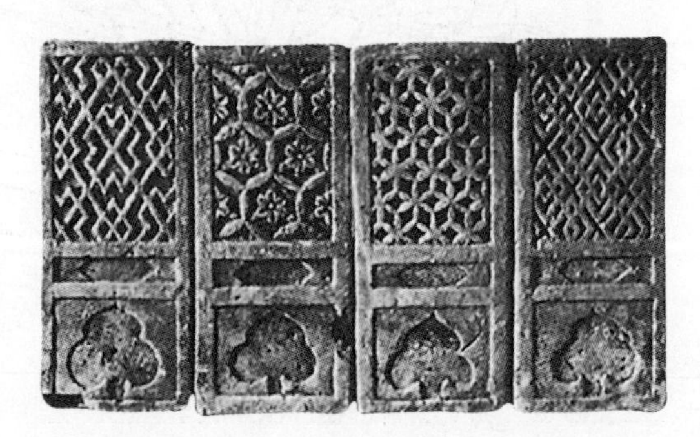

③

图 10 -9　金代墓葬出土格扇门

①洛阳涧西金墓四抹格扇门（《中国古代建筑史》第三卷，2003 年版）

②武陟小董金墓北壁格扇门（《杨焕成古建筑文集》，2009 年版）

③武陟小董金墓西壁格扇门（《杨焕成古建筑文集》，2009 年版）

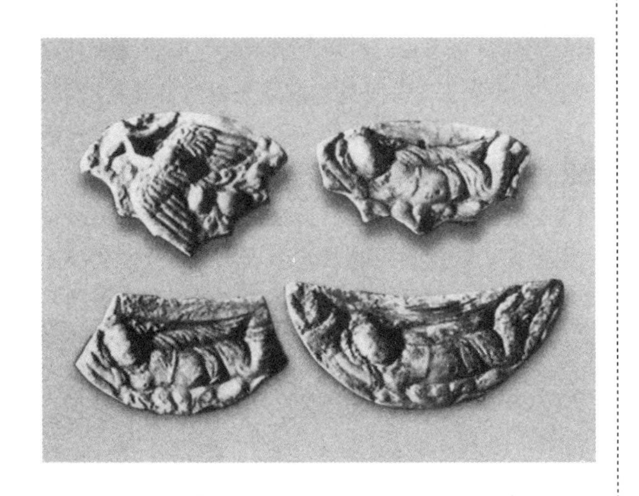

图 10－10　河南武陟小董金墓出土瓦件
（《杨焕成古建筑文集》，2009 年版）

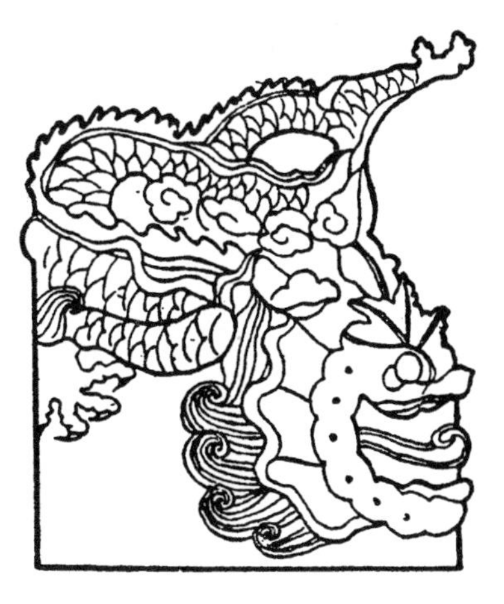

图 10－11　山西崇福寺弥陀殿大吻
（《文物》1965 年第 5 期）

图 10－12　河南修武百家岩寺楼阁式砖塔
（《中原文化大典·文物典·建筑》，2008 年版）

①

②

图 10－13　承宋仿唐的金代密檐式砖塔

①河南三门峡宝轮寺舍利塔

②河南洛阳白马寺齐云塔

③河南沁阳天宁寺三圣塔

（《中原文化大典·文物典·建筑》，2008 年版）

③

图 10－14　内蒙古宁城金塔立面

（《中国古代建筑史》第三卷，2003 年版）

十一　元代建筑

元朝在政治上空前大统一的局面，并没有给经济发展带来更有利的条件，营造业虽也受其影响，但还是有了很大发展。在城市建设方面，元大都是一座规划完整、规模宏大的都城；在长城以外广大地区建造了兼有军事和生产性质的城堡；改扩建运河，繁荣发展一些重要城镇。由于喇嘛教成为元朝的主要宗教，所以修建诸多喇嘛教的寺、塔。道教、伊斯兰教也得到统治阶级的提倡，故相应的宗教建筑也得到了发展。建筑平面中的减柱造方法成为此时期大小建筑的共同特点，梁架结构中出现了斜梁构件，其采用自然弯曲之材稍稍加工的梁栿，成为当时建筑结构的主要特征。斗栱中出现的假昂，成为鉴定建筑时代的重要依据之一。

（一）平面、柱网、柱形

元代建筑群采用平面四合院组合形式，主要殿宇建筑建于中轴线上，两侧建造左右对称的配殿，形成纵长方形的平面布局（图11－1）。单体建筑平面为横长方形（图11－2）。河南等地现存的元代小型殿宇多为方形或近方形的平面布局，表现了地方建筑的特点。

许多元代殿宇柱列布置十分灵活，而用大内额上排列屋架的做法，形成减柱造或移柱造（图11－3）。成为元代木构建筑的重要特征之一。

元代建筑柱径与柱高之比为1∶9～1∶11。柱头覆盆状。元代以后，梭柱之制仅保留在南方，北方以直柱为常规。个别保留有梭柱遗迹，即柱身三分之一以下为垂直，三分之二以上逐渐卷杀削小，至柱顶仅等于栌斗之底。

此时期木构建筑有柱侧脚和柱生起，并保留有向内、向中两个方向侧脚的遗迹。

元代露明柱础多为素面覆盆式（图11－4），不加雕饰。不露明者同唐宋。

（二）梁架

元代梁架很独特，产生了简约的做法，即梁栿多用天然弯曲的原木，形成“彻上明造”的梁枋。表面加工也同样粗糙，真可谓元代梁栿全为草栿造，此为元代建筑最重要的特征之一（图11－5），成为鉴定元代建筑最重要的依据之一。有些断面较大的梁是由两根等长的梁料加工垒置而成，甚至有的梁是旧料或小料拼合形成“拼帮”的做法。

元代梁架立木方法多用叉柱造。

元代建筑的大内额、斜栿其断面多接近圆形。其他梁栿由于是自然圆材稍经加工而成，故断面亦多圆形。

梁架结点（图 11－6）：元代以前梁架结点驼峰的式样大体有鹰嘴驼峰（两瓣、三瓣）、掐瓣驼峰、毡笠驼峰、梯形驼峰等。早期的合楷形如角替倒置。元代以前的蜀柱多为小八角形与圆形，柱头有卷杀。元代除承袭上述结点构件的一些做法外，用蜀柱的地方明显增多。

元代建筑槫、枋间使用襻间铺作。

元代木构建筑的梁架举折多为 1∶4～1∶3。

元代梁架叉手断面已经变小（用材较小），元代还较普遍的使用托脚。

推山与收山：推山做法在元代应用的不太广泛。如山西永乐宫内两座元代庑殿建筑，一座有推山，另一座则无推山。永乐宫纯阳殿系元代歇山建筑，具有明显的收山做法，自山面檐柱中线向内收进 39.5 厘米。元代歇山的山面多为透空，且置悬鱼、惹草。

阑额与普拍枋：元代阑额与普拍枋的断面均呈“丁”字形（图 11－7），阑额至角柱处的出头多刻海棠线。部分元代建筑阑额与普拍枋用材开始变小。

元代始出现前端交在檐柱柱头上，后端插入金柱内的穿插枋，其在结构上是进步的表现，而在年代上是晚期的特征。

元代建筑普遍使用雀替（图 11－8）。

元代木构建筑的槫与枋间使用襻间铺作。

（三）斗栱

斗栱在元代发生了很大的变化，开始出现使用假昂的斗栱，有了斗栱第一跳用昂的实例。但也有補间铺作第一跳虽用假昂，而第二层昂斜上，后尾挑起，仍保持其杠杆作用。此时期还有许多建筑的斗栱仍用真昂，故在鉴定元代建筑时一定要注意斗栱的这种演变手法和细部做法（图 11－9）。

元代斜栱形制与金代相似，且斜栱仅用于外跳。有的一朵補间铺作使用数道斜栱，也为元代斗栱的特点之一。

元代建筑柱头铺作与補间铺作的式样、出跳数一致。元代用假昂的建筑常常是補间铺作用真昂，柱头铺作用假昂（图 11－10）。補间铺作数量增多，铺作之间的距离不相等。

建筑用材：元代永乐宫重阳殿用材为 18×12.5 厘米，栔高也多大于 6 分。斗栱用材的尺寸明显是由大变小的。

元代由于斗栱用材减小，斗栱高与檐柱高的比例也明显变小，如河北省正定元代建筑阳和楼斗栱正立面高已减为檐柱高的25%（图11-11）。

斗多为方形，但此时期的圆栌斗、瓜楞栌斗也占一定数量。耳、平、欹高之比为4∶2∶4。元代建筑仍有明显的斗䫜。

元代以前正心栱多隐刻，元代外檐铺作中尚在柱头枋正面隐刻出弯栱，上、下层柱头枋隐刻的栱端处嵌置散斗，也有单独置弯栱的做法。

斗栱中正心枋为单材，枋间垫置散斗，最上一层枋为足材，跳上各枋一律为单材，其上多用撩檐榑。北方一些元构中，正心枋和扶壁栱开始出现足材做法。元代起替木逐渐加长，使之成为通长的构件，习称撩檐枋，居于撩檐榑之下。

元代建筑琴面昂已完全取代了批竹昂。此时期是真昂与假昂同时使用，昂的底边，金代仍为直线，而元代昂底则稍稍上翘。昂嘴扁瘦，甚至有的琴面昂昂嘴正面几近三角形（图11-12）。假昂斗栱平出的华栱外端斜下砍制成昂形，已失去了真昂的杠杆作用，并出现了假华头子。

元代耍头：直截耍头和昂型耍头，在唐、宋、辽、金各代都常见，但元代就不多用了。此时期有变体耍头和"蚂蚱头"型耍头。元代开始出现有足材耍头（图11-13），齐心斗消失。但仍有较多的单材耍头，使用齐心斗。

（四）门、窗、屋顶瓦饰件

1. 门、窗

从元代起重要建筑如殿宇等，很少再用板门，此时期板门多用于建筑群入口处的大门。门簪2~4枚，门钉仍无定制，一般门钉为3~7路，每路5~7枚门钉。河南温县慈胜寺大殿等北方一些中小型元代殿宇仍用板门。此时期大量使用格扇门，且已出现五抹格扇门，格心棂条做法一改过去平板刻线方法，而出现用细木条刻制成各种花纹并拼装成整体图案。障水板一改过去简单朴素的装素板做法，而出现简单的雕刻如意头的做法。此时期一些地方仍有死扇窗（如河南孟州显圣王庙大殿用直棂窗），但大多数用活扇窗，就全国而言，此时期死扇窗已较少见。

2. 屋顶瓦饰件

（1）脊：元代始出现脊筒子，最初的脊筒子仍刻出瓦条相垒的式样，也有刻花的脊筒子。

（2）脊吻：元代多用龙吻，习称大吻或吻兽，式样与元以前的差别很大。元代龙尾的尾部开始向外卷曲，有的仍向内卷曲，如永乐宫三清殿大吻的龙尾向内卷（图 11－14），永乐宫纯阳殿大吻的龙尾趋向外卷（图 11－15）。

（3）滴水瓦：元代以前用瓦头“ᗜ”形的滴水瓦，上面模印绳纹、连珠纹、锯齿纹等，称为“重唇板瓦”，元代仍多用重唇板瓦，但已使用近三角形滴水瓦。

元代使用圆瓦当，瓦的下垂面多用宝相花纹样。

（五）彩画与地仗

1. 彩画

元代出现“旋子彩画”，但不十分成熟。色调已由早期多用暖色转而为青、绿等冷色为主，即已注意青绿相间的法则。梁枋彩画仍沿宋制。柱子彩画多为油饰。斗栱彩画，元代绘花纹者较少，青绿叠晕者较多。

2. 地仗

在元代建筑彩画中，出现一种与以前不同的做法，即做地仗。在绘制彩画前，先在木骨上用油灰、线麻等材料打底子，使其具有较好的坚硬度和耐久性，此即为地仗。在元代建筑遗址中也发现有地仗实物。

（六）砖墙与喇嘛塔

1. 砖墙

元代以前的砖墙多采用叠涩砌法，逐层上收，做成收分。至元代，砖墙已有平砌不做收分的建筑手法（指墙下肩的砌法）。元代多为不岔分砌法，也有少数（或为元代晚期）建筑采用岔分砌法。砖与砖间的粘合剂均为白灰浆。登封少林寺塔林部分元代墓塔的壁面砖水磨对缝，灰缝极细，甚至用肉眼难辨其缝，如建于元代至元二十六年（公元 1289 年）的“灵隐禅师之塔”。

2. 喇嘛塔

流行于西藏的喇嘛教，元代在内地传播，营建不少喇嘛塔。其基座多为两层须弥座，与以后同类塔相比较显得肥短。塔脖子较粗壮。十三天上下收分较大，显得粗而短的形象（图 11－16）。较元以后的喇嘛塔极易区分。

（七）戏台与伊斯兰教建筑

元代营建不少戏台，其特点是前后台没有固定分隔，演出时中间挂幔帐以区隔前后。元以后有固定分隔。此时期戏台较朴实，少雕刻。

从元代起，已经出现了以汉族传统建筑布局和结构体系为基础，结合伊斯兰教特有的功能要求，创造出中国的伊斯兰教建筑形式。

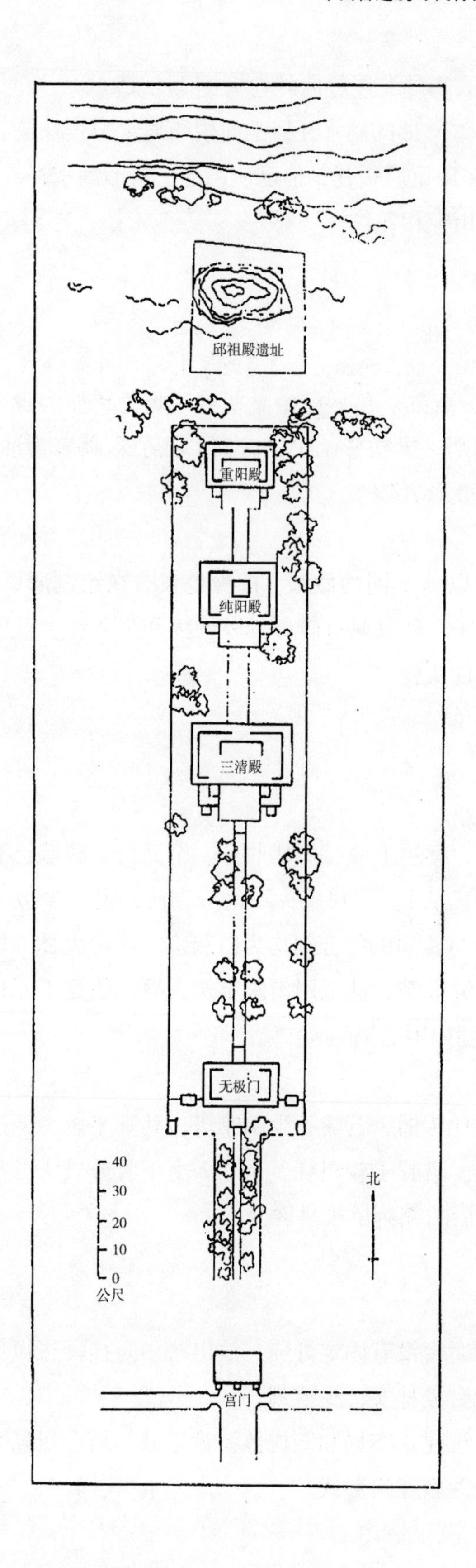

图 11－1　山西芮城永乐宫平面图

（《中国建筑艺术史（上)》，1999 年版）

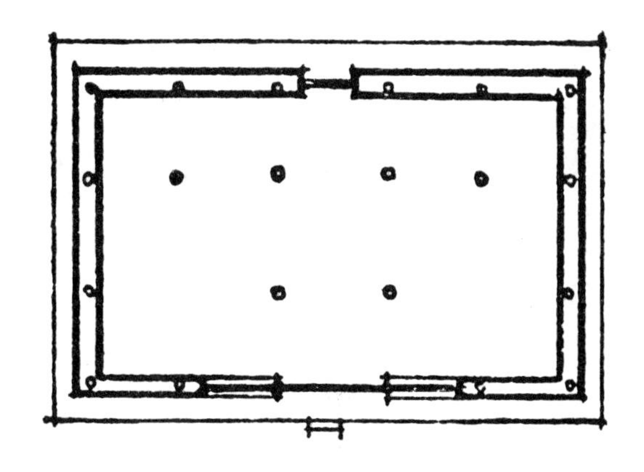

图 11－2　山西广胜寺下寺前殿平面图

（《文物》1965 年第 4 期）

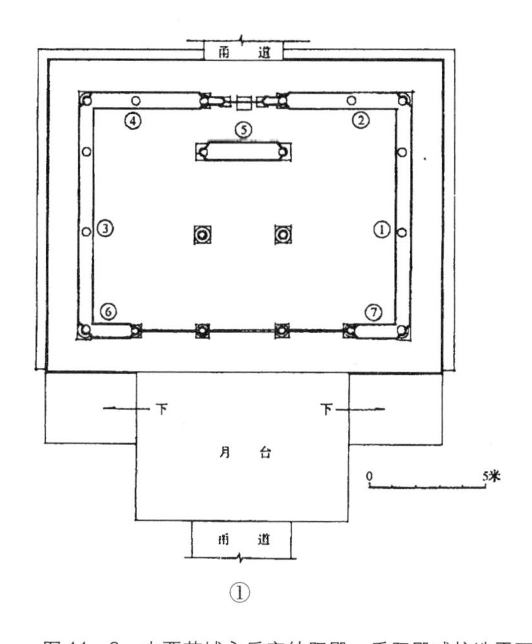

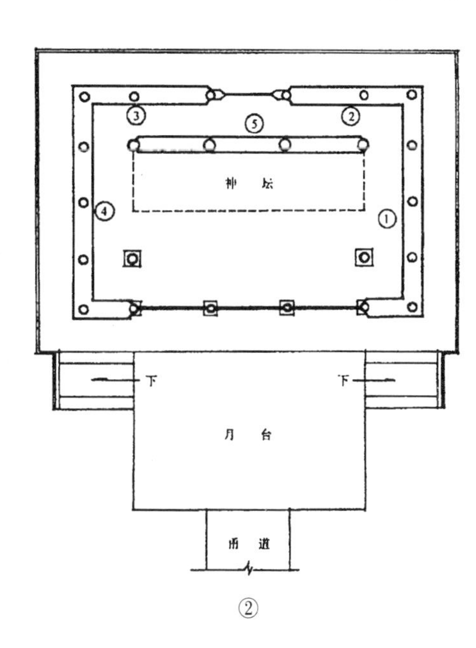

图 11－3　山西芮城永乐宫纯阳殿、重阳殿减柱造平面图

①纯阳殿　②重阳殿　　　　　　（《中国古代建筑史》第四卷，2009 年第二版）

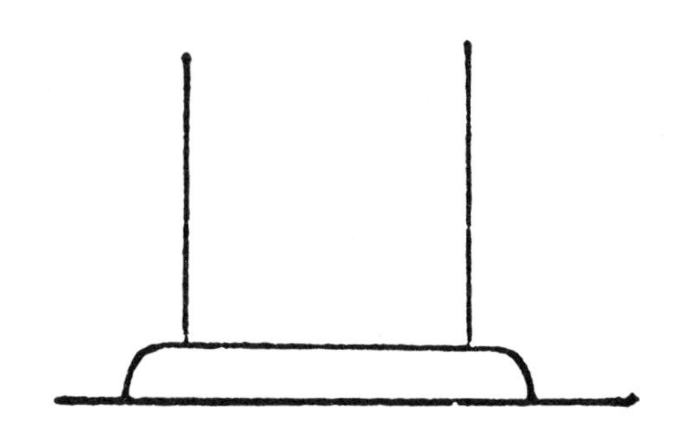

图 11－4　山西芮城永乐宫三清殿柱础

（《文物》1965 年第 4 期）

图 11-5　河南济源大明寺中佛殿草栿梁架

（《中原文化大典·文物典·建筑》，2008 年版）

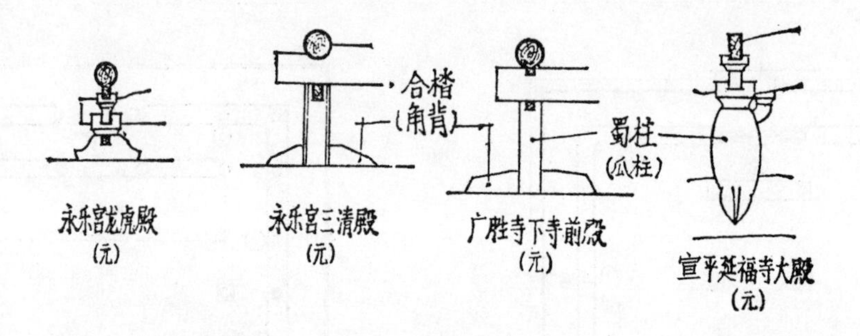

图 11-6　元代梁架结点

（《文物》1965 年第 4 期）

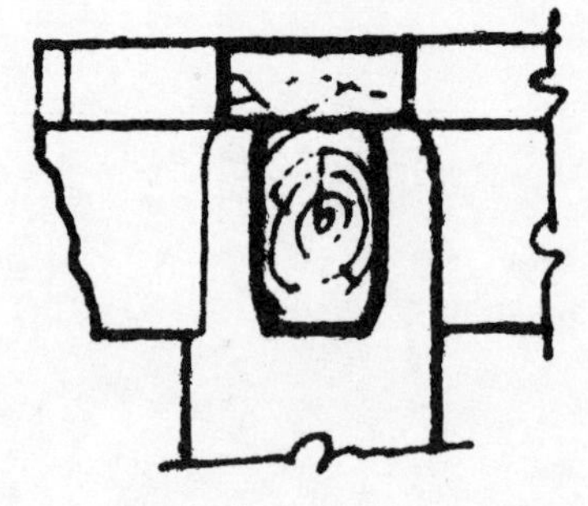

图 11-7　山西广胜寺下寺前殿、河北正定阳和楼阑额和普拍枋出头形式

（《文物》1965 年第 4 期）

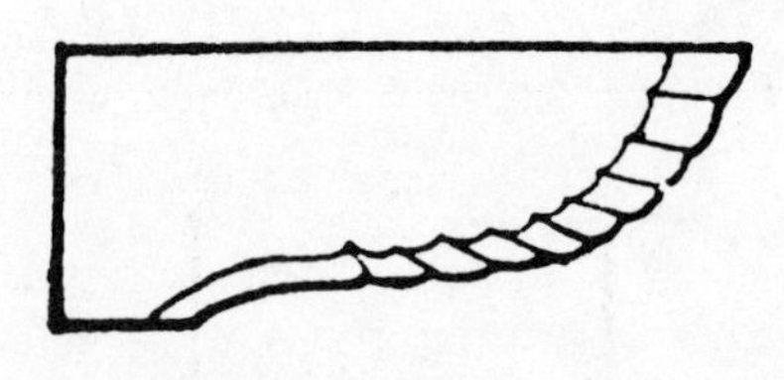

图 11-8　河北正定阳和楼雀替

（《文物》1965 年第 4 期）

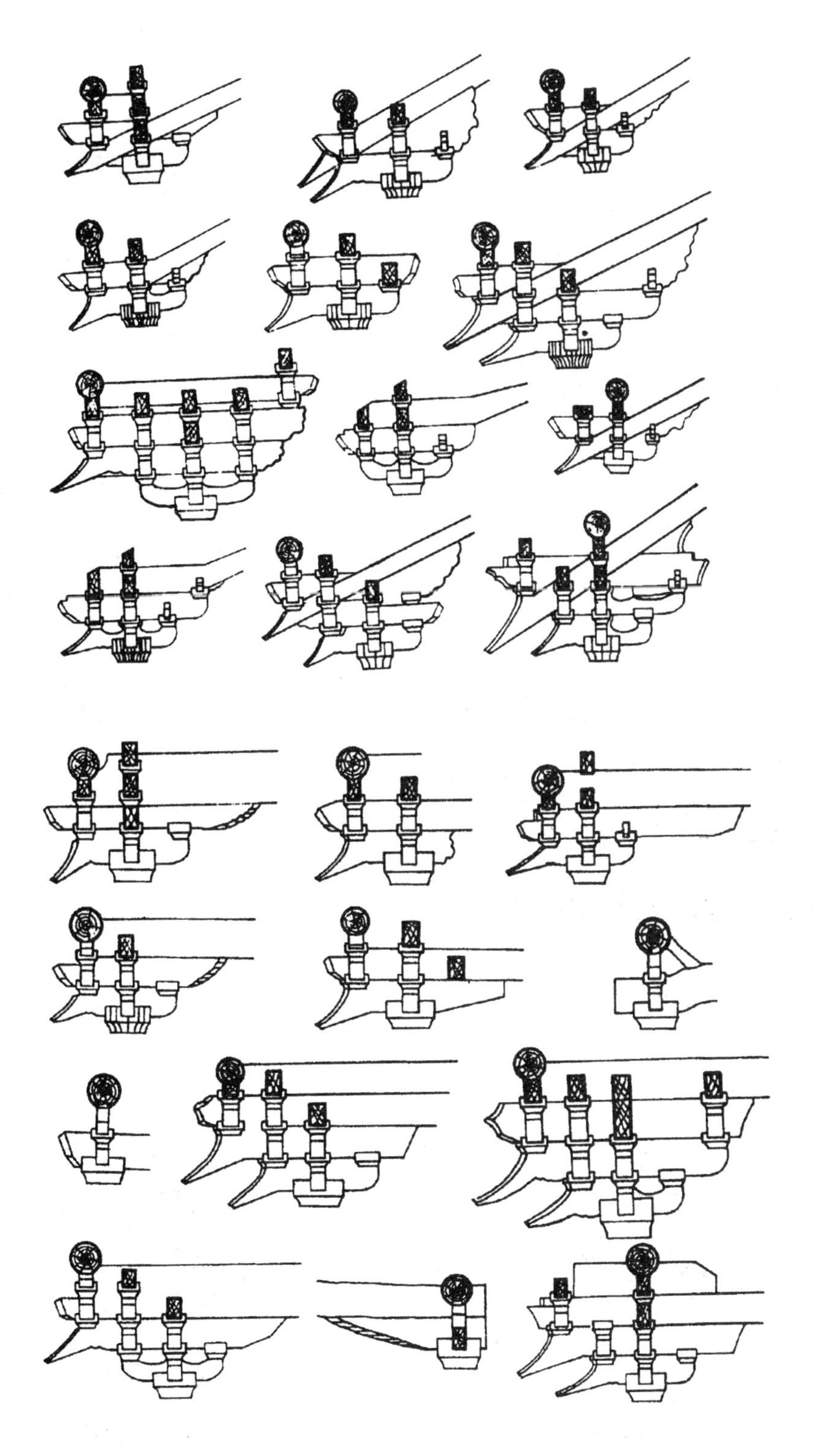

图 11 -9　元代建筑補间铺作与柱头铺作

（《古建筑石刻文集》，1999 年版）

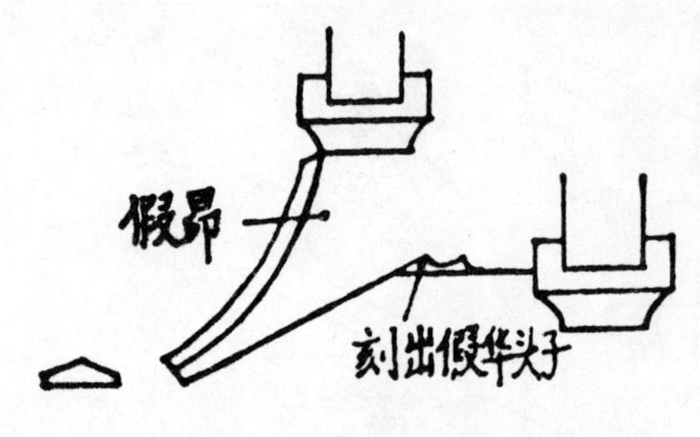

图 11－10　永乐宫三清殿假昂与昂嘴

(《文物》1965 年第 4 期)

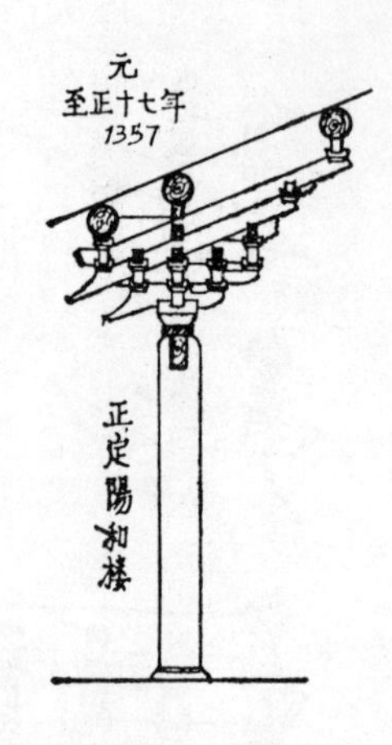

图 11－11　正定阳和楼斗栱高与柱高比较

(《文物》1965 年第 4 期)

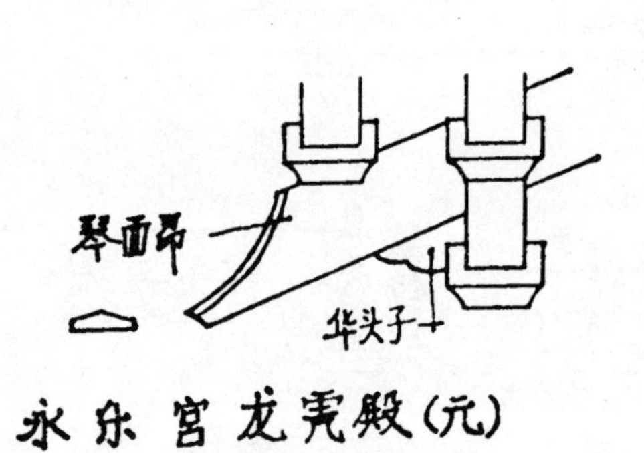

图 11－12　永乐宫龙虎殿真昂与昂嘴

(《文物》1965 年第 4 期)

图 11－13　永乐宫三清殿足材耍头

(《文物》1965 年第 4 期)

图 11－14　永乐宫三清殿正吻

(《文物》1965 年第 5 期)

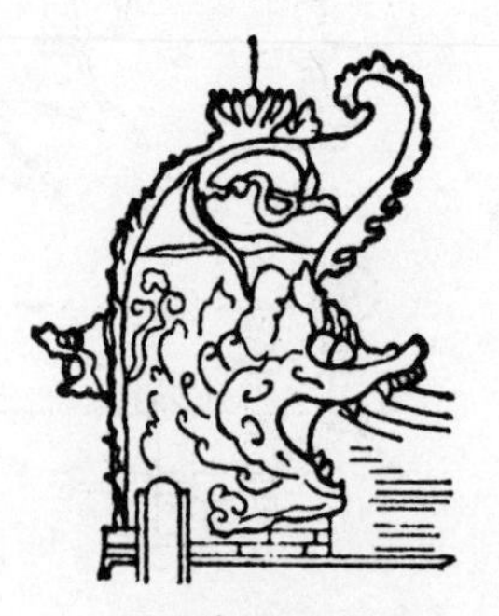

图 11－15　永乐宫纯阳殿正吻

(《文物》1965 年第 5 期)

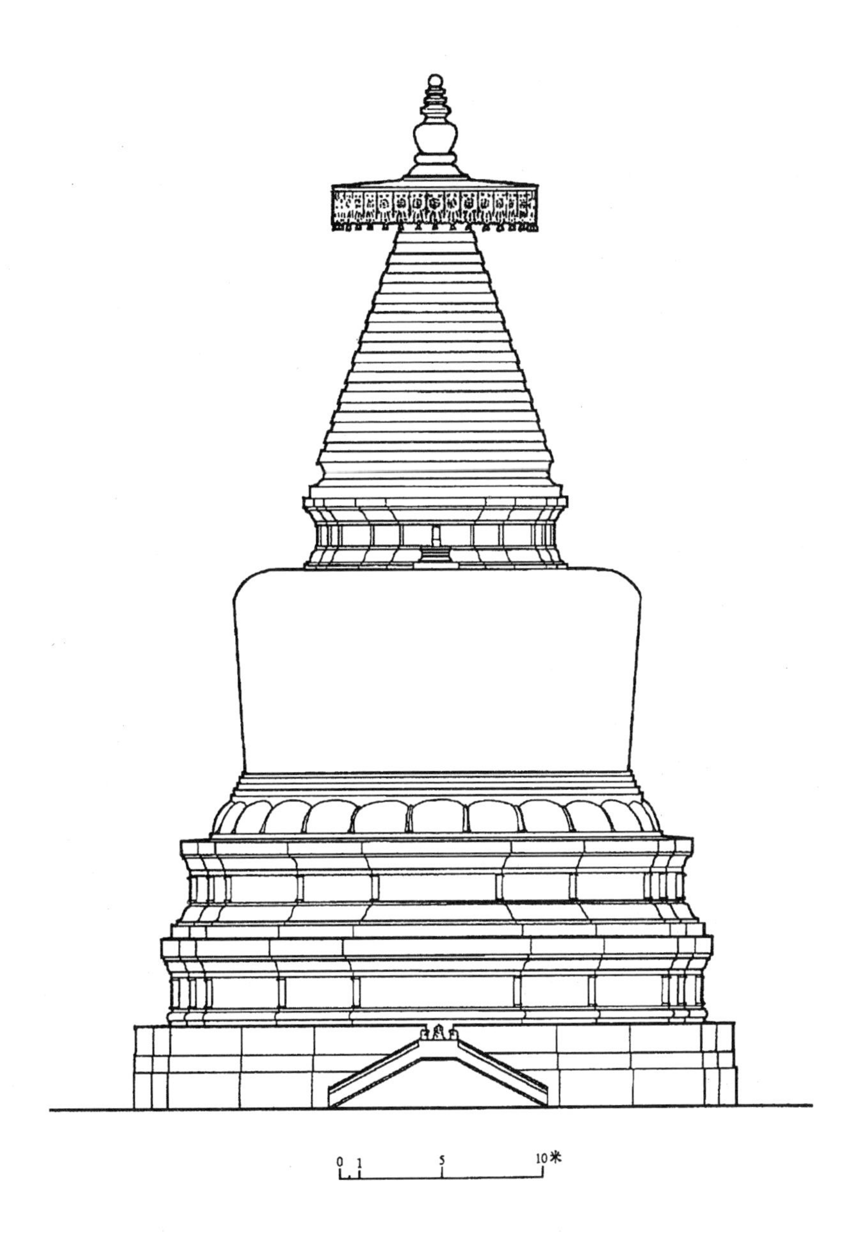

图 11－16　北京妙应寺白塔

(《文物》1965 年第 5 期)

十二 明代建筑

明代建筑在唐宋时期发展成熟的基础上，进一步得到巩固和提高，沿着中国古代建筑的传统轨道继续向前发展，取得不少成绩，形成官方和民间的建筑活动都很活跃的局面，出现了中国古代建筑史上最后一个高潮。其整体建筑结构规整严谨。官式手法建筑已完全程式化、定型化，建筑装饰稍显繁缛。其平面减柱造方法，除一些小型建筑外，重要的建筑已不采用。金、元时期盛行的大内额、斜梁等几乎绝迹。出檐较短，斗栱个体较小，普遍采用假昂。柱高与柱径比例偏小，柱子显得细而高。与前代多用灰瓦顶和琉璃剪边的情况不同，明代重要建筑的屋顶全部覆盖琉璃瓦。明代制砖业得到了很大发展，达到历史上的高峰，不但建造砖构的无梁殿建筑，就连县城城墙都用砖包砌。明代出现的“灰缝岔分”的垒砌方法，成为鉴定古建筑的重要断代依据之一。

（一）平面、柱网、柱形

群体建筑采用四合院组合形式（图 12－1、2），单体建筑已不用减柱造（图 12－3），与唐、宋建筑一样柱子排列整齐，但一些小型建筑还采用省去前金柱的做法，系减柱造的遗迹。

明代柱径与柱高之比为 1∶9～1∶11。柱头正面最顶部抹成斜面，谓之“斜杀”。地方建筑手法的明代柱头仍有覆盆状的做法。

明代柱侧脚很小，已不易察觉。明初以后基本不用“柱生起”。

官式建筑手法的柱础为“鼓镜式”（图 12－4），不露明者用素平础石或与露明柱础相同。有些明、清建筑还有用櫍的遗迹。地方建筑手法中，特别是黄河以南地区多用磉墩状石础，大体上分为三层、双层和单层。单层者多为鼓形。双层的下层为方形或八角形、覆莲形，其上层多为鼓形。三层者的上、下层多与双层者相似，仅在中层加方形或八角形石墩。各层均雕刻花纹。

楼阁式建筑从明代开始使用通柱，将内柱直接伸向上层，去掉此前上、下层柱间的斗栱，成为直达屋顶的通柱。但较清代建筑还不太彻底。

（二）梁架

明代官式建筑与元代建筑完全相反，不论有无天花板，梁枋加工都很细致，可以说全是明栿造的做法（图 12－5）。

明代梁的断面加宽，日趋近正方形。其明代官式建筑梁栿断面也有接近清代成为定制的5:4或6:5的比例关系。但仍有接近3:2比例的，说明明代官式建筑的梁栿形制仍在转变的过程中，尚未完全成型。在南方明代抬梁式建筑中梁栿断面仍保持2:1~3.5:1的比例。

梁架结点处理：明代全用瓜柱（蜀柱），殿式建筑为彻上明造时常用"隔架科"、"角背"，主要是装饰性构件，形式与功能和早期建筑完全不同。

明代官式建筑，早期仍保留较多的襻间做法，而后期则以檩、垫板、枋（习称"檩、垫、枋"三构件）作为纵向支撑体系（图12-6）。在南方大式建筑仍使用襻间做法，穿插枋被普遍使用。而在明代官式建筑中，随梁枋的使用较为普遍。北方民居中，仍保留有使用叉手的做法，甚至少数民居还使用托脚，但叉手和托脚用材较小，且明晚期有的还有很简单的雕刻，趋于装饰作用。明代官式建筑已经出现扶脊木，其断面形状和清代官式建筑所用的正六角形不同，而是采用正五角形的做法。江南地区则沿用椽椀的做法。

明代中晚期，北方和南方建筑均发生了巨大的变化，即屋顶剖面设计方法从明以前的举折之法演变为举架之法。在明代官式建筑中，根据北京一些明代木构建筑直到嘉靖年间还存在举折之法，殿顶高跨比仍为1:3，很可能嘉靖之后才较普遍的使用举架之法。在南方明代民居建筑，屋顶高跨比多为1:4，而有的殿宇建筑殿顶坡度高跨比接近1:3，实测的万历年间常州一座建筑屋面高跨比为1:3.43，而各步架之比则出现六举、七举的整数比。故约在万历年间，举架之法已较多使用，最终取代了举折之法。

推山与收山：明代多用推山，但也有不用推山者，如明代十三陵长陵祾恩殿就未用推山（图12-7）。收山：北京明代智化寺大智殿向内收进42厘米，与元代较接近。歇山山面明代多用砖垒砌，山花施砖、木或琉璃博缝。

明代官式建筑很少采用叉手的做法，托脚更是罕见，可以说基本上不使用叉手和托脚，脊瓜柱直接承托脊桁。而北方中原地区地方手法的明代殿式和大式建筑，绝大多数不但使用叉手，而且叉手用材仍较大，起到了承桁荷载的作用。甚至部分明代地方手法建筑还使用托脚，叉手和托脚表面不加雕饰，与清代地方手法建筑的叉手和托脚极易区别。

穿插枋：我国早期建筑无此构件，明代官式建筑使用的穿插枋，在结构上是进步的表现，在时代上是晚期建筑的特征。中原地区地方手法的明代建筑多不使用穿插枋，仍沿袭古制，即大柁或单步梁、双步梁梁头直接置于柱头科上，金柱与檐柱间不用牵拉构件，仅有少数受官式建筑影响较大的地方手法建筑使用穿插枋。

瓜柱、合楮、驼峰：明代官式建筑的瓜柱为圆形直柱，柱根多施合楮，很少使用驼峰。这时期的合楮较低，且削去上角。河南等地明代地方手法建筑梁架结点使用瓜柱，有的还用斗栱结构，瓜柱下分别使用鹰嘴、毡笠、掐瓣驼峰。并于明代晚期开始在瓜柱下使用雕刻卷云和三幅云的合楮，还出现瓜柱下不用驼峰和合楮之例。明代地方手法建筑的瓜柱不但有圆形，还有八角形和小八角形。以上均说明地方手法建筑是因袭古制的。

大额枋、平板枋（明以前称此构件为阑额与普拍枋）：明代以前大额枋与平板枋的断面呈“丁”字形，至角柱有出头的，也有不出头的，有不施雕刻的，也有出头饰以雕刻的，均体现了不同时代建筑特征。明代官式建筑的大额枋与平板枋较前代发生了较大的变化：一是二者的断面非“丁”字形，而是平板枋的宽度稍宽于或等于大额枋的厚度。二是大额枋至角柱处出头雕刻类似霸王拳的做法。明代中原地区地方手法建筑的大额枋与平板枋的断面全部为“丁”字形，大额枋至角柱处出头有雕刻海棠线的，有做成栱头形或柳叶刀形的，有垂直截去呈平齐状的，甚至有的大额枋至角柱处不出头。这种地方建筑手法与官式建筑手法的差异，在鉴定古建筑时应予以关注，以免将明代建筑误判为早期建筑。

明代建筑的外檐，普遍在大额枋下使用雀替，长度与面阔之比约为1∶4。梢、尽间太小的建筑，两雀替连在一起称为“骑马雀替”。明代尚保留蝉肚绰幕的遗存，卷瓣均匀，每瓣卷杀都是前紧后缓。在靠近柱头处有的施三幅云或栱头承托（图12－8）。住宅和园林中常见的花牙子雀替纯系装饰性构件。明代以前的雀替仅施彩绘而不加雕饰，从明代起多雕刻卷草式云纹。

（三）斗栱

明代斗栱总体是比较规整的，很少有斜栱，个别使用斜昂（假昂），也可能是斜昂之始。明代中叶出现了“如意斗栱”（最早之例为广西容县经略台的真武阁）。

柱头科与平身科式样和出跳数一致。因这一时期仍为先定面阔、进深的尺寸，再于每间内安置平身科，故同一间斗栱之间的距离相等，但各间平身科斗栱距离不相等。如山东曲阜奎文阁各攒斗栱之中距：明间为1.19米，次间为1.43米。明代平身科斗栱的数量逐渐增多到4～6攒（朵）。

斗栱的发展总的趋势是由大变小。在同一座建筑中，衡量斗栱大小的标准是斗栱正立面高度（自大斗底皮至挑檐桁下皮的垂直高度）与檐柱高的比例。二者之比，唐代为40%～50%，宋代约为30%，元代为25%，明代则减为20%（图12－9）。河南省等地的地方手法的明代建筑斗栱正立面高度与檐柱高的比例一般为20%～27%，稍大于同期官式建筑二者的比例关系。

明代官式建筑斗栱中的斗（升）绝大多数为方形，斗之耳、腰、底三者高度之比为4∶2∶4。明初斗底还稍存斗䫜，且由于耍头由单材变为足材，故齐心斗消失。河南等中原地区地方手法的明代建筑升、斗的耳、腰、底三者高度之比不遵官式建筑4∶2∶4之规定，甚至出现三者高度相等的现象。此时期地方手法建筑，不是稍存斗䫜，而是明代早、中、晚期均有斗䫜，斗䫜的制作方法古朴，䫜度较深，如河南温县福智寺中佛殿斗䫜深达1.5厘米。明代早、中期地方手法建筑中还有少数单材耍头上置齐心斗的。

元代以前隐刻正心栱的做法，从明代始已不多见。早期的"翼形栱"，明代已发展成为固定形式的"三幅云"。元代以前转角铺作中的鸳鸯交手栱，明代尚有实例。小栱头（比瓜子栱还短的栱头，通常用于转角铺作，与瓜子栱、慢栱出跳相列），于明末清初已改用为昂，不再使用。

昂在斗栱中属于变化较大，是最能体现时代特征的构件之一。元代以前全用真昂，元代出现假昂，但仍以真昂为主。明代官式建筑广泛使用假昂，且昂嘴增厚，在昂身下平出刻出假华头子。北方中原地区地方手法的明代早期建筑还有一部分使用真昂，昂下垫置真华头子，保留有早期昂嘴扁瘦的特点。琴面昂嘴直边很小，有的几乎没有边高，形成近三角形的昂嘴形式，这是鉴定明代早期地方手法建筑的重要依据之一。明代中期和晚期地方手法建筑基本不用真昂，面包形昂嘴减少，大多数昂嘴呈五角形。此类五角形昂嘴重要特点是底宽远大于边高，面包形昂嘴的底宽大于中高，犹存昂嘴扁瘦古制。明代昂制作规整，昂身底边多为直线，不向上翘。

足材的正心枋在北方和部分南方建筑中取代了通过散斗相叠的单材正心枋。在明代官式建筑中足材的平身科取代了单材的補间铺作。

明代官式建筑中，丁头栱则逐渐退化，经由楷头演变为雀替状。

明代已出现溜金斗栱，这是一种特殊的斗栱，自中线以外与普通斗栱完全相同，中线以内，耍头等构件不是水平叠置，而是斜向上方延伸承接下金桁，但与真昂斗栱功能不同，且易与真昂斗栱相混淆，初涉古建筑鉴定者应注意二者的结构形制以及功能之区别。

斗栱用"材"：斗栱用材是宋代及其以前，衡量建筑物及其构件尺度的基本模数单位。《营造法式》规定材分八等，清代材分十一等，但清式是以斗口作为模数单位。斗栱用材的实际尺寸是随着时代的早晚由大变小的。如面阔七间的唐代佛光寺大殿用材为30×21厘米；面阔五间的宋金时代建筑用材多接近24×16厘米；元代永乐宫重阳殿用材为18×12.5厘米；面阔五间的明代建筑北京智化寺万佛阁用材为11.5×7.5厘米。明代“栔”高与规定的6分相符。

早期建筑中的压槽枋（位于斗栱正心枋之上）明以后已不多见。

耍头：明代官式建筑耍头的基本形制为足材蚂蚱头（图12－10），也有很少的变体耍头。明代地方建筑手法的耍头，除足材蚂蚱头和变体耍头外，还有的使用单材耍头，其上置齐心斗。有的蚂蚱头正面内顱，即为因袭古制的内顱蚂蚱头，顱度深约1厘米。但整体斗栱的形制与早期斗栱差别很大，所以在鉴定明代建筑斗栱时一定要注意既从整体又从细部考察其时代特征。

替木：早期建筑在令栱之上使用替木，元代开始，将替木加长变成通长的构件，称挑檐枋。明代官式建筑基本不使用替木，而使用挑檐枋。明代地方手法建筑绝大多数也不使用替木，而使用挑檐枋或挑檐桁，而在河南境内发现数座明代地方手法的殿式建筑仍使用替木，且使用替木建筑的斗栱和殿身外观等方面明显的保留古制。

正心枋：元代以前的官式建筑正心枋多为单材，只是在最上一层使用足材。单材正心枋之间垫置三才升。明代官式建筑正心枋多为足材。明代中原地区地方建筑手法的正心枋有单层的，也有两层或三层的，除极个别为足材实拍外，大多数为单材，单材正心枋的枋与枋间形成空当。有的还在正心枋上隐刻正心万栱，隐刻正心万栱的栱端置三才升（即单材枋空当间置斗），还有的虽不在单材正心枋上隐刻正心万栱，但在单材正心枋空当的相应位置垫置三才升，以体现袭古之制。

（四）门窗、栏杆、脊瓦兽件、彩画

1. 门窗

明代建筑群入口处的大门使用板门，门簪多为四枚，方形、圆形皆有之。此时门钉仍无定制。重要单体建筑基本上皆用格扇门，宋代使用三抹头或四抹头式，到明代发展为五抹头或六抹头，一般认为清代才出现的六抹格扇门，实际上明代已经开始使用。如安徽省黄山市徽州区明代嘉靖年间的民居建筑的六抹格扇门，河南省郏县明代王韩墓出土的陶宅院中多座单体建筑的六抹格扇门。明间和次间常安装四扇或六扇格扇门，园林建筑多至八扇格扇门。格扇门的抹头增多，门的坚固性得到加强。裙板和格眼的雕刻较为复杂，裙板雕刻夔龙、团龙、四合如意云、套环、寿字等，也有仅起线脚的素面裙板。格心的图案样式丰富，简单的图案有方格、柳条格、斜方格。官式建筑的格心菱花格更为复杂，其基本图案是圆形、六角形、八角形组成，形成雪花纹、龟锦纹及双交四椀、三交六椀毬纹格眼等。园林和民居建筑多用柳条格眼等。

明代初期仍有少量的直棂窗，以后民居建筑虽然还使用直棂窗，但殿宇建筑绝少使用。窗子的形式主要为四抹头的槛窗，槛窗以下部分，北方多为砖砌槛墙，南方多用木板做成裙板；支摘窗，分上、下两组，上扇支起，下扇可以摘下；推窗，分内、外两层，外层为直棂窗格，里面置一层木板。另有横披窗、风窗等。

2. 栏杆

明代栏杆之望柱习雕卷云、龙头、石榴头等。华板雕刻趋向细腻、繁缛。园林中出现多种多样的“花栏杆”。华板雕梅花、镜光、冰片、方胜等。还有“坐凳栏杆”、“靠背栏杆”。石栏杆中还有不用石望柱，仅用栏板逐块相连接的“罗汉栏板”。有的用砖砌“花栏墙”，这应是栏杆的变体。

3. 脊瓦兽件

（1）瓦当与滴水瓦：宫殿瓦当多用龙纹，庙宇多用兽面及花卉纹。早期使用的几何图案已少见。滴水瓦为三角形，下垂面多饰花卉和龙纹。

（2）脊：明代官式建筑之脊全为脊筒子，脊的正背面多为镂空雕花，华丽多彩。而明代地方手法建筑中还有用叠瓦脊之例，如河南济源市明代建筑阳台宫大罗三境殿，不但使用叠瓦脊，而且梁架、斗栱也有少许宋、元时期的建筑手法，为典型的袭古之作。

（3）吻：明代龙吻之尾部完全向外卷曲，其形式与元以前的完全不同（图12－11）。剑把卷瓣斜向前方，两目正视前方。

4. 彩画

明代“旋子彩画”已完全成熟并成为彩画的主要形制之一。

梁枋彩画：明代“旋子彩画”规制已基本定型。明末彩画之枋心长已为梁长的1/3，直至清代将此定为则例。

柱子彩画：多为油饰，但一些重要建筑及伊斯兰教堂，其柱多满绘番莲等，沥粉贴金。

斗栱多为青绿刷饰。

（五）砖、石构建筑

砖墙：明代起广泛使用条砖垒砌砖墙，全为平砌，每皮多用“一顺一丁”的梅花丁式砌法，重要建筑的粘合剂全为白灰浆，有的还加入糯米汁、粳米汁、桐油等。明代建筑北京天坛回音壁是其成功之例。明代砖墙之下肩无收分。墙体均采用岔分砌法。明代砖雕在祠堂和塔类等建筑上逐渐得以广泛使用。

硬山、砖券、无梁殿：明代由于砖山墙开始普及，形成一种新的屋顶形式硬山顶的兴起和推广，并在山墙之檐部做出饰有雕刻的墀头。明代开始拱券多采用“券”与“伏”相间的构造技术，荷载越大，券伏数越多，如山海关城门多达七券七伏；由于明代砖结构砌筑技术显著提高以及石灰灰浆的普遍使用，砖拱结构跨度大大增加，产生了一种砖构殿堂的无梁殿（图 12－12），此类建筑属于薄拱形，一般不超过二伏二券。有的无梁殿依山坡而建，以减小水平推力。明万历年间，是此类建筑发展的鼎盛时期。

塔：明代是中国古代砖石塔发展的成熟期和三个高峰时期之一。建于明永乐十年（公元 1412 年）的南京报恩寺塔高达 102 米（此塔已毁，按明尺换算高度）。此时期楼阁式塔和密檐式塔为主要的两类塔形（图 12－13）。现存明代砖石塔，大型佛塔较少，中、小型墓塔较多，仅少林寺塔林及其周围明代砖石墓塔就多达 146 座。此时期部分砖塔表面使用琉璃砖贴砌，成为明代砖塔的特色之一（图 12－14）。塔之平面，多为八角形或六角形，但墓塔中仍有不少方形砖石塔。较明代以前古塔出檐明显缩小，且几无塔之檐鲰。塔之粘合剂全为白灰浆，除明初采用少量灰缝不岔分的甃砌方法外，绝大多数采用灰缝岔分的先进垒砌技术。明代建造的喇嘛塔，佛塔较少，多为墓塔，塔身较为粗胖，塔脖子和十三天也较粗壮，与清代喇嘛塔塔身较瘦高，且正面增设“眼光门”，塔脖子与十三天较细长的特点相比较，易于区别。

牌坊：由于牌坊多为没有内部空间的立面式建筑，原有用木材建造坊门，存在不耐久的缺陷，故从元末明初其用材由木向石过渡，此后明代石牌坊已遍布全国各地。现存最早的石牌坊为建于明初的南京明孝陵下马坊。明中叶以后，各地更是普遍营建石牌坊，随后又出现了琉璃牌坊等。但河南、浙江等地区仍建有少量木牌坊。其主流形式为四柱三楼、四柱五楼的柱出头和柱不出头的石坊。且在明中叶出现了立体构架式石坊，是其造型上的重要突破，也是牌坊形成独立观赏性建筑的明证，如明嘉靖四十四年（公元 1565 年）营建的安徽丰口进士坊等。

桥梁：梁桥、浮桥、吊桥和拱桥是我国古代桥梁的四种基本类型。明代所建的桥梁，多为石拱桥，但此时已出现砖拱桥。明代在继承的基础上，逐步发展形成了两种风格和结构的多跨石拱桥，即北方的厚墩石拱桥和南方的薄墩石拱桥。北方的厚墩桥的厚墩可逐孔砌筑，各孔拱相互独立，直接影响了清代官式石桥。如建于明代的安徽屯溪老大桥（图 12－15），为七孔桥，中孔最大，净跨 20 米，其他孔递减，分别为 18、16、15 米。与清代官式石桥不同的是桥型轻巧，过水面积大；拱券厚与中孔净跨跨径之比为 2. 25%，比清代官式石桥的 16% 要小得多。桥之一券一伏相间使用的发券方法直到明代才完全成为定制。此时期纵联券又出现了镶边纵联券和框式纵联券的结构式样。明代拱券多为两圆心券。

建筑琉璃：琉璃在建筑上的应用，始于屋面瓦件，由剪边至全顶，由单色至多色，至明代已发展为全盛时期。并开始将其作为墙面的装饰材料，出现了琉璃照壁、琉璃牌坊、琉璃门等新的建筑形式。明代还出现了较多的琉璃塔，如山西洪洞广胜寺飞虹塔等。

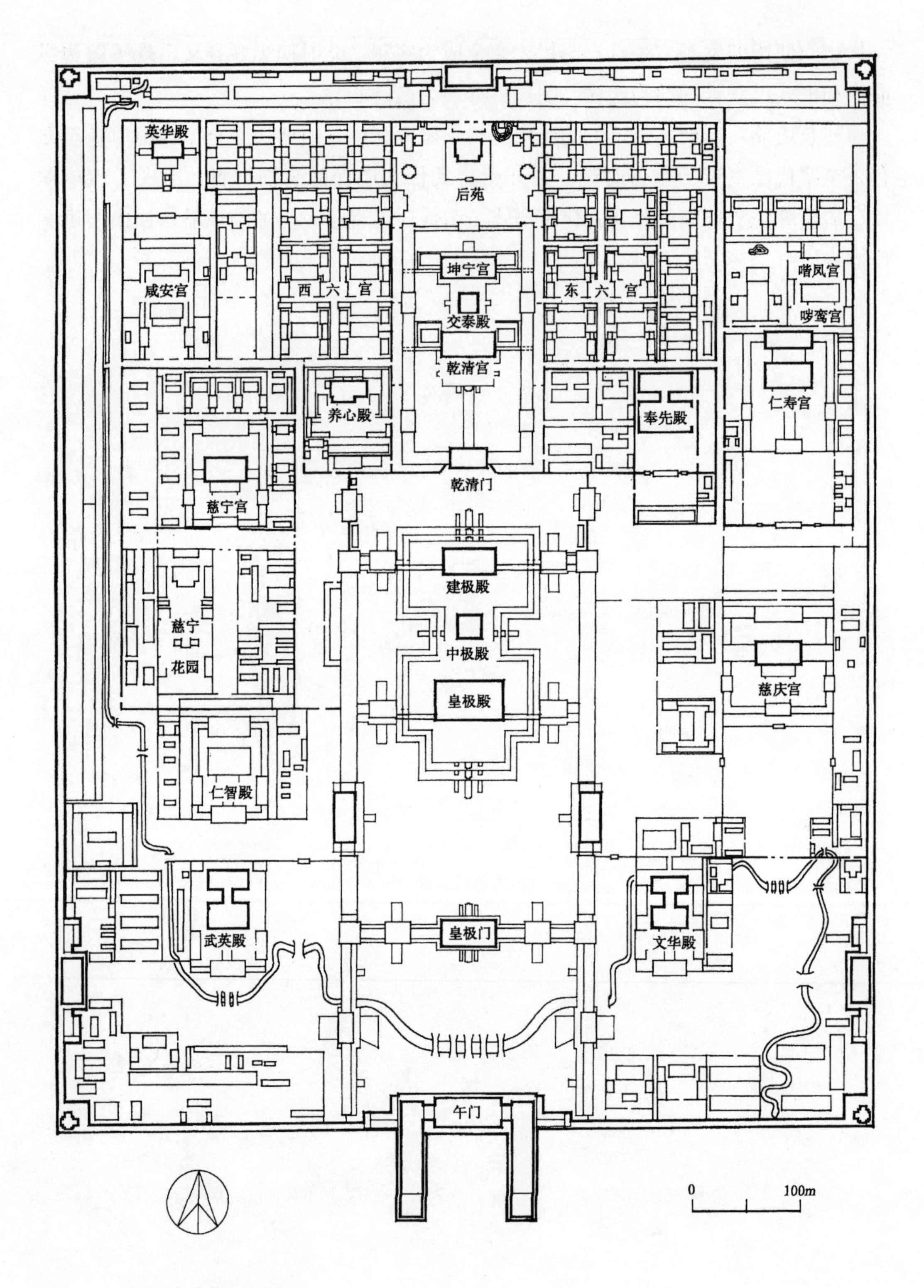

图 12－1　明代北京紫禁城总平面图

（《中国古代建筑史》第五卷，2009 年第二版）

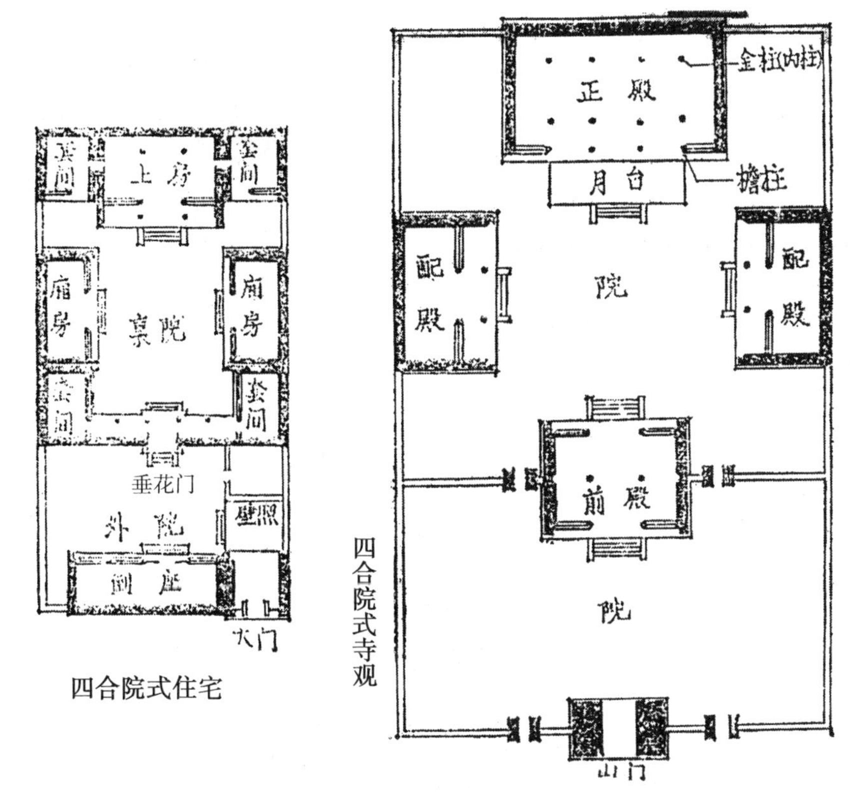

图 12－2　明代四合院式住宅、寺观建筑平面图

（《文物》1965 年第 4 期）

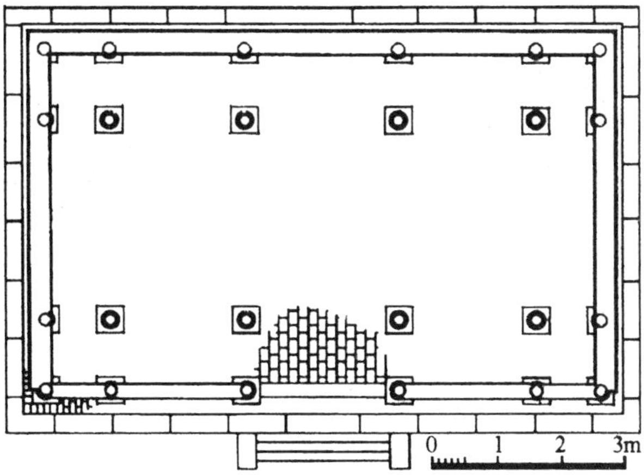

图 12－3　明代北京先农坛宰牲亭平面

（《中国古代建筑史》第四卷，2009 年第二版）

＊ 如图所示，柱子排列整齐，不用减柱造或移柱造。

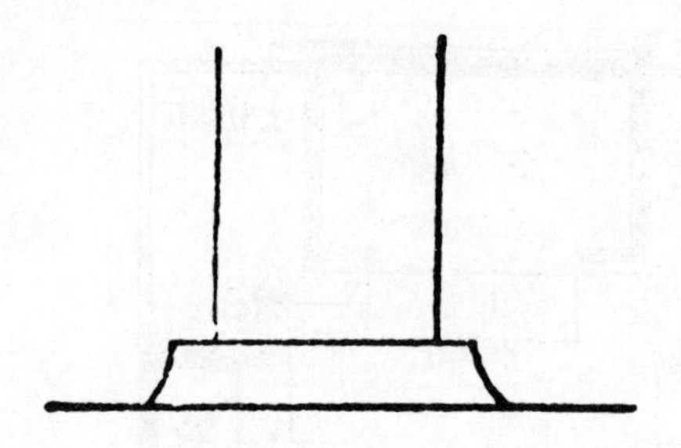

图 12－4　明代北京智化寺万佛阁鼓镜式柱础

（《文物》1965 年第 4 期）

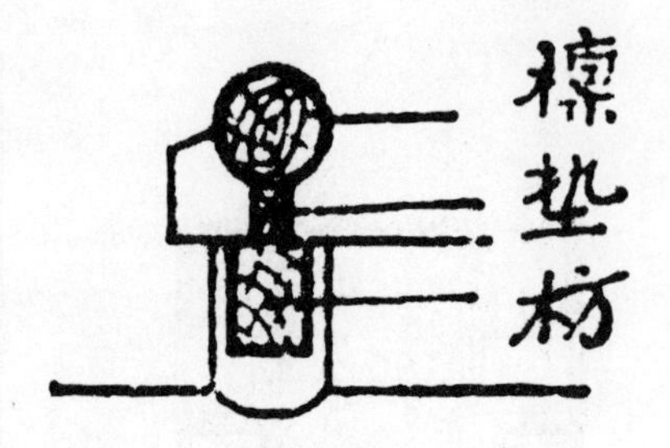

图 12－6　明代北京智化寺大智殿梁架结点

（《文物》1965 年第 4 期）

图 12－5　明代北京智化寺万佛阁明栿造梁架图

（《中国古代建筑史》第四卷，2009 年第二版）

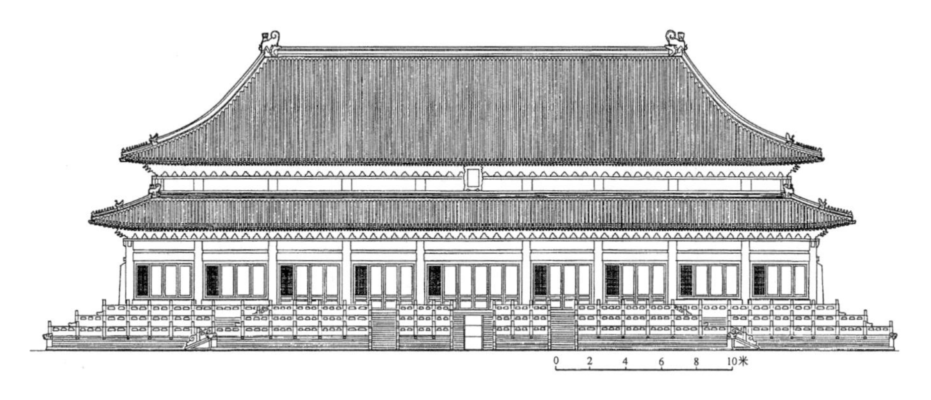

图 12－7　明代长陵祾恩殿正立面

（《中国古代建筑史》第四卷，2009 年第二版）

長陵祾恩门（明）

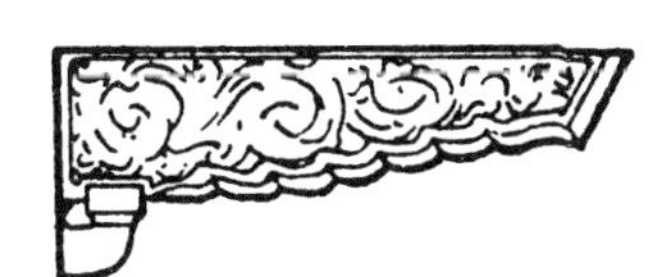

天坛祈年门（明）

图 12－8　明代长陵祾恩门和北京天坛祈年门雀替

（《文物》1965 年第 4 期）

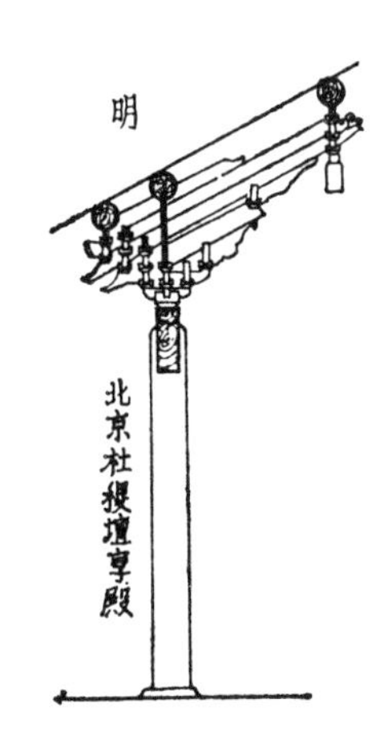

图 12－9　明代北京社稷坛享殿斗栱高与檐柱高比较图

（《文物》1965 年第 4 期）

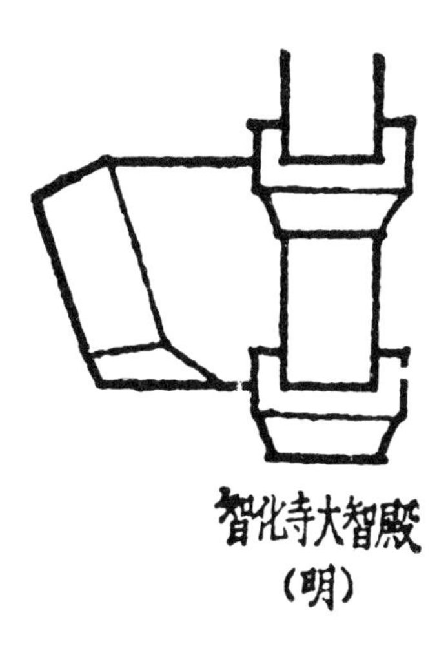

图 12－10　明代北京智化寺大智殿耍头

（《文物》1965 年第 4 期）

智化寺万佛阁（明）

图 12－11　明代北京智化寺万佛阁正吻

（《文物》1965 年第 5 期）

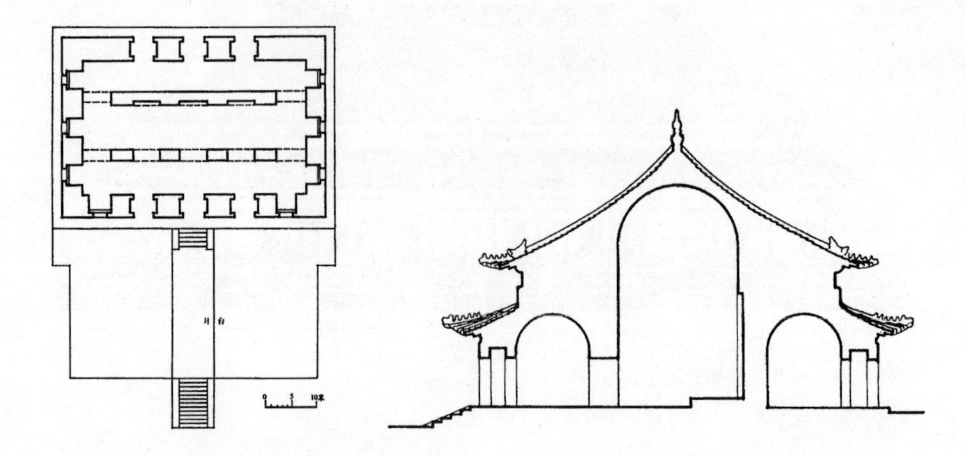

图 12－12　明代南京灵谷寺无梁殿平、剖面图

（《中国古代建筑史》第四卷，2009 年第二版）

图 12－13　河南许昌文明寺明代楼阁式砖塔

（《中国建筑艺术史（下）》，1999 年版）

图 12－14　明代山西广胜上寺琉璃塔

（《中国建筑艺术史（下）》，1999 年版）

图 12－15　安徽屯溪老大桥

（《中国古代建筑史》第四卷，2009 年第二版）

十三　清代建筑

清代建筑整体轮廓与明代建筑变化不大。但梁檩尺度、斗栱形体变化明显，更注重装饰，但清代晚期显得繁琐。出现了汉藏建筑式样相结合的新型建筑。于雍正十二年（公元1734年）钦定颁布工部《工程做法则例》（以下简称《则例》），凡是在京城的公私建筑，在京师以外“敕建”建筑，都崇奉《则例》，照章营建（许多地方手法建筑不遵此制），营造界称为“官式手法建筑”。模数制更加严格，不仅各种构件都以“斗口”来计算，而且平面开间尺度也受到“斗口”模数的约束，甚至连斗栱与斗栱之间的距离也以“斗口”来计算。世袭的皇室建筑师“样式雷”家族留下的数以千计的建筑图纸，就是以这种“官式建筑手法”设计的。这种设计方法，成为鉴别明、清建筑的重要依据之一。清代四合院的空间组合方式具有重要的时代特点，就是废弃唐宋以来以低矮的廊院围绕主体建筑的手法，改由正房、厢房、墙、门等组合的封闭空间，并突出主体建筑。如北京故宫、天坛等就是这种院落组合的典型。

（一）平面、柱网、柱形

1. 平面布局

清代官式建筑群总体平面布局，采用四合院形式。强调中轴线和左右均衡对称，大殿居中，其他殿宇在其前后依次排列，两侧建配殿和廊庑等，成为纵深的长方形布局（图13－1）。多数单体建筑的平面为横长方形，特别是重要的大型建筑，室内柱子纵横成行，排列整齐，即不采用减柱造的做法（图13－2）。但某些中小型建筑仍省去前金柱等。而大多数地方手法建筑还继续采用减柱（移柱）造的做法，仅有少数建筑不用“减柱造”。

2. 柱网与柱形

清代官式建筑的柱径与柱高之比为1∶10（建筑实例不少大于此比例的）。或以面阔的尺度来定柱之高与径，檐柱高为面阔的十分之八，即面阔一丈，檐柱高八尺；面阔的十分之七定檐柱之“直径寸”，即面阔一丈，柱径为七寸。或以斗口来定檐柱的柱径与柱高，即柱径为六斗口，柱高为六十斗口，柱高为柱径的十倍。从以上几种计算柱径与柱高的比例关系，均可看出清代建筑檐柱细高，可以说是历代木构建筑中檐柱比例最细长者。此为鉴定清代建筑最直接最显著的时代特征之一。且此时期不再采用柱生起、柱侧脚和卷杀的做法了。殿内采用自地面直通顶部的通柱。柱身多为圆形直木柱，较少有圆形、方形石柱。柱头形状，清以前的覆盆柱头、正面斜坡形柱头，清代官式建筑几乎不用（仅保留少许斜坡形做法），形成平齐状的柱头形式。

清代建筑出现“包镶柱子”的做法，即用一根木料作为心柱，心柱周围用多块木料拼接包镶，并用铁箍箍牢，不但可以增大柱径，还可以节约木材。

清代官式建筑的柱础为素面鼓镜式（图 13－3）。地方建筑手法的清式柱础，除素面覆盆柱础和少量素面鼓镜柱础外，另有雕刻不同图案的单层、双层、三层等多种式样的柱础（图 13－4）。

清代官式建筑大部分用砖墁地，有用方砖的、也有用条砖的（图 13－5）。按等级可分为金砖墁地、细墁地面、淌白地面和粗墁地面。高等级的铺地砖，采用“钻生泼墨”工艺，以增加地面色泽、光洁度和耐久性。铺地砖下用白灰沙浆铺垫。

（二）梁架

清代官式建筑的梁架为抬梁式结构，也称叠梁式（图 13－6）。即在前后檐柱间放置大梁，其上叠置小梁，各层梁端搁置桁条（图 13－7），形成三角形的基本框架结构。在其不同部位和不同类型的建筑中还有单步梁、双步梁、抱头梁、挑尖梁、月梁和顺扒梁、抹角梁等做法。

清代梁、枋的草栿和明栿造的做法与明代相同。不论有无天花板，梁枋表面加工得都非常精细，可以说全是明栿造的做法。而中原地区等地方手法木构建筑的梁枋表面有的加工细致，有的加工粗糙，即仍保留有草栿造的做法。所以在鉴定清代木构建筑梁架时要注意区分两者的差别。

清代官式建筑梁之断面高与宽之比为 10∶8 或 12∶10，梁的断面加宽了，即通常所说的梁高为五、梁宽为四，或梁高为六、梁宽为五，且有梁宽“以柱径加二寸定厚”之规定。虽较宋代梁枋断面高宽之比的 3∶2，在力学上清代之规定显然不合理，但为清官式建筑的时代特征。此时期的官式建筑梁为直梁，已不用月梁。但地方建筑仍有月梁实例，甚至河南有的地方手法建筑中还有梁宽大于梁高的做法。清代还有“包镶梁”的做法。

梁架结点：清代官式建筑的梁架结点几乎全用瓜柱，且瓜柱断面全为圆形，瓜柱下使用角背。但河南等地的清代地方手法的同类建筑中，梁架结点不但用瓜柱，还有少数建筑使用斗栱。瓜柱不但有圆形，还有因袭早期建筑手法，使用八角形和小八角形的瓜柱，瓜柱下不但使用角背，甚至还有用驼峰之例。且有的使用雕刻图案的角背。清代晚期地方手法建筑梁架结点还出现使用荷叶墩和荷叶墩形的角背。

甚至有的瓜柱根部用插入很薄的卷云板，成为象征性的角背。故在鉴定清代建筑时，一定要了解地方建筑手法因袭古制和自身创新的地方建筑特征。

在桁枋间，清代官式建筑很少使用襻间铺作，即清式建筑所称的隔架科。而是在桁与随桁枋之间加置一层垫板，习称“桁、垫、枋三构件”。地方建筑手法的同类建筑绝少使用垫板构件，仍使用隔架科，其形制有一斗二升交蚂蚱头、一斗二升交卷云头等。清中叶在隔架科栱身上雕刻花卉，还有用三幅云或荷叶墩替代隔架科，但此时期地方手法建筑的隔架科与早期的襻间铺作是极易区别的。

清代官式建筑的大额枋与平板枋（元代以前称阑额与普拍枋）的断面与明代及明代以前的形制大不相同，明代以前二者断面呈“丅”字形，明代平板枋的宽度稍宽于或等于大额枋的厚度。而清代官式建筑平板枋的宽度反而小于大额枋的厚度，其断面呈“凸”字形。大额枋至角柱处的出头部分雕刻成标准型的霸王拳；还在大额枋下增加一根小额枋，有的在大额枋和小额之间置一垫板，名曰由额垫板，合称“大额枋、小额枋、由额垫板、平板枋”四大件（图 13－8）。以上是清代官式建筑的做法，也是鉴定清代官式建筑的时代特征。而同时期同类型的地方建筑则与此差别很大。如河南等中原地区清代地方手法建筑的大额枋与平板枋的断面仍为“丅”字形，大额枋至角柱处的出头则雕刻成刀把形、佛手形、太极图、栱头形，甚至有的大额枋出头垂直截去，呈平齐状，仅有一部分雕刻霸王拳的。所以判定一座清代木构建筑的年代时，一定要首先区分是官式手法建筑，还是地方手法建筑，再以其不同手法的建筑结构特征进行断代，才能避免误判。

叉手与托脚均是斜撑承重构件，元代以前的木构建筑普遍使用这种构件，且构件表面平素无饰，有的还使用跨步架的大叉手。而清代官式建筑基本不用叉手与托脚这种斜撑构件。但河南等地清代地方手法建筑中，绝大多数使用叉手，有的还使用托脚。清代中叶地方建筑叉手用材渐小，并有雕刻图案，承重作用很弱，仅起到袭古手法象征性的装饰作用。

清代官式建筑使用穿插枋，连接檐柱与金柱，起到稳定梁架结构的作用。但同期地方建筑大多不使用穿插枋，仅少数受官式建筑手法影响的地方手法建筑使用此构件。

雀替：清代雀替（图 13－9）除具有明代雀替的一些特点外，尚另具如下特点：清代早期卷瓣圜和，清代中晚期雀替外端突然下垂，形成雀替前端水平较长的单弧形，实为清代官式建筑雀替的独有特征；有的建筑二雀替相连，形成骑马雀替；有的雀替表面雕刻卷草式云纹等。河南等地同时期地方手法建筑很少有清代官式建筑雀替“外端突然下垂”的做法，而是保留传统雀替的形制，清代中期的雀替更多雕刻飞禽、龙首等。清代晚期雀替的形式和雕刻更为华丽，还使用花牙子雀替和倒挂楣。

推山、收山及山面做法：推山已成为清代官式庑殿顶建筑的固定法则，使正脊延长，山面外推，称为“推山”。官式歇山顶建筑山面的三角形山花向内收进一定距离，称为“收山”。《则例》规定内收为一檩径，较宋代收山小得多，极易区别。且清官式不同于早期山面透空的作法，而是山面不透空，三角形山花是用规整的木板封闭（河南等地清代地方手法建筑多采用袭古的空透做法，也有用不规整的木板封山），在封山的木板外面雕绶带纹饰。收山使清代官式歇山建筑屋面比例发生重大变化。清代悬山建筑屋顶山面向外挑5～8椽径，称为挑山。一般建筑出檐以柱高为准，即出檐为柱高的30%～33%，习称为“柱高一丈，出檐三尺”。

举架：清代《则例》规定各檩位举高之法为举架，即相邻二檩的垂直距离与水平距离之百分比，如五举为50%，六五举为65%。最小不低于五举，最大不过九举（脊部）。由下向上依次安排屋架各步不同高度，各步举高递减，形成屋面曲线。其结果是清代屋面成为历代屋面最陡峻的形制。此为鉴定清式建筑最显著的特点之一。

清代官式建筑的椽有方形椽和圆形椽两种，殿式、大式建筑一般多用圆椽，小式建筑多用方椽。按1.5斗口定圆椽径，以柱径十分之三定方椽边高，一椽一当。清代椽距比宋元椽距密一些。清代官式建筑椽头不卷杀。河南等地的地方手法建筑之椽飞异于同期官式建筑。其一为一般椽头多有卷杀，特别是飞椽均有卷杀，且年代愈晚卷杀的幅度越大，清代晚期有的飞椽椽头卷杀竟为椽身最大处边高的50%。其二为圆椽与方椽的使用方法，椽距大小和椽之排列形式也不遵官式建筑的规定。在鉴定古建筑时代时应予以关注。

（三）斗栱

清代官式建筑斗栱与早期斗栱相比，进一步缩小（图13－10），北京故宫太和殿斗栱立面高度仅为檐柱高的12%，为唐代斗栱高的四分之一。而地方手法建筑中同时期建筑的斗栱立面高度不受此限，最高者达到檐柱高的33%～36%，约相当于宋代斗栱高与柱高的比例。所以在鉴定古代地方手法建筑时不但要看斗栱的高度，还要看斗栱的形制和建筑手法。

清代柱头科与平身科的式样与出跳数皆一致。平身科数量增多，最多每间八攒（图13－11）。清初仍是先定面阔、进深尺寸，再置平身科，故攒距不等。此后于雍正十二年（公元1734年）颁布的《工程做法则例》严格规定各攒斗栱中到中的距离一律为十一斗口，称为“攒当”。面阔与进深的尺度都以攒当十一斗口的倍数来计算。实物与《则例》规定基本相符。所以平身科攒距是否相等，成为鉴定明代与清代建筑之别的又一有力证据。

清代官式建筑绝大多数斗为方形，斗之耳、腰、底三者高度之比为4∶2∶4。清代中叶以后，斗之底部砍制为直线，已无斗䫜了，此为清代官式建筑斗栱的重要特点之一，清代已完全不用齐心斗了。河南等地清代地方手法建筑不遵《则例》规定，其斗形不但有方形斗，还有圆形斗、瓜楞斗和讹角斗，清代早期斗身多无雕饰，清代中期开始在圆形坐斗和瓜楞坐斗上雕刻花纹。清代地方手法建筑斗之耳、腰、底三者高之比不遵4∶2∶4的比例关系，有的斗腰大于斗耳或斗底，有的耳、腰、底高度相等，有的斗耳高于斗底，有的斗底高于斗耳等。清代早、中期皆有斗䫜，清代晚期大多数仍有斗䫜。但细部做法各不相同。

清代斗栱出现出两跳同用重昂的式样。许多地方建筑中仍用斜栱或斜昂，但雕刻增多，有的昂嘴做成龙头或象鼻等形象，与明代以前的式样极易区别。如意斗栱在清代木牌楼上得到较普遍的应用。

元代以前的正心栱多隐刻，此时期已不多见。清代在许多地方建筑中，常用雕花栱，有的更是玲珑剔透。栱端分瓣，清代官式建筑则规定为“瓜四、万三、厢五”，即瓜栱和正心瓜栱四瓣，万栱三瓣，厢栱为五瓣。元代以前的鸳鸯交手栱到明代尚存，清代已不见使用。“小栱头”到明末清初已改用为昂，不再使用小栱头。栱子的长度清代规定与宋制一样，即泥道栱（正心瓜栱）与瓜子栱（瓜栱）等长62分，慢栱（万栱）72分，令栱（厢栱）92分，但用材大小是有较大悬殊的。

清代全部使用假昂。有一种“溜金斗栱”（图13－12），后尾斜杆挑至下金檩，并有三幅云、菊花头等装饰性构件，与真昂完全不同。清中叶以后，昂嘴两边有“拔鳃”，其正面为“⬠”形，称“拔鳃昂”。假昂刻出的华头子，习称假华头子，清初仍然使用。到清中叶以后，昂之下平出缩小，仅为0.2斗口，故不再刻假华头子。清初又盛行昂嘴雕成龙头、象鼻等形状以示华丽。

正心枋：斗栱中的正心枋，元及元代以前多为单材，枋间垫置散斗；清代正心枋则多为足材，故不用散斗了。

耍头：清代的变体型耍头，不仅有雕刻简约的卷瓣变体耍头，而且有雕刻繁复的如龙首、象鼻等耍头。此时期更多的是蚂蚱头形耍头（图13－13），与宋代不同的是清代全为足材蚂蚱头，无齐心斗。

清《则例》规定，衡量建筑构件大小的模数单位进一步简化为“斗口”（即材宽，栱子的宽度），不仅斗栱、梁枋用斗口来计算，平面开间也用斗口计算，设计更趋向简约化。宋、清两代用材的比例相差不多（宋 15∶10，足材高 21。清 14∶10，足材高 20。栔高宋、清皆为 6），但用材的实际尺寸则不同，相差较大。如唐代面阔七间的佛光寺大殿为 30×21cm，宋代是 24×16cm，清代最大单体建筑面阔十一间的北京故宫太和殿用材仅为 12.6×9cm。

（四）装修、彩画、屋顶、瓦兽件

1. 门窗装修（图 13－14）

清代建筑群入口处大门，仍多使用板门，门簪多为四枚，有圆形、方形、菱形和瓜楞形，簪面多有花卉雕刻。此时期官式建筑板门门钉的数量和排列方法有一套严格规定（见清乾隆《大清会典》）。最高等级的门钉纵横均为九路，次之为纵九横七，最少为纵五横五。清代格扇门均为六抹头（图 13－15），称为六抹格扇门。一般每间使用四扇、六扇或八扇格扇门。单扇门的时代愈晚门身愈瘦高。格心部分的图案繁多，北方图案朴素，如直棂、步步锦、灯笼框等，宫廷和寺庙建筑多用三交六椀毬纹格眼和双交四椀毬纹格眼等。江南地区格心图案较灵活多样。清代格扇门的裙板和绦环板有素面无饰的，而更多有雕刻图案，如如意纹、夔龙纹、云纹、云凤纹、团花五蝠捧寿纹等。南方地区还有花卉和人物故事等图案。清代多为活扇窗。

2. 栏杆

栏杆是古代建筑装修中起围护作用的结构之一。清代栏杆的特征与明代大体相同，只是雕刻更加繁缛（图 13－16）。

3. 彩画

清代彩画约有四大类：和玺彩画、旋子彩画（图 13－17）、苏式彩画和中原彩画。前二者规矩谨严，苏式彩画的绘画题材有一定选择自由，是清代纹样变化最多的。梁枋彩画与明代比较一致。柱子彩画多油饰，但一些重要建筑和伊斯兰建筑，多绘蟠龙。石雕龙柱可视为彩画的一种变体。斗栱彩画多为青绿刷饰。中原地区木构建筑彩画有其突出的地方彩画特点。

4. 屋顶形式与屋面苫背

清代官式建筑屋顶基本形式有庑殿、歇山、悬山、硬山、攒尖五大类（图 13－18），有单檐和重檐之别。在基本屋顶形式的基础上派生出十字脊、盝顶、盔顶、扇形等类型。

清代建筑的屋面苫背不但使用护板灰、泥背、青灰背等。而且重要建筑还在护板灰上加铺油衫纸（以桑皮为主要原料，另加入适量生丝和竹子制成的高丽纸）和锡背。

5. 瓦脊件

清代勾头瓦（元代以前称瓦当）上的纹样，宫殿多塑龙纹，庙宇多用兽面纹及花卉纹。

滴水瓦为三角形（元以前的滴水多用重唇板瓦），滴水瓦下垂面纹样多为花卉和龙纹。

脊：清代全为脊筒子，镂空雕花。

吻：清代龙吻之尾部完全外卷，剑把上卷瓣多直立正卷，吻兽两目多侧视（图13－19）。兽身雕龙飞舞突出背上。垂兽、戗兽等已完全定型。北京地区民居正脊两端多用“⎾”形“鼻子”或称为“鳌尖”（江南也有类似做法）。

走兽：清代不仅规定了走兽数量皆用单数的三、五、七、九枚，且排列次序也有了严格规定（图13－19）。

（五）砖石结构建筑

1. 墙体

清代砖墙砌法分为糙砌、埆白撕缝、糙埆白、干摆等数种。园林中花墙应是砖墙的一种变体。墙体收分很小，下肩已无收分，灰缝全部岔分。白灰浆粘合砌砖。

糙砌：砖料不砍磨，灰缝较埆白墙的灰缝大。埆白撕缝：砖块只磨外露一面，砌完墙后仍需磨平，使砖与灰缝成一平面，用素灰与胶水调匀再加石灰的灰浆刷灰缝，达到与砖色一致。干摆：做磨砖对缝时，砖块摆好后再灌灰浆称干摆。砖砌不用粘结材料，也叫干摆。

墙体建筑材料：清代不但使用砖、石建筑材料，还有使用土坯甃砌墙体，有些建筑在墙体外壁用砖垒砌，砖皮以内用土坯甃砌。另有墙体内外用砖砌墙皮，内填碎砖瓦，以增加墙壁厚度。还有内外墙体均用土坯砌筑，壁面涂灰皮。有的建筑墙体内还平铺木片或竹片，称为木骨、竹骨。

2. 塔

清代由于佛教衰落，不但大型佛塔的数量急剧减少（现存此时期的砖石塔绝大多数为和尚墓塔等），而且塔之式样和构造方法等也无大的发展创新。其造型比较生硬；出檐短，檐似纤细的环带；多为实心，不能登塔。清代建造的喇嘛塔，须弥座多为单层，塔肚渐趋瘦直，饰以眼光门，十三天瘦直如柱，较元明时期的喇嘛塔极易区别。此时期还出现借用佛教砖石塔形式但与佛教无关的振文风和补山水的文峰塔、文笔塔、文昌塔、文星塔、风水塔等。塔砖变化很大，由早期的“长”、“宽”、“薄”，演变为“短”、“窄”、“厚”的造型，更接近现代砖体的形状。砖与砖间的粘合材料为白灰浆，砌缝均采用“岔分”的垒砌技术，摈弃“不岔分”的垒砌方法。

3. 桥梁

清代官式石构桥梁建筑，工程精细，先以河口宽度确定券门宽度，中孔券洞最大，两侧依次递减，皆为双圆心的尖拱券。桥身中部窄而桥端宽。清代砖构桥梁较少，其形制多与石构桥相同或相近。

4. 无梁殿

清代无梁殿建筑，除砖之大小和砖的形制等与明代无梁殿有所不同外，其他多与明式相近。

5. 牌楼（牌坊）

清代牌楼之主要建材为木、石、砖，还有琉璃牌楼。平面形制有两柱、四柱牌楼，有六柱五间十一楼的大型牌楼，还有两层柱列的八柱牌楼和两端悬挑垂莲柱式的牌楼等。木牌楼依其楼顶形式有庑殿、歇山、悬山、盝顶式等。石牌坊中除依其平面布局和柱、楼形式可分为一间二柱一楼、三间四柱三楼、三间四柱五楼等不同形制外，还有柱出头和柱不出头之分。地方建筑手法之清代牌楼、牌坊与同时期官式建筑手法（图 13－20）也有一定差别。

6. 照壁与影壁

照壁历史悠久，清代有琉璃照壁、木制照壁、石雕照壁、砖砌照壁。多数位于大门之外（图 13－21），也有位于院落门内的。影壁是由“隐避”（门内为隐，门外为避）演变而来的，材质有木、石、砖、琉璃等，平面有一字影壁、八字影壁、组合影壁、“门”字影壁。其位置有靠山影壁、顺山影壁、撇山影壁等。

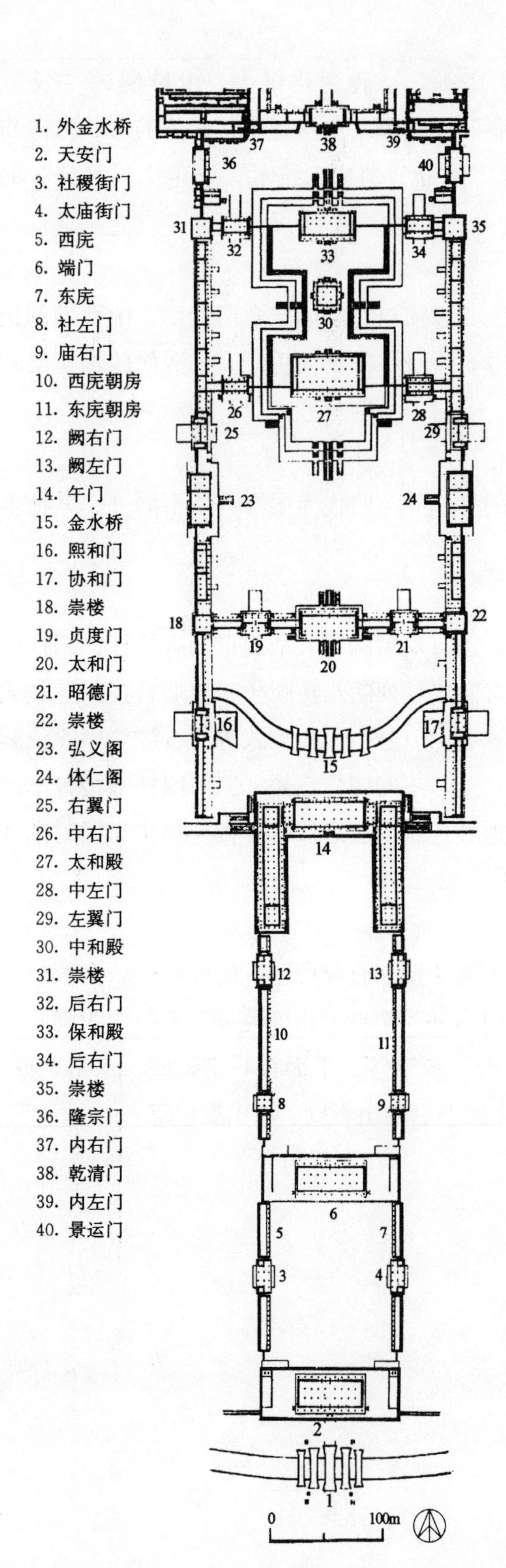

图 13－1　清代北京故宫宫殿外朝平面图

（《中国古代建筑史》第五卷，2009 年第二版）

＊ 如图所示，强调中轴线和左右对称的布局，宫殿柱子纵横成行，排列整齐。

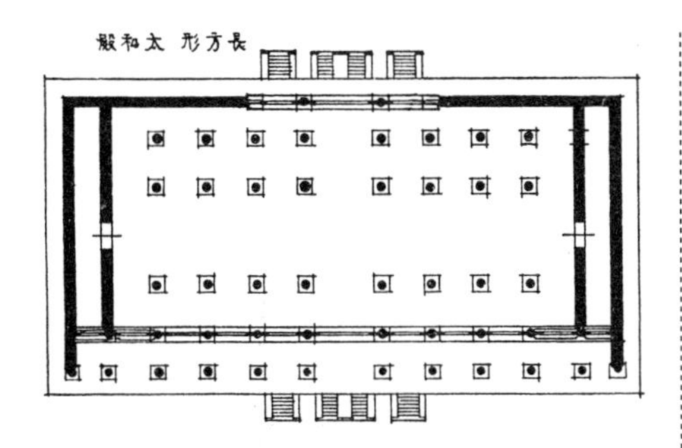

图 13－2　北京故宫太和殿平面图

（《清式营造则例》，1981 年版）

＊ 如图所示，柱子纵横成行，排列整齐。

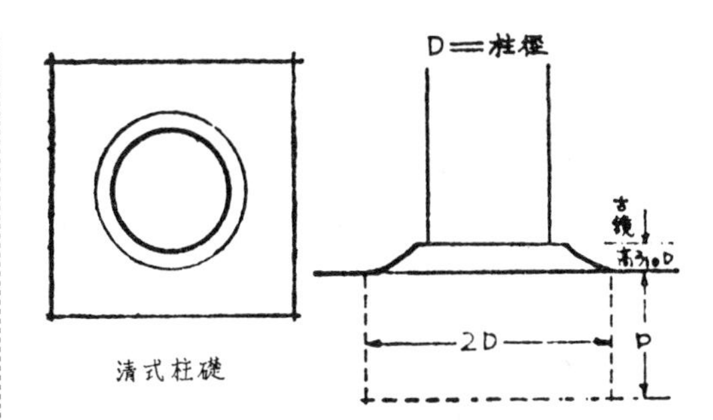

图 13－3　清代官式建筑素面鼓镜式柱础

（《文物》1965 年第 4 期）

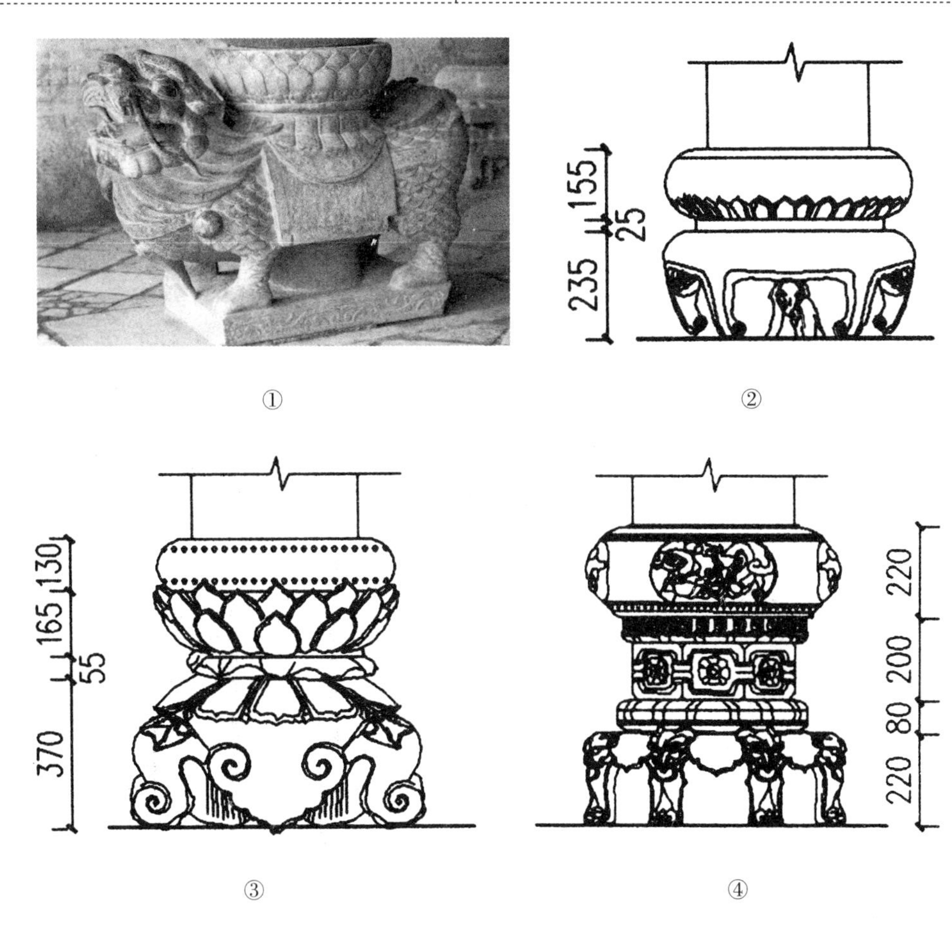

图 13－4　河南清代地方手法建筑柱础

①河南社旗山陕会馆大拜殿石雕柱础　（《中原文化大典・文物典・建筑》，2008 年版）

②河南温县王薛祠堂山门柱础　（《杨焕成古建筑文集》，2009 年版）

③河南禹县怀帮会馆拜殿后金柱柱础　（《杨焕成古建筑文集》，2009 年版）

④河南洛阳潞泽会馆大殿后金柱柱础　（《杨焕成古建筑文集》，2009 年版）

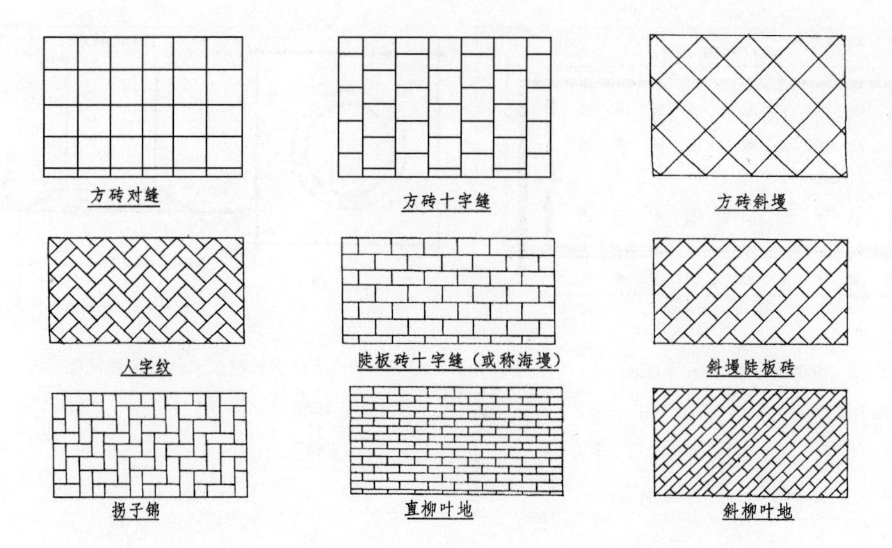

图 13-5　清代铺地砖摆放形式

（《清官式建筑构造》，2000 年版）

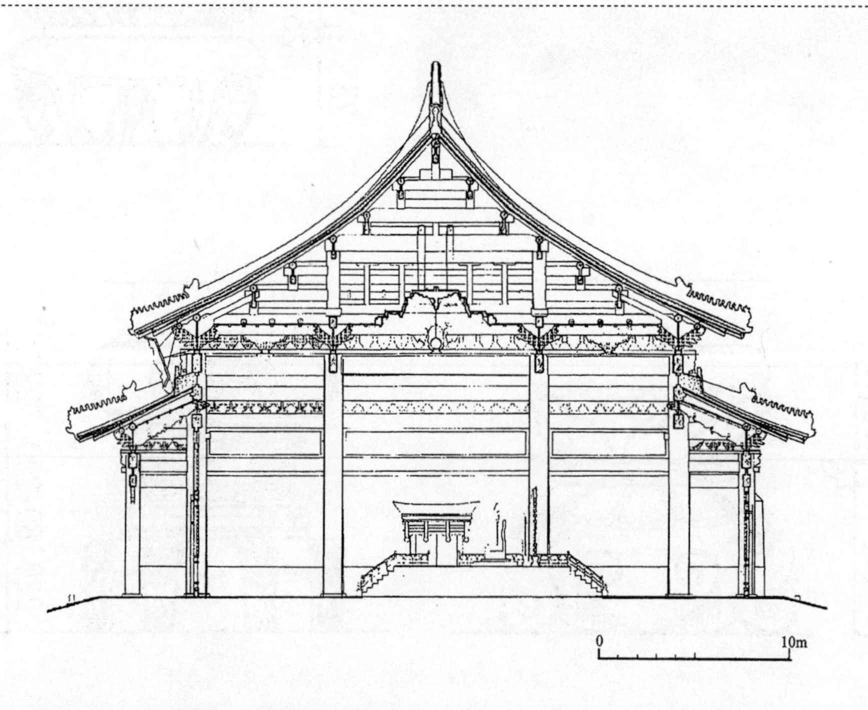

图 13-6　北京紫禁城太和殿剖面梁架图

（《中国古代建筑史》第五卷，2009 年第二版）

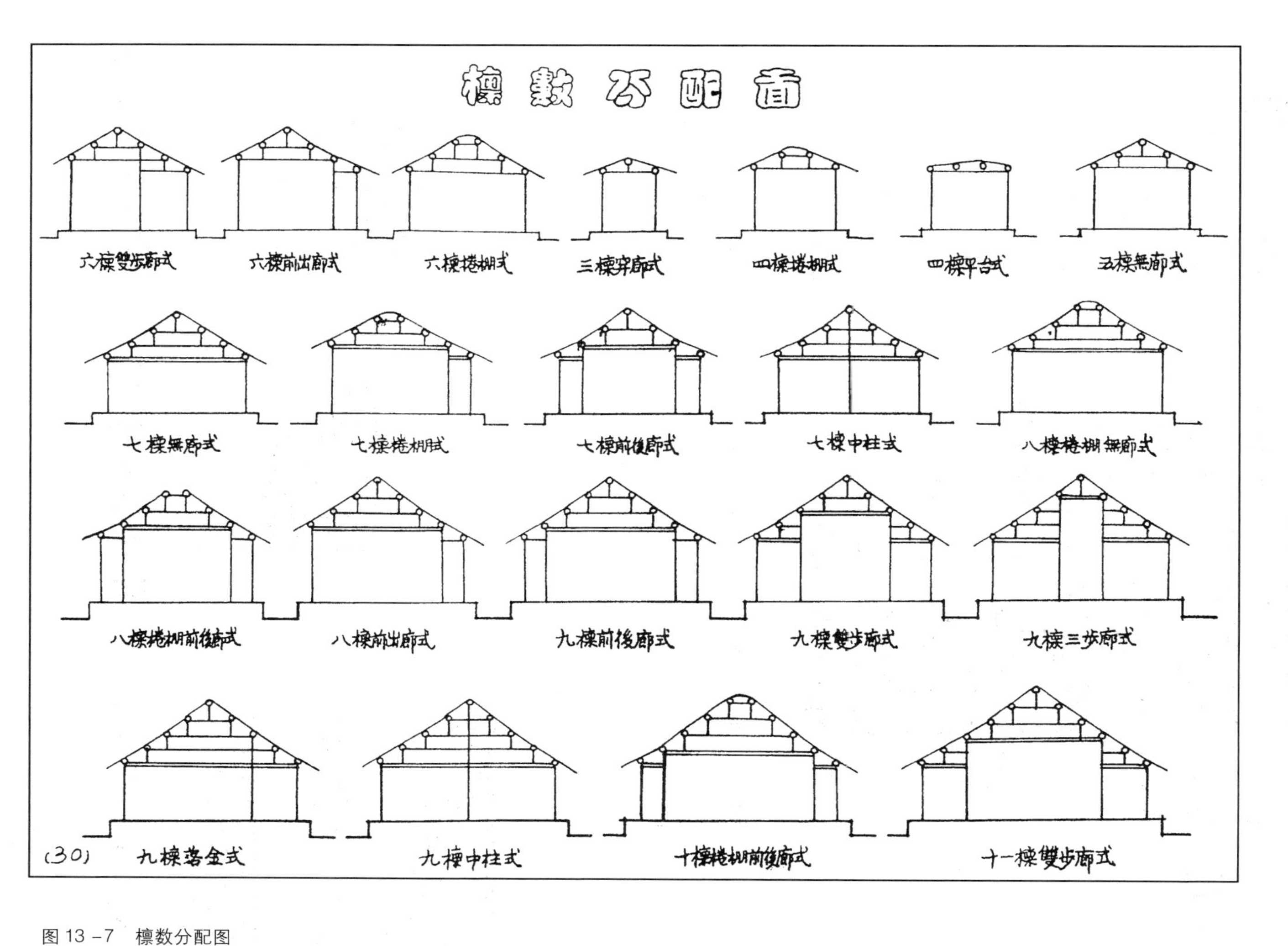

图 13－7　檩数分配图
（《清式营造则例图注》，1954 年版）

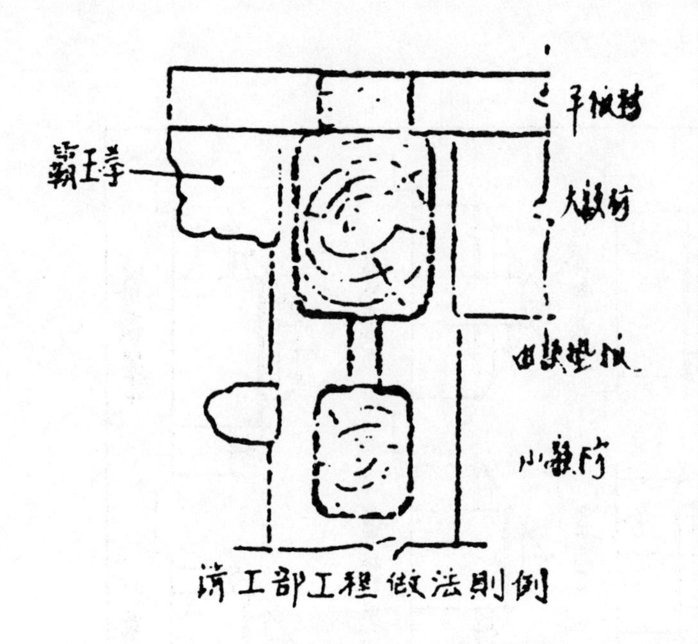

图 13－8　平板枋、大额枋、由额垫板、小额枋组合形式及霸王拳出头

（《文物》1965 年第 4 期）

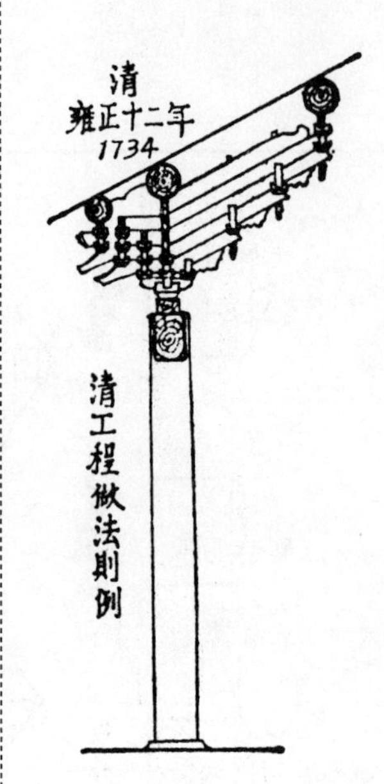

图 13－10　清代斗栱高与檐柱高比较图

（《文物》1965 年第 4 期）

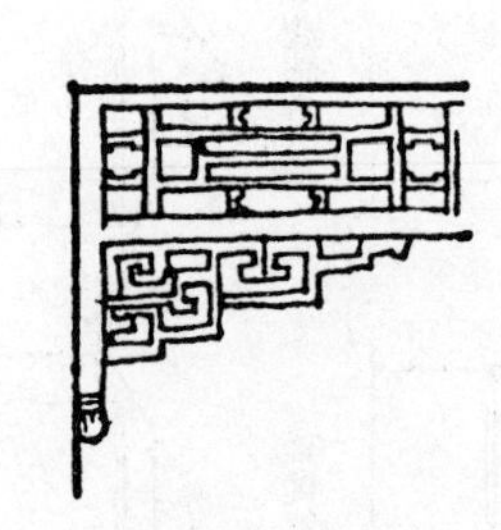

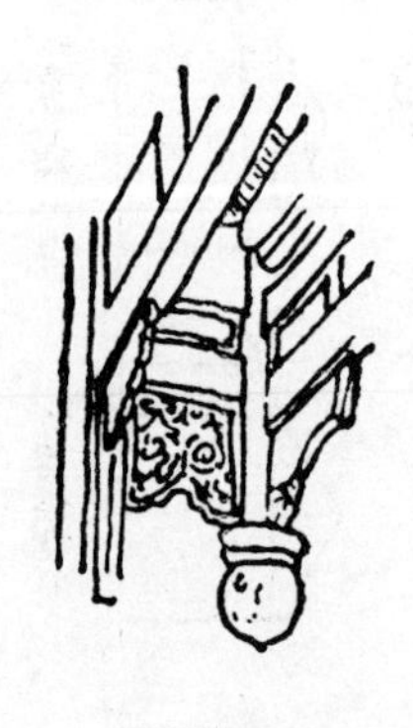

图 13－9　清代建筑雀替

（《文物》1965 年第 4 期）

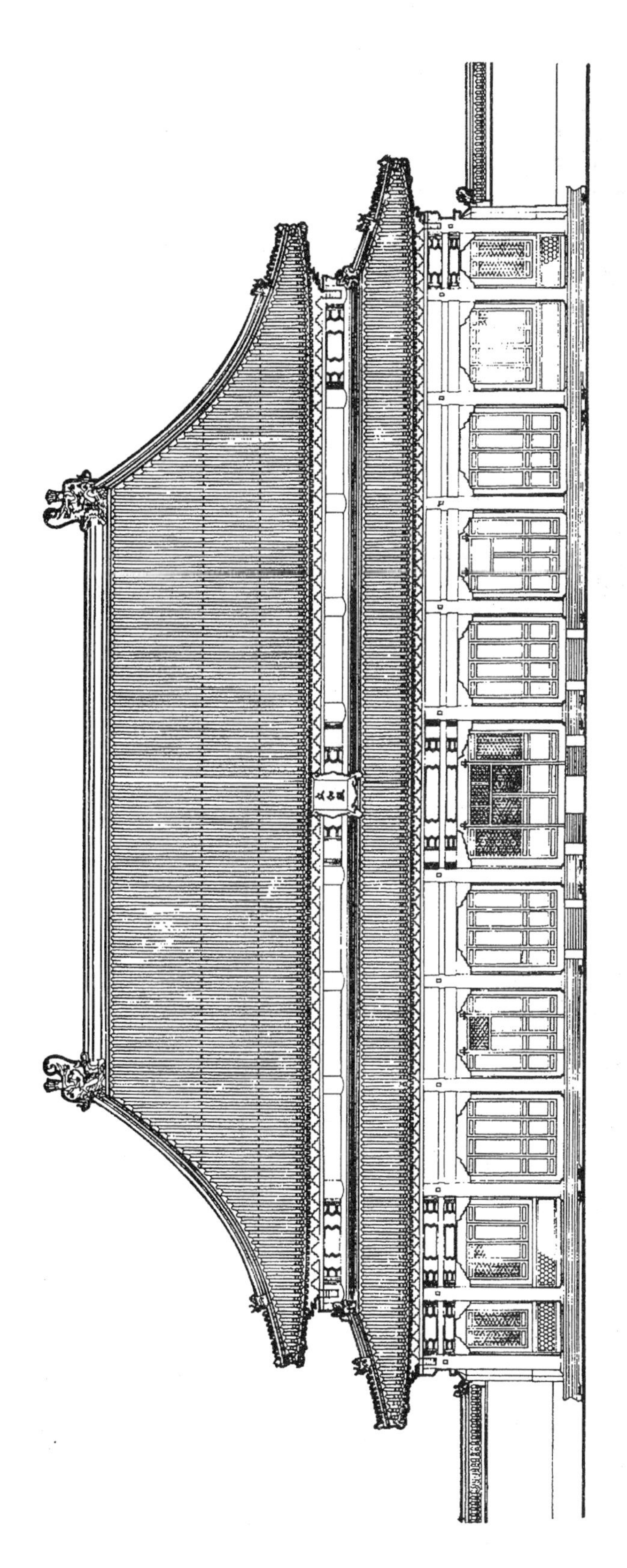

图13－11　清代北京故宫太和殿立面图（明间平身科八攒，每一间的攒距相等）

（《中国古代建筑史》第五卷，2009年第二版）

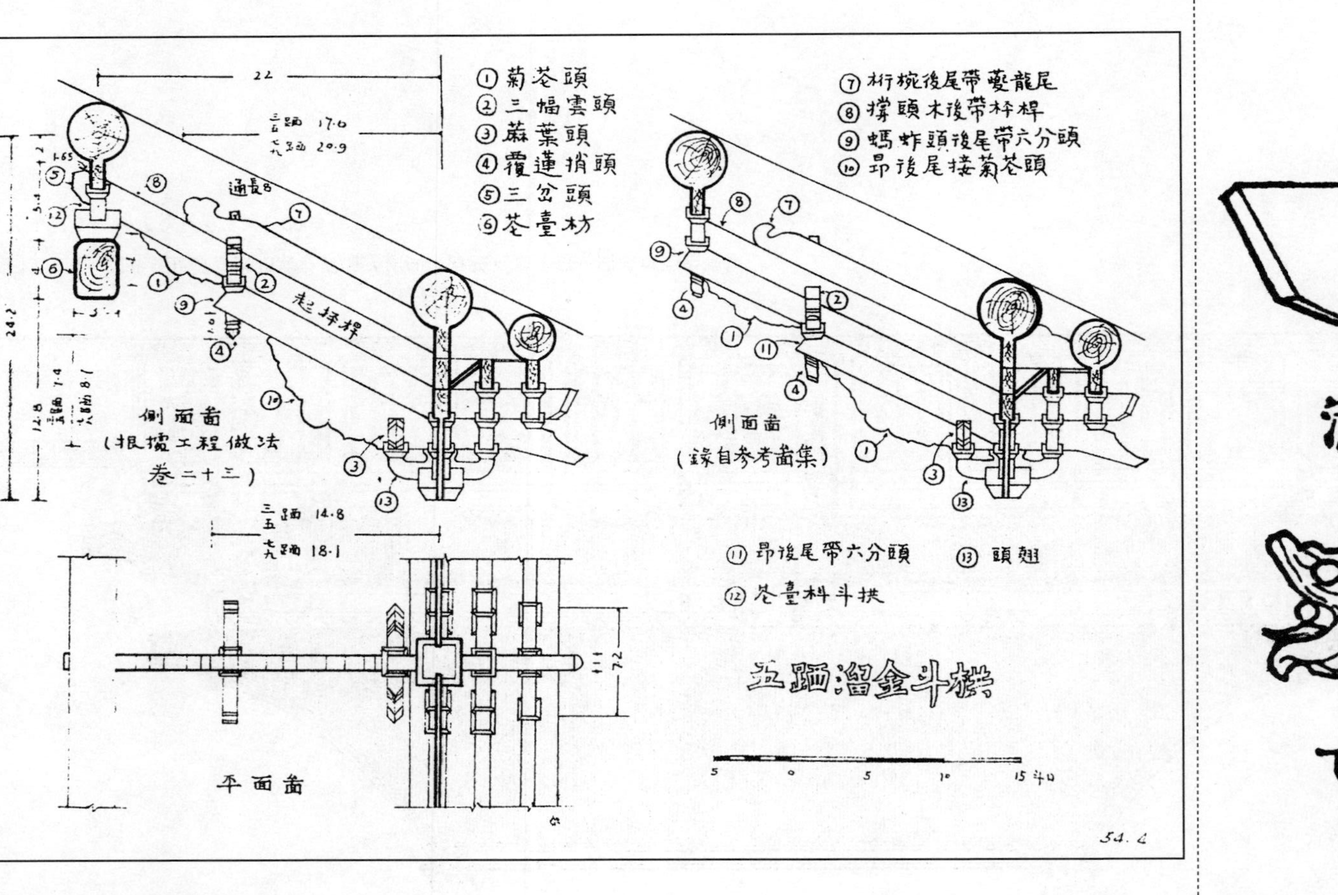

图 13－12　清代五踩溜金斗拱

（《清式营造则例图注》，1954 年版）

清宫式

飞云楼
（清）

图 13－13　清代建筑耍头

（《文物》1965 年第 4 期）

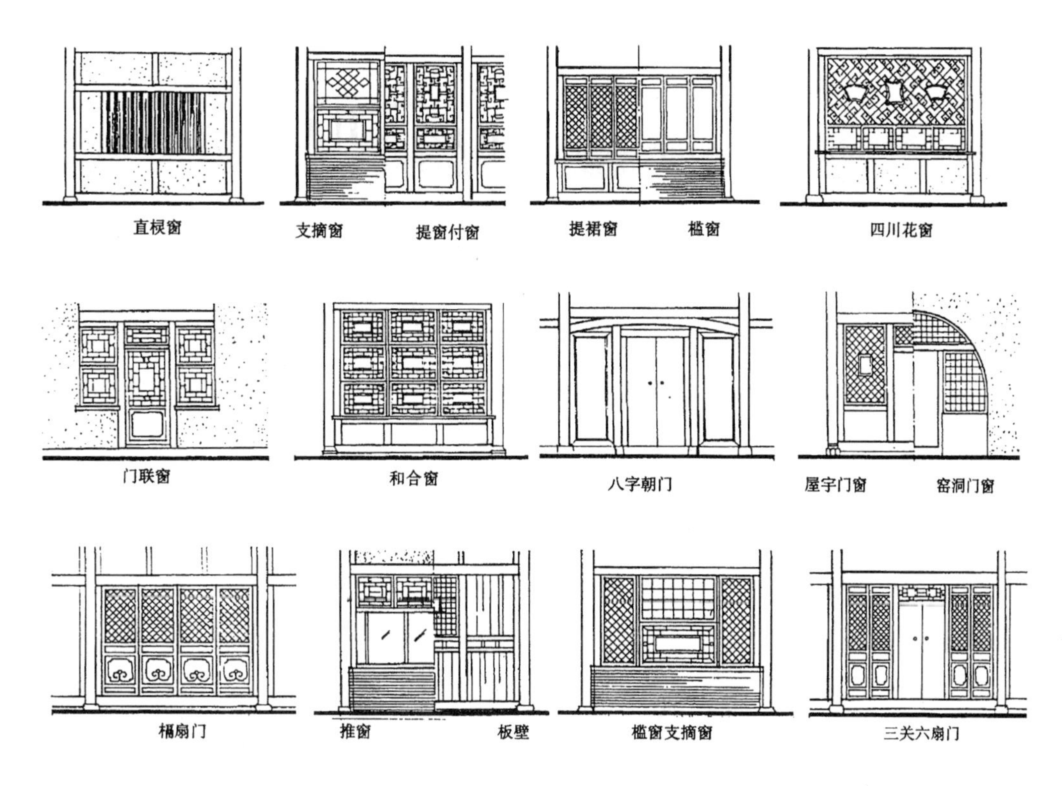

图 13－14　外檐门窗组合形式图

（《中国古代建筑史》第五卷，2009 年第二版）

图 13－15　清式六抹格扇门

（《清式营造则例》，1981 年版）

图 13－16　石栏杆及石栏杆望柱柱头

（《中国建筑艺术史（下）》，2009 年版）

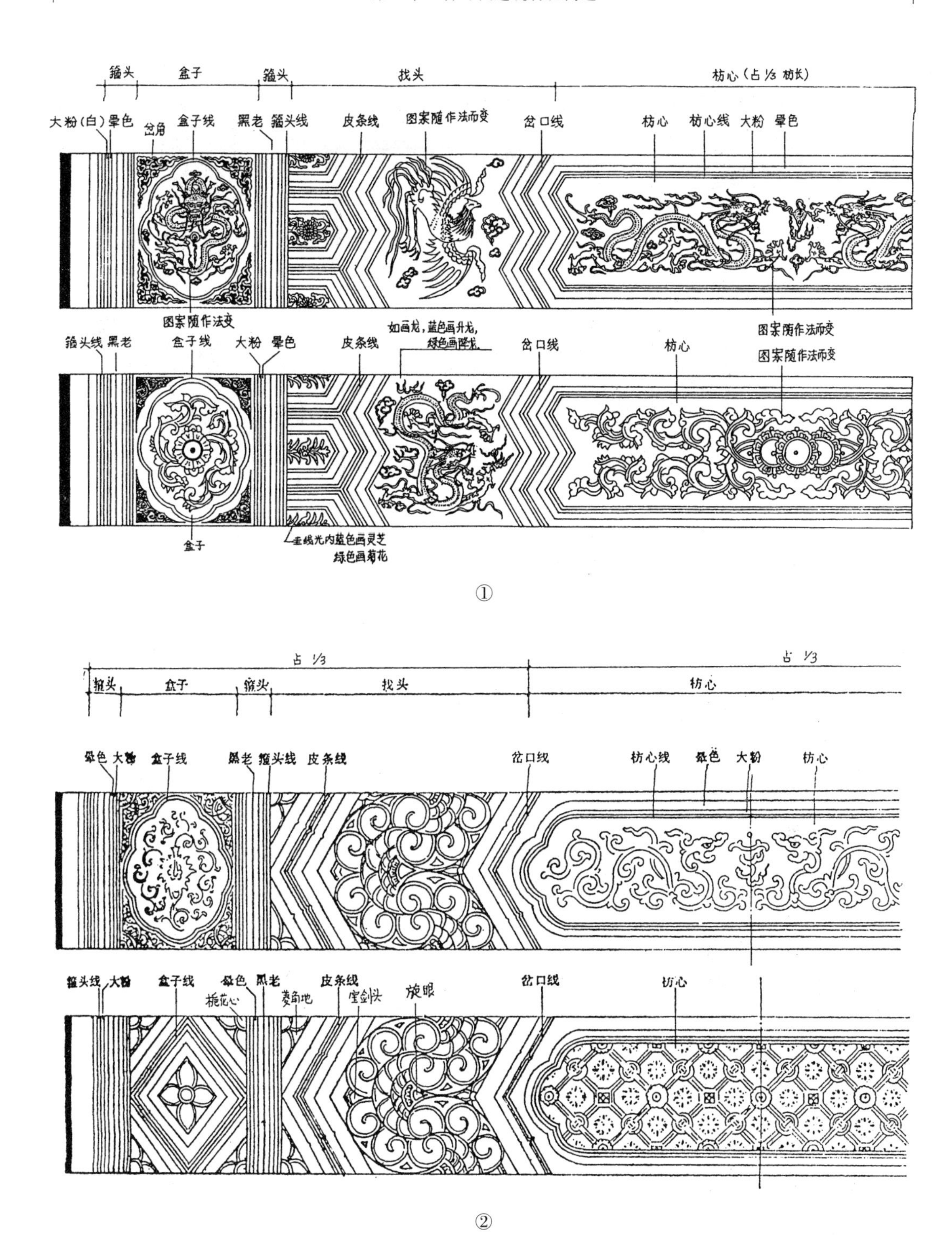

图 13－17　和玺彩画与旋子彩画

①和玺彩画各部分名称

②旋子彩画小样与各部分名称

（《中国建筑艺术史（下）》，1999 年版）

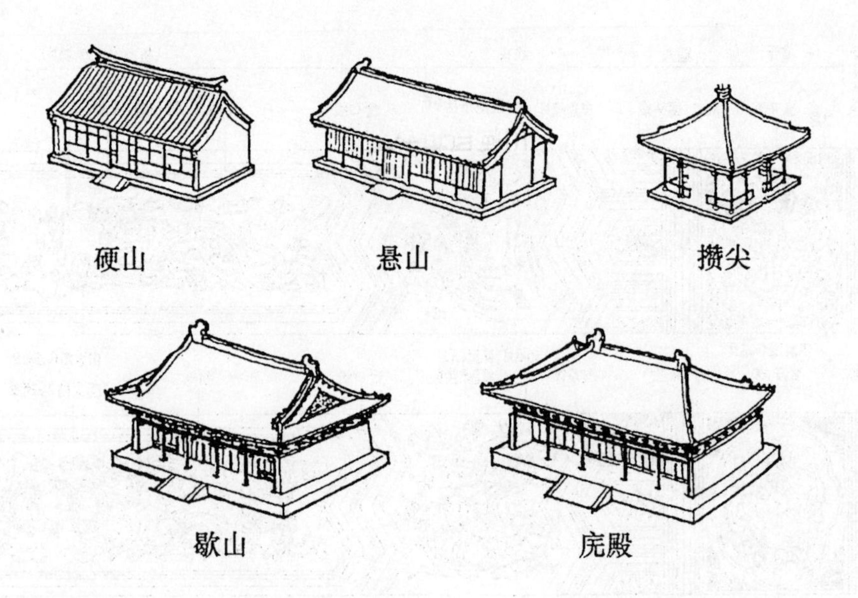

图 13－18　清官式五种基本屋顶类型图
（《中国古代建筑史》第五卷，2009 年第二版）

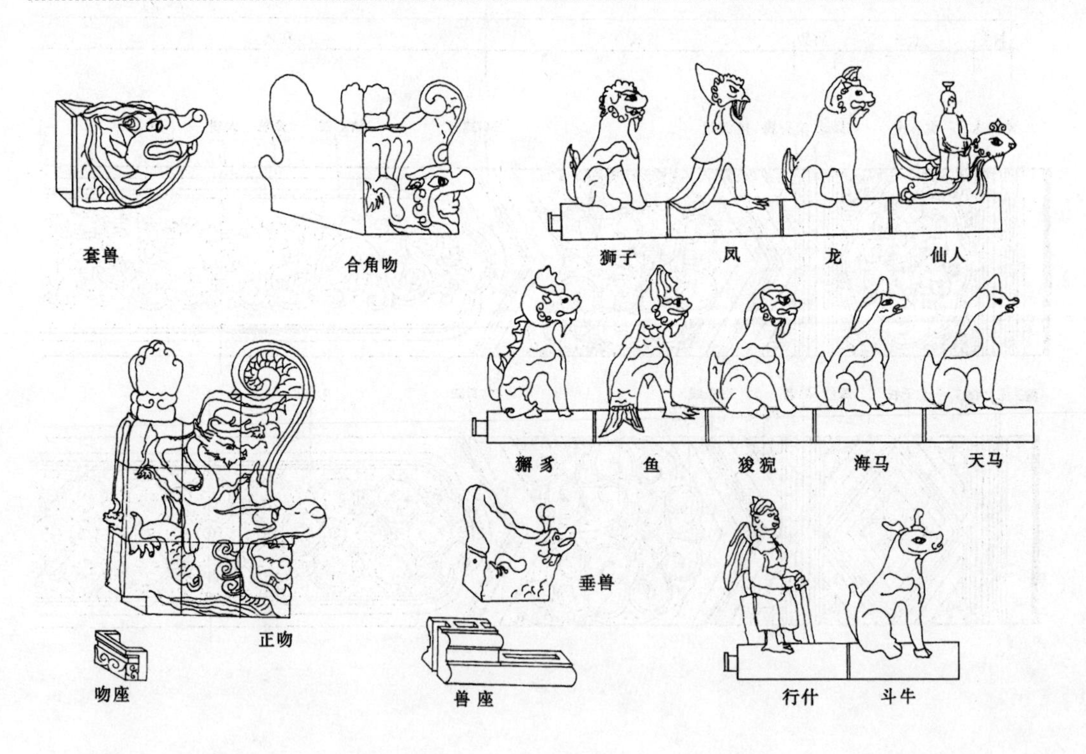

图 13－19　清代正吻、套兽、合角吻及走兽
（《清代官式建筑构造》，2000 年版）

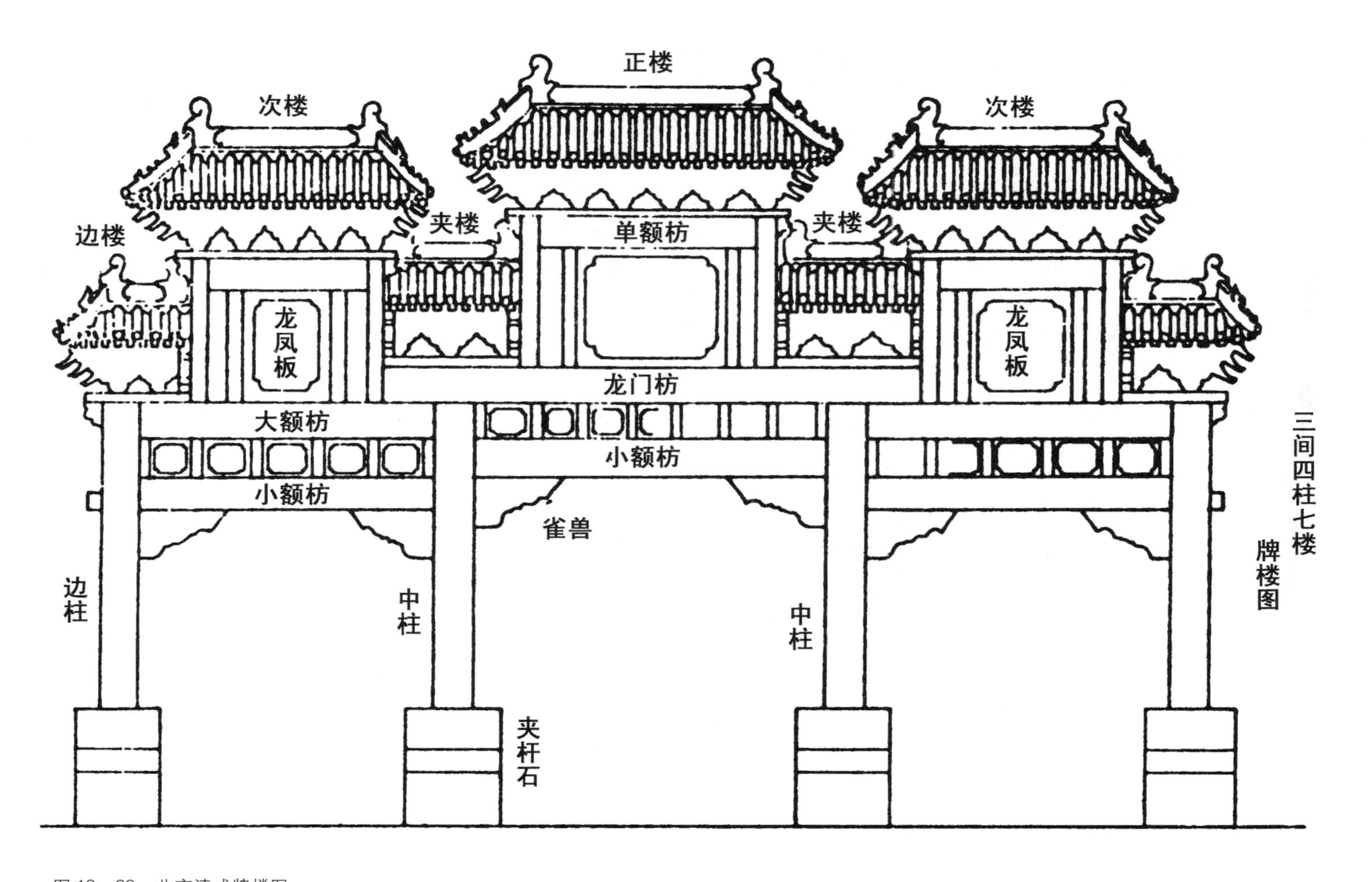

图13－20　北京清式牌楼图
（《中国古代建筑》，2006年修订版）

图 13－21　浙江天台国清寺入口引导影壁

（《中国古代建筑史》第五卷，2009 年第二版）

附文　明清时期地方手法建筑特征

一　河南明清地方建筑与官式建筑的异同

我国古代建筑经过几千年的发展历史，通过不断的继承和发展，形成了独特的传统风格，成为世界建筑宝库中的一份珍贵遗产。明清时期的建筑，在唐、宋、元时期发展成熟的基础上，形成了中国古代建筑发展史上最后一个高潮。这一时期北京、承德等地的建筑，严格按照清廷颁布的《工部工程做法则例》的技术规定进行营建，习称为“官式建筑”。但由于地区和民族的不同，各地的建筑有相当大的差别。笔者调查了河南各地三百多座明清时期的木构建筑，发现这些建筑的地方特色尤为突出。[1]其建筑手法和结构特征，与同期官式建筑的建筑手法差别很大。试将二者的异同浅析于后。

一　平面

明清时期河南地区木构建筑群（以下简称地方建筑）与官式建筑群的总体平面布局基本一样，强调中轴线与左右均衡对称。一般是大殿居中，其他殿宇在其前后依次排列，两侧建钟鼓楼、配殿、廊庑等，几乎全是呈纵深的长方形（图一：1～2）。多数单体建筑的平面为横长方形。这是地方建筑与官式建筑的相同点。不同的是柱子排列的方法，唐宋时代，较大型的建筑，柱子排列规整。辽代中期出现减柱造的做法，到金元时期被普遍采用，成为时代特征之一。明清时期的官式建筑很少用“减柱造”，柱子的排列和唐宋时期的建筑一样。明清时期的河南地方建筑不论形制大小绝大多数仍采用“减柱造”做法，仅有少部分单体建筑不用“减柱造”，（图二：1～7），此为河南地方建筑与官式建筑平面的不同点。

明代官式建筑的檐柱柱头式样多为覆盆状，并在部分柱头正面最顶部抹成斜面，而清代则将柱头做成平齐状。河南地方手法建筑（以下简称地方建筑）则不相同，明末清初仍有沿用覆盆柱头的，其制作方法因袭古制。由于传统手法的影响，一直到清末仍有部分建筑用覆盆柱头，只是制作得不太规整，所以与早期覆盆柱头做法极易区别。部分清代地方手法建筑的柱头制作成平齐状，且柱身较细，不但极易与同期官式建筑相区别，而且与明代和清代早期地方手法建筑也不相同，成为鉴定地方手法建筑的时代特点之一（图三）。

明清时期的官式建筑用鼓镜式柱础。河南明代地方建筑绝大多数用覆盆柱础，一般不加雕饰，与元代素面覆盆式柱础相似。这个时期开始使用单层鼓形磉墩状柱础，并间用少量鼓镜式石础。清代地方建筑约有半数左右用鼓镜式柱础，清末使用这种础石的比例更大，明显地表现出受官式建筑的影响。清代中晚期使用磉墩状柱础的地方建筑增多，尤其是会馆、祠堂之类的建筑，绝大多数使用单层、双层或三层磉墩状础石，每层线雕或浮雕（少数采用透雕）动、植物图案，造型优美，雕刻精致，堪称石雕艺术的佳作（图四：1～2）。

不同时期的建筑，檐柱柱径与柱高的比例也不相同。唐至辽金时期檐柱的径、高之比约为1∶8～1∶9，元、明及其以后多在1∶9～1∶11之间，清代官式建筑则规定为1∶10。同时期的地方建筑与官式建筑也有较大的出入。例如明代地方建筑一般在1∶8.9～1∶9.88之间，未超过1∶10；清代中期多在1∶11.2～1∶11.3之间，超过了同期官式建筑的规定。但有几座地方建筑檐柱特别粗矮，如沁阳县汤帝庙大殿檐柱径、高之比在1∶7.26～1∶7.29之间，温县遇仙观三清殿仅为1∶6.4。说明清代中晚期地方建筑柱子用材较随意，既因袭古制，又有自身的特点，并不受官式建筑手法约束。

明清官式建筑的柱侧脚很小，不易觉察，柱生起亦不多见。地方建筑与官式建筑基本相同。

二　斗栱

斗栱是我国古代建筑中最具特色的部分，在世界上也是独具特色的。各个时代的斗栱形制和特点都不尽相同，故最能体现木构建筑的时代特征。明清时期斗栱变化尤为突出，且官式建筑与地方建筑斗栱的差别也很大。

我国元代以前的建筑每间的補间铺作一般为一朵或两朵，到明代逐渐增至4～6朵，清代官式建筑最多的达到8朵，排列得非常密集。河南明清地方手法建筑与此大不相同，如一座面阔五间的殿式建筑，一般是明间補间铺作二朵（间有一朵），次间一朵，梢间一朵（有的无）。有的仅有柱头铺作，不使用補间铺作。清末的地方建筑，由于整朵斗栱的体形变小，所以部分建筑補间铺作（平身科）数量稍有增多，但一般不超过三朵。

清代官式建筑严格规定，相邻斗栱中到中的中距一律为十一斗口，[2]称为“攒当”，所以同一座建筑各间斗栱的攒当距离完全相等。而明代攒当距离不等。因此，攒当是否相等，就成了鉴别明代与清代官式建筑的依据之一。在已调查的三百余座河南明清时期建筑中，三处清代官式建筑[3]攒距相等，另外五座建筑[4]受官式建筑影响较大，攒距也相等。其余近三百座属于地方建筑，没有一座攒距相等的，甚至同一间的攒距也不相等。至于清代官式建筑的斗栱中距一律为十一斗口的规定，对于地方建筑就更不适用了。地方建筑斗栱中距最大者为二十一点九四斗口，最小者为十二斗口。未发现一座明清地方建筑的斗栱中距等于或小于十一斗口。

斗栱形体发展规律是由大变小。在同一座建筑上，衡量斗栱大小的依据是斗栱的立面高度与檐柱高的比例。明代官式建筑斗栱高与檐柱高的比例为20%；清代北京官式建筑故宫太和殿为12%。地方建筑则不遵循这样的比例关系，特别是清中叶及其以后的地方建筑更是如此，如武陟县祖师庙白衣殿为33%，大体相当于宋代建筑的比例；河南明清地方建筑约80%的斗栱高与檐柱高的比例超过20%，最小者系济源县泰山庙大殿为16%。所以在已调查的明清地方建筑中，斗栱高与檐柱高比例最小者，也大于北京故宫太和殿的比例。

每朵斗栱均由斗、栱、昂、枋、耍头等构件组成，这些构件随着时代的不同，随着官式手法建筑与地方手法建筑的不同而有所变化。

1. 斗

每个斗由耳、腰（平）、底（欹）三部分组成。按官式建筑的规定，三者高度的比例为4∶2∶4。明清地方建筑斗之耳、腰、底比例不遵循4∶2∶4的规定，说明斗的制作是有自身特点的，如有的斗仅有耳、底，而无腰；有的耳、腰、底三者相等；有的底高于耳。清代官式建筑的大斗几乎全是方形。清代地方建筑的大斗，不但有方形，而且有圆形和瓜楞形。有的还在大斗耳和腰部雕刻莲瓣和花卉；有的大斗通体雕花，与官式建筑差别很大。

明代和清代初期的官式建筑仅稍存斗䫜，清代中期及其以后斗䫜消失。河南明代地方建筑全有斗䫜，并且斗䫜很明显，䫜深达1.5厘米，制作方法也较古朴。清代中叶，地方建筑的斗䫜还较明显。清代晚期出现四种情况：①少数斗䫜明显；②有斗䫜，但不很深，可谓斗栱的标准型斗䫜，数量较少；③稍存斗䫜，数量较多；④无斗䫜，但斗形与官式建筑不同，数量较多。

明代初期官式建筑的齐心斗逐渐消失，清代的官式建筑已完全不用齐心斗。明代中期，地方建筑还有齐心斗，清代地方建筑的齐心斗基本不用，但有少数建筑在单材蚂蚱头与通替木之间置一方形木件代替齐心斗，显示出由齐心斗向足材要头过渡的迹象。

2. 栱

由于位置、大小和栱瓣做法的不同，可分为正心瓜栱、正心万栱、瓜栱、万栱、厢栱、翘头等。

栱瓣卷杀形制：宋代规定华栱（清式翘头）、泥道栱（清式正心瓜栱）、瓜子栱（清式瓜栱）、慢栱（清式万栱）以四瓣卷杀，令栱（清式厢栱）以五瓣卷杀。清代官式建筑规定瓜栱（包括正心瓜栱和翘头）以四瓣卷杀，万栱（包括正心万栱）以三瓣卷杀，厢栱以五瓣卷杀，故有“瓜四、万三、厢五”之称。明清地方建筑的栱端一般不分瓣。特别是清代中叶及其以后的地方建筑，其栱身进一步构件艺术化。有的栱之两端刻三幅云，栱身正面满雕花卉。栱身为足材。有的在栱身两端刻挖出承坐三才升的位置，形成斗、栱连体；有的栱身砍制成半圆形，线刻象征性的假栱眼；有的栱身雕制成云板形或网坠形；有的用梯形木块刻出正心瓜栱和正心万栱；有的栱端底部下垂，上部刻梅花状缺口等。总之，明清地方建筑栱身形制各异且繁缛华丽，与同期官式建筑大不相同。

官式建筑与地方建筑的栱身长度亦不尽相同。宋和清两代官式建筑关于栱长的规定一样，就是在100份额中，瓜栱与正心瓜栱均为62分，厢栱为72分，万栱为92分。地方建筑的情况比较复杂，明代早期的万栱最长，厢栱次之，瓜栱最短，与官式建筑的规定基本相符。但三者的比例关系与官式建筑不同，有大于官式建筑规定的，也有小于官式建筑规定的。明代中晚期三栱的比例关系，大部分接近于官式建筑的规定，也有一部分因袭厢栱（令栱）和瓜栱（瓜子栱）等长的古老手法。清代早期，地方建筑的三栱比例关系基本上与明代建筑相同。清代中叶，三栱的比例关系变化较大，有的厢栱与瓜栱等长；有的正心瓜栱与外拽瓜栱等长，正心万栱与外拽万栱等长或相近；有的瓜栱比厢栱长；有的外拽瓜栱与正心瓜栱相等，而外拽万栱大于或小于正心万栱；有的外拽瓜栱大于正心瓜栱，而外拽万栱与正心万栱相等；有的外拽瓜栱小于正心瓜栱，外拽万栱小于正心万栱；有的外拽瓜栱与正心瓜栱基本相等，外拽万栱与正心万栱亦基本相等；有的外拽瓜栱与正心瓜栱等长，外拽万栱与正心万栱亦等长；有的外拽瓜栱小于正心瓜栱，外拽万栱亦小于正心万栱；有的外拽瓜栱与外拽万栱特别长，正心瓜栱与正心万栱特别短，很不协调；有的厢、瓜、万三栱之比小于官式建筑的比例关系；有的建筑的三栱比例关系与官式建筑的规定相同或相近。清代晚期与清代中期基本相同，但有的万栱特别长。如郏县奎星楼的厢栱长51厘米，万栱长87厘米，二者之比为1∶1.7，为目前已知明清地方建筑中厢栱与万栱之比数最大者。

3. 昂

我国元代以前全用真昂，元代开始出现假昂，但仍以真昂为主，清代官式建筑全用假昂。元以前昂嘴扁瘦，明代昂嘴已渐增厚，清代中叶以后昂嘴两边出现“拔鳃”。清初假昂下仍刻出假华头子，以后由于昂之下平出缩小，仅为0.2斗口，所以昂下不刻华头子。明清地方建筑则不遵循这些规定。明代地方建筑除极少数仍用真昂外，绝大多数不用真昂。大多数使用五角形的琴面昂昂嘴，其特点是底宽大于边高，甚至底宽大于中高。清代早期的面包形昂嘴断面向肥胖发展，圭状昂嘴向竖高发展。清代中期昂嘴进一步向竖高发展，昂下刻假华头子。清代晚期面包形昂嘴较少，圭状昂嘴昂尖较高，与官式建筑区别明显。从清代早期开始部分昂头雕刻成龙尾、龙首或象鼻状，愈后雕刻愈华丽。清代晚期地方建筑均不用“拔鳃”，出现了昂身曲翘，昂头消瘦，昂嘴断面呈方形，不刻华头子的制昂方法。河南现存清代官式建筑柱头科的昂身加宽，地方建筑一般则不加宽，与平身科的昂宽相同。在河南和陕西发现11座明清地方建筑使用沟槽昂嘴，官式建筑则不用。

清代官式建筑中昂的下平出逐渐缩小，根据《工部工程做法则例》规定，清代中期昂之下平出仅为0.2斗口。河南明代地方建筑昂的下平出一般为1～2斗口，经实测，最小者为0.444斗口，最大者为2.286斗口。清代地方建筑昂的下平出长短不一，一般为1～2斗口，最大者为2.533斗口，最小者也超过0.2斗口。

清代官式建筑多不用斜栱斜昂。而明代和清初的地方建筑中使用斜栱斜昂（60°、45°皆有），但昂身不加雕饰，清代中晚期常在斜栱斜昂上雕刻龙头、象鼻等，有的还将斜出的耍头雕刻成卷曲龙身、象鼻等。还有一些木牌楼使用网状的如意斗栱，亦是官式建筑比较少见的。

4. 正心枋

元代以前的官式建筑正心枋多为单材，只是在最上层用足材，枋之间垫以三才升。明清官式建筑的正心枋多为足材。明清地方建筑的正心枋有单层的，也有两层或三层的，除个别为足材实拍外，大多数为单材，单材的枋与枋间形成空当。有的还在下层正心枋上隐刻正心万栱，栱端置三才升（即在单材枋空当间置斗）；有的虽不在单材正心枋上隐刻正心万栱，但在单材枋空当间垫置三才升。

5. 替木

早期建筑在令栱上用替木。元代起有的建筑将替木加长，变成通长构件，习称挑檐枋。明清地方建筑绝大多数不用替木，而用挑檐枋，与官式建筑相同。在河南省境内仅发现6座明清地方建筑使用替木，并在斗栱、殿身外观等方面保留古制。

6. 耍头

明清官式建筑的耍头，一般为足材蚂蚱头形，清代出现了雕刻龙头、象鼻子的耍头。明清地方建筑的耍头形制多样，除一部分用足材蚂蚱头外，还有云头形、单材蚂蚱头形、足材内𬯎蚂蚱头形（与金代内𬯎蚂蚱头相似）、象鼻形、龙头形、龙尾形、羊蹄形、栱头形、三幅云形、透雕卷云形耍头等。特别是内𬯎蚂蚱头形耍头，从明初到清末的部分地方建筑仍沿袭使用，且𬯎度深约1厘米。羊蹄形、三幅云形、栱头形耍头更是地方建筑所特有。

7. 材栔与斗口

宋代规定以材高[5]为计算一座建筑物各种构件尺度的量度单位（清代规定衡量建筑物体量和构件大小的单位为“斗口”）。明代官式建筑北京智化寺万佛阁材之高、宽分别为11.5厘米和7.5厘米。全国最大的清代官式建筑北京故宫太和殿材的高、宽分别为11.6厘米和9厘米。明代和清初地方建筑用材比较大，在已调查的同期建筑中，材高全在13厘米以上，大于智化寺万佛阁和故宫太和殿的材高。材宽皆在8.5厘米以上，最大者为14.5厘米。清代中期地方建筑用材的高、宽尺度不一，在数十座同期建筑中，材宽（清代的斗口）大者为12厘米，小者仅6厘米。说明清代中晚期地方建筑材宽（斗口）无严格规定，而是营造匠师根据情况酌定。尤其是斗口在地方建筑中已起不到整座建筑物各部分构件尺度大小的模数作用，这是异于同期官式建筑的重要方面之一。

8. 栱眼壁与垫栱板

我国早期木构建筑的斗栱间垒砌栱眼壁，而清代的官式建筑改用垫栱板。由于安装垫栱板要在坐斗和正心栱上刻挖沟槽，所以正心栱的厚度相应加大。明代地方建筑多使用土坯砌筑栱眼壁，仅发现一座明末建筑使用垫栱板。到了清代中晚期，很少使用坯砌栱眼壁，主要使用砖砌栱眼壁。在已调查的一百多座清代中晚期地方建筑中，约有五分之一使用了垫栱板，并且绝大多数的坐斗和正心栱不刻沟槽，所以正心栱、坐斗及正心栱上的槽升子均不加宽。与同期官式建筑不相同。

三　梁架

梁架是古代建筑最主要的骨架之一，是重要的承重构件。官式建筑和地方建筑的梁架结构差别很大。

1. 梁枋构件的制作

明清官式建筑不论有无天花板，梁枋表面加工的都很规整细致，全是明栿造。梁枋用材，一般情况下是依其时代早晚由消瘦向肥胖发展。唐代梁之断面高、宽之比多为2∶1，宋代规定为3∶2，清代规定为10∶8或12∶10，并出现了包镶法。河南明代地方建筑多数梁之断面基本是圆形，也有小抹角形的。较大型的建筑，无论是否彻上明造，梁枋构件均刨制得非常规整，这是与同期官式建筑相同的地方。不同的是有的面阔三间、进深三间的方形殿宇仍保留金元建筑的特点：梁栿多用自然弯曲材，表面加工粗糙，虽然此类建筑多为彻上明造，但仍采用草栿造的制梁方法。极少数清代地方建筑模仿官式建筑，即将梁栿出头砍制成桃尖梁头，直接压在柱头科上。梁之断面亦多为圆形，表面加工规整细致。与官式建筑不相同的是，不少建筑的梁头硕大，不加雕饰，并压在外檐柱头科上原大露出檐外。由于清代斗栱形体较小，与硕大的梁头和承托它的斗栱很不协调。另外，有的大柁头外露部分雕刻成卷云状；有的大柁头抵于正心桁内皮不外露；有的梁枋用材过大，出现梁断面的宽大于高，如济源县有一座面阔三间的清代殿宇，大柁高65厘米，宽竟达74厘米。清代晚期部分建筑的梁材变小，由于荷载力不足，不得不另加承重柱子以分散荷载力。一些建筑不但大柁头有雕饰，而且大柁以上的其他梁头也雕刻成卷云或龙头状等。还有部分建筑的外露大柁头上钉有木雕老虎头。这充分体现了异于同期官式建筑的地方特点（图五∶1～7）。

河南有部分地方建筑使用矩形梁，但也具有地方手法的建筑特点，与同期官式建筑差别较大。

2. 梁枋结点的处理

明清官式建筑梁架结点几乎全用瓜柱，很少使用驼峰，彻上明造的殿式建筑常用隔架科。明代地方建筑梁架结点使用瓜柱、斗栱，瓜柱下分别使用鹰嘴、毡笠、掐瓣驼峰。明代晚期开始在瓜柱下使用雕刻卷云和三幅云的合楷，并出现瓜柱下不用驼峰和合楷之例。清代地方建筑瓜柱下有用合楷的，也有不用合楷的，还有极少数使用驼峰。这时期的合楷有素面的，也有浮雕图案的。清代晚期出现了荷叶墩或荷叶墩形的合楷。甚至用很薄的卷云板插入瓜柱柱根，成为象征性的合楷，起不到力学上的承重作用（图六：1～3）。

我国元代及其以前的瓜柱有圆形、八角形和小八角形三种。明清官式建筑的瓜柱全为圆形。河南地方建筑的瓜柱则沿袭古制，有圆形、八角形和小八角形三种（图六：1～3）。现在，河南农村不少传统民房的瓜柱还为小八角形。

我国早期建筑为了匀布荷载，防止梁、桁弯曲，使用襻间铺作（明清称隔架科）。明清官式建筑很少用隔架科，而是在桁枋之间置一垫板，合称“桁、垫、枋”。明清地方建筑则与此不同，一部分小式建筑仅用檩，不用垫板和枋木，故也不用隔架科。比较重要的殿式或大式建筑使用桁和枋木，并在桁、枋之间使用隔架科（图七）。一般是脊桁与金桁下使用隔架科，明间多为二攒，次间与梢间各一攒（有的梢间无隔架科）。一部分建筑的梁枋间亦用隔架科。隔架科的形制多为一斗二升交蚂蚱头、一斗二升交卷云头。清代中叶在隔架科的栱身上雕刻花卉，有的则用三幅云或荷叶墩代替隔架科。在笔者调查的三百多座明清地方建筑中，没有一座使用垫板，甚至受官式建筑影响较大的方城文庙大成殿等也不使用垫板，而是在檩枋间使用一斗二升交蚂蚱头的隔架科。

3. 大额枋与平板枋

我国早期木构建筑的阑额与普拍枋（即明清建筑的大额枋与平板枋）呈“丁”字形，至角柱不出头或出头，出头者则垂直截去。到金代，阑额（即明清时期的大额枋）出头出现一些简单的曲线。元代的阑额出头雕刻海棠线。明代官式建筑平板枋的宽度稍宽于或等于大额枋的厚度，大额枋至角柱出头雕刻类似霸王拳。清代官式建筑大额枋出头多为霸王拳，平板枋的宽度反而小于大额枋厚度，其断面呈“凸”字形。明清官式建筑大额枋下面增加一根小额枋，有的还在大额枋高与小额枋宽之间置一垫板，合称“大额枋、小额枋、由额垫板、平板枋”。明清地方建筑则与此迥然不同。明代地方建筑的大额枋与平板枋断面呈“丁”字形，平板枋出头平齐，大额枋出头分别刻成海棠线、栱头形、柳叶刀形和垂直截去呈平齐状等。个别建筑的大额枋高与平板枋宽用材相等，只是大额枋竖置，平板枋横卧而已，其断面仍呈“丁”字形。还有少数建筑仅用大额枋，不用平板枋；有的大额枋至角柱处不出头；有的大额枋出头刻成霸王拳。在调查中，仅发现一座明代中叶建筑用大额枋、小额枋、由额垫板、平板枋四大件（但平板枋与大额枋断面仍呈“丁”字形）。清代地方建筑的大额枋与平板枋断面呈“丁”字形。仅有个别建筑模仿官式建筑，使用大额枋、小额枋等四大件（但平板枋与大额枋断面仍为“丁”字形），绝大多数只用大额枋与平板枋，此二枋至角柱处，有如下出头式样：平板枋出头刻成梭形，大额枋出头刻成抹角形；平板枋与大额枋出头垂直截去，呈平齐状；平板枋出头刻出圆弧形，大额枋出头刻成蚂蚱头；平板枋出头平齐，大额枋出头分别刻太极图、刀把形、佛手形、栱头形、大括弧形、柳叶刀形、霸王拳等（图八：1～4）。清代中晚期地方建筑的大额枋与平板枋的正面多数素面无雕饰，少数浮雕或透雕龙、凤、人物、山水、云气和其他动、植物等图案。部分清末地方建筑的大额枋与平板枋用材很小，显得非常单薄，与同期官式建筑差异很大。

4. 叉手与托脚

叉手与托脚均是斜撑承重构件，元代使用比较普遍，明清官式建筑已基本不用。但在明清地方建筑中绝大多数还使用叉手，有的还使用托脚。明代地方建筑的叉手和托脚用材较大，不加雕饰，起到了承榑荷载的作用。清代中叶地方建筑的叉手，用材逐渐变小，少部分叉手上还刻有图案，主要起装饰作用，承榑荷载的能力很小。河南省不少传统民居建筑还使用叉手，有的还使用跨步大叉手。

5. 穿插枋

我国早期建筑无此构件。明清官式建筑使用穿插枋，起到了稳定梁架结构的作用，在建筑结构上是进步的表现。明清地方建筑大多不使用穿插枋，仍沿袭古制，即大柁或单步梁、双步梁梁头压在柱头科上，金柱与檐柱间不用拉扯构件。仅有少数受官式建筑影响的地方建筑使用了穿插枋。

6. 雀替

元以前的雀替多用于内额。明清官式建筑的外檐普遍使用雀替，若梢间或尽间面阔太小时，两个相邻的雀替头部交连在一起，称为“骑马雀替”。明代还保留早期建筑的蝉肚绰幕遗制。清代建筑的雀替卷瓣圜和。清代中晚期的雀替最外端斜垂。住宅和园林建筑常用花牙子雀替。明以前的雀替仅施彩绘，不加雕饰。从明代起，雀替上多雕刻卷草式云纹。河南明清地方建筑雀替的使用是比较复杂的，多数建筑外檐使用雀替。明代地方建筑全为蝉肚雀替，未发现雀替上雕刻图案或使用花牙子雀替的。清代中期开始在雀替上浮雕龙头、鱼首、卷草、卷云纹、缠枝花卉及行龙云气等图案，并出现在殿式建筑上使用花牙子和骑马雀替及倒挂楣等。同时，部分建筑仍用蝉肚雀替，仅有少数建筑采用清代官式建筑的雀替形制。也有一部分雀替下使用三幅云和小栱头。清代晚期地方建筑雀替最突出的特点是雕刻更为华丽，除浮雕外，还运用透雕技法，不但雕刻云龙、花卉，而且还雕刻人物、山水、亭台楼阁、桥梁等。少数殿式建筑也使用骑马雀替和倒挂楣、花牙子等纯属装饰性的构件。值得注意的是明至清末的地方建筑中，蝉肚雀替从未间断地被使用着，且大部仅施彩绘不加雕饰，犹存古制，异于同期官式建筑（图九：1～2）。

7. 椽

椽是梁架结构的组成部分。宋代规定飞椽作三瓣卷杀。梁架为彻上明造时，椽子则采用“斜搭掌”的铺钉方法。若室内有平綦，椽子则采用“乱搭头”的铺钉方法。元代以后椽头基本不卷杀。清代官式建筑的椽有方、圆两种，殿式与大式建筑一般多用圆椽，小式建筑多用方椽，按 1.5 斗口定圆椽径，以柱径 3/10 定方椽边高，一椽一当。清代椽距比宋代椽距密一些。明清地方建筑造椽之制异于同期官式建筑。一般椽头多有卷杀，特别是飞椽头均有卷杀，且时代愈晚卷杀的幅度愈大。飞椽头卷杀约占飞椽身最大处边高的 10%，清代晚期有的飞椽头卷杀竟达到飞椽身最大处边高的 50%。圆椽与方椽的使用亦异于官式建筑规定，殿式与大式建筑有用方椽的，而且小式建筑也有用圆椽的。椽的直径与边高也异于同期官式建筑。椽距一般较大，超过椽径尺度。无论是否彻上明造，多数建筑采用“乱搭头”的做法。总之，椽飞用材不按斗口比例衡量，椽当与椽之排列铺钉方法也不遵官式规定。

这篇关于河南明清地方建筑与同期官式建筑异同分析的短文，是根据河南省内三百余座明清建筑的调查材料写成的。笔者通过长期调查研究河南及周边邻省部分地区明清地方建筑的时代特征，发现与同时期官式建筑的建筑手法差异非常大。用官式建筑时代特征鉴定地方建筑的建筑时代，错误颇多。究其原因，一是河南等地区明清建筑多因袭古制，保留诸多早期建筑的建筑风格和时代特征，具有明显地袭古手法（袭古手法有的是形制、工艺等均依古制，有的是形似古制，但制作工艺等有差别）。二是具有自身的发展规律，既不同于古制，又不同于同时期的官式手法，明显地表现出独具特色的地方建筑手法，即明代早、中、晚期和清代早、中、晚期河南地方建筑的风格和特征，经鉴定实践证明是可以作为断代依据的。限于笔者的专业水平和此项调查研究工作仍在进行中等原因，故难免有不妥和错误之处，敬请方家和读者指正，以使其日臻完善，为准确鉴定河南及周边地区明清木构建筑的建筑时代及判定其历史、科学、艺术价值提供重要的依据。

注释

[1] 经初步查知，与河南毗邻的山东、山西、陕西、河北、湖北、安徽、江苏省及我国西部甘肃省的大部或一部分地区的明清地方建筑的建筑手法，与河南同时期地方建筑的建筑手法相同或相近。

[2] 斗口：清代把复杂的材栔关系简化为斗口。一攒斗栱中栱身的宽度称作斗口。也可这样解释，就是在大斗之上刻挖十字卯口，以承托正心瓜栱和第一层的翘头或昂，承受翘头或昂的卯口，叫作斗口。凡是有斗栱的清代官式建筑，均以斗口作为权衡构件尺度的基本单位。

[3] 河南已知三处清代官式建筑为登封中岳庙、武陟嘉应观、安阳袁坟建筑（袁坟建筑虽为民国初年建造，但采用清末官式建筑手法）。

[4] 河南已知五座受同期官式建筑影响较大的清代地方建筑为方城文庙大成殿、温县遇仙观大殿、

安阳府文庙大成殿、洛阳关林二殿和四殿。

[5] 材栔：我国木构建筑至迟从唐代开始就已经有了某种“模数”，以作为构造的权衡单位。到宋代有了“材栔”，它成为我国古代木构建筑的量度单位。所谓材，就是斗栱的一个栱身的高度，称为材高，也就是单材。栱身的宽度称材宽。两层栱子相叠，中间的空档距离称为栔高。材高加栔高称为足材。

（原载《杨焕成古建筑文集》，文物出版社，2009 年版。这次录文，文字稍有改动。）

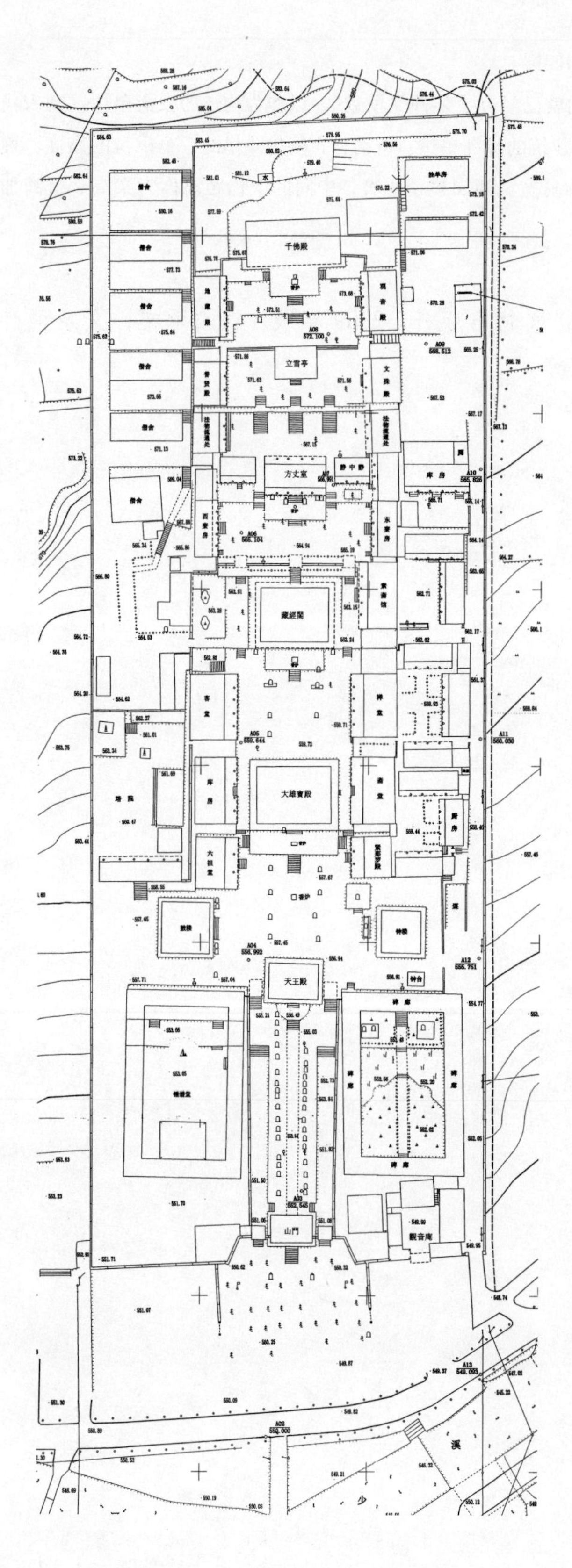

图一: 1　河南明清地方建筑群平面图
(登封少林寺)

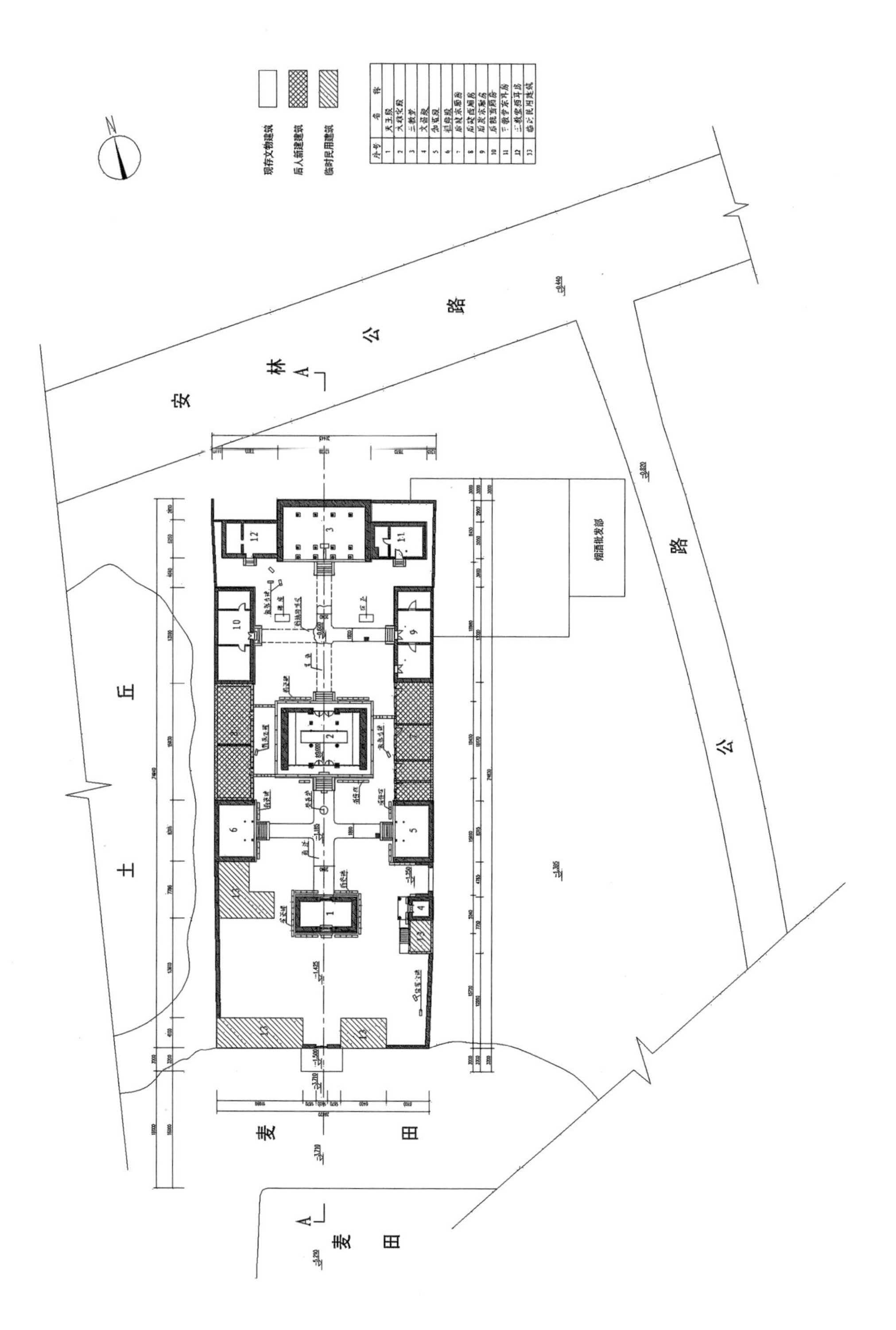

图一：2　河南明清地方建筑群平面图（林州慈源寺）

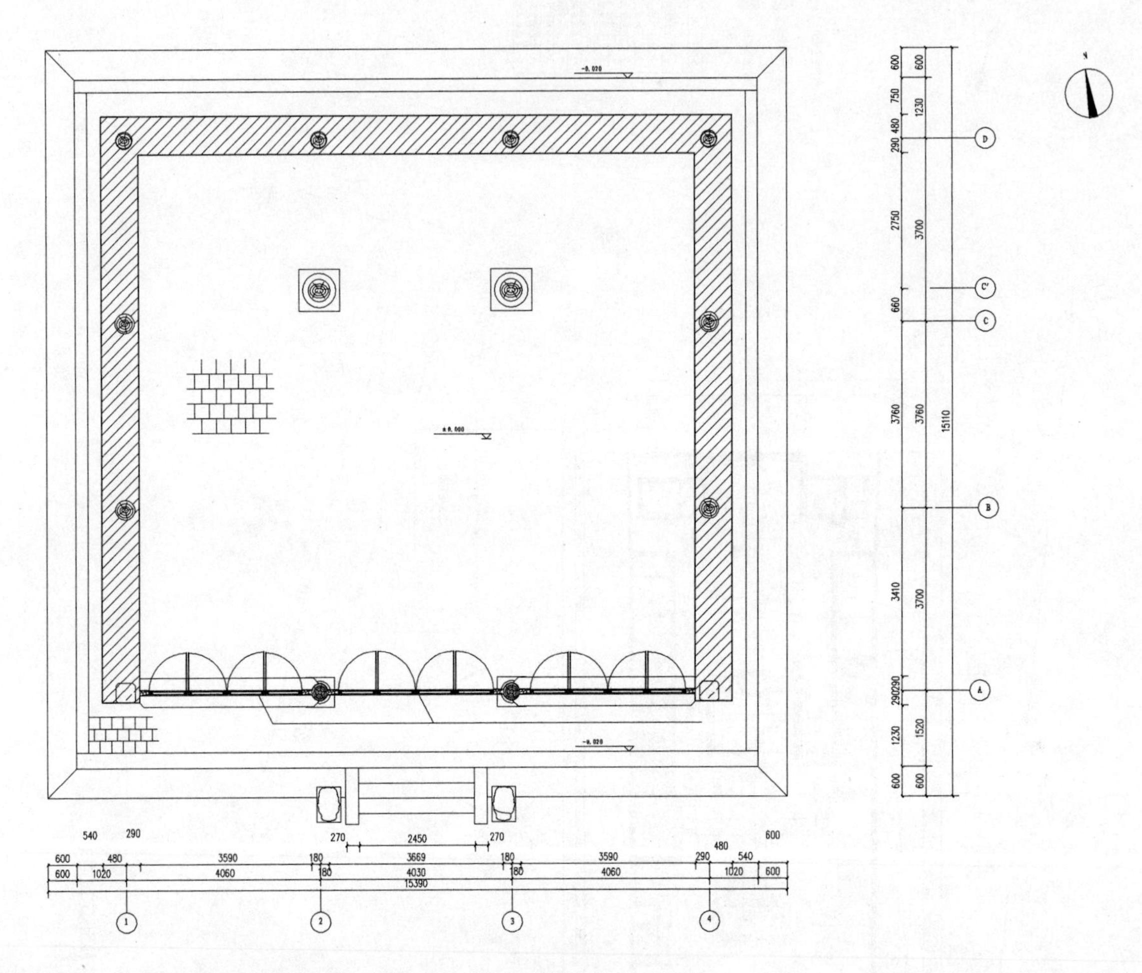

图二：1　河南明清地方单体建筑平面图（济源大明寺后佛殿）

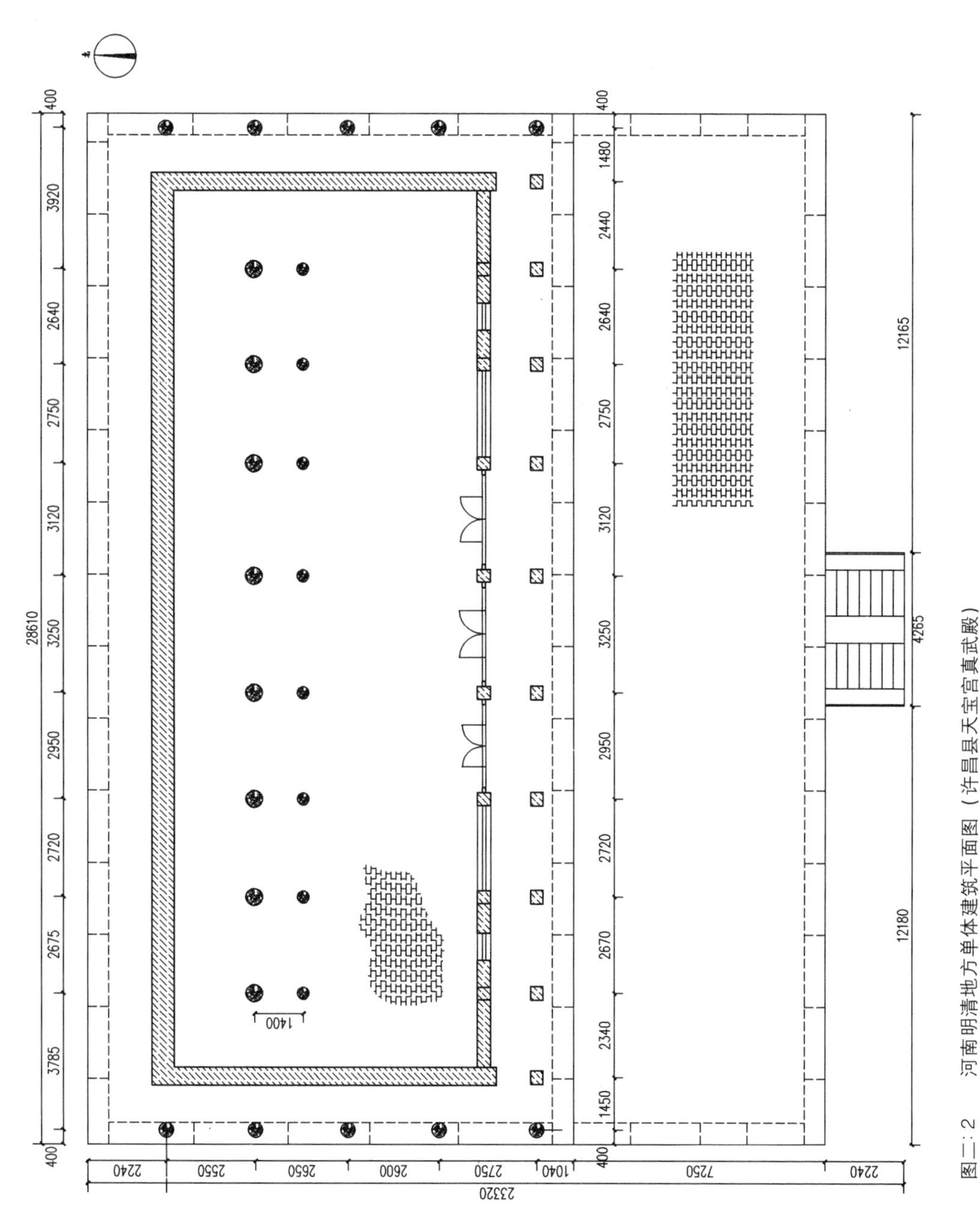

图二：2　河南明清地方单体建筑平面图（许昌县天宝宫真武殿）

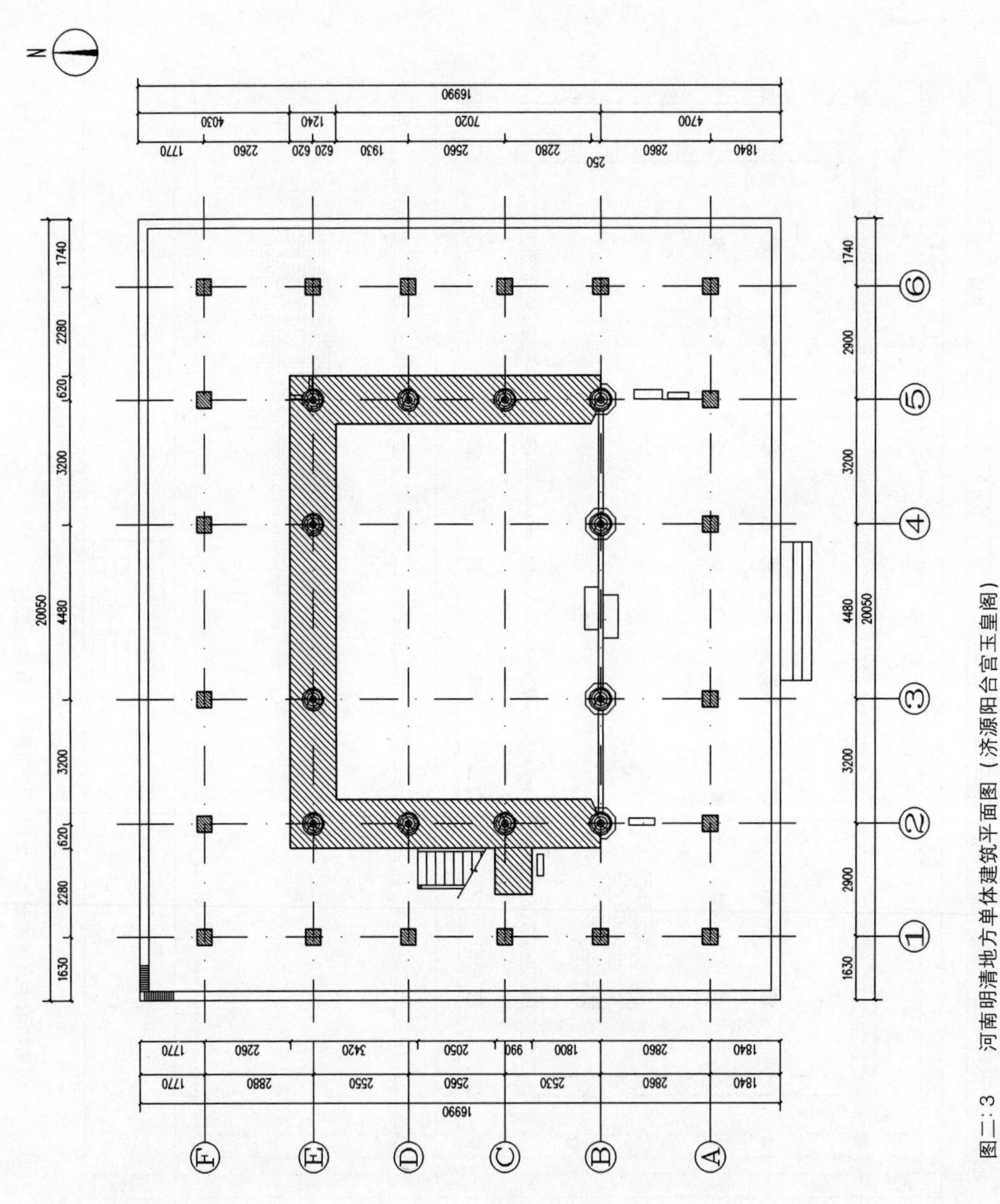

图二：3 河南明清地方单体建筑平面图（济源阳台宫玉皇阁）

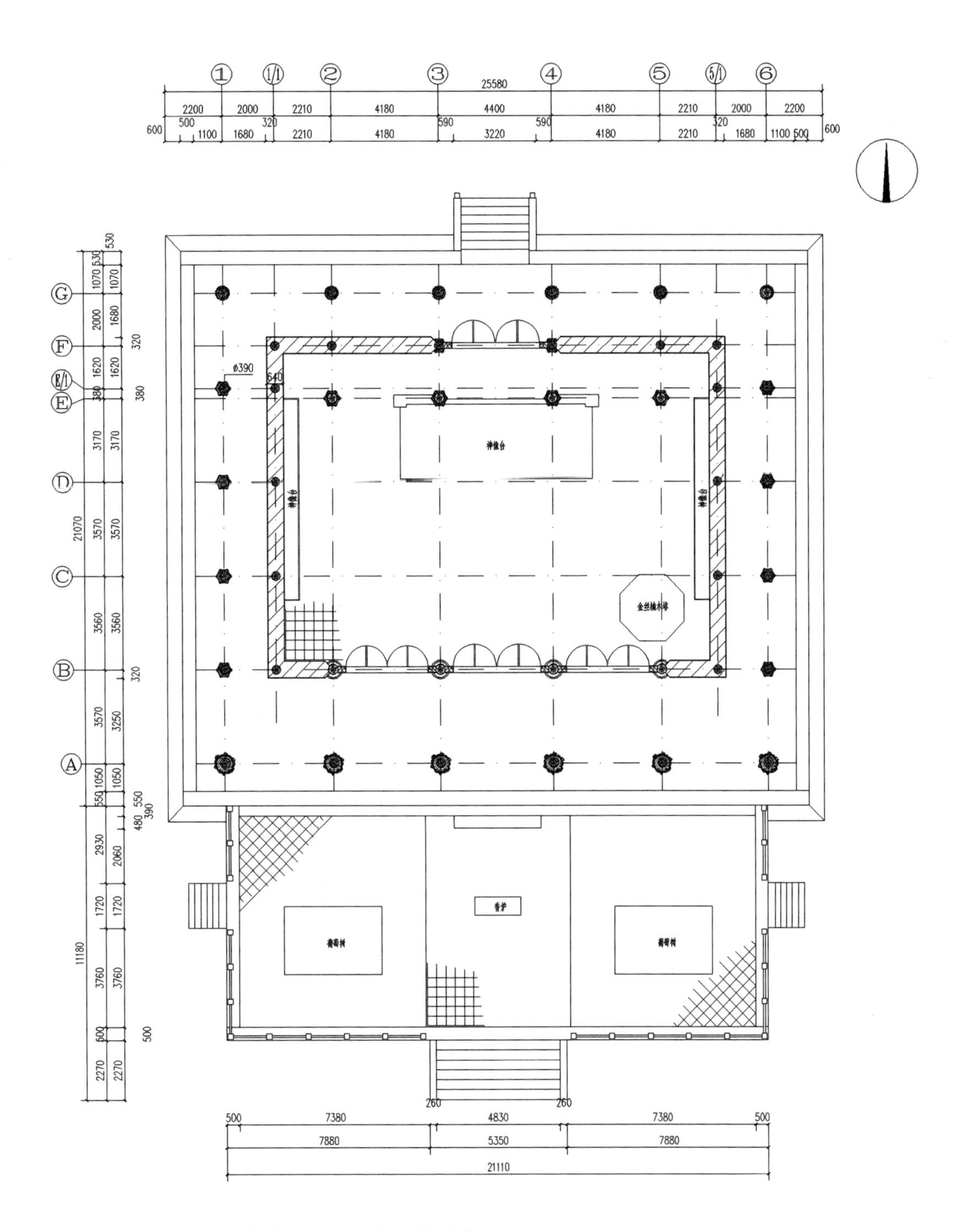

图二：4　河南明清地方单体建筑平面图（洛阳潞泽会馆大殿）

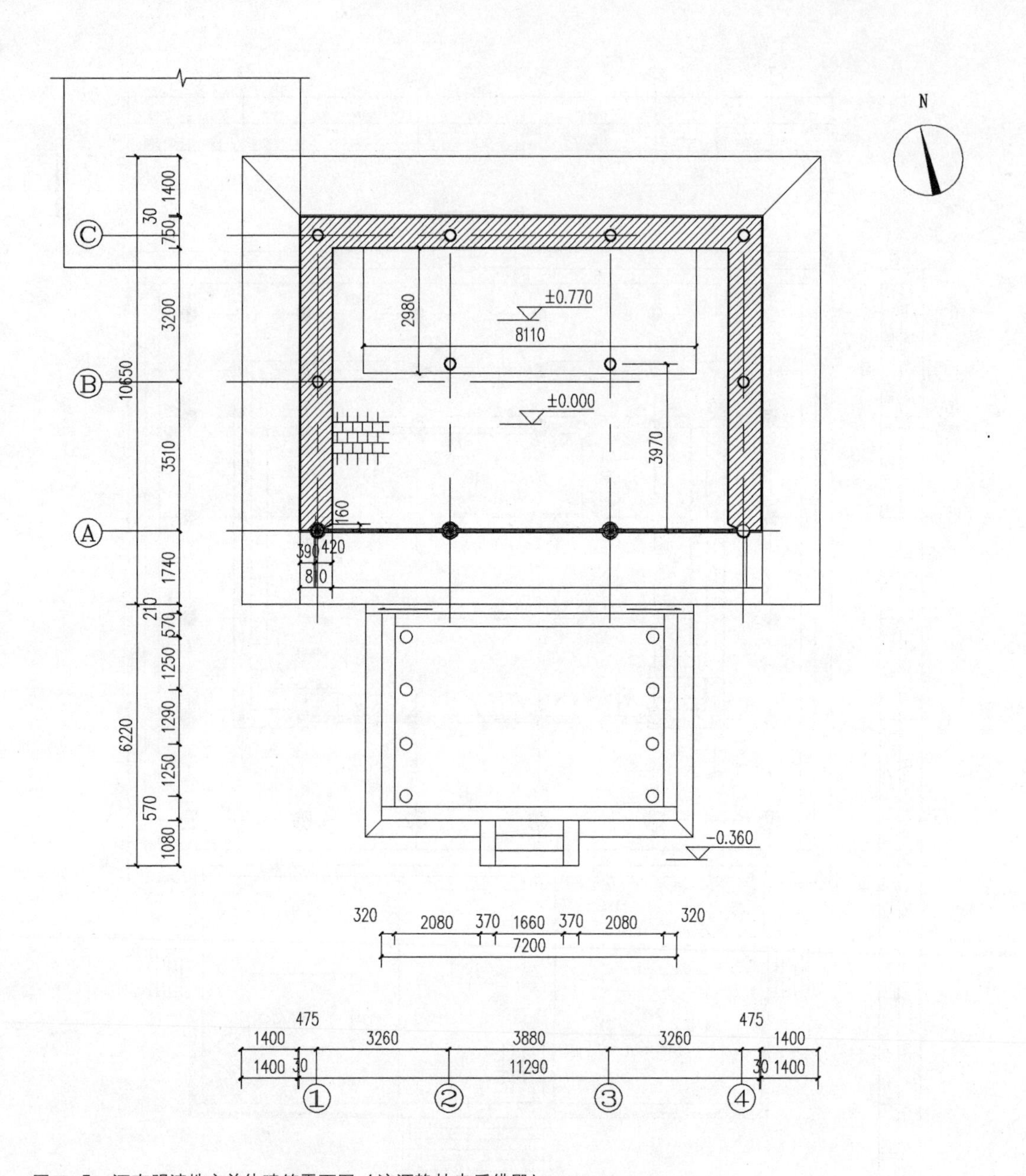

图二: 5　河南明清地方单体建筑平面图（济源静林寺后佛殿）

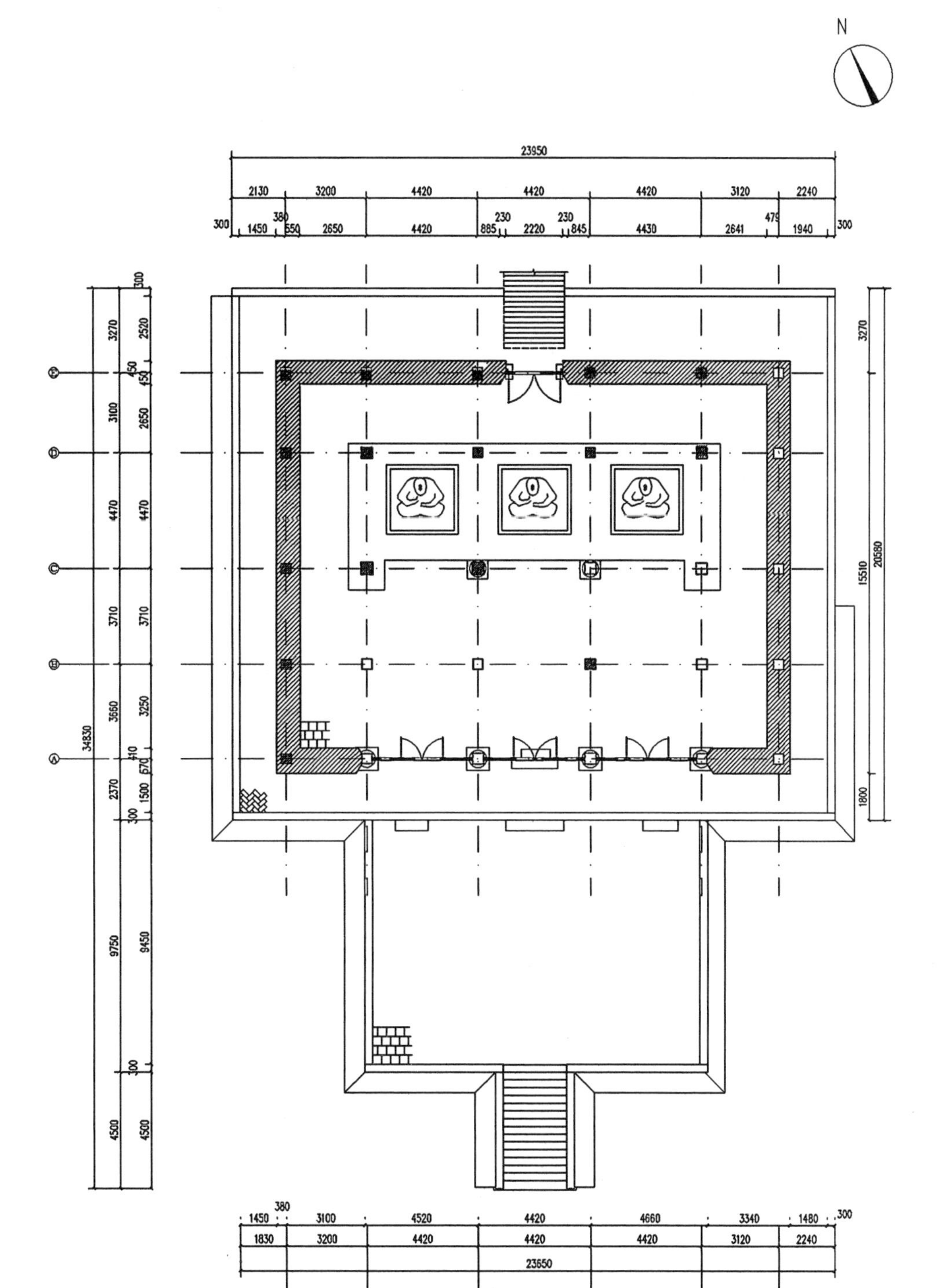

图二：6　河南明清地方单体建筑平面图（济源阳台宫大罗三境殿）

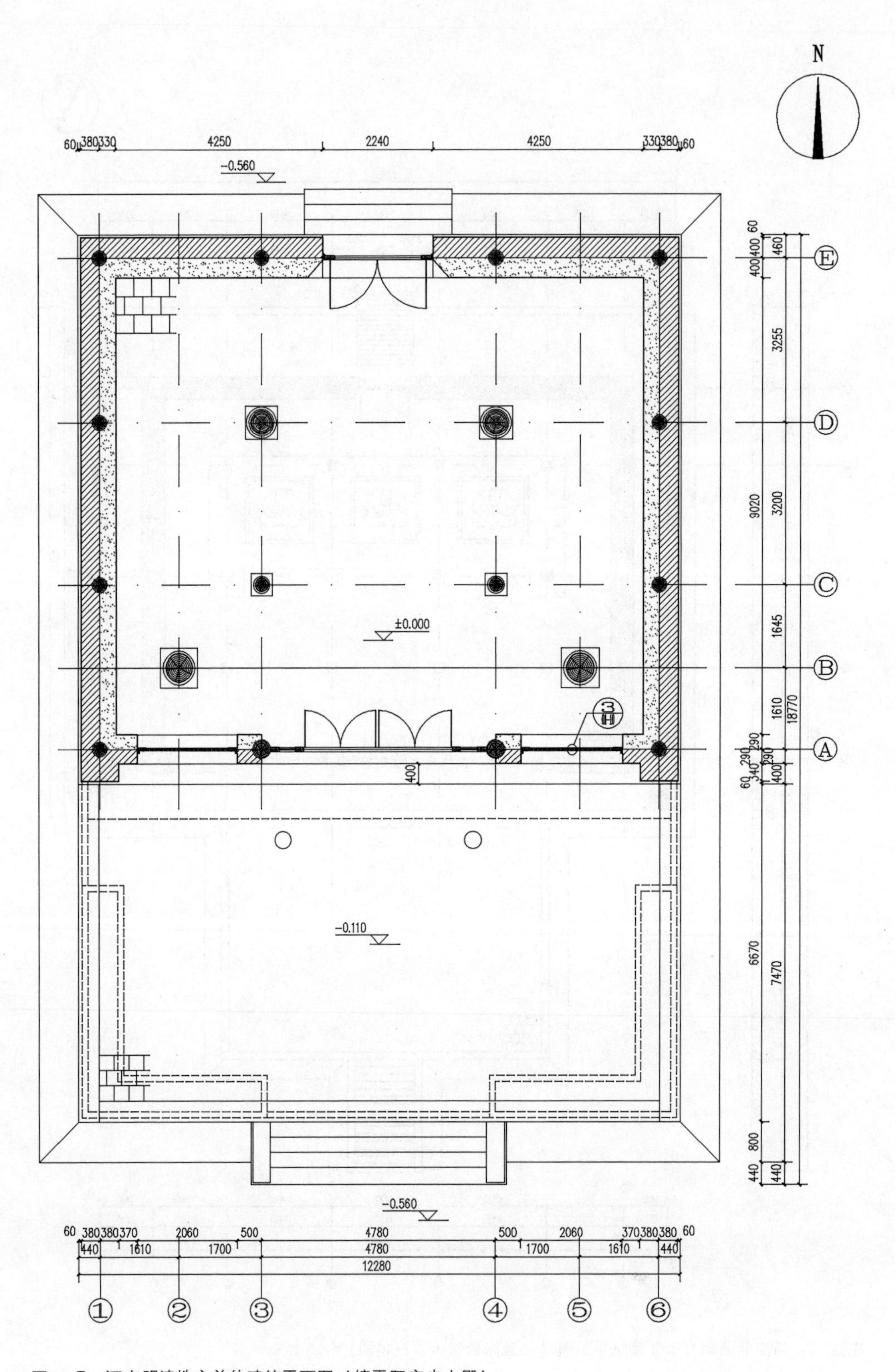

图二:7　河南明清地方单体建筑平面图（镇平阳安寺大殿）

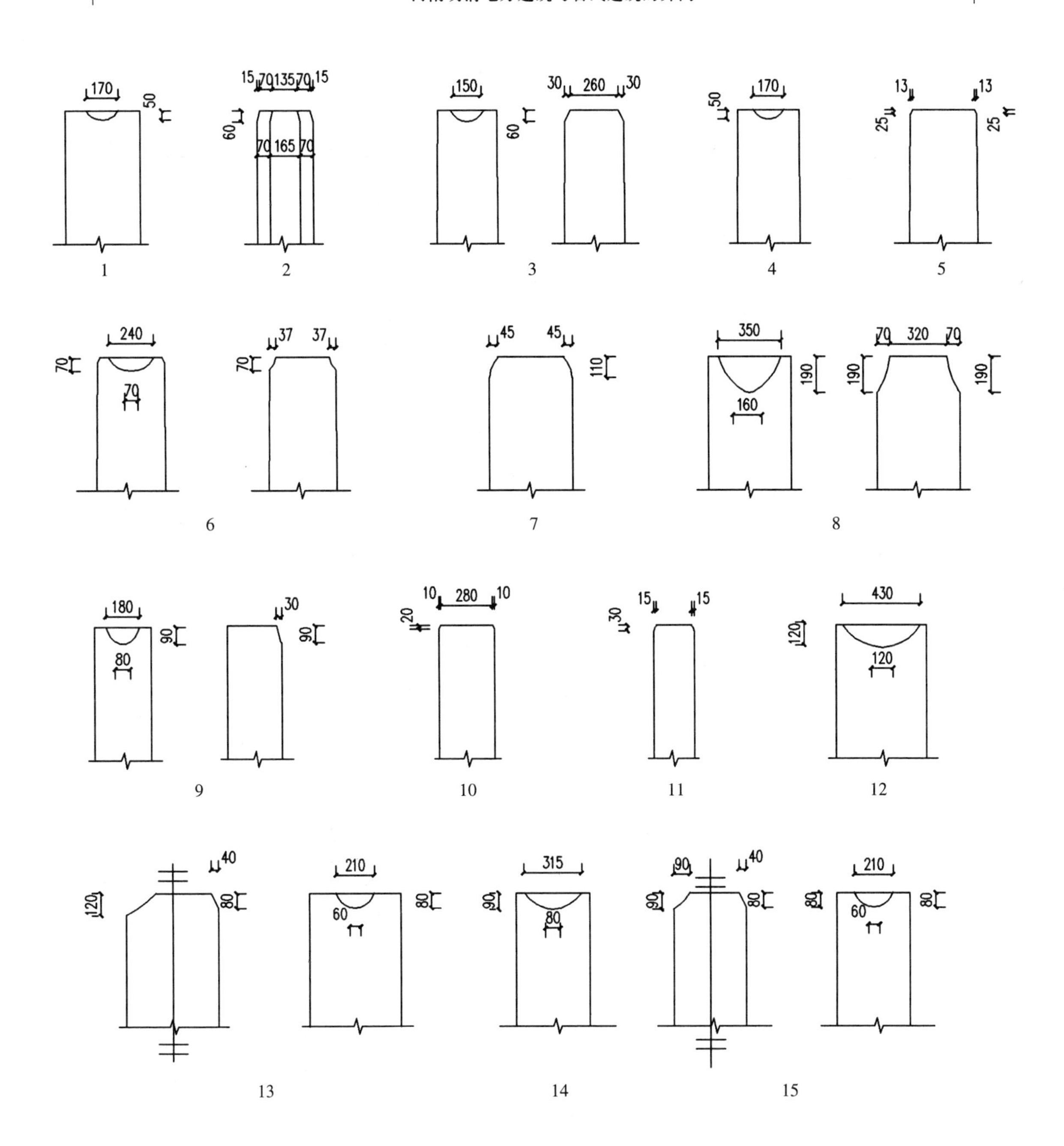

图三　河南明清地方建筑柱头形式

1. 登封法王寺大雄宝殿前檐柱
2. 登封南岳庙大殿内额插柱
3. 登封南岳庙大殿前檐柱
4. 登封法王寺大雄宝殿明间东檐柱
5. 济源济渎庙龙亭前檐柱
6. 济源济渎庙龙亭侧面檐柱
7. 济源济渎庙龙亭前檐柱
8. 济源济渎庙清源洞府门
9. 修武海蟾宫大殿前檐柱
10. 武陟三义庙关张殿前檐柱
11. 卢氏城隍庙山门前檐柱
12. 卢氏城隍庙大殿前檐柱（殿外）
13. 卢氏城隍庙大殿前檐柱（殿内）
14. 卢氏城隍庙献殿前檐柱（殿外）
15. 卢氏城隍庙献殿前檐柱（殿内）

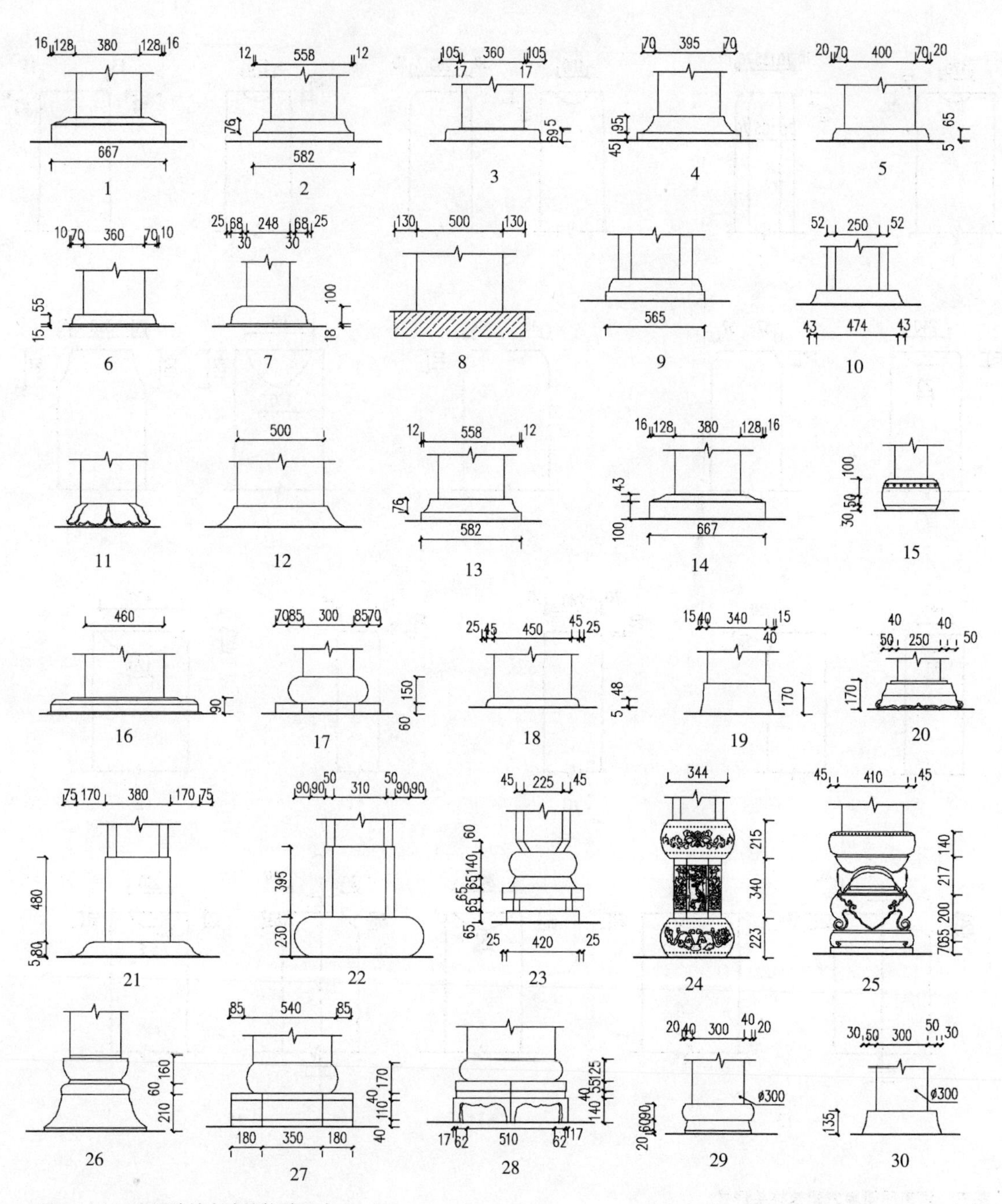

图四：1　河南明清地方建筑柱础形式（一）

1. 登封法王寺大雄宝殿前檐柱柱础
2. 登封城隍庙大殿前檐柱柱础
3. 登封南岳庙大殿前檐柱柱础
4. 登封少林寺山门后檐柱柱础
5. 登封法王寺大雄宝殿金柱柱础
6. 登封法王寺大雄宝殿前檐柱柱础
7. 登封龙泉寺千佛殿前檐柱柱础
8. 登封少林寺千佛殿前金柱柱础
9. 登封城隍庙大殿前金柱柱础
10. 登封少林寺立雪亭前金柱柱础
11. 登封城隍庙卷棚前梢间柱柱础
12. 登封少林寺千佛殿前檐柱柱础
13. 登封城隍庙大殿前檐明间檐柱柱础
14. 登封城隍庙大殿后金柱柱础
15. 登封南岳庙三官殿明间柱础
16. 济源济渎庙玉皇殿明间西柱柱础
17. 济源关帝庙大殿卷棚前檐柱柱础（南姚村）
18. 济源济渎庙清源门前檐柱柱础
19. 济源汤帝庙汤帝殿明间柱础
20. 武陟青龙宫戏楼柱础
21. 济源阳台宫大罗三境殿明间柱础
22. 济源阳台宫大罗三境殿次间柱础
23. 济源关帝庙山门后檐柱柱础（南姚村）
24. 登封城隍庙卷棚前檐柱柱础
25. 禹县文庙散存柱础
26. 洛阳潞泽会馆戏楼后金柱柱础
27. 济源济渎庙龙亭前檐柱柱础
28. 许昌市文庙大成殿前金柱柱础
29. 济源轵城关帝庙大殿前檐柱柱础
30. 济源静林寺大佛殿前檐柱柱础（南姚村）

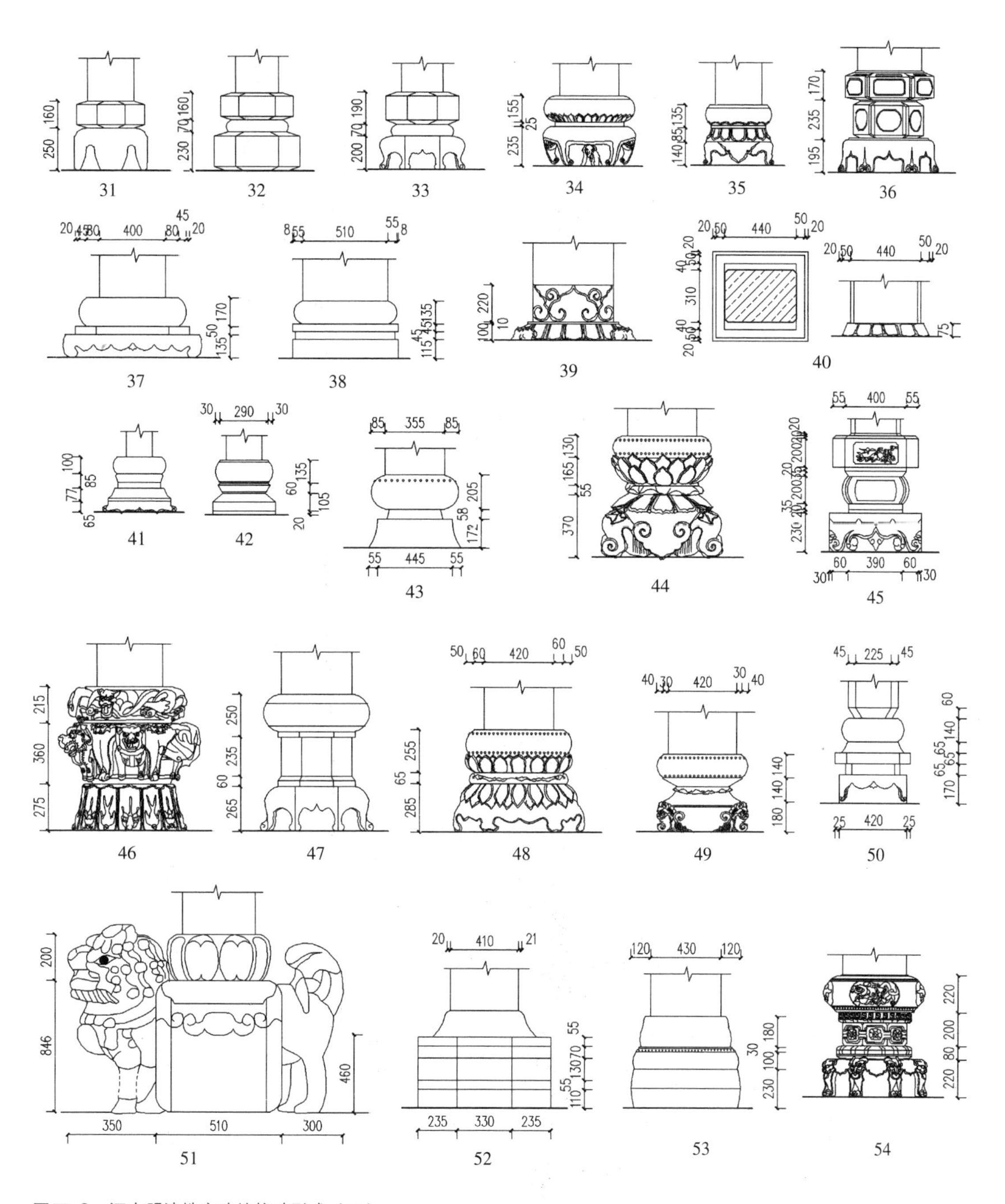

图四：2　河南明清地方建筑柱础形式（二）

31. 洛阳潞泽会馆西厢房柱础
32. 洛阳潞泽会馆东厢房柱础
33. 洛阳潞泽会馆东厢房柱础
34. 温县王薛祠堂大门柱础
35. 温县王薛祠堂西厢房柱础
36. 洛阳潞泽会馆大殿后金柱柱础
37. 长葛泰山庙大殿前檐柱柱础（老城镇）
38. 许昌市文庙大成殿后金柱柱础
39. 许昌县天宝宫真武殿金柱柱础
40. 许昌县清真观后殿金柱柱础
41. 武陟青龙宫卷棚柱础
42. 武陟祖师庙大殿檐柱柱础（大司马村）
43. 登封少林寺山门后金柱柱础
44. 禹县怀帮会馆拜殿后金柱柱础
45. 洛阳潞泽会馆戏楼金柱柱础
46. 洛阳潞泽会馆大殿前檐柱柱础
47. 洛阳潞泽会馆戏楼金柱柱础
48. 禹县怀帮会馆大殿后金柱柱础
49. 禹县怀帮会馆拜殿后檐柱柱础
50. 济源轵城关帝庙山门明间后檐柱柱础
51. 洛阳潞泽会馆戏楼前檐柱柱础
52. 济源阳台宫玉皇阁金柱柱础
53. 许昌县天宝宫关公殿金柱柱础
54. 洛阳潞泽会馆大殿后金柱柱础

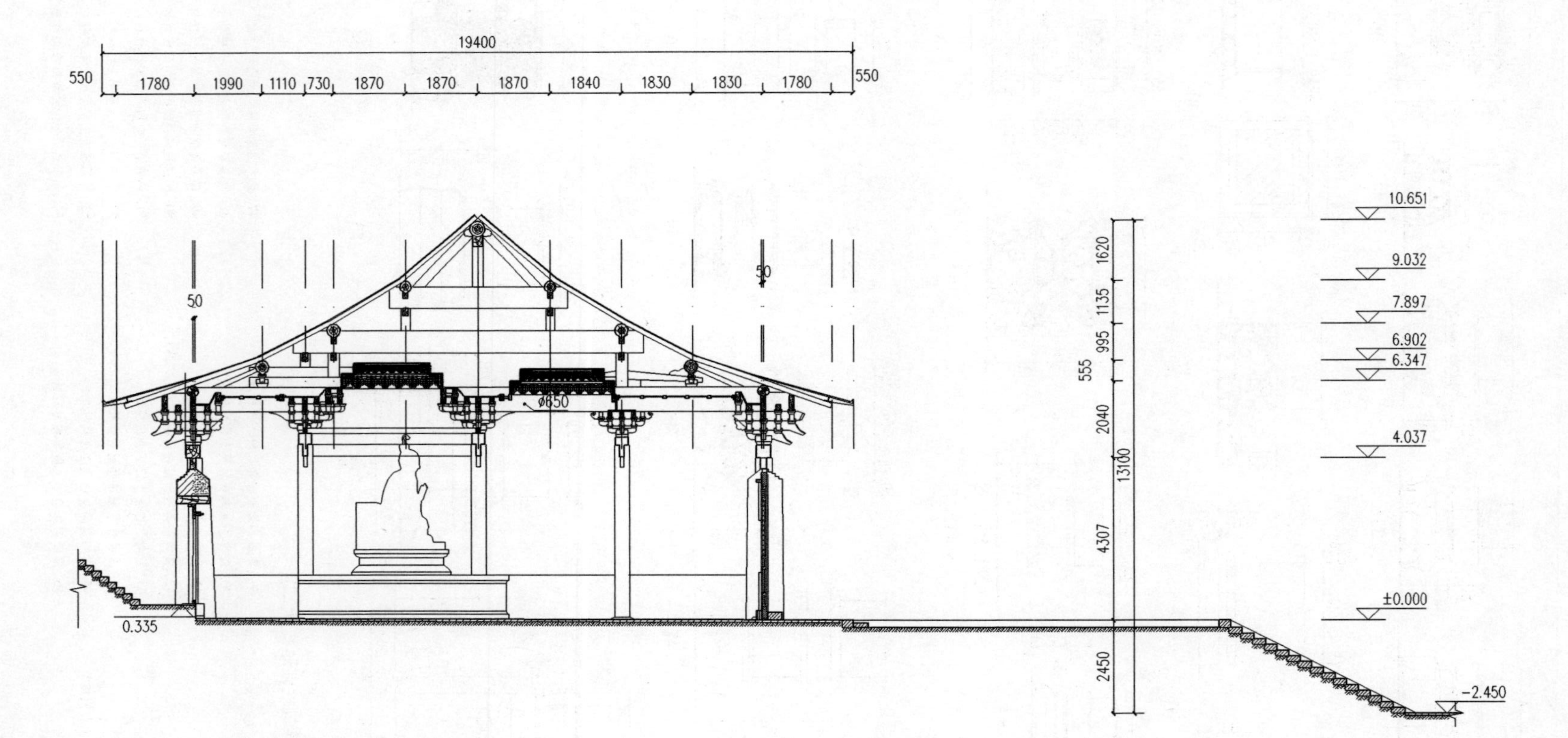

图五：1　河南明清地方建筑梁架结构图（济源阳台宫大罗三境殿）

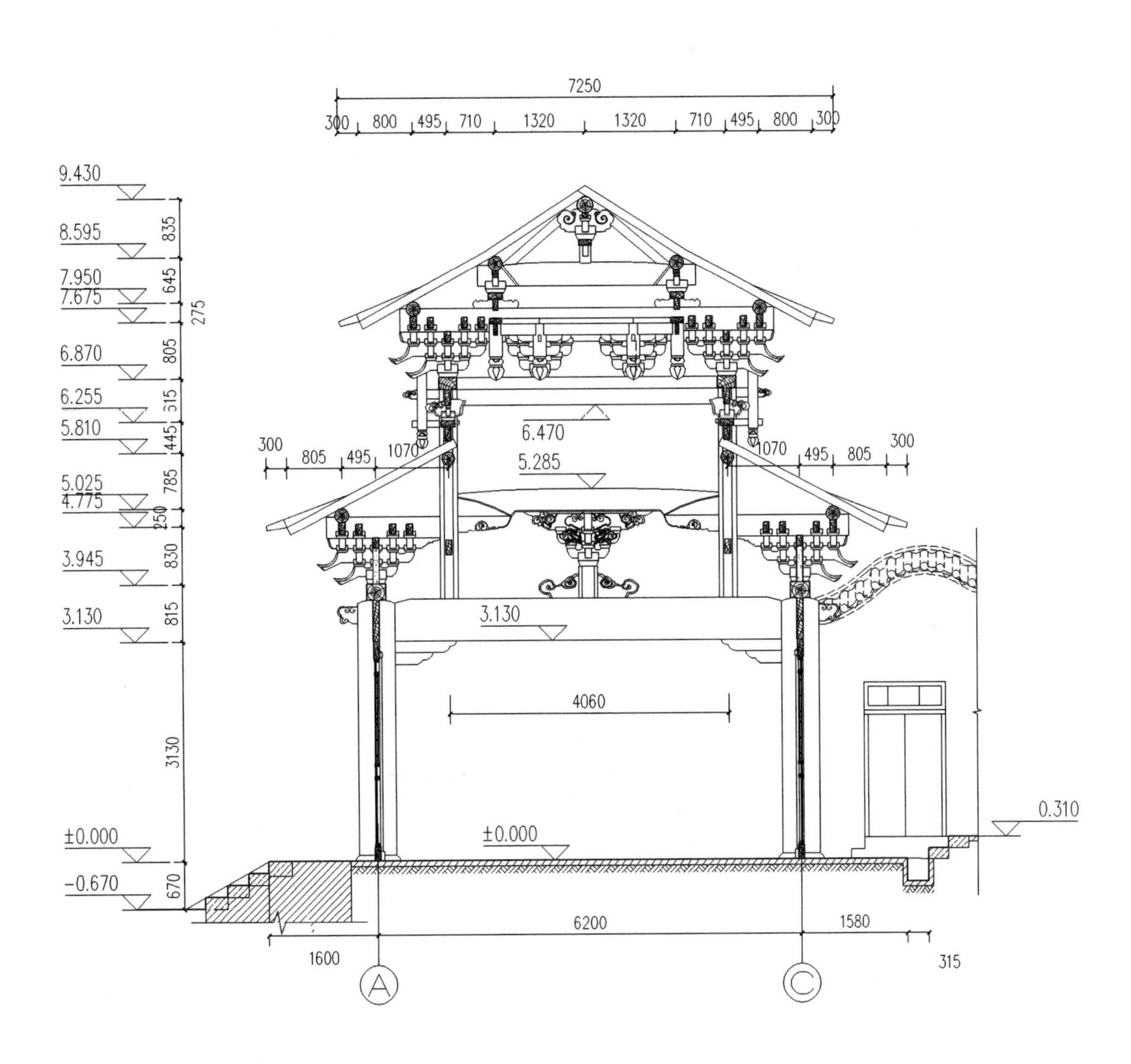

图五：2　河南明清地方建筑梁架结构图（卢氏城隍庙献殿）

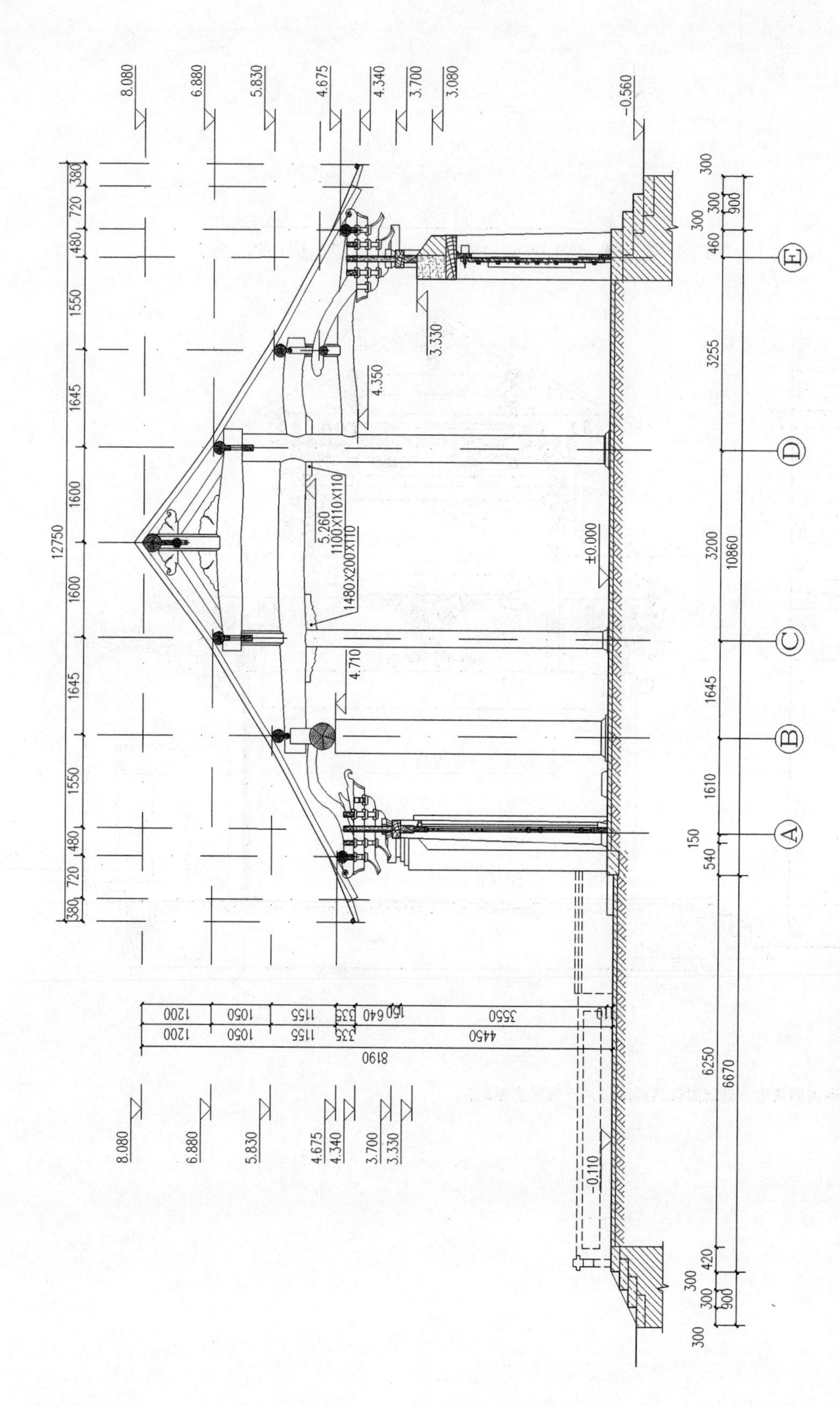

图五：3　河南明清地方建筑梁架结构图（镇平阳安寺大殿）

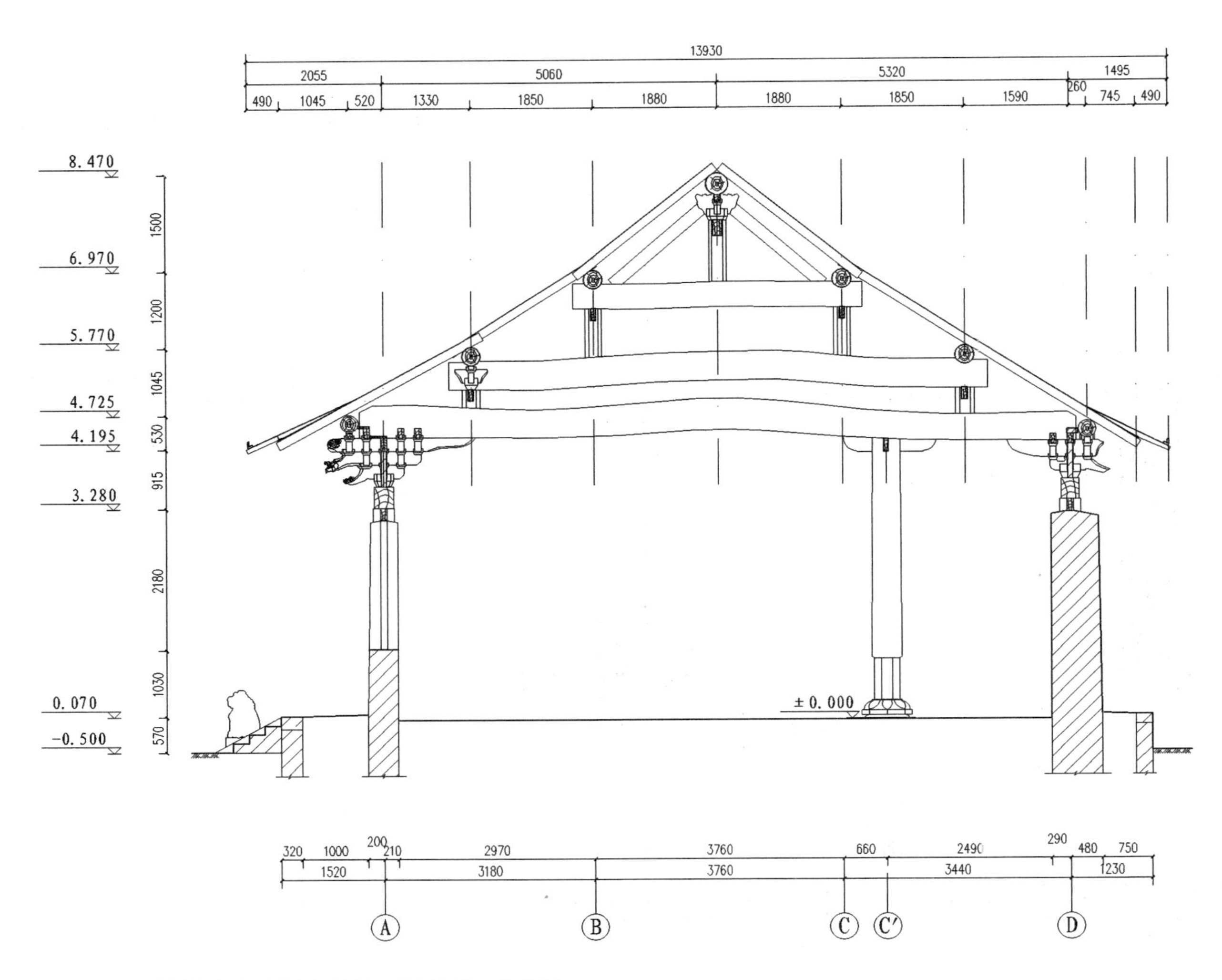

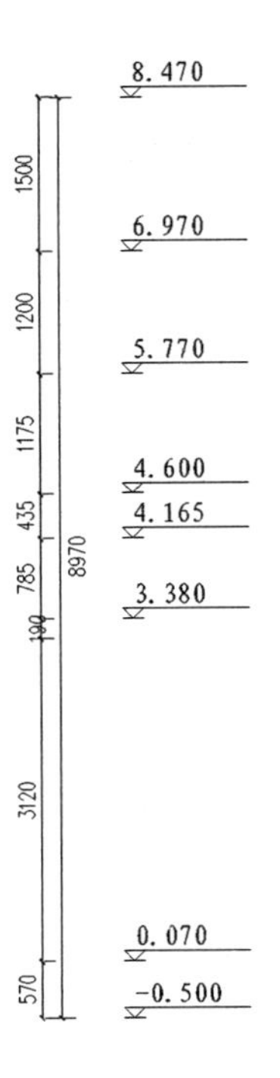

图五：4　河南明清地方建筑梁架结构图（济源大明寺后佛殿）

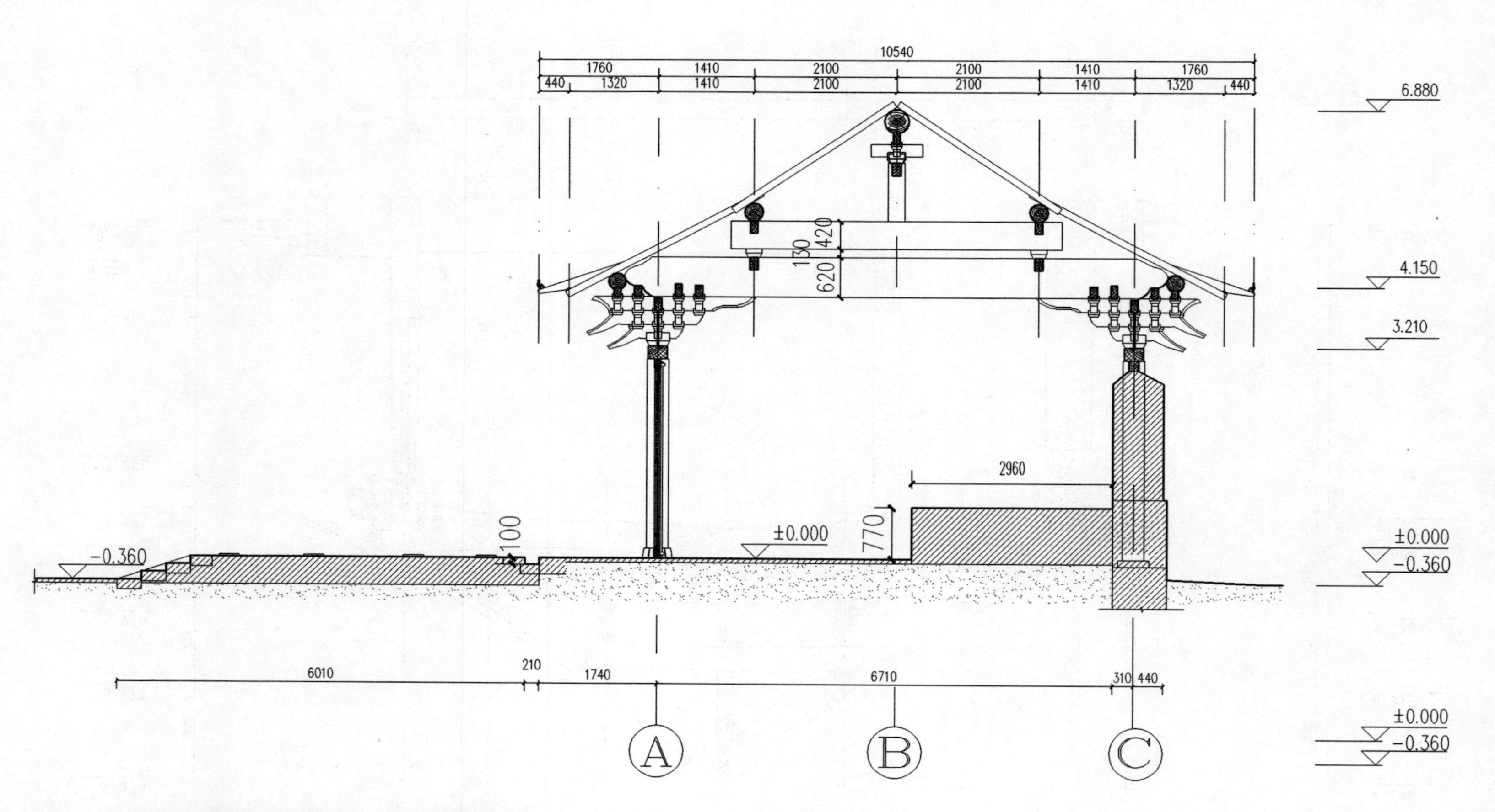

图五：5　河南明清地方建筑梁架结构图（济源静林寺后佛殿）

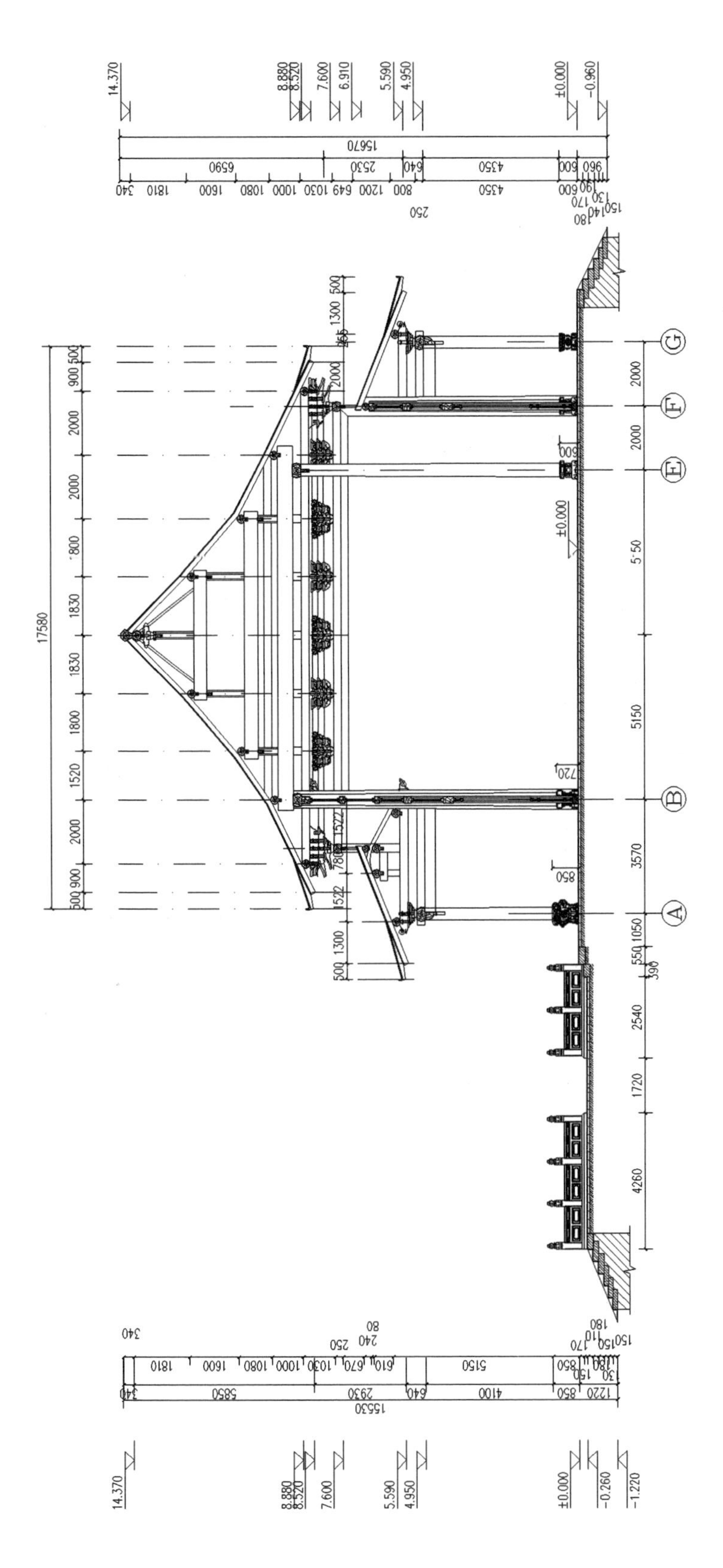

图五：6　河南明清地方建筑梁架结构图（洛阳潞泽会馆大殿）

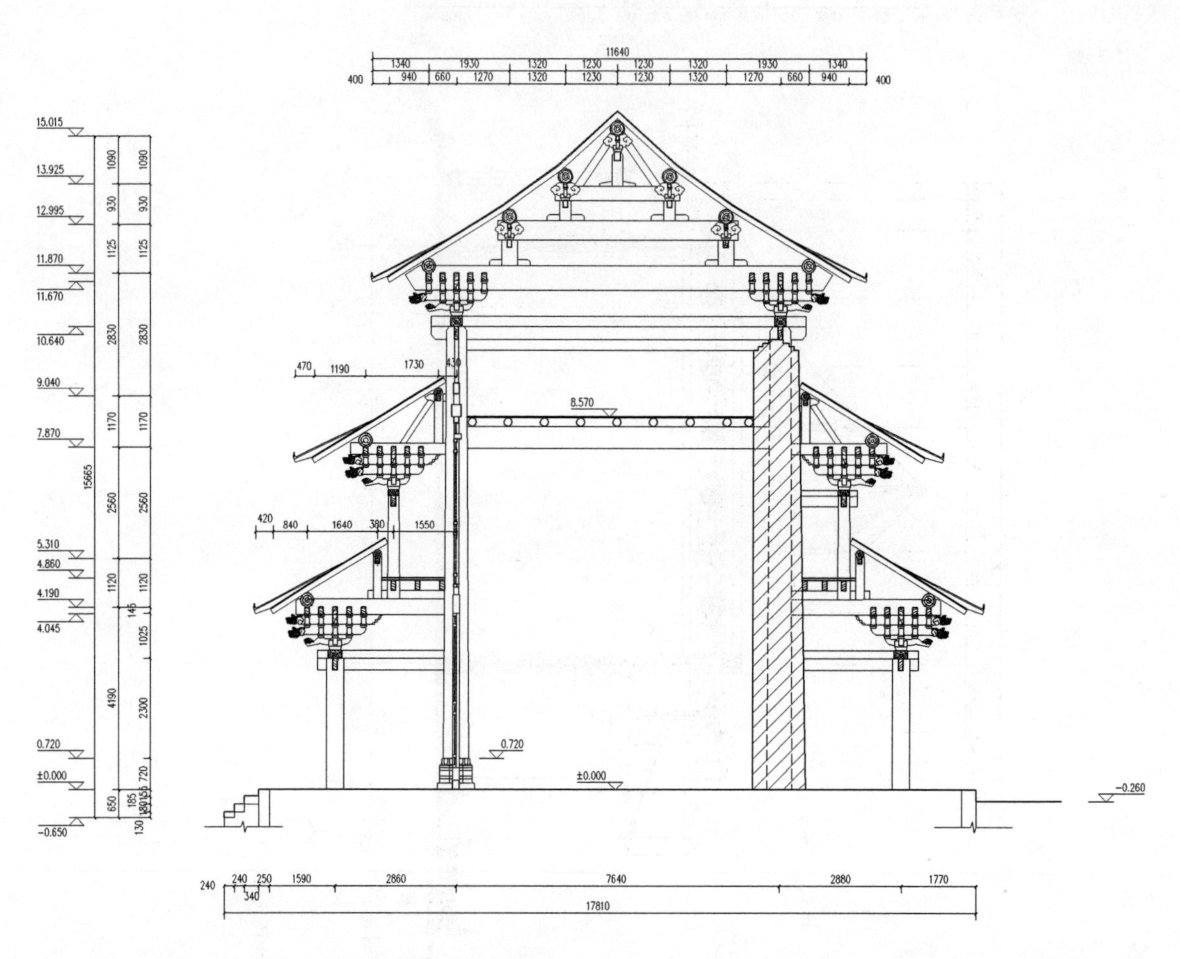

图五：7　河南明清地方建筑梁架结构图（济源阳台宫玉皇阁）

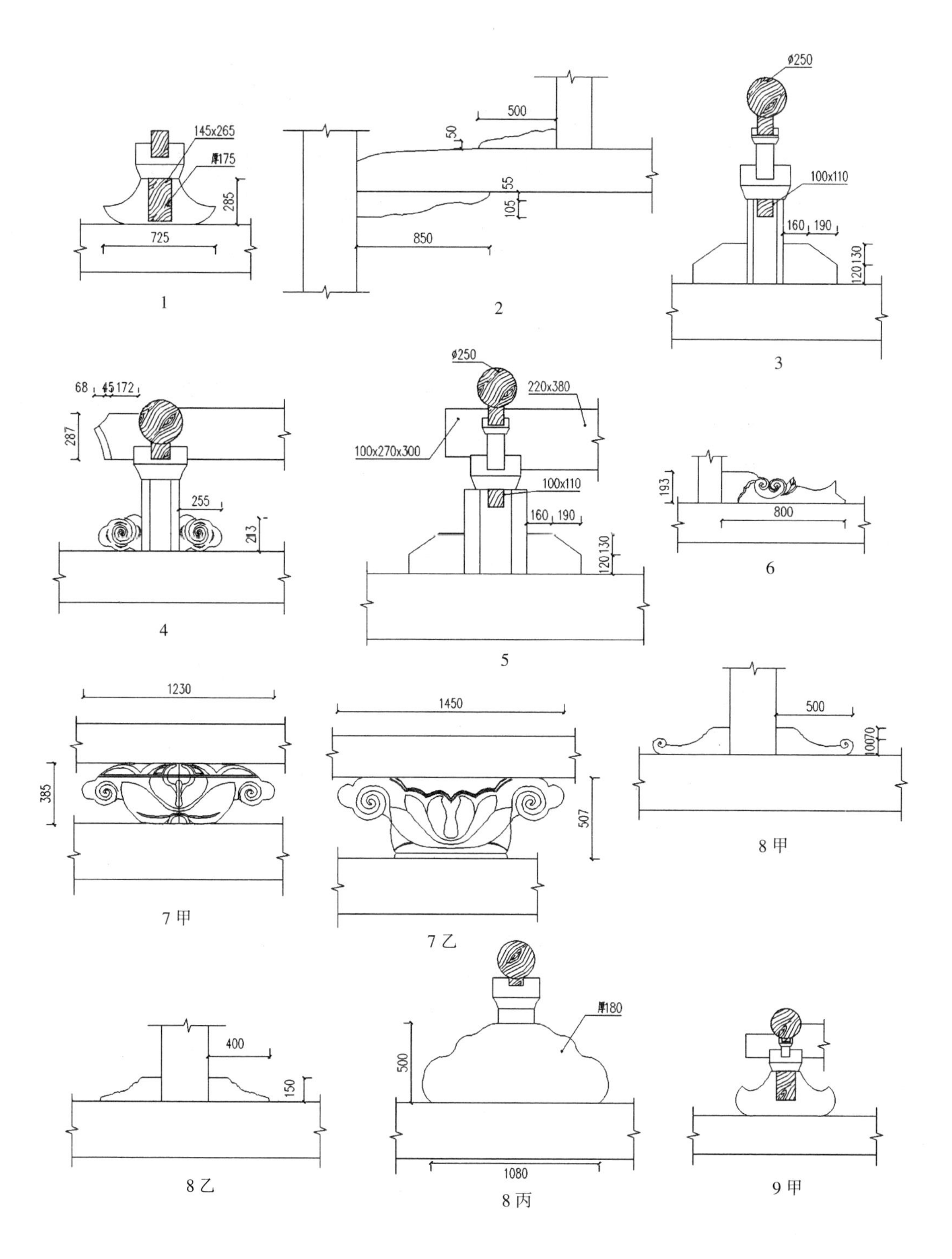

图六：1　河南明清地方建筑梁架结点（一）

1. 济源济渎庙龙亭
2. 登封法王寺大雄宝殿
3. 登封城隍庙大殿
4. 济源济渎庙渊德门
5. 登封城隍庙大殿
6. 登封龙泉寺千佛殿
7甲．济源济渎庙玉皇殿
7乙．济源济渎庙玉皇殿
8甲．登封少林寺立雪亭
8乙．登封少林寺立雪亭
8丙．登封少林寺立雪亭
9甲．登封南岳庙大殿

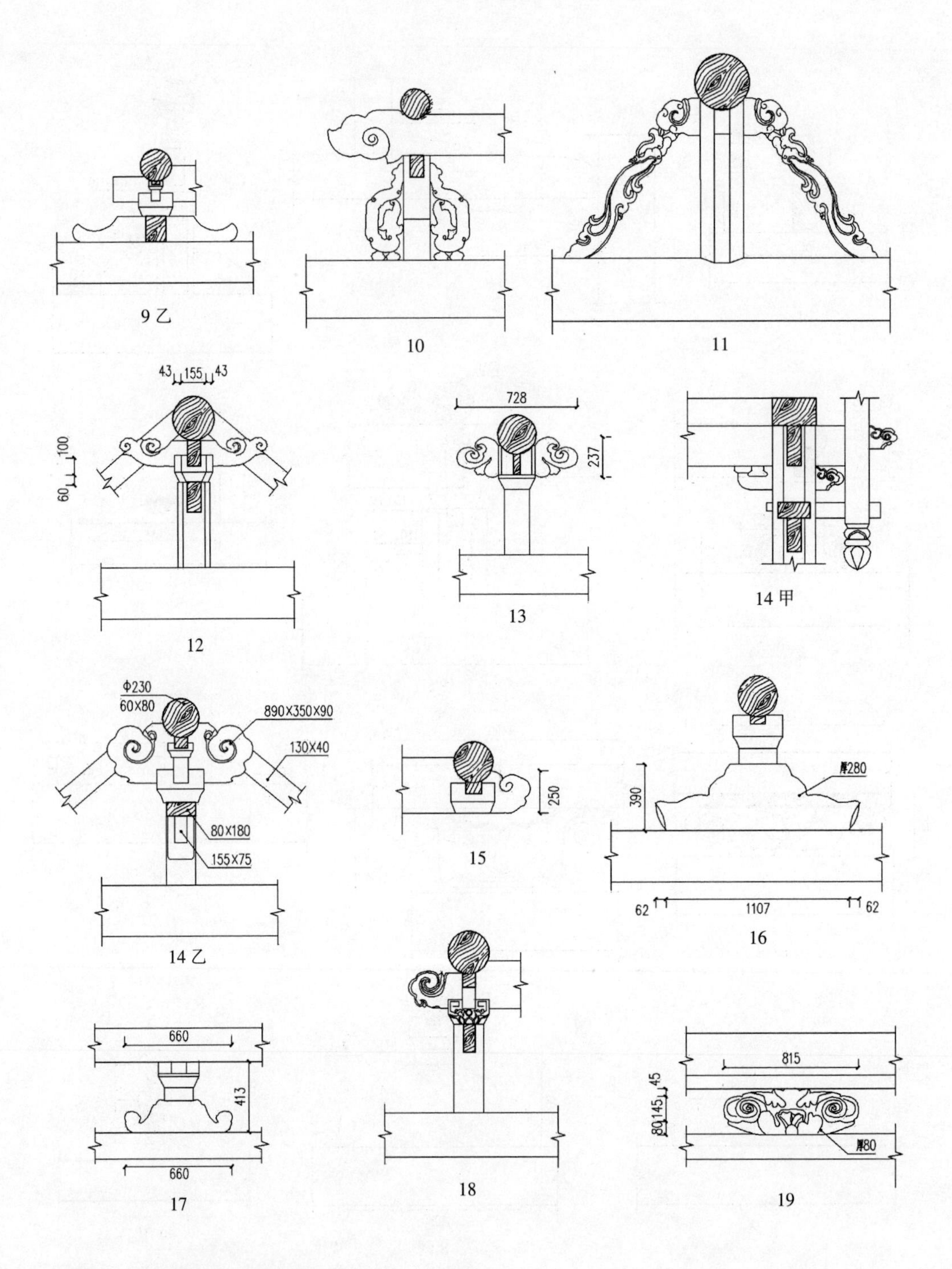

图六：2　河南明清地方建筑梁架结点（二）

9 乙．登封南岳庙大殿
10. 许昌文庙大成殿
11. 禹县怀帮会馆大殿
12. 修武海蟾宫大殿
13. 许昌关帝庙山门
14 甲．卢氏城隍庙献殿
14 乙．卢氏城隍庙献殿
15. 内乡文庙大成殿
16. 禹县怀帮会馆大殿
17. 禹县怀帮会馆卷棚
18. 济源阳台宫玉皇阁
19. 镇平阳安寺大殿

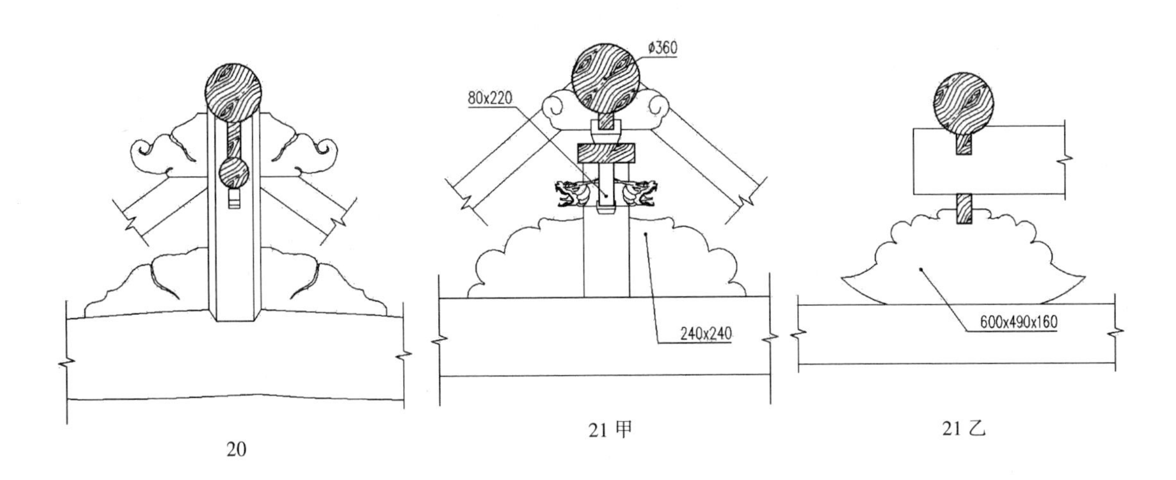

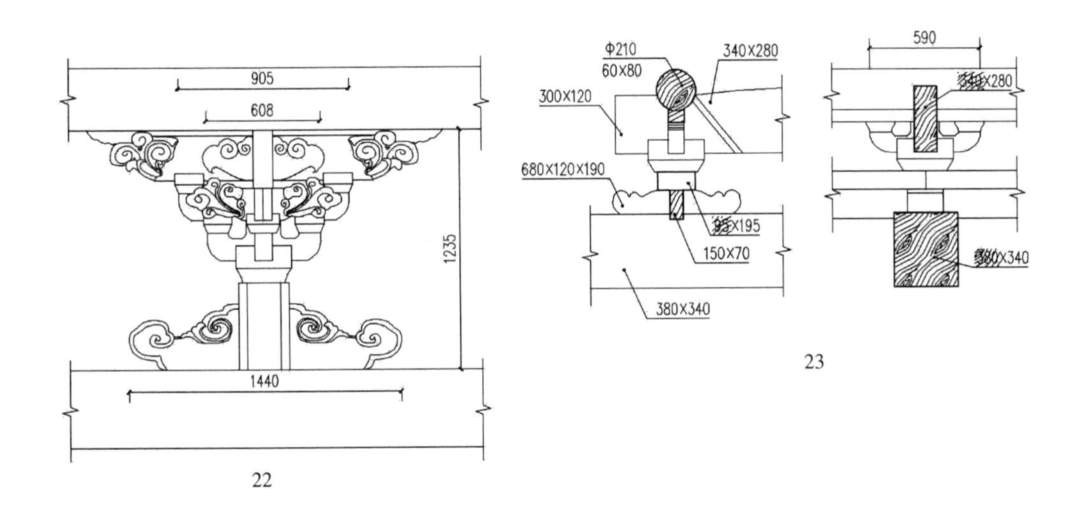

图六：3　河南明清地方建筑梁架结点（三）

20. 卢氏城隍庙献殿
21 甲．陕县安国寺后殿
21 乙．陕县安国寺后殿
22. 武陟三义庙关张殿
23. 卢氏城隍庙献殿

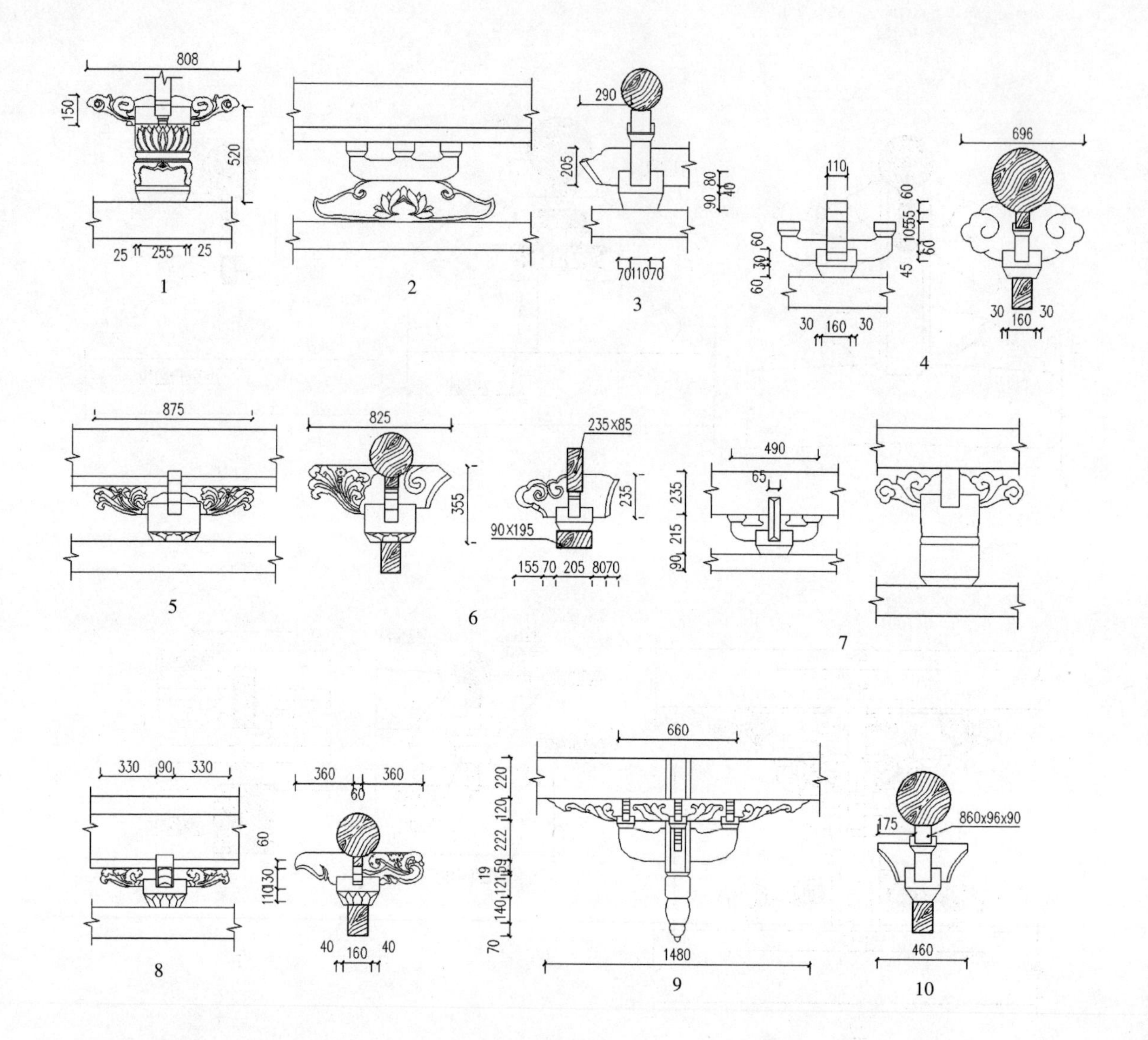

图七　河南明清地方建筑隔架科

1. 长葛泰山庙大殿明间隔架科（老城镇）
2. 武陟三义庙关张殿隔架科
3. 卢氏城隍庙大殿隔架科
4. 济源阳台宫玉皇阁隔架科
5. 温县王薛祠堂隔架科
6. 卢氏城隍庙献殿隔架科
7. 长葛泰山庙隔架科
8. 温县王薛祠堂厢房隔架科
9. 陕县安国寺后殿隔架科（局部）
10. 济源大明寺后佛殿前檐下金桁隔架科

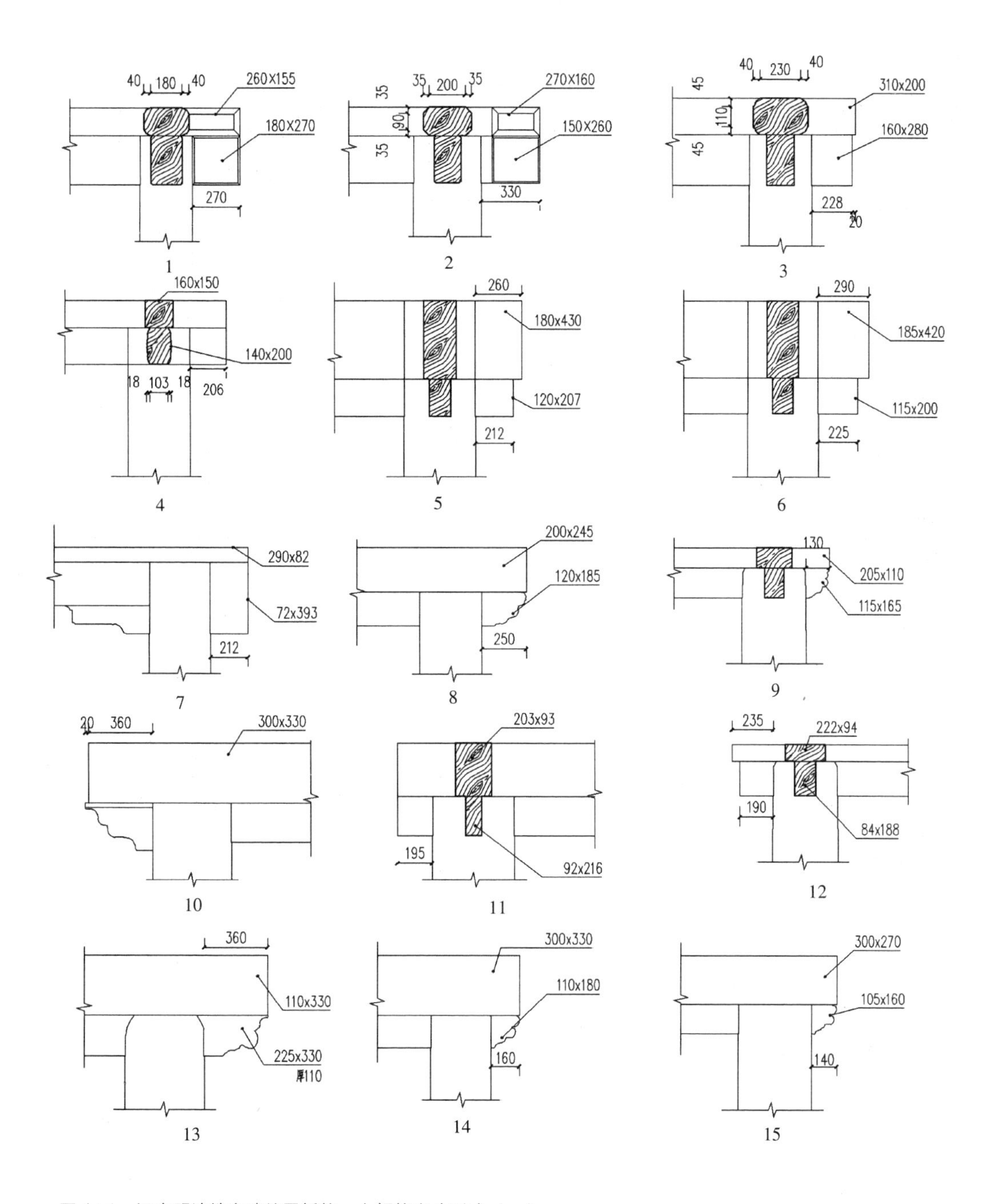

图八：1　河南明清地方建筑平板枋、大额枋出头形式（一）

1. 登封城隍庙大殿前檐
2. 登封城隍庙大殿内额
3. 登封少林寺山门
4. 登封少林寺立雪亭
5. 济源济渎庙龙亭侧檐
6. 济源济渎庙龙亭前檐
7. 济源奉仙观山门
8. 济源奉仙观玉皇殿前檐
9. 济源济渎庙东桥亭
10. 济源济渎庙清源门
11. 济源济渎庙玉皇殿前檐
12. 济源济渎庙灵渊阁
13. 济源济渎庙清源洞府门
14. 济源轵城关帝庙大殿
15. 济源大明寺伽蓝殿

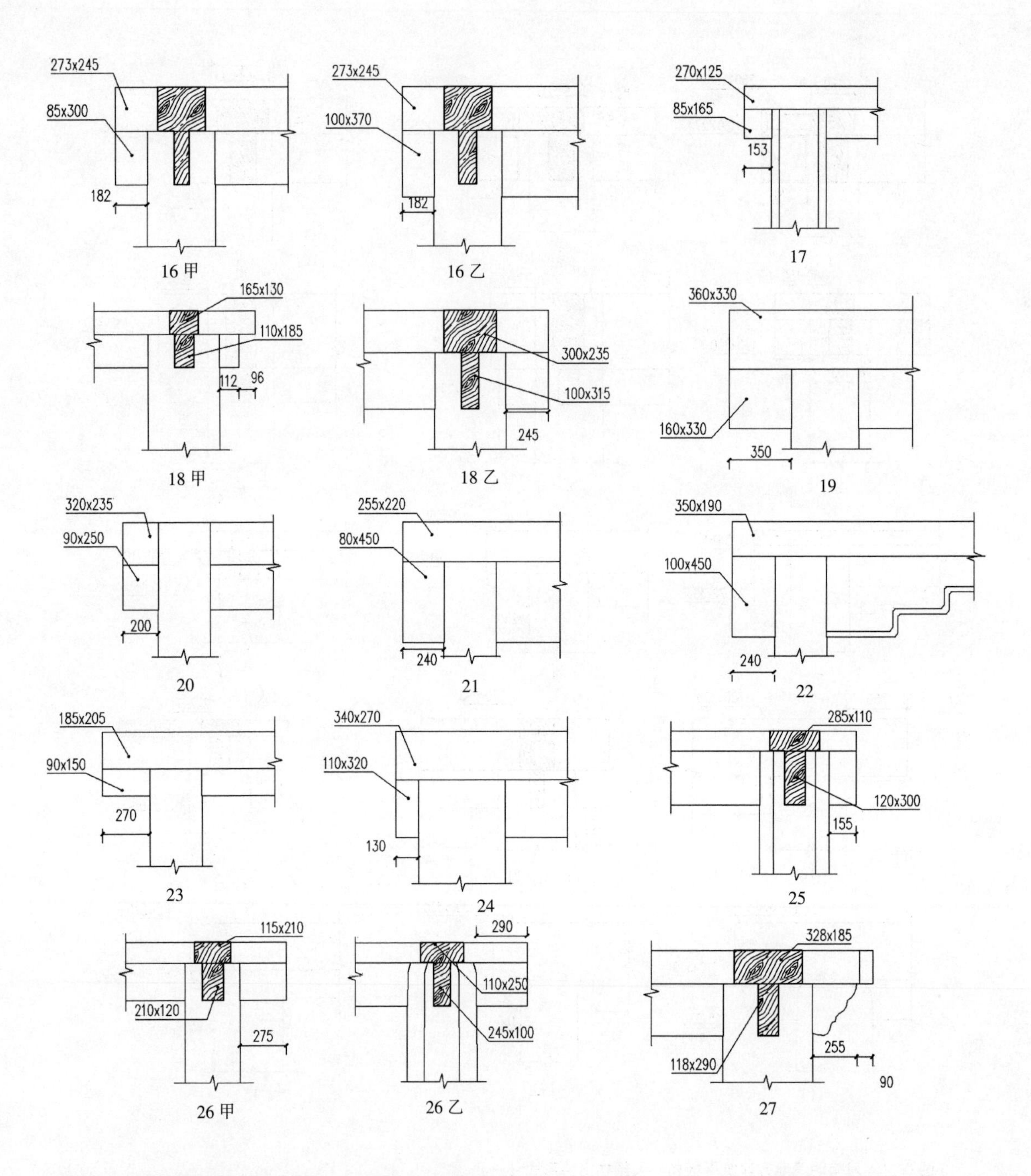

图八：2　河南明清地方建筑平板枋、大额枋出头形式（二）

16 甲．济源二仙庙大殿后檐
16 乙．济源二仙庙大殿前檐
17. 济源轵城关帝庙山门后檐
18 甲．济源阳台宫玉皇阁一层前檐
18 乙．济源阳台宫玉皇阁二层前檐
19. 济源阳台宫大罗三境殿前檐
20. 济源关帝庙大殿（南姚村）
21. 济源关帝庙大殿卷棚（南姚村）
22. 济源关帝庙戏楼（南姚村）
23. 济源静林寺大佛殿
24. 济源汤帝庙大殿
25. 登封龙泉寺千佛殿前檐
26 甲．登封南岳庙大殿前檐
26 乙．登封南岳庙大殿内檐
27. 许昌文庙大成殿

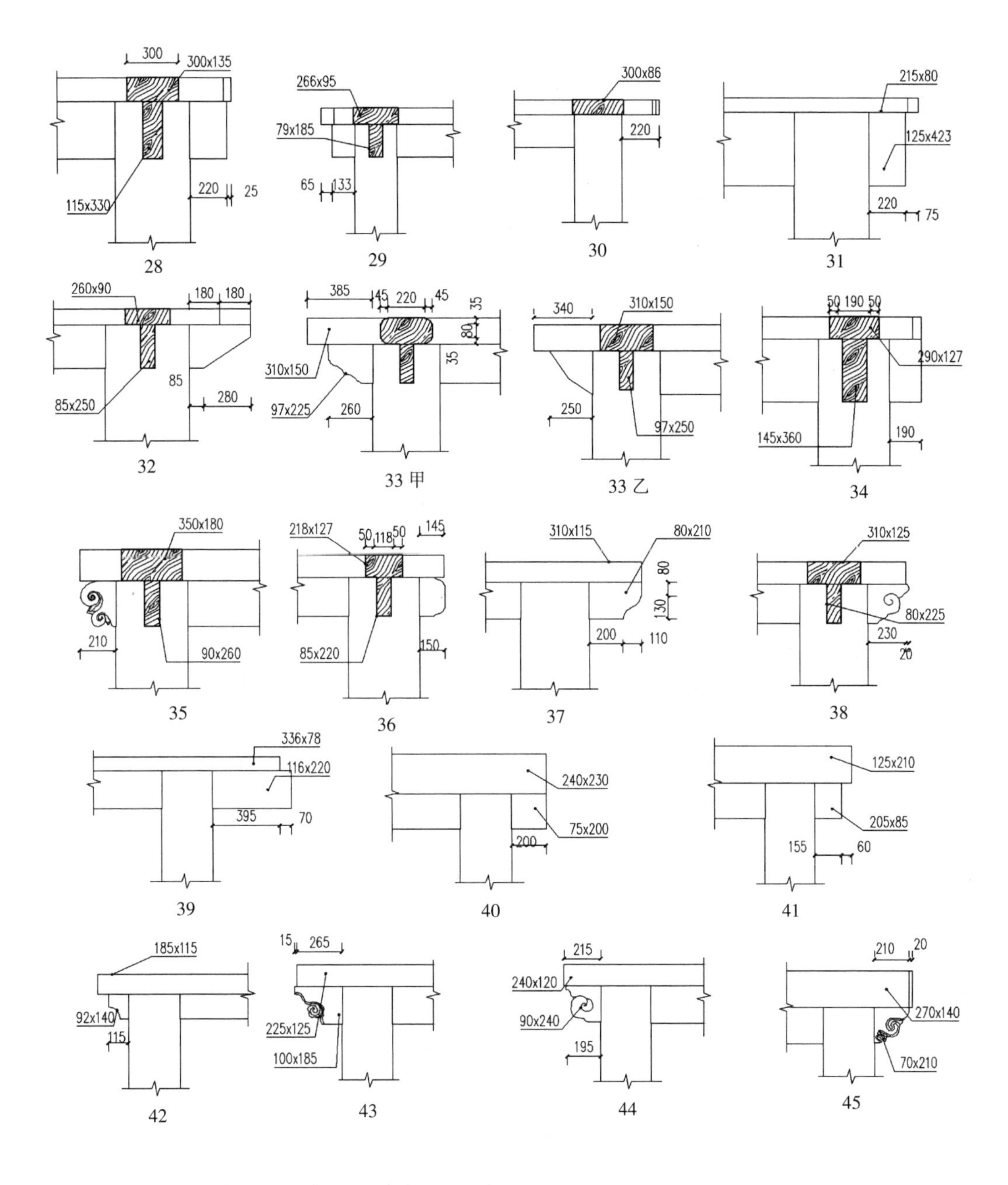

图八: 3　河南明清地方建筑平板枋、大额枋出头形式（三）

28. 许昌春秋楼山门
29. 许昌春秋楼
30. 许昌关帝庙大门
31. 许昌清真观后殿
32. 许昌天宝宫真武殿
33 甲．禹县城隍庙大殿前檐
33 乙．禹县城隍庙大殿
34. 禹县长春观大殿
35. 禹县怀帮会馆大殿卷棚
36. 禹县文庙大成殿
37. 武陟吉祥寺大殿前檐
38. 武陟千佛阁
39. 武陟崇宁寺罗汉殿
40. 修武海蟾宫大殿
41. 修武祖师庙祖师殿
42. 温县遇仙观大门
43. 温县遇仙观玉皇殿
44. 温县遇仙观三清殿
45. 温县王薛祠堂大门

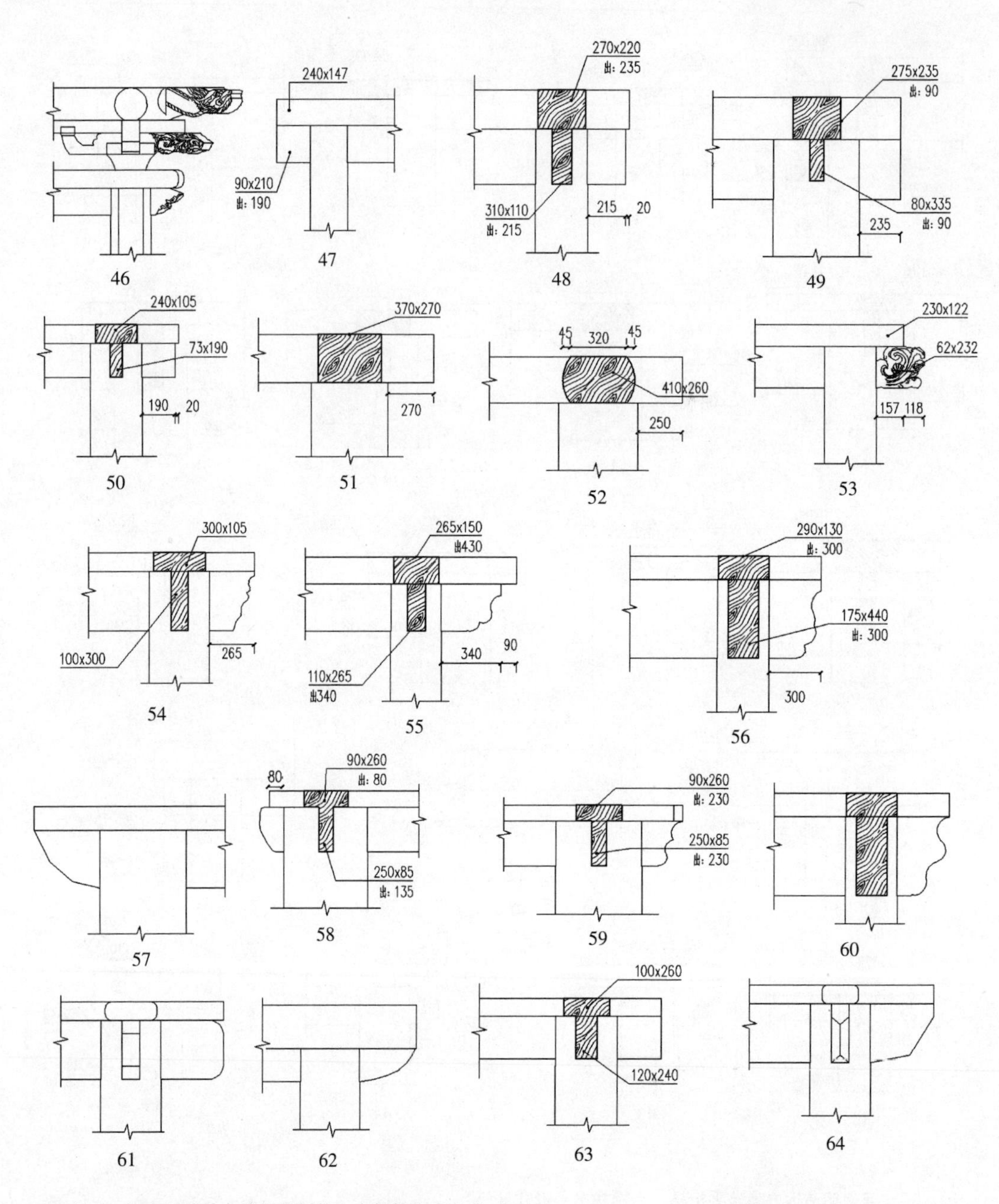

图八: 4　河南明清地方建筑平板枋、大额枋出头形式（四）

46. 密县城隍庙戏楼
47. 卢氏城隍庙大门
48. 卢氏城隍庙戏楼
49. 卢氏城隍庙大殿
50. 陕县安国寺中佛殿
51. 洛阳潞泽会馆后殿
52. 洛阳潞泽会馆大殿
53. 洛阳潞泽会馆西厢房
54. 镇平城隍庙大殿
55. 镇平阳安寺大殿
56. 内乡文庙大成殿
57. 临汝汤帝庙大殿
58. 许昌天宝宫大殿
59. 许昌天宝宫真武殿
60. 许昌灵泉寺灵泉阁
61. 南阳文庙大成殿
62. 济源奉仙观玉皇殿
63. 许昌清真观二殿
64. 温县玉皇庙大殿

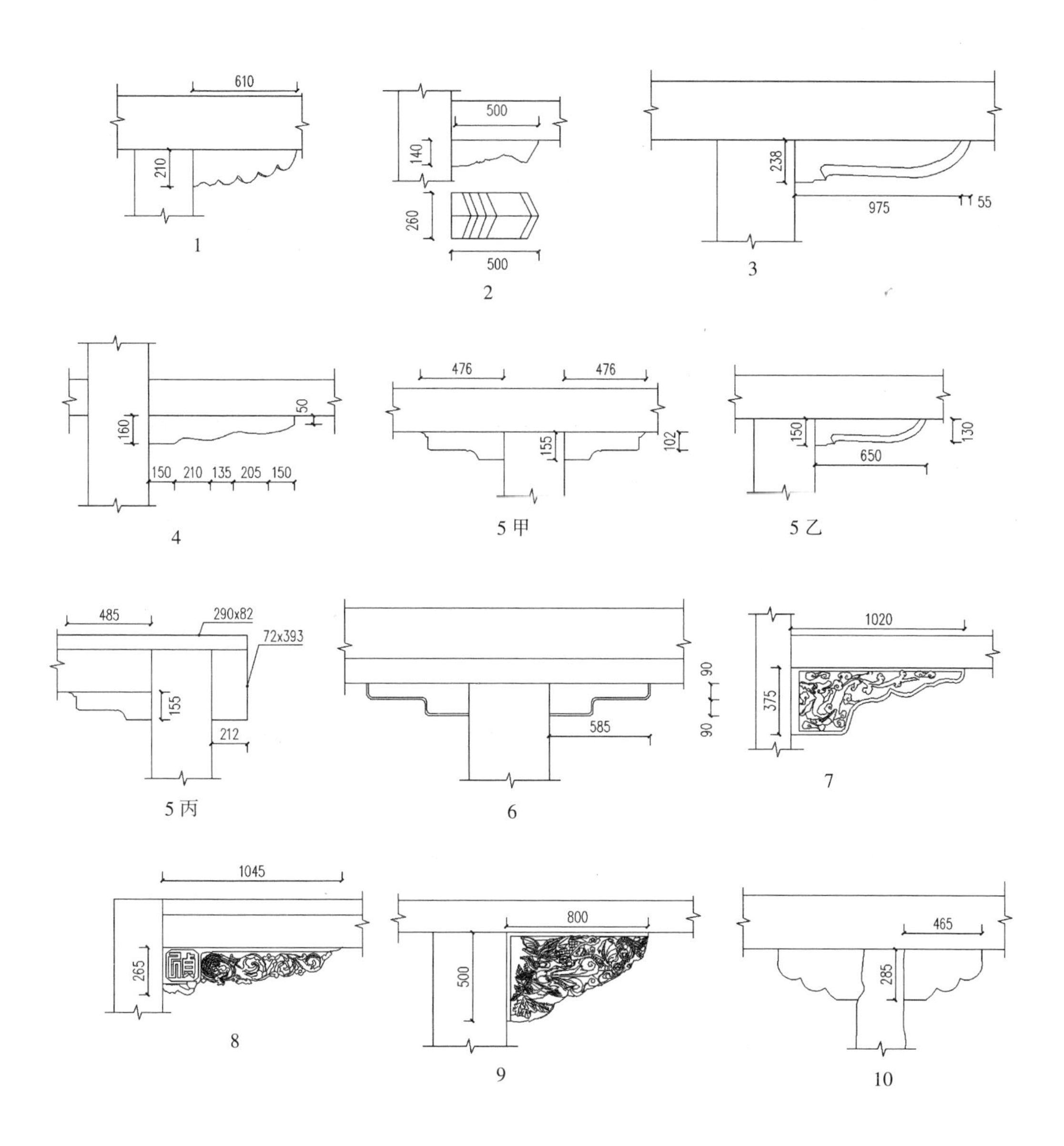

图九:1 河南明清地方建筑雀替形式（一）

1. 登封龙泉寺千佛殿
2. 登封少林寺千佛殿
3. 济源济渎庙清源门
4. 登封南岳庙大殿
5甲．济源奉仙观大门
5乙．济源奉仙观大门
5丙．济源奉仙观大门
6. 济源济渎庙渊德门
7. 登封城隍庙大殿卷棚
8. 许昌关帝庙
9. 禹县怀帮会馆拜殿
10. 武陟崇宁寺罗汉殿

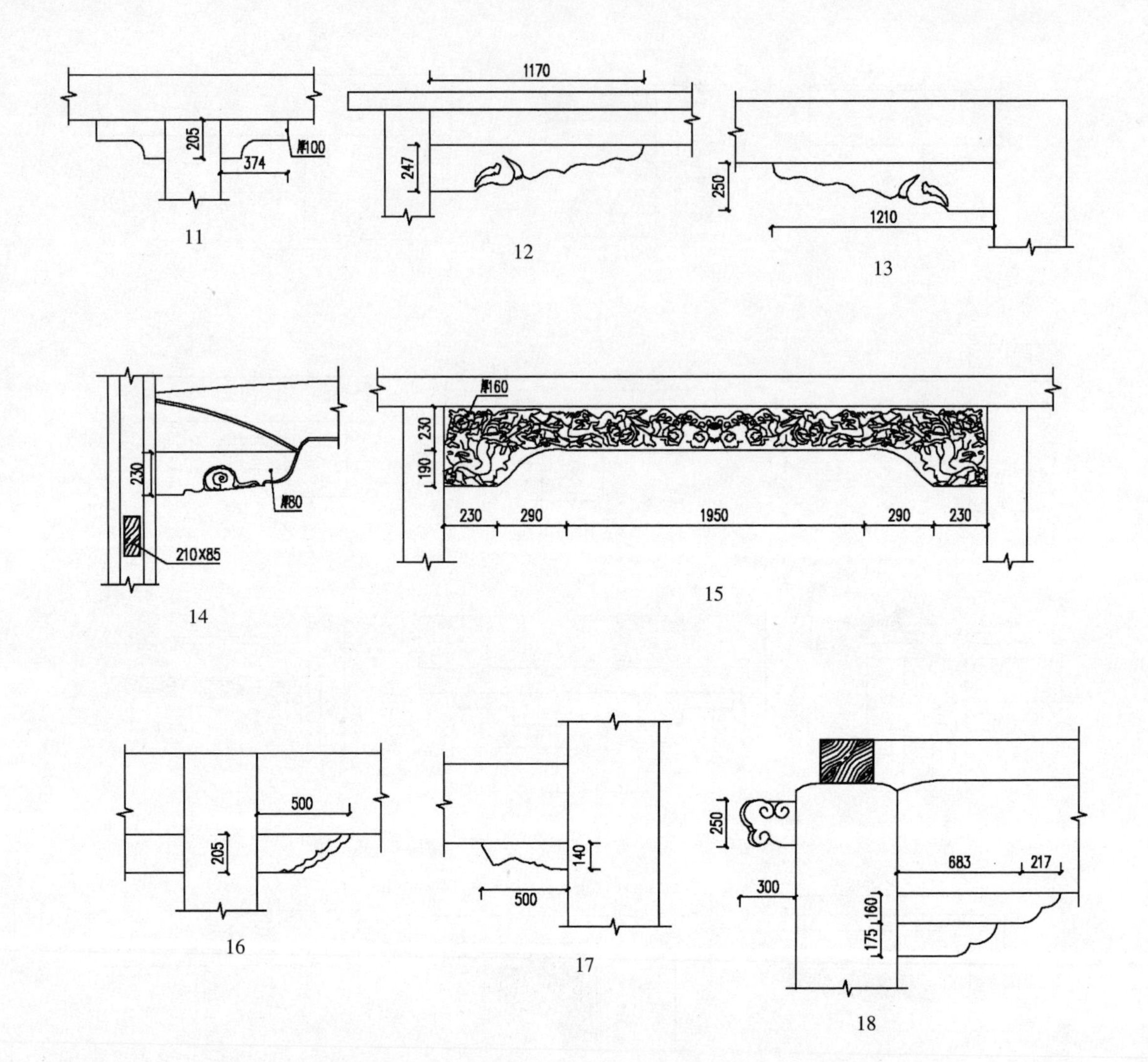

图九∶2　河南明清地方建筑雀替形式（二）

11. 修武海蟾宫大殿
12. 许昌春秋楼
13. 许昌春秋楼山门
14. 卢氏城隍庙献殿
15. 陕县安国寺后殿
16. 济源济渎庙龙亭
17. 登封少林寺千佛殿
18. 卢氏城隍庙献殿

二　试论河南明清建筑斗栱的地方特征

中国古代建筑，在数千年发展过程中，形成了独具特色的体系，它是世界建筑宝库中一份非常珍贵的遗产。为了保护、传承、研究这份遗产，就需要正确判断它的历史、艺术和科学价值。而掌握各时代建筑的特征，则是鉴定历史建筑物的时代，进而揭示其文物价值所必不可少的先决条件。但现有鉴定古建筑时代的论著，均以全国通行的“官式手法”[1]进行分期断代。对于师徒相传、身教口授、具有地方建筑特征的“地方手法”[2]则很少涉及，致使鉴定工作受到很大影响。特别是明清时代的木构建筑，“官式手法”与“地方手法”差别甚大。河南境内除登封中岳庙、武陟嘉应观等少数几处为“官式手法”的明清建筑外，绝大多数的明清建筑为“地方手法”。由于河南明清木构建筑的地方特征未能总结研究出来，对河南等中原地区明清建筑普遍存在保留古制的特点认识不清，便容易将清代或民国初年的建筑误认为宋元建筑。[3]笔者在长期的工作实践中，调查了河南境内近三百座“地方手法”的明清木构建筑（以下简称地方建筑）和少数“官式手法”或受“官式手法”影响的明清地方建筑，经对比研究，初步摸索出河南明清木构建筑一些基本的地方特征。因为斗栱是构成中国古建筑结构和艺术特点的最主要部分之一，又是鉴定古建筑时代的主要对象（图一），故先将河南明清建筑斗栱的地方特征整理出来，并就有关问题提出一些粗浅的看法。

明清时期，斗栱的变化很大，它的“官式手法”和“地方手法”的差别尤为突出。[4]首先表现在斗栱的配置数量和配置方法上。“官式手法”斗栱的配置数量是由少向多发展的，元代以前每一间補间铺作一般为一朵或两朵，明代每间補间铺作的数目逐渐增至4~6朵，清代最多者达到8朵，排列得非常密集。清初以前的建筑都是先定面阔、进深的数据，然后在每一间内配置平身科（即两朵柱头斗栱之间的斗栱，宋式称補间铺作），[5]所以同一座建筑物明间和次间、梢间的斗栱距离不一致。清代建筑官书《工部工程做法则例》严格规定各攒斗栱的距离一律为十一斗口，称为“攒当”，面阔、进深的尺寸都以“攒当”来计算，各间斗栱是等距的。所以各间平身科斗栱的距离是否相等，就成了鉴定明代与清代官式建筑的重要依据之一。但是河南等中原地区“地方手法”的明清建筑则不受此限。一般五开间的建筑，明间平身科二攒（有的一攒）、次间平身科一攒、梢间平身科一攒（有的则无平身科），甚至有的一座五开间或三开间建筑全部不用平身科（只有柱头科）。到了清末，由于整攒斗栱的个体变小，所以有的建筑物平身科稍有增多。但总的来说，明代至清末河南等中原地区“地方手法”建筑每间平身科一般不超过三攒。

在已调查的河南数十座明代建筑中，攒当距离均不相等，有的相差很多，甚至一座建筑物的同一间斗栱的攒距也不相同（见明代斗栱攒距登记表）。在所调查的近二百座清代“地方手法”的建筑中，除安阳府文庙大成殿、方城县文庙大成殿、武陟县遇仙庙大殿等受官式建筑影响较大的几座殿宇建筑的攒距相等外，其他河南地方建筑的攒距均不相等。所以鉴别明清官式建筑重要依据之一的“攒当距离是否相等”这一规律，在河南明清地方手法的建筑中就不适用了。至于清代官式建筑中“攒当中距一律为十一个斗口”的规定，在河南同期地方手法的建筑中就更不适用了。河南地方手法的明代建筑西华县显庆寺大殿梢间攒距最大，为21.66斗口，最小者许昌县清真观二殿次间的攒距为12.52斗口。清代地方建筑临汝县风穴寺东配殿明间攒距最大，为21.94斗口，最小者为许昌西泰山庙次间攒距为12斗口。未发现一座明清地方手法的建筑攒距等于或小于11斗口。有的建筑同座同面同间的攒距也不相等，如卢氏县城隍庙拜殿正立面明间攒距分别为152厘米和138厘米，二者相差14厘米。所以河南地方手法的明清建筑在攒当距离上与同期官式手法建筑差别很大（见表一）。

表一　　斗栱攒当距离统计表

名称	地点（县）	时代	斗口（厘米）	明间攒距		次间攒距		梢间攒距	
				厘米	折合斗口数	厘米	折合斗口数	厘米	折合斗口数
风穴寺毘卢殿	临汝	明代	9.2	130	14.13（+）	176	19.13（+）	171	18.58（+）
显庆寺大殿	西华	明代	6	108	18	108	18	130	21.66（+）
福智寺中佛殿	温县	明代	11	157	14.36（+）	150	16.63（+）		
清真观二殿	许昌县	明代	9.5	121	12.73（+）	119	12.52（+）		
崇宁寺山门	武陟	明代	9	137	15.22（+）	157	17.44（+）		
妙水寺大殿	临汝	清道光年间	8.5	125	14.7（+）	121	14.2（+）		
汤王庙大殿	临汝	清	7.5	101	13.4（+）	138	18.4		
中王庙大殿	临汝	清	8.6	162	18.83（+）				
太山庙卷棚	临汝	清	8	142	17.75	148	18.5		
风穴寺东配殿	临汝	清	7.2	158	21.94（+）	156	21.6（+）		
显庆寺后殿	西华	清	6.5	108	16.6（+）	108	16.6（+）	117	18
山陕关帝庙大殿	南阳县	清代晚期	9.5	120	12.63（+）	117	12.31（+）		
西泰山庙大殿	许昌县	清	9.2	111	12（+）	110	12（-）		
祖师庙白衣殿	武陟	清	7.5	95	12.66（+）	141	18.8		
城隍庙拜殿	卢氏	清	8.9	152 138	17（+） 15.5（+）	110 116	12.36（-） 13（+）		

斗栱的发展，由于功能作用等原因，总的趋势是由大变小。在同一座建筑中，衡量大小的标准是斗栱的高度（自大斗底皮至挑檐桁下皮的垂直高度）与檐柱高的比例。二者之比，唐代为40%～50%，宋、金时期约为30%，元代为25%，明代则减为20%，清代北京故宫太和殿斗栱高度为檐柱高的12%。因此，用斗栱大小来鉴定古建筑的时代，也是常用的依据之一。上述明清官式建筑的比例关系完全不适用于河南地方手法的明清建筑。以许昌清真观二殿等10座明代建筑为例，斗栱高度为檐柱高的20%～27%，清代早期建筑还保留着这样的比例关系。清代中叶以后，斗栱高度与柱高的比例比较复杂，如武陟县祖师庙白衣殿为33%、济源县静林寺中佛殿为30%（相当于宋代建筑的比例）、鹿邑县太清宫大殿为19%，比例最小者济源县泰山庙大殿为16%。但所有调查过的地方手法的清代建筑斗栱高度与柱高的比例全都超过12%（见表二）（图二）。由此，似可这样说，随着社会的发展和西方建筑技术逐渐传入我国，清代之时我国固有的民族建筑已不再完全拘泥于原有的风格，而向着比较自由的方面发展。河南地方清代建筑出现了下列三种情况：保留早期建筑的遗制；局部模仿官式建筑手法的建筑结构；不完全遵循法式和“约定俗成的地方手法”的成法，而有所创新，但其木石作主流仍以地方手法营建。最能表现时代特征的斗栱，其结构形制与早期建筑还是有许多不同之处，所以鉴定此时期建筑的时代，首先应了解河南明清建筑斗栱的地方特点，然后再进行全面考察，才能得出正确的结论。

表二　　斗栱正立面高度与檐柱高的比例

名称	地点（县、市）	时代	斗栱高（厘米）	檐柱高（厘米）	二者百分比
清真观二殿	许昌县	明正德年间	67	288	23%（+）
济渎庙桥东亭	济源	明中期	63	230	27%（+）
济渎庙清源门	济源	明中期	100	376	27%（+）
济渎庙渊德门	济源	明中期	81	386	21%（-）
大明寺后佛殿	济源	明末清初	85	346	24%（+）
济渎庙龙亭	济源	明	65	263	25%（-）
洪山庙大殿	密县	明末清初	81	337	24%（+）
惠明寺中佛殿	林县	斗栱为明中晚，梁为清物	69.5	380	18%（+）
济渎庙天庆殿	济源	明与清	83.87	425	20%（-）
护国寺大殿	武陟	明中叶建，清修	59	263	22%（+）
静林寺中佛殿	济源	清雍正年间	88	287	30%（+）
商山寺中佛殿	济源	清早期	55	256	22%（-）

续表

名称	地点（县、市）	时代	斗栱高（厘米）	檐柱高（厘米）	二者百分比
遇仙观三清殿	温县	清早期	94	262	36%（－）
天清寺大殿	武陟	清	54	215	25%（＋）
祖师庙白衣殿	武陟	清	60	184	33%（－）
西泰山庙大殿	许昌县	清	67	350	19%（＋）
文庙大成殿	长葛	清	98	475	20%（＋）
城隍庙大殿	郏县	清中早期	47	196	24%（－）
二仙庙前殿后西配殿	济源	清中期	54	226	24%（－）
泰山庙大殿	济源	清中期	45	280	16%（＋）
太清宫大殿	鹿邑	清中期	68	363	19%（－）
汤帝庙大殿	济源	清中晚期	87	332	26%（＋）
山陕会馆鼓楼	郏县	清中晚期	66	282	23%（＋）
汤帝庙大殿	沁阳	清中晚期	97	318	30%（＋）
少林寺山门	登封	清中晚期	76	409	19%（＋）

每攒斗栱多由斗、栱、翘头、昂、枋、耍头等构件组成。以下试就这些构件“官式手法”和河南“地方手法”的不同之处，特别是明清“地方手法”的时代特征，分项进行一些粗浅分析。

1. 斗

由于位置不同，分为坐斗（大斗）、三才升、十八斗、槽升子等。它的标准形状为方形斗状，也有圆形、讹角、菱形和五角形斗。明清官式建筑的坐斗几乎全是方形，而河南地方手法的建筑中，明代仍有沿用宋元时期圆栌斗和瓜楞栌斗的形制，特点是风格古朴，不加雕饰。清代早期仍保留不加雕饰的做法。清代中期开始在圆形坐斗和瓜楞坐斗上雕饰花纹，这时期似有一定的规律，即不在瓜楞状的斗耳上雕刻，而仅在斗腰和斗底上雕刻莲瓣等。清代晚期（包括中期偏晚者）的圆坐斗和瓜楞坐斗有三种情况：①整个斗不加雕饰。②耳部不雕饰，而腰、底雕刻莲瓣等花卉。③耳、腰、底满雕花卉。晚清瓜楞斗和圆坐斗在雕刻方面虽兼有明代和清代早、中期特点，但易于鉴别的是它的形状不规整，雕刻华丽、繁缛等（见表三）。河南明清时期地方手法建筑方形坐斗的斗身雕刻特点基本与圆坐斗、瓜楞斗相同。

表三　　瓜楞斗、讹角斗、圆大斗、八角斗登记表

名称	时代	地点（县、市）	斗形与雕刻
彼岸寺大殿	明初	舞阳	平身科大斗为瓜楞斗。
大明寺东配殿	明初	济源	明间平身科大斗为瓜楞斗。
济渎庙天庆殿	明	济源	后檐明间东柱头科以东明代早期大斗均为瓜楞斗。
城隍庙山门	明	卢氏	平身科用瓜楞大斗。
城隍庙戏楼	明	卢氏	角科用圆形瓜楞大斗。
文庙大成殿	明末	郾城	平身科、柱头科均为瓜楞大斗。
汤帝庙大殿	明末清初	济源	平身科用瓜楞大斗，柱头科为方形大斗。
大明寺后殿	清中早期	济源	前檐明间平身科大斗为瓜楞斗。
天宝宫后五殿	清早期	许昌县	平身科用瓜楞大斗，柱头科为方形大斗。
天宝宫后七殿	清	许昌县	平身科用瓜楞大斗，其他斗的腰高 > 耳高 > 底高。
汤帝庙大殿	清中期	沁阳	用瓜楞大斗和讹角大斗。
少林寺达摩殿	清中期	登封	柱头科用讹角大斗。
文庙大成殿	清	息县	檐柱柱头科用讹角大斗。
牌楼	清乾隆	获嘉	大斗为八角形。
清真寺厦殿	清嘉庆十四年	沁阳	瓜楞大斗的腰部刻带状纹，底刻莲瓣。
二仙庙前殿	清中期	济源	次间平身科大斗为圆形，耳无饰，腰、底刻两层仰莲，前檐柱头科及明间平身科用圆形大斗，上部刻瓜楞形，下部刻仰莲。
文庙大成殿	清	临汝	用瓜楞大斗。
中王庙大殿	清	临汝	用瓜楞大斗。
山陕会馆中殿	清中期	武陟	用讹角大斗。
遇仙观天爷殿	清中期	温县	平身科用圆大斗，耳为瓜楞状，腰、底刻仰莲瓣。
遇仙观山门	清	温县	明间平身科用圆形瓜楞大斗，腰、底刻仰莲。
玉帝庙大殿	清	修武	用讹角大斗（在斗之棱角处刻梅花瓣形）。
祖师庙大殿	清	修武	柱头科用瓜楞大斗，平身科用方形大斗。
清真寺山门	清嘉庆年间	沁阳	雕花瓜楞大斗上置雕刻有三幅云之类的横枋，是典型的清代中期建筑。
三涛庙大殿	建于清康熙后有修葺	武陟	前檐平身科用瓜楞大斗。

续表

名称	时代	地点（县、市）	斗形与雕刻
会馆木牌楼	清中晚期	舞阳	用讹角大斗。
关帝庙大殿	清中晚期	南阳县	圆形大斗底部雕刻仰覆莲瓣。
王薛祠堂大门	清道光十四年	温县	大斗的耳腰为瓜楞形，底刻仰莲瓣。
王薛祠堂东西配殿	清道光十二年	温县	平身科用圆形瓜楞斗（斗耳刻瓜楞形，腰、底刻二层仰莲瓣）。
王薛祠堂大殿卷棚	清道光十二年	温县	平身科、柱斗科皆为圆形瓜楞大斗，斗底刻仰莲瓣。
关林四殿	清代晚期	洛阳市	圆形大斗。
二仙庙前殿后东配殿	清中晚期	济源	方形瓜楞大斗。
天爷庙大殿	清中晚期	郏县	前檐平身科用瓜楞大斗。
文庙大成殿	清中晚期	郏县	柱头科用圆形瓜楞大斗，满雕花卉。
山陕会馆后殿	清中晚期	郏县	大斗有方形、圆形和瓜楞形，皆通身雕刻花卉。
山陕会馆鼓楼	清末	社旗	圆形大斗浮雕花卉；圆形大斗四面起线；六角形大斗；方形高底大斗。

斗一般由耳、腰、底三部分组成。官式建筑斗之耳、腰、底三者高度的比例为4：2：4，唐代至清代多依此制（辽金时期斗底稍高一些）。而河南地方手法的明清建筑约80%不遵此制，耳、腰、底三者比例关系依其不同建筑而有所不同，形成有的斗仅有耳、底，而无斗腰，如明代建筑济源县济渎庙渊德门、清代建筑济源县汤帝庙大殿和郏县奎星楼等；有的耳、腰、底三者相等，如明代建筑济源县奉仙观玉皇殿等；有的斗耳高于斗底，如清代建筑济源县阳台宫玉皇阁、温县遇仙观三清殿等；有的斗底高于斗耳，如清代建筑济源县静林寺大殿和临颍县山陕会馆后殿等；有的则斗耳与斗底相等，如明代建筑济源县阳台宫大罗三境殿、清代建筑许昌县西泰山庙大殿等（详见表四）。在斗的耳、腰、底高度比例关系上没有严格的时代早晚之别，但在斗的制作形制上则反映出时代特点。明代和清代早期各种斗的形制比较规整，表面不加雕饰；清代中期斗面出现雕刻；清代晚期斗的表面雕刻华丽，斗耳、斗腰的宽度较大，而斗底宽度很小，形成近锥体状，极不协调。这种小底斗是河南等中原地方建筑手法中清代晚期斗栱的特有做法，是鉴定清末建筑的重要依据之一。

表四　　　　**大斗、三才升、十八斗尺寸统计表**

名称	地点（县、市）	时代	三才升（厘米）					十八斗（厘米）					大斗（厘米）				
			上宽	下宽	耳	腰	底	上宽	下宽	耳	腰	底	上宽	下宽	耳	腰	底
洪山庙大殿	密县	明末清初	13.5	9	2.5	1.5	4	槽升子13	8.5	4	2	3.5	28	19.5	7.5	4	6.5
太清宫大殿	鹿邑	清中期	14.5	8.5	2	2	3.5	14.5	8.5	3	2.5	3	34	24	7.5	2	10
少林寺山门	登封	清中晚期	15	10.5	3	1.5	4						28.5	21.5	8	4	8
报恩寺大殿	济源	清早期	15	12	4	2	3.5						33	25	7.5	3	7
惠明寺中佛殿	林县	斗栱为明物	14.5	10	5	1.5	5	15	10	3	2	3	28.5	24.5	8	3.5	2.5
汤帝庙大殿	沁阳	清	16.5	12	4	1	4			4	2	4	23	16	8.5	4	8.5
黑龙庙文昌殿	安阳县	清末	7.5	4.5	×	3.5	3.5						22	13	4	3	6
泰山庙大殿	济源	清中期	14	9.5	5	2	4						40	29	9	5	8
二仙庙前殿后西配殿	济源	清中期	13	8.5	2	1.5	3.5						28.5	20	7	3	5
二仙庙前殿	济源	清中期	14	10	3	2	4	16	12	2	2	3.5	35	28	7	3.5	7
奎星楼	郏县	清晚期	11	8	4	×	4	11	8	3	×	5	29	20	6	5	10
城隍庙大殿	郏县	清中早期	12	8	2	1.5	3						23	14	6	3	6.5
山陕会馆钟楼	郏县	清	13	8	2.5	×	3.5	15	10	2	1	2	36	25	7.5	3.5	12
济渎庙龙亭	济源	明			5	3	5			5.2	2.3	4			9	4	8.2
济渎庙临渊亭	济源	明早期			3	1	3								5.5	3.5	5.5
济渎庙东桥亭	济源	明中期			3	1.5	4								7	4.2	7
济渎庙清源门	济源	明中期			4	3	4.5								10	4	10
济渎庙渊德门	济源	明中期			7	×	7								10	4	11
济渎庙天庆殿	济源	明、清	前檐		5	2	4.5						前檐		10	6	7
			东檐		4.5	3	4						东檐		10	4.5	9
大明寺后佛殿	济源	明末清初			3.5	2	4								8.3	4.2	8.5
西泰山庙大殿	许昌县	清			2.5	1	2.5								9	2	7.5
文庙大成殿	永城	清	上层														
			下层		2	1.5	4			2.4	1.5	3.6			6.5	1.5	6
奉仙观玉皇殿	济源	明中早期			3	3	3								8	4	9
商山寺中佛殿	济源	清早期			4	2	3.5								6.5	4.5	8
静林寺大佛殿	济源	清雍正年间			3	2	5								9	4	9
汤帝庙大殿	济源	清中晚期			3	×	4								6	4	7
阳台宫玉皇阁	济源	清	二层		6	2	4								8	4.5	8
			三层		5	2	4								9	4.5	10.5
阳台宫大罗三境殿	济源	明正德年间			5	2	5								10	5	10

续表

名称	地点(县、市)	时代	三才升（厘米）					十八斗（厘米）					大斗（厘米）				
			上宽	下宽	耳	腰	底	上宽	下宽	耳	腰	底	上宽	下宽	耳	腰	底
山陕会馆后殿	临颍	清晚期			2	1	4								10	×	10
妙水寺大殿	临汝	清													6	6	5
汤王庙大殿	临汝	清													10	3	9.5
中王庙大殿	临汝	清													11	1.2	9
泰山庙卷棚	临汝	清													8	4	7.5
风穴寺东配殿	临汝	清													8	2.6	7.4
风穴寺毘卢殿	临汝	明													9	3.2	8
显庆寺大殿	西华	明建清大修			2	2	2.5			2	2	2.5			9	4	7
城隍庙大殿	卢氏	明			4.8	2	3.2			5.3	2	4.3			10.1	3.7	8.2
城隍庙拜殿	卢氏	明			4.8	1.5	3.7			4	2	4			7.5	3.3	7.2
显庆寺后殿	西华	清			2	1.5	2.5			2	1.5	2.5			8	2	7.3
崇法寺千佛殿	登封	明			3.5	1.5	5			5	1.5	3.5			9.5	3.5	8.5
山陕关帝庙大殿	南阳县	清			1.5	1.5	3			1.5	1.5	3					
福智寺中佛殿	温县	明			5	2	5			4.7	2.3	5			9	4.5	8.7
遇仙观三清殿	温县	清			3.5	1.7	3								7.5	3.5	5.2
祖师庙白衣殿	武陟	清													6	3	4
清真观二殿	许昌县	明			4	2	4.5								7	4	8

注：表中腰高“×”者，表示仅有斗耳和斗底，而无斗腰。

官式建筑中，明代和清代初期还稍存斗𩑶（斗底向内的弧线）之制，清代中期以后斗底四条竖边线成为直线，斗𩑶消失。河南地方手法的明代建筑全有斗𩑶，不是斗𩑶稍存，而是斗𩑶的制作方法古朴，𩑶度很深，如温县福智寺中佛殿的斗𩑶深达1.5厘米。清代早、中期的斗𩑶还较明显，且未发现无斗𩑶的斗栱。清代晚期有四种情况：斗𩑶很深（斗形不规整，与早期斗栱极易区别），占少数；有斗𩑶，但不很深，可谓标准形斗栱，占少数；稍存斗𩑶，占多数；无斗𩑶，占次多数。

官式建筑中，明代初期齐心斗逐渐消失，清代已完全不用了。河南地方手法建筑，到明代中期还有用齐心斗的，如建于明代中期的济源县济渎庙清源洞府门等，在单材蚂蚱头上置齐心斗。到清代还有使用齐心斗的痕迹，如豫北一座清代建筑，在单材蚂蚱头与通替木之间置一方形木件代替齐心斗，这也是单材蚂蚱头向足材蚂蚱头过渡的例证。

2. 栱

栱为斗栱中一种矩形断面的短枋木，两端削成弯曲状的建筑构件，由于位置不同，可分为正心瓜栱、正心万栱、瓜栱、万栱、厢栱、翘头等。官式建筑规定宋代斗栱栱端上留以下部分除令栱（清式厢栱）刻成五瓣外，其他栱一律为四瓣。清代规定瓜栱、正心瓜栱栱端刻为四瓣、万栱三瓣、厢栱五瓣，简称“瓜四、万三、厢五”，栱身制作也较规整。河南地方手法的明清建筑则不遵此规定，明代斗栱的栱端一般上留以下不分瓣，只是制作成弯曲形，仍保留有制作规整的风格。栱身中央垫置的十八斗，绝大多数为方形，仅有少数为五角形。并有少数厢栱、瓜栱或万栱的栱端正面斜杀（即将栱端正面砍制成斜坡状），致使栱端承托的三才升制作成菱形斗底，以适应其栱端形制的变化。明代开始出现“三幅云”。清代早期还保留明代栱身的制作风格，但是斗、昂的制作特点与明代有明显的不同。清代中叶开始在栱身上雕刻花卉等图案，“三幅云”的应用已相当普遍了。清代晚期甚至将栱身作为雕刻艺术构件来处理，特别是会馆和关帝庙类型的建筑物，在栱身上浮雕或透雕龙、凤、花卉等，使其成为精美的雕刻艺术品。祠堂类建筑喜欢在栱端上雕刻三幅云，有的栱端升高，成为足材，在其两端刻挖出承托三才升的位置。还有少数建筑，在栱两端雕刻出三才升，形成栱、升连体的形状，这多为清代晚期的做法。另外有的栱身砍制成半圆形（栱端不显上留和分瓣），线刻假栱眼；栱身砍制成云板形或网坠形；栱端底部下垂，栱端上部外皮雕刻梅花状缺口。这些做法，更是清代晚期地方建筑独有的特点。南阳县石桥镇关帝庙檐下斗栱，是用梯形木块刻出正心瓜栱和正心万栱，虽系孤例，但也说明清末地方建筑制作斗栱是比较灵活的。

栱身的长短，表现出建筑物的时代特点。宋代与清代官式建筑的规定都是一样的，就是在100份额中，瓜栱与正心瓜栱等长，为62分，厢栱为72分，万栱为92分。辽、金建筑不遵此制，辽代的正心瓜栱比瓜栱稍长，厢栱与瓜栱等长。金代出现有三栱等长的做法。金代晚期建筑的各栱长度与《营造法式》规定的基本一样。为了便于对比研究，兹将宋、清官式建筑栱身长度换算成1（厢栱）：0.86（－）（瓜栱）：1.277（＋）（万栱）的比例关系。河南地方手法的明代早期建筑万栱最长，厢栱次之，瓜栱最短，与“官式建筑”的规定大致相符，但瓜栱、万栱与厢栱的比例，有大于官式规定的，也有小于官式规定的（见表五）。明代中期和晚期大部分建筑的厢栱、瓜栱和万栱的比例接近官式建筑的规定，如济源县阳台宫大罗三境殿为1∶0.8∶1.16、大明寺后佛殿中的明代斗栱为1∶0.865∶1.3243。有的建筑则因袭厢栱和瓜栱等长的古老遗制（济源县济渎庙天庆宫明代斗栱中的厢栱和瓜栱长均为91厘米；济源县济渎庙渊德门厢栱长109厘米，瓜栱长111厘米，基本相等）。济源县阳台宫大罗三境殿的正心瓜栱长86厘米、瓜栱长80厘米，符合辽代建筑正心瓜栱比外拽瓜栱稍长的做法。宋、清官式建筑规定正心瓜栱与外拽瓜栱等长。

而明代河南地方手法建筑的正心瓜栱与外拽瓜栱有等长者，如许昌县清真观、济源县济渎庙清源门等；有外拽瓜栱大于正心瓜栱的，如济源县济渎庙天庆宫外拽瓜栱长 91 厘米、正心瓜栱长仅 76 厘米；有的正心瓜栱大于外拽瓜栱，如济源县阳台宫大罗三境殿正心瓜栱长 86 厘米、外拽瓜栱长 80 厘米。上述数例，说明正心瓜栱和外拽瓜栱有其自身特点，但长度比例关系无严格规定。正心万栱和外拽万栱长度比例有三种情况，有正心万栱和外拽万栱等长的，如许昌县清真观二殿、济源济县渎庙清源门等；有的正心万栱比外拽万栱短，如济源县济渎庙天庆宫；有的正心万栱比外拽万栱长，如济源县阳台宫大罗三境殿。在同一座建筑中，若正心瓜栱和外拽瓜栱等长，则正心万栱与外拽万栱亦必然等长；若正心瓜栱和外拽瓜栱不等长，则正心万栱与外拽万栱亦不等长；正心瓜栱小者，外拽瓜栱也小，正心瓜栱长者，外拽瓜栱也长。

表五　　　　栱长统计表

<table>
<tr><th rowspan="2">名称</th><th rowspan="2">地点（县、市）</th><th rowspan="2" colspan="2">时代</th><th rowspan="2">厢栱（厘米）</th><th colspan="2">瓜栱（厘米）</th><th colspan="2">万栱（厘米）</th><th rowspan="2">厢、瓜、万栱比例</th></tr>
<tr><th>外拽瓜栱</th><th>正心瓜栱</th><th>外拽万栱</th><th>正心万栱</th></tr>
<tr><td>奉仙观玉皇殿</td><td>济源</td><td colspan="2">明中早期</td><td>78</td><td></td><td>70</td><td></td><td></td><td>厢栱 > 瓜栱</td></tr>
<tr><td>济渎庙临渊亭</td><td>济源</td><td colspan="2">明早期</td><td>52</td><td>47</td><td></td><td>73</td><td></td><td>1∶0.904（－）∶1.404（－）</td></tr>
<tr><td>济渎庙龙亭</td><td>济源</td><td colspan="2">明早或中期</td><td>93</td><td>81</td><td></td><td>118</td><td></td><td>1∶0.88（＋）∶1.27（－）</td></tr>
<tr><td>济渎庙东桥亭</td><td>济源</td><td colspan="2">明中期</td><td>73</td><td>65</td><td></td><td>97</td><td></td><td>1∶0.89（＋）∶1.329（－）</td></tr>
<tr><td>济渎庙清源门</td><td>济源</td><td colspan="2">明中期</td><td>87.5</td><td>76.5</td><td>76.5</td><td>108</td><td>108</td><td>1∶0.874（＋）∶1.234（＋）
外瓜＝正瓜，外万＝正万</td></tr>
<tr><td>济渎庙渊德门</td><td>济源</td><td colspan="2">明中期</td><td>109</td><td>111</td><td></td><td>139</td><td></td><td>1∶1.0835（－）∶1.27523（－）</td></tr>
<tr><td rowspan="2">济渎庙天庆殿</td><td rowspan="2">济源</td><td rowspan="2">明</td><td>前檐</td><td>91</td><td>91</td><td>76</td><td>133</td><td>125</td><td rowspan="2">1∶1∶1.4615（＋）
外瓜＞正瓜，外万＞正万</td></tr>
<tr><td>东檐</td><td>77</td><td>76</td><td>75</td><td>无</td><td>125</td></tr>
<tr><td>阳台宫大罗三境殿</td><td>济源</td><td colspan="2">明正德年间</td><td>100</td><td>80</td><td>86</td><td>116</td><td>118</td><td>1∶0.8∶1.16
外瓜＜正瓜，外万＜正万</td></tr>
<tr><td>风穴寺毘卢殿</td><td>临汝</td><td colspan="2">明</td><td></td><td>69.2</td><td></td><td></td><td>75.2</td><td></td></tr>
<tr><td>崇法寺千佛殿</td><td>登封</td><td colspan="2">明</td><td></td><td>一跳
外瓜 71
二跳
外瓜 70
三跳
外瓜 71</td><td>67</td><td></td><td>一层
100
二层
131</td><td></td></tr>
<tr><td>福智寺中佛殿</td><td>温县</td><td colspan="2">明</td><td>55</td><td>84</td><td></td><td>120</td><td></td><td>1∶1.527（＋）∶2.18（＋）</td></tr>
<tr><td>清真观二殿</td><td>许昌县</td><td colspan="2">明</td><td>85</td><td>69</td><td>68</td><td>97</td><td>97</td><td>1∶081（＋）∶1.14（＋）
外瓜＝正瓜，外万＝正万</td></tr>
<tr><td>大明寺后佛殿</td><td>济源</td><td colspan="2">后檐斗栱为明末前檐斗栱为清初</td><td>74</td><td>64</td><td>64</td><td>98</td><td>96</td><td>1∶0.865（－）∶1.324（＋）
外瓜＝正瓜，外万＞正万</td></tr>
</table>

续表

名称	地点（县、市）	时代	厢栱（厘米）	瓜栱（厘米）		万栱（厘米）		厢、瓜、万栱比例
				外拽瓜栱	正心瓜栱	外拽万栱	正心万栱	
商山寺中佛殿	济源	清早期	68		59		89	1∶0.8676（+）∶1.3（+）
城隍庙大殿	郏县	清中期			59		95	×∶1∶1.61
报恩寺大殿	济源	清早期	70	59	60	90	89	1∶0.857（+）∶1.2857（+）
静林寺大殿	济源	清雍正年间	77	88	67	110	98	1∶1.143（-）∶1.43（-） 外瓜 > 正瓜，外万 > 正万
阳台宫玉皇阁	济源	清嘉庆年间	二层 82 三层 80	68 74	69 74	118 110	101 110	1∶0.829（+）∶1.439（+） 1∶0.925∶1.375
山陕会馆后殿	临颍	清	63	67	67	84	一层 93 二层 108	1∶1.0635（-）∶1.333（+） 外瓜 = 正瓜，外万 < 正万
中王庙大殿	临汝	清	52	50.6	59.8	87	87.7	1∶0.9613（+）∶1.6923（+） 外瓜 < 正瓜，外万 = 正万
城隍庙大殿	卢氏	明	83	72	73	105	108	1∶0.86747（-）∶1.265（+） 外瓜 < 正瓜，外万 < 正万
城隍庙拜殿	卢氏	明	67.4	59.6	59.9	98.4	88.4	1∶0.8843（-）∶1.462（+） 外瓜 = 正瓜，外万 > 正万
显庆寺大殿	西华	明建 清大修		里拽 瓜栱 39	40		72	
山陕关帝庙大殿	南阳县	清	70		78		97	1∶1.1143（-）∶1.3857（+）
遇仙观三清殿	温县	清	67	66	65.4	94	93.4	1∶0985（+）∶1.403（-） 外瓜 > 正瓜，外万 > 正万
西泰山庙大殿	许昌县	清	52	51	52	75	正万 75 二层 正万 103	1∶1∶1.4423（+） 外瓜 = 正瓜，外万 = 正万
文庙大成殿	永城	清		54	36	75.5	54	外瓜是正瓜的 1.5 倍 外万是正万的 1.4 倍
山陕会馆钟鼓楼	郏县	清	43	51	60	62	82	1∶1.186（+）∶1.44（+） 外瓜 < 正瓜，外万 < 正万
二仙庙前殿	济源	清中期	65	外 上层 66 下层 67	69	外 上层 93 下层 95	正一层 97 正二层 123	1∶1.03（+）∶1.46（+） 外瓜 < 正瓜，外万 < 正万

续表

名称	地点（县、市）	时代	厢栱（厘米）	瓜栱（厘米）		万栱（厘米）		厢、瓜、万栱比例
				外拽瓜栱	正心瓜栱	外拽万栱	正心万栱	
二仙庙前殿后西配殿	济源	清中期	60		60		82	1∶1∶1.3667（–）
汤帝庙大殿	济源	清中晚期	58	64	56	90	98	1∶1.10345（+）∶1.55（+） 外瓜 > 正瓜，外万 < 正万
奎星楼	郏县	清晚期	51		61		87	1∶1.196（+）∶1.7（+）
少林寺山门	登封	清中晚期	64.5	64.5	64.5	90.5	94.5	1∶1∶1.4（+） 外瓜 = 正瓜，外万 < 正万

注：表中的“正瓜”、“外瓜”、“正万”、“外万”分别为正心瓜栱、外拽瓜栱、正心万栱、外拽万栱的简称。

清代早期河南地方手法建筑诸栱长度的比例关系，基本上和明代建筑相同。

清代中期河南地方手法建筑栱长的比例关系是比较复杂的。通过数十座建筑物的统计，有厢栱与瓜栱等长者，如济源县二仙庙前殿后西配殿厢栱与瓜栱的长度均为60厘米，许昌县西泰山庙大殿的厢栱与瓜栱长均为52厘米，这种比例关系与辽代建筑的做法相近，可谓袭古，实属罕见。不少建筑的正心瓜栱与外拽瓜栱的长度相等，正心万栱与外拽万栱的长度相等或相近，和清代官式建筑的规定比较一致。有的厢栱比瓜栱短；有的厢栱、瓜栱与万栱的比例关系接近“官式建筑”的规定，如卢氏城隍庙大殿三者之比为1∶0.867∶1.265，但多数建筑中厢栱与瓜栱、万栱之比，小于1∶0.86（–）∶1.277（+），如郏县山陕会馆钟、鼓楼为1∶1.186∶1.44，临汝中王庙大殿为1∶0.96∶1.69。另外有的外拽瓜栱与正心瓜栱相等，但外拽万栱却大于正心万栱（如济源县阳台宫玉皇阁的二层斗栱），或外拽万栱小于正心万栱（如临颍县山陕会馆后殿第二层斗栱），还有外拽瓜栱大于正心瓜栱，而外拽万栱却与正心万栱相等（如临汝县中王庙大殿）。也有的外拽瓜栱与正心瓜栱基本相等，外拽万栱与正心万栱也基本相等（如温县遇仙观三清殿）；外拽瓜栱与正心瓜栱等长，外拽万栱与正心万栱也等长（如许昌县西泰山庙大殿）；外拽瓜栱小于正心瓜栱，外拽万栱小于正心万栱（如济源县二仙庙前殿）；外拽瓜栱特别长，而正心瓜栱却很短，外拽万栱特别长，正心万栱亦很短（如永城县文庙大成殿的外拽瓜栱长54厘米，正心瓜栱仅长36厘米，外拽万栱长75.5厘米，正心万栱长仅54厘米），但属少见。总之，清代中期河南地方建筑大多数的栱身长度比例不但不遵循清代官式建筑的规定，而且也打破了明代河南地方手法建筑中外拽瓜栱若与正心瓜栱相等，外拽万栱必与正心万栱相等；外拽瓜栱大于正心瓜栱，外拽万栱也必然大于正心万栱，外拽瓜栱小于正心瓜栱，外拽万栱也必然小于正心万栱的长度比例关系。这也是鉴定河南明、清地方手法建筑时代特点的一个依据。

清代晚期栱身长度的比例关系，基本上和清代中期相同。但这时期有的万栱特别长，如郏县奎星楼的厢栱长 51 厘米，万栱长竟达 87 厘米，二者之比为 1∶1.7（+），为目前已知河南明清地方建筑中厢栱与万栱之比数最大者（详见表五）。

3. 昂

昂在斗栱中是属于变化较大、最能表现时代特征的构件之一。元代以前用真昂，元代开始出现假昂，但仍以使用真昂为主。按照官式建筑规定，清代全部使用假昂。唐代以后昂头多为琴面昂，昂嘴呈下平上弧形，习称面包形昂嘴；有的砍制成圭形。元以前昂嘴多扁瘦，呈“⌓”形或“⌂”形。明代昂嘴已渐增厚，清代中叶以后，有的官式手法建筑昂嘴上宽下窄，出现“拔鳃”，呈“⬭”形。清以前真昂下垫有真华头子；假昂下则刻出假华头子，清初仍如此。以后由于昂的下平出缩小到 0.2 斗口，所以昂身下也无法刻华头子了。河南明清地方手法建筑造昂之制与官式建筑差别很大。明代早期还有一些建筑用真昂，昂下垫有真华头子，保留有元代昂嘴扁瘦的特点。圭形昂嘴直边很小，有的几乎没有边高，近于三角形。这是鉴定河南地方手法明代早期建筑的重要依据之一。明代中期和晚期基本不用真昂，面包形昂嘴减少，大多数用圭形昂嘴。这个时期昂嘴的重要特点，就是圭面形昂嘴的底宽大于边高。如武陟县崇宁寺山门昂嘴底宽 9 厘米，边高 5 厘米，底宽约为边高的二倍。面包形昂嘴的底宽大于中高，犹存扁瘦之制。明代昂制作规整，昂身底边多为直线，不向上翘。清代早期，仍有面包形昂嘴，但昂嘴中高渐趋加高，向肥胖方面发展；圭形昂嘴边高加大，向粗壮方面发展，如临汝县文庙大成殿之昂嘴底宽竟与中高相等。这时期开始出现雕刻成龙头或象鼻状的昂嘴。清代中期仍有少量面包形昂嘴，但昂嘴中高加大，底宽小于中高，有的甚至把边高加的很大，顶部砍制成弧形，好像细长的清代圆首石碑，呈“∩”形，与此期以前的面包昂嘴极易区别。圭形昂嘴的底宽小于边高，有的将中高加大，昂嘴上唇尖而高，呈“⌂”形。昂嘴雕龙头、象鼻之例增多。清代晚期，面包形昂嘴极少，所有圭形昂嘴均为底宽小于边高，这是鉴定清代晚期地方建筑的重要依据之一。有的圭形昂嘴锋棱很低，使昂嘴的中高与边高差不多，呈“⌂”形（如许昌清真观大殿）。甚至有的清代晚期建筑昂头上皮的锋棱消失，昂身底边微微上翘，呈“[illegible]”形，昂嘴呈正方形或长方形。所有这类昂嘴呈方形（□）或长方形（▯）的昂身下均不刻假华头子。昂头雕刻三幅云、龙头、象鼻之例更为增多。上述昂头、昂嘴的变化为河南明清地方建筑的分期提供了最重要的依据（图三∶1～2）。

沟槽昂嘴是河南等中原地区地方手法建筑昂嘴制作的特例，在调查的三百余座明清建筑中河南仅发现8例，陕西省韩城发现3例。时代最早者为安阳府城隍庙前殿，建于明代中早期，有不少昂嘴正面刻出长条形的沟槽。其次是镇平县阳安寺大殿，建于明代中晚期，明间平身科使用斜栱斜昂，昂嘴正面刻出上尖下宽的近似三角形的沟槽；另一例为卢氏县城隍庙大殿，建于明代，沟槽昂嘴的刻制方法基本上与阳安寺大殿相同，所不同的是三角形沟槽的边线微向内䫜，并在沟槽两边的边线中部各刻一条斜线。镇平县城隍庙大殿建于清代中晚期，有一半昂嘴带有沟槽，沟槽形制有二，一是两条边线均微向内䫜，呈三角形；另一种是刻制成两头尖、中间呈椭圆形的枣核状。上述四例说明，时代越早，沟槽刻制的越简单；时代越晚，沟槽刻制的越复杂华丽。陕西省韩城文庙的棂星门、戟门和尊敬阁等也使用沟槽昂，其形制与河南地方手法建筑的做法基本相同（图四）。

长葛县泰山庙大殿建于清代晚期，昂身下平出部分刻出假华头子，昂身底边微微向上翘起，昂头上皮未起锋棱，昂嘴收成一条线，形似批竹昂，有唐、宋昂嘴特别扁瘦的特征。但昂身底边上翘、栱端刻饰凹槽、施三幅云、三才升小而不规整等，河南地方手法的清代晚期建筑特征非常明显，故此昂嘴的形制反映出河南明清时期地方手法建筑的仿古做法。

清代中叶以后的官式建筑，昂嘴两边出现“拔鳃”，这是鉴别清代官式建筑早中晚期建筑的重要依据之一。而河南地方手法的清代建筑完全不用“拔鳃”。方城文庙大成殿等仿官式建筑的清代地方建筑也完全不用“拔鳃”昂。河南境内现存的三组清代官式建筑群中，除安阳袁坟木构建筑（建于民国时期）采用清末官式建筑手法修建，昂嘴有明显的“拔鳃”外，其他两组（登封中岳庙、武陟嘉应观）清代官式建筑也不用“拔鳃”昂。

元代以前，除四铺作出一跳的斗栱用插昂以外，凡出两跳以上的斗栱大多数是第一跳用华栱。到元代假昂出现以后，才有第一跳用昂的实例。清代建筑中出两跳的斗栱也多用重昂形式。辽金建筑中出现了“斜栱”，到明代用斜栱较少，个别用斜昂。清代官式建筑多不用斜栱斜昂。河南地方手法建筑中，明代和清初建筑不但用45°斜昂斜栱，而且还用60°的斜昂斜栱，但是昂身不加雕饰。清代中叶，特别是清代晚期建筑不但用斜栱斜昂的数量增多，而且栱身、昂身上雕刻龙头、象鼻等（见表六）。有的还将斜出的耍头雕刻成卷曲的龙身、龙头或象鼻等形式。部分建筑在昂嘴上端雕刻三幅云。这些雕刻多数为浮雕或高浮雕，少数用透雕，造型优美，形象生动，成为木雕艺术的佳作。在已调查的数十座有斜昂斜栱的明清建筑中，多数为关帝庙和山陕会馆。另外，一些清代木牌楼喜欢使用网状的如意斗栱。

表六　　斜栱与斜昂统计表

名称	地点（市、县）	时代	斜昂与斜栱
潞泽会馆后殿	洛阳市	清	出45°斜昂。
潞泽会馆鼓楼	洛阳市	清	出45°斜昂。
山陕会馆掖门	洛阳市	清	斗栱为七踩三翘，出45°斜栱。
泰山庙卷棚	临汝	清	斗栱之第二跳出45°斜昂；龙头形耍头两边出45°麻叶头。
文庙大成殿	临汝	清	斗栱之第二跳昂两边出45°斜栱；耍头为麻叶头状，两边出45°斜麻叶头。
显庆寺大殿	西华	明建清大修	梢间柱头科出45°斜昂。
显庆寺后殿	西华	清	梢间柱头科出45°斜昂。
元妙观藏经楼（即玄妙观）	南阳市	清晚期	斗栱为五踩重翘，出45°斜栱。
山陕关帝庙木牌楼	南阳县	清嘉庆年间	正心一攒斗栱，出45°斜昂。
山陕会馆中殿	武陟	清	平身科出45°斜栱。
千佛阁	武陟	清	平身科出45°斜昂。
弥陀寺大殿	武陟	清	出45°和60°斜栱、斜昂。即头昂两边出45°斜昂，二昂两边出45°、60°斜昂，三昂两边各出二斜栱一斜昂。
火神庙山门	社旗	清末	明、次间正中平身科出45°和60°斜栱。
高阁寺高阁	安阳市	明末清初	平身科与柱头科皆出45°斜昂。
登觉寺中佛殿	获嘉	清	平身科出45°斜昂，柱头科二昂两边出45°斜昂。
文庙大成殿	获嘉	清	次间平身科出45°斜昂。
牌楼	获嘉	清	头昂两边出45°龙头状斜昂。
关帝庙戏楼	获嘉	清道光年间	平身科出45°斜昂。
关帝庙大殿	获嘉	清	耍头两边出45°、60°龙头构件。
城隍庙大殿	获嘉	明	头、二昂均出45°斜昂。
武王庙大殿	获嘉	清道光年间	出45°斜栱。
关帝庙	周口市	清	庙内建筑多出45°斜昂或斜栱，且昂嘴、栱身多有雕饰。
山陕会馆	社旗	清	会馆内马王殿、大拜殿、悬鉴楼、鼓楼、西辕门等出45°斜昂或斜栱。昂嘴、栱身均有雕饰。

清代官式建筑昂的下平出逐渐缩小，根据清代建筑官书《工部工程做法则例》规定，到清代中叶昂之下平出仅为0.2斗口。而河南地方建筑则大不相同，如已调查的河南地方手法明代建筑昂的下平出最小者为0.444斗口，最大者为2.286斗口，一般多为1~2斗口。另外，在调查时未详细测量，仅记出昂下平出约数的建筑中，下平出最小者约为0.7斗口，最大者约为3斗口。河南省现存的三组清代官式建筑群（安阳袁坟殿堂虽建于民国初年，但因采用清末的官式建筑手法，所以亦归为清代官式建筑之列）昂的下平出均很小，符合《工部工程做法则例》的规定。受清代官式建筑影响较大的方城文庙大成殿昂的下平出亦很小，也符合《工部工程做法则例》的规定。河南纯地方手法的清代建筑不遵循《工部工程做法则例》的规定，昂的下平出长短不一，最大者为2.5斗口（调查时未详细测量，仅记出昂下平出约数的建筑中，下平出最大者竟达3.5斗口），一般多为1~2斗口，而小于1斗口、但大于0.2斗口的昂下平出仅有二例。这说明清代河南地方手法建筑中昂下平出最小者也超过0.2斗口，有的昂下平出甚至超过官式建筑规定的十几倍。同一攒斗栱若是重昂或三重昂，则各昂的下平出也不相同。如重昂斗栱昂之下平出，一般是头昂平出短，二昂平出长；也有少数建筑是头、二昂的下平出等长；还有极少数的是头昂下平出长，二昂下平出短。三重昂的斗栱，有的是头昂下平出短，三昂下平出次之，二昂下平出最长；有的则是头昂下平出短，二、三昂下平出等长；还有的是头昂下平出最长，二昂次之，三昂最短。通过列表分析，可以看出，明清时期河南地方建筑昂下平出虽无严格规定，但有自身规律，结合昂之整体形制分析，尚可鉴定时代之早晚（详见表七）。

表七　　斗口与昂下平出统计表

名称	时代	地点（市、县）	斗口（厘米）	头昂下平出		二昂下平出		三昂下平出	
				厘米	折合斗口数	厘米	折合斗口数	厘米	折合斗口数
崇法寺千佛殿	明初	登封	9	6	0.667（+）	4	0.444（-）	4	0.444（-）
大明寺东配殿	明早期	济源	9	15	1.667（+）				
济渎庙龙亭	明早期	济源	12	26	2.167（+）				
济渎庙临渊亭	明早期	济源	7	16	2.286（+）				
奉仙观玉皇殿	明中早期	济源	10	16	1.6				
阳台宫大罗三境殿	明正德年间	济源	12	23	1.917（+）				
风穴寺毘卢殿	明	临汝	9.2	13.5	1.467（-）	18	1.957（+）		
清真观二殿	明	许昌县	9.5	15.5	1.632（+）	21	2.211（+）		
济渎庙东桥亭	明中期	济源	8.5	16	1.882（-）				
济渎庙清源门	明中期	济源	11.5	11.4	1（-）				
崇宁寺山门	明（斗栱）	武陟	9	16	1.778（+）				
周公庙大殿	明	洛阳市	昂下平出约为1.5斗口						

续表

名称	时代	地点（市、县）	斗口（厘米）	头昂下平出		二昂下平出		三昂下平出	
				厘米	折合斗口数	厘米	折合斗口数	厘米	折合斗口数
龙马浮图寺大殿	明中期	孟津	昂下平出约为 1.5 斗口						
文庙大成殿	后檐斗栱为明中期	临颍	昂下平出约为 1.5 斗口						
济渎庙清源洞府门	明	济源	昂下平出约为 2 斗口						
二仙庙后殿前东配殿	明末	济源	昂下平出约为 1 斗口						
城隍庙大殿	明末清初	许昌市	昂下平出约为 1.5 斗口						
开元寺大殿	明末清初	舞阳	昂下平出约为 1.5 斗口						
福胜寺大殿	明末清初	浚县	头昂下平出约 1 斗口，二昂下平出约 2 斗口						
汤帝庙大殿	明末清初	济源	昂下平出约为 1 斗口						
商山寺中佛殿	清早期	济源	9	14	1.556（+）				
济渎庙天庆殿	后檐斗栱为明早期前檐斗栱为清早期	济源	11	前檐头昂下平出 11 厘米，合 1 斗口，二昂 13 厘米，合 1.182（+）斗口，东侧檐昂下平出 18 厘米，合 1.636（-）斗口					
三官庙大殿	清早期	武陟	6	12	2				
静林寺大佛殿	清雍正年间	济源	11	13	1.182（+）				
灵泉寺水亭	清中期	许昌县	6.5	13	2				
阳台宫玉皇阁	清嘉庆年间	济源	10	二层 13 三层 16	1.3 1.6	24 23	2.4 2.3		
二仙庙前殿	清中期	济源	9	12	1.333（-）	18	2	15	1.667（+）
二仙庙前殿后西配殿	清中期	济源	8	14	1.75				
妙水寺大殿	清道光年间	临汝	8.5	18.5	2.176（-）	21	2.444（-）		
汤王庙大殿	清	临汝	7.5	9.5	1.267（+）	17	2.266（-）		
中王庙大殿	清	临汝	8.6	16.5	1.919（+）	9.5	1.147（+）	8.6	1
泰山庙卷棚	清	临汝	8	8	1	11	1.375		
城隍庙大殿	明	卢氏	10	14.5	1.45	23.5	2.35		
城隍庙拜殿	明	卢氏	8.9	11.5	1.292（-）	18.2	2.045（+）		
显庆寺后殿	清	西华	6.5	1.5	0.231（+）	7.5	1.154（+）	7.5	1.154（+）
天清寺大殿	清	武陟	8	15.7	1.9625				
祖师庙白衣殿	清	武陟	7.5	19	2.533（-）				
西泰山庙大殿	清	许昌县	9.2	19.2	2.087（+）	18	1.957（+）		
文庙大成殿	清	永城	上层 8.5	18	2.118（+）	18	2.118（+）		
汤帝庙大殿	清中晚期	济源	9.5	13	1.368（-）				
山陕关帝庙大殿	清末	南阳县	9.5	8.5	0.895（+）				

续表

名称	时代	地点（市、县）	斗口（厘米）	头昂下平出		二昂下平出		三昂下平出	
				厘米	折合斗口数	厘米	折合斗口数	厘米	折合斗口数
玉帝庙大殿	清	修武	9	14.5	1.611（-）				
清真观大殿	清末	许昌县	6	18	3				
玉皇庙大殿	清末	温县	9.5	18.5	1.947（-）				
山陕会馆后殿	清末	临颍	9	13	1.444（-）	21	2.333（-）		
奎星楼	清末	郏县	7	16	2.285（+）				
风穴寺东配殿		临汝	7.2	10.6	1.472（-）				
文庙大成殿		洛阳市	昂下平出约为1.5斗口						
高阁寺高阁	明末清初	安阳市	昂下平出约为2斗口						
大明寺后佛殿	清初	济源	昂下平出约为1斗口						
吉祥寺大殿	清中早期	武陟	昂下平出约为1.5斗口						
城隍庙大殿	清中早期	郏县	头昂下平出约为1.5斗口，二昂下平出约为2.5斗口						
灵泉寺水母殿	有明斗栱清多抽换	许昌县	昂下平出约为1.3斗口						
文庙大成殿	清中期	南阳市	昂下平出约为2.5斗口						
城隍庙大殿	清	洛阳市	昂下平出约为1.5斗口						
文庙大成殿	清	临汝	昂下平出约为1.2~1.5斗口						
天清寺后阁	清	武陟	昂下平出约为2斗口						
玉仙庙大殿	清中期	武陟	昂下平出约为1.2斗口						
天宝宫后七殿	清	许昌县	昂下平出约为2斗口						
关帝庙大殿	清	许昌市	昂下平出约为2斗口						
东泰山庙大殿	清	许昌县	昂下平出约为0.5斗口						
泰山庙大殿	清	长葛	昂下平出约为2斗口						
城隍庙大殿	清	长葛	昂下平出约为3.5斗口						
关帝庙大殿	清	获嘉	昂下平出约为1.5斗口						
二仙庙前殿后东配殿	清中晚期	济源	昂下平出约为1.5斗口						
二仙庙后殿	清道光年间	济源	昂下平出约为1斗口						
王薛祠堂过厅	清道光年间	温县	昂下平出约为2斗口						
关林二殿	清晚期	洛阳市	昂下平出约为2斗口						
关林四殿	清晚期	洛阳市	昂下平出约为2斗口						
关帝庙大殿	清晚期	许昌县	昂下平出约为2斗口						
文庙大成殿	清中晚期	郏县	头昂下平出约为1斗口，二、三昂下平出约为1.5斗口						
文庙大成殿	清中期	方城	昂下平出很小，近于官式建筑规定，此殿系河南清代地方建筑中受官式建筑影响最大的建筑。						

4. 斗栱中正心枋和替木

元代以前的正心枋多为单材，但最上一层用足材。枋与枋之空当间置有散斗。明清官式建筑的正心枋多为足材，跳上各枋一律为单材。明清河南地方手法建筑的正心枋有单层的，也有双层和三层的，除个别为足材实拍外，大多数为单材，单材枋之间形成的空当，垫置三才升。有的还在下层正心枋上隐刻正心万栱，栱端置三才升（如温县明代建筑福胜寺大殿、武陟县清初建筑弥陀寺大殿、温县道光十五年建造的王薛祠堂过厅等），保留着古老的建筑遗制，在调查鉴定古代建筑时一定要注意这些问题。

早期建筑在令栱之上使用替木，元代开始将替木加长，成为位于挑檐桁下的通长构件，称为挑檐枋。明清官式建筑已不用替木。明清河南地方手法建筑绝大多数也不用替木，而用挑檐枋；有的则仅用挑檐桁，连挑檐枋也不用。但有少数明末清初建筑仍然使用替木，如济源县王屋山紫微宫三清殿为面阔五间的单檐歇山式建筑，侧檐平身科减为一攒，背面平身科全省，各攒斗栱上均使用替木。另外，洛阳市内安国寺后殿、济源县关帝庙大殿、济源县大明寺后佛殿等明代和清代早期建筑的斗栱上也使用替木，且使用替木建筑的结构部分保留有许多古制，甚为罕见。所以在鉴别这些建筑的时代时，一定要注意全面考察各部分构件的细部特征，切莫一叶障目，将晚期建筑误定为早期建筑。

5. 耍头

耍头也是变化比较大、时代特点比较突出的斗栱构件。明清时期官式建筑的耍头一般为足材“蚂蚱头”形。明清时期河南地方手法建筑耍头比较复杂。明代耍头有如下几种：①云头形耍头，数量较少，也可能是向麻叶头过渡的形式。②平身科耍头为蚂蚱头形，柱头科耍头为龙头形。如舞阳明代早期建筑彼岸寺大殿、武陟明末建筑三义庙关张殿。③耍头正面内顱（系蚂蚱头的正面锋棱内凹）。如登封县明代早期建筑崇法寺千佛殿、舞阳县明末建筑开元寺大佛殿、卢氏县明代建筑城隍庙戏楼等。这些内顱耍头的形制和山西大同金代建筑善化寺山门和三圣殿的耍头极为相似。④单材蚂蚱头，其上置齐心斗，这种袭古之制，实为明清地方手法建筑所仅有，如温县明代建筑福智寺中佛殿、济源县明代早、中、晚期建筑济渎庙清源洞府门、临渊亭和龙亭等。

清代初期河南地方建筑手法的耍头有：①足材蚂蚱头。这种形制的耍头乃为清初建筑耍头的基本形制，在此时期的耍头中占多数。②云头形耍头。如临汝县泰山庙大殿等。③蚂蚱头正面内顱。如武陟县弥陀寺大殿和三涛庙大殿。④角科耍头为龙头，其他耍头为蚂蚱头。如温县遇仙观三清殿等。⑤耍头雕成象鼻状。如安阳市高阁寺的高阁和府文庙大成殿等。⑥柱头科耍头为卷云状，平身科耍头雕刻成龙头形。如武陟县吉祥寺大殿等。修武县清真观大殿的耍头为羊蹄形，为耍头制作中的特例。这时期的耍头，除保留有明代耍头的特点外，雕刻增多也为其特点之一。清代中叶的耍头，有正面内顱的蚂蚱头；栱端形的耍头，即在足材耍头端部留出上留，上留以下刻出卷瓣，形似栱头；张口龇牙龙头和张口衔珠龙头；三幅云形耍头等。这时期的耍头除保留清初的形制外，雕刻更为华丽，出现了三幅云、张口龙头和衔珠龙头的耍头。清代晚期的耍头，除标准形蚂蚱头、内顱蚂蚱头和麻叶头形外，出现了透雕卷云耍头，且有的耍头制作不规整，宽窄、高低的比例也不协调，极易辨认。

河南明清地方手法建筑的耍头与同期官式建筑的耍头差别甚大，除雕刻华丽，体现了晚期建筑的特点外，从明初至清末一部分蚂蚱头正面砍制有顱度，一般顱度深达1厘米，尚存金代建筑的遗制。单材耍头上置齐心斗更是同时代官式建筑所不可能见到的。另外羊蹄形、三幅云、栱端形耍头，在官式建筑中也很难见到。这些地方建筑耍头的特点（图五），为我们鉴定地方手法的河南等中原地区明清建筑提供了依据。

6. 材栔与斗口

我国古代建筑的量度单位是材栔，是衡量整座建筑物及其斗栱、梁枋等各种构件尺度的基本模数单位。所谓材，就是斗栱中一个栱身的高度，称为一材高，习称单材。栱身的宽度称为材宽。两层相叠栱子中间的距离称为栔高。材高加栔高称为足材。清代将材、栔关系简化为斗口，即为栱身的宽度，也即平身科大斗斗口的宽度，称做一斗口，为施有斗栱的建筑各部位构件尺度权衡的基本模数单位。明代建筑北京智化寺万佛阁材之高、宽分别为11.5厘米和7.5厘米，其一斗口应为7.5厘米。官式建筑，全国最大的清代殿宇——北京故宫太和殿材之高、宽分别为12.6厘米和9厘米，也即一斗口为9厘米。河南地方手法建筑用材尺度与官式建筑有很大的差异。据数十座明代建筑统计，材的高度均大于13厘米，比北京官式建筑智化寺万佛阁和故宫太和殿材的高度还要大。材宽为8.5厘米以上，最宽者达14.5厘米，不但大于智化寺万佛阁和故宫太和殿，而且还大于元代建筑——山西省永乐宫重阳殿的材宽。所以，河南明代地方手法建筑材之高、宽尺寸是比较大的。清代早期还保留着明代用“材”硕大的特点。清代中期开始出现用材自由度较大的现象，在数十座同时期建筑中，材的宽度（即斗口）大者达12厘米，比太和殿斗口还大，小者仅有6厘米。清代晚期用材情况与清代中期基本相同。从而说明清代中晚期河南地方手法建筑在材宽尺度上，营造匠师依其地方建筑自身的建筑手法视其建筑形制和建筑体量而定。所以，“斗口”实际上已起不到整座建筑物和各部位构件尺度大小的模数作用，这是异于同时期官式建筑的重要方面之一。

7. 角科后尾之垂柱（垂花柱）

河南地方手法的明清建筑，有一部分歇山式或庑殿式殿宇，在角科斗栱后尾使用垂柱或垂花柱（包括少数形制较小的古建群掖门、角门或大门前后檐下也喜欢用雕刻精美的垂莲柱作装饰）。垂柱的形制有方形平底讹角柱、正八角形平底或圜底柱、小八角形平底或圜底柱、圆筒状平底柱等。垂花柱多数柱体为方形或梅花形，下垂的柱头多雕刻成莲花状。时代愈晚，雕刻愈华丽。特别是清代晚期的垂莲柱，除柱头雕成盛开的莲花外，柱身还雕刻成竹节形或盘龙形，成为鉴定清代晚期建筑的依据之一。

表八　　栱眼壁与垫栱板统计表

名称	地点（市、县）	时代	用材
奉仙观玉皇殿	济源	明中早期	砖砌栱眼壁
阳台宫大罗三境殿	济源	明正德年间	砖砌栱眼壁
济渎庙清源门	济源	明中期	砖砌栱眼壁
济渎庙渊德门	济源	明中期	砖砌栱眼壁
济渎庙天庆殿	济源	后檐为明代斗栱，前檐为清代斗栱	砖砌栱眼壁
济渎庙清源洞府门	济源	明	空当（无栱眼壁与垫栱板）
城隍庙山门	卢氏	明	土坯砌栱眼壁
城内汤帝庙大殿	济源	明末清初	砖砌栱眼壁
福胜寺大殿	浚县	明末清初	木质垫栱板
灵山寺水母殿	许昌县	明代斗栱，清代多有抽换	木质垫栱板
惠明寺中佛殿	林县	斗栱为明中晚期，梁架为清物	垒砌栱眼壁
清真寺二殿	沁阳	明末清初	土坯砌栱眼壁
洪山庙大殿	密县	明末清初	砖砌栱眼壁
大明寺后佛殿	济源	有明末斗栱	砖砌栱眼壁
二仙庙后殿前东配殿	济源	明末	砖砌栱眼壁
商山寺中佛殿	济源	清早期	砖砌栱眼壁
静林寺大殿	济源	清雍正年间	砖砌栱眼壁（有盖斗板）
高阁寺高阁	安阳市	明末清初	木垫栱板
阳台宫玉皇阁	济源	清嘉庆年间	砖砌栱眼壁
天宝宫后二殿	许昌县	清早期	木垫栱板
天宝宫后四殿	许昌县	清乾隆年间	木垫栱板
三涛庙	武陟	建于清康熙年间，后有修葺	垒砌栱眼壁

续表

名称	地点（市、县）	时代	用材
三关庙大殿	武陟	清早期	垒砌栱眼壁
弥陀寺大殿	武陟	清初	木垫栱板
城隍庙大殿	许昌市	明末清初	木垫栱板
天宝宫后大殿	许昌县	清早期	木垫栱板
清真寺客庭	沁阳	清嘉庆年间	垒砌栱眼壁
报恩寺大殿	济源	清早期	垒砌栱眼壁
文庙大成殿	洛阳市		砖砌栱眼壁
泰山庙大殿	临汝	清早期	土坯砌栱眼壁
少林寺千佛殿	登封	清	砖砌栱眼壁
文庙大成殿	永城	清	木垫栱板
崇法寺千佛殿	登封	明早期	垒砌栱眼壁
南岳庙大殿	登封	明早期	垒砌栱眼壁
灵泉寺后大殿	许昌县	清	木垫栱板
西泰山庙大殿	许昌县	清	垒砌栱眼壁
泰山庙大殿	长葛	清	垒砌栱眼壁
城隍庙舞楼	长葛	清	空当（无栱眼壁与垫栱板）
城隍庙大殿	长葛	清	垒砌栱眼壁
天清寺后阁	武陟	清	垒砌栱眼壁
玉仙庙	武陟	清乾隆年间	垒砌栱眼壁
惠明寺山门	林县	清中期	垒砌栱眼壁
超化寺大殿	密县	清中期	木垫栱板
太清宫大殿	鹿邑	清中期	木垫栱板
文庙大成殿	宝丰	清	木垫栱板
二仙庙前殿	济源	清中期	垒砌栱眼壁
二仙庙前殿后西配殿	济源	清中期	土坯砌栱眼壁
二仙庙后殿	济源	清道光二十五年	垒砌栱眼壁
泰山庙大殿	济源	清中期	垒砌栱眼壁
少林寺达摩殿	登封	清	垒砌栱眼壁
千佛阁	武陟	清	木垫栱板
会馆戏楼	洛阳市	清	木垫栱板
会馆大殿	洛阳市	清	木垫栱板

续表

名称	地点（市、县）	时代	用材
汤王庙大殿	临汝	清	砖砌栱眼壁
城隍庙拜殿	卢氏	明	砖砌栱眼壁
文庙大成殿	太康	清	木垫栱板
文庙前殿	太康	清	砖砌栱眼壁
文庙大成殿	临汝	清	砖砌栱眼壁
汤帝庙大殿	济源	清中晚期	木垫栱板（有盖斗板）
山陕会馆后殿	临颍	清中晚期	砖砌栱眼壁
文庙大成殿	许昌市	清中晚期	木垫栱板
文庙大成殿	南阳市	清中期	砖砌栱眼壁
山陕会馆鼓楼	郏县	清中晚期	空当（无栱眼壁与垫栱板）
山陕会馆戏楼	郏县	清中晚期	砖砌栱眼壁
山陕会馆后殿	郏县	清中晚期	砖砌栱眼壁
文庙大成殿	郏县	清中晚期	砖砌栱眼壁
天爷庙大殿	郏县	清中晚期	垒砌栱眼壁
少林寺山门	登封	清中晚期	砖砌栱眼壁
二仙庙前殿后东配殿	济源	清中晚期	土坯砌栱眼壁
关帝庙大殿	南阳县	清晚期	空当（无栱眼壁与垫栱板）
文庙大成殿	临颍	清末	木垫栱板
文庙大成殿	方城	清中期	木垫栱板
关帝庙大殿	许昌县	清晚期	垒砌栱眼壁
清真寺大殿	沁阳	清末	垒砌栱眼壁
汤帝庙大殿	沁阳	清晚期	砖砌栱眼壁
文庙大成殿	汲县	清晚期	木垫栱板
奎星楼	郏县	清晚期	空当（无栱眼壁与垫栱板）
山陕会馆马王殿	社旗	清光绪年间	木垫栱板
山陕会馆悬鉴楼	社旗	清	木垫栱板

8. 栱眼壁与垫栱板

我国时代较早的古建筑斗栱之间用土坯或砖垒砌栱眼壁，壁面上涂抹白灰皮，并绘出动植物图案和人物故事等。清代官式建筑已改用木质垫栱板（也称栱垫板），由于安装垫栱板，要在大斗和正心栱的侧面刻挖出衔垫栱板的沟槽，所以大斗的上深与下深，以及正心瓜栱与正心万栱的栱身厚度均相应地加上沟槽的宽度，使之大斗的深度大于其宽度，正心栱厚度大于其他栱厚度。河南地方手法建筑则有些不同。明代斗栱间多用土坯垒砌栱眼壁，少数是砖砌栱眼壁。明末个别建筑开始用木质垫栱板（如浚县翟村福胜寺大殿）。清代早期，土坯垒砌的栱眼壁仍为多数，也兼有砖砌栱眼壁。到清代中晚期，土坯垒砌的栱眼壁较少，砖砌栱眼壁增多。通过对一百多座清代中晚期建筑的考察分析，发现约有五分之一使用垫栱板，但多数使用垫栱板的斗栱之大斗和中心栱侧面不刻沟槽，即大斗的上下深和正心瓜栱、正心万栱宽度不加大（详见表八），此为河南等中原地区明清地方建筑手法与同时期官式手法不同之处。

上述河南等中原地区明清建筑斗栱的地方特征，系笔者自 20 世纪 60 年代初以来调查河南省及周边邻省部分地区明清时期官式手法与地方手法木构建筑数百座，进行比较研究，并经过较长时间的鉴定实践，证明是比较准确的，仅草此小文，有不妥之处，敬请方家读者批评指正。

注释

[1] 官式手法：宋代和清代封建王朝相继制定颁布《营造法式》和《工部工程做法则例》等建筑法则性质的规定，其内容主要是当时政治中心地区建筑经验的总结。因为是官府颁布的技术规范，故习称“官式手法”。

[2] 地方手法：不遵守“官式手法”的规定，而是各个地方的营造匠师根据自己的经验，师徒相传，身教口授进行营造活动。这些不是以法令强制执行，而是匠师们自愿遵守的技术规定，习称为“地方手法”。

[3] 我国已故著名的古建筑专家梁思成、刘敦桢等，于 1936 年在豫北调查古建筑时，“见博爱县泗沟村关帝庙结义殿斗栱雄巨，檐柱粗矮，以为最晚当是元代遗构，但细读碑文，才知是民国五年重建之物”（见刘敦桢：《河南省北部古建筑调查记》，《中国营造学社汇刊》第六卷第四期，1937 年版）。文化部文物局文物保护科学技术研究所古建筑专家祁英涛先生在《中国古代建筑年代的鉴定》一文中指出：“就目前的情况来看，我们对各地区、各民族的‘地方手法’了解得很少，也可以说是空白点，因而本文仅能就通行地区较广的‘官式手法’来加以分析研究。以此来衡量全国各个地区的建筑特征，肯定是不够完备的。”从而说明调查总结研究“地方手法”是非常必要的。

[4] 本文所依据的“官式手法”特点，a. 取材于祁英涛先生《中国古代建筑年代的鉴定》一文（载《文物》1965 年第 4 期）；b. 为笔者的调查资料。

[5] 古建筑的名词术语比较繁杂，往往因建筑时代不同，出现相同构件不同名称的现象，给读者造成不便。故本文依据惯例，凡明清时代建筑均使用清代《工部工程做法则例》中的名词术语。涉及明以前的建筑，则使用宋代《营造法式》中的名词术语。

（原载《杨焕成古建筑文集》，文物出版社，2009 年版，此次收录，文字稍有改动。）

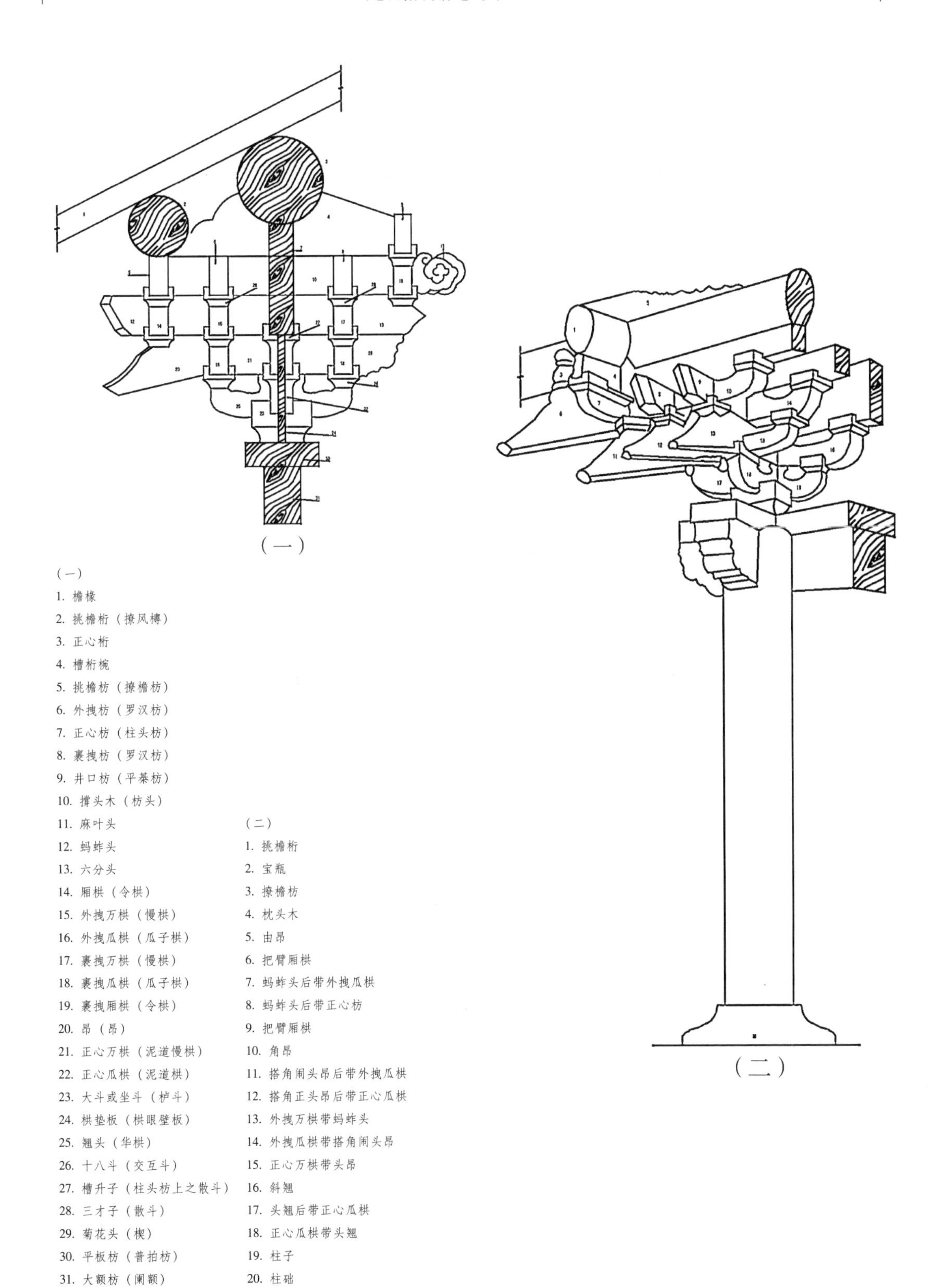

图一　斗栱各部分名称

注：此图按清式斗栱绘制，括弧内为宋式名称

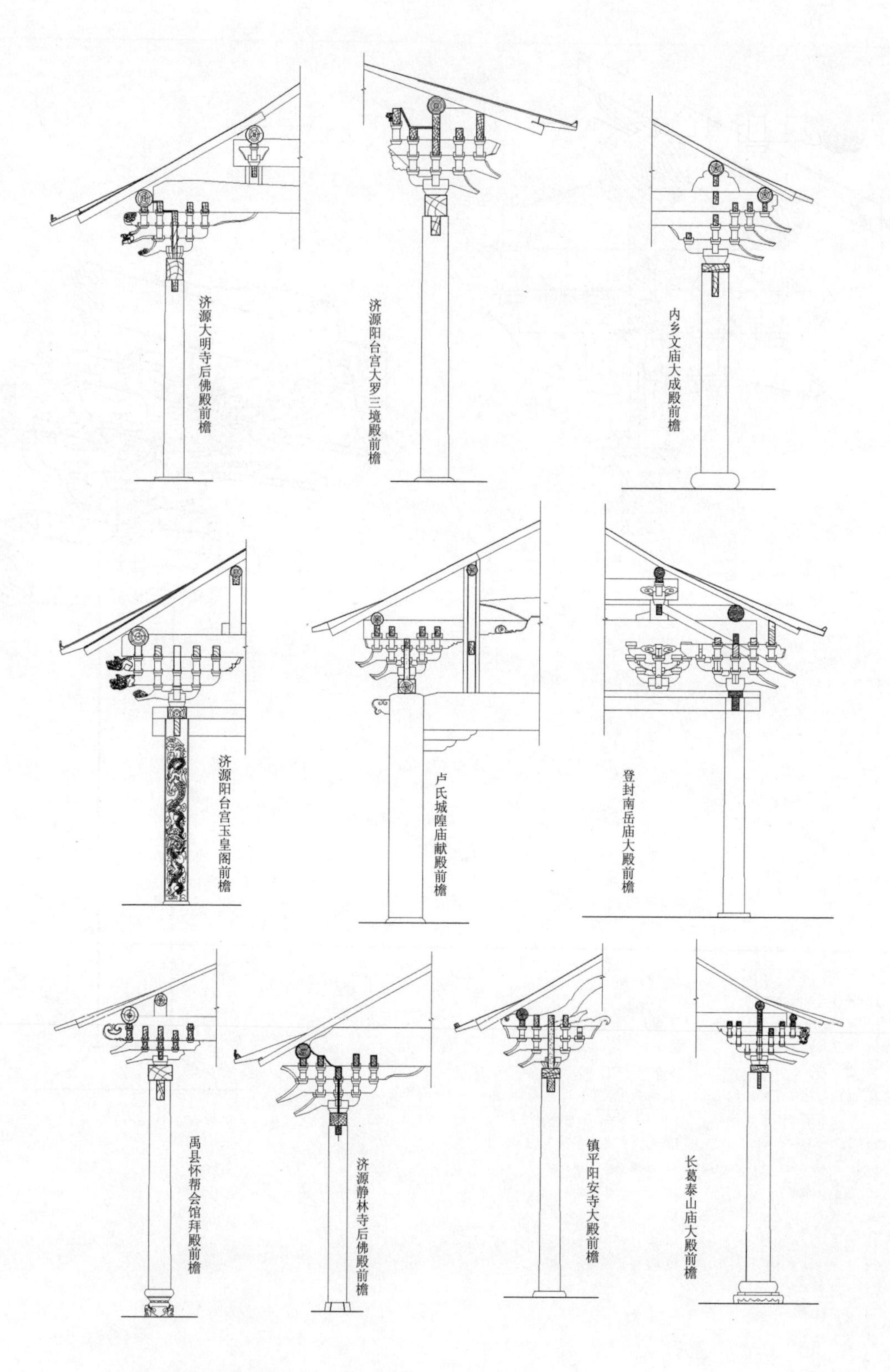

图二　河南明清地方建筑斗栱高与檐柱高比较图

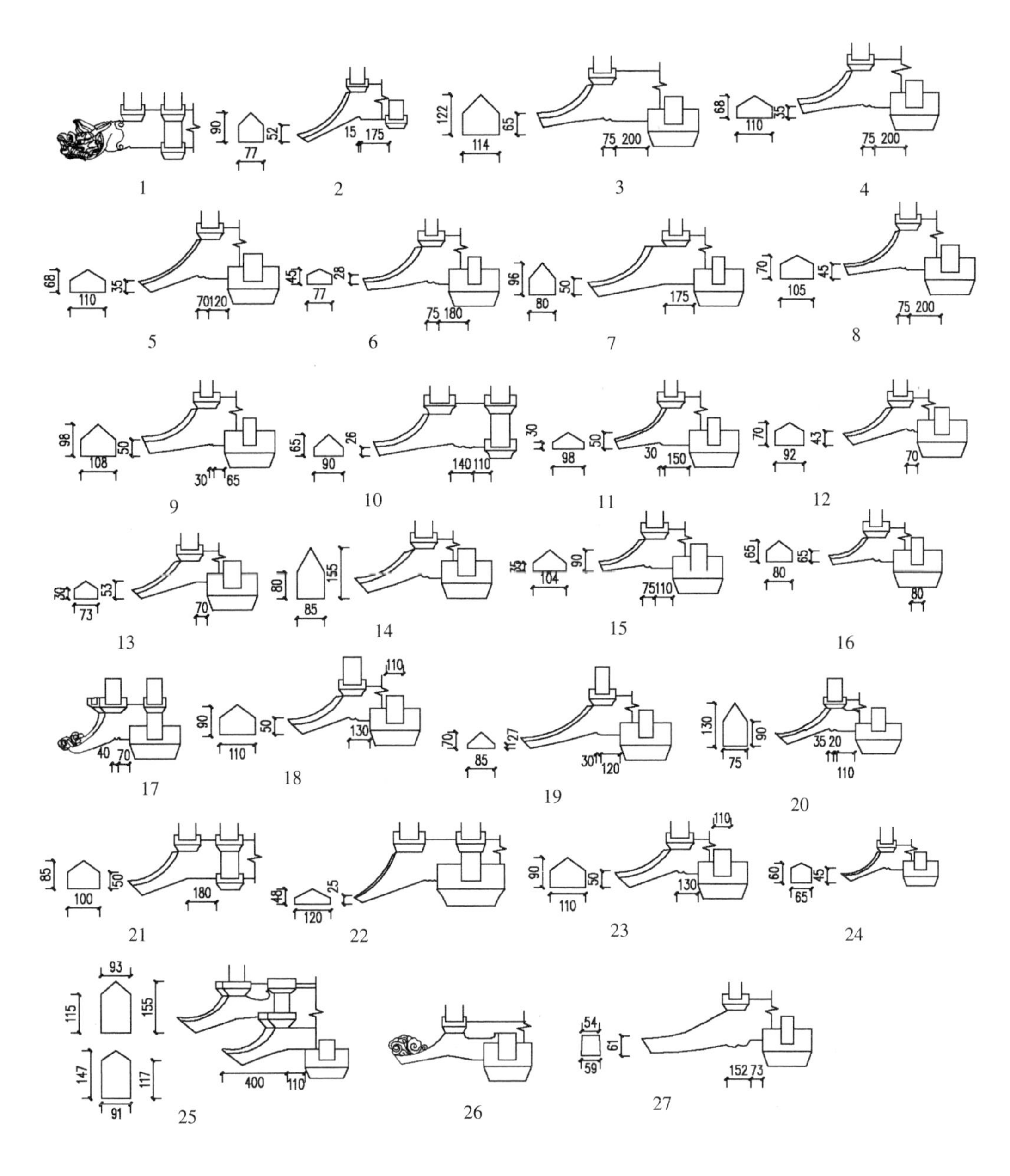

图三：1　河南明清地方建筑昂、昂嘴形式（一）

1　济源阳台宫玉皇阁三层平身科二昂、昂嘴
2　登封法王寺大雄宝殿二昂、昂嘴
3　济源济渎庙龙亭前檐昂、昂嘴
4　济源济渎庙龙亭后檐昂、昂嘴
5　济源济渎庙龙亭山面昂、昂嘴
6　济源济渎庙东桥亭昂、昂嘴
7　济源济渎庙临渊门昂、昂嘴
8　济源济渎庙玉皇殿前檐昂、昂嘴
9　济源济渎庙清源门昂、昂嘴
10　济源济渎庙清源洞府门昂、昂嘴
11　济源奉仙观玉皇殿前檐昂、昂嘴
12　济源二仙庙后殿昂、昂嘴
13　济源二仙庙配殿昂、昂嘴
14　济源二仙庙前大殿昂、昂嘴
15　济源轵城关帝庙大殿昂、昂嘴
16　济源轵城关帝庙山门昂、昂嘴
17　济源大明寺后佛殿昂、昂嘴
18　济源汤帝庙汤帝殿明间昂、昂嘴
19　济源大明寺伽蓝殿昂、昂嘴
20　登封龙泉寺千佛殿昂、昂嘴
21　济源阳台宫玉皇阁二层昂、昂嘴
22　济源阳台宫大罗三境殿昂、昂嘴
23　济源静林寺大佛殿昂、昂嘴（南姚村）
24　登封少林寺千佛殿平身科昂、昂嘴
25　登封少林寺山门平身科昂、昂嘴
26　济源阳台宫玉皇阁一层平身科头昂、昂嘴
27　长葛泰山庙大殿昂、昂嘴（老城镇）

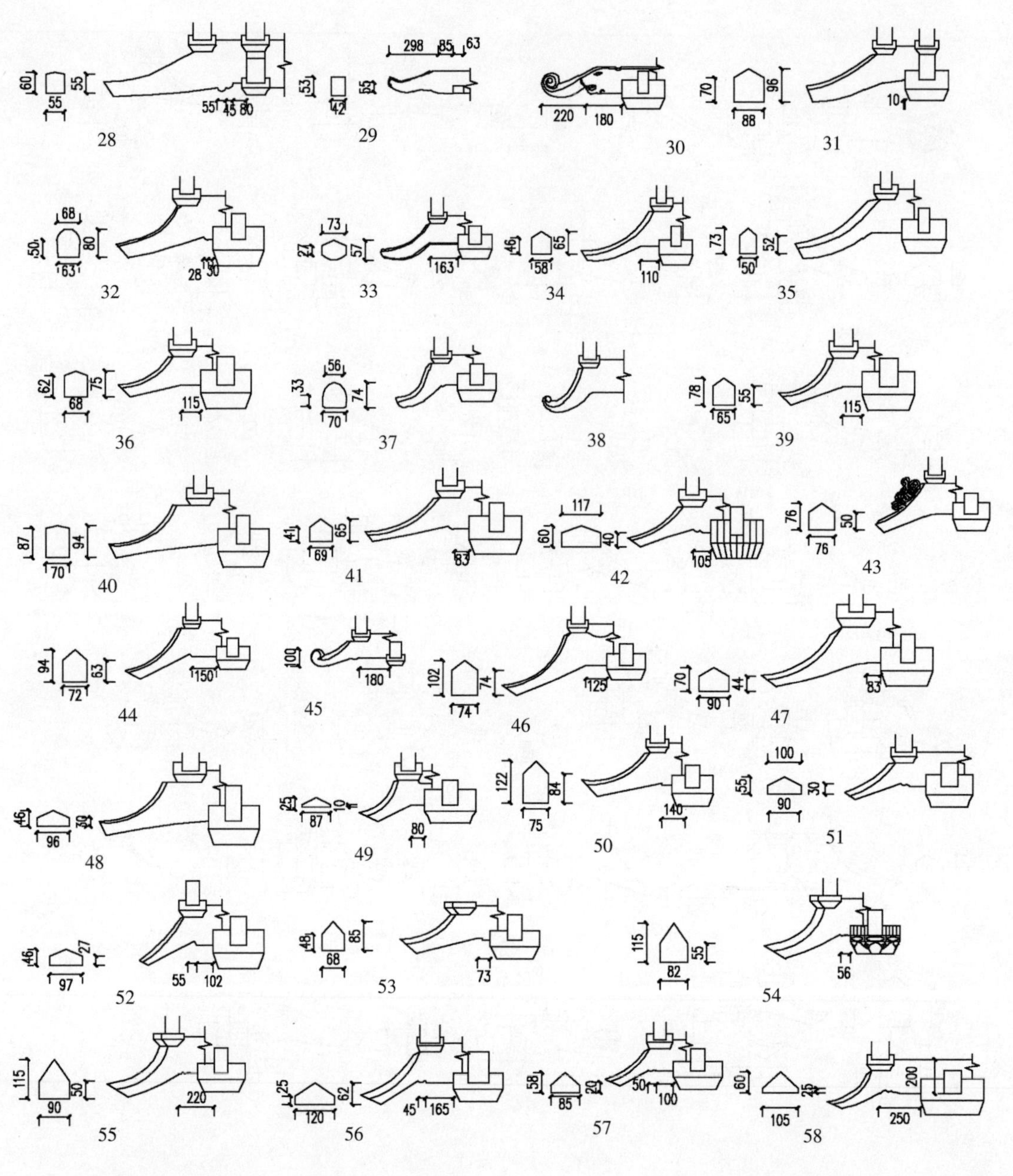

图三: 2　河南明清地方建筑昂、昂嘴形式（二）

28　长葛关帝庙大殿斗栱二昂、昂嘴（老城镇）
29　长葛寿宁寺大殿二昂、昂嘴（老城镇）
30　长葛寿宁寺大殿昂、昂嘴（老城镇）
31　许昌文庙大成殿昂、昂嘴
32　许昌春秋楼山门昂、昂嘴
33　许昌关帝庙山门明间昂、昂嘴
34　许昌清真观后殿昂、昂嘴
35　许昌清真观二殿昂、昂嘴
36　许昌天宝宫大殿昂、昂嘴
37　许昌天宝宫关公殿昂、昂嘴
38　许昌天宝宫关公殿二昂、昂嘴
39　许昌天宝宫真武殿昂、昂嘴
40　禹县长春观昂、昂嘴
41　禹县怀帮会馆拜殿昂、昂嘴
42　禹县文庙大成殿昂、昂嘴
43　武陟吉祥寺大殿昂、昂嘴
44　武陟千佛阁次间柱头科昂、昂嘴
45　武陟千佛阁梢间平身科昂、昂嘴
46　武陟祖师庙大殿昂、昂嘴
47　武陟崇宁寺罗汉殿昂、昂嘴
48　武陟三义庙关张殿昂、昂嘴
49　内乡文庙大成殿昂、昂嘴
50　洛阳潞泽会馆寝殿昂、昂嘴
51　登封南岳庙大殿昂、昂嘴
52　修武祖师庙祖师殿昂、昂嘴
53　温县遇仙观山门昂、昂嘴
54　温县遇仙观玉皇殿昂、昂嘴
55　温县遇仙观三清殿昂、昂嘴
56　卢氏城隍庙山门昂、昂嘴
57　卢氏城隍庙戏楼昂、昂嘴
58　登封城隍庙大殿次间平身科昂、昂嘴

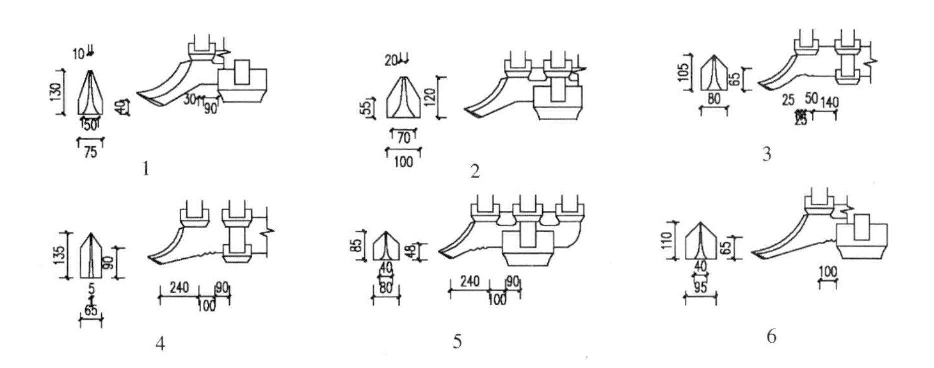

图四　河南明清地方建筑沟槽昂嘴

1　卢氏城隍庙大殿斗栱沟槽昂
2　卢氏城隍庙献殿斗栱沟槽昂
3　镇平城隍庙大殿斗栱沟槽昂
4　镇平阳安寺大殿柱头科沟槽昂
5　镇平阳安寺大殿柱头科沟槽昂
6　镇平阳安寺大殿平身科沟槽昂

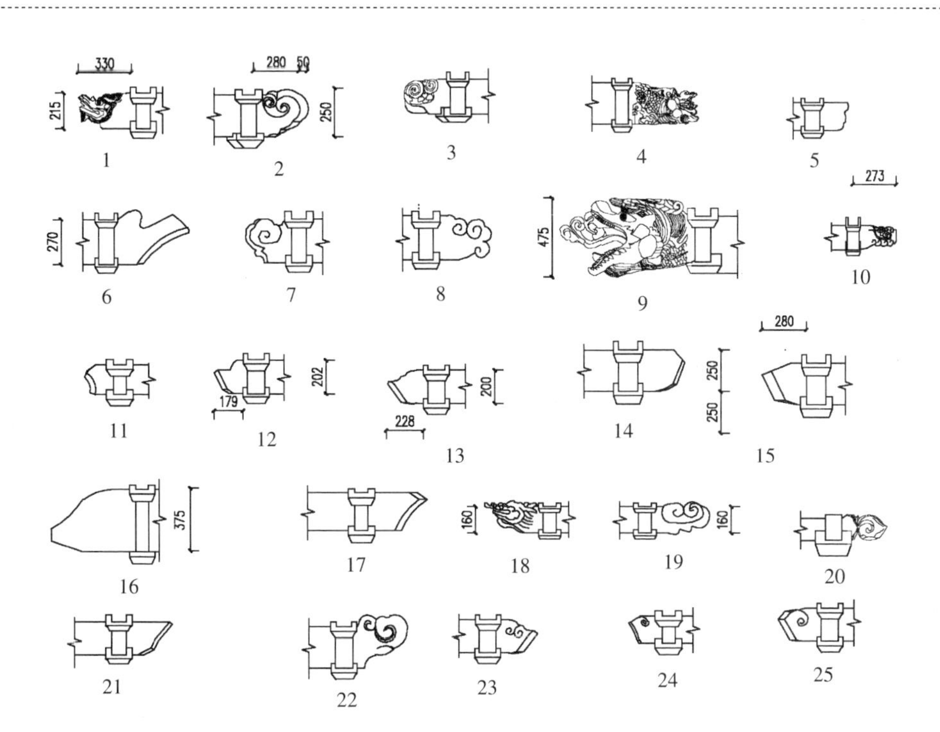

图五　河南明清地方建筑耍头形式

1　登封法王寺大雄宝殿平身科耍头
2　登封少林寺山门平身科耍头
3　济源大明寺后佛殿平身科耍头
4　武陟吉祥寺大殿次间耍头
5　武陟崇宁寺罗汉殿前檐耍头
6　修武海蟾宫大殿耍头
7　卢氏城隍庙献殿耍头
8　卢氏城隍庙献殿耍头
9　武陟三义庙关张殿耍头
10　长葛泰山庙大殿耍头
11　济源济渎庙灵源阁耍头
12　登封南岳庙大殿耍头
13　登封城隍庙大殿平身科耍头
14　济源阳台宫大罗三境殿平身科耍头
15　济源阳台宫大罗三境殿平身科耍头
16　内乡文庙大成殿平身科耍头
17　内乡文庙大成殿平身科耍头
18　陕县安国寺后殿平身科耍头
19　陕县安国寺后殿平身科耍头
20　密县城隍庙戏楼耍头
21　济源济渎庙龙亭耍头
22　登封城隍庙卷棚柱头科耍头
23　沁阳汤帝庙卷棚耍头
24　沁阳清真寺大殿耍头
25　沁阳清真寺二殿耍头

三　甘肃明清木构建筑地方特征举例

——兼谈与中原“地方建筑手法”的异同

笔者曾到甘肃省参观学习，接触到一些明清时期的木构建筑。由于一周时间太仓促，只能匆匆了解其斗栱、梁架等大木作的简况，未能测绘，甚至连基本的数据也未能测量，仅是粗浅的考察其基本结构状况。发现甘肃地区明清时期的木构建筑有显著的地方特征，[1]且与同期官式建筑手法差异很大，而与中原地区明清时期的木构建筑地方建筑手法有诸多相同或相近之处。[2]

一　平面

明清时期，官式建筑平面布局规整，柱子排列整齐，柱身细高，不用减柱造，多用鼓镜石础等。甘肃明清木构建筑多数采用减柱造，减去部分前金柱或后金柱。有的五开间建筑的前檐柱向两侧位移，形成檐柱与金柱不在同一轴线上。天水市全国重点文物保护单位伏羲庙中的先天殿，为面阔七间，进深五间的重檐歇山式建筑（图一），据其建筑特征，初步推断建于明代中期，殿内减去中部两排金柱，扩大了空间，更显得宽敞雄伟。

甘肃临夏、天水等地明清时期木构建筑柱头形式，大约有四种做法，一为袭古手法，将柱头砍制成小覆盆状（图二）；二为在柱头正面砍制成斜坡状，即柱头斜杀。有的斜线短，有的斜线较长。天水市建于清代中后期的南郭寺大殿、观音殿檐柱正面柱头的斜杀坡度很大（图三），明显超出规范斜线的做法，表现出当地的地方建筑特征；三为两折斜杀做法，即斜线折两次，形成两坡状，即“∩”形。如天水玉泉观玉皇殿前檐檐柱柱头正面采用两折的做法，系当地独有的“地方建筑手法”；四为柱头平齐状，与河南等中原地区清代中晚期建筑柱头平齐的做法相同。

柱础的做法，多为素面覆盆状和素面单层圆鼓形。有的覆盆础身加高，形成高覆盆状。天水南郭寺观音殿，为面阔三间悬山式清代建筑，柱础为单层鼓形状，高

16 厘米，其表面浅浮雕两层覆莲瓣（图四），以示华丽。天水伏羲庙戏楼等清代晚期建筑檐柱柱础做成三层磉墩形（图五），与河南等中原地区清代晚期建筑柱础做法相同。这些柱础形制表现出浓郁的地方建筑特征。清代官式建筑使用的规范形鼓镜石础，在已考察的几处明清建筑中尚未见到。

官式建筑柱身的形制随着时间的推移。除直柱、梭柱、圆柱、方柱、正八角柱、小八角柱、梅花柱、雕龙柱等，有时代早晚和数量多少的差异外，柱之高低和粗细是有明显变化的，总的趋势是早期柱子较低，晚期柱子较高；早期柱子较粗，晚期柱子较细。根据前人考察研究的成果，唐、五代及辽代初期，柱径与柱高的比例大约为1∶8～1∶9。宋、金时期檐柱柱径与柱高的比例基本上仍保留这种比例关系。元代和明代二者之比大致在 1∶9～1∶11 之间。清代官式建筑规定为 1∶10。[3] 河南等中原地区明清时期地方建筑与官式建筑柱径与柱高的比例关系有明显不同，经实测中原地区明代地方建筑二者之比一般为 1∶8.9～1∶9.88 之间，未发现超过 1∶10的建筑实例。清代地方建筑多为 1∶11.2～1∶11.3 左右，超过了同期官式建筑的规定。但也有部分地方建筑的檐柱特别粗矮，如河南沁阳市汤帝庙大殿檐柱径与柱高之比为 1∶7.26～1∶7.29，河南温县遇仙观三清殿二者之比仅为 1∶6.4。而甘肃天水纪信祠大殿（明代）二者之比为1∶7.13，天水伏羲庙先天殿（明代）檐柱的径与高之比为 1∶7.6。天水南郭寺观音殿（清代）檐柱的径、高之比仅为 1∶6.04。以上三例说明在天水市内明清建筑檐柱形制不同于北京等地的官式建筑，而与河南等中原地区明清时期的“地方建筑手法”颇为相近。

二　梁架结构

明清时期官式建筑的梁架结构特征与同期中原地区“地方建筑手法”差异较大。而甘肃省天水、临夏等地的明清建筑的梁架结构的特点与河南等中原地区“地方建筑手法”的梁架结构诸多特点相同或相近。如梁之断面多为圆形（天水南郭寺大殿、玉泉观玉皇殿，图六），梁高稍大于梁宽（天水玉泉观三清殿）及近似方形抹角梁做法等。梁之表面制作规整（图七、八、九），多数不加雕饰。且大部分不用天花藻井，即使用明栿的“彻上明造”（图十）。在所调查的项目中，如伏羲庙先天殿、玉泉观雷祖殿、纪信祠大殿等均有素面叉手，而无托脚（图十一）。梁架的结点处多用瓜柱，不但有圆形瓜柱（玉泉观三清殿等），而且有小八角形（伏羲庙太极殿、玉泉观三清殿）和方形（纪信祠大殿、伏羲庙仪门及先天殿）瓜柱。瓜柱下未见用驼峰之例，而多用卷云合楷（图十二）、荷叶墩及矮木连接。桁枋间多用一斗二升交卷云头的隔架科（纪信祠大殿等）。南郭寺大殿等使用穿插枋，以增强金柱与檐柱间的连系。

天水、临夏等地一些明清建筑的大额枋与平板枋的式样与中原地区同时期建筑的大额枋和平板枋制作方法相同，即二者断面呈“丁”字形，且用材尺度及比例关系均相同或相近。至角柱处大额枋和平板枋的出头垂直截去，呈平齐状（图十三、十四），有的大额枋出头做成栱头状、霸王拳雏形等，明显带有中原地区明清建筑的地方手法。另有南郭寺大殿和观音殿等清代建筑的大额枋使用近于圆形的大通枋或半通枋的形式，即大额枋采用一木直通角柱的通枋，或通至次、梢间中央处，与另一木相接，形成半通的大额枋；有的大额枋正面雕刻出包肩的式样，有的还雕刻出华丽的图案装饰（图十五、十六、十七）。这些做法与河南周口关帝庙、开封山陕甘会馆等清代中期或晚期的大中型建筑的“地方建筑手法”相同或相近。其中南郭寺观音殿的平板枋用材很薄（与河南清代晚期平板枋用材基本一致），与大额枋组合断面呈“🝖”形。大额枋至角柱出头雕刻近似于海棠线和霸王拳的做法也与中原地区明末和清代中早期地方建筑手法相似。南郭寺大殿大额枋的出头为平齐状，保留早期建筑的传统做法。体现地方建筑的袭古手法。

三　斗栱

斗栱是中国古代建筑中最具特色部分，它的发展演变，在相当程度上体现了我国传统的建筑技术和建筑艺术不同的时代特点。在甘肃省兰州、临夏、甘南、天水等地所见明清木构建筑斗栱布局疏朗，明间平身科多为二攒，有的仅一攒。攒当距离不等（仅有个别建筑虽然各间攒距不等，但同一间的攒距相近）。清代中晚期的斜昂昂身向外挑出较长，昂嘴做成三幅云，异常华丽。以上这些特点及整攒斗栱高与檐柱高的比例关系等，与中原地区明清木构建筑的做法相同或相近，而与清代官式建筑的规定差异很大。

斗之做法，明清时期由于斗的位置不同，分为大斗（亦称坐斗）、三才升、十八斗、槽升子等。它的标准形状为方形“斗”状，由于时代和地区的差异，有圆形、瓜楞形、菱形、讹角形和五角形斗之分。官式建筑斗栱中的大斗等多为方形，且一般不加雕饰。而甘肃临夏、天水等地区明清建筑斗的形状，有方形的，也有瓜楞形的（均为斗栱中的坐斗）。也有因厢栱、外拽瓜栱、外拽万栱的栱身斜杀，而使三才升的形状成为菱形的。且这些菱形的三才升不但斗身较宽，“斗高”相对较低矮，而且均有明显的斗䫜。凡是这种形式的斗栱，其十八斗也有较明显的斗䫜。

上述斗式和河南等中原地区地方建筑手法的斗形颇为相似。特别是坐斗的式样，更为奇特，如临夏城隍庙拜殿和大殿（清代建筑），其内檐斗栱的坐斗，斗底宽度较小，形似尖足状，且只有斗腰和斗底，而无斗耳，翘头直接放置在坐斗的上皮平面上，有较明显的斗䫜（图十八）。有的外檐斗栱之坐斗虽有斗耳，但斗耳高度较小，其耳、腰、底三者高度的比例关系，非传统的4（斗耳）：2（斗腰）：4（斗底），而是1（斗耳）：4.5（斗腰）：4.5（斗底）（目测数据）。也有明显的斗䫜，但这种无耳或浅耳坐斗的斗䫜，其最大䫜位不是在斗底的中部，而是上移至斗底的上部，呈“ᗜ”形。此种坐斗的形式和河南林州市慈源寺大殿（清代中晚期）外檐斗栱的坐斗式样完全一样，而和北京等地清代官式建筑的做法差异很大。

天水纪信祠大殿和玉泉观玉皇殿等明代建筑的斗形较规整（图十九、二十），皆方形，稍存斗䫜。且均有耳、腰、底，但三者高度比例关系不遵4∶2∶4的规定，而是斗底最高，斗耳次之，斗腰最小，与河南等中原地区明代“地方建筑手法”斗之做法相同。清代官式木构建筑，由于平身科斗栱之间使用垫栱板，且垫栱板插入正心瓜栱、正心万栱、坐斗及正心栱两端的三才升内，且因垫栱板的厚度在0.3～0.4斗口左右，故正心栱两端的三才升侧面加宽0.3～0.4斗口，加宽后的三才升称为“槽升子”。而河南“地方建筑手法”不遵此制，无论是栱眼壁或垫栱板连接相邻斗栱，其正心栱两端的三才升均不加宽，即垫栱板不插入三才升的刻槽内，而是紧贴在三才升的外侧壁上（即三才升不刻槽），故就不存在槽升子的称谓了。天水、临夏、甘南等地区的清代木构建筑均与河南等中原地区“地方建筑手法”的做法相同，即不使用官式建筑的“槽升子”。这次在甘肃调查的明清木构建筑中，因皆使用足材耍头，故不使用齐心斗。

斗栱中的栱，由于位置不同，故分为瓜栱（正心瓜栱）、万栱（正心万栱）、里（外）拽万栱、厢栱、翘头等。官式建筑规定宋代斗栱栱端上留以下部分，除令栱（明清称为厢栱）刻为五卷瓣外，其他栱一律为四卷瓣。清代则规定瓜栱的栱端上留以下部分刻为四卷瓣，万栱为三卷瓣，厢栱为五卷瓣，习称为“瓜四、万三、厢五”。栱身制作也较规整。栱身的长度，宋代和清代的规定都是一样的，就是在100份额中，瓜栱最短为62分，厢栱次之为72分，万栱最长为92分。而在甘肃所考察的明清建筑，不同于同期官式建筑的规定。这里明代木构建筑栱身的制作比较规整，栱身的上留部分自三才升底部外沿至栱端的弧卷以上部分呈垂直状，上留以下部分或一折分瓣，或分瓣不明显，或砍制成弯曲状，不遵官式建筑手法的规定。栱身长度，也不依官式建筑诸栱长度的分额制作配置，而是按照建筑物的不同结构和营建时期的早晚而确定各栱长度。故有的栱大于官式建筑的规定，有的栱小于官式建筑的规定，形成栱的比例关系的差异，与河南等中原地区栱身长度的比例关系基本相同[4]。栱身中央垫置的十八斗，为形制规整的四方形，并有较明显的斗䫜。清代早期和中期，栱身制作、栱眼形制、栱之高宽比例等，与明代的制作方法大致相同。不同之处是上留下部与弧卷上部的分界折线不太明显，形如圆弧状，显示不出官式建筑瓜四、万三、厢五的分瓣做法，此为向清代晚期过渡的例证。瓜栱、万栱、厢栱三者长度差别较小，远达不到清代官式建筑1（厢栱）:0.86（-）（瓜栱）:1.277（+）（万栱）的比例关系。栱身中央垫置的十八斗也为方形，微显斗䫜。清代中晚期有两种形式，一种栱身刻制成足材网坠形（图二十一），栱身中央置方形十八斗，但无斗䫜，栱身长短不一，整攒斗栱排列组合成“菱”形。另一种是足材正心栱的上留特别长，至栱底处砍制成抹角状，三才升呈正方形，斗䫜很深。外拽栱之栱端正面稍存斜杀，砍制成半圆形，上留以下不分瓣，使上留和弧卷部分融为一体，栱端上的三才升呈菱形状，栱身中央垫置的十八斗仍为正方形，斗䫜也很深。栱身长度不遵1:0.86（-）:1.277（+）的比例关系，使整攒斗栱外形呈菱形状（图二十二、二十三），显现出特有的地方建筑手法。

昂是斗栱的主要构件之一，它最能表现建筑物的时代特征，是鉴定古建筑的重要依据之一。就官式建筑而言，元代以前全是真昂。元代始用部分假昂，但仍以真昂为主。明代广泛使用假昂，清代全部使用假昂，昂的下平出缩小到0.2斗口。

这次在甘肃所调查到的明清木构建筑全部使用假昂。天水纪信祠大殿，进深和面阔各三间（创建于元，明清大修）。前后檐斗栱为五铺作双下昂，其中后檐一朵補间铺作形制较为古朴，其特点是昂之下平出达1.5斗口以上；昂的底边平直；昂嘴较扁瘦，呈“⌓”形，昂嘴的底宽明显大于边高，甚至底宽也稍大于中高。这些形制特点，与河南等中原地区元末或明代早期斗栱的做法相近。故此朵斗栱可能是天水市现存最早的木质建筑构件。但此殿其他斗栱中的昂显然较晚，其制作手法符合明代中晚期和清代地方建筑的特点。天水玉泉观玉皇殿一些斗栱中昂的形式符合明代中期的建筑特征，也具有重要的文物价值。可惜近年维修时新绘的彩画遮盖了原有的彩画，对研究明清时期异于官式彩画的地方彩画艺术是一种不可弥补的损失。天水伏羲庙先天殿，系面阔七间、进深五间的重檐歇山式建筑，外檐为五踩重昂斗栱，昂的下平出约为2斗口，且昂底平直，昂嘴的底宽与边高的尺度相近，而底宽则大于中高，呈“⌂”形，可能为明代中期建筑。但前檐斗栱用材变小，似为清代维修时补配之物。伏羲庙的太极殿，为面阔五间、进深三间单檐歇山式建筑，虽系假昂，但昂底平直，无刻假华头子，昂之下平出约为2斗口，为清代官式建筑规定的10倍，地方建筑特点异常突出。圭形昂嘴的边高与中高加大，边高与中高均大于底宽，呈“⌂”形，晚于明代建筑的特点非常突出，综观整体建筑特征，推断为清代中叶建筑（图二十四）。且这些特点与中原地方建筑手法造昂形式一致。惜后绘之木纹彩画遮盖了原有彩画。天水南郭寺大殿和玉泉观三清殿等建筑，虽然昂之下平出较大，但昂身宽度变小，昂头雕刻三幅云（图二十五、二十六），这些做法均与河南等中原地区“地方建筑手法”中清代晚期建筑昂之做法相同。

要头是斗栱中从无到有的构件，自隋唐时期出现要头以来，其用材和形式也有变化。元代以前要头为单材，元代中晚期出现足材要头。其标准式样为“蚂蚱头”。明清官式建筑的蚂蚱头一般为足材。在甘肃所考察的明清木构建筑的要头全为足材，其式样有标准形的蚂蚱头，有浮雕卷云的卷云头（图二十七）。到清代中晚期有雕张口衔珠的龙头要头，有雕硕鼻上卷的象首要头，使要头成为雕刻华丽的艺术构件（图二十八、二十九）。多数要头与中原地方建筑中明代中叶以后的要头形制相同或相近。

四　椽飞与殿顶

临夏、天水等地区的明清木构建筑，少数仅用圆形檐椽，不使用飞椽。而大多数则使用圆形檐椽和方形飞椽。且椽飞制作规整，用材考究，排序规范。特别值得注意的是飞椽露明部分不卷杀（图三十），椽头的尺度与椽身最大处尺度相同，此为这里明清木构建筑与同期官式建筑的相同之处，也是与河南等中原地区明清木构建筑地方手法最明显的不同之处。明清时期中原地方手法建筑的飞椽露明部分均有卷杀，且时代愈晚卷杀的幅度愈大。此现象也体现了建筑文化的地域性差异。

这次所考察的明清木构建筑的殿顶坡度相对比较平缓，翼角微翘，以及脊饰、瓦件等，多与中原地方手法建筑相同或相近。唯一不同的是，部分清代建筑的正脊与垂脊雕刻更为华丽（图三十、三十一、三十二），不但有浮雕，还有玲珑剔透的透雕等。

甘肃省临夏、天水等地距河南等中原地区千里之遥，然而明清时期的地方建筑特征与中原同期的地方建筑手法有颇多的相同或相近之处，反而与北京等地的同期官式手法建筑差异很大。究其原因，可能有如下几方面：1. 我国幅员广大，民族众多，各地区各民族间的建筑文化不尽相同，形成不同的建筑特征（手法）。2. 我国河南等中原地区是中华民族文化的重要发祥地，仅河南省在历史上就有二十多个王朝在此建都，成为当时政治、经济、文化的中心，其建筑文化，在其悠久历史的推动下，形成独特的建筑风格，不但使中国数千年以来的古代建筑的基本结构和空间布局等一脉相承而无遽变之迹。而且还影响到日本、朝鲜半岛和越南等邻国。3. 自古以来中原地区与我国西部甘肃等省（区）交往密切，其建筑匠师将中原地区传统的“地方建筑手法”融入当地的建筑实践中，形成与中原地区建筑特征相同或相近的当地“地方建筑手法”。4. 清代虽有朝廷颁布的建筑专著《工程做法则例》，但此《工程做法则例》是一部名实不副的书，因为它既非做法，也非则例，只是二十七种建筑物的各部尺寸单，和瓦石油漆等作的算料算工算账法。[5]且该书制为皇室官府营造的标准，术语又专偏。故对于依赖师徒传承，身教口授进行营造活动的建筑匠师，既困于文字之难，又非强制执行《则例》，自然就陌生“官式手法”，而乐于遵从熟知的“地方建筑手法”进行营造活动。

这次甘肃之行，因非专门的专业考察，而仅是匆匆数天的短暂旅行，对临夏、天水等地的明清木构建筑“地方手法”的认识只能是皮毛的肤浅了解，未能深入进行调查，因此不但是不全面的，而且有的看法可能是错误的。但有一条是可以肯定的，那就是这些地方的明清木构建筑的建筑风格、时代特征与同期官式建筑差异是非常之大，而与中原地区同期建筑的“地方建筑手法”是相同或相近的。笔者草此小文之初衷，一是感到甘肃明清建筑地方手法与中原同期建筑地方手法存在诸多相同要素的重要性，试析二者的异同之处和有关问题；二是甘肃明清建筑地方手法尚存诸多未被认识的问题，愿冒昧以此小文抛砖引玉，以引起古建筑研究同仁的兴趣与关注，使其深入研究我国不同民族和地区的“地方建筑手法”，为建筑历史与理论研究工作添砖加瓦。

甘肃省古建筑的保护管理工作给我们一行留下了深刻印象。不但按照文物建筑修葺原则，及时对伏羲庙、城隍庙（图三十三）、纪信祠（图三十四）、南郭寺、玉泉观、拉卜楞寺等文物保护单位进行维修，使其得到妥善保护，而且还辟为博物馆、文物旅游景点等，得到了合理利用，发挥其社会教育、科学研究和参观旅游等方面的作用。本文不妥之处，敬请方家指正。

注释

[1] 甘肃省兰州、天水、临夏等地，不但明清时期木构建筑采用“地方建筑手法”，而且近现代仿古建筑，如1938年在临夏市建的“东公馆”和近年在天水市建的“南苑山庄”等，也系按照清代当地“地方建筑手法”营建的。说明传统的“地方建筑手法”影响作用之大。

［2］杨焕成:《河南古建筑地方特征举例》,《古建园林技术》2005 年第 2、3 期。
［3］祁英涛:《怎样鉴定古建筑》，文物出版社，1983 年版。
［4］同注［2］。
［5］梁思成:《清式营造则例》，中国建筑工业出版社，1981 年版。

（原载《杨焕成古建筑文集》，文物出版社，2009 年版。此次录文，文字稍有改动。）

图一　天水伏羲庙先天殿（明代中期）

图二　天水伏羲庙戏楼大额枋与平板枋断面呈“丁”字形，出头平齐状。檐柱柱头小覆盆状。（清代的袭古手法）

图三　天水南郭寺大殿檐柱柱头正面呈斜坡状，且斜线较长（清代中晚期，地方手法）

图四　天水南郭寺观音殿柱础表面浮雕两层覆莲瓣（清代）

图五　天水伏羲庙戏楼三层磉墩状石柱础（清代晚期）

图六　天水玉泉观玉皇殿梁架（局部）（明代中期）

图七　天水纪信祠大殿梁架（明代）

图八　临夏城隍庙大殿梁架（清代晚期）

图九　临夏城隍庙大殿内梁架与垂花柱（清代晚期）

图十　天水纪信祠长廊梁架（清代中期）

图十一　天水纪信祠大殿梁架结点与叉手（明代）

图十二　天水伏羲庙太极殿梁架局部（清代中期）

图十三　天水伏羲庙太极殿大额枋与平板枋出头平齐（因袭传统建筑手法）（清代中期）

图十四　甘南藏族自治州夏河县拉卜楞寺大额枋与平板枋出头平齐（清代中早期）

图十五　临夏城隍庙卷棚外檐斗栱和额枋的地方手法（清代晚期）

图十六　临夏红园过厅的额、枋及雀替、柱头的雕刻（清代晚期）

图十七　临夏红园过厅额枋出头、瓜楞大斗、柱头形式及雕刻（清代晚期）

图十八　临夏城隍庙大殿内檐斗栱之无耳大斗有较明显的斗顱、网状形如意斗栱的整体做法等，均系地方建筑手法（清代晚期）

图十九　天水纪信祠大殿外檐平身科的形式及彩画（明代）

图二十　天水玉泉观玉皇殿斗栱中的栱身长度、昂底及下平出、斗形、昂嘴的地方建筑特征（明代中期）

图二十一　临夏城隍庙大殿外檐平身科形式、檐椽排列及大额枋、平板枋做法（清代）

图二十二　临夏红园过厅外檐平身科整体形象呈菱形以及网坠形栱身、浅耳瓜楞大斗、足材卷云耍头等地方建筑手法（清代晚期）

图二十三　临夏城隍庙大殿平身科呈菱形；厢栱、外拽栱正面斜杀；三才升菱形、深斗颤的浅耳大斗；足材卷云耍头等“地方建筑特征”（清代晚期）

图二十四　天水伏羲庙太极殿斗栱（清代中期）

图二十五　天水南郭寺大殿前檐斗栱昂身挑出长、昂头雕三幅云、昂下出头约为2.5斗口；包肩圆形通体大额枋；柱头正面呈斜坡状；正、斜耍头均为足材卷云形等所表现的地方建筑特征（清代）

图二十六　天水玉泉观三清殿角科的三幅云昂头、象首耍头及大额枋、平板枋的平齐出头等地方建筑特征（清代）

图二十七　天水玉泉观“视听万方”木牌坊地方手法九踩重翘斗栱中两种翘头和卷云耍头（明崇祯三年）

图二十八　天水玉泉观三清殿斜昂斗栱的三幅云昂头、衔珠龙头形的正耍头、卷鼻象首形的斜耍头（清代晚期建筑风格）

图二十九　天水南郭寺大殿平身科与柱头科精美的耍头和三幅云昂头；檐柱柱头正面单折舌状斜坡形；圆形通体大额枋

图三十　临夏红园过厅镂空正脊花饰；椽、飞均无卷杀（当地明初至清末建筑皆遵此制不卷杀）（清代晚期建筑）

图三十一　天水南郭寺大殿（面阔五间，进深三间，单檐悬山造），正脊与脊饰华丽；殿顶坡度较平缓；每间仅用一攒平身科；角柱柱头平齐，其他檐柱柱头正面呈斜坡状。均为清代地方建筑手法（清代）

图三十二　天水玉泉观三清殿（面阔五间，重檐歇山顶）脊饰华丽，殿顶较平缓，翼角起翘较低；平身科攒数少于官式建筑。均表现出地方建筑手法的特点（1997 年大修）

图三十三　临夏城隍庙大殿及拜殿卷棚，清代晚期地方手法建筑

图三十四　天水纪信祠木牌楼，清代晚期地方手法建筑

附　录

一　不同时代不同地区古建筑名词术语对照表

一　平面

宋式名词	清式名词	苏州地区名词	词介
地盘	平面面阔	地面开间	建筑物水平剖视图 ①建筑物平面之长度 ②建筑物正面檐柱间之距离 ③建筑物总长度称“通面阔”或“共开间”
	进深	进深	建筑物由前至后的深度，总深度称“总进深”、“共进深”
	间	间	建筑物的平面上，凡在四柱之中的面积。
当心间	明间	正间	建筑物居中之一间
次间	次间	次间	建筑物明间两旁之间
梢间	梢间	再次间 （边间、落翼）	建筑物次间两端之间。苏地又称“落翼”，但用在硬山屋顶建筑时，可称“边间”。
	尽间	落翼	建筑物两极端之间
副阶	廊子	廊	建筑物之狭而长、用以通行者，分有“明廊”、“内廊”、“走廊”、“曲廊”、“通廊”等，苏地称“一界”。
副阶周匝	周围廊	围廊	加在建筑物四周的围廊
月台	平台、露台	露台	建筑物前之四方形平台，较台基低。
挟屋	似耳房	侧殿（房）或 配殿（侧室）	殿堂之左右两侧置有较小的殿堂，一般与主体殿堂不相连，单独成立之殿屋。
	弄	备弄、更道 内四界	次要的交通道。 房屋连四界，承以大梁。 支以两柱，此间之地位称为“内四界”。

二　大木作

1. 斗栱

宋式名词	清式名词	苏州地区名词	词介
铺作	斗栱	牌科	由方块状的斗，弓形的栱、翘，斜伸的昂和矩形断面的枋，层层叠置的组合构件，位于屋檐下和梁柱交接处。
柱头铺作	柱头科	柱头牌科	位于柱头上，前面挑出屋檐，后面承托梁架的斗栱。
補间铺作	平身科	外檐间牌科	位于两柱之间枋子上的斗栱。
转角辅作	角科	角栱	位于转角处角柱上的斗栱。
襻间铺作	隔架科		位于檩枋梁架之间，以承托上层檩枋梁架。
平座铺作	平座斗栱（栱）		位于楼阁建筑的层间，以承托挑出的上层平台。
出跳（出抄）	出踩（出彩）	出参	斗栱自柱中心线向内、外逐层挑出的作法。每挑出一层称为出一跳。
跳	一拽架	一级	斗栱向内、外挑出的水平距离
朵	攒	座	计量斗栱用的量词，相当于“组”。
单材			栱的高度
足材		实栱	一材加一栔的高度。
	外檐斗栱		用于外檐柱头之上各部位的斗栱总称。
	内檐斗栱		用于内檐金柱之上的各部位斗栱的总称。
计心造与偷心造			逐跳栱或昂上，每一跳上均置有横栱的称“计心造”。凡有一跳不安横栱而仅有单方向的栱出跳称“偷心造”。二者皆是斗栱组合方法。
材、栔			宋式大木作术语，是木构建筑模数的基本单位。通常将栱的高度称为材高，简称材，栱的宽度称为材厚，上、下栱之间的距离称为栔。
	斗口（口份）		清式大木作术语，是木构建筑模数的基本单位。通常将栱或翘的宽度称为斗口。
单栱	一斗三升	斗三升	在大斗或内外跳头上仅置一层栱。

续表

宋式名词	清式名词	苏州地区名词	词介
重栱	一斗六升	斗六升	在大斗或内外跳头上置二层栱。苏地“斗三升、斗六升”总称“桁间牌科”。
把头交项作	相当于“一斗三升”	相当于“斗三升”	梁与“一斗三升”斗栱正交，梁头穿过大斗，故正面不出栱而改做“耍头”的斗栱形制。
斗口跳			大斗正中置一层栱，正前出华栱一跳，栱头承枋子的斗栱形制。
四铺作	三踩（彩）	三出参	华栱（清称翘）或昂自大斗出一跳（苏地3－11出参均以里外各出同等数而定称的）。
五铺作	五踩（彩）	五出参	华栱（翘）或昂自大斗出二跳。
六铺作	七踩（彩）	七出参	华栱（翘）或昂自大斗出三跳。
七铺作	九踩（彩）	九出参	华栱（翘）或昂自大斗出四跳。
八铺作	十一踩（彩）	十一出参	华栱（翘）或昂自大斗出五跳。
四铺作外插昂		丁字牌科	斗栱之一种形制，仅一面出跳又称“丁字科”。
单斗只替			柱顶大斗前后出跳不作栱，而仅安“替木”。
	镏金斗栱	琵琶科	后尾向斜上方挑起，前面与普通斗栱完全相同。
	如意斗栱	网形科	在平面上除互成正角之翘昂与栱外，在其角内45°线上另加翘昂。
	品字斗栱	十字科	斗栱之一种，其内外出跳相同不用昂，只用翘，多用于殿里柱头上，其两侧可以承天花，在老檐柱或金柱上，又称“步十字科”，或金十字科。因它仰视，小斗如“品”字，因而得名。
缝			通过构件中线的假定垂直平面。因构件位置的不同，可分为柱缝、间缝等。
子荫	槽（浅）		开挖在相交斗栱构件榫身两侧的浅槽。
隐出			隐刻而成的向下凹进的浅槽。
相闪			指位置相隔差错。
栌斗	坐斗（大斗）	坐斗（大斗）	斗栱中最下面的斗形构件。
交互斗	十八斗	升	斗栱翘头或昂头上承上一层栱与翘或昂的斗形构件。
齐心斗		升	栱中心上的斗，又称“心斗”。

续表

宋式名词	清式名词	苏州地区名词	词介
柱头枋上之散斗和齐心斗	槽升子	升	正心栱两端之斗形构件。
散斗	三才升	升	单材栱两端承上一层栱或枋之斗
连珠斗			两斗重叠。
平盘斗	贴升耳（平盘斗）		无斗耳的斗。
耳	耳	上斗腰	斗分上、中、下三部分，耳为斗的上部，苏地也将上斗腰、下斗腰全称“斗腰”。
平	腰	下斗腰	斗之中部
欹	底	斗底	斗之下部。
欹䫜		䫜	斗、升之欹凹入的曲面，清式无䫜为直线。
包耳		五分胆、留胆	包耳又有“隔口包耳”之称，在大斗开口里边留高宽寸余之木榫而与栱下面凿去寸余的卯口相吻合，使其不致移动。
开口	卯口	缺口	斗、升上开挖槽口插入纵横的栱、枋，按位不同分有顺、横、斜、十字、丁字开口等名称。
泥道栱	正心瓜栱	斗三升栱	位于坐斗中心线上（平行于檐口方向），上托慢栱的横栱。
慢栱（泥道慢栱）	正心万栱	斗六升栱	位于泥道栱之上，或瓜子栱之上的横栱。
瓜子栱	里（外）拽瓜栱（单材瓜栱）	斗三升栱	位于翘头或昂头上第一层横栱。
单材慢栱	里（外）拽万栱（单材万栱）	斗六升栱	位于翘头或昂头上第二层横栱。
华栱或卷头	翘	十字栱	坐斗上内外出跳之栱（与泥道栱相垂直）。
重抄	重翘		斗栱出跳用两层华栱谓重抄（翘）。
令栱	厢栱	桁向栱	位于翘头或昂头上最外出之栱。
斜栱	斜栱	斜栱（网形斜栱）	由坐斗上内外出跳35°或45°的华栱。
丁华抹颏栱 丁华抹额栱			脊檩下与叉手相交，形似“要头”状的栱。
鸳鸯交手栱	把臂厢栱		左右相邻的两栱，制成通长的一条栱，隐刻出交线。

续表

宋式名词	清式名词	苏州地区名词	词介
翼形栱			做成翼形的栱，栱头不加小斗，以代横向栱。
丁头栱	半截栱、丁头栱	实栱、蒲鞋头、丁字栱	横尾设榫入柱，或至铺作中心的半截华栱。
角华栱	斜头翘	斜栱	斜置在转角位置成45°出跳的华栱。
	搭角闹翘把臂栱或搭角闹二翘		角科上由正面伸出至侧面之翘与昂。
护壁栱			正心瓜栱、万栱与壁体附贴一起的单层或双层栱。
		枫栱（风潭）	为南方特有之栱，长方形木板其形一端稍高，向外倾斜，板身雕镌各种纹样，以代横向栱。
		寒梢栱	梁端置梁垫不作蜂头，另一端作栱以承梁端，有一斗三升及一斗六升之分。
		亮栱（鞋麻板）	栱背与升底相平，两栱相叠或与连机相叠中成空隙者称亮栱。
栱眼	栱眼	栱眼	栱上部两侧的刻槽。
栱眼壁板	栱垫板	垫栱板	正心枋以下、平板枋以上，两攒斗栱之间之板。
卷杀	栱弯	卷杀、折角	栱之两端下部之圆弯部分。
瓣	瓣	板	栱之两端下部为制成圆弯形状而削成的连续短斜面。
昂	昂	昂	斗栱中斜置的构件，起斜撑或杠杆作用，有“下昂”、“上昂”之分，两重昂称“重昂”。
上昂			用于殿堂内昂身杆向上斜跳来承托天花梁。
插昂			不起斜撑作用，单作装饰的假昂，故又称假昂。
	象鼻昂	象鼻昂、凤头昂	纯为装饰性的昂。
角昂	角昂（斜昂）	斜昂	位于转角的45°斜置的昂。
由昂	由昂	上层斜昂	在角科45°斜线上架在角昂之上的昂。
琴面昂		靴脚昂	昂嘴背面作凹孤线、昂嘴看面上部微凸，似古琴面。
批竹昂			昂嘴背面作斜直线。

续表

宋式名词	清式名词	苏州地区名词	词介
昂身	昂身	昂根	昂嘴以上均称“昂身”。
昂尖	昂嘴	昂尖	昂之斜垂向下的端部。
鹊台	凤凰台		昂嘴上一部分。
昂尾（挑斡）	挑杆	琵琶撑	昂后杆斜撑部分。
耍头	蚂蚱头（耍头）	耍头	翘、昂头之上雕制成折角形的构件。
华头子			斜伸向下的昂底斜面下的填托的契形构件。
靴楔	菊花头	眉插子	昂后尾雕饰的一种形状。
衬枋头（切几头）	撑头木（撑头）	水平枋	头栱前后中线上耍头以上桁椀以下的木枋，衬枋头在转角上称“切几头”。
	三伏云（三幅云）	似山雾云	斗栱中的一种翼形栱，刻有云、雾装饰的构件。
	六分头		衬头木饰之一种。
	麻叶头	似云头	翘、昂后尾饰样之一种。
	榑缝头		翘、昂后尾饰样之一种。
	霸五券		翘、昂后尾饰样之一种。
角神	相当于宝瓶	相当于宝瓶	安装在转角斗栱由昂之上、老角梁之下的构件，宋代多做“力士”，后期改置瓶形或木块垫托。
遮椽板	盖斗板		斗栱上部每拽间似天花作用之板。
普拍枋	平板枋	斗盘枋	在额枋之上承托斗栱之枋。
阑额	大额枋	廊枋或步枋	大式大额枋又称“檐枋”，是檐柱间的联络枋材，并承平身斗栱。
由额	小额枋		柱头间大额枋下，与之平行的枋材。
柱头枋（素枋）	正方枋（正心桁）	廊桁	斗栱顺身中线上正心栱以上之枋或桁。
罗汉枋	拽枋（桁）	牌条	里外万栱之上枋。
撩檐枋（撩风榑）	挑檐檩（挑檐枋）	梓桁（托檐枋）	斗栱外拽厢栱上之枋或檩。
平綦枋（算程枋）	井口枋与机枋	牌条	里拽厢栱之上，承托天花之枋。和里拽厢栱所承之枋称“机枋”。

2. 梁架

宋式名词	清式名词	苏州地区名词	词介
大木作	大木殿式（大式）	大式殿庭	有斗栱或带纪念性之建筑形式
大木作	小式大木	大式厅堂	无斗栱或不带纪念性建筑形式
小木作	小木作	小木作	做装修的木工种总称小木作。
庑殿、吴殿、四注、四阿顶（殿）	庑殿、五脊殿	四合舍	是四坡五脊之顶，为古建筑殿堂中最尊贵的屋顶形式。
曹殿、九脊殿、厦两头造	歇山	歇山	悬山与庑殿相交所成之屋顶结构，为一道正脊四道垂脊和四道戗脊组成，故为九脊顶殿。
不厦两头造	悬山、挑山	悬山	前后两坡人字顶，并将桁头伸出至两尽间之外，以支悬出的屋檐。
	硬山	硬山	山墙直上至与屋顶前后坡平之结构。
撮尖（斗尖）	攒尖	攒尖	几道垂脊交合于顶部上之宝顶。一般为单檐，也有重檐与三重檐。
抱厦（屋）龟头屋	似雨塔	似外坡屋或带廊	殿、堂出入口正中前方的附加似“门厅式凸出于正殿堂外的建筑物”。
	勾连塔		为了扩大建筑物的进深。遂将二座以上的屋架直接联系在一起的结构形式。
	卷棚（元宝顶）	回顶	屋面做圆弧不起脊的屋顶，又称“过陇脊”。
出际、华厦	支出部分	边贴、挑出	两山屋檐向外伸出的部分。
檐出及腰檐	出檐及廊檐	出檐及廊檐	屋檐伸出至建筑之外墙或外柱以外。檐按建筑层数分腰檐、重檐、三重檐（苏称三滴水）。
	推山		庑殿顶的正脊加长，向两山推出的做法。
	排山	排山	硬山、悬山或歇山屋顶两山部之骨干构架。
	收山		歇山屋顶在两山的正心桁中心线上向里退回一桁径即缩短正脊长度的做法。
	侧脚		“柱头微收向内，柱脚微出向外”的作法。

续表

宋式名词	清式名词	苏州地区名词	词介
叉柱造			将上层柱脚插在下层的斗栱中。
缠柱造			平面上加一根45°递角梁，上层之柱即置于此梁上。
举折	举架	提栈	为使屋顶斜坡成曲面而调整檩条位置的方法。
厅屋、堂屋	厅堂	厅堂	厅屋较普通平房构造复杂而华丽。按苏地构造材料用扁方者称为“扁作厅”，用圆料者则称“圆堂”。其地位性质不同而称大厅、正厅、茶厅、对照厅、女厅、茶厅（轿厅）、门厅、船厅、花厅、鸳鸯厅、四面厅、花兰厅、贡式厅。
平座（坐）	平台		楼阁、塔等多层建筑，在其周围用柱、梁枋、斗栱等构件架设的平台（即似阳台）。
干阑	干阑		底层立短柱，上部建造屋宇，让底层空着的悬空架起的建筑。
	井榦		房屋的屋架及围墙均用原木实叠构筑而成。
		抬梁式	中国古建筑木构架的一种主要结构类型，即在柱上承大梁，大梁上再立短柱和逐渐减短的梁，依次承叠数层，并使檩条置于梁端，组成构架。
	穿斗式	穿斗	流行于我国南方的一种木构架类型，柱顶直接承檩，不用梁，而用穿枋将柱拉接起来。
方木（材架）	檄木、方木枋料	扁作	用矩形木料做房屋的称“扁作”。
圆木	圆木	圆料	房屋构造木材，用加工过的圆木。未加工的称“原木”，用料有独木、实叠、虚栟三种。

3. 梁枋、垫板

宋式名词	清式名词	苏州地区名词	词介
槽（分槽）			是殿堂内身，内柱，柱列及铺作所分割出来的殿内空间和柱网的平面布置。
架椽或椽	步架（步）		梁架上架与架（檩与檩）间之水平总距离。
彻上明造与草架	草架	草架	殿堂内安平棊（天花）等梁架天花以上的梁架称“草架”，梁称“草栿”，天花以下的经艺术加工的梁称“明栿”。
椽栿	梁架、叠梁、柁梁	梁架	架于两柱上之横木上用短柱短檄加架较短的梁，再上再支重叠的木架，其总称梁架。最下一根梁称“大柁”，其上较短之梁称“二柁”，再上之梁称“三柁”。
月梁	月梁	似荷包梁	月梁，形如弧虹状的梁，梁两面向外侧微膨称“琴面”，清式和苏地在卷棚结构顶层的梁称“月梁”，与宋代月架形制略有不同。
平梁（栿）	三架梁	三界梁（山界）	抬梁式构架中最上一层短梁，长为两步架，上面正中立有蜀柱（脊瓜柱）。
三椽栿	三步梁（三穿梁）		长三步架，一端梁头上有桁，另一端无桁而安在柱上之梁。
四椽栿	五架梁（四步梁）	四界大梁（内：大梁）	长四步架之梁。
五椽栿	五步梁		长五步架之梁。
六椽栿	七架梁		长六步架之梁。
七椽栿	七步梁		长七步架之梁。
八椽栿	九架梁		长八步架之梁。
劄牵	单步梁（抱头梁）	单步梁、廊川、短川、轩梁	位在檐柱、金柱之间，乳袱（双步梁）以上做成月梁形式，约一步梁。
乳栿	双步梁	双步梁（双步、二界梁）	梁首放在外檐铺作上，梁尾一般插入内柱，长两椽。
丁栿梁	顺扒梁、顺爬梁、顺梁	似搭角梁	位于庑殿和歇山屋顶的山面，与主梁架成正交之梁，一端放在桁或梁上，另一端放在山面斗栱或檐柱之上。

续表

宋式名词	清式名词	苏州地区名词	词介
	品		建筑物之一组构架为一品。
		贴式	苏地称正间的梁架称“正贴”，次间称“边贴”，建筑物之架构梁、柱等之构造式样。
阑头栿 承椽枋	采步金		歇山大木，在梢间顺梁上，与其他梁架平行，与第二层梁同高，以承歇山部分结构之梁，做假桁头与下金桁交放在金墩上。
抹角梁（栿）	抹角梁	搭角梁	位于建筑物转角处，两端与转角桁相交，水平投影与角梁成90°。宋无此梁，金代、元代才开始应用。
	太平梁		庑殿推山梁架内，与三架梁平行，在其之外，上面承托雷公柱。
递角栿	递角梁		由角檐柱上至角金柱上之梁。
	桃尖梁、抱头梁	廊川、川	在清代大式大木中，柱头科上与金柱间联系之梁。小式中称“抱头梁”，大式将梁头做成桃尖形式。
	桃尖随梁、 穿插枋	夹底（枋）	在桃尖梁或抱头梁下有一条平行的辅助桃尖梁的小梁，称桃尖随梁，小式称穿插枋，苏地有川夹底及双步夹底之别。
		轩梁	轩梁，是前后轩廊深一步或双步经艺术加工过的横梁。
角梁、大角梁、 阳马	角梁、老角梁	角梁、老戗	建筑物翼角处，斜置于相交的转角檩之上的梁，一般由上下两根梁组成。
隐角梁	似小角梁后半段		子角梁以上，续角梁之间的角梁。
续角梁	由戗	担檐角梁	庑殿正、侧面屋顶斜坡相交处斜置的角梁，直伸到脊槫。
簇角梁	六角或八角 亭上之由戗		用于亭上屋架，按位分上、中、下折簇梁三种，下折簇梁似苏式嫩戗、老戗间之斜曲木“菱角木”和“扁担木”。
		猢狲面	嫩戗头作斜面形似猢狲面孔而得名。
翼角升起	翼角起翘	发戗	在屋檐翼角处，将檐椽和飞椽逐渐升高至角梁处的做法。

续表

宋式名词	清式名词	苏州地区名词	词介
顺栿串（顺身串）	随梁枋	随梁枋（抬梁枋）	贯穿前后两内柱间的起联络作用的木枋。
襻间枋	相当于老檐枋、金枋	四平枋或水平枋	梁架中与槫平行的木枋，两端多插入蜀柱或在驼峰之上，是联系构件。
	金枋	步枋	位于金檩、金垫板之下，并与之平行的构件。金枋按位分上、中、下金枋。
	老檐枋	廊枋	
	脊枋、门头枋	过脊枋	脊桁之下与之平行，两端在脊瓜柱上之枋，过脊枋功能不一。用于门厅分心柱正中最上之枋。
承椽枋	承椽枋	承椽枋（半爿桁条）	重檐上檐之小额枋，用以嵌入或承托屋檐之椽尾。
承椽串			相当于额枋位置承受副阶椽子的枋子。
	燕尾枋		悬山伸出的桁头下之构件，实为桁下垫板的延续部分，装饰为燕尾状。
		软硬挑头	以梁式承重之一端挑出承上层阳台或雨搭称“硬挑头”。以短材连于柱上，下撑斜撑承跳出之物为“软挑头”。
	承重	大承重	承托楼板重量之梁。
铺版方	楞木（龙骨木）	阁栅	承托楼板的枋子。
叉手			斜置在平梁梁头之上，直至脊槫，防止其位移的构件。
托脚			支撑平槫的斜撑。
压槽枋		水平枋	用于大型殿堂铺作之上以承草栿之枋。
	采步金枋和采步梁		采步金下与之平行的木枋。
	槫脊枋		楼阁下檐槫脊所倚之枋。
柱脚枋			楼阁建筑“缠柱造”中上层檐柱间下段横木。
搭头木			平座永定柱间的阑额。
缴背		邦	当梁的断面小，不够应有的高度时在梁上面紧贴着加上的一条木料。

续表

宋式名词	清式名词	苏州地区名词	词介
	脊桩		扶脊木上竖立之木桩穿入正脊之内，以防止移动。
生头木	枕头木、衬头木	戗山木	屋角檐桁上将椽子垫托使椽高与角梁背平之三角形木材。
		平水	①梁头在桁以下、檐枋以上之高度。②脊瓜柱上端举架外另外高度为“平水”。
	交金墩		位于抹角梁或顺扒梁上，上承采步金与金檩的木墩。
驼峰与侏儒柱（矮柱、蜀柱）	柁橔与瓜柱	童柱	位于两梁之间，将上一层垫起使之达到需要的高度的木墩。有的刻出曲线，形状如驼峰。
角替	雀替（角替）	似梁垫	置于阑额之下与柱相交处，是柱中伸出承托阑额的构件。装饰效果强。
绰幕枋	替木		位于枋下的辅助木枋，相当于通长替木。
替木	替木	似机	位于桁与斗栱接头处的短木枋，起承托作用。苏地称“机”，按部位形状分有短机、金机、川胆机、分水浪机、幅云机、花机、滚机等，长条木条又称“连机”。
皿板		斗垫板	早期铺作中的构件，为栌斗下的垫板。
	垫板	楣板夹堂板	川或双步与夹底间所镶之木板。桁与枋间之板按位置分有脊垫板、支檐垫板、上、中、下金垫板、由额垫板等。
	摘风板	滴檐板	檐口瓦下钉于飞椽上之木板。
	椽档板	椽稳板与闸椽	椽与桁间隙处所钉之通长木板称椽稳板，间断的木板称“闸椽”、“闸档板”。
合楷	角背		支撑童柱下端两侧的木构件。
		棹木	架于大梁底两旁蒲鞋头（无跳栱）上之雕花木板，微倾斜，似“抱梁云”俗称“纱帽”，位于外檐斗栱上称“枫栱”。
小连檐	大连檐	眠檐	飞椽头上之联络材，其上安瓦口，苏地有不安里口木，改用“遮雨板”。

续表

宋式名词	清式名词	苏州地区名词	词介
大连檐	小连檐	里口木	位于出檐椽与飞椽间之木条，以补椽间之空隙者。用于立脚飞椽下者名“高里口木”，椽头上之连络材称“连檐”。
燕颔板	瓦口	瓦口	在飞椽头上挖成瓦弧形以安装板瓦和滴水瓦的木板。
飞魁	闸挡板	勒望	钉于界椽上，以防望砖下泻之通木条，形同眠檐。
雁翅板	滴珠板		楼阁上平座外檐四周保护斗栱和出头木之板。
搏风板	博缝板	博缝板	悬山、歇山屋顶两山沿屋顶斜坡封护桁头之板。
照壁板	走马板	垫板	大门上楹或槫脊枋以下中楹以上的板。
	山花板	山花	歇山屋顶两端，封堵前后两槫缝间之三角形部分的木板。
地面板	楼板	楼地板	楼层之地面板。

4. 檩、椽

宋式名词	清式名词	苏州地区名词	词介
槫	檩（桁）	桁（栋）	置于梁端或柱端，承载屋面荷重的纵向连系的圆木构件，清式大式称“桁”，小式称“檩”。
上、中、下平槫	上、中、下金檩（桁）	上、中、下金桁（栋）	置于金柱上的檩子，因上下位置不同分上、中、下三种。
牛脊枋（槫）	似檐檩挑山檩	廊桁、梓桁	在第一跳下昂的最上方，以承檐椽之枋（槫）。
		草架桁条	安置天花板成草架的桁或檩。
	两山金桁		悬山、歇山大木两山伸出至山墙或排山之外的檩。
	轩桁		卷棚（轩）月梁（荷包）上的桁。
	桁椀与椽椀	开刻	斗栱撑头木上承托桁檩之木。桁上置木开口承椽称“椽椀”。

续表

宋式名词	清式名词	苏州地区名词	词介
椽	花架椽	花架椽	排列于檩上，与檩垂直布置的圆木或方木构件。清式花架椽有上、中、下之分。
椽	檐椽	出檐椽	最外步架上的椽，楼阁上层称“上出檐椽”。
	哑叭椽	回顶椽	歇山大木在采步金以外塌脚以内之椽。
	蝼蝈椽（顶椽）	顶椽、弯椽	卷棚顶用各式弯椽，苏地分有鹄胫三弯椽、菱角、船篷、弓形、茶壶、档、贡字、一枝香等种轩的式形，按此而得名。
峻脚椽	峻脚椽	似复水椽	位于柱头枋和平棊枋之间斜搭的短椽，承托遮椽板。
飞子	飞檐椽	飞椽	在檐椽之上，伸出稍翘起，以增加屋檐伸出长度的方椽。
似转角布檩椽	翼角檐椽（角椽）	摔网椽（戗椽）	位于翼角部位的檐椽和飞椽。
似檐角生出	翘飞椽	立脚飞椽	位于翼角部位的飞椽，呈放射状分布，尾部均交在仔角梁两侧。
椽当	椽当	椽豁	两椽之间的距离。
垂鱼和惹草			悬山、歇山屋顶两山博风板上之装饰构件。

5. 柱

宋式名词	清式名词	苏州地区名词	词介
副阶柱或檐柱	檐柱	廊柱	位于廊下或副阶前列，支承屋檐的柱。
内柱	金柱（老檐柱）	步柱	在檐柱（廊柱）一周以内，即一步后之柱。
永定柱			①楼房内通上下二层的柱子。 ②自地面立柱为平台平座的柱子。
平柱			不生高之柱
蜀柱	瓜柱	童柱	梁架中两层梁间的短柱和承脊檩的短柱。
角柱	角柱	角柱	在建筑物转角处之柱。
	草架柱子		歇山山花之内立在榻脚木上，支托挑出之桁头之柱。
振杆	公柱	灯心木	①庑殿推山太平梁上承托桁头并正吻之柱。 ②斗尖亭榭正中之悬柱。

续表

宋式名词	清式名词	苏州地区名词	词介
梭柱			上端或上下两端卷杀，或略呈梭形的柱。
瓜楞柱（花瓣柱）			平面为半圆形连续拼合成花瓣状的柱。
倚柱		漏柱	依附在壁体凸出半爿柱形。
合柱		段柱	由二至四根小料拼合成的柱。
柱生起			檐柱的高度由当心间逐向二端升起形成缓和曲线的做法。
	擎檐柱		位于建筑物檐柱之外，用来辅助支承檐头的立柱。
	垂莲柱	垂莲花柱、荷莲柱	一般是步柱不落地所代之悬挂之短柱。另墙门上枋子之两端作垂莲悬挂之短柱。

三　小木作

1. 外檐、装修、门窗

宋式名词	清式名词	苏州地区名词	词介
	外檐装修		装修是小木作总称，外檐装修就是建筑物内外之间和廊下的木装修。
	内檐装修		是建筑物内部分隔空间的木装修。
板门	板门	木板门	用木材作框镶钉木板之门，分有棋盘门、实榻门、撒带门、屏门。（苏地也称塞板或排束板）。
实拼门	拼门	实拼门	用几块木枋拼成之门，也有门后加横木联系如“镜面板门”。
断砌门	断砌门（大门）	将军门	用高门限（槛）可以自由启落并能通车马之门楼。
	垂花门		通常作二门使用，檐檩下不做立柱而改置倒挂的莲花垂柱，装有雕刻精美的花罩及花板等构件，门的种类有多种形式。
格子门	格扇（槅扇）	长窗	木装修的一种，多为四扇、六扇或八扇组成。周围有框架，框内分格心、绦环板和裙板三段。

续表

宋式名词	清式名词	苏州地区名词	词介
	框槛（槛框、门框）	短挞	装修中，安装门窗格扇的框架。
		宕子（门宕）	柱之间安置上下横枋、左右立枋成木框，其内安装门窗，安门称框槛（门宕子），安窗者称窗框（窗宕子）。有的柱间面宽大，须在抱框以内再加“门框”。
两明格子	夹实纱（夹堂）	纱隔（纱窗）	形与长窗相似，但内心仔钉以青纱或书画，装于内部，作为分隔内外之用。宋式上下全部做成双层，而清式仅格心做双层，其他皆单层。
额或腰串	上槛（替桩）	上槛（门额）	额又称“楣、衡”，是门框上之横木。
门楣（门额）	中槛（挂空槛）（门头枋）	中槛（额枋）	一般用于大门上，下槛距离太大，中间加一横木为中槛，而上槛改称为“挂空槛”。
地栿	下槛（门槛）	下槛（门槛、门限）	门框下边之横木，古代称“地秩”。
立颊（槫立颊）	抱框（抱柱枋）	抱柱（门当户对）	门框左右竖立的木枋，古代称“帐”，苏地在将军门上称“门当户对”。
肘板（通肘板）	门板	门板	板门外边沿、转轴处的木板。
身口板	门板	门板	实拼板门中间之板，或框门形式的大边与抹头内之板。
楅	穿带	光子	大门左右大边间之拉接、固定用横材。
夹门柱			用于乌头门两边的立柱，柱下端插入地下……上施乌头帽。
门砧	门枕（石）或荷叶墩	门臼	承大门之转轴的构件。
抟肘（肘）	转轴	摇梗	门窗的转轴。
门关（卧关）	横关	门闩	关门之通长横闩木。
立桥（门关）	栓杆	竖闩	门闭门的竖立闩。
手栓（伏兔）	插关	闩	短木做的门闩。
桯	大边（边挺）	边挺	门左右之竖木枋，用于窗上称窗挺。
	腰枋	门档	门框与抱框间的横木。

续表

宋式名词	清式名词	苏州地区名词	词介
门簪	门簪	阀阅	大门中槛上将连楹销于槛上之材。
泥道板	余塞板	垫板	大门门框与抱框间用来封堵空档的木板。
铺首	门钹	门环	安装在门扇上的金属构件，用来拉门。
环	仰月千年锦	门环	做有装饰性的金属拉门环。
	角叶		门窗纵横木框相接处加钉带装饰性的金属件，以防扇角门角松脱或歪斜。如带钩花钮头圈子梭叶、人字叶等。
鸡栖木	连楹（门楹）	连楹 （门楹、门龙）	大门中槛内侧，安放转轴（即上攥）的构件。
	栓斗		用于格扇门上安放转轴的木料，有的做成荷叶形称荷叶栓斗。
护箧板			障水板与腰串上下相接处之缝上，加一条起防风作用之木。
桯、抹、腰串	抹头	横头料	门、窗木框之横木，在外称“桯”在里称“腰串”。
上桯（串）	上抹头	横头料	门窗木框上部之横料。
下桯（串）	下抹头	横头料	门窗木框下部之横料。
子桯（难子）	仔边（仔替）	边条	格扇内棂子边木。
条柽（棂子）	棂子（条）	心仔	格扇内棂子边条。
格眼	隔心（花心）	内心仔	格扇上部之中心部分，用木条搭交成各种形式的空档以供采光。
腰华板	绦环板	夹堂板	格心下部之小块心板，明代称“束腰”。
障水板	裙板	裙板	格扇下部主要之心板，明代称“平板”。
难子	引条	楹条（隐条）	门窗裙板四周所钉的小木条，使其坚固。
毬文	椀花或菱花		门窗格心图案花纹的一种，清式分有双交四椀菱花、三交六椀菱花、两交四椀、三交满天星等，宋式有挑白毬文、四斜四直毬文等。
直棂窗与 破子棂窗		直楞窗	断面为三角形的窗棂条称“破子棂窗”，四方形断面的窗棂条称“直棂窗”，二者统称“直棂窗”。

续表

宋式名词	清式名词	苏州地区名词	词介
板棂窗	似“一马三箭”或“马蜂腰”		用条板作屏藩，但板与板间有空隙仍通光线。明代称“柳条式”。
隔间坐造	槛窗	地坪窗	窗下有矮墙（称槛墙）托榻板可以里外启闭之窗，宋式：在直棂窗下槛墙位收用障水板称“隔减坐造”。
	支摘窗	和合窗	上扇可以支起，下扇可以摘下之窗。
	横披	横风窗	装于上槛与中槛之间的扁长方形窗，可以向上、下开。
槏柈	间接	矮柱（窗间柱）	支摘窗的中柱。
	榻板		安放在槛墙上面之板，上置窗格。
出线	线条	起线	门窗框木表面做出的各种线脚，宋式分有通混压边、素通混枭线、通混出双线、四混中心出双线、方直破瓣；清有洇、亚、浑、文武面；苏地另有木角、合桃等种。

2. 内檐装修

（1）隔断

宋式名词	清式名词	苏州地区名词	词介
	格门（碧纱厨）		内檐装饰隔断之一，形似外檐格子门，但做工要细巧，格心改用糊书画。
	罩（地帐）	落地罩（地帐）	古代“地帐”演变来的屋内起分隔作用的装饰。分有落地罩、飞罩、月洞式落地罩（苏称圆光罩）等等。
	几腿罩	挂落	用木条相搭成各种纹样的装饰，而悬装在廊柱或金柱间。
	花芽子	楣子	内檐装饰之一，形似雀替，但用镂空刻花板做成。

（2）天花

宋式名词	清式名词	苏州地区名词	词介
平棊	天花（顶棚）	棋盘顶	室内上部用木条交安为方格称天花。
平闇		棋盘顶	天花之一种，作密而小的方格。
藻井与斗八	藻井	鸡笼顶	将天花的局部作成复杂且华丽的层叠式呈穹窿状或八边形（称斗八）、方形的井状吊顶。
背板	天花板	天花板	室内上部，用木条交安为方格为井，井内铺板为“天花板”以遮蔽梁架。
难子（护缝）与桯	支条	支条	组成天花方格的木条。
贴	似贴梁		贴在支条上，用安装天花板之木料。
明栿	天花梁	天花梁	在大梁及随梁枋之下，前后金柱间安放天花之梁。
	天花枋	枋或串	在左右金柱间，老檐枋之下，与天花梁同高放天花之枋。
	天花垫板		老檐枋之下，天花枋之上，两枋间之垫板。
	帽儿梁		天花之上，安于左右梁架上以挂天花的圆木。
方井	井与井口	方井	天花支条按每间面阔进深列成方格，每个方格称一“井”，方形称“方井”，八角形称“八角井”。井内装天花板，并绘彩画，其最外一周部分称“井口”，又称“井口天花”。
角蝉			天花梁抹角部分三角形装饰。
明镜			藻井正中的圆形或多边形的顶。
随瓣方			斗八藻井中位在压厦板上45°抹角之枋子，上承斗栱及斗槽板。
压厦板			位在八角井斜形盖顶。
斗槽板			在算桯方斗栱朵与朵间之木板。
背板			阳马间顶板。
阳马			藻井转角处弧形弯木枋。
	轩（一卷棚轩顶）	（一卷棚回顶）	轩为厅堂里外廊，其屋顶架重椽（天花）作假屋面，使内部对称，因位置不同分有楼下轩、骑廊轩、副檐轩、满轩等其他形式。见弯椽条。

3. 扶梯

宋式名词	清式名词	苏州地区名词	词介
胡梯	楼梯	楼梯	用踏步供垂直上下的构件。
望柱	抹梯柱	抹梯柱	安抹手木的短立柱。
促踏板	踏步	踏步	楼梯的阶级。
踏板	踏步	拔步	楼梯阶级水平面之板。
促板	起步（晒板）	脚板（起步）	楼梯阶级之竖立板。
颊	大料	梯大料	安梯档和促踏板的通长大料。
晃		横料（串）	颊边之横木。
两盘、三盘告	折	二折、三折	梯中置平座（平台）转折二至三折而上的扶梯。

四　石作

基础、台基

宋式名词	清式名词	苏州地区名词	词介
筑基（屋基）	地脚（地基）	基础	房屋基础的地下部分。
开基（址）	刨槽（基槽土槽）	开脚	房屋基础掘土筑槽。
		领夯石	基础最下三层三角石，以木夯夯之的基石，其上砌石称“一领二叠石、一领三叠石”等。
		绞脚石	叠石以上乱绞砌的块条，又称“乱纹绞脚石”。
	斗板石（埋头陡板）	塘石	台基四周，位于土衬石以上，阶条石以下，角柱石之间，立放的料石。
土衬石	土衬	土衬石	台基之下沿周边与室外地平同高或略高的条石。
压栏石（地面石、子口石）	阶条	阶沿石（锁壳石）	台基四周外缘露面之石条。

续表

宋式名词	清式名词	苏州地区名词	词介
角柱	角柱石（好头石）		台基角上或墀头上半立置之石。
台（阶基）	台明（台基）	阶台	建筑物下部高出室外地平的砖石平台。
须弥座	须弥座	金刚座（细眉露台）地墙枋	外轮廓呈凹凸曲线的台基基座。苏地在内檐装修罩下之座称“细眉座”。
地栿（圭角）	圭脚（龟脚）		须弥座最下层枋子。四角镌有三角形纹饰，称圭角。
下罨牙砧	似下枋	拖泥部分或仰浑（下荷花瓣）	须弥座下枋以上部分。
束腰	束腰	宿腰（肤）	须弥座上下叠涩线脚之间凹进之（正中）部分。
上罨涩砧	似上枭	托浑（上荷花瓣）	上枭位在须弥座束腰之上。
角柱	似达马	似荷花柱	须弥座转角处雕有纹样的短柱。
合莲砧（通浑）或下罨牙砧	似下枭或带复莲	托浑（下荷花瓣）	须弥座束腰以下之枋。
方涩平砖	上枋或地栿	台口（台口石）	台阶口之石。
布土	填箱	填土	房屋台基内的填土。
	栏土		台基之下，在柱的磉墩间砌的短墙。栏土按位有揭砌栏土、金栏土、檐栏土等称。
柱础（石碇）	柱顶石	磉石	支承柱子的方形石构件。
覆盆	磉墩	磉窠（磴）	柱下之石础顶部形式之一，形如倒覆之盆形，故名覆盆。
	古镜		柱下之石础顶部形式之一，圆形石础周边起鱖形。
櫍鼓	石鼓	�墩或木墩	置于柱础和柱脚间的托垫构件。
壶门		欢门	门首做枭混弧线的门。其意义是一尊贵的入口。
叠涩			用砖石层层向内外挑出的砌筑形式。
螭首	螭首	角兽	须弥座转角和望柱外沿下，镌成龙兽形作出水用的装饰。
出混	枭混	枭浑	上凸下凹的嵌线。枭是凸面嵌线，混是凹面嵌线，圆角的称“混梭”；方折角称“梭”。

续表

宋式名词	清式名词	苏州地区名词	词介
剔地起突	似混雕	地面起突（底）	石、木雕镌中高浮雕，去地（底），突出图案。
压地隐起	似半混雕	铲地起阳	石、木雕镌中低浮雕，去地（底）。
减地平钑	线雕	阴纹	石、木雕镌中线刻。
素平	素平	素平	石、木雕镌中无花纹。
混作	混雕（全雕）	圆作	石作雕镌中圆雕方法，清式又称“全形”。
平钑	似影雕（隐）	起阴纹花饰	石作雕镌中不去地（底）的线刻。
实雕	实雕		石作雕镌中去地（底）的高或低浮雕。
	采地雕		石作雕饰物在表面，地部雕有花饰来突出主题的一种雕法。
打剥	似做粗	双细	石作工序之一。石料加剥凿去其棱角，使之平整。
粗搏	似做粗	市双细	石作工序之一。石料经剥凿，再加一次凿平。使石料表面大致平坦。
细尘	似做细	凿细	石作工序之一。经粗搏后再上錾凿，使其平面均匀密整基本平整。
褊棱	似凿螭	勒口	石作工序之一。石料经做细后在表面边缘及侧面进行修整。
斫砟	似占斧	督细	石作工序之一。用斧刃把石料表面凿平，使表面进一步的平整。
磨砻	褊光		石作工序之一。石材表面和雕物经最后加工磨砂，使其光滑。

五　栏杆

宋式名词	清式名词	苏州地区名词	词介
钩栏	栏杆	栏杆	台、坛、楼或廊边上防人、物下坠之栅栏。
鹅项	靠背栏杆（鹅颈椅）	吴王靠（美人靠）	带靠背的坐凳。
	朝天栏杆		临街商店门面平顶上之栏杆。

续表

宋式名词	清式名词	苏州地区名词	词介
	坐橙栏杆	坐栏	用木、石、砖做墩子，搁横斜的低栏，也可供坐凳之栏。
卧棂			用横向木料分栏的形式，长栏板部分。
拒马叉子	纤子栏杆	木栅	只有望柱，立柱不围栏板，仅有横木与地栿的栏杆。
华板	栏板	栏杆	位于地栿、扶手间的栏板。
寻仗	扶手	扶手木	栏杆及扶梯上供人上下扶拉用的扶手。
撮项	瘿项	花瓶撑	石栏杆中部凿空，存留花瓶状之撑头。
云栱（瘿项）	净瓶荷叶云子	花瓶撑或三幅云撑	石栏杆中部凿空，存留花瓶状一部分。
盆唇			压栏板之横枋。
地栿	地栿		临地面的最下一层木或石枋子。
踏道	踏跺	阶沿（踏步）	上下阶级的踏步。正面及左右皆可升降之踏跺，清式称“如意踏跺”。殿堂左右各做一踏道，宋式称“东西阶”。
踏	级石	踏步（副阶站）	踏跺组成部分之一，每级可踏以升降之石。
促面	踢	影身	阶级竖立部分。
	如意石（燕窝石）	副阶沿石	踏跺之最下一级，较地面微高一、二寸。
幔道	礓磙（马道）	礓磙	用斜面做成锯齿形之升降道。
副子	垂带石	垂带石	踏跺两旁由台基至地面斜置之石。
陛	御路		宫殿台基前，踏跺之中，不作阶级而雕龙凤等花纹斜铺之石。
象眼	象昭	菱角石	清式：1. 对建筑物上直角三角形部分之通称。2. 踏跺垂带石下三角形部分。

六　屋顶

宋式名词	清式名词	苏州地区名词	词介
	瓦顶	瓦面	铺瓦的屋顶，盖瓦形式有：灰顶、仰瓦顶、棋盘心、仰瓦灰梗等。
	灰顶		青灰涂墁之屋顶。

续表

宋式名词	清式名词	苏州地区名词	词介
青灰瓦	青瓦、布瓦阴、阳合瓦	蝴蝶瓦、小青瓦	灰色粘土瓦，又称“片瓦”。
版瓦	板瓦	板瓦	横断面作小于半圆弯凹状之弧形瓦。
筒瓦	筒瓦	筒瓦	断面作半圆形凸状之瓦，有上釉和不上釉二种。
合瓦	合瓦、宼瓦、盖瓦	盖瓦（复瓦）	即作底瓦，又作盖瓦，瓦垄由上下两片组成。
仰版瓦	仰瓦	底瓦	瓦之仰置、叠连接成的瓦垄。
	罗锅筒瓦	黄瓜环瓦	盖于回顶建筑，无正脊即卷棚顶之脊瓦。
	三井	豁	两楞瓦之距离填于底瓦，围屋面四周或左右二侧铺筒瓦、青瓦，其他做灰顶，青瓦也有。
垄	垄	楞	屋面盖瓦一行称“垄”。
	当沟	沟中	正脊之下，瓦垄与之交接处的瓦件名称。
剪边	剪边	镶边	屋面四周或左右二侧铺瓦形式或颜色与屋面不同的作法。
正脊	正脊	正脊	屋顶前后两斜坡相交而成之瓦脊。有用板瓦叠砌，有用预制的脊筒瓦，形式很多。苏地有“清水脊”，两端做有“甘蔗”雌毛、纹头、哺鸡、口甫龙等脊形。
		亮花筒	屋脊中部用板瓦叠砌各种漏空纹样。
垂脊	垂戗脊	竖带	自正脊处沿屋面下垂之脊。
	花边瓦	花边	小式瓦垄最下翻起有边之瓦。边做曲折花纹。
华头筒瓦	勾头	钩头瓦	筒瓦垄最下边，即檐头带瓦当的瓦件。
重唇版瓦与垂头、华头版瓦	滴水	滴水（花边）	檐端之滴水瓦。
华废	排山沟滴	排山	硬山、悬山的两山榑缝上之勾头与滴水。
滴当火珠	钉帽	搭人（帽钉）（钉帽子）	屋面出檐头之盖瓦上，露明钉盖瓦人或其他装饰。

续表

宋式名词	清式名词	苏州地区名词	词介
柴栈（版栈）	苫背		苇、竹编席做屋面垫层，即椽上铺望板或苇箔、胶泥、灰泥、煤渣做成。
鸱尾	正吻	吻	正脊两端具龙头形翘起的雕饰，苏地有鱼龙、龙吻之分。
兽头	合角吻垂兽（角兽）	似人物（天王、广汉）	垂脊下端之兽头形的雕饰。重檐建筑的下檐博脊相交处所安吻兽称合角吻。
	戗兽	戗兽（吞头）	戗脊（飞戗）端之兽头形装饰。
蹲兽	走兽	走狮或坐狮	戗脊仙人背后排列的兽形雕饰，清式按走兽顺序：龙、凤、狮、麒麟、天马、海马、鱼、獬、吼猴九种。
嫔伽	仙人		放在戗脊端人形的装饰。
套兽	套兽		仔角梁头上之瓦质雕饰。
	背兽		正吻背上兽头形之雕饰。
	吻座	吻座	正吻下部之承托物。

七　墙壁

宋式名词	清式名词	苏州地区名词	词介
墙垣	墙（墙壁）	墙垣	中国古建筑中各部墙壁的名称，多依柱子地位而定。清式分为：檐墙、山墙、廊墙、槛墙、隔断墙、扇面墙。
土墙（版筑）	夯土墙（版筑）	土墙	用木板做模，其中置土，以杵分层捣实的墙故名“版筑”“舂土墙”。
土墼	土坯	土坯	将泥和稻草或麦杆置模中压实，晒干成矩形土块。它叠砌的墙称土坯墙。
版壁	本墙壁或原木墙	板壁	用木板分隔室内空间的墙，称版壁，用原木实叠之墙为“原木墙”，通常用于“井幹屋”结构的外墙。
隔截编道	竹夹泥墙（编条夹泥墙）	竹筋泥墙	用竹为横直主筋，内外面抹灰泥之墙，一般多用于室内作间隔墙。

续表

宋式名词	清式名词	苏州地区名词	词介
栱眼壁			设置于二朵正心缝斗栱间空隙之壁。
露墙	围墙（院墙）	围墙	房屋外围封划空间的墙，在住宅园林中往往在墙身中做透空的漏窗或花墙。围墙是宋式露墙之一种。
	山墙	山尖墙（屏风墙）	房屋左右两山之墙。有的超出屋面起防火和装饰作用。有称五花、三花墙（苏地称三山、五山屏风墙）观音兜等。
似抽纴墙	檐墙 （露檐墙、封檐墙）	出檐墙或包檐墙	位于檐柱之间，高及檐枋底的墙。其椽头挑出墙外称“露檐墙”。墙顶封护椽头称“包檐墙”或“封檐墙”。
	槛墙	半墙或月兔墙	从地面到窗槛下的矮墙。
护墙		墙墩（丁头墙）	城墙墙身附支墙。
	扇面墙		室内当心间左右金柱之间的墙。
露墙之一	花墙	花墙	多数应用在园林中，墙上叠砌各种透空纹样的墙。
露墙之一	影壁（萧墙）	照壁、照墙	位于大门正前的单立墙，有八字照墙、过河照墙等。
	裙肩（下肩）	仪勒脚（下脚）	地面以上，墙的下部称裙肩，多用石砖叠砌而成，转角有“角柱石”，肩面用“腰线石”与压砖板，以上再砌墙身（墙的中部）。
	墙肩（签尖）	似山尖	墙身顶部向上斜收做成坡形，叫做墙肩。
	墀头	垛头	山墙伸出至檐柱外之部分，墀头上有挑檐石梢子、荷叶墩、槫缝、盘头、戗檐砖等组合而成。
	封护檐	包檐	墙不出屋面，而且包住屋架檩、椽，用“拨檐、槫缝”来出挑（其形式有冰盘、抽屉、菱角、圆珠混等）。
菱角牙与板檐砧	菱角	菱角齿形	用砖叠涩出跳方法之一。采用一层平铺另一层斜铺，上下重叠斜铺，使砖出檐呈锯齿状形成菱角形，另一层即板檐砖。

续表

宋式名词	清式名词	苏州地区名词	词介
女儿墙	城跺	栏	城墙上的矮墙。
	垛口		城墙上为防御敌人做成高低凹凸之矮墙。
	瞭望口与射孔		在垛口上面开一洞孔来观察敌情或供射击用之小孔。
	墙台		城墙每隔若干距离做一突出的城台，扩大城面以供作战活动。
	敌楼（灯火台）		在墙台上建筑的供监视敌情用之房屋。
缴背	伏		砖券（发券）中一批按圜形卧铺之砖称“伏”。

八　彩画

宋式名词	清式名词	苏州地区名词	词介
	大式（殿式）	官式	清官式建筑彩画。
	苏式	彩画	江南地方彩画。
	地底	底色	彩画背底。
	枋心		梁枋彩画之中心部分。
	箍头		梁枋彩画两端部分。
	藻头（找斗）		梁枋彩画箍头与枋心之间部分。
	搭袱子	包袱	苏式彩画枋心的一种形式。
	和玺		清代最高等级之彩画，以“Σ”形线条分段，内绘金龙之彩画。
	旋子（学子蜈蚣圈）		梁枋上以旋花为主题之彩画，它分七种等级：有金、烟琢墨石碾玉、金钱大、小点金、雅伍墨、雄黄玉等。
	盒子		彩画箍头内略似方形之部分。
	花心		旋子彩画旋花之中心。
	空心枋		枋心之内无画题之彩画。
	退晕		彩画内同颜色逐渐由深而浅之画法。
	沥粉贴金		用胶、土粉子等配置成膏状可塑粉浆做出凸起的线条，称“沥粉”。沥粉处再贴金。

续表

宋式名词	清式名词	苏州地区名词	词介
	披麻捉灰		在木构件的表面用油灰与麻布层叠包裹，由一麻三灰到三麻二布七灰共十几种的油漆或彩绘打底方法，又称“地仗”。
五彩遍装			宋代建筑彩画中最华丽的一种作法，即用彩绘图案来装饰全部木构件。
碾玉饰			以青、绿色调为主的宋式彩画。
解绿装			木构件本身通刷土朱暖色，外边缘及四周均以青绿叠晕，包括“解绿结华装”和“丹粉刷饰”。
杂间装			将两种彩画交错配置使用，如“五彩间碾玉”、“青绿三晕间碾玉”等。
七朱八白（八白）			在枋子上均分矩形块，再分别涂朱、白二色，为土朱刷饰之一种。

九　牌坊、牌楼

宋式名词	清式名词	苏州地区名词	词介
	牌坊	牌坊	用华表（清称冲天柱）和横梁（额枋），其上不起楼，不用斗栱及屋檐，下可通行之纪念性建筑物。
	牌楼	带楼牌坊	柱间横梁上有斗栱，托屋檐并起翘，下可通行之纪念性建筑物，也有用冲天柱的。
	牌坊门	门楼	牌坊上安门扇的大门，古称“衡门”。
乌头	毗卢帽		乌头门的冲天柱出头处刻的雕饰。
	云罐		乌头门的冲天柱出头处刻的雕饰。
	榫		柱下凸出以防柱脚移动之部分。
	日月牌		石牌坊额枋之两端所镌刻日、月的装饰物。
	梓框	似矮柱、包柱	仿木牌楼槺柱的做法。
	花板	夹堂	石牌坊上枋与下枋间雕出透空花饰的垫板。
	明楼（正楼）	中楼	牌楼明间上之楼。

续表

宋式名词	清式名词	苏州地区名词	词介
	次楼	下牌楼	三间或五间牌楼，在次间上之楼。
	边楼		牌楼上两边之楼。
	夹楼		牌楼在一间之中安一楼，其旁安二小楼，二小楼即夹楼。
	折柱	短柱	上、下枋或花枋间的短支柱。
	龙门枋	定盘枋	明间有楼的横枋为龙门枋，次间为“大额枋”，上层横枋为“单额枋”。
	小额枋	下枋	龙门枋或大额枋下的横枋。
	单额枋	上枋	檐柱头与檐柱头之间无小额枋及由额垫板时，所用之额枋。
		花枋	石牌枋的下枋上面之一条石枋，在中枋上之石枋则名上花枋。
	戗木	斜戗木	戗支立柱以防倾斜之木。
	戗风斗		支柱戗木的子柱上的构件。
	云墩		承受雀替之座。
	云板	三幅云板	云头流云之尾。
	斗板		琉璃牌楼、坊贴面的花板。
	高架桩		牌楼上层柱立在龙门枋或大额枋上的柱子。
	夹杆石		夹边柱、中柱柱脚的石，又称木杆石。
华表	冲天柱		牌楼、坊的出头柱。柱头做云罐等装饰。
	中柱与边柱		明间两边的立柱称中柱，次间两边立柱称“边柱”。
	灯笼榫		牌楼柱上伸出以安斗栱之长榫。
		角昂冀	石牌坊转角斗栱上作平铺石檐，屋面之石板。
		脊板	石牌楼中用石板做脊。

十 塔幢

宋式名词	清式名词	苏州地区名词	词介
佛塔	塔	塔	塔原是佛陀的建筑物，起源于印度，梵文音译斯突帕，其讹略为窣堵婆、浮图、塔婆、兜婆等。按性质分佛塔、舍利塔、经塔、墓塔，按形制分单层塔、楼阁式塔、密檐塔、喇嘛塔、金刚宝座塔、花塔、过街塔、光塔等。
舍利			佛的骨化称舍利，也称法身生身舍利。
支提			石窟洞内的塔形石柱。
	塔庙		以塔庙连称的佛教建筑。
	塔身		塔基以上的塔体部分，形式多种，主要分为空心与实心两种结构。
	塔基		塔台基，也可以包括地面以下的建筑物或基础。
	塔室		塔身内的空间，平面有多边形、矩形、圆形等。
	回廊		塔内回绕塔心之走廊。
	塔顶		包括支承塔之屋面的梁架及屋面瓦饰等。
	天地宫		塔基下的暗室，为埋藏“舍利”等珍贵文物而建，称“地宫”，又称龙宫、海眼，在塔身上作暗室者称“天宫”。
刹	塔刹	刹（塔顶）	塔屋顶正中竖立的尖顶。
刹	刹木杆	塔心木（脊舂）	从塔内正中直立向上以支承塔刹的中心立柱。
	刹座	塔顶座	塔刹的台座。
	覆钵	合缸	塔刹构件之一，形如倒置之钵而得名，又名覆莲、荷盖顶等。
相轮（金盘）	相轮	蒸笼圈	金属刹件之一，相轮一般为奇数，五至九个串套在刹杆上。
		膝裤通	金属刹件之一，刹件间串套在刹杆上的套管。
	仰莲	莲蓬缸	塔刹构件之一，钵形大口向上，四面刻有莲花的刹件。
	火焰		金属刹件之一，做成火焰状的装饰品。
	露盘	露盘	金属刹件之一。

续表

宋式名词	清式名词	苏州地区名词	词介
	宝盖	风盖	金属刹件之一，形如漏空伞骨覆盖在相轮上。
	宝珠（宝球）	球球	金属刹件之一，圆球形的构件。
	圆光与仰月	似天王版	金属刹件之一，版面铸有各种漏空纹样，有圆形的称圆光，有天王武士的称天王版。
	葫芦（宝瓶）	上顶葫芦	塔刹构件之一，做成葫芦形的刹件。
	垂链	旺链	金属刹件之一，上由宝盖周边的凤形头开始，下垂至屋顶戗脊端的铁制链条。
铎	铎	檐下之铃	挂于屋角外檐的金属铃。
大柁	承重	千斤承重大料	承搁塔心柱的横木。
副阶周匝	外廊	塔衣	围绕塔身底层的外廊。
	山华蕉叶		塔刹刹件之一，覆钵上植物叶形的装饰品
	塔肚子		喇嘛塔之实心塔身。
	十三天		喇嘛塔的刹件之一，即“相轮”。
	流苏		喇嘛塔宝盖周围的装饰品。
	塔脖子		喇嘛塔塔肚子与宝盖间的部分。
幢	陀罗尼经幢	幢	佛教刻经的石建筑。
	道德经经幢	幢	道教刻经的石建筑。
	屋盖		幢身的盖顶。
	土观石		幢的基石。

（采自国家文物局文博教材，罗哲文主编《中国古代建筑》（修订本），上海古籍出版社，2006年版。）

二　历代尺度简表

中国古代尺度中的丈、尺、寸、分为十进位（1 丈 =10 尺 =100 寸 =1000 分）。每步为 6 尺时，1 里合 300 步；每步为 5 尺时，1 里合 360 步。1 里 =1800 尺。历代每尺长度折合公制略如下表：

朝代或时期		每尺折合公制
商		0.169 米
战国		0.227～0.231 米
西汉		0.230～0.234 米
新（王莽）		0.231 米
东汉		0.235～0.239 米
三国（魏）		0.241～0.242 米
晋		0.245 米
宋	南朝	0.245～0.247 米
梁	南朝	0.236～0.251 米
北魏	北朝	0.255～0.295 米
东魏	北朝	0.300 米
北周	北朝	0.267 米
隋		0.273 米
唐		0.280～0.313 米
宋		0.309～0.329 米
明		0.320 米
清（公元 1840 年以前）		0.310 米

（采自刘敦桢主编《中国古代建筑史》，中国建筑工业出版社，1984 年版）

三　中国历史年代简表

旧石器时代	约 170 万年～1 万年前
新石器时代	约 1 万年～4 千年前
夏	约公元前 21～前 16 世纪
商	约公元前 16～前 11 世纪
西周	约公元前 11～前 771 年
春秋	公元前 770～前 476 年
战国	公元前 475～前 221 年
秦	公元前 221～前 207 年
西汉	公元前 206～公元 8 年
东汉	公元 25～220 年
三国	公元 220～265 年
西晋	公元 265～316 年
东晋、十六国	公元 317～420 年
南北朝	公元 420～589 年
隋	公元 581～618 年
唐	公元 618～907 年
五代十国	公元 907～960 年
北宋、辽	公元 960～1127 年
南宋、金	公元 1127～1279 年
元	公元 1271～1368 年
明	公元 1368～1644 年
清	公元 1644～1911 年

（此表源自《中国历史年代简表》，文物出版社，2001 年版）

主要参考文献

（宋）李诫：《营造法式》，商务印书馆，1933年版。

梁思成：《清式营造则例》，中国建筑工业出版社，1981年版。

梁思成：《中国建筑史》，百花文艺出版社，1981年版。

刘敦桢主编：《中国古代建筑史》，中国建筑工业出版社，1981年版。

杨鸿勋：《杨鸿勋建筑考古学论文集（增订版）》，清华大学出版社，2008年版。

罗哲文：《罗哲文古建筑文集》，文物出版社，1998年版。

杜金鹏：《殷墟宫殿区建筑基址研究》，科学出版社，2010年版。

刘叙杰主编：《中国古代建筑史（第一卷）》，中国建筑工业出版社，2003年版。

傅熹年主编：《中国古代建筑史（第二卷）》，中国建筑工业出版社，2001年版。

郭黛姮主编：《中国古代建筑史（第三卷）》，中国建筑工业出版社，2003年版。

潘谷西主编：《中国古代建筑史（第四卷）》（第二版），中国建筑工业出版社，2009年版。

孙大章主编：《中国古代建筑史（第五卷）》（第二版），中国建筑工业出版社，2009年版。

中国建筑史编委会：《中国古建筑简史》，《中国建筑简史》第一册，中国建筑工业出版社，1962年版。

陈明达：《营造法式辞解》，天津大学出版社，2010年版。

祁英涛：《怎样鉴定古建筑》，文物出版社，1981年版。

萧默主编：《中国建筑艺术史》（上、下册），文物出版社，1999年版。

北京市文物研究所：《中国古代建筑辞典》，中国书店，1992年版。

张驭寰:《中国佛塔史》，科学出版社，2006 年版。

高文主编:《中国汉阙》，文物出版社，1994 年版。

刘智敏:《新城开善寺》，文物出版社，2013 年版。

陈明达:《营造法式大木作研究》，文物出版社，1981 年版。

陈明达:《蓟县独乐寺》，天津大学出版社，2007 年版。

罗哲文:《中国建筑史》，1964 年油印本。

杜仙洲:《中国木结构建筑构造》，1964 年油印本。

罗哲文主编:《中国古代建筑》(修订本)，上海古籍出版社，2001 年版。

全国重点文物保护单位编委会:《全国重点文物保护单位(第一批至第五批)》，文物出版社，2004 年版。

祁英涛:《祁英涛古建论文集》，华夏出版社，1992 年版。

杨鸿勋:《大明宫》，科学出版社，2013 年版。

萧默:《敦煌建筑研究》，机械工业出版社，2003 年版。

河北省文物研究所:《藁城台西商代遗址》，文物出版社，1985 年版。

河南省文物局:《河南文化遗产·全国重点文物保护单位(一)》，文物出版社，2011 年版。

河南省文物考古研究所:《舞阳贾湖》，科学出版社，1999 年版。

河南省文物考古研究所:《郾城郝家台》，大象出版社，2012 年版。

河南省文物局:《河南省文物志》，上卷，文物出版社，2009 年版。

柴泽俊:《柴泽俊古建筑文集》，文物出版社，1999 年版。

柴泽俊:《柴泽俊古建筑修缮文集》，文物出版社，2009 年版。

杨焕成:《杨焕成古建筑文集》，文物出版社，2009 年版。

河南博物院:《河南出土汉代建筑明器》，大象出版社，2002 年版。

杜启明主编:《中原文化大典·文物典·建筑》，中州古籍出版社，2008 年版。

河南省古代建筑保护研究所:《文物建筑》，科学出版社，2007 年版。

河南省古代建筑保护研究所:《古建筑石刻文集》，中国大百科全书出版社，1999 年版。

侯幼彬、李婉贞:《中国古代建筑历史图说》，中国建筑工业出版社，2003 年版。

王效青主编:《中国古建筑术语辞典》，文物出版社，2007 年版。

中国科学院考古研究所、陕西省西安半坡博物馆:《西安半坡》，文物出版社，1963 年版。

中国科学院考古研究所：《沣西发掘报告》，文物出版社，1963 年版。

杨焕成：《塔林》（上、下册），少林书局，2007 年版。

北京文物整理委员会：《宋营造法式图注》，1955 年编印蓝图。

北京文物整理委员会：《清式营造则例图注》，1954 年编印蓝图。

《中国营造学社汇刊》《考古》《文物》《考古学报》《中国文物报》《中国文化遗产》《考古与文物》《古建园林技术》《华夏考古》《中原文物》等文物考古、古建筑专业报刊。

后　记

光阴荏苒，日月如梭。我自1959年从事文物工作至今，度过了57个春秋，已是80高龄的老人了。由于酷爱文物事业，特别是对古建筑保护和研究工作情有独钟。在半个多世纪调查研究河南古建筑地方建筑特征时，必然要进行官式建筑手法与地方建筑手法比较研究，故积累了一部分古建筑“时代特征”的资料。油然而生，待条件成熟时写一本《古代建筑时代特征》小书的心领。但总感掌握的资料少，而迟迟未能下笔。现在看来，年龄不允许再等了，所以就已掌握的材料汇集成册，也算对自己有个交代。记得在十余年前，动手写作书稿时，请教罗哲文老师等业界前辈，老师的指导意见是为了方便读者现场调查古建筑能够便捷的“对号入座”，可尽量精简文字，适当多附图片，以期达到更直观的古建筑调查鉴定效果。遵从老师指导，书中文字部分，有的局部“特征”仅用一句话十余字表述，而图片部分，甚至用两三幅线图或照片表达同一结构的“时代特征”。同样也是为了初涉古建筑调查鉴定专业人员便于“对号入座”的现场调查所需，书中“时代特征”文字部分的排序和分类，力争做到科学规范，但顾此失彼，造成书中的排序和分类存在明显的不合理之处，特此说明，敬请读者谅解。

本书的出版得到有关领导和业界朋友的大力支持，中国文化遗产研究院刘曙光院长拨冗为本书作序。河南省文物局局长陈爱兰等局领导非常重视该书的编著工作，提供一切方便条件，帮助解决诸多问题，且资助出版；局办公室王琴主任作了大量协调工作。河南省文物建筑保护研究院原院长张得水先生和现任院长杨振威先生给予热情支持和帮助，该院孙锦、李银忠、张高岭、亓艳芝、王瑞同志帮助打印文稿、扫描图片、校对文图，做了大量初步编务工作，付出了艰辛劳动。文物出版社许海意先生为本书的责任编辑，他认真编订，用心甚笃，特别是利用春节等节假日审改书稿，付出辛劳之精神，令人敬佩和感动。对以上单位和个人的帮助支持深表谢忱。

书中采用的古建筑和文物考古材料较多，除照片和线图注明出处外，文中未能一一注明出处，谨对相关专家学者致谢并表歉意。由于时间关系和限于笔者的学识水平，错误之处在所难免，请方家读者批评指正。

杨焕成

2016 年 6 月于郑州